AF346548

THÈSES

PRÉSENTÉES

A LA FACULTÉ DES SCIENCES DE PARIS

POUR OBTENIR

LE GRADE DE DOCTEUR ÈS SCIENCES NATURELLES

PAR

EDMOND ALIX

Docteur en médecine, Membre de la Société philomathique, de la Société d'anthropologie, etc.

1ʳᵉ THESE. — ESSAI SUR L'APPAREIL LOCOMOTEUR DES OISEAUX.
2ᵉ THÈSE. — PROPOSITIONS DONNÉES PAR LA FACULTÉ.

Soutenues le 12 novembre 1874 devant la commission d'Examen.

MM. MILNE EDWARDS   *Président.*
DUCHARTRE
DE LACAZE DUTHIERS   }   *Examinateurs.*

PARIS

G. MASSON, ÉDITEUR

LIBRAIRE DE L'ACADÉMIE DE MÉDECINE

Place de l'École-de-Médecine, 17

1874

ACADÉMIE DE PARIS

FACULTÉ DES SCIENCES DE PARIS

Doyen.	MILNE EDWARDS, Professeur	Zoologie, Anatomie, Physiologie comparée.
Professeurs hono-raires	{ DUMAS. { BALARD.	
Professeurs.	DELAFOSSE.	Minéralogie.
	CHASLES	Géométrie supérieure.
	LE VERRIER	Astronomie.
	P. DESAINS	Physique.
	LIOUVILLE.	Mécanique rationelle.
	PUISIEUX	Astronomie.
	HÉBERT.	Géologie.
	DUCHARTRE.	Botanique.
	JAMIN	Physique.
	SERRET.	Calcul différentiel et intégral.
	H. SAINTE-CLAIRE DEVILLE	Chimie.
	PASTEUR	Chimie.
	DE LACAZE DUTHIERS . . .	Anatomie, Physiologie comparée, Zoologie.
	BERT	Physiologie,
	HERMITE	Algèbre supérieure.
	BRIOT	Calcul des probabilités, Physique mathématique.
	BOUQUET	Mécanique physique et expérimentale.
Agrégés.	{ BERTRAND . . . . } { J. VIEILLE . . . . }	Sciences mathématiques.
	PELIGOT.	Sciences physiques.
Secrétaire	PHILIPPON.	

A LA MÉMOIRE

DE

PIERRE GRATIOLET

PRÉFACE

Ce travail a été commencé dans l'hiver de 1850. Je ne pensais pas alors à lui donner autant d'étendue et j'espérais pouvoir le terminer rapidement. J'en avais réuni les principaux matériaux, et la rédaction était déjà fort avancée lorsque je dus m'arrêter, les circonstances où je me trouvais placé m'ayant décidé à consacrer la plus grande partie de mon temps à l'exercice de la médecine. Depuis cette époque, j'en ai détaché les faits relatifs au mécanisme des mouvements des ailes que j'ai communiqués à la Société philomathique en 1863 et ceux qui me servirent à composer un mémoire sur le développement de la plume que j'ai lu à la même Société en 1865. En 1868, je résolus de terminer l'*Essai sur l'appareil locomoteur des oiseaux*, mais je vis aussitôt que, si je pouvais conserver le plan général de l'ouvrage tel que je l'avais conçu dès le début, il me fallait néanmoins refaire toute la rédaction ; qu'il était nécessaire d'entrer dans de plus grands développements ; qu'il fallait tenir compte des travaux publiés dans l'intervalle, et qu'il y avait lieu de traiter aussi complétement que possible la partie historique. Je me suis mis à l'œuvre courageusement; mais, malgré le désir que j'avais de terminer dans un bref délai, plusieurs années se sont écoulées. Le but fuit toujours devant moi, et aujourd'hui je m'arrête sans être encore parvenu au point que je voulais atteindre. Mon travail reste incomplet; ce sera par une série de monographies : dont plusieurs sont déjà en grande partie composées, que j'essayerai de combler les lacunes que j'y laisse aujourd'hui.

Je dédie ce travail à Pierre Gratiolet. Il est juste de lui en faire hommage, puisque j'en ai puisé la première idée dans les cours qu'il fit au muséum de 1845 à 1850, et que mes premières recherches ont été faites sous ses yeux.

Je dois aussi témoigner ma gratitude aux savants qui m'ont prêté leur appui dans ces dernières années: à M. Paul Gervais, qui a mis à ma disposition toutes les ressources du laboratoire et de la galerie dont il a la direction, et dont les cours ont attiré mon attention sur quelques points importants ; à M. Alphonse Milne Edwards, qui m'a fourni l'occasion de disséquer une autruche d'Afrique, ainsi que plusieurs oiseaux intéressants et dont les *Recherches sur les oiseaux fossiles* m'ont été d'une grande utilité ; à M. Albert Gaudry, qui a bien voulu me permettre d'étudier quelques pièces précieuses qu'il possède et dont j'ai mis à profit le beau travail sur l'actinodon, et surtout à notre grand ornithologiste Jules Verreaux, dont les connaissances variées et profondes acquises dans ses voyages et dans sa longue carrière de naturaliste étaient un vaste trésor que les savants du monde entier mettaient chaque jour à contribution. Pourquoi vient-il de mourir avant que j'aie pu lui rendre ce témoignage public de ma reconnaissance? pourquoi n'a-t-il pas pu terminer ce travail de nomenclature qu'il avait eu la force d'entreprendre et qui devait être un des monuments les plus précieux de la science ornithologique ?

Je ne dois pas non plus oublier d'adresser mes remerciements à M. Georges Masson pour le soin avec lequel il a dirigé la publication de cet ouvrage, et à M. Henri Formant pour l'habileté avec laquelle il a exécuté les planches.

INTRODUCTION

Ce travail est divisé en trois parties :

Dans la première partie, je décris le type idéal de l'appareil locomoteur des animaux vertébrés, et je montre ce qu'il devient dans la classe des oiseaux.

Dans la seconde partie, quittant le point de vue idéal et m'attachant de plus près aux réalisations, je décris en détail l'appareil locomoteur des oiseaux en le comparant à celui des mammifères et des reptiles, et j'expose les modifications qu'il offre dans les différents ordres, en cherchant surtout à faire voir comment il s'adapte aux divers modes de locomotion (aérienne, terrestre, aquatique).

Dans la troisième partie, j'applique à la théorie des mouvements chez les oiseaux les notions fournies par les faits anatomiques.

Arriver à une conception du type idéal de l'appareil locomoteur des oiseaux, tel est le but que j'ai constamment poursuivi dans ce travail ; je me suis efforcé d'y parvenir en cherchant à déterminer avec exactitude les analogies qui rattachent cet appareil à celui des autres vertébrés, et les différences par lesquelles il s'en distingue.

Pour atteindre ce résultat, j'ai dû me livrer à des dissections minutieuses qui m'ont permis non-seulement de vérifier des faits déjà connus, mais d'en ajouter quelques-uns qui peuvent être considérés comme nouveaux.

C'est dans ces faits qu'une classe de savants, qui réclament pour eux seuls le monopole des observations positives, veulent faire consister toute la science ; mais il m'est impossible de partager cette manière de voir : les faits sont les matériaux avec lesquels on construit l'édifice de la science, l'édifice lui-même est une œuvre de la pensée.

On s'efforcerait en vain de le nier. Si les théories ou les vues de l'esprit qui ont dominé à certaines époques n'ont eu qu'un règne passager, et ont dû varier en présence des nouvelles découvertes qui venaient les contredire, il n'en est pas moins vrai que la manière d'envisager les faits, de les rattacher entre eux, de les décrire, sans excepter les détails du langage, en un mot tout ce qui, dans un moment donné, traduit l'état de la science, n'est en quelque sorte qu'une image, un reflet de ces théories.

C'est que les faits n'acquièrent une véritable valeur qu'en tant qu'ils parlent à l'intelligence. Il faut qu'ils deviennent des choses de l'esprit, que l'esprit s'en empare et les conçoive en lui-même comme s'il les créait. On peut dire alors véritablement qu'il les possède, et la vue lumineuse qu'il en a se manifeste par la clarté du langage qui sert à les exprimer, des figures et des dessins qui servent à les représenter.

Les faits ainsi envisagés ne sont plus des détails isolés ; comme les notes d'un concert harmonieux, ils forment des modulations, des gammes et des accords ; ils se suivent et s'enchaînent, se groupent et s'ordonnent en raison des liens qui les rattachent, et ces liens, objet constant des recherches de l'observateur, nous montrent dans la nature l'exécution d'un plan dont les merveilleuses combinaisons manifestent la suprême sagesse de l'être qui l'a conçu.

Ce plan, impossible à méconnaître quand nous l'embrassons dans son ensemble, mais dont les traits particuliers disparaissent au milieu d'un détail infini, comme le dessin d'un tableau sous les couleurs qui le recouvrent ; ce plan, dont la connaissance est le véritable but des études zoologiques, se dégage peu à peu à mesure que les faits sont mieux connus et mieux compris.

Plus, en effet, on étudie l'organisation du règne animal, plus l'existence d'un plan général apparaît. Non-seulement la substance fondamentale des tissus est la même, non-seulement il y

a des dispositions dont l'image se répète dans toutes les divisions
de ce règne, mais encore, après l'avoir partagé, à l'exemple de
Cuvier, en un petit nombre d'embranchements, on trouve que
dans chacun de ces embranchements les animaux sont conformés
d'après un type idéal commun, et que les divers groupes dont se
compose l'embranchement n'offrent à nos regards que des modifications de ce type.

Ces modifications sont de deux sortes. Les unes sont indépendantes du genre de vie des animaux et du rôle particulier
qu'ils jouent dans l'univers ; elles existent en dehors de ces circonstances, elles persistent en dépit de leurs variations, elles
semblent tenir à l'essence même des espèces ou des groupes
d'espèces que l'on considère, et leur imposent le cachet qui les
distingue par un caractère invariable et absolu ; les autres, qui
sont moins essentielles, se rattachent uniquement au genre de vie
des animaux, et montrent avec quelle souplesse et quel art la nature, sans détruire le type idéal, a su l'adapter aux fins les plus
opposées.

Distinguer ces deux sortes de caractères, retrouver le type
idéal, le plan commun dissimulé par ces modifications, voilà
l'œuvre suprême de l'anatomie comparée.

Mais dans cette recherche on rencontre un écueil dont un philosophe prudent doit éviter le danger. Si, en effet, on ne tenait
compte que des modifications qui tiennent uniquement au genre
de vie des animaux, on serait amené à dire qu'il n'y a qu'un seul
type dont les diverses réalisations ne diffèrent que par un degré
de plus ou de moins dans l'ordre du développement. Si, au contraire, on reconnaît l'importance que les formes ont par elles-
mêmes indépendamment des circonstances particulières, on
arrive à voir qu'un type très-général comprend un certain nombre
de types secondaires formant des groupes de plus en plus restreints, mais tous bien caractérisés.

La classe des oiseaux nous en offre un exemple frappant.
Malgré les ressemblances qui la rattachent aux autres classes de
vertébrés, et principalement aux reptiles, elle nous montre un
type à part, absolument distinct et nettement défini. Il y a, sui-

vant l'expression d'Étienne Geoffroy, « un type secondaire et particulier pour les oiseaux (1). »

Ce type, d'autre part, est adapté à une fonction spéciale, à celle de la locomotion aérienne. Les ailes des oiseaux, destinées à exécuter les mouvements du vol, sont, on peut le dire, des machines de précision. Le reste du corps se dispose pour concourir à cette fonction; tout y est subordonné, l'agencement des membres postérieurs, la forme même du tronc, les dimensions de la queue et du cou, la forme, le volume et le poids des viscères abdominaux, le détail des organes respiratoires. Le corps entier est pénétré d'air, les plumes qui le recouvrent ou qui prolongent les ailes sont comme un symbole de sa légèreté.

Ces êtres aériens semblent aussi chercher la lumière ; ils en sont comme un reflet. La nature a répandu sur eux ses plus vives couleurs et en a fait sa parure; ils en sont encore les chantres harmonieux, et les mélodies de leur voix charment encore plus l'oreille que leurs brillantes peintures ne ravissent les yeux.

Cependant les mêmes qualités ne sont pas données à tous, et l'unité, la constance du type chez les oiseaux n'empêche pas l'existence de variétés nombreuses et bien définies. Il y en a qui sont dépourvus de la faculté de voler, et qui ne peuvent se mouvoir avec aisance que sur la terre ou dans un milieu liquide. Les autres sont plus ou moins capables de s'élever dans les airs, mais suivant qu'ils sont mieux conformés pour nager, pour marcher, pour courir, pour sauter, pour se tenir debout immobiles, pour gratter la terre, ou encore pour saisir avec leurs pattes, soit les branches des arbres sur lesquelles ils veulent se percher, soit les objets dont ils font leur nourriture, suivant la forme de leur bec, variant depuis le crochet aigu et tranchant de l'oiseau de proie jusqu'à l'aiguille fine et déliée de l'oiseau-mouche, qui pompe le nectar des fleurs, suivant la manière dont le reste du corps s'adapte à ces fins différentes, ils offrent à nos yeux un si grand nombre d'espèces que l'esprit se perdrait au milieu

(1) *Annales du Muséum*, t. x, 1807. Considérations sur les pièces de la tête osseuse des animaux vertébrés et particulièrement sur celles du crâne des oiseaux. Conclusions.

de cette multitude s'il n'existait pas des caractères plus ou moins généraux, grâce auxquels on peut grouper toutes ces espèces en genres, en familles et en ordres, et représenter la classe des oiseaux par un tableau facilement intelligible.

Ces groupes ne reposent pas sur des distinctions artificielles ; car les animaux qui les composent sont réunis par des caractères communs, et ils se ressemblent plus entre eux qu'ils ne ressemblent aux autres, non-seulement par leurs organes, mais encore par leurs mœurs que la vue seule de ces organes pourrait nous révéler. Mais cette ressemblance ne va pas jusqu'à l'uniformité. Il y a un certain degré de variabilité qui n'altère pas les caractères distinctifs du groupe. La persistance de ces caractères donne la preuve la plus certaine qu'il y a bien pour chaque groupe un type particulier. Les partisans des doctrines de Lamarck et de Darwin sur la mutabilité des espèces veulent expliquer la constance de ce rapport par un lien du sang, une véritable parenté. Mais l'ancêtre commun, la souche commune dont ils nous affirment l'existence échappe complétement à nos regards, nous le cherchons en vain, et la seule chose que nous saisissions avec un degré suffisant de certitude, c'est le type idéal, le plan, la loi commune qui règle les rapports de tous ces êtres à la fois si divers et si semblables.

ESSAI

SUR

L'APPAREIL LOCOMOTEUR DES OISEAUX

PREMIÈRE PARTIE.

Type idéal de l'appareil locomoteur dans l'embranchement des vertébrés et dans la classe des oiseaux.

HISTORIQUE. — Il pourrait paraître superflu de reproduire ici l'histoire de l'anatomie philosophique, racontée déjà bien assez de fois pour que les détails en soient connus de tous ceux qui s'occupent de ces questions, et certainement nous nous serions abstenus d'y revenir s'il ne nous avait pas semblé nécessaire de la traiter à notre point de vue particulier en insistant sur les faits auxquels nous attachons le plus d'importance.

Il y a des idées générales que l'on retrouve à toutes les époques de l'histoire, comme s'il était dans la nature de l'esprit humain de les apercevoir immédiatement par un simple effet de la raison. Ces idées ne changent pas et on ne trouve de différence que dans la manière dont elles sont exprimées. Telle est celle qui nous fait saisir le lien intime qui réunit tous les êtres sensibles et doués de mouvement que l'on a désignés sous le nom d'animaux.

L'antiquité l'a exprimé par la voix d'Aristote, lorsque ce philosophe a dit qu'il y avait des caractères qui sont communs à tous les corps vivants et d'autres qui sont particuliers à chacun d'eux, lorsqu'il a séparé les corps animés (ἔμψυχα) de ceux qui ne le sont pas (ἄψυχα), lorsqu'enfin envisageant l'organisation des animaux il a

distingué ceux qui ont du sang (ἔναιμα) de ceux qui selon lui n'en
ont pas (ἄναιμα). En établissant cette grande division du règne
animal, ce n'était pas seulement des différences qu'il indiquait, c'était
surtout des ressemblances qu'il mettait en lumière ; il montrait
immédiatement le lien qui rattache entre eux les animaux qui depuis
ont reçu le nom de vertébrés, et faisait pressentir les analogies que
l'on retrouve parmi ceux qui sont dépourvus de vertèbres.

Pendant longtemps cette synthèse a suffi. Elle donnait un moyen
facile de vulgarisation et les hommes qui travaillaient au progrès de
la science pouvaient se borner à corriger et à perfectionner sans toucher à la base de l'édifice. C'est ainsi que, lorsqu'on eut reconnu, après
les travaux de Harvey, Willis, Malpighi, Leuwenhoeck et Swammer-
dam, que la plupart des animaux possèdent réellement du sang, on se
contenta de remplacer le mot d'animaux exsangues par celui d'animaux
à sang blanc.

On eût peut-être marché indéfiniment dans cette voie s'il ne s'était
produit deux faits, dont l'un résulta du progrès des études anatomiques, l'autre du progrès des études zoologiques :

Vésale et ses disciples, en démontrant que Galien avait écrit la plupart de ses descriptions d'après des singes et non d'après l'homme,
attirèrent l'attention sur les caractères qui distinguent l'homme des
animaux et ceux qui distinguent les animaux les uns des autres, et dès
lors ce furent les différences bien plus que les ressemblances et les
analogies qui fixèrent l'attention des observateurs.

D'un autre côté, les études de zoologie, que le xvie siècle vit re-
naître en même temps que les autres branches des sciences naturelles,
eurent d'abord pour objet de dresser un grand catalogue dans lequel
étaient comprises les espèces exotiques nouvellement connues, dont le
nombre croissait en raison des progrès de la navigation. On chercha
d'abord à reconnaître celles qui avaient été désignées par Aristote et
les noms consignés dans les écrits de cet auteur furent appliqués avec
plus ou moins d'exactitude, mais bientôt on se trouva dépassé et on
ne tarda pas à reconnaître la nécessité d'une nouvelle synthèse. Après
des essais dont le plus remarquable est celui de Jean Ray, ce fut Linné
qui la donna dans son *systema naturæ;* mais l'œuvre de Linné, incomplète sous certains rapports, à cause des lacunes qui existaient dans
l'étude de l'organisation, garda aussi l'empreinte du caractère analytique des travaux qui l'avaient précédée. La grande division binaire du
règne animal disparut ; il n'y eut plus que des classes, toutes de même
degré, et l'ensemble des animaux à sang rouge ne fut plus considéré
comme formant un groupe unique.

Ce fut Lamarck qui revint à l'idée d'Aristote en créant le mot d'animaux vertébrés et en distinguant d'une part les vertébrés et d'autre

part les invertébrés ou animaux sans vertèbres. Cuvier s'empressa d'adopter cette manière de voir, qui répondait si bien à sa pensée qu'il prétendit en avoir eu de son côté la conception (1). Il y joignit l'idée de diviser la totalité du règne animal en quatre grands embranchements comprenant chacun un certain nombre de classes.

Henri de Blainville, disciple à la fois d'Etienne Geoffroy, de Lamarck et de Cuvier, mais cherchant à ne relever que de lui-même, et, soit qu'il acceptât ses idées ou qu'il les conçût par sa propre force, leur imprimant toujours un cachet individuel, adopta en la modifiant la pensée de Cuvier. Les quatre embranchements de Cuvier deviennent pour lui des types, ce qui implique une distinction plus grande, et il en sépare un cinquième groupe, celui des Amorphozoaires, que plus tard Henri Milne Edwards, adoptant une des idées les plus ingénieuses de Dujardin, a désignés sous le nom de sarcodaires.

H. de Blainville, cherchant pour tous les animaux un caractère commun, le trouvait dans la présence du tube digestif que les sarcodaires seuls peuvent ne pas posséder; puis la forme générale du corps, déterminée par les organes de la sensibilité et du mouvement, lui donnait quatre groupes répondant à ceux de Cuvier.

Sans abandonner le point de vue général, il inaugurait par ses travaux le commencement d'une nouvelle analyse qui se poursuit aujourd'hui et n'est pas encore terminée. La synthèse de Cuvier reste comme un flambeau en attendant la fin de ce long travail.

Les zoologistes étaient revenus graduellement, sous une forme nouvelle, à l'unité du règne animal; il fallait aussi que les anatomistes, après une analyse approfondie, revinssent graduellement à la synthèse.

On la chercha d'abord dans l'étude des animaux vertébrés, et on y fût certainement arrivé par la marche régulière de l'anatomie comparée.

Belon en indiquant l'idée de cette science dès le xvi⁰ siècle, au début de la renaissance ; Vicq d'Azyr (2) en fondant véritablement l'anatomie comparée par la comparaison des organes de l'homme avec ceux des animaux et par la comparaison des organes analogues qui se retrouvent dans un même animal, enfin en proclamant « cette admirable unité qui rapporte tout au même modèle » ; Cuvier en groupant les animaux des divers embranchements et en poursuivant la comparaison des organes dans leurs divisions principales, affirmèrent l'exis-

(1) Ses études sur les mollusques et les annélides l'y avaient préparé.

(2) Le nom de Vicq d'Azyr ne peut être séparé de celui de Daubenton, qui fut son maître et son guide, et qu'il regardait lui-même comme le fondateur de l'anatomie comparée.

tence de cette science ; mais la marche qu'ils suivaient, subordonnée à l'examen graduel et attentif des faits, était nécessairement d'une grande lenteur.

Une voie plus rapide fut suivie par les fondateurs de l'anatomie philosophique.

Buffon, le premier, affirma l'idée, plus tard développée par Göthe et par Etienne Geoffroy, de l'existence d'un type idéal commun.

Göthe, après avoir débuté par son mémoire sur la présence de l'os intermaxillaire chez l'homme (1786), après avoir ensuite développé sa théorie de la métamorphose des plantes (1795), s'efforça de démontrer la nécessité de concevoir, soit pour les végétaux, soit pour les animaux, un type idéal auquel on pût comparer toutes les descriptions particulières. Göthe interrompit ces travaux scientifiques pour exécuter les œuvres qui lui valurent sa grande gloire littéraire, mais les idées générales dont il s'était inspiré se répandaient alors dans toute l'Allemagne et ce fut de là que sortit une synthèse qu'il avait aperçue sans en faire immédiatement l'objet d'un travail capable de lui assurer la priorité.

Retrouver dans le squelette de la tête une suite de segments analogues à ceux de la colonne vertébrale, telle est l'idée qui, sous le nom de théorie vertébrale de la tête, devint bientôt l'objet de toutes les discussions. Aperçue déjà par Lieutaud, Burdin, Franck, Kielmeyer, Autenrieth et Duméril, elle fut décidément enseignée et complétement formulée par Oken.

Oken, en 1807, publia sa théorie sur la signification des os du crâne (Bedeutung der Schädelknochen) qui fonda l'anatomie philosophique ou anatomie de signification indiquée seulement par Vicq d'Azyr qui en avait eu la conception, mais qui n'en avait cherché l'application que dans la comparaison des membres thoraciques avec les membres abdominaux. La conception d'Oken reposait sur une idée vraie, mais il n'en fut pas de même pour l'ensemble de son œuvre, qui est restée enveloppée dans des nuages obscurs.

La tendance de la philosophie allemande était alors de chercher à devancer l'observation des faits en s'efforçant de les prévoir. Mais pour cela il fallait trouver un criterium, un guide, une notion assez indépendante des faits pour les dominer.

La philosophie allemande paraît s'être égarée dans la recherche de cette notion. Sans parvenir à dégager un principe vraiment dominateur, elle s'est attachée à quelques idées générales dont certainement on doit tenir compte et dont on peut tirer quelques lumières, mais auxquelles il ne faut pas se soumettre complétement, sous peine de dévier et de se laisser entraîner à des erreurs. Tel est le principe : Tout est dans tout ; telle est l'idée de la polarité, c'est-à-dire de la répétitition des mêmes parties aux deux extrémités d'un axe ; celle de vouloir tout subordonner aux formes symétriques et régulières ou aux nombres ; celle de vouloir retrouver partout le même nombre d'éléments sous prétexte que le budget de la nature est invariable ; l'emploi abusif du mot unité de composition dans le sens d'unité de conformation ou d'unité de type.

D'ailleurs toutes les propositions d'Oken et de ses disciples ne sont pas déduites de ces principes ; le rêve et la fantaisie y jouent aussi leur rôle. Aujourd'hui leur trace est presque entièrement abandonnée par les Allemands, qui demandent tout à l'embryologie, tombant ainsi dans un excès contraire.

Cuvier ne voulut pas se laisser entraîner dans ce courant. Espérant tout de l'observation lente et méthodique des faits, il s'appliqua surtout à réfuter des erreurs qui lui semblaient entraver le progrès régulier de la science, et se contenta d'énoncer les deux principes qu'il nomma la loi de la corrélation des organes et la loi des conditions d'existence. Il repoussa complétement la théorie vertébrale du crâne.

Henri de Blainville ne partagea pas cette abstention. Lui aussi cherchait un guide dans des principes philosophiques préalablement conçus, mais ces principes étaient moins indépendants des faits que ceux admis par les disciples d'Oken.

Prenant pour point de départ la définition même de l'animal, considérant que l'animal est avant tout caractérisé par la sensibilité, que, parmi ses appareils, celui de la sensibilité doit être dominateur, que par conséquent on doit donner la première importance aux centres nerveux, il voyait chez les animaux articulés intérieurement les segments du corps coïncider avec ceux du système nerveux, et de là il arrivait, comme Oken, à diviser la tête en segments semblables à ceux de la colonne vertébrale. H. de Blainville restait dans la juste mesure ; il possédait un principe, il en déduisait des corollaires certains.

Etienne Geoffroy Saint-Hilaire a été en France l'apôtre le plus ardent de l'anatomie philosophique ; il substitua presque ce nom à celui d'anatomie comparee, tandis que Blainville préférait, avec les Allemands, celui d'anatomie de signification.

Il a partagé en grande partie les idées de Göthe, surtout celle de l'unité de composition et celle de la métamorphose, mais on ne saurait le regarder comme un imitateur. Toute son œuvre lui appartient réellement. Il a formulé la théorie des analogues, posé des principes qu'il nomma loi des connexions, loi d'affinité de soi pour soi, loi du balancement des organes ; dans le détail des faits, il montre une originalité toute particulière, et tout ce qu'il avance mérite d'être pris en considération ; car, lors même qu'il se trompe, il force de réfléchir, et la critique de ses erreurs nous conduit à la vérité. L'étendue de ses vues est surtout remarquable.

En faisant intervenir parmi les éléments auxquels il demandait la solution des problèmes d'anatomie philosophique l'étude de l'embryon et celle des monstruosités, il a fondé une science nouvelle, celle de la tératologie.

Cuvier, forcé par sa position de combattre les erreurs d'Etienne Geoffroy, aussi bien que ses opinions paradoxales, que des disciples enthousiastes s'empressaient de répandre comme des vérités démontrées, critiqua Etienne Geoffroy avec trop de sévérité ; il sembla méconnaître la grandeur des conceptions de son adversaire, mais il faut dire que leur lutte fut interrompue trop tôt par la mort de Cuvier, en sorte qu'il est impossible de porter un jugement complet, comme on l'eût fait si cette controverse eût été poussée jusqu'au bout.

C'est à la suite de ces travaux et des discussions auxquelles ils donnèrent lieu que Richard Owen, élève à la fois de Cuvier et d'Etienne Geoffroy, entreprit de donner une théorie du squelette vertébré; mais avant d'en parler nous entrerons dans quelques détails sur la manière dont le squelette a été envisagé par ses prédécesseurs et ses contemporains:

Belon, le premier, a comparé os à os le squelette des oiseaux au squelette humain. La même méthode est suivie par les auteurs qui viennent après lui jusqu'à Vicq d'Azyr. L'homme est pris pour terme de comparaison et on s'applique surtout à chercher les différences qui caractérisent les animaux, sans se préoccuper de démontrer l'unité du règne animal, que d'ailleurs on ne paraît pas mettre en doute.

Vicq d'Azyr suit encore le même procédé, mais en outre il inaugure l'anatomie philosophique en faisant la comparaison du membre thoracique avec le membre abdominal.

Cuvier ne va pas plus loin que Vicq d'Azyr ; tout son effort se borne à chercher telle ou telle pièce osseuse dans la série des vertébrés ; mais dans cette recherche il montre sa sagacité par la manière dont il réussit plusieurs déterminations difficiles. Il a complétement repoussé la théorie vertébrale du crâne ; mais en même temps il décrivait le crâne comme composé de trois ceintures osseuses. C'était principalement sur la détermination des pièces basilaires que portaient ses objections, et il faut avouer que les travaux des embryologistes sont venus leur prêter un certain appui.

Göthe (1) affirme comme un principe l'unité de composition. Ce principe, qui dérive d'une idée vraie, celle d'un plan commun, mais qui est par lui-même absolument faux, puisqu'il n'est pas vrai que le

____

(1) Œuvres d'histoire naturelle, traduction de Charles Martins.

nombre des pièces osseuses soit le même dans toutes les espèces de vertébrés, l'a pourtant conduit à vérifier la présence de l'os inter-maxillaire chez l'homme.

D'autre part, il a conçu de son côté la théorie de la composition vertébrale du crâne, mais ce fut seulement en 1820 qu'il publia sa manière de voir à ce sujet.

Suivant Göthe, le crâne se compose de six vertèbres dont trois appartiennent au crâne proprement dit et trois à la face :

« La tête des mammifères se compose de six vertèbres : trois pour
« la partie postérieure enfermant le trésor cérébral et les terminaisons
« de la vie divisées en rameaux ténus qu'il envoie à l'intérieur et à la
« surface de l'ensemble ; trois composent la partie qui s'ouvre en
« présence du monde extérieur, qu'elle saisit, qu'elle embrasse et
« qu'elle comprend.

« Les trois premières sont admises, ce sont : l'occipital, le sphé-
« noïde postérieur, le sphénoïde antérieur. Les trois dernières ne sont
« pas encore admises, ce sont : l'os palatin, la mâchoire supérieure,
« l'os intermaxillaire. »

Cette conception, à peine esquissée par Göthe, fut ensuite complétement développée par Carus.

Oken est celui qui, le premier, a comparé entre eux les divers segments du squelette d'un animal vertébré, de la même manière que, peu de temps après, Savigny compara entre eux les segments d'un animal articulé, et, de même que Savigny, suivi depuis par Strauss-Durkheim, Audouin et H. Milne Edwards, décomposa la tête d'un insecte ou d'un crustacé, Oken a décomposé en segments la tête d'un mammifère.

Oken considère le squelette comme formé d'une colonne vertébrale supportant des appendices latéraux.

Il conserve pour la vertèbre et ses diverses parties les définitions et les dénominations adoptées jusque-là par les anatomistes, c'est-à-dire que la vertèbre se compose, comme à la région dorsale, du corps vertébral et de l'arc osseux qui entoure la moelle.

Les appendices sont de deux sortes : d'une part les côtes, enfermées et enfouies dans les tissus, pouvant s'unir par leurs extrémités, soit directement, soit par l'intermédiaire d'autres pièces, avec celles du côté opposé, et d'autre part les membres qui sont des *appendices libres*, avec leurs extrémités flottantes.

Le crâne renferme un certain nombre de vertèbres et d'appendices. Oken admet d'abord trois vertèbres crâniennes, dont chacune répond à un organe de sensation spéciale : l'auditive, la maxillaire ou gustative, l'optique. Plus tard (1), il ajoute une vertèbre faciale, l'olfactive,

(1) *Esquisse d'un système d'anatomie, de physiologie et d'histoire naturelle*, Paris, 1821, et *Naturphilosophie*, 1843.

ce qui porte à quatre le nombre des vertèbres céphaliques. L'intervalle de deux vertèbres correspond à un trou de conjugaison et laisse passer une paire nerveuse en même temps que les nerfs de sensation spéciale.

L'organe de sensation peut être enfermé dans une enveloppe osseuse particulière comme cela se voit pour l'organe de l'ouïe.

Les appendices ou membres de la tête sont la mâchoire supérieure et la mâchoire inférieure. La mâchoire supérieure, ou antérieure, est comparée par Oken au membre thoracique, et il s'efforce d'y retrouver tous les os de ce membre, depuis ceux de l'épaule jusqu'à ceux de la main ; il compare en même temps la mâchoire inférieure au membre abdominal et il croit y retrouver tous les os de ce membre, depuis ceux du bassin jusqu'à ceux du pied. Oken tombe ici dans des exagérations qu'il aurait peut-être évitées s'il n'était pas parti de cette idée que la tête est la répétition du tronc. Telle est, réduite à sa plus simple expression, la théorie d'Oken qui devint le point principal autour duquel roulèrent toutes les discussions de l'anatomie philosophique.

Bojanus (*Anatome testudinis Europeæ*, 1811) divise comme Oken le crâne en quatre vertèbres.

Meckel (*Beiträge zur vergleichenden Anatomie*, 1811) n'en admet que trois. Il regarde l'ethmoïde et l'os pétreux comme des corps de vertèbre, l'hyoïde comme un sternum.

Spix a exposé dans un ouvrage intitulé *Cephalogenesis* (1815) des idées qui se rapprochent beaucoup de celles d'Oken, mais qui cependant en diffèrent sur quelques points ; car, bien loin d'en être le simple imitateur, il le critique et cherche à le corriger. Il veut s'appuyer sur les principes philosophiques les plus élevés et puise dans son érudition le moyen de rattacher ses vues à celles d'Aristote reproduites plus tard par Mundini et Albinus.

Il trouve l'idée de polarité dans Aristote. Il trouve dans le même auteur la division du tronc en trois ventricules : l'inférieur ou abdominal, le moyen ou thoracique, le supérieur ou céphalique, qui répondent aux trois fonctions : nutritive, sensitive, rationnelle. Mundini et Albinus ont décrit dans trois chapitres différents les organes qui appartiennent à chacun de ces ventricules et ont suivi un ordre physiologique, tandis que Galien et Vésale ont suivi l'ordre purement anatomique en décrivant les organes par systèmes.

Il ajoute que la tête, étant le microcosme ou la répétition du corps entier, doit contenir trois régions qui répondent aux trois ventricules. Lieutaud a trouvé dans le crâne trois fosses, la fosse orbitaire, la fosse latérale, la fosse postérieure. Anthenrieth a enseigné que dans la tête, comme dans un pôle opposé au bassin, les autres ventricules, c'est-à-dire les régions thoracique et abdominale, se répètent. Mais

Oken a eu tort de voir dans la tête le pôle positif, dans l'abdomen le pôle négatif; il a eu tort de voir dans le crâne quatre vertèbres, ce n'est là que de la théorie.

Spix au contraire prétend s'appuyer sur l'expérience. Partant des principes que nous venons de rappeler, il admet trois vertèbres crâniennes : l'antérieure, crânio-céphalique ou frontale, la moyenne, thoraco-céphalique ou pariétale, la postérieure, abdominali-céphalique ou occipitale, qui répondent chacune à un des trois ventricules de la tète.

D'autre part, la face comprend trois parties : une supérieure ou antérieure qui reproduit le cou et le larynx, une moyenne qui reproduit le thorax, une postérieure qui reproduit l'abdomen. C'est en cherchant à pousser cette assimilation jusque dans le détail des pièces osseuses qu'il tombe dans les aberrations les plus étranges (1).

Mais ces erreurs ne doivent pas nous faire oublier le mérite de Spix. Il a prononcé le mot archétype qu'adopta plus tard R. Owen et indiqué (dans la table du moins) la distinction entre les homologies générales et les homologies spéciales sur lesquelles cet auteur a tant insisté.

Victor Carus a exposé ses idées dans son *Traité élémentaire d'anatomie comparée* (1818, 2ᵉ éd., 1834) et dans ses *Recherches d'anatomie philosophique ou transcendante sur les parties primaires du squelette osseux ou testacé* (1828).

Pour lui, toute pièce osseuse devient une vertèbre et peut toujours être primitivement rapportée à la forme de l'os dicône de Dutrochet (2). Pensant comme cet auteur que toute pièce osseuse a d'abord la forme d'un double cône qui est celle des corps vertébraux, il admet trois sortes de vertèbres, qu'il nomme proto-vertèbres, deuto-vertèbres, trito-vertèbres. Les unes sont situées dans l'axe du corps (côtes, lames de l'arc médullaire, corps de vertèbres, pièces du sternum); les autres forment des rayons, ce sont des vertèbres rayonnantes (os des membres, rayons des nageoires). Il admet aussi trois sortes de pièces osseuses : les unes qui appartiennent aux viscères et qui forment le *splancho-squelette*, d'autres qui appartiennent à la peau et qui forment le *dermato-squelette*, d'autres enfin qui forment le squelette proprement dit ou *névro-squelette*.

Carus, à l'exemple de Göthe, compte dans la tête 6 vertèbres dont 3 appartiennent au crâne et 3 à la face. Il y a de plus 3 intervertèbres qui sont interposées entre les 3 vertèbres crâniennes. Nous allons les décrire en laissant de côté sa terminologie.

(1). V. pour plus de détails : Camille Bertrand, *Conformation osseuse de la tête;* Masson, 1862.

(2) V. *Bulletin de la Société philomatique,* 1821.

Les trois vertèbres crâniennes sont:

1° La vertèbre occipitale, qui a pour corps le basilaire occipital, pour arc supérieur les occipitaux latéraux et l'occipital supérieur, pour arc inférieur des côtes occipitales enveloppant le commencement de l'aorte chez l'esturgeon. (Jean Müller les nomme apophyses transverses inférieures, et R. Owen parapophyses.)

2° La vertèbre centricipitale, composée du sphénoïde postérieur, des grandes ailes du sphénoïde et des pariétaux. Les côtes formant l'arc inférieur sont les os ptérygoïdiens.

3° La vertèbre syncipale, composée du sphénoïde antérieur, des ailes antérieures du sphénoïde, et des frontaux. Les côtes sont les crochets ptérygoïdiens du sphénoïde.

4° La 1re vertèbre faciale, ou vertèbre nasale, composée du vomer, de la lame perpendiculaire de l'ethmoïde, des lames latérales de l'ethmoïde et des nasaux. Les côtes sont les os palatins.

5° La 2e vertèbre faciale ou vertèbre maxillaire composée de la cloison cartilagineuse du nez, des cornets du nez, des cartilages supérieurs du nez. Les côtes sont les maxillaires supérieurs.

6° La 3e vertèbre faciale, ou vertèbre inter-maxillaire, composée du prolongement intérieur de la cloison cartilagineuse du nez et des cartilages des ailes du nez. Les côtes sont les os intermaxillaires.

Les trois intervertèbres sont :

1° Entre la vertèbre occipitale et la vertèbre centricipitale, la vertèbre auditive, composée d'un segment postérieur et d'un segment antérieur.

Le segment postérieur se compose de l'os interoccipital postérieur, des portions mastoïdiennes du temporal, de la partie postérieure du rocher qui comprend les canaux semi-circulaires. Les côtes sont les cercles tympaniques ou portions postérieures des os carrés.

Le segment antérieur se compose de l'os interoccipital antérieur, du squammeux, de la partie antérieure du rocher comprenant le limaçon et les rampes. Le corps vertébral manque. Les côtes sont les apophyses zygomatiques du temporal ou portions antérieures des os carrés.

2° Entre la vertèbre syncipitale et la vertèbre nasale se trouve la vertèbre olfactive. Elle se compose de l'os interfrontal (quand il existe), des deux moitiés de la lame cribleuse, de l'apophyse crista-Galli. Elle n'a pas de corps. Elle a pour côtes les lacrymaux.

On voit que Carus, tout en attribuant des côtes à ses vertèbres crâniennes, ne considère pas des segments vertébraux complets avec des arcs inférieurs fermés. Les pièces sternales sont pour lui des trito-vertèbres en série formant une colonne comme les trito-vertèbres qui constituent les corps vertébraux.

Dans la théorie de Carus, les côtes sont des proto-vertèbres, parce qu'elles s'ossifient les premières, les arcs médullaires sont des deuto-vertèbres, parce qu'ils s'ossifient en second lieu, les corps vertébraux sont des trito-vertèbres, parce qu'ils s'ossifient en troisième lieu. Les découvertes de la paléontologie se sont trouvées d'accord avec cette manière de voir en montrant chez les poissons ganoïdes des corps vertébraux cartilagineux avec des arcs supérieurs et des arcs inférieurs ossifiés.

Jean Müller, dans son anatomie des myxinoïdes (1834), où d'ailleurs il nie presque l'anatomie philosophique, admet la division du crâne en trois vertèbres. Mais, pour arriver à cette détermination, il ne s'appuie plus sur des raisonnements philosophiques. L'étude de l'embryon est son seul guide. Or l'axe rachidien étant caractérisé chez l'embryon par la présence de la corde dorsale, la limite de la corde dorsale doit être celle de l'axe rachidien, et comme cette corde dorsale s'arrête au présphénoïde, il n'y a que trois corps vertébraux céphaliques: ceux que l'on a désignés sous les noms de basi-occipital, post-sphénoïde et présphénoïde.

Cependant Müller admet aussi qu'il faut distinguer la corde dorsale proprement dite, c'est-à-dire son axe cellulo-gélatineux, et l'enveloppe fibreuse de cette corde. L'enveloppe fibreuse s'étend plus loin que l'axe cellulo-gélatineux, et Owen en tire cette conclusion que des parties plus antérieures peuvent encore appartenir à la colonne vertébrale.

Une observation importante de J. Müller est celle qu'il a faite relativement aux apophyses transverses. Il distingue deux sortes d'apophyses transverses, à savoir des apophyses transverses supérieures et des apophyses transverses inférieures.

C'est à ces apophyses transverses inférieures que R. Owen a donné le nom de parapophyses, tandis qu'il a réservé le nom de diapophyses pour les apophyses transverses proprement dites.

Ce sont les parapophyses qui, chez les esturgeons par exemple, venant se rejoindre sur la ligne médiane, au-dessous des corps vertébraux, forment un canal particulier où passe l'artère aorte.

Müller rapporte aux apophyses transverses inférieures les pièces osseuses séparées qui à la région caudale des cétacés constituent les os en V.

L'anatomie philosophique allemande passe alors de la phase essentiellement philosophique à une phase en quelque sorte positive où tout ce que ne révèle pas l'étude de l'animal adulte doit être obtenu par celle de l'embryon. On voit poindre cette phase dans les travaux de Spix et de Meckel, mais elle est surtout marquée par les travaux de Bär, de Rathke, de Reichert et de Bischoff.

Bär (Entwickelungsgeschichte der Thiere, 1828) a décrit le développement du système osseux chez le poulet; Rathke chez la couleuvre (Entw. g. der Natter, coluber Natrix, 1839) et chez la tortue (Entw. g. der Schildkröte, 1848); Reichert, chez les batraciens (Vergleichende Entw. g. des Kopfes der nackten ampphibien nebst den bildungs gesetzten des wirbelthier. Kopfes. Königsb., 1838); Bischoff, chez le lapin (Tr. Jourdan, 1848).

Rathke a fait la découverte la plus importante en signalant le premier sur l'embryon des vertébrés supérieurs des arcs disposés comme les arcs branchiaux des poissons.

Il les nomma d'abord arcs branchiaux; puis, comme ils ne supportent pas de branchies, arcs pharyngiens.

L'ensemble des vues de Rathke a été exposé dans son histoire du développement des vertébrés (Entw. g. der Wirbelthiere, 1861) publiée après sa mort par Kölliker. Il retrouve dans le crâne les éléments de 4 vertèbres, mais toutes les pièces du crâne ne résultent pas pour lui du développement de la colonne vertébrale. Si l'on excepte les pièces vertébrales proprement dites, puis les cornes hyoïdiennes, les osselets de l'ouïe, l'os carré, les palatins et les ptérygoïdiens où l'on doit voir de véritables côtes, le reste doit être considéré comme propre à la tête. Les mâchoires supérieures et inférieures, qui ont été comparées aux membres, en diffèrent par le mode de leur développement.

Rathke décrit en outre le développement des corps vertébraux comme se formant dans la masse qui enveloppe la corde dorsale par des pièces latérales qui viennent s'unir au-dessus et au-dessous et d'où partent comme des rayons les prolongements apophysaires.

Reichert a étudié à son tour les arcs branchiaux de Rathke auxquels il a donné le nom d'arcs viscéraux (Ueber die visceral bogen der Wirbelthiere in allegemeinen und deren metamorphosen bei den Vögeln und Saugethieren, Arch. de Müller, 1837). D'autre part il a exposé le développement de la tête des batraciens et des vertébrés en général (l. c. 1838). A l'exemple de J. Müller, il compte seulement 3 vertèbres crâniennes correspondant aux 3 vésicules cérébrales de l'embryon. Les 3 arcs viscéraux antérieurs sont les arcs inférieurs de ces 3 vertèbres.

Reichert a insisté sur la distinction que l'on doit faire entre les os qui résultent de la transformation des cartilages et ceux qui se forment par l'ossification directe d'une membrane ou d'un tissu indifférent, mais on lui attribue à tort la priorité de cette idée, qui a été développée avant lui par Dugès.

Hallmann a publié en 1837 son anatomie comparée du temporal (Vergleichende Anatomie der Schläfenbeins), où il s'est efforcé de déterminer exactement les éléments qui composent cet os chez les mammifères et de les retrouver dans les différentes classes de vertébrés.

Köstlin (Der bau des Knochernen Kopfes in der vier Klassen der Wirbelthiere, 1844) a décrit avec de grands détails la tête osseuse dans les différentes classes de vertébrés. Il repousse la théorie vertébrale du crâne.

R. Virchow, dans son travail sur le développement de la base du crâne (Untersuchungen über die Entwickelung des Schäde!grundes, etc., 1857), admet 3 vertèbres crâniennes.

Kölliker (Entwick. gesch. des menschen und der höheren Thiere, 1861) a insisté sur la distinction des os de membrane et des os de cartilage et sur la composition osseuse du temporal.

Gegenbaur, dans ses éléments d'anatomie comparée (Grunzüge der vergleichenden anatomic, 2ᵉ éd., 1870), repousse complétement l'idée de la composition vertébrale du crâne, en s'appuyant sur ce fait que le crâne primitif ou cartilagineux n'offre aucune trace de division.

Il a émis sur la composition du carpe et du tarse (Carpus und Tarsus, 1864) et sur celle de la ceinture scapulaire des idées qui diffèrent de celles que l'on a le plus généralement professées jusque dans ces derniers temps et qui peuvent être considérées comme nouvelles quoiqu'elles aient été en grande partie proposées par Dugès en 1835. Gegenbaur professe aussi sur la composition de la nageoire pectorale des poissons une théorie qui lui est particulière.

Ce rapide résumé des travaux allemands relatifs à la théorie du squelette montre encore une assez grande diversité dans les opinions des auteurs qui se sont appliqués à ce sujet difficile. Il en est de même en France et en Angleterre.

Etienne Geoffroy est le premier qui ait décrit dans son ensemble un segment vertébral comme composé du corps formant une partie centrale, d'un arc supérieur enveloppant le système cérébro-spinal, et d'un arc inférieur enveloppant le système sanguin.

Il cherche pour type une vertèbre où les deux arcs, soudés au corps vertébral, soient presque semblables l'un à l'autre. Il croit le trouver dans un segment de la queue d'une jeune plie (carrelet, pleuronectes, rhombeus), et, dans ce segment qui lui offre l'exemple d'une vertèbre complète, il compte 9 pièces, à savoir :

1° Une pièce centrale correspondant au corps de la vertèbre, c'est le *cycléal*.

2° Quatre pièces placées au-dessus du cycléal, deux à droite et deux à gauche. Les deux pièces les plus voisines du cycléal correspondent aux lames vertébrales, ce sont les *périaux*. Les deux pièces qui les surmontent et qui forment l'apophyse épineuse proprement dite sont les *épiaux*. Il y a un périal à gauche et un périal à droite, un épial à gauche et un épial à droite.

3° Quatre pièces placées au-dessous du cycléal, à savoir : deux *paraaux* et deux *cataaux*. Les *paraaux* correspondent aux côtes vertébrales, les *cataaux* aux côtes sternales.

La vertèbre typique se compose par conséquent de 9 pièces.

La disposition que nous venons d'exposer est réalisée chez les vertébrés supérieurs ; mais, dans la plie, il y a une différence qui consiste en ce que les épiaux et les cataaux, au lieu d'être l'un à côté de l'autre, sont placés l'un au bout de l'autre. L'un des épiaux reste seul enfoui dans les tissus ; l'autre, articulé avec son extrémité, devient un rayon de la nageoire dorsale, et cela se répète pour les cataaux, dont l'un devient un rayon de la nageoire anale. En raison de cette modification dans l'arrangement des pièces, les dénominations précédentes peuvent être remplacées par celles-ci : *proépial* pour le rayon de la nageoire dorsale, *énépial* pour la pièce de soutien, *métapérial* pour un des périaux, *cyclopérial* pour celui du côté opposé, et de même les pièces situées au-dessous du cycléal peuvent être appelées cycloparaal, métaparaal, entacaal et épicataal.

Faisons remarquer immédiatement que dans cette énumération il n'est pas question des pièces du sternum. Nous aurons à tenir compte de cette remarque.

Nous venons de dire que pour Etienne Geoffroy la vertèbre typique est composée de 9 pièces. Il trouve d'autre part que la tête, en en retirant tout ce qui se rattache à la mâchoire inférieure et à l'appareil hyoïdien, est composée de 63 pièces, et, comme, en divisant le nombre 63 par le nombre 9, on a pour quotient le nombre 7, il en conclut qu'il peut y avoir 7 vertèbres crâniennes.

Les corps de ces vertèbres, énumérés d'avant en arrière, sont désignés par les noms de protosphénal, rhinosphénal, ethmosphénal, entosphénal, hyposphénal, otosphénal et basisphénal. Les quatre derniers seuls existent à l'état osseux ; les trois premiers restent à l'état cartilagineux (excepté chez les oiseaux où ils sont osseux, mais confondus), et c'est pour cela qu'il est difficile de démontrer leur existence.

Et. Geoffroy n'a pas émis d'idées précises sur les homologies des pièces maxillaires supérieures et inférieures.

L'hyoïde et ses arcs sont en série avec le sternum et les côtes vertébrales et sternales, et il en est de même des arcs branchiaux des poissons, qui sont à ses yeux une répétition de la cage thoracique des mammifères.

Il a déterminé la signification des os ptérygoïdiens des reptiles et des oiseaux, et celle de l'os carré qu'il regarde comme formé par la réunion du cadre du tympan et de l'os styloïde, c'est-à-dire du segment de la corne antérieure de l'os hyoïde qui correspond à l'apophyse styloïde de l'homme.

Une de ses idées les plus ingénieuses est celle qui lui a fait retrouver les osselets de l'ouïe des mammifères dans les os operculaires des poissons. Cette idée, qui ne peut plus être soutenue depuis qu'on a constaté la présence d'un repli operculaire dans l'embryon des vertébrés supérieurs, fut le point de départ des recherches que l'on a faites sur la signification des osselets de l'ouïe.

Parmi les élèves d'Et. Geoffroy, il faut compter Augustin Serres et Antoine Dugès.

Serres s'est efforcé d'exposer les lois de l'ostéogénie, et il a surtout insisté sur la loi de symétrie, cherchant à démontrer que tous les grands systèmes de l'économie sont composés de deux parties disposées symétriquement de chaque côté du corps.

Dugès, dans son *Mémoire sur la conformité organique dans l'échelle animale* (1832), remplace le mot d'unité de composition par celui d'unité de conformation. Il pense qu'il n'y a qu'un seul plan pour tout le règne animal et que les différents aspects qu'il présente peuvent être ramenés à quatre lois : 1° loi de multiplicité des organismes ; 2° loi de disposition ; 3° loi de modification et de complication ; 4° loi de coalescence.

Il insiste sur l'idée que les animaux annelés, ainsi que les vertébrés, sont composés de segments semblables ou zoonites (expression employée à la même époque pour les annélides par Moquin Tandon) et donne un tableau comparatif des appendices et des segments distribués en régions homologues. Il soutient que les membres des mammifères sont composés de 5 rayons soudés à leur base, mais libres à leur extrémité.

Dans ses recherches sur l'ostéologie et la myologie des batraciens à leurs différents âges (1835), il n'insiste pas, de même que dans le mémoire précédent, sur la théorie vertébrale du crâne, mais il cherche à déterminer rigoureusement la valeur des pièces osseuses. En employant pour un des os de la tête le terme de malléo-tympanique, celui de central pour un des os du carpe, enfin en montrant que la clavicule n'est pas l'homologue du pubis, il a exprimé dès cette époque des idées qui sont aujourd'hui soutenues par Gegenbaur, Parker et Huxley. Dans ce même travail, il indique la distinction à faire entre la fusion primordiale des os (nommée depuis connation par R. Owen) et leur fusion secondaire, et celle que Reichert a faite après lui entre les os qui résultent de l'ossification des cartilages et ceux qui proviennent de l'ossification des membranes fibreuses. Il a aussi insisté sur la nécessité de tenir compte, pour la conception des diverses régions du squelette et principalement de la tête, des parties qui restent cartilagineuses ou même fibreuses aussi bien que de celles qui subissent une ossification complète.

Vers la même époque, en 1827, H. Milne Edwards, cherchant un moyen terme entre les exagérations d'Et. Geoffroy et l'excessive réserve de Cuvier, entreprit de formuler sous le nom de tendances de la nature les lois qui règlent dans son expansion l'organisation du règne animal. (*Dict. classique d'hist natur.*, art. Organisation des animaux, 1827; — *Introduction à la zoologie*, 1851; — *Leçons sur la physiologie et l'anatomie de l'homme et des animaux*, t. I, 1857.)

Il a énoncé 3 principes : le principe de la division du travail, la loi d'économie, le principe des répétitions organiques, dont on reconnaît l'évidence en étudiant les conditions auxquelles est soumis l'ensemble de l'appareil locomoteur chez les animaux vertébrés.

Henri de Blainville a affirmé pour sa part l'idée de la théorie vertébrale du crâne. Les segments céphaliques étant déterminés comme ceux du tronc par les paires nerveuses et les trous de conjugaison, il trouve dans le crâne 4 vertèbres, parce qu'il y a trois paires nerveuses passant par trois trous de conjugaison qui correspondent en même temps à 3 nerfs de sensation spéciale. Ce sont les vertèbres occipitale, pariétale, frontale et nasale.

Il considère, à l'exemple d'Et. Geoffroy, la vertèbre comme composée d'un corps vertébral, d'un arc supérieur et d'un arc inférieur ; mais en même temps, il désigne avec Oken les côtes comme des appendices non libres, tandis que les membres sont des appendices libres.

Les mâchoires sont les appendices de la tête, mais ce sont des appendices non libres, comme les côtes auxquelles il les compare. Aussi la chaîne hyoïdienne est-elle également un appendice céphalique.

Les pièces du sternum sont désignées par H. de Blainville sous le nom de sternèbres, dénomination qui impliquerait une assimilation avec les corps vertébraux et qui sous ce rapport a le même défaut que le nom de basihyal donné par Et. Geoffroy au corps de l'hyoïde. Cela pourrait faire croire qu'à l'exemple de Carus il voyait dans ces pièces une série qui reproduirait celle des corps vertébraux. Et cependant, de même qu'Et. Geoffroy, il compare bien la série sternale à celle des apophyses épineuses.

Les membres sont pour lui des appendices libres. Mais il n'affirme rien sur les ceintures scapulaire et pelvienne qui en sont la racine.

Henri de Blainville insiste beaucoup sur la réunion de toutes les pièces du squelette en un tout continu par les enveloppes fibreuses des os, qui, par leur ensemble, constituent un système qu'il désigne sous le nom de scléreux (1).

(1) *Voy*. Ostéographie ou description iconographique comparée du squelette et

Les deux élèves les plus célèbres de Henri de Blainville, Pierre Gratiolet et Paul Gervais, ont reproduit ses idées avec de légères modifications.

Gratiolet divise le crâne en quatre vertèbres. Il considère la vertèbre comme formée du corps vertébral, d'un arc supérieur et d'un arc inférieur. Les pièces sternales et hyoïdiennes font partie des arcs vertébraux inférieurs et par conséquent ne peuvent pas être comparées avec les corps vertébraux. Les côtes ne sont plus des appendices ; Gratiolet réserve ce nom pour les parties surajoutées à l'axe, pour les membres. Partant de ce point, il range parmi les appendices non-seulement les membres thoraciques et abdominaux, mais encore les mâchoires. Il ne compare plus les mâchoires avec les côtes, mais il peut les comparer avec les ceintures scapulaire et pelvienne, qui sont les racines des membres thoraciques et abdominaux. Ces ceintures, pour Gratiolet, ne font pas partie de l'axe et lui sont surajoutées comme les parties libres et flottantes qu'elles supportent. C'est là un point important de discussion sur lequel nous aurons à revenir (1).

Paul Gervais, au contraire, adopte l'opinion de R. Owen, qui voit dans les mâchoires, ainsi que dans les ceintures scapulaire et pelvienne, des arcs vertébraux inférieurs, et regarde les membres comme des appendices rayonnants. Il propose de distinguer le segment vertébral sous le nom d'*ostéodesme* (2). D'autre part, il soutient à son tour cette idée, précédemment émise par Dugès, que chaque membre serait formé par la réunion de cinq appendices soudés à leur base, mais distincts à leur extrémité (3).

Il a aussi exprimé l'idée que les membres thoraciques et abdominaux sont d'autant plus semblables dans l'embryon que l'âge de celui-ci est moins avancé.

Hollard, un des disciples les plus distingués de Henri de Blainville, dont il a résumé les principales doctrines dans son *Précis d'anatomie comparée* (1837), a publié en 1854, dans les *Annales d'histoire naturelle*, trois mémoires successifs, où il s'est occupé de déterminer la signification des pièces osseuses de la région temporale.

D'autres anatomistes français, qui ne se rattachent pas directe-

du système dentaire des cinq classes d'animaux vertébrés récents et fossiles pour servir de base à la zoologie et à la géologie, 1841.

(1) *Anat. comparée du syst. nerv.*, 1857. — *Recherches sur l'anat. de l'hippopotame*, 1867. — *Rech. sur l'anat. du troglodytes* Aubryi, dans *Nouv. Arch. du Mus.*, t. II, 1866. Il s'est aussi occupé de la comparaison des membres thoraciques avec les membres abdominaux (*Anat. de l'hipp.*, p. 104).

(2) Théorie du squelette humain, 1856.

(3) De la comparaison des membres chez les animaux vertébrés. (*Mém. de l'Ac. des sc.* de Montpellier, 1853.)

ment à une de ces trois écoles, se sont encore occupés de la théorie du squelette.

Straus-Durkheim (*Anat. comp. du chat*, 1845), a admis 5 vertèbres crâniennes. La 5ᵉ, placée en avant de la 4ᵉ, qu'il nomme ethmoïdale, est désignée sous le nom de vertèbre rhinale.

Lavocat (Recherches sur la détermination méthodique et positive des vertèbres céphaliques, Toulouse, 1861, et Montpellier médical, 1861) admet 4 vertèbres crâniennes : occipito-hyoïdienne ou auditive, pariéto-maxillaire ou gustative, fronto-mandibulaire ou visuelle, naso-turbinale ou olfactive. Il compte, au nombre des éléments distincts des arcs vertébraux, les sommets des apophyses transverses, les facettes pour l'articulation de la tête des côtes, la tubérosité des côtes et leur tête.

Ch. Robin (théorie des analogues, revue critique, *Arch. gén. de méd.*, 1855) a donné son adhésion à la théorie vertébrale du crâne dans un article rédigé à l'occasion des travaux de R. Owen. En 1862 (*Ann. des sc. natur.*) il a publié, avec Magitot, un mémoire où il prouve que les pièces osseuses de la mâchoire inférieure se forment dans un tissu qui n'est pas primitivement à l'état cartilagineux. En 1863 (Mém. de l'ac. des sc.) il a publié un *mémoire sur l'évolution de la notocorde, des cavités des disques intervertébraux et de leur contenu gélatineux,* où il a établi que la notocorde se compose d'un axe celluleux et d'une enveloppe, mais que cette enveloppe reste complétement indépendante des cartilages qui doivent constituer les corps des vertèbres, et que ceux-ci se développent autour d'elle; que les corps vertébraux cartilagineux forment immédiatement des anneaux complets et que c'est par suite d'une erreur d'optique qu'on les décrit comme formés primitivement de deux moitiés; que l'ossification des cartilages des corps vertébraux commence en un point médian à la face dorsale de la notocorde. D'autre part, il apporte de nouvelles preuves pour démontrer que l'apophyse odontoïde de l'axis est formée par le corps de l'atlas.

Camille Bertrand (Conformation osseuse de la tête chez l'homme et chez les vertébrés, 1862) a exposé complétement l'histoire de l'anatomie philosophique, résumé les principales doctrines proposées jusque-là sur la théorie vertébrale du crâne, décrit le développement des vertèbres de la tête, et étudié comparativement leur composition dans les 4 classes de vertébrés. Il admet les vertèbres occipitale, pariétale, frontale et nasale. Ses déterminations se rapprochent beaucoup de celles de R. Owen, mais elles en diffèrent sur quelques points. Ainsi l'arc inférieur de la vertèbre occipitale est constitué, pour lui, par les thyro-hyaux, et non par les membres antérieurs, comme le veut Owen, mais il admet, avec cet auteur, que le corps de l'hyoïde et les cornes syloïdiennes forment l'arc inférieur de la vertèbre pariétale.

Thomas de Tours (Elém. d'ostéol, descript. et comp. de l'homme et des anim. domest., 1865, avec un atlas de 12 planches) admet 4 vertèbres crâniennes.

A. Second (Programme de morphologie, contenant une classif. des mammif, 1862; —Compar. morphol. des vert., du bassin et du stern. chez les oiseaux, 1865) s'est appliqué à l'analyse des divers éléments des vertèbres et s'en est servi pour justifier les divisions des mammifères en 6 types distincts. Il divise les oiseaux en 4 types, d'après l'ensemble de leur squelette.

Ernest Hamy (L'os intermaxillaire de l'homme à l'état normal et pathologique, 1868) a complétement démontré, par l'étude de l'embryon, la présence de l'os intermaxillaire chez l'homme.

Joly et Lavocat (Étude d'anat. philos. sur la main de l'homme, 1852, et diverses communications à l'Acad. des scien.) se sont occupés de la comparaison du membre antérieur avec le membre postérieur.

Ch. Martins (mém. de l'acad. des sc. de Montpellier, 1867) s'est surtout emparé de cette question. Il s'est efforcé de démontrer que les membres thoraciques et abdominaux commencent chez le fœtus par être disposés de la même manière, et que c'est par suite d'une évolution ultérieure que le coude se porte en arrière et le genou en avant. Il voit dans la torsion de l'humérus le principal moyen employé par la nature pour produire ce résultat.

Louis Agassiz, dans ses *Recherches sur les poissons fossiles* (1833-1843), a consacré à la description générale du squelette un chapitre important dont lui-même a déclaré partager le mérite avec son collaborateur Vogt, auteur de l'*Embryologie des Salmones* publiée dans le premier volume de l'*Histoire naturelle des poissons d'eau douce de l'Europe centrale* (1842).

L. Agassiz, soumis, au moment décisif de sa carrière, à l'influence d'Alexandre de Humboldt et à celle de Cuvier, a renoncé à suivre les traces d'Oken et des philosophes de la nature, mais il est entré dans la voie de la nouvelle école allemande, qui rattache tout à l'embryologie. Comme Jean Müller, Agassiz et Vogt prennent pour point de départ l'étude de l'embryon et ne veulent admettre que ce que cette étude leur démontre. Or, pour eux, la corde dorsale ne dépasse pas le basilaire occipital, et, par conséquent, il n'y a qu'une seule vertèbre crânienne, la vertèbre occipitale. Le reste des os de la tête est étranger à l'axe vertébral.

Parmi ces os, les uns résultent de la transformation des cartilages. D'autres se développent en dehors de ces cartilages, les recouvrent, et plus tard, par suite de la résorption de ces derniers, les remplacent complétement ; Vogt les désigne sous le nom de *plaques protectrices*. Toute la partie antérieure du crâne, les pièces des mâchoires, les os du palais, les pièces hyoïdiennes, et, chez les poissons, les arcs branchiaux sont indépendants de la colonne vertébrale. A plus forte raison en est-il de même des membres thoraciques et abdominaux.

Ils admettent aussi des *pièces musculaires*, qui se développent dans l'épaisseur des muscles par l'ossification du tissu fibreux.

Les travaux dont il nous reste à parler sont tous postérieurs à celui de R. Owen, et ils en ont subi l'influence.

Joseph Maclise (article *Skeleton*, dans *Cyclopedia of anatomy and physiology*, 1849) émet plusieurs idées parmi lesquelles nous citerons les suivantes :

Il trouve dans le crâne six vertèbres, mais ce ne sont pas les mêmes que celles décrites par Göthe, qui compte trois vertèbres crâniennes et trois vertèbres faciales.

1° La première, ou occipitale, a pour centre le basilaire occipital, pour arc supérieur les occipitaux latéraux et l'occipital supérieur, pour arc inférieur les cornes styloïdiennes et la partie supérieure de l'os hyoïde (les cornes thyroïdiennes et la partie inférieure de l'hyoïde forment pour lui l'arc inférieur de l'atlas).

2° La seconde, ou pétreuse, a pour centre le rocher, pour arc supérieur le mastoïdien, pour arc inférieur le cadre du tympan et les osselets de l'ouïe.

3° La troisième, ou temporale, n'a pas de centre. Son arc supérieur est l'os squammeux, son arc inférieur est la mâchoire inférieure.

4° La quatrième, ou post-sphénoïdale, a pour centre le post-sphénoïde, pour arc supérieur les grandes ailes du sphénoïde, pour arc inférieur l'arcade zygomatique et le maxillaire supérieur.

5° La cinquième, ou sphénoïdale antérieure, a pour centre le sphénoïde antérieur, pour arc supérieur la petite aile du sphénoïde, pour arc inférieur les palatins.

6° La sixième, ou ethmoïdale, a pour centre l'ethmoïde, pour arc supérieur le frontal, pour arc inférieur le nasal.

Dans cette énumération il n'est parlé ni du vomer, ni du ptérygoïdien. Deux des vertèbres crâniennes de Maclise correspondent aux intervertèbres de Carus.

D'autre part il retrouve l'arc inférieur de la première cervicale dans la corne thyroïdienne et la partie inférieure de l'hyoïde, celui de l'axis dans le cartilage thyroïde, celui de la troisième cervicale dans le cartilage cricoïde, ceux des trois cervicales suivantes dans les anneaux de la trachée. Il ne parle pas des cartilages aryténoïdes.

La clavicule et le coracoïdien sont deux côtes sternales qui appartiennent aux deux dernières cervicales et qui peuvent indifféremment s'articuler avec le sternum.

Une idée fort ingénieuse, qu'il ne faut pas omettre malgré sa singularité, est celle qu'il a eue de placer les deux membres antérieurs d'un homme l'un auprès de l'autre, de manière à figurer une sorte de segment vertébral, qu'il a mis en regard d'un segment de la queue d'un poisson. Dans cette figure, les deux omoplates forment l'arc supérieur de la vertèbre ; les deux coracoïdiens en sont le corps ; les deux humérus représentent les côtes vertébrales ; les deux avant-bras les côtes sternales, et les mains les rayons de la·nageoire anale.

Il démontre que les vertèbres cervicales, lombaires et sacrées sont des côtes vertébrales. A la queue, il retrouve les côtes vertébrales dans les os en V.

Melville (*Ideal vertebra. Proc. zoolog. Soc.*, 1849) décrit la vertèbre, c'est-à-dire un segment de l'endosquelette, comme composé d'un corps, d'un arc supérieur, et de deux sortes d'arcs inférieurs. L'arc supérieur, ou neural, comprend trois éléments ; deux latéraux (*neural laminæ* ou *neuropomata*), un supérieur ou neural mésial (*neural spine* ou *neurecanthe*) qui peut être divisé en deux parties.

L'arc inférieur peut être un arc hémal ou un arc viscéral. L'arc hémal, quand il existe, enferme l'artère aorte ; on l'observe à la queue des poissons; chez le lépidosirène il contient trois éléments : deux latéraux (*hæmal lamina* ou *angiopomata*), un azygos inférieur (*angiacanthe* ou *hemal spine*) qui n'est jamais subdivisé. C'est cette pièce qui, chez l'homme, constitue la pièce médiane inférieure de l'atlas.

L'arc viscéral est placé plus en dehors que l'arc hémal. Il enveloppe toute la masse des viscères. Il se compose d'une pièce médiane divisible (*sternal segment*) et de deux sortes de pièces latérales (côte vertébrale, *vertebral rib, pleura ;* côte sternale, *sternal rib, hypopleura*, composée de trois pièces chez le plésiosaure).

Il y a trois vertèbres crâniennes. L'occipitale se compose du basioccipital, des ali-occipitaux et du supra-occipital. Elle a pour arc hémal le soi-disant corps de l'atlas et pour arc viscéral les cornes postérieures et le corps de l'hyoïde. La pariétale se compose du postpliénoïde, des pariétaux et des alipariétaux : les cornes antérieures de l'hyoïde forment son arc viscéral. La frontale se compose du présphénoïde, des alifrontaux et des frontaux ; elle a pour arc viscéral l'appareil palato-maxillaire, moins les prémaxillaires.

Le squamosal et le mastoïdien sont des os wormiens. Les pièces nasales appartiennent à différentes catégories.

Goodsir (Constitution morphologique de la tête des vertébrés, dans *Edimb. new phil. journ.*, 1857), désigne les segments vertébraux sous le nom de *sclérotomes*. Il en trouve six dans la tête des poissons, des amphibiens, des reptiles (sauf les crocodiles), des oiseaux ; sept dans celle des crocodiles et des mammifères. Il arrive par conséquent à l'idée d'Etienne Geoffroy. Sur certains points il est d'accord avec Maclise. Il met au nombre des arcs viscéraux de la tête de l'embryon les bourgeons maxillaire supérieur, frontal antérieur et frontal médian.

Georges Murray Humphry (*On the human skeleton*, *Cambridge*, 1858) admet quatre vertèbres crâniennes.

Dans un autre ouvrage (*An essay on the limbs of vertebrated animals* 1860) il s'est efforcé de démontrer que les membres antérieurs et les membres postérieurs affectent primitivement les mêmes positions sur les côtés du corps et que c'est uniquement par le progrès du développement qu'ils se tournent en sens inverse.

John Cleland (*Edimb. new philos. journ.*, 1860. *On the vomer in man and the mammalia, and on the sphenoïdal spongy bones*) soutient l'idée que le vomer n'appartient pas à l'axe vertébral.

Thomas Huxley, dans ses leçons d'anatomie comparée (*Lect. on comparative anatomy*, 1864) rejette la dénomination de vertèbres crâniennes, qui ne lui paraît pas d'accord avec la vérité, et donne la préférence à celle de segments. « Quoique le crâne, dit-il, n'ait pas une structure vertébrale, et qu'à l'état fibreux et cartilagineux il ne soit pas segmenté, il acquiert décidément une segmentation quand il est complétement ossifié. » Alors il y a 4 segments, l'occipital formé par le basioccipital, les exoccipitaux et le suroccipital; le pariétal formé par le présphénoïde, les orbitosphénoïdes et les frontaux; le nasal formé par l'ethmoïde, les préfrontaux, les nasaux et le vomer.

Les os qui entourent la capsule auditive ne font point partie du crâne proprement dit et n'y sont qu'enclavés.

Huxley rejette complétement l'expression de membres de la tête et rattache les mâchoires aux arcs inférieurs de la région céphalique, qui peuvent être comparés aux arcs formés par les côtes dans la région thoracique. Il admet 4 arcs inférieurs : le premier, formé par les intermaxillaires, se rattache au segment nasal ; le second, formé par les appareils ptérygo-palatins et les maxillaires supérieurs, se rattache au segment frontal; le troisième, formé par la mâchoire inférieure et son suspensorium, se rattache au segment pariétal; le quatrième, formé par l'arc hyoïdien, se rattache au segment occipital. Mais il n'émet ces propositions qu'avec une grande réserve, faisant observer combien il est encore difficile de faire entrer dans ce système les arcs branchiaux des poissons.

Il insiste beaucoup sur la distinction que l'on doit faire entre le crâne osseux et le crâne cartilagineux, entre les os qui résultent de l'ossification des cartilages primitifs et ceux qui, résultant d'une évolution postérieure, se développent dans les membranes appliquées à ces cartilages ou intercalées entre eux. Partant de cette idée, il démontre que la pièce osseuse qui occupe chez les poissons osseux et les amphibiens la face inférieure de la base du crâne est un os secondaire qui ne fait pas partie de cette base, mais la recouvre seulement, et il donne à cet os le nom de parasphénoïde ; il démontre aussi que le vomer (ou les vomers) est une pièce de même nature appliquée au bord inférieur de l'ethmoïde.

D'autre part, il désigne sous le nom de périotique la masse osseuse qui entoure la capsule auditive, c'est-à-dire le rocher. Il fait voir, à l'exemple de Kerkringius et de Hallmann, que le rocher résulte de la réunion de trois éléments osseux qui sont pour lui le périotique situé en avant et en bas, l'opisthotique situé en arrière et en bas, l'épiotique situé en haut et en dehors. C'est de l'expansion latérale de l'épiotique que résulte chez les mammifères la saillie de l'apophyse mastoïde, l'existence d'un os mastoïdien indépendant du rocher devant être rejetée comme une erreur.

Dans son mémoire sur le marteau et l'enclume (*malleus et incus*, 1869), il s'est occupé de déterminer les homologies des osselets de l'ouïe. Rejetant l'idée qu'il avait d'abord adoptée, à l'exemple de Carus et de Reichert, que l'os carré des oiseaux et des reptiles répond à l'enclume, il s'est arrêté à l'idée, en partie déjà suggérée par Dugès, que l'os carré correspond au marteau.

Dans son *Manuel d'anatomie des vertébrés* (1871) (1), il reproduit la plupart de ces idées ; il abandonne tout à fait la théorie vertébrale du crâne et soutient avec Parker que tout ce qui est au-devant de la corde dorsale est étranger à l'axe vertébral. A l'égard des membres thoraciques et abdominaux, il adopte les idées de Gegenbaur et de Parker.

Kitchen Parker a fait dans les derniers temps les travaux les plus importants sur le développement du crâne et sur celui des os de l'épaule.

Il partage les idées de Huxley sur la nature du vomer et de la pièce osseuse que celui-ci désigne sous le nom de parasphénoïde.

Il démontre que le parasphénoïde répond à deux pièces osseuses qu'il désigne sous le nom de basitemporaux et qu'il retrouve chez les reptiles, les oiseaux et les mammifères.

Dans son mémoire sur le Balœniceps, il admet 4 segments céphaliques ou sclérotomes, l'occipital, le postsphénoïdal, le présphénoïdal et l'ethmoïdal. Il désigne sous le nom d'éléments corticaux les basitemporaux, qu'il rattache au deuxième segment, et le vomer, qu'il rattache au quatrième.

(1) A manual of the anatomy of vertebrated animals, 1871.

Dans ses mémoires sur le développement du crâne des struthidés(1),
de celui du poulet (2), de celui de la grenouille (3), il abandonne tout à
fait la théorie vertébrale du crâne et considère tout ce qui est au devant
de la corde dorsale et se rattache aux trabécules du crâne de Rathke,
comme étranger à l'axe vertébral. En dernier lieu, il voit avec Huxley dans les trabécules des arcs inférieurs préstomaux.

Dans son mémoire sur la ceinture scapulaire (4), il partage et développe les idées de Gegenbaur. Comme cet auteur, il pense que la clavicule ne répond pas au pubis, que c'est un os de formation secondaire
qui est surajouté à l'épaule et manque au bassin. Il désigne par le
nom de précoracoïdien la portion du coracoïdien qui répond au pubis.
L'os que Gegenbaur désigne chez les oiseaux, les reptiles et les ornithodelphes sous le nom d'épisternal est désigné sous celui d'interclavicule par Parker qui, à l'exemple d'Et. Geoffroy et de Dugès, ne la
rattache pas au sternum. Il fait voir que chez les batraciens anoures
la clavicule est appliquée dans toute sa longueur au précoracoïdien
avec lequel elle se soude, tandis que chez les vertébrés allantoïdiens
elle est plus ou moins indépendante ; enfin il admet que chez les
mammifères monodelphes le précoracoïdien est réduit à son extrémité
sternale.

Pour Parker, les ceintures scapulaire et pelvienne ne sont pas formées par des arcs vertébraux inférieurs, elles sont indépendantes de
l'axe du corps et surajoutées à cet axe. Il considère en effet le squelette primitif ou cartilagineux comme composé : 1° d'une partie axile
(colonne vertébrale avec ses arcs supérieurs et inférieurs), axial skelet ; 2° de parties qui se développent entre les éléments axiles et la
peau, accessory skelet, qui comprend : des cartilages labiaux, des capsules pour les organes des sens, des membres. « La ceinture scapulaire et la ceinture iliaque se composent chacune de deux moitiés qui
sont la racine et la base des membres correspondants, et sont sujettes
à la même loi de division verticale et de scissure transversale que le
membre lui-même, qui n'en est que la continuation divergente et libre. »

Outre ce squelette cartilagineux ou endoskeleton, il admet un squelette fibreux qui est la peau et son revêtement, exoskeleton.

A l'égard du mode de développement des os, il distingue 3 variétés :
l'endostose, où l'os se développe dans l'intérieur du cartilage ;
l'exostose, où l'os se développe à la face interne du périchondre ; la
parostose, où l'os se développe dans le tissu fibreux qui sépare la peau

(1) On the structure and development of the skull in the ostrich tribe. Phil.
trans., 1866.

(2) Development of the skull of the common fowl. Phil. trans., 1871.

(3) On the structure and development of the skull of the common frog (rana tem-
poraria). Phil. trans., 1871.

(4) A monograph on the structure and development of the shoulder-girdle and
sternum of the vertebrata. Ray's society, 1868.

du périchondre, dans un tractus fibreux quelconque, ou dans la peau elle-même.

H. Flover, dans son ostéologie des mammifères (*An introduction to the osteology of the mammalia*, 1870),adopte les idées de Parker et de Huxley.

Ed. Cope adopte aussi les déterminations de Huxley dans un travail où l'étude détaillée de l'ostéologie est appliquée à la classification des reptiles. (On the homologies of some of the cranial bones of the reptilia and the systematic arrangement of the class. Dans Proc. of the american assoc., 1871.)

Dans un autre travail, il applique les mêmes principes à la classification des poissons (Observ. on the systematic relations of the fishes, *ibid.*).

Th. Gill (*ibid.* On the classification of the primary groups of the class of mammalia) a fait l'application de ces principes à la classification des mammifères.

Richard Owen, excité par les travaux de ses devanciers, s'est efforcé à son tour d'atteindre à une conception générale du squelette des animaux vertébrés ; il a cherché à dessiner le type idéal que Gœthe avait entrevu comme le but lointain de ses rêves, et, rattachant la pensée de Gœthe à celle de Platon, il l'a désigné sous le nom d'archétype, indiquant par cette expression un type primordial indépendant des réalisations, parce qu'il les embrasse toutes comme autant de cas particuliers.

Son ouvrage, intitulé : *Principes d'ostéologie comparée, ou recherches sur l'archétype et les homologies du squelette vertébré* (1855), est le plus complet qui ait encore été publié sur cette matière, et, si l'on peut discuter quelques-unes des solutions auxquelles il s'est arrêté, on peut dire que toutes ou presque toutes les questions y sont posées et résolues.

Il a voulu, peut-être à tort, parce qu'il ne faut jamais altérer le sens étymologique des noms, établir une distinction absolue entre les mots analogie et homologie.

Il réserve le mot analogie pour désigner les ressemblances qui se rattachent uniquement à la fonction, et celui d'homologie pour désigner les relations qui dépendent uniquement du type idéal.

Analogie. — Partie ou organe qui dans un animal possède la même fonction qu'une autre partie ou un autre organe dans un animal différent.

Homologie. — Le même organe dans différents animaux, sous toutes les variétés possibles de formes et de fonctions.

Dans la recherche du type, on ne doit considérer que les homologies.

Les homologies sont de trois sortes :

L'homologie spéciale indique uniquement que le même os doit être désigné par le même nom chez divers animaux. Pendant longtemps l'anatomie comparée s'est bornée à la recherche des homologies spéciales. Ex : L'os coracoïdien des oiseaux répondant à l'apophyse coracoïde des mammifères ; la détermination des os du crâne dans les différentes classes de vertébrés.

L'homologie générale indique la pièce désignée dans le type commun à laquelle des organes différents peuvent être rapportés. Ex : L'omoplate répond à l'iléon, le basilaire occipital est un corps de vertèbre.

Enfin l'homologie sériale ou homotypie indique la répétition en série d'organes homologues. Ex : L'humérus répond au fémur ; l'humérus d'un côté répond à l'humérus d'un autre côté. Dans le premier cas l'homotypie est longitudinale ; dans le second cas elle est transversale. Ce n'est d'ailleurs qu'une façon particulière d'envisager l'homologie générale.

Cette répétition de parties homologues est encore nommée répétition végétative, expression qui en dit peut-être beaucoup trop et qui nous semble devoir être rejetée si elle n'exprime pas exactement la vérité.

Cuvier s'est occupé d'homologie spéciale, Vicq d'Azyr d'homologie spéciale et d'homologie sériale (comparaison des membres antérieurs avec les membres postérieurs); l'anatomie philosophique s'occupe surtout d'homologies générales et d'homologies sériales.

Le squelette d'un animal vertébré se composant de segments idéalement semblables, il suffit de concevoir le type idéal d'un seul de ces segments pour avoir la conception de l'ensemble du squelette.

Pour arriver à cette conception, il faut étudier le squelette dans toute la série des vertébrés et à tous les états de développement, depuis l'embryon jusqu'à l'âge adulte, mais on ne peut rien conclure si l'on se borne à un groupe de ces animaux où à une phase de leur vie. Par conséquent l'étude de l'embryon ne pourrait suffire, celle de l'âge adulte n'est pas moins importante.

Comme Carus, R. Owen admet un splanchno-squelette, un dermato-squelette et un endo-squelette ou squelette proprement dit.

Chaque segment de l'endo-squelette constitue une vertèbre typique. La vertèbre typique se compose :

1° D'une partie centrale, ou corps de la vertèbre. C'est le *centrum*.

2° D'un arc supérieur qui entoure la moelle épinière (Owen la nomme myelon); c'est l'*arc neural*.

3° D'un arc inférieur qui entoure l'artère aorte, et, dans une région déterminée, les grosses veines et le cœur. C'est l'*arc hémal* ou *hématal*.

Chacune de ces parties offre un certain nombre de détails à noter.

L'arc neural contient à sa base, de chaque côté, une pièce osseuse
en forme de lame, c'est la *neurapophyse*. Les deux neurapophyses
convergent l'une vers l'autre, et l'arc est fermé par l'apophyse épineuse proprement dite ou *neurépine*. Les deux neurapophyses et la
neurépine sont par conséquent les parties constituantes de l'arc neural. On distingue en outre de chaque côté deux apophyses articulaires
ou *zugapophyses* qui se détachent de la neurapophyse correspondante,
l'une en avant, l'autre en arrière, puis encore, de chaque côté, une
apophyse transverse, ou *diapophyse*, qui se détache de la base de la
neurapophyse et de la face latérale du centrum.

Le centrum peut porter à sa face supérieure (dans l'arc neural) une
épapophyse; à sa face inférieure (dans l'arc hémal) une *hypapophyse*. L'apophyse articulaire antérieure peut porter une *anapophyse;* l'apophyse transverse peut offrir à son bord postérieur une
métapophyse.

L'arc hémal comprend d'abord, de chaque côté, une pièce basilaire
qui est la côte proprement dite ou la *pleurapophyse;* puis, à la suite,
de chaque côté, une pièce qui, chez la plupart des mammifères, est le
cartilage de la côte, c'est l'*hémapophyse;* enfin l'arc est fermé par
une pièce médiane, pièce sternale, qui reçoit le nom d'*hémépine*
parce qu'elle répète symétriquement la neurépine.

La pleurapophyse s'articule tantôt avec le centrum, tantôt avec la
diapophyse, tantôt avec les deux. Souvent le centrum envoie à sa
rencontre une expansion osseuse, qui est la *parapophyse*, et qui peut
quelquefois prendre assez de développement pour simuler une côte,
ou d'autres fois s'unir à celle du côté opposé pour former un canal.

Si l'on veut avoir le segment vertébral tel qu'il était envisagé par
Et. Geoffroy, on ajoutera aux sommets de l'arc supérieur et de l'arc
inférieur des pièces osseuses cutanées ou *dermépines*.

Nous venons de décrire les éléments de la vertèbre typique qui
appartient à l'axe du corps. Chaque segment vertébral peut contenir
en outre un ou plusieurs *appendices divergents*, et ces appendices
divergents sont insérés sur l'arc hématal.

La vertèbre typique étant connue, voyons comment elle se comporte dans les différentes régions du corps.

C'est à la région dorsale que la vertèbre se montre habituellement
à l'état complet. Chez les poissons, l'arc hémal n'y est représenté
que par la pleurapophyse, mais un appendice divergent s'y montre
sous la forme d'un stylet osseux attaché à la côte et dirigé en arrière;
ce stylet récurrent existe aussi chez les oiseaux.

A la région lombaire, l'arc hématal est plus ou moins incomplet.

La région sacrée se distingue ordinairement par la soudure d'un
plus ou moins grand nombre de centrums et de leurs arcs nerveux.

Il peut n'y avoir qu'une seule vertèbre sacrée comme chez le ménopome, ou bien le nombre de ces vertèbres peut être considérable comme chez l'autruche. L'arc hémal est représenté par la ceinture des os coxaux. Les iléons sont des pleurapophyses, les ischions des hémapophyses, les pubis sont les hémapophyses d'un autre arc hémal qui manque de pleurapophyses ; les hémépines font défaut. Cet arc hémal supporte deux appendices divergents, qui sont les membres abdominaux et dont la pièce basilaire ou fémorale s'articule à la fois avec la pleurapophyse et avec l'hémapophyse.

A la région caudale, les arcs neuraux peuvent disparaître ainsi que les arcs hémataux. Ces derniers, quand ils existent, sont réduits aux hémapophyses qui se montrent sous la forme d'os en V. Ils peuvent être simulés soit par des parapophyses, comme chez les poissons, soit par des hypapophyses. Des soudures peuvent avoir lieu entre les centrums.

A la région cervicale, les arcs neuraux sont complets. Les arcs hémataux sont incomplets. Tantôt ils sont réduits aux pleurapophyses (ex. oiseaux, crocodiles) ; tantôt ils sont anéantis (mammifères), mais peuvent encore être simulés par des parapophyses ; tantôt encore ils sont complets, et alors les hémépines sont représentées par l'os hyoïde, les hémapophyses par les arcs hyoïdiens, et les appendices divergents peuvent se montrer sous la forme soit de rayons branchiotéges, soit de pièces operculaires.

A la région céphalique, les arcs neuraux s'amplifient pour envelopper le cerveau ; les arcs hémataux sont aussi développés et modifiés dans un autre but.

Cette région contient quatre segments vertébraux.

Le segment occipital conserve mieux que les autres la forme vertébrale. Son centrum est représenté par le basilaire occipital ; son arc neural par les exoccipitaux, les suroccipitaux et des pièces intermédiaires qui sont les *paroccipitaux*. Son arc hématal est formé par la ceinture scapulaire supportant un appendice divergent qui est le membre thoracique.

Le segment suivant est la vertèbre pariétale. Son centrum est formé par le sphénoïde postérieur, ses neurapophyses par les grandes ailes ou alisphénoïdes ; son hémépine par les pariétaux (les interpariétaux ne sont pas indiqués). Son arc hématal est formé par l'os hyoïde et ses branches styloïdiennes ; l'hyoïde est une hémépine, ses branches contiennent l'hémapophyse et la pleurapophyse. Les appendices divergents sont représentés chez les poissons par les rayons branchiostéges.

Vient ensuite la vertèbre frontale. Son centrum est formé par le sphénoïde antérieur ; son arc neural par les petites ailes du sphé-

noïde, dites orbito-sphénoïdes, pour neurapophyses, et les frontaux
pour neurépine. Son arc hématal est formé par la mâchoire inférieure
et n'offre d'appendices divergents que chez les poissons où ces appendices constituent les opercules.

Enfin la quatrième vertèbre céphalique est la vertèbre nasale. Son
arc supérieur est formé par les nasaux pour neurépine, et par les préfrontaux, correspondant chacun à une des moitiés de l'ethmoïde, pour
neurapophyses.

Son centrum est le vomer. Son arc inférieur est formé par la mâchoire supérieure avec les palatins pour pleurapophyses, les maxillaires supérieurs pour hémapophyses , les prémaxillaires pour neu-
répines. Les appendices divergents sont les ptérygoïdiens pour les
palatins ou pleurapophyses, le malaire et le squammeux pour les
maxillaires supérieurs ou hémapophyses.

A chaque trou de conjugaison crânien correspond un appareil de
sensation spéciale : celui de l'ouïe pour le trou occipito-pariétal, celui du goût pour le trou pariéto-frontal ; celui de la vue pour le trou
fronto-nasal ; celui de l'odorat en avant de la vertèbre nasale.

A l'appareil de l'ouïe appartiennent le rocher ou pétrosal, et les osselets du tympan ; à l'appareil du goût, l'os lingual ; à l'appareil de la
vue, les osselets de la cornée (*sclérotal*) ; à l'appareil de l'odorat, les
osselets du nez (*turbinaux*) et le lacrymal. Tous ces os appartiennent
au dermato-squelette.

Chaque vertèbre correspond en outre à une région de l'encéphale,
c'est-à-dire aux régions épencéphalique, mésencéphalique, prosencé-
phalique et rhinencéphalique.

Nous venons d'exposer dans son ensemble la conception de R. Owen.
On voit que dans ce système aucun os du squelette n'est oublié. Rien
d'aussi complet n'a été produit dans cette branche de l'anatomie philosophique.

Mais, au lieu de se borner à voir dans ce travail une œuvre des plus
utiles au progrès de l'anatomie comparée, doit-on le considérer comme
constituant définitivement la science, comme effaçant tout ce qui l'a
précédé, comme devant être le point de départ nécessaire de tout nouveau progrès ? Nous ne pouvons aller jusque-là et il y a plusieurs
points sur lesquels nous ne saurions marcher à la suite de R. Owen.

Nous ne pensons pas que l'on doive adopter son langage. Les dénominations qu'il applique aux différentes parties de la vertèbre typique
offrent de grands inconvénients. Au seul point de vue de l'euphonie,
les mots hémal, neural, tolérables peut-être en anglais; sont bien difficiles à faire passer dans la langue française. Le mot apophyse est
employé d'une manière abusive ; car les parties constitutives des arcs
vertébraux ne sont pas plus des apophyses que les arcs vertébraux

eux-mêmes, et ne doivent pas être désignées par le même terme que les saillies qui s'en détachent. Une lame vertébrale, une côte, ne sont pas des apophyses. Il n'était pas nécessaire de changer à ce point le langage adopté, et nous ne voyons aucune utilité dans cette innovation que R. Owen lui-même nous fournit le moyen de combattre lorsqu'il dit que l'on doit conserver autant que possible les termes employés pour l'anatomie de l'homme. Dans certains cas il est lui-même infidèle à sa nomenclature lorsqu'il applique le nom de parapophyse (1) à l'une des pièces qui constituent l'arc neural des vertèbres crâniennes.

Son idée relative aux appendices divergents est très-ingénieuse ; mais les appendices styliformes des côtes des oiseaux ont-ils bien cette signification ? Est-il également bien exact de considérer l'os ptérygoïdien comme un appendice costal et non comme une côte ?

R. Owen regarde les membres thoraciques comme appartenant à la vertèbre occipitale. Si cette idée peut être acceptable pour les poissons, l'est-elle pour les autres vertébrés, où les membres thoraciques reçoivent leurs nerfs des dernières paires cervicales et des premières paires dorsales ?

Enfin il existe une grande difficulté relativement à la signification de la ceinture scapulaire et de la ceinture iliaque. Est-il bien juste de considérer ces ceintures comme des arcs hémataux ? Gratiolet ne le pensait pas ; et actuellement Parker et Huxbey professent la même opinion. Le vomer n'est certainement pas, comme le dit Owen, un corps de vertèbre.

Telles sont les principales objections que nous croyons pouvoir faire à la théorie de R. Owen. Elles touchent à des questions difficiles dont l'anatomiste philosophe doit chercher la solution.

Parmi les questions débattues que soulève l'étude de l'embryon, nous devons faire observer que, pour Owen, l'extrémité antérieure de l'axe vertébral n'est pas limitée par celle de la notocorde, comme le veulent depuis J. Muller les embryologistes allemands qui pour cette raison refusent d'admettre plus de trois vertèbres crâniennes. Ce n'est que l'axe de la notocorde qui s'arrête à la selle turcique, mais son enveloppe fibreuse va plus loin ; elle forme les deux trabécules qui s'écartent pour passer de chaque côté de la fosse pituitaire et qui se réunissent de nouveau en avant de cette fosse, ce qui fait que la partie de l'arc vertébral constituée par cette enveloppe fibreuse se continue au delà de la selle turcique : elle peut donc fournir encore un corps de vertèbre, et R. Owen se croit ainsi autorisé à compter quatre vertèbres crâniennes.

Ayant indiqué précédemment les travaux qui ont suivi celui de R. Owen, nous n'y reviendrons pas en ce moment.

(1) Dans son Traité d'anatomie comparée, il la nomme diapophyse.

Description du type idéal de l'appareil locomoteur.

Nous allons maintenant essayer à notre tour de décrire le
type idéal de l'appareil locomoteur des animaux vertébrés.
Disons-le toutefois, la conception à laquelle nous nous arrête-
rons n'est pas notre œuvre exclusive ; elle dérive de celle de
Henri de Blainville et appartient en grande partie à notre maître
Pierre Gratiolet, dont les idées sur ce sujet ont été exposées
dans les Recherches sur l'anatomie de l'hippopotame et dans les
Recherches sur l'anatomie du troglodytes Aubryi.

Nous nous servirons des mots *analogie* et *homologie*, mais
nous ne les regarderons pas avec R. Owen comme ayant des si-
gnifications tout à fait opposées. Le mot analogie, terme général, désigne toutes les ressemblances qui ne sont pas des simi-
litudes absolues ; l'homologie, terme plus restreint, désigne un
mode particulier de ressemblance qui résulte de la répétition des
mêmes parties dans des organes composés de la même manière,
en sorte que ces parties, quelques différences de forme et d'aspect qu'elles puissent présenter, doivent toujours porter le même
nom ; par exemple, toutes les vertèbres étant composées de la
même manière, une apophyse transverse est l'homologue d'une
apophyse transverse, etc.

Nous avons à distinguer dans les moyens de locomotion des
animaux des parties principales et des parties accessoires, c'est-
à-dire, d'une part, l'appareil locomoteur proprement dit, chargé
d'exécuter les mouvements, et, d'autre part, des dispositions
accessoires que l'on rencontre dans d'autres appareils, et qui,
sans être les agents directs des mouvements, ont pourtant sur
ceux-ci une influence incontestable. Nous consacrerons à ces dispositions accessoires un chapitre particulier ; en ce moment nous
ne devons envisager que l'appareil locomoteur proprement dit,
c'est-à-dire les parties dures qui servent de leviers, et les puissances qui meuvent ces leviers.

Les leviers constituent pour tous les anatomistes l'appareil
passif de la locomotion, les puissances constituent l'appareil
actif ; nous devons envisager successivement chacune de ces
deux grandes divisions de l'appareil locomoteur.

APPAREIL PASSIF DE LA LOCOMOTION.

L'appareil passif de la locomotion se compose de parties résistantes plus ou moins durcies (cornées, fibreuses, cartilagineuses, osseuses) qui peuvent être situées à la surface de la peau, dans l'épaisseur du derme, au-dessous du derme, ou enfin dans la profondeur de quelque viscère. Carus a indiqué ces variétés en distinguant un dermato-squelette, un endo-squelette et un splanchno-squelette ; H. de Blanville a suivi la même voie en distinguant le squelette situé dans la couche musculaire sousposée à la peau, et le sclérette situé dans la peau ou dans le derme lui-même, et en comptant 6 sortes d'os, à savoir : 1° les pièces dures du squelette, os proprement dits et sésamoïdes ; 2° les pièces dures de la peau ou dermos ; 3° les parties dures qui solidifient la première enveloppe d'un bulbe sensorial ou bulbos ; 4° les parties dures externes ou visibles à l'extérieur, dents, boucles, etc., ou phanéros ; 5° celles de dépôt interne phanérique ou pétros ; 6° quelques autres pièces également solides développées dans d'autres points de l'organisme, et que l'on pourra désigner sous le nom d'endéros ou internos.

Nous admettrons aussi pour notre part un exo-squelette, un dermato-squelette, un endo-squelette, et un splanchno-squelette. Mais il ne suffit pas d'énumérer ces variétés, il est utile de les rattacher à une idée générale, à une conception d'ensemble.

Cette conception, nous la trouvons dans la manière dont H. de Blainville envisageait la peau ; conception non-seulement ingénieuse, mais éminemment philosophique, et qui nous paraît devoir être conservée dans l'enseignement, d'autant plus que ses données coïncident avec celles qui ont été obtenues par l'étude de l'embryologie.

H. de Blainville, considérant la peau comme la limite du corps, la divisait en deux parties, l'une externe (peau externe ou peau proprement dite), l'autre interne (peau interne ou intestin). La peau externe correspond avec évidence au feuillet externe du blastoderme, la peau interne à son feuillet interne ou viscéral ; en sorte que ce qui est vrai de la peau complétement développée l'est encore de cet organe en voie de développement.

Nous n'avons à nous occuper ici que de la peau externe.

La peau étant la limite du corps, et, pour cette raison, en rapport avec le monde extérieur, il en résulte que :

1° Elle présente extérieurement, à sa surface, une couche protectrice ou *épidermique ;*

2° Sous cette couche protectrice on doit trouver un élément sensible ou une *couche nerveuse ;*

3° Sous celle-ci, l'élément vasculaire ou érectile, une *couche vasculaire ;*

4° Au-dessous encore, la partie ferme et résistante qui donne à la peau sa solidité, c'est-à-dire le *derme;*

5° Sous le derme, enfin, la partie contractile, ou la couche *musculaire.*

Il est visible qu'aucune des parties que nous venons d'énumérer ne pourrait être superposée à celle qui la précède sans en altérer les fonctions.

A ces parties fondamentales il faut ajouter les organes accessoires ou de perfectionnement qui sont les *cryptes* et les *phanères;* les cryptes, types des organes de sécrétion, sont des enfoncements plus ou moins ramifiés, dont la présence n'est révélée à l'extérieur que par un simple orifice laissant échapper un produit liquide ou demi-liquide; les phanères, types des organes de sensation spéciale, sont d'autres dépressions au fond desquelles se trouve une papille sur laquelle se forme une production solide, qui fait une saillie plus ou moins grande à la surface de la peau (poils, piquants, dents, etc.).

Dans l'épaisseur de la couche musculaire de la peau se trouvent situés les leviers qui constituent l'endo-squelette ; dans l'épaisseur du derme, les parties dures du dermato-squelette ; à la surface du derme, les parties dures de nature cornée ou calcaire, dont les unes résultent seulement du dessèchement de l'épiderme (écailles des serpents), et dont les autres appartiennent à des organes spéciaux de nature phanérique (écailles des poissons, dents, plumes, etc.), constituant l'exo-squelette.

Les parties dures du squelette ne jouent pas seulement le rôle de leviers ; elles forment aussi des enveloppes protectrices. Les parties qui se développent dans les lames dorsales de l'embryon entourent le système nerveux central, c'est-à-dire la masse cérébro-médullaire qui se trouve ainsi placée dans l'épaisseur de la couche musculaire et appartenir à la peau externe de même

qu'elle appartient au feuillet externe du blastoderme. Les viscères abdominaux et thoraciques, qui appartiennent au feuillet
muqueux et au feuillet vasculaire du blastoderme, sont entourés
par les arcs osseux qui se développent dans l'épaisseur des lames
ventrales de l'embryon.

Les parties dures de l'exo-squelette et celles du dermato-squelette ne sont pas toujours développées.

Les parties de l'endo-squelette, au contraire, sont celles qui le
plus généralement constituent l'appareil passif de la locomotion chez les animaux vertébrés. C'est d'elles que ces animaux
tirent leur nom, et l'importance en est d'autant plus grande que
ce squelette non-seulement sert aux mouvements du corps et à
la protection des viscères les plus importants, mais que de plus
il donne à l'animal sa forme, son aspect, et révèle ainsi sa place
et son rôle dans la nature.

L'endo-squelette, chez les vertébrés, est en partie osseux, en
partie cartilagineux ; une enveloppe fibreuse continue unit toutes
ses parties. C'est seulement chez l'amphyoxus que l'axe vertébral est dépourvu de parties dures et réduit à une enveloppe fibreuse enfermant des amas de cellules.

Si l'on se bornait à l'étude du squelette fibreux ou du squelette cartilagineux, soit dans l'embryon, soit dans la série des
espèces, on n'arriverait pas à se former une idée de la nature
des animaux vertébrés.

Moquin Tandon, à ce point de vue, a commis une erreur
lorsqu'il a déclaré que les animaux vertébrés, comme les mollusques, ne sont pas segmentés (1). Les vertébrés sont au contraire des animaux segmentés ; ils sont, comme l'a dit H. de
Blainville, articulés intérieurement, et c'est le squelette osseux,
le squelette à l'état parfait, qui vient nous le démontrer.

De l'endo-squelette.

Les parties dures situées au-dessous du derme, dans l'épaisseur de la couche musculaire, sont toutes de nature osseuse ou

(1) *Éléments de zoologie médicale*, 1862, p. 41.

cartilagineuse et forment le squelette proprement dit, squelette intérieur ou endo-squelette.

Le squelette d'un animal vertébré se compose, de même que le corps dont il est la charpente, de l'axe et des membres ou appendices. Il est d'ailleurs allongé et divisé en deux moitiés symétriques.

Le squelette de l'axe du corps est composé de segments idéalement semblables placés en série les uns à la suite des autres, et que nous désignerons sous le nom de segments vertébraux ou de vertèbres typiques parce que chacun d'eux répond à une vertèbre.

Chaque segment vertébral, ou chaque vertèbre typique, se compose de deux arcs, l'un supérieur ou dorsal, l'autre inférieur ou ventral, appuyés sur une partie solide intermédiaire. L'ensemble formé par l'arc supérieur et cette partie intermédiaire constitue ce que tous les anatomistes nommaient autrefois une vertèbre, et la partie intermédiaire est le corps de la vertèbre.

Le corps de la vertèbre est formé par une seule pièce habituellement discoïde et dicône, médiane, impaire, et composée de deux moitiés symétriques.

L'arc supérieur se compose d'un nombre pair de pièces latérales et d'une médiane qui les unit en haut.

L'arc inférieur se compose d'un nombre pair de pièces latérales et d'une médiane qui les unit en bas.

Les pièces de l'arc supérieur les plus voisines du corps vertébral (pièces basilaires) sont les *lames*. Elles peuvent rester complétement écartées ou s'unir par leurs sommets. La pièce qui ferme l'arc est l'apophyse épineuse; elle est primitivement composée de deux parties symétriques qui généralement ne tardent pas à se confondre par le progrès de l'ossification. Elle peut être séparée des lames par deux pièces latérales intermédiaires.

Les pièces de l'arc inférieur les plus voisines du corps de la vertèbre sont les côtes, on peut aussi les appeler côtes vertébrales. La pièce médiane qui ferme l'arc est une pièce sternale, elle est primitivement composée de deux parties symétriques. Le nom de sternèbre que lui a donné H. de Blainville est sonore, facile à prononcer et à retenir, mais il a le défaut d'établir une assimilation entre les pièces du sternum et les corps vertébraux, erreur où semble être tombé Carus. On pourrait dire sternos, mais le mot pièce sternale qui, sans choquer l'oreille, unit la brièveté à la clarté nous paraît très-suffisant (1). Entre la côte vertébrale et la pièce sternale, il y a une pièce intermédiaire, tantôt cartilagineuse, tantôt osseuse; le ñom de cartilage costal employé en anthropotomie ne pouvant pas être admis dans le second cas, nous donnerons la préférence à celui de *côte sternale*.

En résumé, les parties constituantes d'un segment vertébral sont : le corps de la vertèbre ; l'arc supérieur ou dorsal composé des lames, de l'apophyse ou pièce épineuse, et parfois de pièces intermédiaires ; l'arc inférieur composé des côtes vertébrales, de la pièce sternale et de pièces intermédiaires qui sont les côtes sternales.

Si l'on considère l'ensemble du squelette, on voit que les diverses parties que nous venons d'énumérer sont placées en série, c'est-à-dire que les corps vertébraux sont placés les uns à la suite des autres en formant une colonne, que les arcs épineux se succèdent également en formant une épine dorsale, qu'il en est de même des côtes vertébrales et des côtes sternales, et qu'enfin les pièces du sternum forment à leur tour une sorte de colonne parallèle à la colonne vertébrale, en sorte que la répétition de parties semblables a lieu dans toute la longueur du corps sous ses divers aspects. Ces parties semblables qui se répètent et peuvent être toutes désignées par le même nom sont des parties homologues.

Les segments vertébraux peuvent différer les uns des autres sous divers rapports :

I. Par la forme du corps de la vertèbre, qui existe toujours, quoiqu'il puisse être à l'état cartilagineux (poissons cartilagineux, poissons ganoïdes), ou même à l'état fibro-celluleux (amphyoxus);

II. Par l'état plus ou moins complet des arcs, qui peuvent être fermés ou bien ouverts, très-amplifiés ou très-réduits, ou enfin manquer complétement;

III. Par les saillies qui peuvent s'élever à la surface de ces éléments, à savoir : A) pour le corps de la vertèbre : 1° une saillie médiane qui s'élève à sa face supérieure dans l'intérieur de l'arc dorsal; nous lui conserverons le nom d'*épapophyse*, donné par

---

(1) On pourrait dire plus brièvement, avec Parker, un sternal, des sternaux (sternal, sternals).

Richard Owen ; 2° une saillie placée sur la ligne médiane à la face inférieure du corps vertébral dans l'intérieur de l'arc ventral ; c'est l'apophyse inférieure du corps vertébral ; nous lui conserverons le nom d'*hypapophyse*, proposé par R. Owen ; P. Gervais la nomme apophyse *acanthoïde*. L'hypapophyse peut être simple ou bifurquée, et, dans ce dernier cas, les deux branches peuvent se réunir et former un arc ;

3° Deux saillies latérales symétriques plus ou moins développées, servant le plus souvent à l'articulation du corps de la vertèbre avec la côte, quelquefois assez allongées pour simuler une côte, d'autres fois encore s'unissant pour former un arc complet ; on peut leur conserver le nom de *parapophyses* qui leur a été donné par R. Owen ; ce sont les apophyses transverses inférieures de Jean Müller ;

4° Deux apophyses latérales qui, de chaque côté, naissent des flancs du corps vertébral. Ce sont les apophyses transverses (diapophyses d'Owen) dont l'insertion sur le corps vertébral n'est pas constante ; car elles peuvent naître aussi de la base des lames et être considérées comme un repli de celles-ci, opinion enseignée par Gratiolet, mais toutefois émise avant lui par J. Müller. Les apophyses transverses peuvent offrir elles-mêmes des apophyses accessoires.

B) Pour l'arc supérieur : 1° chaque lame peut offrir en avant et en arrière une saillie qui sert à l'articulation de l'arc supérieur avec celui qui précède et avec celui qui suit, et qu'on nomme *apophyses articulaires* (zygapophyses d'Owen) ;

2° L'apophyse épineuse peut se prolonger plus ou moins distinctement.

C) Pour l'arc inférieur, les côtes peuvent s'articuler soit avec le corps de la vertèbre ou avec la parapophyse, soit avec l'apophyse transverse, soit avec les deux à la fois. Dans le second cas elles présentent : 1° la tête (*capitulum*) servant à l'articulation avec le corps de la vertèbre ou avec la parapophyse ; 2° la tubérosité (*tuberculum*) qui est comme une apophyse transverse de la côte, et qui sert à son articulation avec l'apophyse transverse. La côte peut encore, au delà de la tubérosité, subir une brusque courbure qui est l'angle de la côte.

Les côtes vertébrales et même les côtes sternales peuvent porter à leur bord postérieur des pièces dirigées en arrière qui sont les *appendices costaux* (poissons, oiseaux, parfois reptiles).

Enfin, les pièces sternales peuvent offrir sur la ligne médiane des crêtes plus ou moins saillantes.

Nous venons d'énumérer les particularités offertes par un segment vertical complet. Nous avons cru pouvoir leur appliquer la plupart des dénominations habituellement employées en anatomie humaine, sans avoir recours aux expressions de R. Owen, qui ont l'inconvénient de ne pas être immédiatement intelligibles, en sorte qu'on est obligé de les traduire, de ne pas pouvoir être mises en usage pour l'enseignement de l'anatomie humaine, et de dépendre d'une théorie particulière dont la durée ne peut pas être assurée. En Angleterre, on voit déjà Parker, Flower et Huxley les répudier complétement. Agassis n'a adopté que les mots neurapophyse et hémapophyse. D'autres auteurs emploient les expressions, mais ils en changent le sens.

Si maintenant on considère l'ensemble du système formé par les divers segments, on voit qu'ils sont disposés en plusieurs groupes dont chacun offre des caractères particuliers. Il nous faut exposer ces caractères, mais il nous est impossible de le faire en restant dans des termes assez généraux pour être applicables à la fois aux diverses classes de vertèbres.

Nous ne parlerons en ce moment que des mammifères, que nous prendrons pour terme de comparaison. Nous examinerons plus tard les poissons, les batraciens, les reptiles, et enfin les oiseaux qui sont l'objet principal de ce travail.

MAMMIFÈRES. — Axe. — Chez la plupart des mammifères, l'axe du corps, vu par sa face dorsale, peut être divisé d'avant en arrière en plusieurs régions qui sont la tête, le cou, le dos, les reins ou lombes, la croupe et la queue.

A chacune de ces régions correspond une région du squelette. Nous allons décrire leurs caractères; mais, afin de rendre l'exposition plus facile, nous commencerons par la région dorsale.

Au dos correspond la région dorsale ou thoracique. Elle a pour caractère d'offrir, dans une grande partie de son étendue, des segments vertébraux complets. L'arc inférieur, très-développé, pour former la cage thoracique où sont contenus les gros vaisseaux (aorte, veine cave), le cœur et les poumons, se compose des côtes vertébrales qui sont munies d'une tête et d'une tubérosité, et tordues sur elles-mêmes en dessinant un angle très-manifeste, des côtes sternales ordinairement cartilagineuses dans toute leur étendue, parfois en partie ossifiées, et d'une pièce sternale, dans une partie seulement de la région.

L'arc supérieur bien complet, mais peu étendu, puisqu'il ne renferme que la moelle épinière, se compose des lames et d'une apophyse épineuse plus ou moins saillante. Les apophyses articulaires sont placées à la base même des lames et en même temps assez rapprochées de la base des apophyses transverses. Les apophyses transverses, détachées de la base des lames, bien transversales et un peu relevées en haut, présentent deux tubercules accessoires disposés de telle sorte que l'extrémité de l'apophyse, ainsi que Gratiolet l'enseignait dès 1845, est munie de 3 tubercules, un moyen qui s'articule avec la côte, un antérieur et un postérieur qui servent uniquement à des insertions musculaires (1). On pourrait donner, avec Owen, le nom d'*anapophyse* au tubercule antérieur et celui de *métapophyse* au tubercule postérieur, mais nous croyons pouvoir nous dispenser de multiplier ainsi les dénominations et nous contenter de dire qu'il y a une apophyse accessoire antérieure (terme employé par Winslow), ou un tubercule antérieur de l'apophyse transverse, et une apophyse accessoire postérieure, ou un tubercule postérieur de l'apophyse transverse.

Dans la partie moyenne de la région dorsale, les 3 tubercules sont groupés à l'extrémité de l'apophyse transverse; mais à mesure qu'on s'approche de la région lombaire, le tubercule antérieur se rapproche de l'apophyse articulaire antérieure qu'il finira par surmonter, tandis que le tubercule postérieur va se placer à la base du bord postérieur de l'apophyse transverse. A la région cervicale, le tubercule postérieur reste confondu avec le sommet de l'apophyse transverse, mais le tubercule antérieur se porte en arrière et va se placer sur l'apophyse articulaire postérieure.

Dans toute la région, les divers éléments de chaque vertèbre sont parfaitement isolés les uns des autres, à l'exception des pièces sternales, qui peuvent se souder pour former un seul os, le sternum. C'est chez les édentés que la distinction des pièces sternales persiste avec le plus d'évidence, ces pièces étant chez eux séparées les unes des autres par des cavités synoviales (Parker). Les corps des vertèbres ne sont pas arti-

_____

(1) Second (*l. c.*) a plus récemment montré à son tour l'importance de cette distinction.

culés, mais réunis par des disques fibreux. Les parapophyses n'ont pas de saillie, et ne sont représentées que par les facettes articulaires costales antérieures des corps vertébraux.

Aux reins correspond la région lombaire. Ici le segment est presque réduit à la vertèbre proprement dite, c'est-à-dire au corps et à l'arc supérieur. L'arc inférieur n'est représenté que par des côtes rudimentaires, placées comme des épiphyses à l'extrémité des apophyses transverses avec lesquelles elles finissent par se souder, et n'est indiqué sur la paroi de l'abdomen que par des intersections tendineuses (1). L'arc supérieur est complet ; il se distingue par la forme aplatie des apophyses épineuses ; les apophyses articulaires sont très-détachées; la postérieure se rattache plus à la lame, l'antérieure à l'apophyse transverse, ce qui est en rapport avec les insertions musculaires.

Les apophyses transverses, réduites à leur tubercule moyen, sont très-détachées et insérées tantôt sur le corps vertébral (rongeurs, cétacés), tantôt (édentés, homme) au-dessus du trou de conjugaison ; tantôt (pachydermes, carnassiers) au niveau de ce trou.

Les apophyses accessoires antérieures, ou tubercules antérieurs de l'apophyse transverse, sont transportées sur le côté de l'apophyse articulaire antérieure au-dessus de laquelle elles font plus ou moins de saillie. Les apophyses accessoires postérieures, ou tubercules postérieurs de l'apophyse transverse, se détachent de la base de son bord postérieur, ou même du corps de la vertèbre, immédiatement au-dessous de l'apophyse articulaire antérieure de la vertèbre suivante, avec laquelle on la voit quelquefois s'articuler (fourmiliers, tatous).

Le corps de la vertèbre, dépourvu de parapophyses, peut offrir une hypapophyse à sa face inférieure ou viscérale.

Les vertèbres lombaires sont mobiles et isolées, leur nombre varie de 2 à 7.

A la croupe correspond la région sacrée. L'arc inférieur est réduit à des rudiments de côtes soudés au corps de la vertèbre ainsi qu'aux apophyses transverses. Dans une partie de la région, l'arc supérieur est complet avec des lames presque horizon-

---

(1) Maclise, *l. c.*, p. 631, considère les apophyses transverses lombaires comme des côtes vertébrales dont le col, c'est-à-dire l'espace compris entre la tête et la tubérosité, serait soudé à la lame vertébrale. Les véritables apophyses transverses seraient réduites à un tubercule.

tales, des apophyses épineuses à peine saillantes, des apophyses transverses volumineuses, des apophyses accessoires
antérieures développées, les postérieures très-réduites ou nulles. Dans une autre partie de la région, les arcs supérieurs
peuvent être incomplêts.

Les corps vertébraux, moins discoïdes, larges et aplatis, primitivement distincts les uns des autres, mais peu séparés, ne
tardent pas à se souder, et il peut en être de même des apophyses transverses, des lames et des apophyses articulaires, en
sorte que l'ensemble de la région ne forme plus qu'un seul os,
désigné sous le nom de sacrum.

Le nombre des vertèbres qui composent le sacrum peut varier de 3 à 5 (1). Les plus antérieures s'articulent avec les os
coxaux, qui forment la racine des membres ou appendices abdominaux.

A la queue correspond la région caudale. Dans la partie de
cette région la plus voisine du sacrum, les segments peuvent
être complets. Dans ce cas l'arc supérieur est complet, et les
apophyses articulaires conservent leur contact avec celles des
vertèbres voisines; l'arc inférieur est alors représenté par les os
en V qui forment un arc fermé, dépourvu toutefois de pièces
sternales. Sont-ce les côtes vertébrales ou les côtes sternales qui
sont représentées par les branches de l'os en V? R. Owen pense
que c'est la côte sternale qu'il désigne sous le nom d'hémapophyse. Son opinion est appuyée par ce fait que l'arc est fermé;
elle est contrariée par cet autre fait, que l'os en V s'articule
avec le corps de la vertèbre. D'autre part, l'os en V né touche
pas à l'apophyse transverse et celle-ci peut être munie à son extrémité d'une épiphyse, qui serait la côte. J. Muller a considéré
les branches des os en V comme des apophyses transverses inférieures.

La transition entre la région sacrée et la région caudale
est presque insensible ; aussi H. de Blainville a-t-il désigné les
vertèbres de transition sous le nom de fausses sacrées.

En s'éloignant du sacrum, les vertèbres de la queue deviennent de plus en plus incomplètes; on voit peu à peu disparai

(1) Les ornithodelphes n'en auraient que 2, suivant la plupart des auteurs,
mais il m'a semblé qu'une 3e vertèbre prenait part à l'articulation sacro-iliaque.
(*Bull. de la Soc. phil.*, 1867)

tre les éléments des arcs et tout finit par se réduire au corps de la vertèbre.

D'une part on voit l'os en V se réduire à un petit noyau accolé au corps de la vertèbre et enfin disparaître. D'autre part, l'arc supérieur se réduit à deux tubercules antérieurs indiquant les apophyses articulaires antérieures, et deux tubercules postérieurs indiquant les apophyses articulaires postérieures. Les apophyses transverses se divisent en deux tubercules placés l'un près de l'extrémité antérieure du corps de la vertèbre, l'autre près de son extrémité postérieure. Enfin, ces tubercules eux-mêmes s'effacent et la dernière vertèbre peut se terminer par une extrémité arrondie comme une phalange unguéale. Tous ces corps vertébraux ont la forme de l'os dicône de Dutrochet (1).

Dans toute la région caudale les segments sont indépendants les uns des autres, la mobilité étant un des caractères de la queue. Il n'y a d'exception que pour le coccyx de l'homme, des singes antrhopoïdes et de certains cheiroptères.

En avant de la région dorsale se trouvent le cou et la tête.

Au cou, correspond la région cervicale. — Dans toute la région, sauf de rares exceptions (cétacés, glyptodons), les segments sont indépendants les uns des autres.

Les arcs supérieurs sont complets, les apophyses épineuses sont plus ou moins saillantes, les apophyses articulaires sont bien distinctes, les antérieures toutefois plus détachées que les postérieures, les lames sont isolées du corps vertébral par une partie plus amincie, ou pédicule. Les apophyses transverses, détachées de la lame au-dessus du pédicule, sont isolées de leurs apophyses accessoires antérieures, qui reculent en arrière et se portent sur les apophyses articulaires postérieures, mais les apophyses accessoires postérieures restent confondues avec leur extrémité. Les apophyses articulaires antérieures, complétement recouvertes, ne servent pas à des insertions musculaires particulières.

Les arcs inférieurs sont représentés par des rudiments de côtes qui s'articulent à la fois avec le corps de la vertèbre et avec l'apophyse transverse en interceptant un canal (canal vertébral.) Owen considère ces côtes cervicales comme des para-

(1) Bulletin de la Société philomathique, 1821.

pophyses, et pense par conséquent que les côtes cervicales font défaut chez les mammifères (les monotrèmes seuls exceptés).

Les deux premières cervicales ont une forme particulière.

La seconde, ou l'axis, ressemble encore beaucoup aux autres cervicales. Son apophyse épineuse est très-grande. Sa masse transversaire se compose d'une apophyse transverse et d'une côte, qui interceptent entre elles le canal vertébral.

L'axis est surtout caractérisé par la présence de l'apophyse odontoïde qui prolonge en avant le corps de la vertèbre. Cette apophyse odontoïde, développée par un point d'ossification particulier, est une partie du corps de l'atlas qui s'isole de cette vertèbre et se soude avec l'axis.

Les apophyses articulaires postérieures de l'axis ne diffèrent pas de celles des autres cervicales ; mais les apophyses articulaires antérieures n'existent pas ; les facettes, par lesquelles l'axis s'articule avec l'atlas, sont taillées sur la masse transversaire, et, ainsi que l'observation en a été faite par Gratiolet (1) et ensuite par Harting (*Arch. néerland.*, 1870), situées au-dessous du trou de conjugaison.

La première cervicale, ou l'atlas, diffère complétement des autres cervicales. Elle a la forme d'un anneau muni de chaque côté d'une expansion aliforme ou masse transversaire. Cet anneau résulte de la réunion de quatre pièces osseuses : deux pour l'arc supérieur de la vertèbre, deux pour les masses latérales, et une médiane inférieure interposée entre celles-ci. Tout le monde s'accorde sur la signification des pièces qui forment le demi-anneau supérieur, mais il n'en est pas de même pour les masses latérales et pour la pièce médiane inférieure. Celle-ci peut être considérée, soit comme le corps de la vertèbre, soit comme une partie de ce corps, soit comme une pièce séparée, ainsi que le dit Rathke (*Entw. gesch. der Natter*), ou bien, ainsi que le dit R. Owen, comme une hypapophyse autogène.

La première opinion ne peut plus être soutenue depuis qu'il est établi que la corde dorsale traverse l'apophyse odontoïde pour se continuer immédiatement dans le basilaire occipital.

---

(1) « Il est donc évident que ces vertèbres, par leur mode d'articulation, diffè-
« rent essentiellement des vertèbres rachidiennes ; qu'en un mot elles ne s'arti-
« culent point par des apophyses émanées de leur lames vertébrales, au dessus
« des trous et des échancrures de conjugaison, mais bien au-dessous de ces trous,
« par les racines mêmes des lames et sur la base de leurs appendices costaux. »
(*Rech. sur l'anat. de l'hippopot.*, p. 21, 1867, rédigé en 1858.)

4

Mais on peut concevoir que la partie la plus superficielle de la masse enveloppante destinée à former le corps de l'atlas s'ossifie à part, et alors la pièce médiane serait la partie inférieure du corps de la vertèbre. Si l'on rejette cette opinion, il faut adopter celle de R. Owen et de Rathke. La masse transversaire se compose, pour Gratiolet, de l'apophyse transverse et du pleurophore (c'est-à-dire de la partie qui supporte la côte cervicale, ou, en d'autres termes, de la parapophyse). C'est sur cet élément et sur la base des lames que sont taillées, en avant et en arrière, les facettes articulaires destinées à l'articulation de l'atlas soit avec l'occipital, soit avec l'axis, et l'atlas est dépourvu d'apophyses articulaires.

La série des corps vertébraux, considérée dans son ensemble, forme une véritable colonne composée de disques empilés entre lesquels s'interposent des disques fibro-cartilagineux (disques inter-vertébraux).

Chez la plupart des mammifères, les corps vertébraux sont terminés, en avant et en arrière, par des surfaces planes; mais chez quelques-uns, comme les ruminants, les chevaux, les tapirs, les rhinocéros, les corps des vertèbres cervicales sont opisthocéliens, c'est-à-dire convexes en avant et concaves en arrière.

Lorsqu'on étudie le développement de la colonne vertébrale à partir du premier âge de l'embryon, on voit qu'elle se moule autour d'un long cylindre, qui est la corde dorsale, et qui se compose d'un axe celluleux contenu dans une gaîne. Autour de la gaîne se trouve la masse enveloppante, qui se divise en autant de segments qu'il y a de vertèbres ; la corde elle-même se renfle dans les intervalles des corps vertébraux (1). Chaque corps vertébral forme autour de la corde un anneau complet (Robin), d'abord celluleux, puis cartilagineux, puis osseux.

La masse principale de chaque corps vertébral s'ossifie à partir d'un point qui se montre au-dessus (ou en arrière) de la corde dorsale. Il y a en outre, en avant et en arrière, une plaque épiphysaire d'abord isolée, mais qui, par le progrès de l'âge, se soude complétement avec la masse principale.

L'arc supérieur est formé par les pièces qui se développent

(1) Voyez Ch. Robin, *Mém. sur l'évolution de la notocorde, des cavités des disques inter-vertébraux et de leur contenu gélatineux. (Mém. de l'Acad. des scien.*, 1868.)

dans les lames dorsales du blastoderme ; l'arc inférieur par celles qui se développent dans l'épaisseur des lames ventrales. Les pièces des différents arcs supérieurs sont, dès le début, distinctes les unes des autres, la segmentation se faisant en même temps que celle des corps vertébraux ; il en est de même aux arcs inférieurs pour les côtes vertébrales et les côtes sternales, mais non pour les pièces composantes du sternum, qui ne montre d'abord qu'une masse cartilagineuse indivise, où la segmentation n'apparaît qu'au moment de l'ossification.

Il existe, pour employer le langage de Dugès, une fusion primordiale des éléments dans le sternum cartilagineux. On voit ensuite apparaître pour chaque pièce du sternum deux points d'ossification qui se réunissent plus tard par une fusion secondaire.

Pour le sacrum, les éléments vertébraux sont distincts au début ; leur union consécutive est seulement le résultat d'une fusion secondaire.

Ce qui a lieu dans la région dorsale pour le sternum existe dans la région céphalique pour toute la partie du crâne primitif qui correspond aux corps vertébraux et aux pièces basilaires des arcs supérieurs, et qui se montre au début sous l'aspect d'une masse cartilagineuse où l'on n'aperçoit aucun indice de segmentation.

Dans les différentes régions que nous venons d'examiner, le nombre des vertèbres n'est pas exactement déterminé. Il n'en serait pas de même pour la région céphalique si, comme nous le soutenons, elle était invariablement composée de quatre segments vertébraux.

A la tête correspond la région céphalique. — Elle se compose de quatre segments vertébraux ou de quatre vertèbres crâniennes.

Ce sont des segments complets composés d'un corps vertébral, d'un arc supérieur et d'un arc inférieur.

Les quatre vertèbres céphaliques ou crâniennes sont, en les comptant d'arrière en avant, l'occipitale, la pariétale, la frontale et la nasale.

Premier segment ou vertèbre occipitale. — Le corps, formé par la partie basilaire de l'occipital, est assez modifié en arrière où il est très-aminci, et où il présente parfois sur la ligne médiane, par suite non d'un caractère spécifique, mais d'une variété individuelle, une facette qui entre en contact avec l'apophyse odontoïde ; en avant, par sa largeur, son épaisseur, la nature spongieuse de son tissu, il offre l'aspect d'un corps de vertèbre. On voit à sa surface tantôt une saillie médiane impaire, tantôt une double saillie, servant à des insertions musculaires, et qui sont de nature hypapophysaire.

L'arc supérieur est dépourvu d'apophyses articulaires.

Les surfaces articulaires postérieures qui servent à l'articulation de l'occipital avec l'atlas, et que l'on désigne sous le nom de condyles, sont situées sur la base des lames et peuvent empiéter sur le corps de la vertèbre, mais sans se rencontrer sur la ligne médiane. Elles sont placées au-dessous des trous de conjugaison, ce qui démontre qu'elles n'ont rien de commun avec les apophyses articulaires postérieures des vertèbres rachidiennes.

Cet arc supérieur contient trois pièces de chaque côté. A la base on trouve une pièce insérée sur l'os basilaire et qui correspond à la lame vertébrale ; on nomme cette pièce occipital-latéral ou ex-occipital. Le condyle lui appartient en tout ou en partie ; elle ne rencontre pas celle du côté opposé. Vient ensuite une pièce qui achève de fermer l'arc médullaire et qu'on nomme suroccipital. Les deux suroccipitaux se touchent sur la ligne médiane ; la voûte qu'ils circonscrivent est prolongée en avant par deux autres pièces qui, par leur réunion, constituent l'os épactal ou interpariétal.

Chez la plupart des mammifères (carnassiers, ruminants, pachydermes, rongeurs), l'ex-occipital est muni d'une apophyse transverse qui se recourbe et s'allonge en bas et que l'on désigne soit par le nom d'apophyse jugulaire, soit par celui d'apophyse paramastoïde. Chez l'homme, cette apophyse a si peu de saillie, que certains auteurs préfèrent lui donner le nom de surface jugulaire, et l'apophyse transverse de la tête est fonctionnellement représentée par l'apophyse mastoïde qui n'appartient pas à l'occipital, mais à l'os que nous désignerons sous le nom de rupéo-mastoïdien.

L'arc inférieur de la vertèbre occipitale n'est pas déterminé de la même manière par tous les auteurs. Pour la plupart, cet arc est formé par l'os hyoïde et ses branches antérieures désignées chez l'homme sous le nom de branches styloïdiennes, parce qu'elles se terminent sur les apophyses styloïdes du temporal. R. Owen pense au contraire que l'arc inférieur de la vertèbre occipitale est formé par la ceinture scapulaire, et la ceinture hyoïdienne appartient suivant lui à la vertèbre pariétale. Nous dirons, en parlant des membres, les raisons qui nous font rejeter cette dernière opinion. Nous rapportons d'ailleurs la ceinture hyoïdienne, chez les mammifères du moins, à la vertèbre occipitale, parce qu'elle s'attache à l'os rupéo-mastoïdien dans l'intervalle de la vertèbre occipitale et de la vertèbre pariétale et, comme elle ne peut pas appartenir à la vertèbre pariétale qui est située au devant, il est nécessaire de la rapporter à la vertèbre occipitale qui est située immédiatement en arrière. C'est ainsi que dans les segments de la région dorsale, on voit toujours les côtes attachées à la partie antérieure du corps de la vertèbre. Pour le même motif, la ceinture scapulaire. située en arrière de la vertèbre occipitale, ne pourrait en tout cas appartenir qu'à la première cervicale.

Le corps de l'os hyoïde est la pièce sternale de l'arc inférieur. Et. Geoffroy a désigné sa partie principale sous le nom de *basihyal*. Cette expression, généralement adoptée, a le grand défaut d'impliquer une assimilation des pièces sternales avec les corps vertébraux, ce qui est une erreur, ainsi que nous l'avons déjà dit en parlant des travaux de Carus et de Blainville.

En avant il soutient l'os lingual (quand cet os existe), en arrière il n'est en rapport chez les mammifères avec aucun os. Ses angles antérieurs s'articulent avec les branches antérieures ou cornes styloïdiennes ; ses angles postérieurs avec les branches postérieures ou cornes thyroïdiennes, qui vont rejoindre en se rabattant les angles antérieurs du cartilage thyroïde. Et. Geoffroy a cru pouvoir le décomposer en deux et même trois masses osseuses, situées l'une à la suite de l'autre, et qu'il a nommées. chez le cheval, basihyal, entohyal et urohyal ; ces pièces existent en effet, mais il faut les compter d'arrière en avant, tandis qu'Et. Geoffroy, par un artifice qu'il s'est permis pour établir une comparaison forcée entre les mammifères et les poissons, les a dénommées comme si on les comptait d'avant en arrière. Cette manière de voir doit donc être comptée au nombre des erreurs d'Et. Geoffroy que l'on est obligé de rejeter. Le corps de l'hyoïde chez les mammifères ne contient qu'une pièce osseuse, et les pièces que l'on peut trouver au devant de lui sont des os inguaux.

Ce sont les branches antérieures ou cornes styloïdiennes qui occupent chez les mammifères les côtés de la ceinture hyoïdienne fermée en bas par le corps de l'hyoïde. Chaque branche styloïdienne est habituellement composée de trois segments séparés par des intervalles fibro-cartilagineux. Et. Geoffroy les a nommés épihyal, cératohyal et stylo-hyal.

Il n'y a chez l'homme qu'un épihyal très-réduit réuni par un ligament au stylo-hyal qui est ankylosé avec l'os tympanique, tandis que chez les autres vertébrés le stylo-hyal est réuni au tympanique par l'intermédiaire d'un cartilage. A ces pièces, il faut en ajouter une quatrième que Flower (1) appelle tympanohyal. Elle n'est distincte que dans le fœtus et ne tarde pas à se confondre avec la paroi postérieure de la cavité tympanique ; chez l'homme, elle se confond en outre avec la base du stylohyal.

Le stylo-hyal est attaché à l'os rupéo-mastoïdien immédiatement en avant du trou par où sort le nerf facial, trou qui chez l'homme a reçu le nom de trou stylo-mastoïdien. Ce rapport avec le rocher, ou l'os rupéo-mastoïdien, est commun à la ceinture hyoïdienne et à la chaîne des osselets de l'ouïe.

Dans les premiers temps de la vie enbryonnaire, on voit en arrière de la fente buccale cinq arcs céphaliques inférieurs ou souscrâniens (arcs viscéraux, pharyngiens, branchiaux). Les trois premiers persistent dans les périodes ultérieures de l'évolution ; le premier est constitué par la chaîne des osselets de l'ouïe et (dans la période fœtale seulement) par le cartilage de Meckel qui sert de moule au maxillaire inférieur ; le second est constitué par l'hyoïde et la corne styloïdienne ; le troisième par la corne thyroïdienne ; les deux derniers disparaissent. Nous verrons que ces trois derniers arcs répondent aux trois premiers arcs branchiaux des poissons, et que par conséquent la corne thyroïdienne est le prmier arc branchial.

Celle-ci ne conserve aucun rapport avec le crâne tandis que les deux premiers arcs postbuccaux sont suspendus au rocher, l'un en avant, l'autre en arrière du conduit auditif externe. De plus, il s'établit entre ces deux arcs une connexion qui persiste pendant toute la vie sous la forme d'un faisceau musculaire, le muscle de l'étrier.

____

(1) *An introduction to the osteology of the mammalia*, 1870.

La détermination homologique de ces différents arcs offre des difficultés qui n'ont pas encore été résolues. Les arcs branchiaux ne peuvent pas être assimilés aux anneaux de la trachée ; car ils disparaissent pendant que ceux-ci se développent et il n'y a aucune transformation. On pourrait peut-être y voir des côtes cervicales, mais il se trouve précisément que les poissons osseux où les arcs branchiaux sont plus complets et plus nombreux n'ont pas de région cervicale. L'arc hyoïdien proprement dit ou styloïdien a bien l'aspect d'un arc costal, mais il s'articule avec un os intercalé entre deux vertèbres et non avec une vertèbre directement. Quant à la chaine des osselets de l'ouïe, on ne sait pas à quelle vertèbre la rapporter. Carus la rattache à une intervertèbre ; Owen à la vertèbre frontale. Si l'on veut la rattacher à la vertèbre occipitale, il faut rapporter la corne styloïdienne à la première cervicale. En un mot, l'état actuel de nos connaissances ne nous permet pas d'émettre sur ce sujet autre chose que des hypothèses.

Deuxième segment ou vertèbre pariétale. — Le corps est formé par la partie postérieure du sphénoïde ou sphénoïde postérieur, ou postsphénoïde, qui présente une épapophyse (bord postérieur de la selle turcique et apophyses clinoïdes postérieures). L'arc supérieur a pour lames les grandes ailes ou alisphénoïdes (ailes temporales de Cuvier). Il est fermé par les pariétaux. Entre les pariétaux et les grandes ailes sont interposées des pièces intermédiaires qui sont les os squammeux (écailles du temporal).

L'arc inférieur est formé par les apophyses ptérygoïdes internes ou os ptérygoïdiens, soudées à la partie antérieure du postsphénoïde. Les apophyses ptérygoïdes externes sont des apophyses transverses.

Le postsphénoïde est une masse osseuse épaisse et spongieuse qui a l'aspect d'un corps de vertèbre et qui se soude en arrière au basilaire occipital par une surface plane. Sa face supérieure est creusée par la selle turcique ou fosse pituitaire, en sorte qu'il a une partie située en avant de la fosse pituitaire, une partie située en arrière et une partie située au-dessous et sur les côtés de cette fosse dont les parois antérieure et postérieure s'élèvent comme des épapophyses.

Dans le crâne primitif ou cartilagineux, la corde dorsale s'arrête immédiatement en arrière du postsphénoïde et la masse enveloppante se sépare en deux colonnes auxquelles on a donné le nom de trabécules. Plus tard, les deux trabécules se soudent sur la ligne médiane et la fosse pituitaire acquiert un plancher cartilagineux. Enfin deux noyaux osseux apparaissent dans la masse cartilagineuse, s'étendent, se soudent et forment le postsphénoïde.

Troisième segment ou vertèbre frontale.—Le corps de la vertèbre, un peu plus modifié, est le sphénoïde antérieur ou présphénoïde. Il est creusé de cavités aériennes qui sont en rapport avec les fosses nasales. Il correspond dans le crâne primitif à la masse cartilagineuse qui se trouve en avant de la selle turcique et qui résulte de la réunion des deux trabécules. Il est formé par la réunion de deux noyaux osseux qui apparaissent de chaque côté dans l'épaisseur du cartilage en avant de la selle turcique.

L'arc supérieur est constitué à sa base par les petites ailes du sphénoïde dites encore ailes d'Ingrassias, et auxquelles on a imposé le nom d'orbito-sphénoïdes (ailes orbitaires de Cuvier), quoique les alisphénoïdes concourent tout autant qu'elles à former la paroi de l'orbite. Il est fermé par les os frontaux. On peut considérer avec Gratiolet comme des pièces intermédiaires les frontaux postérieurs qui chez les mammifères ne sont que des pièces épiphysaires extérieures à la cavité du crâne, constituant les apophyses orbitaires externes ou postérieures.

L'arc inférieur est formé par les os palatins qui se rencontrent sur la ligne médiane par leurs extrémités inférieures et qui, par leurs extrémités supérieures, s'articulent à la fois avec le présphénoïde et avec l'ethmoïde qui appartient à la vertèbre nasale.

Quatrième segment ou vertèbre nasale. — Le corps de la vertèbre est constitué par la partie médiane en lame perpendiculaire de l'ethmoïde pour laquelle on propose le nom de mésethmoïde. Les lames sont les parties latérales de l'ethmoïde que nous retrouvons, avec Et. Geoffroy, dans les os préfrontaux des reptiles. L'arc supérieur est formé par les os nasaux, et l'on peut considérer comme des pièces intermédiaires les os lacrynaux qui s'étendent latéralement comme des apophyses transverses. En adoptant cette manière de voir, chacune des vertèbres crâniennes aurait un arc supérieur formé de trois paires de pièces osseuses.

Le mésethmoïde résulte de l'ossification de la lame cartilagineuse, qui prolonge en avant l'axe vertébral, et la partie antérieure non ossifiée de ce cartilage forme la cloison des fosses nasales.

Les parties latérales de l'ethmoïde envoient des lames descendantes qui sont les os planum. Par leur face inférieure, elles soutiennent les cornets ethmoïdaux. Chez l'homme, elles sont percées d'ouvertures nombreuses qui leur ont fait donner le nom de lames criblées et qui correspondent à un véritable trou de conjugaison. Le plus souvent il n'y a qu'un trou de chaque côté.

Entre ces ouvertures on voit parfois sur la ligne médiane (homme) une épapophyse qui reçoit le nom de crista-galli.

Quel est l'arc inférieur de la vertèbre nasale ? R. Owen pense qu'il est formé par les palatins, le maxillaire supérieur et les intermaxillaires. Mais il est obligé pour cela de placer l'arc inférieur en arrière de la vertèbre, puisque les palatins sont situés entre la vertèbre nasale et la vertèbre frontale. Nous ne pouvons donc pas adopter cette opinion ; nous rapportons les palatins à la vertèbre frontale, et nous nous expliquerons plus loin sur les maxillaires supérieurs.

Gratiolet a soutenu que l'arc inférieur de la vertèbre nasale était formé par le vomer (considéré comme double) et par les intermaxillaires. Mais il a dit aussi (anatomie de l'hippopotame, p. 165) que les intermaxillaires pourraient appartenir à une 5e vertèbre crânienne.

Les travaux les plus récents (Parker) démontrent que le vomer n'appartient pas à la partie vertébrale du crâne, que c'est un os secondaire indépendant du crâne primitif et qu'il en est de même de l'intermaxillaire.

Dans ce cas, la vertèbre nasale n'aurait pas d'arc inférieur.

Nous avons énuméré les pièces osseuses dont se composent les vertèbres céphaliques. La tête comprend en outre des parties appendiculaires dont nous parlerons plus loin. Il nous reste maintenant à parler des parties osseuses qui appartiennent aux organes de sensation spéciale.

Entre la vertèbre occipitale et la vertèbre pariétale, se trouve l'organe de l'audition, auquel se rattachent un certain nombre de pièces osseuses.

L'oreille interne est contenue dans le rocher ou rupéal, que l'on peut appeler rupéo-mastoïdien, parce que chez l'homme une partie de cet os apparaît au dehors et constitue l'apophyse mastoïde, qui joue le rôle d'apophyse transverse de la tête. Mais le rocher n'est que la gangue où est logée l'oreille interne. Le vestibule, les canaux demi-circulaires et le limaçon ont en outre une paroi osseuse distincte du rocher, au moins dans le premier âge, et leur formant une enveloppe spéciale (le labyrinthe osseux) ; enfin le vestibule et les ampoules des canaux demi-circulaires contiennent une poussière calcaire (otoconies).

Le rocher ne forme d'abord qu'une masse cartilagineuse indivise. Kerkringius (1) a trouvé que l'ossification s'y faisait par trois points distincts. Cette donnée, confirmée par Cassebohn (2), Meckel (3), Hallmann (4), Kölliker (5), a reçu sa dernière expression dans les travaux de Huxley (6), qui distingue dans le rocher trois éléments osseux, auxquels il donne les noms de prootique, épiotique, épisthotique. Le prootique revêt le haut du limaçon, le canal demi-circulaire vertical antérieur et une partie du canal demi-circulaire vertical postérieur, le méat auditif interne et forme la voûte du tympan (tegmen tympani) ; il entoure la moitié de la fenêtre ovale et fournit une partie de la masse mastoïdienne. L'épisthotique, placé en arrière et au-dessous, revêt le bas du limaçon, entoure la fenêtre ronde et la moitié inférieure du contour de la fenêtre ovale; il contribue à envelopper l'artère carotide et fournit la partie interne du plancher du tympan. L'épiotique (ossiculum scutum ovale referens, Kerkringius) recouvre la partie postérieure du canal demi-circulaire vertical postérieur et forme la saillie mastoïdienne. Ainsi se trouve justifiée l'expression d'os rupéo-mastoïdien.

Les autres os protecteurs de l'organe de l'audition appartiennent à l'oreille moyenne et à l'oreille externe. Ils ne résultent pas de l'ossification du cartilage primitif.

Le cadre du tympan se forme dans le pourtour de la membrane qui ferme en dehors l'orifice de l'oreille moyenne. Il a la forme d'un croissant très-courbé, ou autrement d'un cercle interrompu dans son tiers supérieur. Les deux pointes du croissant s'unissent au squamosal, l'antérieure derrière le condyle de la mâchoire, la postérieure en avant de l'apophyse mastoïde. Postérieurement à l'apparition du cadre du tympan, l'ossification

(1) Osteogenia fœtuum, 1670.
(2) Tractatus quatuor de aure humana, 1784 ; tractatus quintus, 1735.
(3) Handbuch der vergleichenden anatomie, 1820.
(4) Vergleichende anatomie des Schlæfenbeins, 1820.
(5) Entwickelungs geschichte, 1861.
(6) Elements of comparative anatomy, 1864.

envahit le conduit auditif et la paroi inférieure ou plancher de la cavité tympanique (oreille moyenne), en sorte que le cadre n'est plus qu'une partie d'un os beaucoup plus considérable, qui prend le nom d'os de la caisse ou d'os tympanique.

Enfin, la cavité de l'oreille moyenne contient les osselets de l'ouïe : l'étrier appliqué à la fenêtre ovale, le marteau appliqué à la membrane du tympan, le lenticulaire et l'enclume placés entre le marteau et l'étrier. Ces osselets sont des segments ossifiés de la tige cartilagineuse qui se montre dans le premier arc post-buccal. Cette origine empêche de les considérer comme appartenant exclusivement à l'appareil auditif. Si chez les mammifères ils sont tous annexés à cet appareil, le marteau en est exclu chez les oiseaux et les reptiles, pour servir à la suspension de la mâchoire inférieure, et chez les poissons les pièces qui ont la même origine font uniquement partie de cet appareil suspenseur.

L'organe de la vue, placé entre la vertèbre pariétale et la vertèbre frontale, ne contient chez les mammifères aucune pièce osseuse.

Le nerf de l'odorat sort du crâne entre la vertèbre frontale et la vertèbre nasale. La membrane olfactive s'étale sur des lames cartilagineuses ou osseuses enroulées en cornets. Il y a deux cornets supérieurs qui se rattachent exclusivement à l'ethmoïde, et un cornet inférieur dont les principales connexions se font avec le maxillaire supérieur et le palatin.

Quant à l'organe du goût, on voit chez les solipèdes et les ruminants la partie antérieure de l'os hyoïde se prolonger dans la base de la langue, et ce prolongement se compose de deux pièces chez le cheval. On trouve chez les carnassiers un épaississement fibro-cartilagineux.

Appendices ou membres. — De chaque côté de l'axe du corps se trouvent les membres ou appendices qui, par suite de leur répétition symétrique, sont disposés par paires. Ils ont pour caractères d'être situés en dehors des segments vertébraux, de n'enfermer aucune partie du système nerveux central, et, au contraire, de soutenir certaines expansions du système nerveux périphérique.

Ces relations des appendices avec le système nerveux nous déterminent à soutenir l'opinion de Gratiolet, qui pensait que les mâchoires, la ceinture scapulaire et la ceinture iliaque ne doi-

vent pas être assimilées aux arcs inférieurs des segments vertébraux, et sont indépendantes de l'axe du corps.

Oken comparait les mâchoires aux membres thoraciques et
aux membres abdominaux, mais il les comprenait avec les côtes
sous le nom d'appendices, les membres étant des appendices
libres. H. de Blainville regardait également les membres thoraciques et abdominaux comme des appendices libres ; il comparait
les mâchoires aux côtes ; mais il ne s'est pas expliqué sur la signification de la ceinture scapulaire et de la ceinture iliaque, qu'il a
simplement décrites comme formant la partie radiculaire des
membres. L'opinion soutenue par R. Owen, que les mâchoires
appartiennent aux arcs inférieurs des segments vertébraux, et
qu'il en est de même de la ceinture scapulaire et de la ceinture
iliaque, a trouvé beaucoup de partisans. Il est vrai que l'étude
des poissons et aussi celle des oiseaux peuvent faire pencher vers
cette opinion, mais l'argument que nous tirons du système nerveux rend certainement la question indécise. Nous avons considéré les palatins et les ptérygoïdiens comme des côtes de la
tête ; cette manière de voir est adoptée pour les palatins par
R. Owen, qui les considère comme les côtes vertébrales d'un
arc hématal dont les maxillaires supérieurs sont les côtes sternales ou hémapophyses, mais il n'en est pas de même pour les
ptérygoïdiens, qui sont pour cet auteur les appendices rayonnants des palatins. La présence des filets du grand sympathique,
qui se comportent avec les palatins et les ptérygoïdiens comme
ils le feraient avec des côtes cervicales, ne semble-t-elle pas démontrer que les ptérygoïdiens sont aussi des côtes, et, s'il en est
ainsi, les maxillaires ne se trouvent-ils pas situés en dehors de
l'axe ; et, d'un autre côté, ces maxillaires ne sont-ils pas en rapport avec des filets nerveux qui correspondent aux branches cutanées des nerfs intercostaux ? Nous sommes ainsi amené à
penser que les mâchoires, comme les ceintures basilaires des
membres thoraciques et abdominaux, sont des organes appendiculaires.

L'embryologie nous fournit d'autres raisons qui nous confirment dans cette opinion, mais qui nous amènent en même
temps à en modifier l'expression.

En effet, les maxillaires supérieurs et les os malaires, qui n'en
sont que des annexes, se développent en dehors du crâne primitif dans une couche plus superficielle et plus rapprochée de la

peau ; cela peut suffire pour démontrer qu'ils n'appartiennent pas à l'axe du squelette, et il en est de même pour les pièces osseuses de la mâchoire inférieure. Mais, d'autre part, ces organes résultent d'une ossification immédiate, et non de la transformation osseuse de pièces cartilagineuses, ce qui établit une différence essentielle entre leur mode d'apparition et celui de la ceinture scapulaire et de la ceinture iliaque, puisque la ceinture iliaque consiste d'abord dans un cartilage qui est plus tard envahi par l'ossification, et qu'il en est de même pour l'omoplate et pour la partie coracoïdienne de la ceinture scapulaire. En regard de cette différence, nous trouvons un rapport entre les appendices céphaliques et les clavicules, qui se développent de la même manière que ces appendices. Nous arrivons ainsi à dire que les os des mâchoires sont des appendices de la tête, et que nous devons les comparer, non pas d'une manière générale à la ceinture pelvienne ou à la ceinture scapulaire, mais à cette partie de la ceinture scapulaire qui est formée par les clavicules.

Nous admettons, par conséquent, chez les mammifères deux paires d'appendices céphaliques, et deux paires d'appendices pour le tronc.

L'appendice antérieur de la tête se compose de l'os malaire, de l'os sous-malaire (1), peut-être du lacrymal, qui en forment la racine, et du maxillaire supérieur.

Le lacrymal peut en être distrait, soit qu'on le considère comme appartenant à l'appareil olfactif, ou encore comme la pièce moyenne de l'arc supérieur de la vertèbre nasale.

On pourrait voir dans les intermaxillaires une paire d'appendices céphaliques situés en avant des maxillaires supérieurs, et il y aurait alors trois paires d'appendices céphaliques.

L'appendice postérieur de la tête se compose du maxillaire inférieur qui, chez les mammifères, s'articule directement avec le squamosal.

Voyons maintenant les deux paires d'appendices du tronc.

R. Owen, s'appuyant sur l'étude des poissons, pense que le membre antérieur appartient à la vertèbre occipitale. Il est dif-

______

(1) Nous désignerons sous ce nom une pièce osseuse qui reste distincte chez certains mammifères (par exemple le hérisson), et que l'on trouve quelquefois chez l'homme. Elle est placée au bord inférieur de l'arcade jugale au-dessous de la suture du malaire et de l'apophyse zygomatique. Elle peut correspondre à l'os quadro-jugal des oiseaux et des reptiles.

ficile de soutenir qu'il en soit ainsi chez les mammifères, si l'on considère que les nerfs du membre antérieur viennent de la région cervicale et du commencement de la région dorsale. Si l'on s'en tient à l'examen du système nerveux, on est en outre obligé d'admettre qu'ils sont en rapport avec plusieurs segments vertébraux, les uns cervicaux, les autres thoraciques.

Les membres postérieurs, qu'Owen rattache uniquement à la première vertèbre sacrée, sont de leur côté en rapport avec les nerfs de la région lombaire et avec ceux de la région sacrée, ce qui démontre aussi qu'ils se rattachent à plusieurs segments. Si de plus on considère que chez certains vertébrés comme les poissons, leur position peut varier, on sera encore moins disposé à les rattacher à un seul segment du corps.

Dans la théorie d'Owen on est très-embarrassé pour déterminer la signification des clavicules. Owen, qui veut en faire un arc hématal, est obligé d'admettre qu'elles appartiennent au segment vertébral de l'atlas, et, pour expliquer comment chez la plupart des vertébrés elles se trouvent en avant des omoplates, il lui faut supposer que cette position paradoxale est le résultat d'une inversion.

Nous verrons au contraire que les clavicules sont toujours situées en avant des omoplates, et que d'ailleurs c'est par elles et non par les omoplates que le membre antérieur des poissons se rattache à la tête. Cette dernière raison détruisant complétement la théorie de R. Owen, nous persistons dans l'opinion la plus généralement adoptée, qui désigne les appendices antérieurs du tronc des mammifères comme des membres thoraciques, et les membres postérieurs comme des membres abdominaux.

Chacun de ces membres se compose d'une partie radiculaire (ceinture scapulaire, ceinture iliaque) appliquée au tronc, et d'une partie rayonnante faisant saillie à l'extérieur.

On peut les réunir dans une description commune, car ils sont construits sur le même type, et presque toutes leurs parties se correspondent.

Chaque membre est composé de plusieurs régions.

La première région, qui forme la base ou la racine du membre, porte le nom d'épaule pour le membre thoracique et celui de hanche pour le membre abdominal. Elle se compose pour le membre abdominal de trois os, l'iléon, le pubis, l'ischion, qui s'unissent aux environs d'un point central autour duquel ils rayonnent, en sorte qu'il y en a un supérieur, l'iléon ; un inférieur et antérieur, le pubis ; un inférieur et postérieur, l'ischion.

L'ensemble de ces trois os forme de chaque côté une demi-ceinture qui consiste au début dans une masse cartilagineuse continue, mais où l'ossification se fait à partir de trois centres distincts. Les siréniens et les cétacés sont les seuls mammifères où l'on ne retrouve pas ces trois éléments. Au point où ils s'unissent se trouve la cavité cotyloïde qui sert à l'articulation de l'os de la région suivante (le fémur). Le fond de la cavité cotyloïde est fermé chez tous les mammifères, à l'exception des ornithorynques ; souvent on y voit une pièce osseuse.

Pour le membre thoracique, il y a également une demi-ceinture formée d'un cartilage continu. Mais l'ossification ne le partage qu'en deux éléments : l'omoplate, qui correspond à l'iléon ; l'apophyse coracoïde, qui correspond à l'ischion. L'élément coracoïdien, qui chez les reptiles et les oiseaux constitue un os considérable étendu jusqu'au sternum, est très-réduit chez tous les mammifères, à l'exception des ornithodelphes. Dugès a fait voir que chez les batraciens (1) le pubis est représenté à l'épaule par la partie antérieure du coracoïdien à laquelle Parker donne aujourd'hui le nom de précoracoïdien. Ce dernier auteur pense que, chez les mammifères monodelphes et didelphes, le précoracoïdien s'isole complétement du reste de l'épaule et qu'il demeure en contact avec le sternum, affectant chez l'homme la forme d'un fibro-cartilage interarticulaire (cartilage sterno-coracoïdien).

L'épaule contient en outre chez l'homme et chez beaucoup d e mammifères un os qui ne résulte pas de l'ossification du cartilage primitif et qui est surajouté. On lui donne le nom de clavicule, et il va de l'omoplate au sternum. Jusque dans ces derniers temps, la plupart des auteurs ont pensé que cet os était le représentant du pubis. Dugès, le premier, a montré que cela ne pouvait pas être admis pour les batraciens. Aujourd'hui Gegenbaur, Parker et Huxley démontrent qu'il en est de même pour tous les vertébrés.

Chez les mammifères, l'os coracoïdien, ou le préischion, est toujours fixé à l'omoplate par une articulation immobile. Chez les mammifères monodelphes et didelphes, il est peu développé, n'atteint pas le sternum, et porte alors le nom d'apophyse cora-

---

(1) Rech. sur l'ostéol. et la myol. des batraciens, 1835.

coïde. Chez les ornithodelphes, il a un volume considérable et atteint le sternum ; c'est un véritable os coracoïdien ; chez ces mêmes animaux, il supporte par son bord interne un os que l'on nomme épicoracoïdien.

Quand la clavicule est bien développée, elle s'articule avec l'apophyse acromiale de l'omoplate et s'unit par des ligaments avec l'apophyse coracoïde. De là résulte la présence d'un trou que nous nommons sus-glénoïdien, et qui est circonscrit par ces trois éléments osseux.

La cavité destinée à l'articulation de l'épaule avec le bras (cavité glénoïde) est creusée sur l'omoplate et sur la base du coracoïdien. La clavicule n'y prend aucune part.

Les trois os de la ceinture iliaque concourent au contraire à former la cavité cotyloïde.

Le pubis n'a aucune relation avec les pièces sternales ; presque toujours (les taupes font exception) il se soude à celui du côté opposé. Il en est de même pour l'ischion.

Tandis que l'omoplate est libre et flottante et n'est reliée aux vertèbres et aux côtes que par des muscles, l'iléon est toujours soudé aux masses transversaires des vertèbres sacrées.

La deuxième région est constituée par le bras pour le membre antérieur, par la cuisse pour le membre postérieur. Le bras se compose d'un seul os, l'humérus ; la cuisse, d'un seul os, le fémur.

L'humérus et le fémur sont des os longs ; celle de leurs extrémités qui est la plus rapprochée du tronc, étant habituellement placée en haut, porte le nom d'extrémité supérieure ; on peut aussi lui donner le nom d'extrémité proximale, et l'autre extrémité, qui est le plus souvent inférieure, peut être appelée distalée, puisqu'elle est la plus éloignée de l'axe du corps. Ces mots distal et proximal, employés avec avantage par les Anglais, et principalement par R. Owen, nous semblent pouvoir être adoptés en français.

L'extrémité proximale de l'humérus et du fémur est toujours simple et pourvue d'une seule facette articulaire ; l'extrémité distale est double et pourvue de deux facettes.

La troisième région porte le nom d'avant-bras pour le membre thoracique, et de jambe pour le membre abdominal. L'avant-bras est composé de deux os, qui sont le tibia et le péroné. Le tibia représente le radius, et le péroné représente le cubitus.

Tous les mammifères où ce segment n'est pas atrophié ont un radius et un tibia bien développés ; mais le péroné et le cubitus peuvent être plus ou moins réduits. Les chevaux n'ont que l'extrémité supérieure du péroné ; les ruminants n'ont que l'extrémité inférieure. Le cubitus est réduit à son extrémité proximale chez les cheiroptères (quand l'extrémité distale existe comme je l'ai vu chez la Roussette, elle reste à l'état cartilagineux) et chez les solipèdes.

Les trois dernières régions, prises dans leur ensemble, constituent la main, pour le membre thoracique, et le pied, pour le membre abdominal.

La quatrième région porte le nom de poignet ou de carpe, pour le membre antérieur, et de cou-de-pied ou de tarse, pour le membre postérieur. Elle est composée d'os courts, dont le nombre et la forme varient, mais qui forment toujours deux rangées.

La première rangée (3 os à la main, scaphoïde, semi-lunaire, pyramidal ; nous n'y comptons pas le pisiforme, qui est, comme l'a dit Galien, un os hors de rang ; 2 os au pied) a reçu de Paul Gervais les noms de procarpe et de protarse (1); la seconde rangée (4 os, trapèze, trapézoïde, grand os, os crochu pour la main, 1er, 2e et 3e cunéiformes, cuboïde pour le pied) a reçu du même auteur les noms de mésocarpe et de mésotarse. Il y a de plus un os placé entre les deux rangées qui est le central (c'est le nom que Dugès, et plus récemment Gegenbaur lui ont donné).

Chez l'homme, la première rangée du carpe a ses 3 os distincts, mais le central est confondu avec le scaphoïde. Il en est de même chez les chimpanzés et les gorilles. Le central est distinct chez la plupart des singes et des rongeurs. Chez les carnivores, le scaphoïde est confondu avec le semi-lunaire et avec le central. Chez tous les mammifères la seconde rangée du carpe a des os distincts pour les trois premiers rayons digitaux, mais les deux os destinés aux deux derniers rayons se confondent en un seul, qui est l'unciforme ; il en est de même au tarse, où l'unciforme est représenté par le cuboïde.

A la première rangée du tarse, le pyramidal de la main est représenté par le calcanéum, et un seul os, l'astragale, repré-

_____

(1) De la comparaison des membres chez les animaux vertébrés. (*Académ. des sc. de Montp.*, 1853.)

sente la fusion du scaphoïde et du semi-lunaire. Le central du pied a reçu le nom de scaphoïde; cette homologie, indiquée pour la première fois par Dugès, soutenue de nouveau par Paul Gervais (*ibid.*), est aujourd'hui professée par Gegenbaur, Huxley, Flower, et nous croyons qu'elle doit être définitivement acceptée.

La cinquième région, composée typiquement de 5 os, correspond à la paume de la main et à la plante du pied. C'est le métacarpe au membre antérieur, et le métatarse au membre postérieur.

La sixième région, formée par les doigts et les orteils, comprend typiquement cinq rayons qui prolongent les os du métacarpe ou ceux du métatarse. Généralement le plus interne de ces rayons se compose de deux phalanges ; les autres en contiennent chacun trois. Les cétacés sont les seuls où les doigts puissent contenir plus de trois phalanges. Quand chez les mammifères un des cinq doigts disparaît, c'est toujours le plus interne ou le pouce ; c'est ensuite le plus externe ou le cinquième, puis le second, puis le quatrième, et, quand il n'y en a qu'un, c'est celui du milieu (le troisième) qui persiste.

Toutes les fois que le doigt du milieu est le plus long et que l'axe de la main passe par ce doigt, on dit que les doigts forment un système impair, et les animaux sont appelés imparidigités (périssodactyles) ; mais, dans certains cas, comme chez les ruminants, le troisième et le quatrième doigt sont équivalents, et l'axe de la main passe entre ces deux doigts; le nombre des doigts ne peut pas être inférieur à deux. On dit alors que les animaux sont paridigités (artiodactyles).

Le squelette des mammifères étant pris pour terme de comparaison, nous allons maintenant décrire celui des poissons et des reptiles et des oiseaux.

SQUELETTE DU TRONC CHEZ LES POISSONS, LES AMPHIBIENS ET LES REPTILES.

POISSONS OSSEUX. — Chez les poissons osseux, l'axe du corps est réduit à trois régions : la tête, l'abdomen, la queue; il n'y a ni cou ni thorax.

Les segments vertébraux de la queue offrent l'image d'une vertèbre complète où l'arc supérieur et l'arc inférieur, soudés au corps vertébral, sont exactement semblables l'un à l'autre, le supérieur formant un canal où passe la moelle, et l'inférieur formant un autre canal où passe l'aorte. Cette ressemblance des deux arcs avait frappé les yeux d'Et. Geoffroy et lui avait fait choisir le type de la vertèbre dans un segment caudal d'une jeune plie.

Outre les arcs soudés au corps de la vertèbre, le segment contient encore d'autres pièces qui appartiennent au dermato-squelette. Elles sont situées dans l'intervalle de deux apophyses épineuses; parfois il y en a une double rangée dans le même intervalle. Et. Geoffroy les comptait au nombre des pièces composantes de la vertèbre et les assimilait par erreur aux pièces de l'apophyse épineuse (neurépine d'Owen) qui, au lieu d'être placées l'une à côté de l'autre, seraient placées l'une au bout de l'autre. Les deux pièces qu'il nommait épiaux continuent l'arc supérieur; les deux pièces qu'il nommait cataaux continuent l'arc inférieur. Owen les nomme interneurales et dermospinales pour les supérieures, interhémales et dermosternales pour les inférieures.

Nous appellerons arêtes sous-dermiques ou hypodermiques celles qui sont situées sous la peau et qui augmentent la surface d'insertion des muscles du tronc, et arêtes exodermiques celles qui sortent de la peau ; ces arêtes seront les unes supérieures ou dorsales, les autres inférieures ou ventrales. Les arêtes exodermiques mériteraient encore les noms de phanéroides parce qu'elles se montrent à l'extérieur, d'odontoides parce qu'elles participent à la nature des dents, d'acanthoides parce qu'elles constituent les épines qui distinguent les poissons acanthoptérygiens.

Les prolongements osseux qui composent l'arc inférieur des vertèbres caudales ont été considérés par Et. Geoffroy comme répondant aux côtes des mammifères. J. Muller d'abord, puis R. Owen ont pensé au contraire avec raison que ce sont des parapophyses, et Owen a démontré qu'elles sont en série avec les parapophyses de la région abdominale.

Ainsi Et. Geoffroy a été trompé par une fausse apparence, et cette erreur pourtant l'a conduit à une idée vraie : elle lui a donné la conception d'un segment vertébral complet; mais ce n'était pas dans la vertèbre caudale de la plie qu'il fallait en chercher le type, c'était dans un segment du thorax d'un mammifère, où il a plus tard reconnu ce type à la suite de ses études sur le fœtus du bœuf.

En résumé la vertèbre caudale d'un poisson osseux nous montre un corps vertébral surmonté d'un arc supérieur enfermant la moelle et muni en dessous d'un autre arc enfermant l'aorte, lequel arc inférieur n'est pas constitué par des côtes, mais par des parapophyses qui viennent se rejoindre par leurs extrémités. Les côtes elles-mêmes manquent ; c'est une vertèbre incomplète que l'on a sous les yeux.

Les corps des vertèbres, soit de la queue, soit de l'abdomen, présentent généralement la forme de l'os dicône et sont creusés soit en avant, soit en arrière, de cavités coniques dont les sommets communiquent par de petits pertuis donnant passage à un cordon (dernier vestige de la corde dorsale) qui réunit les masses fibreuses dont les cavités coniques sont elles-mêmes remplies. Ces masses fibreuses se continuent sans interruption dans l'intervalle de deux vertèbres ; parfois on y trouve une cavité synoviale. Les lépisostées, au lieu d'avoir des corps vertébraux biconcaves comme les autres poissons, les ont convexes en avant et concaves en arrière.

A l'extrémité de la queue, dans la région de la nageoire caudale, les corps vertébraux cessent d'être distincts. Parfois (chez la perche p. ex.) la corde dorsale est enveloppée dans un étui osseux (urostyle) qui correspond à plusieurs vertèbres. Le plus souvent les corps vertébraux ne s'ossifient pas et la corde dorsale n'a point d'étui solide. Les arcs supérieurs et inférieurs des vertèbres persistent au contraire ; rarement (polyptères) ils se développent également au-dessus et au-dessous de la corde dorsale qui reste dans l'axe du corps, comme cela se voit chez les poissons diphycerques. Le plus souvent la corde dorsale se recourbe de bas en haut et les arcs inférieurs sont plus développés que les arcs supérieurs ; dans ce dernier cas, si la différence qui distingue ces deux sortes d'arcs est immédiatement évidente, on dit que les poissons sont hétérocerques ; si au contraire les arcs inférieurs sont disposés de telle sorte que la queue soit divisée en deux parties symétriques, on donne aux poissons le nom d'homocerques.

Dans la région de l'abdomen, les arcs inférieurs sont incomplets ; ils sont constitués par des parapophyses et par des côtes qui continuent les parapophyses ; le reste de l'arc inférieur est représenté par un cordon fibreux ou plutôt par l'intersection fibreuse qui sépare deux segments de la couche musculaire.

Les côtes peuvent être munies à leur bord postérieur d'un stylet appendiculaire nommé par Owen épipleural et par Agassiz apophyse musculaire. Owen y voit un appendice rayonnant qu'il compare aux apophyses récurrentes du thorax des oiseaux et aux rayons branchiostéges des poissons.

Les apophyses transverses proprement dites (apophyses transverses supérieures de J. Muller, diapophyses d'Owen) n'existent pas chez les poissons osseux. Car on ne trouve aucune saillie latérale partant soit de la lame, soit des parties latérales du corps de la vertèbre. Il n'y a que des parapophyses (apophyses transverses inférieures de J. Muller) qui naissent de la face inférieure du corps de la vertèbre.

Il n'y a pas chez les poissons d'apophyses articulaires proprement dites, c'est-à-dire de saillies articulaires appartenant à l'arc supérieur de la vertèbre et situées au-dessus des trous de conjugaison, mais il y a des saillies qui se détachent du corps vertébral et de la base de l'arc supérieur au-dessous du trou de conjugaison et qui jouent fonctionnellement le rôle d'apophyses articulaires. Ce mode d'articulation existe chez les mammifères, entre l'atlas et l'occipital, entre l'atlas et l'axis; il existe chez les poissons dans toute l'étendue de la colonne vertébrale.

Dans certains poissons, comme l'espadon, on voit en outre se détacher de la partie inférieure du corps vertébral des saillies qui jouent aussi le rôle d'apophyses articulaires.

Certains poissons, comme les fistulaire, sont des vertèbres thoraciques peu nombreuses, très-longues et soudées les unes aux autres, mais on ne voit pas chez les poissons de sacrum, c'est-à-dire un ensemble de vertèbres soudées entre elles et servant de soutien aux membres abdominaux ; et c'est à tort que l'on a donné le nom de sacrum à une pièce osseuse placée en avant de la région caudale et constituée par un arc vertébral inférieur.

Il n'existe pas de vertèbre qui mérite le nom d'axis : car la seconde vertèbre du tronc ne diffère pas des autres ; et il n'y a pas d'apophyse odontoïde.

Quant à la première vertèbre, ou l'atlas, elle peut se distinguer par l'absence de suture entre l'arc supérieur et le corps vertébral, ou par l'absence des côtes, ou par leur mobilité. Mais le corps s'articule soit avec la seconde vertèbre, soit avec l'occipital, de la même manière que les autres vertèbres s'articulent entre elles. Ce corps vertébral ressemble aux autres ; il est complet, puisque rien ne s'en détache pour former une apophyse odontoïde.

La première vertèbre céphalique, ou vertèbre occipitale, a tout à fait l'aspect d'une vertèbre.

Le corps vertébral est creusé en arrière d'une cavité conique remplie d'une masse fibreuse qui sert à son union avec l'atlas. En avant, le corps vertébral est également concave ; mais on peut envisager sa conformation de deux manières :

Habituellement on le regarde comme uniquement composé d'une masse osseuse biconcave très-semblable à un corps vertébral. Huxley (*Lectures on comparative anatomy*, p. 166) y ajoute une lame osséo-cartilagineuse qui prolonge sa partie supérieure jusqu'à la fosse pituitaire, et qui sépare de la cavité crânienne la vaste loge où sont contenus les muscles orbitaires. Quelle que soit la manière de voir que l'on adopte, le corps vertébral est toujours biconcave.

Le grand trou occipital, qui regarde directement en arrière, est un triangle à sommet supérieur qui répète exactement la forme des arcs médullaires des vertèbres dorsales.

L'arc supérieur renferme trois pièces de chaque côté. R. Owen les nomme exoccipital, paroccipital, suroccipital. Les deux exoccipitaux viennent se rencontrer sur la ligne médiane. Le suroccipital (formé par la soudure des deux suroccipitaux), placé au sommet, présente une véritable crête épineuse. Les paroccipitaux situés latéralement entre les exoccipitaux et les suroccipitaux sont considérés par Owen (1) comme de véritables apophyses transverses (diapophyses) ; ils s'articulent avec la ceinture scapulaire.

Cuvier désigne le paroccipital sous le nom d'occipital latéral, la pièce basilaire sous le nom d'occipital externe, et la pièce supérieure est, pour lui, soit un suroccipital, soit un interpariétal.

____

(1) Dans l'*Archétype* (1855) il les désigne comme des parapophyses, parce qu'ils sont, en apparence, en série avec les parapophyses de la colonne vertébrale ; mais dans son *Traité d'anatomie comparée* (1866) il leur applique avec plus de raison le nom de diapophyses.

La manière de voir de R. Owen est presque identique à celle de Cuvier, et, en l'adoptant, on trouverait la même composition pour l'arc supérieur de la vertèbre occipitale chez les poissons et chez les mammifères. Pour Huxley, le paroccipital d'Owen (occipital latéral de Cuvier) n'appartiendrait pas à la vertèbre occipitale ; il correspondrait à l'élément osseux qu'il a désigné chez les mammifères sous le nom d'épiotique, et auquel appartient, chez l'homme, l'apophyse mastoïde. En adoptant cette manière de voir on trouverait à faire un rapprochement d'un autre genre, puisque chez les poissons, comme chez l'homme, l'apophyse transverse de la tête appartiendrait à l'élément épiotique du rocher. Parker y voit l'os qu'il a désigné chez le balæniceps sous le nom de ptérotique.

L'arc inférieur est constitué pour R. Owen par la ceinture scapulaire qui s'articule avec le paroccipital. Cette opinion pourrait, en effet, être soutenue si la ceinture scapulaire conservait cette position chez tous les vertébrés. Mais, comme il n'en est pas ainsi, on doit considérer ses relations intimes avec la tête, chez les poissons osseux, comme une disposition particulière à ce groupe où elle est en rapport avec l'absence de la région cervicale.

Nous admettons, comme pour les mammifères, que l'arc inférieur de la vertèbre occipitale est formé par la ceinture hyoïdienne.

L'arc hyoïdien des poissons osseux est fermé inférieurement par une pièce médiane qui est le corps de l'hyoïde. Chacune des branches latérales se compose d'une pièce inférieure qui s'articule avec le corps de l'hyoïde, de deux pièces moyennes volumineuses et d'une pièce supérieure, ou os styloïde, qui s'articule avec l'os que Cuvier a nommé le temporal. Comme ce temporal de Cuvier donne insertion par sa partie inférieure et interne à l'hyoïde, et par sa partie inférieure et externe au symplectique qui fait partie du suspensorium de la mâchoire inférieure, Huxley le nomme os hyomandibulaire ; Owen l'appelle mastoïdien.

Les deux pièces moyennes de l'arc hyoïdien donnent insertion par leur bord postérieur aux rayons branchiostéges que R. Owen compare, avec raison, ce nous semble, aux appendices costaux des oiseaux, et qu'il compare aussi, ce qui nous paraît beaucoup plus discutable, aux rayons des nageoires.

La pièce inférieure peut être double et se composer de deux pièces placées sur le même rang, l'antérieure s'articulant seule avec le corps de l'hyoïde, mais toutes les deux s'articulant avec la pièce moyenne inférieure de la branche hyoïdienne.

En avant du corps de l'hyoïde, on trouve l'os lingual ; en arrière du corps de l'hyoïde, on trouve une ou plusieurs pièces disposées en série longitudinale avec les deux précédentes. Quand il y a deux de ces pièces, elles sont, pour Étienne Geoffroy, l'entohyal et l'urohyal ou queue de l'hyoïde, les deux premières étant le glossohyal et le basihyal.

En outre, le corps de l'hyoïde s'articule inférieurement avec une pièce médiane impaire qu'Étienne Geoffroy a nommée épisternal, que Cuvier a regardée comme le véritable corps de l'hyoïde, et qu'Owen désigne comme la queue de l'hyoïde. Nous adoptons l'opinion d'Étienne Geoffroy.

Les pièces médianes placées en arrière du basihyal supportent les arcs branchiaux, et pour ce motif reçoivent aujourd'hui , de R. Owen , le nom de basi-branchiaux, les arcs branchiaux étant à leur tour composés chacun d'un cérato-branchial, d'un épi-branchial et d'un pharyngo-branchial qui s'applique à la base du crâne sans s'y souder.

Les arcs branchiaux, ou posthyoïdiens sont le plus souvent au nombre de cinq. Les quatre premiers seulement portent des branchies ; le cinquième, qui porte des dents, a reçu le nom d'arc pharyngien, et ses segments sont des os pharyngiens.

Duvernay a considéré l'ensemble des arcs hyoïdien et branchiaux des poissons comme une cage thoracique transportée sous la tête ; Et. Geoffroy a vu une cage thoracique dans l'arc hyoïdien muni de ses rayons, et dans les arcs branchiaux des pièces homologues aux cartilages du larynx et de la trachée ; cette homologie des arcs branchiaux avec les cartilages de la trachée a été aussi admise par Owen, Spix et Bojanus ; Carus, qui accepte cette dernière opinion, classe l'arc hyoïdien aussi bien que les arcs branchiaux dans le splanchno-squelette, ce qui est encore soutenu par Gegenbaur qui les rapporte au squelette viscéral (visceral skelet) ; Owen rapporte l'arc hyoïdien au névro-squelette, mais les arcs branchiaux font pour lui partie du squelette splanchnique. Duméril, et, après lui, Dugès, ont admis que les arcs branchiaux n'étaient que des subdivisions de la corne hyoïdienne postérieure ; dans la seconde édition de l'anatomie comparée de Cuvier, ces arcs sont considérés comme des branches hyoïdiennes intermédiaires et les arcs pharyngiens répondraient aux cornes postérieures des mammifères.

Il ne nous semble pas que l'on ait un criterium suffisant pour décider entre ces diverses opinions.

Deuxième vertèbre céphalique ou vertèbre pariétale. — L'arc supérieur contient, d'après R. Owen, trois pièces de chaque côté : la pièce qui représente la grande aile du sphénoïde ou alisphénoïde ; une pièce moyenne que R. Owen regarde comme le mastoïdien et qui sera pour nous, comme chez les mammifères, l'écaille du temporal ou le squamosal ; enfin une troisième pièce qui ferme l'arc et qui est le pariétal. Les pariétaux peuvent offrir le long de leur suture interpariétale une crête longitudinale. Ces déterminations de R. Owen sont identiques à celles de Cuvier.

Entre l'alisphénoïde, l'exoccipital et le mastoïdien, il y a une pièce osseuse, considérable chez les morues, que R. Owen appelle pétrosal et que Cuvier nommait le rocher. Pour Huxley, cette pièce n'est qu'une partie du rocher, celle qu'il a désignée sous le nom d'opisthotique, et le prootique serait représenté par l'alisphénoïde d'Owen et de Cuvier. Il regarde d'ailleurs comme un squamosal le mastoïdien de ces auteurs.

La détermination du corps de la vertèbre pariétale donne aussi lieu à une discussion. En effet, la face inférieure du basilaire occipital est en partie recouverte par une pièce osseuse qui se prolonge en avant jusqu'au vomer. Cuvier regardait cette pièce comme un sphénoïde postérieur ; Owen y a vu la réunion du sphénoïde postérieur et du sphénoïde antérieur, un post-présphénoïde. Mais Parker et Huxley combattent cette opinion. Huxley désigne cet os, qui se montre sous une forme identique chez les poissons et chez les amphibiens, sous le nom de parasphénoïde. Il démontre qu'il ne correspond pas au sphénoïde, mais qu'il le recouvre, et qu'au lieu d'être produit par l'ossification d'une partie du crâne primitif ou cartilagineux, il se développe à la surface de son périchondre. Parker, de son côté, fait voir que cet os correspond à ses basi-temporaux, c'est-à-dire aux éléments osseux que l'on désigne chez les mammifères sous le nom de lingulæ sphénoïdales et qu'il retrouve également chez les reptiles et chez les oiseaux.

Où se trouve donc le sphénoïde postérieur ? Huxley prolonge

le basilaire occipital jusqu'à la fosse pituitaire et le compose non-seulement avec la partie osseuse qui est en arrière, mais avec une lame cartilagineuse qui est comme un prolongement de sa face supérieure.

La fosse pituitaire elle-même ne serait formée inférieurement que par le parasphénoïde, et le basisphénoïde, au lieu de limiter cette fosse en avant, en arrière et en bas, comme chez les mammifères, serait réduit à l'élément osseux qui la limite en avant. Le post-sphénoïde ainsi réduit serait représenté par l'os en Y des brochets et des perches, os que Cuvier considère comme un présphénoïde.

Il faudrait alors retrouver l'alisphénoïde dans la lame osseuse que Cuvier et Owen regardent comme un orbito-sphénoïde. Cette opinion, qui est certainement appuyée sur de très-fortes raisons, a l'inconvénient de placer le corps de la vertèbre et les pièces basilaires de l'arc supérieur à une grande distance du squamosal et des pariétaux, et c'est là une autre difficulté à résoudre.

Le troisième segment céphalique, ou vertèbre frontale, a un arc supérieur composé de trois pièces de chaque côté : à la base, la petite aile du sphénoïde, dite orbito-sphénoïde ; au milieu et en dehors l'os frontal postérieur ou post-frontal correspondant à l'apophyse orbitaire postérieure des mammifères, mais qui n'est pas comme chez eux exclu de la cavité crânienne ; au sommet, pour fermer l'arc, le frontal. Si l'on adopte l'opinion de Huxley, l'orbitosphénoïde reste à l'état cartilagineux.

Le corps de la vertèbre, qui correspond au présphénoïde des mammifères, est ou bien confondu avec le post-sphénoïde dans l'os parasphénoïde de Huxley, ou bien nul, ou bien cartilagineux, ou bien représenté par le petit os en Y désigné par Cuvier sous le nom de sphénoïde antérieur.

L'arc inférieur est formé par les palatins, lesquels ne se rattachent le plus souvent qu'aux préfrontaux qui appartiennent à la vertèbre suivante.

Quatrième vertèbre ou vertèbre nasale. — Les préfrontaux, qui correspondent aux parties latérales de l'ethmoïde des mammifères, et par conséquent aux lames de l'arc supérieur, sont les seules pièces de cette vertèbre sur la détermination desquelles on soit d'accord. Cuvier regardait comme un ethmoïde une pièce médiane qui est au-devant des os frontaux, et comme des nasaux deux os placés en avant et en dehors de cette pièce. Et. Geoffroy, Agassiz, Owen, Huxley, voient un nasal unique dans l'ethmoïde de Cuvier. Owen regarde les nasaux de Cuvier comme des turbinaux ou des cornets du nez.

Pour Owen, le corps de la vertèbre est formé par le vomer ; pour Huxley il est cartilagineux. Quant au vomer, Huxley y voit un os de la même nature que le parasphénoïde revètant en avant la face inférieure du prolongement cartilagineux de la base du crâne.

Os des organes de sensation spéciale. — La capsule auditive n'est pas enfermée dans une gangue osseuse comme chez les mammifères. Cependant il y a un rocher et nous venons d'indiquer un os que Cuvier et R. Owen ont désigné sous ce nom. Huxley pense, comme nous venons également de le dire, que les trois éléments osseux du rocher des mammifères existent chez les poissons osseux, mais qu'ils sont simplement en contact avec la face cérébrale de la capsule auditive.

Les osselets de l'ouïe des mammifères sont-ils représentés chez les poissons osseux ? Et. Geoffroy a cru les retrouver dans les pièces de l'appareil operculaire. Il comparait l'opercule à l'étrier, l'interopercule au marteau, le subopercule à la réunion de l'enclume et du lenticulaire. Cette opinion ne peut plus être soutenue depuis qu'on a reconnu que l'opercule existe dans l'embryon des mammifères sous la forme d'un repli de la peau, où l'on ne trouve pas de pièces osseuses. (Ce pli, pour Huxley, devient le pavillon de l'oreille.) Mais l'idée ingénieuse d'Et. Geoffroy reparait sous une forme nouvelle. Huxley professe aujourd'hui qu'il n'y a pas d'étrier chez les poissons osseux, que l'enclume est représentée par l'os hyomandibulaire (temporal de Cuvier, épitympanique de R. Owen), et le marteau par le carré (jugal de Cuvier, hypotympanique d'Owen). Et. Geoffroy retrouvait le cadre du tympan dans le préopercule.

Les poissons osseux présentent au-dessous de l'orbite un demi-cercle de pièces osseuses que Cuvier nommait sous-orbitaires, et sur le côté de la voûte crânienne d'autres pièces qu'il appelait surtemporaux. Dugès et Owen regardent la plus antérieure des pièces sous-orbitaires comme un lacrymal.

L'aspect des os intermaxillaires des poissons osseux ne rappelle en rien celui des arcs vertébraux inférieurs et fait plutôt naître l'idée de les considérer comme des organes appendiculaires. On arrive au même résultat par l'étude du développement qui fait voir que ces os se forment dans une couche très-superficielle et sont presque des pièces cutanées. Ils se composent d'une partie descendante qui borde l'ouverture de la bouche et d'une apophyse interne dirigée en arrière que Cuvier nomme ascendante et que l'on pourrait aussi bien appeler horizontale. Cette apophyse s'étend le long du bord interne du nasal (ethmoïde de Cuvier) et peut atteindre le frontal.

Le maxillaire supérieur est une lame osseuse mince et étroite qui s'étend le long de la branche descendante de l'intermaxillaire. Son angle supérieur s'articule avec l'intermaxillaire et avec le vomer ; son angle inférieur recouvre le maxillaire inférieur et s'articule avec lui par des ligaments vers le milieu de sa longueur , c'est-à-dire vers sa partie coronoïdienne.

Aucune pièce osseuse ne réunit le maxillaire supérieur au suspensorium de la mâchoire inférieure, et par conséquent il n'y a ni malaire ou jugal, ni sous-malaire ou quadrato-jugal; en un mot, l'arcade jugale n'existe pas.

La position superficielle du maxillaire supérieur des poissons osseux a été appréciée par les premiers observateurs, qui lui ont donné le nom d'os labial parce qu'il est au voisinage de la lèvre, ou celui d'os des mystaces parce qu'il soutient les barbillons. Le maxillaire supérieur est quelquefois composé de plusieurs os : 2 (truite, brochet, thon, etc.), 3 (clupes et polyptère), 8 à 10 (lépisostée).

Le maxillaire inférieur des poissons osseux se compose de plusieurs éléments : le dentaire, l'articulaire, l'angulaire, et le coronoïdien.

L'articulaire et l'angulaire se forment par l'ossification du cartilage de Meckel, mais le dentaire et le coronoïdien sont complétement indépendants de ce cartilage.

Le suspensorium de la mâchoire inférieure résulte de l'évolution du cartilage qui se forme dans le premier arc post-buccal. Ce cartilage se divise en plusieurs pièces : 1° une pièce commune à l'arc mandibulaire et à l'arc hyoïdien, c'est l'os hyo-mandibulaire de Huxley (temporal de Cuvier, épitympanique de R. Owen); 2° le symplectique ; 3° le métaptérygoïdien de Huxley (carré ou tympanal de Cuvier, mésotympanique d'Owen); 4° le carré de Huxley (jugal de Cuvier, hypotympanique d'Owen). Cette dernière pièce s'applique au cartilage de Meckel, qui en s'ossifiant forme l'articulaire et l'angulaire.

Le suspensorium se rattache à la partie antérieure de la tête par l'arc palatoptérygoïdien composé du palatin, du ptérygoïdien interne et du ptérégoïdien externe. Ces deux derniers s'articulent avec le carré. En haut il est rattaché au crâne par l'os hyomandibulaire (temporal de Cuvier).

On peut ainsi résumer, d'après Cuvier (1), les connexions des différents os qui composent l'appareil suspenseur.

Le palatin s'articule avec le maxillaire supérieur et le frontal antérieur ; l'ecto-ptérygoïdien avec l'ento-ptérygoïdien, le palatin et le carré (jugal de Cuvier) ; l'entoptérygoïdien avec l'ecto-ptérygoïdien, le palatin, le mésoptérygoïdien et le carré ; le carré (jugal de Cuvier) avec l'ento, l'ecto, le méso-ptérygoïdien et l'articulaire ; le méso-ptérygoïdien avec le carré, l'ento-ptérygoïdien, l'hyo-mandibulaire, l'articulaire et le symplectique ;

Le symplectique avec l'os hyo-mandibulaire, le mésoptérygoïdien, le carré et l'os styloïde ;

L'os hyomandibulaire avec le mésoptérygoïdien, le symplectique et l'opercule. Il est reçu dans un gynglyme formé par le frontal postérieur, le squamosal (mastoïdien de Cuvier) et la grande aile.

POISSONS FIBREUX. — Chez l'amphioxus, l'axe du corps n'est pas segmenté. La corde dorsale va sans interruption d'un bout à l'autre. On pourrait voir des espèces d'apophyses épineuses dans de petites masses fibrocelluleuses placées les unes à la suite des autres au-dessus du canal médullaire. La tête ne se distingue que par une légère dilatatation du ventricule de la moelle et par les nerfs qui s'échappent de cet indice de cerveau. Elle se termine par un rostre acuminé qui dépasse l'ouverture buccale et jusqu'au bout duquel la corde dorsale se continue.

Les éléments cartilagineux du squelette consistent dans les cartilages labiaux et dans ceux qui forment derrière la bouche une sorte de cage thoracique.

POISSONS CARTILAGINEUX. — Chez les cyclostomes, la corde dorsale persiste toute la vie sous la forme d'un cordon fibro-celluleux non segmenté qui se termine en avant à la moitié de la longueur de la tête. Il n'y a pas de corps vertébraux dis-

____

(1) *Anat. comp.*, 2e éd., t. ii, p. 659.

tincts. Il y a, au-dessus du canal médullaire, des plaques cartilagineuses rappelant par leur forme et leur position les arcs supérieurs des vertèbres, mais dont le nombre est supérieur à celui des paires nerveuses.

Il n'y a ni apophyses transverses proprement dites ou apophyses transverses supérieures, ni apophyses transverses inférieures ou parapophyses. Les arcs vertébraux inférieurs ne sont représentés, si toutefois ils le sont, qu'en arrière de la tête, par des cartilages qui forment une sorte de cage thoracique enfermant le cœur et les organes respiratoires.

La tête n'est pas segmentée. Les trous de sortie des nerfs peuvent seuls servir à établir une sorte de segmentation idéale.

Le cartilage qui la compose reproduit par ses principales dispositions celles du crâne primitif des vertébrés supérieurs. Il faut noter que chez les cyclostomes il se continue avec deux lames cartilagineuses qui se montrent sur les côtés de la corde dorsale, un peu en arrière de la tête, et qui sont les seuls éléments cartilagineux que l'on rencontre dans toute la longueur de la région vertébrale proprement dite ; ces deux lames se réunissent pour former la région basilaire du crâne. La corde dorsale se continue dans la masse basilaire jusqu'à l'espace où est logée la glande pituitaire. En ce point le cartilage qui enveloppe la corde dorsale se divise en deux colonnes que R. Owen appelle arcs sphénoïdaux et qui répondent aux poutres ou trabeculæ cranii de Rathke (Vogt les nomme anses latérales ; J. Müller, prolongements aliformes de la base du crâne, Flügelfortsätze Basis cranii); ces colonnes passent de chaque côté de la glande pituitaire et viennent se réunir au-devant de cette glande pour se prolonger en un rostre aplati et cordiforme qui termine en avant l'axe vertébral. La masse cartilagineuse qui est en arrière de la glande pituitaire peut correspondre au basilaire occipital, les arcs sphénoïdaux au postsphénoïde, le rostre au présphénoïde et à l'ethmoïde. Les auteurs qui ont voulu comparer le rostre au vomer ont commis une erreur qui rend la description tout à fait inintelligible ; le vomer, os de formation secondaire, n'existe pas chez les cyclostomes.

Les lames cartilagineuses qui s'élèvent de chaque côté de la masse basilaire et des arcs sphénoïdaux ne se rencontrent sur la ligne médiane que tout à fait en arrière dans le point qui correspond à la région occipitale ; la plus grande partie de la voûte du crâne est membraneuse.

On voit à la face supérieure du crâne, immédiatement en arrière du rostre, l'ouverture du sac nasal, qui, dans la lamproie adulte, va s'ouvrir à la voûte du palais à travers la fosse pituitaire.

En arrière de cette ouverture, on voit de chaque côté une dépression qui répond à l'orbite, et, plus en arrière, le cartilage se renfle en une ampoule qui contient la capsule auditive.

Au-dessous du renflement auditif, la masse basilaire émet une tige cartilagineuse qui se divise aussitôt en une branche postérieure verticale et une autre branche qui se porte obliquement en bas et et en avant. La première de ces deux branches répond à la corne styloïdienne de l'os hyoïde ; elle s'articule par son extrémité avec une pièce cartilagineuse dirigée horizontalement qui se trouve à peu de distance du cartilage lingual.

L'autre branche, qui répond au cartilage suspenseur de la mâchoire inférieure, se confond par son extrémité avec une troisième branche cartilagineuse presque verticale qui se sépare du crâne en avant de l'orbite et qui répond au palatin et au ptérygoïdien. Il y a ainsi un arc ptérygo-palatin, qui forme au-dessous de l'œil un cercle sous-orbitaire. Sur cet arc s'insère une membrane qui supporte les cartilages labiaux, dans lesquels on s'est inutilement exercé à retrouver des palatins et des maxillaires.

Chez les *plagiostomes*, c'est-à-dire les squales et les raies, ainsi nommés par opposition aux cyclostomes, parce que l'ouverture de leur bouche est fendue transversalement, l'axe du corps est divisé en une série de vertèbres, à l'exception de la région céphalique où la segmentation n'est indiquée que par les trous de sortie des paires nerveuses, et par les cavités qui logent les organes de l'ouïe, de la vue et de l'odorat.

Les arcs supérieurs des vertèbres sont formés par des lames cartilagineuses au-dessus desquelles on voit des pièces hypodermiques et des pièces exodermiques comme chez les poissons osseux. Chez les raies, les pièces exodermiques prennent l'aspect de véritables dents, et parmi les squales, chez les cestracions, les aiguillats, les humantins, elles forment de fortes épines en avant des nageoires dorsales. Des pièces semblables trouvées à l'état fossile portent le nom d'ichthyodorulites.

Il n'y a pas d'apophyses transverses proprement dites, mais

on trouve, sur les côtés des corps vertébraux, des parapophyses. A la queue les parapophyses se réunissent sur la ligne médiane pour enfermer l'artère aorte ; elles ne supportent pas de côtes ; au-dessous d'elles on trouve des pièces hypodermiques et des pièces exodermiques. Dans la région abdominale, les parapophyses ne se détachent pas de la face inférieure du corps vertébral ; leur point d'émergence se rapproche de la base de l'arc supérieur ; mais, comme elles sont complétement en série avec celles de la queue, on ne peut pas les confondre avec les apophyses transverses proprement dites. Il n'y a pas de côtes chez les raies, mais les parapophyses supportent de petites côtes chez les requins.

Il y a chez les plagiostomes une région cervico-thoracique située entre la tête et l'attache des membres antérieurs (attache de la ceinture scapulaire). La vertèbre qui correspond à l'atlas est soudée au crâne ; elle s'articule par deux condyles avec la seconde vertèbre qui répond à l'axis. Sous cette région se trouve, immédiatement en arrière de l'arc hyoïdien, une sorte de cage thoracique enfermant les branchies et le cœur, composée d'arcs cartilagineux suspendus à la face inférieure du corps des vertèbres, supportant les branchies, et venant se terminer sur des pièces médianes semblables à des pièces sternales.

Chez les raies, les corps vertébraux de la région cervicale ne sont pas distincts les uns des autres. L'espace qui leur appartient est rempli par un cartilage où l'on ne voit aucune trace de segmentation, et cette continuité paraît être primitive, c'est-à-dire qu'au lieu d'être comme pour le sacrum le résultat de la soudure de corps vertébraux d'abord distincts, elle résulterait, comme pour le crâne primitif, de l'absence de segmentation. Les intervalles intervertébraux ne sont indiqués dans cette région que par les trous de sortie des nerfs, lesquels sont toujours doubles (à la manière de ce que nous verrons plus tard dans le sacrum des oiseaux) et sont traversés séparément par les racines sensitives et les racines motrices des nerfs rachidiens qui ne s'unissent qu'en dehors du canal médullaire. Cette longue tige cartilagineuse est divisée en deux parties égales par un sillon médian longitudinal.

Le squelette de la tête des plagiostomes est entièrement cartilagineux. La voûte du crâne présente, comme chez les lamproies, une grande fontanelle qui n'est fermée que par une membrane. La capsule auditive est également renfermée dans la masse car-

tilagineuse. Les yeux sont logés dans des anfractuosités late-
rales ; deux cavités situées plus en avant contiennent les sacs
olfactifs ; leurs ouvertures sont situées à la face ventrale de la
tête, au devant de l'ouverture buccale.

La base du crâne est, comme nous l'avons dit, soudée à l'atlas.

La notocorde qui s'y prolonge devient cartilagineuse comme la
masse enveloppante. Un pertuis qui communique avec la fosse
pituitaire indique encore la séparation primitive des trabécules.
Le cartilage se prolonge en avant de ce pertuis, et l'axe du crâne
se termine par un rostre le plus souvent acuminé.

L'arc hyoïdien se compose, chez les squales, d'une pièce médiane qui est le corps de l'hyoïde et de deux cornes styloïdiennes,
formées chacune d'un seul segment cartilagineux, munies à leur
bord postérieur de six rayons branchiostéges (Owen).

Suivant Cuvier, le corps de l'hyoïde tient lieu de cartilage lingual. Les cornes s'articulent avec l'os carré.

Le stylo-hyal, pour Owen, est ligamenteux, et la pièce cartilagineuse de la corne hyoïdienne est un cérato-hyal.

Chez les raies, suivant Cuvier, il n'y a pas de branches hyoïdiennes. « On peut considérer comme tenant lieu à la fois de cartilage lingual et de corps de l'hyoïde un filet, ou cartilage grêle
qui traverse la base du palais et s'unit de chaque côté à la partie
inférieure des deux premiers arcs branchiaux. » Pour Owen, il
y a un basi-hyal cartilagineux, deux cérato-hyaux cartilagineux,
et les stylo-hyaux sont ligamenteux. (*Anat. comp.*, II, p. 81.)

Existe-t-il chez les plagiostomes des pièces solides que l'on
puisse comparer aux palatins, aux ptérygoïdiens, aux intermaxillaires, aux maxillaires supérieurs, aux maxillaires inférieurs et aux parties qui les rattachent au crâne ?

D'après Cuvier (*Anat. comp.*, 2ᵉ édit., t. II, p. 665), «les poissons cartilagineux ont pour caractère commun que les palatins
y remplacent les os de la mâchoire supérieure, et que les os
maxillaires et intermaxillaires n'existent plus qu'en vestige. »
« Chez les raies (p. 671) les palatins réunis forment un os à peu
près transversal qui s'appuie seulement contre la région crânienne et ne s'y enchâsse pas plus ou moins solidement comme
chez les squales. Il ne touche pas non plus au tympanique ou
temporal, et ne fournit qu'une articulation pour la mâchoire inférieure. Celle-ci touche au tympanique et à l'os hyoïde. » Il n'y
a ici ni maxillaire supérieur ni intermaxillaire.

Chez les squales, Cuvier trouve des palatins très-développés, des vestiges d'intermaxillaires et des maxillaires supérieurs, une mâchoire inférieure articulée avec les extrémités inférieures des palatins, et un appareil suspenseur qui rattache au crâne toutes ces parties.

Jean Müller (*Anatomie des myxinoïdes*) regarde les maxillaires et les prémaxillaires de Cuvier comme des cartilages labiaux, ses palatins comme des maxillaires unis aux prémaxillaires, et voit les palatins et les ptérygoïdiens dans de petits cartilages situés plus en dedans.

Owen, qui partage l'opinion de J. Müller, dit (*Anatomy of vertebrates*) que chez les squales un pédicule suspenseur grêle, non segmenté, articulé avec le crâne derrière l'apophyse mastoïde, donne attache à l'arc hyoïden par une articulation, et à la mâchoire inférieure par des ligaments. Le maxillaire supérieur est relié au crâne entre le cartilage vomérien et celui de la voûte du crâne par un ligament. Par son extrémité antérieure, il se joint à celui du côté opposé. Par son extrémité postérieure, il va retrouver l'extrémité inférieure du pédicule tympanique, et fournit la facette articulaire destinée au maxillaire inférieur.

Rathke et Huxley, s'appuyant sur l'étude de l'embryon, arrivent à une opinion mixte. Cuvier aurait eu raison dans la détermination des palatins, mais ses maxillaires supérieurs et ses intermaxillaires seraient bien des cartilages labiaux, en sorte qu'il n'y aurait pas de maxillaires supérieurs ni d'intermaxillaires chez les plagiostomes.

Chez les esturgeons (placoganoïdes) la corde dorsale ne présente aucun étranglement; son enveloppe prend, il est vrai, une consistance cartilagineuse, mais elle n'est pas subdivisée en corps de vertèbres. La segmentation n'est indiquée que par les arcs supérieurs et par les parapophyses qui sont formés de cartilages indépendants. Entre les pièces de l'arc supérieur il y a des cartilages intercalaires qui ont encore été nommés intercruraux ou interneuraux (Owen). Les parapophyses, situées sur les côtés de la corde dorsale, ont une saillie latérale qui supporte la côte dans les points où elle existe, et un prolongement inférieur qui contourne la corde dorsale et va retrouver, sur la ligne médiane, celui du côté opposé en enfermant un canal où passe l'artère aorte. Il n'y a de côtes que pour les 12 vertèbres antérieures. Les arcs supérieurs des 5 ou 6 vertèbres antérieures sont confondus entre eux et avec les parapophyses, de manière à former un étui cartilagineux qui entoure le canal médullaire, la corde dorsale et le canal aortique et qui se continue sans interruption avec le cartilage céphalique.

Le crâne est en grande partie cartilagineux. Sa face supépérieure est fermée et ne présente pas de fontanelle. Les capsules auditives sont enfermées dans des loges cartilagineuses, les yeux sont logés dans des dépressions latérales, au devant desquelles on voit à la face supérieure les ouvertures des sacs olfactifs.

La base du crâne, où la corde dorsale se continue jusqu'à la fosse pituitaire, se termine en avant par un rostre acuminé. Une lame osseuse (parasphénoïde) est appliquée au cartilage en arrière de la fosse pituitaire, et une autre lame osseuse (vomer) lui est appliquée en avant de cette fosse.

Le suspensorium des mâchoires, attaché à une saillie postorbitaire, se compose de trois pièces cartilagineuses qu'Owen appelle épitympanique, mésotympanique et hypotympanique, l'épitympanique servant en même temps à la suspension de l'appareil hyoïdien.

L'hypotympanique s'articule par une facette avec la mâchoire inférieure, et par une autre facette avec une masse cartilagineuse palato-ptérygoïdienne qui supporte un maxillaire, un intermaxillaire et un cartilage labial.

La masse palatoptérygoïdienne, s'appliquant à celle du côté opposé, forme au palais une large voûte qui s'applique à la base du crâne sur laquelle elle glisse d'avant en arrière et d'arrière en avant dans les mouvements de protraction et de rétraction de la bouche.

Le crâne des lépidosirènes réalise un état intermédiaire d'où l'on peut passer, soit aux poissons osseux, soit aux batraciens.

La plus grande partie du crâne primitif reste cartilagineuse, et l'ossification ne s'y produit que dans les points qui correspondent aux exoccipitaux. Ces deux os ne sont même unis au-dessus du grand trou occipital que par un pont cartilagineux. La masse basilaire occipito-sphénoïdale, dans laquelle la notocorde se continue, ne s'ossifie pas, mais elle est revêtue inférieurement par une plaque osseuse parasphénoïdale.

Le dessus du crâne est revêtu par une autre plaque osseuse (os épicrânien, epicranial bone, Owen) qui occupe la place des frontaux et des pariétaux. Deux os nasaux s'étendent au-dessus du rostre ethmoïdal cartilagineux. Chaque nasal s'articule en arrière avec une plaque osseuse qui recouvre l'orbite et la fosse temporale ; c'est, pour Huxley, un os surorbital ; Owen y voit la réunion d'un surtemporal et d'un postorbital.

Il n'y a ni vomer, ni intermaxillaires, ni maxillaires supérieurs.

L'arcade palato-ptérygoïdienne est constituée par une plaque osseuse dentigère qui s'applique au cartilage crânien au-dessous et en avant de l'orbite, et va se terminer en dedans de l'os carré près de la facette qui s'articule avec la mâchoire inférieure.

La mâchoire inférieure se compose d'un dentaire osseux muni d'une saillie coronoïdienne et d'une partie postérieure (angulaire et articulaire) qui reste cartilagineuse, comme cela se voit chez les batraciens. L'articulaire présente une surface concave dans laquelle est reçue la facette convexe de l'os carré.

Celui-ci se compose de la partie articulaire et d'une expansion foliacée qui se termine en pointe et qui s'articule par son côté externe avec l'os surtemporal (ou surorbital), sa face interne étant reliée par des ligaments à l'os épicrânien. Huxley pense que cet os est composé primitivement de deux parties, l'une d'abord cartilagineuse qui est le carré, l'autre d'abord membraneuse qui serait le préopercule. Cet os rappelle d'ailleurs celui que Dugès a désigné sous le nom de temporo-mastoïde, et dans lequel cet auteur a également reconnu une double composition.

Cet os recouvre une pièce qui est probablement l'opercule.

Les autres parties du suspensorium n'existent pas. L'hyoïde s'attache directement au cartilage suboculaire.

Le brochet, où le crâne cartilagineux persiste en partie, fait la transition entre le lépidosirène et les poissons (tels que les carpes) où le crâne devient entièrement osseux. D'autre part, les batraciens se relient aux lépidosirènes par la persistance du crâne cartilagineux et par la soudure des plaques osseuses. Enfin, l'absence d'intermaxillaires, de maxillaires supérieurs et de vomer, relie le lépidosirène aux poissons cartilagineux proprement dits.

AMPHIBIENS OU BATRACIENS.

Colonne vertébrale. — Chez les grenouilles adultes (*rana*), les corps des vertèbres sont concaves en avant, convexes en arrière (type procélien). Ces vertèbres sont réduites au nombre de neuf. L'atlas, articulé avec la tête par deux condyles, n'a pas d'apophyses transverses. La deuxième vertèbre n'a pas d'apophyse odontoïde. Toutes les vertèbres qui suivent l'atlas ont de fortes apophyses transverses insérées sur les lames, mais elles manquent de côtes et n'ont pas non plus de parapophyses. La neuvième, qui supporte la hanche, correspond au sacrum. Elle est suivie d'une longue pièce styliforme qui représente le coccyx.

Toutes ces vertèbres ont un arc supérieur surbaissé avec une très-faible pointe épineuse et une apophyse articulaire postérieure, légèrement saillante, qui s'applique sur l'arc suivant qui lui présente, près de son bord antérieur, une facette articulaire sessile.

Chez les têtards de grenouilles, les apophyses transverses manquent sur toutes les vertèbres, excepté celle qui supporte la hanche. La région caudale est composée de vertèbres distinctes. Les corps des vertèbres sont, comme chez les poissons, biconcaves et réunis par une substance fibro-celluleuse qui remplit leurs cavités coniques.

Chez les salamandres, les corps vertébraux, biconcaves dans le jeune âge, deviennent chez l'adulte convexes en avant, concaves en arrière (opisthocéliens). Les apophyses transverses, insérées à l'union du corps vertébral et de la lame, sont bifurquées à leur extrémité, en sorte qu'on peut les considérer, avec Owen, comme formées par la réunion de la diapophyse (apophyse transverse proprement dite) et de la parapophyse. Ces apophyses transverses offrent ainsi deux tubercules qui s'articulent avec deux tubercules placés sur la base de la petite côte qu'elles supportent. L'apophyse transverse de la vertèbre sacrée supporte une côte beaucoup plus forte à laquelle est suspendu l'os de la hanche.

Les premières vertèbres caudales ont aussi des apophyses

transverses qui supportent des côtes. Puis on voit disparaître les côtes et ensuite les apophyses transverses ; mais en même temps les arcs supérieurs produisent des prolongements épineux, et l'on voit apparaître, sous les corps vertébraux, des arcs inférieurs enfermant l'aorte comme chez les poissons. Quelle est la nature de ces arcs inférieurs ? sont-ils formés par des parapophyses comme chez les poissons, ou sont-ce, comme le dit R. Owen, des arcs hémataux ? L'existence de petites côtes suspendues à l'extrémité des apophyses transverses des premières vertèbres caudales semble lui donner raison.

Les sirènes ont des corps vertébraux biconcaves, même chez l'adulte. Les trois premières vertèbres ont seules des côtes ; à la queue les parapophyses se joignent pour former un canal aortique comme à la queue des poissons.

Tête. — Chez les batraciens anoures parvenus à l'état adulte, il est impossible de trouver dans le crâne aucun indice de la segmentation vertébrale. Il en est de même pour les cartilages du têtard. C'est donc, comme chez les poissons cartilagineux, uniquement par analogie que l'on distingue dans ce crâne plusieurs vertèbres. Mais, comme on y retrouve à peu près les mêmes os que chez les vertébrés où la segmentation est apparente, on peut admettre qu'il est construit sur le même type.

Cuvier a compté chez les grenouilles deux occipitaux latéraux entourant le grand trou occipital, et fournissant les condyles ; deux pariétaux qui se soudent de bonne heure sur la ligne médiane, surtout en arrière ; deux frontaux qui se soudent de très-bonne heure avec les pariétaux ; deux préfrontaux, deux nasaux très-petits, deux rochers placés de chaque côté en avant de l'occipital latéral, au-dessous et en dehors de la partie postérieure du pariétal ; un sphénoïde unique ; un ethmoïde qu'il désigne aussi sous le nom d'os en ceinture ; deux vomers ; deux intermaxillaires ; deux palatins ; deux ptérygoïdiens ; deux maxillaires supérieurs ; deux jugaux ; deux temporo-tympaniques ; deux osselets de l'ouïe appliqués de chaque côté à la fenêtre ovale correspondante, et, enfin, deux maxillaires inférieurs articulés avec les jugaux.

Il regarde comme absents l'occipital supérieur et le basilaire occipital, les ailes temporales et orbitaires du sphénoïde, les mastoïdiens, les lacrymaux. Il ne fait mention d'aucun os que l'on puisse rapporter, soit à l'interpariétal, soit au paroccipital d'Owen. L'écaille du temporal existe, mais elle est soudée avec le tympanique.

Dugès a décrit deux fronto-pariétaux, deux fronto-nasaux correspondant aux préfrontaux de Cuvier, deux intermaxillaires, deux maxillo-jugaux, formés par la fusion primordiale des maxillaires et des jugaux, deux cornets du nez, qui sont les nasaux de Cuvier, deux vomers, deux palatins, un sphénoïde, deux ptérygoïdiens, deux temporo-mastoïdiens, qui sont les temporo-tympaniques de Cuvier, deux rochers, deux osselets de l'ouïe, deux occipito-latéraux et un ethmoïde, en partie cartilagineux. Il n'indique pas de post-frontaux.

Pour Cuvier, le temporal écailleux est uni au tympanique, et son articulation avec le maxillaire inférieur ne se fait que par l'intermédiaire du jugal, ce qui établit à ses yeux une grande ressemblance entre les batraciens et les poissons osseux, puisqu'il désigne également sous le nom de jugal l'os avec lequel s'articule, chez ces derniers, le maxillaire inférieur. Dugès, au contraire, voit dans le temporo-tympanique de Cuvier un temporo-mastoïdien, et le jugal de Cuvier, qu'il nomme malléo-tympanique, lui semble formé par le marteau qui, rejeté hors de la caisse du tympan, resterait en grande partie cartilagineux et ne s'ossifierait qu'à son extrémité externe.

Les rochers sont des rupéo-ptéréaux, c'est-à-dire qu'il y a fusion du rocher et de l'alisphénoïde (ptéréal de Geoffroy).

Pour Dugès, le reste du crâne est cartilagineux, et ce cartilage forme un tout continu qui contient l'ethmoïde, les lacrymaux, les transverses (adgustaux), les orbitosphénoïdes (ingrassiaux), l'occipital supérieur et le basilaire. C'est, en réalité, le crâne primitif cartilagineux qui s'est en partie revêtu de pièces osseuses, mais que l'on retrouve encore sous cette enveloppe.

La mâchoire inférieure demeure cartilagineuse dans sa partie articulaire, le reste du cartilage primitif est recouvert par des pièces osseuses qui sont le dentaire, le surangulaire et l'operculo-angulaire.

R. Owen attribue à la grenouille un superoccipital soudé avec les exoccipitaux; l'os que Cuvier désigne uniquement comme un sphénoïde est, pour lui, un basi-occipito-sphénoïde; l'os en ceinture est formé par la base des véritables préfrontaux, et les préfrontaux de Cuvier, qu'il désigne sous le nom d'antorbitaux, résultent pour lui de la connation d'une partie des préfrontaux avec les nasaux et les lacrymaux. Les petits nasaux de Cuvier ne sont que des ossifications de la membrane olfactive. Il considère le jugal de Cuvier comme un hypotympanique et le temporo-tympanique comme un masto-tympanique résultant de la réunion du tympanique et du mastoïdien. Il ne parle pas du rocher. Il ne trouve ni paroccipitaux, ni post-frontaux, mais il indique un alis-phénoïde formant la paroi antérieure de l'otocrâne, et correspondant au rocher de Cuvier et au rupéo-ptéréal de Dugès.

La mâchoire inférieure comprend trois éléments, l'angulaire, le dentaire et le complémentaire (splenial), développés dans la membrane qui recouvre le cartilage primitif (cartilage de Meckel).

Huxley regarde les préfrontaux de Cuvier comme des nasaux; il voit un prootique dans l'os que Cuvier nomme le rocher. L'os en ceinture de Cuvier répond au septum ethmoïdal, aux préfrontaux et aux orbito-sphénoïdes. Le jugal de Cuvier, hypotympanique de R. Owen, est un quadrato-jugal, et le masto-tympanique de R. Owen (temporo-mastoïde de Dugès, temporo-tympanique de Cuvier) serait l'analogue du squamosal dans sa partie supérieure, tandis que sa partie inférieure correspondrait au préopercule et en même temps au tympanique des vertèbres supérieures.

Le sphénoïde de Cuvier est, pour lui, un parasphénoïde appliqué à la base du crâne, comme chez les poissons.

La détermination du quadrato-jugal se rapporte en partie à celle de Dugès. Cet auteur distingue, en effet, dans son malléo-tympanique une partie osseuse et une partie cartilagineuse; mais comme il démontre que la partie osseuse correspond à la pièce que Cuvier a considérée chez les reptiles allantoïdiens comme un squamosal, et qui n'est autre chose que le quadrato-jugal de Huxley, il est clair que sous ce rapport l'opinion de Huxley revient à celle de Dugès. Quant à la partie cartilagineuse, qui est l'extrémité distale du suspensorium, Huxley s'est efforcé de démontrer qu'elle répond au marteau (malleus et incus, 1869), et par conséquent la seule différence consiste en ce que Dugès confond le quadrato-jugal avec le marteau, tandis que Huxley les sépare.

A l'exemple de Dugès, Huxley pense que l'on ne peut se faire qu'une idée incomplète du crâne des batraciens, si l'on néglige le squelette cartilagineux et si l'on ne tient compte que des pièces osseuses qui se développent autour de cet élément primordial. Il n'y a, en effet, que les exoccipitaux, le rocher, les alisphénoïdes, les orbito-sphénoïdes et l'os en ceinture qui résultent de l'ossification du cartilage primitif; les autres os de la tête, comme Dugès l'a fait voir, sont des plaques osseuses développées dans le revêtement fibreux de ce cartilage.

Pour les ptérygoïdiens, Dugès a fait voir qu'ils enveloppent la tige cartilagineuse primitive dans un feuillet replié formé de deux lames, dont l'une répond au ptérygoïdien interne, et l'autre au ptérygoïdien externe. Il a fait voir que les vomers et le sphénoïde (parasphénoïde de Huxley) sont des plaques osseuses indépendantes du cartilage primitif. Sous ce rapport, également, ses vues sont confirmées par les travaux plus récents de Parker et de Huxley.

Les animaux fossiles que l'on rapporte au groupe des batraciens (archegosaurus, actinodon, labyrinthodons, etc.) réalisaient une forme intermédiaire entre les batraciens et les reptiles. On les nomme ganocéphales, parce que leur tête était recouverte de plaques osseuses appartenant à l'exo-squelette, comme chez les poissons ganoïdes. La tête de l'actinodon, décrit par A. Gaudry (*Nouv. arch. du Mus.*, t. III), nous offre des caractères que nous retrouvons chez l'ichthyosaure dans la présence d'un squamosal, d'un super-squamosal, d'un post-orbitaire, et d'une petite fontanelle (foramen parietale) entre les pariétaux. La composition osseuse de la tête reproduit celle des reptiles plutôt que celle des batraciens. L'élément angulaire du maxillaire inférieur, qui reste cartilagineux chez les batraciens, était ossifié.

D'autre part, la base du crâne n'était pas ossifiée, ce qui empêche de reconnaitre la manière dont la tête s'articulait avec l'atlas.

Chez le labyrinthodon, où le basioccipital et les exoccipitaux étaient osseux, la tête avait deux condyles, comme chez les batraciens.

On trouve aussi chez le labyrinthodon, sur les côtés de l'occipital supérieur, deux pièces osseuses disposées comme celles que R. Owen désigne, chez les poissons, sous le nom de paroccipitaux (occipitaux externes de Cuvier), et que Huxley regarde comme des épiotiques.

Le vomer de l'actinodon décrit une courbe comme chez les batraciens.

Chez l'actinodon, comme chez l'archegosaurus, l'ossification des corps des vertèbres n'existe que près de la face inférieure, tandis que chez le labyrinthodon le disque osseux est complet.

On a reconnu que l'archegosaurus avait des arcs branchiaux dans le jeune âge.

Le tronc de ces animaux comptait de nombreuses vertèbres, et ils avaient une longue queue.

Chez les labyrinthodons, les apophyses transverses du tronc sont divisées à leur extrémité en deux tubercules s'articulant avec la tète et la tubérosité de la côte.

COLONNE VERTÉBRALE DES REPTILES.

Les animaux vertébrés que l'on comprend sous le nom de reptiles, c'est-à-dire les reptiles de Cuvier, moins les batraciens que Henri de Blainville en a détachés, avec raison, sous le nom d'amphibiens, ou, en d'autres termes, les reptiles allantoïdiens de Henri Milne Edwards, se composent de plusieurs groupes distincts, dont les uns sont représentés par des espèces vivantes, les autres par des espèces éteintes, dont les vestiges n'existent plus qu'à l'état fossile.

Les reptiles vivants forment quatre groupes bien distincts : les ophidiens, les lacertiens, les crocodiliens ou émydo-sauriens de H. de Blainville, et les chéloniens.

Dans ces quatre groupes, l'axe du corps se compose d'une région céphalique, d'une région cervicale, d'une région dorso-lombaire ou thoraco-abdominale, d'une région sacrée (dans trois groupes seulement), et d'une région caudale.

Nous ne parlerons d'abord que des trois dernières régions. Nous parlerons ensuite de la région céphalique.

Chez les *ophidiens*, la région cervicale ne diffère du reste de la colonne vertébrale que dans ses deux premières vertèbres, l'atlas et l'axis.

L'atlas s'articule avec l'occipital par un seul condyle concave, creusé sur son anneau inférieur et sur la base de son arc supérieur. Cet arc supérieur n'est pas fermé, parce qu'il est réduit aux deux lames basilaires qui ne se rencontrent pas sur la ligne médiane, et que la pièce épineuse (neurépine d'Owen) fait défaut

Le corps de l'atlas se compose, comme chez les mammifères, d'une partie inférieure en forme de demi-anneau, qui conserve ses rapports avec l'arc supérieur, et d'une partie intérieure détachée de l'atlas, mais soudée avec le corps de l'axis, et constituant l'apophyse odontoïde qui tourne dans le demi-anneau inférieur de l'atlas.

Cette vertèbre a des apophyses transverses très-courtes détachées de la base des lames. L'anneau supérieur offre en arrière deux apophyses articulaires postérieures pour l'axis. Le condyle placé en avant s'étend sur la base des lames.

L'anneau inférieur est muni d'une forte hypapophyse.

L'axis possède, comme nous venons de le dire, une apophyse odontoïde. Son arc supérieur est fermé par une apophyse épineuse plus ou moins longue. Ses apophyses transverses n'ont que peu de saillie. Le corps est muni inférieurement d'une longue hypapophyse.

Ces deux vertèbres sont dépourvues de côtes.

La troisième vertèbre porte des côtes, et toutes les vertèbres qui la suivent, jusqu'à la première caudale, sont exactement semblables les unes aux autres, sans qu'il y ait aucune distinction entre la région thoracique et la région lombaire. On ne voit pas non plus de sacrum.

Il n'y a ni sternum, ni côtes sternales ; l'arc inférieur de toutes les vertèbres est réduit aux côtes vertébrales.

Les corps de toutes ces vertèbres sont concaves en avant et convexes en arrière. Ils réalisent par conséquent le type procélien. Ils offrent à leur face inférieure une hypopaphyse considérable.

Toutes ces vertèbres ont un arc supérieur complet soudé à leur corps. Ces arcs supérieurs s'articulent entre eux suivant un mode particulier que Cuvier exprimait très-exactement en disant qu'il y avait un double tenon engagé dans une double mortaise. En effet, cette articulation présente dans sa partie inférieure une mortaise située en avant de la vertèbre qui est en arrière, dans laquelle s'engage un tenon situé en arrière de la vertèbre qui est en avant, et, dans sa partie supérieure, un tenon situé en avant de la vertèbre qui est en arrière, s'engageant dans une mortaise située en arrière de la vertèbre qui est en avant. Pour cela, il y a d'abord des facettes normales, puis des facettes accessoires. L'apophyse articulaire antérieure est taillée horizontalement sur sa face supérieure par une facette qui regarde directement en haut. L'apophyse articulaire postérieure de la vertèbre suivante présente, à sa face inférieure, une facette horizontale qui s'applique à la précédente en la recouvrant. Ce sont là les deux facettes normales. En outre, l'apophyse articulaire postérieure présente, à sa face supérieure, une facette qui regarde un peu en dedans. Cette facette s'articule avec une facette qui regarde un peu en dehors, et qui est taillée sous la voûte de l'arc supérieur de la vertèbre précédente. C'est ainsi que l'apophyse articulaire postérieure de la vertèbre qui est au-devant est prise comme un tenon dans une mortaise située en avant de la vertèbre qui est en arrière. Enfin, l'arc supérieur de cette dernière vertèbre présente, au-dessus de sa voûte, une seconde facette qui va se placer sous une facette taillée sous la voûte de la vertèbre qui est au-devant, et la partie antérieure de la vertèbre qui est en arrière présente ainsi un tenon (*zygosphène*, Owen) qui s'engage dans une mortaise (*zygantrum*, Owen) de la vertèbre qui est en avant.

Ce mode d'articulation est particulier aux ophidiens, aux lacertiens du groupe des iguanes, et au genre fossile que Marsh a décrit sous le nom de thinosaurus (*Amer. journ. of sc. and arts*, 1872).

Les apophyses transverses ont aussi un aspect particulier. Immédiatement au-dessous de l'apophyse articulaire antérieure, on voit une petite saillie tuberculeuse qui sert à l'insertion du muscle surcostal ; au-dessous de cette petite saillie s'en trouve une autre, très-peu saillante, mais assez large, munie d'une facette articulaire qui porte la tubérosité de la côte (1) ; immédiatement au-dessous de cette saillie articulaire se trouve une apophyse dirigée en bas et en avant, que R. Owen regarde comme une parapophyse, et qui porte la tête de la côte. Si cette détermination est juste, il y aurait à la fois, sur les côtés, des parapophyses, et, au milieu, une hypapophyse considérable. D'une autre part, la facette articulaire qui représente l'apophyse transverse occupe presque toute la hauteur du corps vertébral ; elle est placée immédiatement au-dessous de l'apophyse articulaire antérieure, mais ne semble pas avoir de rapport avec la lame.

Les facettes articulaires costales sont disposées pour permettre une grande mobilité de la côte qui peut servir à la locomotion. Elles sont à peine séparées l'une de l'autre, et il en est de même

---

(1) Ce tubercule et cette saillie articulaire constituent l'apophyse transverse proprement dite.

pour la tête et pour la tubérosité de la côte, qui sont réunies sur l'extrémité proximale, et à peine séparées par un léger sillon.

Les vertèbres caudales diffèrent de celles qui les précèdent. Les hypapophyses sont divisées en deux tubercules, les apophyses transverses s'allongent et s'articulent par leurs extrémités avec des côtes très-courtes qui souvent se soudent avec elles.

Chez les *lacertiens*, la colonne vertébrale montre visiblement une région cervicale, une région dorsale, une région lombaire, une région sacrée et une région caudale.

Cependant il n'y a pas, sous ce rapport, entre les lacertiens et les ophidiens autant de différence qu'on pourrait le croire au premier abord. Les orvets dépourvus de sternum, mais munis d'une ceinture scapulaire, forment la transition.

L'atlas et l'axis sont dépourvus de côtes comme chez les ophidiens. L'atlas n'a pas d'apophyse épineuse ; l'axis est muni d'une apophyse odontoïde. L'anneau inférieur de l'atlas s'articule par une facette concave avec le condyle de l'occipital. Son anneau supérieur s'articule en arrière avec l'axis par de véritables apophyses articulaires situées au-dessus des trous de conjugaison.

La troisième vertèbre cervicale est également dépourvue de côtes. Mais, le plus souvent, les autres vertèbres cervicales ont des côtes vertébrales de plus en plus allongées et munies à leur extrémité d'une petite pièce épiphysaire qui représente la côte sternale.

La transition est insensible entre la région cervicale et la région dorsale ; car la dernière cervicale (généralement la septième) pourrait aussi bien être considérée comme une vertèbre dorsale.

La première dorsale, qui mérite véritablement ce nom quand on n'établit la comparaison qu'avec les mammifères, possède un arc inférieur complet, composé d'une côte vertébrale, d'une côte sternale, et idéalement d'une pièce sternale. Il en est de même des deux ou trois vertèbres suivantes. Pour le reste de la région dorsale, les arcs inférieurs sont réduits aux côtes vertébrales et à de longues côtes sternales qui viennent se toucher sur la ligne médiane sans intermédiaire de pièce sternale, ou encore ne se rencontrent pas.

Les vertèbres lombaires, ordinairement au nombre de deux,

ne diffèrent des dernières dorsales que par le peu de volume des parapophyses qui ne portent pas de côtes.

Les vertèbres sacrées, au nombre de deux, ne sont pas soudées l'une à l'autre, les apophyses épineuses et les apophyses articulaires sont bien distinctes. Elles diffèrent des lombaires par le développement de leurs masses transversaires, qui s'articulent avec les iléons, et sont formées par la réunion de l'apophyse transverse et de la parapophyse.

Les vertèbres caudales, excepté la première, qui peut être réunie au sacrum, sont munies inférieurement d'un os en V ou en Y dirigé de haut en bas et d'avant en arrière, et inséré près de l'extrémité postérieure du corps vertébral, qui présente immédiatement en avant de la saillie articulaire deux petits tubercules auxquels s'attachent les branches de l'os en Y. L'insertion de ces os en Y sur la partie postérieure des corps vertébraux doit être remarquée.

Le sternum n'est pas formé de pièces disposées en série longitudinale. C'est un plastron triangulaire composé de deux pièces, donnant insertion aux côtes sur leurs bords latéraux, et s'unissant sur la ligne médiane. Parfois, comme chez l'iguane, ces deux parties restent séparées par un intervalle.

En avant du plastron sternal, il y a un os épisternal en forme de T composé de deux branches latérales et d'une branche médiane qui s'allonge d'avant en arrière en recouvrant le milieu du bouclier. Et. Geoffroy comparait cet os à la fourchette des oiseaux. Parker le considère aussi comme appartenant à l'épaule, et y voit une interclavicule. Owen, au contraire, le compare au bréchet. Son existence établit une relation remarquable entre les lacertiens et les mammifères ornithodelphes.

Si l'on excepte les dernières caudales, toutes les vertèbres situées en arrière de l'atlas offrent un arc supérieur surmonté d'une apophyse épineuse.

Toutes ces vertèbres ont des apophyses articulaires antérieures et postérieures à facettes presque horizontales, et par conséquent disposées principalement pour un mouvement latéral ; mais les iguanes sont les seuls où l'on voie le zygantrum et le zygosphène, ou, pour employer l'expression de Cuvier, un double tenon reçu dans une double mortaise.

Chez tous les lacertiens, à l'exception des geckos et des sphénodons, où ils sont biconcaves, les corps vertébraux offrent le type procélien, c'est-à-dire qu'ils sont convexes en arrière et concaves en avant, et ils s'articulent par des surfaces lisses revêtues de cartilage. Ce mode d'articulation existe aussi entre les vertèbres sacrées.

Les vertèbres cervicales situées en arrière de l'atlas sont munies, chez le monitor, de fortes hypapophyses qui sont, comme chez les serpents, dirigées de haut en bas et d'avant en arrière, et qui émanent de la partie postérieure du corps vertébral, ce qui doit être remarqué pour la comparaison de ces reptiles avec les oiseaux. Les deux dernières cervicales, qui peuvent aussi bien être rattachées à la région dorsale, en sont dépourvues.

Il n'y en a ni à la région dorsale, ni à la région lombaire, ni à la région sacrée.

A la région caudale, on voit à leur place les os en Y et les tubercules sur lesquels s'insèrent ces os en Y.

Les apophyses transverses sont longues et étroites dans la région caudale, où elles sont dirigées d'arrière en avant, excepté les plus antérieures, qui sont un peu inclinées en arrière, et celles qui les suivent immédiatement, qui se portent directement en dehors.

Celles de la région sacrée sont grosses et fortes, surtout les premières, et se portent directement en dehors.

Celles de la région lombaire sont à peine saillantes. A la région dorsale, leur saillie est encore médiocre; elle est plus grande pour les premières dorsales et pour les cervicales.

Celles de la région caudale ne portent pas de côtes. Elles naissent de la partie antérieure de la vertèbre à la racine de l'apophyse articulaire antérieure. Dans les autres régions, elles naissent aussi de la racine de l'apophyse articulaire antérieure.

A la région cervicale, elles offrent une torsion et un sillon antérieur en continuité avec le trou de conjugaison. Elles s'articulent avec les côtes par une extrémité munie d'une assez large facette.

Rien sur ces vertèbres ne rappelle les parapophyses, à moins de désigner sous ce nom les tubercules qui, à la région caudale, reçoivent les branches de l'os en Y et les hypapophyses de la région cervicale.

Chez les *crocodiliens*, l'atlas reste pendant toute la vie décomposé en quatre pièces : le demi-anneau inférieur, les deux lames et la pièce épineuse qui s'élève en pointe saillante. Les lames émettent de courtes apophyses transverses et s'articulent avec l'axis par de véritables apophyses articulaires postérieures. Le condyle pour l'occipital est creusé sur la pièce médiane inférieure et sur la base des lames.

L'axis a une apophyse odontoïde complétement soudée, de faibles apophyses transverses, et une forte apophyse épineuse en quadrilatère allongé, des apophyses articulaires en avant et en arrière.

L'atlas et l'axis ont des côtes longues et plates. Celles de l'atlas s'articulent par une seule tête avec le bord postérieur du demi-anneau inférieur; mais celles de l'axis s'articulent par deux têtes avec la courte apophyse transverse et avec une courte para-pophyse.

Les autres côtes cervicales s'articulent également par deux têtes, d'une part avec l'apophyse transverse, et, d'autre part, avec la parapophyse. Elles ont pour la plupart une forme particu-lière, qui consiste en ce que leur extrémité s'allonge en pointe en avant et en arrière; si l'on supprime la pointe antérieure, on a un stylet semblable à celui que nous décrirons chez les oi-seaux. La pointe antérieure existe à peine sur la troisième côte cervicale; elle s'efface aussi sur les deux dernières, où, en même temps, la pointe postérieure s'allonge assez pour établir une transition insensible avec les premières côtes thoraciques. Toutes ces côtes sont imbriquées; celles de l'axis touchent celles de la troisième et de la quatrième, celles de l'atlas les recouvrent et atteignent la quatrième.

Les deux premières côtes thoraciques (ou les trois premières, si l'on rapporte à la région thoracique la dernière cervicale) ont encore deux têtes bien séparées, dont l'une s'articule avec l'ex-trémité de l'apophyse transverse, et l'autre avec l'extrémité de la parapophyse. Les autres côtes thoraciques ont également deux têtes, mais les deux tubercules avec lesquels ces deux têtes s'ar-ticulent sont réunis sur l'apophyse transverse.

Les arcs inférieurs des vertèbres cervicales sont réduits aux côtes vertébrales. Si la dernière cervicale est regardée comme une thoracique, son arc inférieur est également incomplet.

Les vertèbres thoraciques suivantes ont un arc inférieur com-plet. La côte vertébrale se prolonge par une portion cartilagi-neuse qui s'unit à la côte sternale. Les pièces du sternum for-ment une série longitudinale comme chez les mammifères. La côte sternale de la première vertèbre thoracique s'articule avec l'extrémité postérieure du bord externe de la première pièce du sternum , la deuxième dans l'intervalle de la première et de la deuxième pièce sternales, et les autres également dans l'intervalle de deux pièces sternales.

Les autres côtes sternales, soit du thorax, soit de l'abdomen, viennent se rencontrer et s'accoler sur la ligne médiane sans intermédiaire des pièces sternales.

Les vertèbres lombaires n'ont que de petites côtes vertébrales rudimentaires articulées avec l'extrémité de l'apophyse transverse, et séparées des côtes sternales qui leur répondent par un grand intervalle:

Toutes les caudales, à partir de la troisième, ont des os en Y, qui se fixent par leurs deux têtes dans l'intervalle de deux vertèbres (sans qu'il y ait des tubercules manifestes pour ces articulations). Tous ces os en Y sont inclinés en arrière.

Il n'y a pas d'hypapophyses sous les vertèbres sacrées et lombaires, mais il y en a sous les trois premières dorsales et sous toutes les cervicales. Ce sont de simples tubercules médians placés en avant des vertèbres et coexistant avec les parapophyses.

Il y a partout des apophyses épineuses saillantes, en forme de lame pour l'axis, en pointe pour les autres cervicales et pour les trois premières dorsales, en forme de lombaires de mammifères pour les autres dorsales, les lombaires, les sacrées, et les premières caudales, aiguës pour les trois quarts postérieurs de la queue ; celles-ci sont inclinées en arrière. Depuis les premières caudales jusqu'à la quatrième dorsale, elles sont toutes inclinées en avant. La septième dorsale est indifférente ; les cervicales sont inclinées en arrière.

Les crocodiles actuels ont tous les corps vertébraux procéliens, c'est-à-dire concaves en avant et convexes en arrière, à l'exception de ceux de la première caudale, qui sont biconvexes.

Chez les *chéloniens*, la colonne vertébrale présente une région cervicale bien déterminée, une région qui comprend à la fois le dos, les lombes et le sacrum, et enfin une région caudale.

Nous prendrons pour type la tortue terrestre (testudo græca).

Les vertèbres cervicales sont complétement dépourvues de côtes.

L'atlas s'articule avec l'occipital par une facette creusée sur la pièce médiane inférieure et sur les racines de l'arc supérieur. Cet arc supérieur, surmonté d'un tubercule épineux, offre des apophyses articulaires postérieures qui s'articulent avec les apophyses articulaires antérieures de l'axis, et de courtes apophyses transverses inclinées en bas. La partie intérieure du corps vertébral qui correspond à l'apophyse odontoïde ne se soude pas à l'axis ; généralement elle reste isolée, mais chez la matamata (Cuvier) elle se soude au reste du corps vertébral de l'atlas ainsi qu'à l'arc supérieur.

La pièce médiane inférieure, qui est très-réduite, présente un tubercule hypapophysaire.

L'axis, dépourvu d'apophyse odontoïde, s'articule par une facette concave avec la facette convexe que lui offre le corps de l'atlas. Les autres vertèbres affectent également le type procélien, à l'exception de la quatrième et de la huitième cervicale, qui sont convexes à leurs deux extrémités.

Toutes les vertèbres cervicales à partir de l'axis sont carénées à leur face ventrale. Cette carène, qui présente en avant un tubercule simple et en arrière un tubercule bifurqué, est l'indice de l'hypapophyse, qui, par sa forme, s'éloigne beaucoup de celle des groupes précédents.

Les apophyses épineuses sont peu marquées ; les apophyses articulaires postérieures très-dégagées et rejetées en arrière en arcs-boutants pédiculés. Les facettes de ces apophyses permettent le mouvement latéral et le mouvement de bas en haut et de haut en bas.

Les apophyses articulaires antérieures font saillie en avant du corps de la vertèbre ; mais elles n'ont aucune saillie latérale. Une gouttière assez large les sépare des apophyses transverses qui naissent de leur base en avant de la vertèbre.

Les parapophyses sont confondues avec les apophyses transverses et la masse commune est située au-dessous du trou de conjugaison.

Les vertèbres dorsales sont articulées entre elles d'une manière immobile par leurs corps et par leurs arcs supérieurs.

La première dorsale, courte, large et épaisse, s'articule avec la dernière cervicale par une facette concave creusée en avant de son corps et par des apophyses articulaires antérieures. Elle n'a pas d'apophyses articulaires postérieures. Son corps offre en bas une carène mousse avec un gros tubercule en avant. Il porte en avant, de chaque côté, une saillie pour l'articulation de la première côte.

Ce corps vertébral, moins large au milieu, s'élargit de nouveau en arrière. Les autres corps vertébraux sont très-comprimés et tranchants inférieurement, sans tubercules hypapophysaires. Ceux des 3ᵉ, 4ᵉ, 5ᵉ et 6ᵉ vertèbres dorsales sont très-allongés. Celui de la 7ᵉ est plus court. Ceux des 8ᵉ et 9ᵉ vertèbres, qui achèvent la courbe, sont encore plus courts.

Toutes ces vertèbres (2ᵉ à 9ᵉ) sont dépourvues d'apophyses articulaires.

Les arcs supérieurs des vertèbres dorsales à partir de la seconde forment au-dessus du canal médullaire des lames excessivement minces, qui s'élargissent considérablement à leur sommet en figurant des plaques dont les expansions latérales pourraient être considérées comme des apophyses transverses. Chacune de ces plaques, dites neurales ou épineuses, répond à deux vertèbres, puisqu'elle recouvre la partie antérieure d'un corps vertébral et la partie postérieure de celui qui est au devant.

Les vertèbres dorsales portent des côtes. La première s'articule avec une courte parapophyse située en avant de la première vertèbre dorsale. La 2ᵉ, la 3ᵉ, la 4ᵉ, la 5ᵉ et la 6ᵉ s'articulent à la fois avec deux vertèbres ; la 7ᵉ en avant de la 7ᵉ vertèbre, la 8ᵉ au milieu de la 8ᵉ, et la 9ᵉ de même.

Ces deux dernières vertèbres, dont les corps sont très-courts, pourraient être regardées comme des lombaires. Les 10ᵉ, 11ᵉ et 12ᵉ peuvent être considérées comme des sacrées ; leurs côtes, insérées en avant, s'articulent en dehors avec les iléons.

L'articulation des côtes dorsales avec les corps vertébraux se fait par une petite tête à laquelle succède une tige grêle dont le bout se confond avec une plaque osseuse costiforme égale en largeur à la plaque épineuse avec laquelle son extrémité interne s'articule comme la tubérosité d'une côte s'articulerait avec une apophyse transverse. Cette plaque costale s'articule en même temps en avant et en arrière avec celles des vertèbres voisines pour constituer la carapace.

La côte de la première dorsale est réduite à sa petite tige qui s'appuie seulement sur la plaque de la 2ᵉ côte par son extrémité externe qui s'articule en même temps avec l'omoplate. Les côtes de la 10ᵉ, de la 11ᵉ et de la 12ᵉ vertèbre sont aussi réduites à leur petite tige articulée par son extrémité avec l'iléon, ce qui autorise à regarder ces vertèbres comme des sacrées, tandis que le doute persiste pour savoir si la 8e et la 9e doivent être considérées comme des lombaires.

Les trois vertèbres sacrées sont courtes et ramassées ; la 1re forme avec la 9e dorsale (ou 2e lombaire) un angle sacro-vertébral. Leurs apophyses épineuses sont distinctes.

Leurs corps ont sur la ligne médiane des carènes mousses avec tubercules antérieurs.

De ces vertèbres on passe facilement aux caudales qui sont dépourvues d'arcs inférieurs et qui ont des corps vertébraux courts, procéliens, avec de petites carènes ou de faibles tubercules hypapophysaires ; des saillies transversaires dirigées d'abord en avant, puis perpendiculairement au corps vertébral, puis en arrière, formées par l'union de l'apophyse transverse et de la parapophyse ; des arcs supérieurs aplatis, sans saillie épineuse ; des apophyses articulaires détachées, mais moins saillantes qu'à la région cervicale ; les antérieures enveloppant les postérieures. Les dernières caudales sont réduites à leur corps vertébral.

Outre les os que nous venons d'énumérer, le squelette des chéloniens présente des pièces dermiques très-importantes qui composent une partie de la carapace et la totalité du plastron.

Les plaques neurales ou épineuses, dont nous avons déjà parlé, sont considérées par R. Owen comme composées de deux lames, l'une profonde qui appartient à l'apophyse épineuse, l'autre superficielle, qui fait partie du dermato-squelette. Huxley, au contraire, adopte l'opinion qui n'admet pas cette subdivision et qui regarde la plaque épineuse comme appartenant tout entière à la vertèbre.

Les plaques costales sont aussi composées pour Owen d'une lame profonde qui appartient à la côte, et d'une lame superficielle qui est une ossification du derme. C'est uniquement par cette lame superficielle que se fait l'articulation avec là plaque épineuse, et il suit de là que l'expansion latérale de la plaque épineuse ne peut pas être considérée comme une apophyse transverse, et que la partie de la plaque costale qui s'articule avec cette expansion ne peut pas être regardée comme le tubercule de la côte.

Les autres pièces appartiennent entièrement au dermato-squelette. On voit sur la ligne médiane, en avant de la première plaque épineuse (qui appartient à la 2e vertèbre dorsale), une plaque à laquelle on donne le nom de nuchale ; en arrière de la

8ᵉ plaque épineuse (qui appartient à la 9ᵉ dorsale) on voit trois plaques médianes qui portent le nom de pygales et dont les deux premières seulement sont enfermées entre les plaques costales de la 9ᵉ dorsale.

La carapace est en outre bordée par un cercle de pièces marginales dans lequel sont comprises la plaque nuchale et la plaque pygale postérieure. Si l'on fait abstraction de ces deux pièces, il y a de chaque côté 11 pièces marginales : 3 situées en avant de la 1ʳᵉ plaque costale (qui appartient à la 2ᵉ côte)· 8 dont chacune reçoit l'extrémité d'une côte (articulée par gomphose), ce qui les a fait comparer à des côtes sternales, leur autre bord s'articulant avec le plastron que les premiers observateurs ont comparé au sternum.

Le plastron se compose d'une pièce antérieure médiane et de 4 paires de pièces latérales. Et. Geoffroy a nommé la pièce médiane entosternal ; les deux pièces latérales antérieures épisternaux ; la seconde paire hyosternaux, la 3ᵉ paire hyposternaux, et la 4ᵉ paire xyphisternaux. Huxley, repoussant la comparaison avec un sternum, emploie les mots hyoplastron, hypoplastron, xyphiplastron. Quant aux trois pièces antérieures, il adopte l'opinion de Parker, qui voit dans les deux pièces latérales les clavicules et dans la pièce médiane une interclavicule.

R. Owen regarde l'enstosternum comme une pièce unique représentant le sternum des tortues et les pièces latérales comme des côtes sternales qui seraient soudées à des pièces dermiques. Paul Gervais voit aussi dans l'entosternum le vestige d'un vrai sternum, et rapporte les pièces latérales au dermato-squelette.

En rapportant le plastron au dermato-squelette, on résout le paradoxe apparent qui montre les principaux muscles thoraciques et abdominaux insérés sur la face interne d'un soi-disant sternum ; en rapportant au dermato-squelette les pièces marginales de la carapace, on démontre que les membres thoraciques et abdominaux ne sont pas rentrés dans l'intérieur de l'endosquelette, et que les chéloniens ne sont pas, comme l'a dit Cuvier, des animaux retournés.

La nature dermique de ces pièces osseuses devient encore plus évidente lorsqu'on étudie la tortue marine, désignée sous le nom de sphargis, où les pièces qui, chez les autres chéloniens, s'appliquent au névro-squelette pour former la carapace sont presque anéanties et remplacées par une carapace superficielle qui n'appartient même plus au dermato-squelette, mais bien à l'exo-squelette (1).

TÊTE DES REPTILES.

Chez les *ophidiens*, la vertèbre occipitale a pour corps un os basilaire bien distinct muni d'une hypapophyse.

L'arc supérieur est formé par les exoccipitaux et par l'occipital supérieur ; mais les exoccipitaux se rencontrent sur la ligne médiane et ferment à eux seuls le grand trou occipital. Le suroccipital, placé plus en avant, se borne à compléter la voûte cérébelleuse ; il est, dit Cuvier, presque réduit au rôle d'interpariétal.

La pièce moyenne (paroccipital d'Owen) n'est pas apparente, ou bien elle manque tout à fait, ou bien elle est confondue avec l'exoccipital.

Les exoccipitaux concourent, avec le basilaire occipital, à former le condyle unique médian qui s'articule avec le condyle concave de l'atlas. Ce condyle est ainsi composé de trois éléments, et ces trois éléments dessinent chez les ophidiens trois tubercules ; celui que fournit le basilaire occupe la moitié inférieure du bouton condylien ; ceux que fournissent les exoccipitaux en occupent la moitié.

Les exoccipitaux se prolongent latéralement par de faibles apophyses transverses. L'arc inférieur est réduit à deux filets cartilagineux qui représentent tout l'appareil hyoïdien. Le corps de l'hyoïde est complétement atrophié. Il en est de même des cornes styloïdiennes, et, si l'on s'en rapporte aux analogies que nous déterminerons pour les oiseaux, les filets cartilagineux dont nous parlons représentent les cornes thyroïdiennes.

La vertèbre pariétale est plus difficile à décrire. Les seules pièces de cette vertèbre dont les homologies soient admises sans discussion sont les os pariétaux. Ils se soudent de bonne heure l'un à l'autre, et s'étendent en avant en formant une voûte cylindrique qui entoure une grande partie de l'encéphale ; en arrière, ils recouvrent la plus grande partie du suroccipital. En bas et en avant, ils envoient des lames descendantes qui vont retrouver le basisphénoïde. En arrière et en bas, il y a entre la

(1) V. Paul Gervais, Ostéologie du sphargis luth (sphargis coriacea) dans *Nouv. arch. du Muséum*, t. VIII.

lame supérieure du pariétal et sa lame descendante une échancrure qui produit un vide entre la lame descendante et l'exoccipital. Ce vide est rempli par un os que Cuvier regarde comme le rocher, Huxley comme la partie antérieure du rocher qu'il nomme prootique, mais que R. Owen considère comme la grande aile du sphénoïde. Cette pièce est percée en avant de deux grands trous qui laissent passer la cinquième paire, ce qui autorise l'opinion de R. Owen ; mais, par son bord postérieur, elle concourt à limiter la fenêtre ovale, ce qui donne raison à Cuvier et à Huxley. Ainsi, pour Cuvier et pour ceux qui ne partagent pas l'opinion de R. Owen, la grande aile du sphénoïde manque chez les ophidiens. Mais, d'un autre côté, Rathke affirme que chez la couleuvre (coluber natrix) les pariétaux résultent de l'ossification d'une lame cartilagineuse appartenant au crâne primitif, et non de l'ossification d'une membrane ; s'il en était réellement ainsi, on serait obligé d'admettre que les serpents n'ont pas de pariétaux, et que ce sont les alisphénoïdes qui viennent se rejoindre au sommet de la tête.

La pièce moyenne, ou le squamosal, que Cuvier et R. Owen appellent mastoïdien, est une lame allongée dont l'extrémité interne s'appuie sur le pariétal et sur le prootique, et dont l'extrémité externe, rejetée en dehors et en arrière, s'articule avec l'os carré.

Quant au corps de la vertèbre, ou sphénoïde postérieur, Owen pense qu'il est confondu en une seule pièce avec le sphénoïde antérieur. Cuvier cependant avait dit que le sphénoïde antérieur n'existait pas chez les ophidiens (*Anat. comp.*, 2ᵉ éd., t. II), et il regardait comme appartenant au sphénoïde postérieur toute la pièce osseuse où Owen veut voir la réunion des deux sphénoïdes.

Les recherches embryologiques (Rathke) ont en partie confirmé l'opinion de Cuvier, en montrant que le présphénoïde reste à l'état cartilagineux, que les deux trabécules du crâne ne s'ossifient pas et ne se réunissent que très en avant dans le point où elles se confondent avec la région ethmoïdale, et que, par conséquent, il y a également une partie du postsphénoïde qui n'existe pas à l'état osseux.

Le postsphénoïde s'emboîte dans le basilaire occipital qui le recouvre un peu de manière à conserver le type procélien des vertèbres. Sur sa face supérieure il est creusé d'une fosse pituitaire dont le bord postérieur fait une épapophyse. A partir de cette fosse placée à peu de distance du prootique, il envoie en avant un grand prolongement qui va jusqu'à la région ethmoïdale et s'articule avec le vomer. C'est ce rostre sphénoïdal, que R. Owen regarde comme un présphénoïde ; Huxley se demande s'il n'est pas le résultat d'une ossification parasphénoïdale, ou autrement s'il ne serait pas formé par la réunion des basi-temporaux. Alors le sphénoïde de Cuvier serait formé par un parasphénoïde soudé à la partie postérieure du postsphénoïde ; le cartilage primitif ne serait ossifié que dans la partie du postsphénoïde située en arrière de la fosse pituitaire, et le plancher de celle-ci serait formé par le parasphénoïde.

Les os ptérygoïdiens qui forment l'arc inférieur de la vertèbre pariétale sont lâchement unis avec le postsphénoïde. Ils sont surtout articulés avec les palatins et le transverse en avant, avec l'os carré en arrière.

Le transverse unit le maxillaire supérieur au palatin et au ptérygoïdien.

La vertèbre frontale contient deux os frontaux toujours distincts, qui continuent la voûte cérébrale en avant des pariétaux. Ils se prolongent en bas jusqu'à la rencontre du sphénoïde pour s'articuler avec sa partie antérieure immédiatement en avant des pariétaux par des lames descendantes qui forment la paroi postérieure de l'orbite. Les postfrontaux qui s'allongent en deux apophyses orbitaires postérieures forment les pièces moyennes de l'arc supérieur. Quant aux lames de cet arc, ou orbito-sphénoïdes, elles manquent, suivant Cuvier, n'étant jamais distinctes même dans le fœtus ; pour Owen, elles sont connées avec le frontal. Suivant Rathke, il faudrait répéter des frontaux ce que nous avons dit des pariétaux. Le corps de la vertèbre est représenté, suivant Owen, par le rostre sphénoïdal. Nous admettons, comme nous l'avons dit tout à l'heure, qu'il reste à l'état cartilagineux.

Les palatins mobiles qui forment l'arc inférieur de cette vertèbre s'articulent en arrière avec les ptérygoïdiens, puis, comme le dit Cuvier, par leur bord externe au maxillaire, par une apophyse de leur bord interne avec la pointe du sphénoïde et du vomer, et avec le bord inférieur de la partie orbitaire du frontal antérieur. Leur partie antérieure se termine librement entre le maxillaire et le vomer.

L'arc supérieur de la vertèbre nasale contient deux os nasaux séparés qui émettent par leur bord interne une lame descendante ; ces deux lames descendantes, accolées l'une à l'autre, contribuent à former la cloison des fosses nasales. Les nasaux sont séparés des frontaux par les os que Cuvier a désignés sous le nom de frontaux antérieurs et Owen sous celui de préfrontaux. Ils recouvrent la partie postérieure de la fosse nasale. Spix, Carus et Huxley y voient un lacrymal. On trouve en outre chez les pythons un os sourcilier ou surorbitaire.

Le corps de l'ethmoïde est cartilagineux.

Il y a deux vomers bien distincts placés en avant du rostre sphénoïdal et qui émettent par leur bord interne une lame ascendante qui contribue avec celle du côté opposé à former la cloison des fosses nasales.

Les intermaxillaires sont soudés en une seule pièce de petite dimension qui, par une épine médiane ascendante, va retrouver la suture des os nasaux.

L'organe de l'odorat contient des cornets cartilagineux. Le cornet inférieur est soudé au vomer.

L'organe de la vue ne contient aucun os.

L'organe de l'ouïe est renfermé dans un rocher composé de trois portions dont l'antérieure seule (prootique) est libre ; les deux autres (épiotique et opisthotique) étant soudées au suroccipital et à l'exoccipital et ne faisant aucune saillie mastoïdienne.

Il n'y a qu'un seul osselet de l'ouïe (la columelle) correspondant à l'étrier et dont l'extrémité externe s'unit à l'os carré par l'intermédiaire d'un prolongement fibro-cartilagineux (boa-constrictor). Chez l'eunectes murinus l'extrémité distale de l'étrier s'articule avec un cartilage en forme de massue. Celui-ci est séparé par un disque fibro-cartilagineux, biconcave et perforé au centre, d'une facette saillante et convexe placée à la face interne de l'os carré. Une capsule fibreuse embrasse la massue, la facette de l'os carré et le fibro-cartilage au pourtour duquel elle adhère. Il y a ainsi une chaîne continue depuis la fenêtre ovale jusqu'à l'os carré ; on peut dire que les serpents sont quadrato-stapédiens, tandis que les tortues, les crocodiles et les lézards sont tympano-stapédiens.

Le maxillaire supérieur est articulé d'une manière mobile avec le prémaxillaire, le frontal antérieur, le palatin et le transverse.

Il n'y a pas de malaire. L'arcade jugale est représentée, d'après Cuvier, par un ligament qui s'étend « depuis l'extrémité postérieure du maxillaire jusqu'à la sommité du tympanique. » On doit accepter cette opinion à la condition d'entendre par sommité du tympanique l'extrémité distale de l'os carré, c'est-à-dire l'extrémité qui s'articule avec la mâchoire inférieure. Il n'y a par conséquent chez les ophidiens ni jugal, ni quadrato-jugal à l'état osseux.

L'os carré ou tympanique, suspenseur de la mâchoire inférieure, s'articule par une seule tête avec l'extrémité externe du squamosal. Inférieurement il s'articule par une surface convexe avec la mâchoire inférieure. Celle-ci se compose d'un articulaire, d'un angulaire, d'un dentaire, d'un surangulaire ou coronoïdien, d'un complémentaire et d'un operculaire, comme chez les autres reptiles ; elle n'est pas soudée à celle du côté opposé et peut s'en écarter considérablement.

Chez les *lacertiens*, le basilaire occipital, pourvu (chez les monitors par exemple) d'une paire de fortes hypapophyses, fournit la plus grande partie du condyle articulaire.

L'arc supérieur ne contient que deux exoccipitaux et un suroccipital. Les exoccipitaux fournissent une petite partie du condyle ; ils ne se rencontrent pas sur la ligne médiane, mais ils sont séparés par un espace assez grand, rempli par le suroccipital, qui, par conséquent, contribue à limiter le grand trou.

Les exoccipitaux émettent en dehors deux longues apophyses transverses, à la face antérieure desquelles s'applique un prolongement du rocher, lequel porte souvent à son sommet une petite pièce mentionnée par Cuvier, et que Huxley regarde comme un ptérotique.

L'arc inférieur se compose d'une pièce médiane ou corps de l'hyoïde, portant de chaque côté deux branches, dont l'une répond à la corne styloïdienne des mammifères, et l'autre à la corne thyroïdienne. Celle-ci n'a d'ailleurs aucune connexion avec le larynx ; elle s'étend en arrière le long de la trachée et reste flottante. La corne styloïdienne va retrouver la base du crâne chez les lézards, mais elle reste flottante chez les monitors. Dans le genre hatteria ou sphénodon, la corne styloïdienne est unie à l'étrier par un ligament fibro-cartilagineux (1).

(1) Gunther, Contrib. to the anatomy of the Hatteria, *Phil. trans.*, 1867; Huxley , Malleus et incus., *Proc. Zool. Soc.*, 1869.

La vertèbre pariétale a pour corps un sphénoïde postérieur qui s'articule avec le basilaire occipital par une surface légèrement sinueuse.

La masse postérieure, presque carrée, émet de chaque côté (caractère important pour la comparaison avec les oiseaux) une assez forte parapophyse, sur laquelle s'articule le ptérygoïdien.

L'arc supérieur est fermé en haut par les pariétaux, qui se soudent l'un à l'autre sur la ligne médiane, pour ne faire qu'un seul os. Ce pariétal unique est mobile sur le suroccipital, qu'il ne touche qu'en deux petits points (Cuvier), ne lui étant pour la plus grande partie rattaché que par du tissu fibreux. En avant on trouve le plus souvent une petite fontanelle interpariétale (foramen parietale), soit dans le pariétal lui-même, soit entre lui et les frontaux.

Chaque moitié du pariétal émet par son angle externe et postérieur une longue apophyse, qui forme une arcade au-dessus de la fosse temporale et va par sa pointe retrouver le sommet de l'apophyse transverse de l'exoccipital.

Le squamosal s'articule avec le sommet du rocher, ainsi qu'avec l'os mastoïdien de Cuvier, qui le sépare de l'apophyse du pariétal ; en avant, il envoie un prolongement qui s'articule avec le postfrontal et forme une seconde arcade en dehors de la fosse temporale ; inférieurement, il présente une facette articulaire pour l'os carré.

Cet os est considéré comme un squamosal par tous les auteurs, par Huxley aussi bien que par Cuvier et par R. Owen. Mais Cuvier et Owen parlent en outre d'un os qu'ils nomment mastoïdien, et dont Huxley ne fait pas mention. Cependant cet os existe ; c'est une lamelle interposée entre le squamosal et la face antérieure de l'apophyse du pariétal ; il s'articule aussi avec la pointe du rocher ; on peut y voir un ptérotique ; on peut le regarder aussi comme une subdivision du temporal et lui donner le nom de postsquamosal.

Chez le caméléon, l'apophyse latérale postérieure du pariétal n'existe pas, mais cet os présente une crête médiane qui se porte directement en arrière ; le squamosal présente au contraire une longue tige grêle qui va s'articuler avec la pointe de cette crête. Le mastoïdien de Cuvier est appliqué à la partie inférieure et postérieure du squamosal.

Les ptérygoïdiens, qui forment l'arc inférieur de la vertèbre,

ne se rencontrent pas sur la ligne médiane. Ce sont de longues
arcades qui s'articulent en arrière avec l'os carré, en avant avec
le palatin, en dedans avec l'apophyse du postsphénoïde, et en
dehors avec l'os transverse ou ptérygoïdien externe qui les rattache au malaire et au maxillaire supérieur.

Enfin une tige osseuse (columelle de Cuvier), que nous nommerons tige pariéto-pérygoïdienne, se fixe en haut dans l'angle que
le pariétal fait en avant avec le rocher et s'appuie par son extrémité inférieure sur le ptérygoïdien.

La vertèbre frontale est incomplète. Son arc supérieur montre
deux os frontaux séparés, dont la plus grande partie forme la
voûte de l'orbite. Il y a de chaque côté un postfrontal considérable qui s'articule avec le frontal et le pariétal. Cet os envoie
en arrière un prolongement qui s'articule avec le squamosal, et
en bas un autre prolongement qui va retrouver le malaire en
complétant le cercle orbitaire. Le postfrontal peut être subdivisé
en deux pièces ou en un plus grand nombre ; et alors il y a un
ou plusieurs os postorbitaires.

Les orbito-sphénoïdes restent à l'état cartilagineux. Il en est
de même du présphénoïde, réduit à une tige cartilagineuse qui
prolonge en avant la pointe du sphénoïde postérieur et forme le
bord inférieur de la cloison interorbitaire.

Les palatins, qui constituent l'arc inférieur, ne s'articulent
pas avec le sphénoïde. Ils sont suspendus entre le vomer en
avant, le maxillaire supérieur et le transverse en dehors, le
ptérygoïdien en arrière, et ne se touchent pas sur la ligne médiane.

La vertèbre nasale présente un os nasal unique formé par la
soudure des deux nasaux, constituant la voûte des narines et se
prolongeant en arrière jusqu'au contact des frontaux, avec lesquels il s'articule sur la ligne médiane. Cette partie postérieure
du nasal sépare les deux préfrontaux qui remplissent de chaque
côté l'angle qui reste entre le frontal et le nasal.

Les préfrontaux sont une lame « descendante et rentrante qui
sert de cloison postérieure à la cavité nasale et s'unit là au palatin (Cuvier). »

Le reste de l'ethmoïde forme la cloison interorbitaire, qui est
en grande partie cartilagineuse.

Par leur bord externe, les préfrontaux s'articulent avec les lacrymaux, et souvent il y a un os sourcilier qui va rejoindre le postfrontal et forme ainsi une arcade susorbitaire.

L'arc inférieur est constitué par deux vomers séparés, divergents en arrière, mais se touchant en avant sur la ligne médiane, et par un intermaxillaire unique pourvu d'une petite épine nasale antérieure, articulé en arrière par une petite pointe avec les vomers et prolongé en haut par une longue apophyse médiane qui va retrouver l'os nasal.

Les maxillaires supérieurs sont largement séparés l'un de l'autre comme chez les ophidiens, mais ils sont soudés d'une manière immobile à l'intermaxillaire, au lacrymal, au malaire, au palatin et au transverse.

Le malaire s'articule avec le lacrymal, le maxillaire supérieur, le transverse et le postfrontal. Cette dernière articulation se fait, soit indirectement, soit par l'intermédiaire d'un ligament (monitor).

Chez la plupart des lacertiens, le malaire n'est réuni à l'extrémité distale de l'os carré que par l'intermédiaire d'un ligament. Dans le genre hatteria ou sphénodon, cette union se fait par l'intermédiaire d'un os quadrato-jugal.

L'os carré est suspendu au sommet de la pyramide osseuse formée par l'exoccipital, le rocher, le pariétal et le squamosal. Il s'articule avec une facette articulaire qui emprunte ses éléments à ces différents os. Sa forme est allongée. Son extrémité distale s'articule en dedans avec le ptérygoïdien, en bas avec la mâchoire inférieure.

Le maxillaire inférieur ne se soude pas sur la ligne médiane à celui du côté opposé. Il est composé d'un dentaire, d'un articulaire, d'un angulaire, d'un surangulaire, d'un operculaire et d'un complémentaire. L'angulaire offre chez le monitor une apophyse postérieure assez longue et une petite apophyse interne. D'autres fois, ces saillies sont à peine indiquées. Le surangulaire ou coronoïdien offre à sa face interne une facette lisse qui glisse sur une autre que le ptérygoïdien présente au voisinage de son union avec le transverse.

L'organe de l'ouïe, composé d'un vestibule, de trois canaux demi-circulaires et d'un limaçon, est contenu dans un rocher dont les trois éléments osseux (prootique, épiotique, opisthotique) restent distincts des os environnants. D'après Huxley, le prootique et l'opisthotique concourent à former la longue saillie qui s'applique en avant de l'apophyse latérale de l'exoccipital, et l'on trouverait en outre un ptérotique au sommet de cette saillie. L'oreille moyenne contient un long osselet (columelle) qui correspond à l'étrier, dont l'extrémité proximale aplatie s'applique à la fenêtre ovale, et dont l'extrémité distale, qui s'applique à la membrane du tympan, s'étale en une lame cartilagineuse. Huxley distingue dans ce cartilage deux éléments qu'il nomme suprastapédial et extrastapédial. Il pense que l'élément suprastapédial correspond à l'enclume des mammifères et à l'os hyomandibulaire des poissons et des batraciens. Chez le sphénodon, le stylohyal se continue directement avec cet élément cartilagineux ; chez les lézards, il lui est relié par un ligament. Comme le suprastapédial s'applique au rocher, à côté de l'os carré, Huxley voit là une chaîne continue, où l'os carré tient la place du marteau, et dès lors il pense que ces deux os sont homologues. Pour ceux qui adoptent cette opinion, le cadre du tympan, qui est pour Et. Geoffroy l'homologue du carré, n'existe pas chez les lacertiens.

L'organe de la vue contient un cercle de plaques scléroticales (sclérotal).

L'organe de l'odorat contient un cornet plus ou moins développé.

L'organe du goût contient un prolongement cartilagineux de l'hyoïde placé dans l'épaisseur de la langue.

Chez les *crocodiliens*, le basilaire occipital massif, avec une forte hypapophyse, fournit presque tout le condyle, et de plus la partie du condyle à laquelle il contribue fait partie du grand trou occipital.

Les exoccipitaux contribuent à peine à la formation du condyle ; les saillies qu'ils lui fournissent ne se rencontrent pas sur la ligne médiane.

En haut, au contraire, les exoccipitaux se rencontrent et ferment le grand trou occipital. Ils envoient latéralement des apophyses transverses plus fortes encore et plus massives que celles des lézards.

Le suroccipital s'élève au-dessus de la jonction des deux exoccipitaux et s'avance en fermant la boîte cranienne jusqu'au-dessus du trou oval, laissant ainsi entre lui et l'exoccipital une grande échancrure.

La pièce moyenne ou bien n'existe pas, ou bien est soudée avec l'exoccipital.

L'arc inférieur est représenté par le corps de l'hyoïde qui reste cartilagineux pendant longtemps, et qui forme un vaste bouclier jouant le rôle de thyroïde et d'épiglotte. Il y a de chaque côté une corne thyroïdienne insérée sur le milieu du bord externe, composée de deux pièces osseuses et d'un prolongement terminal cartilagineux, et se rabattant en arrière en s'appliquant à la trachée. Les cornes styloïdiennes en réalité n'existent pas ; leur place est indiquée par deux petites saillies unciformes que le corps de l'hyoïde présente un peu en avant des cornes thyroïdiennes et qui sont reliées à celles-ci par des ligaments.

La vertèbre pariétale présente deux os pariétaux qui se soudent de bonne heure sur la ligne médiane. Ils recouvrent la plus grande partie du suroccipital. Leur bord antérieur est à son tour un peu recouvert par les frontaux. Ils n'ont pas de lame descendante comme chez les ophidiens.

La pièce moyenne de l'arc supérieur, ou squamosal, désignée sous ce nom par Huxley, sous celui de temporal par Et. Geoffroy, sous celui de mastoïdien par Cuvier et R. Owen, s'insère sur les côtés du pariétal, du suroccipital et de l'exoccipital, et se porte directement en dehors sans quitter le plan de la face supérieure du crâne.

Elle aboutit par une pointe antérieure et externe sur le postfrontal, par une pointe postérieure et externe sur le bord postérieur du carré, tandis que le bord interne de son prolongement antérieur s'articule avec le bord supérieur de cet os.

Par quoi la grande aile du sphénoïde est-elle représentée? Nous adoptons l'opinion de Cuvier et de Huxley, qui la retrouvent dans une pièce osseuse située en avant du trou ovale, et nous repoussons l'opinion de R. Owen, qui veut la retrouver dans une pièce osseuse située en arrière du trou ovale et désignée par Cuvier sous le nom de rocher (prootique de Huxley). Cette pièce, légèrement convexe en dehors et concave à sa face interne, forme la partie inférieure et externe de la fosse cérébrale.

Le corps de la vertèbre, suivant Cuvier, R. Owen et C. Bertrand, ne fait qu'un seul os avec le présphénoïde ; mais Huxley attribue toute la partie osseuse au postsphénoïde et voit le présphénoïde dans un cartilage qui borde la cloison orbitaire et la continue en avant.

En arrière, le postsphénoïde s'articule avec le basilaire occipital par une surface presque verticale présentant un léger engrènement, interrompue à sa partie moyenne par le passage de la trompe d'Eustache. Il présente à sa face supérieure une surface inclinée limitée en avant par un bourrelet qui borde une fosse pituitaire creusée obliquement d'avant en arrière. En avant de la fosse pituitaire il s'amincit et ne consiste plus qu'en une lame verticale en forme de rostre.

L'arc inférieur est constitué par les ptérygoïdiens qui forment un arc complet. Pour cela, ils émettent par leur angle inférieur et interne une expansion qui se dirige en dedans à la rencontre de celle du côté opposé, de manière à continuer le plancher inférieur de la narine, en sorte que l'orifice postérieur de la narine, au lieu de répondre au bord postérieur du palatin, se trouve plus en arrière et répond au bord du ptérygoïdien. Les ptérygoïdiens sont articulés d'une manière immobile avec le sphénoïde.

Ces ptérygoïdiens immobiles ont une grande ressemblance avec les apophyses ptérygoïdes internes des mammifères, et c'est là ce qui a conduit Et. Geoffroy à déterminer leur véritable homologie.

Chez les crocodiliens, comme chez les lacertiens, une pièce osseuse que Cuvier a désignée sous le nom de transverse, et que l'on nomme aussi ptérygoïdien externe, réunit le ptérygoïdien à l'arcade maxillo-jugale, s'articulant en dedans au ptérygoïdien, en dehors au maxillaire supérieur et au jugal.

La vertèbre frontale ne montre qu'un seul os frontal résultant (comme le pariétal unique et comme le suroccipital) de la réunion des deux os typiques sur la ligne médiane. C'est à peine s'il prend part à la boîte cérébrale, et il appartient presque tout entier à la voûte orbitaire. Il s'articule par son angle postérieur externe avec le postfrontal qui est très-développé et qui émet une tige descendante qui s'unit avec une apophyse montante du malaire pour encercler l'orbite en arrière.

L'aile orbitaire du sphénoïde serait, d'après Cuvier et d'après Huxley, confondue avec la grande aile, tandis que d'après Owen, qui regarde comme une grande aile le rocher de Cuvier (prootique de Huxley), elle serait considérable et constituée par toute la lame osseuse qui est en avant du trou ovale.

Le corps de la vertèbre ou présphénoïde, s'il n'est pas confondu avec le postsphénoïde, est cartilagineux.

La vertèbre nasale montre deux os nasaux séparés, s'allongeant horizontalement en avant des frontaux avec lesquels ils s'articulent de chaque côté de la ligne médiane.

Les préfrontaux se placent de chaque côté, en dehors de la partie antérieure du frontal et de la partie postérieure des nasaux. Ils se composent d'une partie presque horizontale et d'une branche descendante qui limite en arrière la chambre olfactive et qui par son extrémité inférieure s'articule avec le palatin.

L'aspect de cette branche descendante qui établit l'union des palatins avec les préfrontaux a inspiré à Et. Geoffroy l'idée de comparer ces os avec les lames latérales de l'ethmoïde des mammifères ; mais à cause de leur partie supérieure presque horizontale, il y a vu un arc vertébral particulier, celui de la vertèbre ethmo-sphénale. Les frontaux antérieurs, sous le nom d'ethmo-physaux, répondent ainsi pour Et. Geoffroy soit aux os planum, soit aux cornets supérieurs. Le corps même de l'ethmoïde ou ethmo-sphénal est représenté chez les crocodiles par une cloison cartilagineuse qui sépare les orbites.

Chez le crocodile, les préfrontaux supportent par leur bord externe un os sourcilier.

En avant et en dehors, ils s'articulent avec l'os lacrymal, qui les unit au maxillaire supérieur et au jugal, et qui est percé d'un trou dans sa partie supérieure.

L'arc inférieur comprend un double vomer et un double intermaxillaire articulé avec les nasaux et les maxillaires supérieurs.

L'organe de l'odorat contient dans chaque cavité nasale un cornet bilobé en partie osseux, en partie cartilagineux.

L'organe de la vue ne contient aucune pièce osseuse.

L'organe du goût ne contient pas d'os lingual.

L'organe de l'ouïe est enfermé dans une masse cartilagineuse qui ne s'ossifie qu'en partie. L'os prootique de Huxley (rocher de Cuvier) reste séparé, l'épiotique et l'opisthotique se soudent au suroccipital et à l'exoccipital ; mais il reste toujours dans l'intérieur du crâne une suture apparente en forme d'Y qui indique la séparation primitive de ces trois éléments du rocher.

Owen pense que le rocher de Cuvier est formé par la grande aile du sphénoïde à laquelle la partie antérieure du rocher cartilagineux se souderait, et il ne trouve pour tout vestige d'un rocher isolé qu'un petit grain osseux placé au point de réunion des trois branches de l'Y.

Le mastoïdien serait distinct du rocher, suivant Cuvier et Owen. Nous admettons au contraire, avec Huxley et Gratiolet, que le mastoïdien forme avec le rocher un seul os, le rupéo-mastoïdien, et que par conséquent, si le rocher se soude avec les os voisins, il n'y a pas de mastoïdien séparé. Nous avons déterminé le mastoïdien de Cuvier et de R. Owen comme un squamosal.

Le maxillaire supérieur, large et fort, est articulé d'une manière immobile, comme chez les mammifères, avec les inter-maxillaires et les palatins, et contribue à former la voûte palatine par une branche horizontale qui va s'appliquer à celle du côté opposé. (Chez le gavial, le double vomer apparaît dans leur intervalle.)

Il s'articule aussi avec le nasal et avec le lacrymal, mais n'a pas de branche montante.

En arrière, le maxillaire s'articule avec un malaire considérable qui lui-même s'unit au lacrymal, au frontal postérieur et au transverse. Le malaire ou jugal s'unit en arrière par une suture très-oblique au quadrato-jugal que Cuvier et R. Owen considèrent comme homologues de la partie écailleuse du temporal, homologie que nous n'acceptons pas, tandis que nous admettons l'existence du quadrato-jugal comme un os à part.

Ce dernier os, chez le crocodile, s'allonge obliquement d'avant en arrière et de haut en bas. Par son extrémité supérieure et antérieure il s'articule à la fois avec le post-frontal et avec le squamosal dans le point où ces deux os se réunissent ; par sa partie antérieure et inférieure, il s'unit obliquement au malaire ; par toute la longueur de son bord supérieur et postérieur, il s'unit au carré. Sa pointe inférieure arrive très-près de la facette articulaire destinée à la mâchoire inférieure, mais elle ne prend pas part à l'articulation.

L'os carré ou tympanique est considérable, immobile, et très-solidement enchâssé. Il s'articule avec le squamosal deux fois, avec l'exoccipital dans une grande longueur, avec le sphénoïde, avec le ptérygoïdien, avec le quadrato-jugal et avec la grande aile du sphénoïde. Il se termine inférieurement par un condyle articulaire allongé transversalement, convexe d'avant en arrière et concave de dehors en dedans.

Il s'articule en arrière avec l'exoccipital et avec le squamosal. Son extrémité supérieure s'articule avec le post-frontal, le squamosal et le rocher. Le trou auditif externe se trouve placé entre lui et le prolongement postérieur du squamosal, et c'est là ce qui a conduit Et. Geoffroy à y voir l'analogue du cadre du tympan.

La mâchoire inférieure du crocodile sert de type pour l'analyse des différentes pièces que l'on y reconnaît chez les reptiles, savoir l'articulaire, le dentaire, l'angulaire, le surangulaire, l'operculaire et le complémentaire.

Chez les *chéloniens*, le basilaire occipital a la forme d'un triangle dont les angles latéraux antérieurs s'allongent en deux apophyses basilaires (hypapophyses) considérables. Il fournit le 1/3 inférieur du condyle.

Les deux autres tiers sont fournis par les exoccipitaux qui présentent des apophyses latérales inférieures appliquées aux apophyses basilaires, et, au-dessus, de véritables apophyses transverses qui s'appliquent à l'opisthotique.

Les exoccipitaux ne se réunissent pas en haut; l'arc est fermé par un suroccipital unique muni d'une arête médiane prolongée en arrière.

L'apophyse transverse de l'exoccipital est à la fois recouverte et prolongée sur le côté par un os qui s'articule avec elle et avec le suroccipital et que Cuvier a nommé occipital extérieur; Owen considère cet os comme un paroccipital; Dugès, et ensuite Hallman, l'ont nommé mastoïdien; Huxley y voit un opisthotique, et si l'on admet cette opinion, on trouvera qu'il y a chez les tortues, comme chez l'homme, une saillie mastoïdienne, mais que cette saillie, constituée chez l'homme par l'épiotique, est constituée par l'opisthotique chez les tortues.

L'arc inférieur se compose d'un corps de l'hyoïde en partie osseux, en partie cartilagineux, très-isolé de l'os lingual, de deux cornes styloïdiennes (cornes antérieures de Cuvier) plus ou moins développées (1), de deux cornes thyroïdiennes (cornes moyennes de Cuvier) composées de deux segments et d'un prolongement fibro-cartilagineux et de deux cornes postérieures (Cuvier) représentant le deuxième arc branchial. Les cornes antérieures n'ont aucune relation directe avec le crâne; il en est de même

____

(1) Elles sont bien distinctes chez le caret et chez la chelone midas; mais d'autres fois elles sont à peine développées.

des deux autres paires. Les cornes postérieures ne donnent insertion à aucun faisceau musculaire, tandis que les deux premières paires donnent attache aux muscles qui servent à la rétraction de l'hyoïde et de la langue.

La vertèbre pariétale montre deux pariétaux distincts très-allongés, émettant une lame descendante qui va retrouver le ptérygoïdien, auquel elle est reliée par une petite lamelle osseuse, que R. Owen regarde comme un orbito-sphénoïde, mais que l'on doit considérer avec Huxley comme l'homologue de la columelle des lacertiens.

Un os isolé, séparé de cette lame par le trou ovale, est considéré par Cuvier comme un rocher. R. Owen y voit la grande aile du sphénoïde, mais Huxley y voit le prootique, ce qui vient confirmer l'opinion de Cuvier.

Dans ce cas, ou bien l'alisphénoïde n'existerait pas, ou bien il ne serait représenté que par la petite lamelle où Owen retrouve l'orbito-sphénoïde.

Le squamosal, que nous nommons ainsi avec Huxley (mastoïdien de Cuvier et d'Owen), s'articule chez toutes les tortues avec l'opisthotique et le carré. Chez les chélonées il offre en outre une expansion lamelleuse qui va rejoindre le postfrontal et le pariétal en enveloppant la fosse temporale.

Le corps de la vertèbre est formé par un post-sphénoïde articulé par une face oblique avec le basioccipital, creusé d'une fosse pituitaire allongée, et s'articulant en avant avec un presphénoïde cartilagineux.

L'arc inférieur est constitué par des ptérygoïdiens immobiles qui ressemblent beaucoup à ceux du crocodile, mais qui, n'ayant pas d'expansion interne, ne prennent aucune part ni dans la formation du plancher des fosses nasales, ni dans celle de la cloison. Ils sont articulés avec le sphénoïde, le carré, la lame descendante du pariétal, le palatin, et une expansion du malaire qui occupe la place du transverse.

La vertèbre frontale contient deux frontaux séparés qui ne prennent aucune part à la formation de la boîte cérébrale et occupent seulement le sommet de la voûte orbitaire et deux postfrontaux énormes qui s'articulent avec le squamosal et avec le jugal comme chez les crocodiles. Les orbito-sphénoïdes, ainsi que le présphénoïde, sont cartilagineux ou membraneux.

L'arc inférieur est formé par des palatins immobiles.

A la vertèbre nasale, les os nasaux sont nuls ou complétement cartilagineux, d'après Cuvier ; ils sont pour Owen connés avec les préfrontaux. Ceux-ci sont très-développés ; ils se composent d'une partie presque horizontale qui prolonge la voûte crânienne et recouvre la loge olfactive, et d'une lame descendante qui va retrouver le vomer et le palatin.

Le lacrymal, d'après Cuvier et Owen, est confondu avec le maxillaire supérieur.

Le corps de la vertèbre (mésethmoïde) est cartilagineux (Cuvier).

L'arc inférieur de la vertèbre se compose d'un vomer simple qui forme la cloison des fosses nasales en s'interposant entre les palatins, qu'il sépare non-seulement en haut, mais aussi en bas dans la partie moyenne de la voûte palatine, qui s'articule en avant avec les intermaxillaires, et qui en haut est creusé d'une gouttière pour recevoir le bord inférieur du mésethmoïde.

L'organe de l'odorat offre un cornet dans chacune des cavités nasales.

L'organe du goût présente un os lingual situé sous la langue et rattaché à l'hyoïde par du tissu fibreux.

L'organe de la vue contient des osselets de la cornée (sclérotal, Owen).

L'organe de l'ouïe nous montre un opisthotique et un prootique formant des os séparés ; l'épiotique se soude au suroccipital.

Il y a une columelle (ou étrier) d'une grande dimension, qui s'appuie d'une part à la fenêtre ovale et de l'autre à la membrane du tympan.

Le maxillaire supérieur très-grand et immobile s'articule avec l'intermaxillaire, le vomer, le palatin, le préfrontal et le malaire.

On trouve chez les chélonées un malaire et quadrato-jugal, très-développés, ayant les mêmes connexions que chez le crocodile. Le malaire s'articule avec le palatin et le ptérygoïdien par une expansion qui occupe la place du transverse.

Le carré s'articule avec le quadrato-jugal, le squamosal, l'alisphénoïde, le prootique, l'opisthotique et le ptérygoïdien, offrant des dispositions qui rappellent beaucoup celles que l'on voit chez le crocodile, mais qui en diffèrent par quelques points.

Chez les tortues, le quadrato-jugal n'est en rapport qu'avec la partie supérieure de l'os carré, ce qui pourrait permettre de revenir à l'opinion de Cuvier et de le regarder comme un squamosal. Nous trouverions alors chez les tortues, comme chez les lézards, un squamosal et un postsquamosal, et le quadrato-jugal serait ligamenteux.

La mâchoire inférieure a la même composition que chez le crocodile.

SQUELETTE DU TRONC CHEZ LES REPTILES FOSSILES. — En réunissant les reptiles fossiles à ceux dont les types ne sont pas encore éteints, on a 9 groupes au lieu de 4. Ainsi, outre les ophidiens, les lacertiens, les crocodiliens et les chéloniens, on a 5 groupes entièrement disparus : 1° celui des ichthyosaures ou poissons lézards, que l'on nomme encore ichthyo-ptérygiens, c'est-à-dire ayant des nageoires de poissons ; 2° celui des plésiosaures ou voisins des lézards, que l'on nomme encore sauroptérygiens, c'est-à-dire ayant des nageoires de lézards, ce qui est absolument inintelligible (pour dire lézards à nageoires, il faudrait ptérygosauriens) ; 3° celui des dicynodons, qui ont les deux mâchoires dépourvues de dents, comme les tortues, sauf deux grandes canines implantées dans les os maxillaires supérieurs ; 4° celui des dinosauriens ou lézards gigantesques ; 5° celui des ptérodactyles (aile formée par un doigt) ou ptérosauriens, c'est-à-dire lézards ailés.

Les lacertiens, les ophidiens et les chéloniens fossiles ne diffèrent pas typiquement des animaux vivants, dont ils se distinguent principalement par des dimensions colossales (comme par exemple le mosasaure).

Les crocodiliens fossiles diffèrent des espèces vivantes en ce que les uns (téléosaures) ont les corps des vertèbres biconcaves, les autres (streptospondyles, cétiosaures) ont les corps des vertèbres opisthocéliens, tandis que chez les crocodiles vivants les corps vertébraux sont procéliens.

Les fossiles des 5 autres groupes se distinguent par des traits tout à fait caractéristiques.

Chez les ichthyosaures, les corps vertébraux sont biconcaves et ne se soudent pas avec les arcs supérieurs. Il n'y a pas de région cervicale distincte. L'atlas s'articule avec l'occipital par un condyle concave qui reçoit le condyle unique de la tête.

L'axis n'a pas d'apophyse odontoïde ; mais son corps se soude à celui de l'atlas par une surface plane.

Toutes les vertèbres à partir de l'axis ont des côtes vertébrales qui d'abord s'articulent par une tête bifurquée avec une apophyse transverse et avec une parapophyse, distinctes l'une de l'autre, puis par une simple tête avec une seule apophyse qui résulte de la réunion de l'apophyse transverse avec la parapophyse, et enfin directement avec le corps de la vertèbre. Ces côtes vertébrales s'articulent par leur extrémité avec des côtes sternales brisées, qui vont elles-mêmes se terminer sur des pièces sternales le long de la ligne médio-ventrale.

A la région caudale, les côtes sternales (hémapophyses d'Owen), figurant des os en V, s'articulent par leur extrémité supérieure avec le corps de la vertèbre et par leur extrémité inférieure avec celle du côté opposé ; les extrémités des côtes vertébrales restent flottantes. L'existence simultanée des côtes vertébrales et des os en V à la queue des ichthyosaures vient à l'appui de l'opinion de R. Owen en tant qu'il soutient que les os en V ne sont pas des côtes vertébrales ; mais cela ne prouve pas d'une manière absolue que les os en V soient des côtes sternales. On pourrait tout aussi bien y voir de doubles hypapophyses indépendantes du corps vertébral, et ce serait l'icththyosaure qui fournirait des preuves à l'appui de cette dernière opinion. L'ichthyosaure en effet présente entre l'occipital et l'atlas, entre l'atlas et l'axis, entre l'axis et la troisième vertèbre du tronc, des pièces hypapophysaires indépendantes (autogènes, Owen) qui ont beaucoup d'analogie avec les os en V, et que pourtant on ne peut pas regarder comme des hémapophyses. Cette manière de voir permettrait de mieux comprendre ce qui a lieu à la région cervicale et à la région caudale des oiseaux.

Les ichthyosaures n'ont pas de sacrum.

Les arcs supérieurs des vertèbres ne sont pas soudés aux corps vertébraux, avec lesquels ils ne sont unis que par de simples articulations.

Le crâne est remarquable par la longueur des intermaxillaires qui distingue ces animaux des différents groupes de reptiles vivants et fossiles ainsi que des labyrinthodons, en même temps qu'elle les rapproche des oiseaux et des mammifères cétacés, par la position des narines en avant des yeux, et par l'existence de plaques scléroticales, ce qui les rapproche encore des oiseaux: par la présence de deux os qu'Owen appelle postorbital et supersquamosal, ce qui les rapproche des ganocéphales (archégosaurus, actinosaurus) et des labyrinthodons ; l'un de ces os résulterait de la division du postfrontal, l'autre de celle du squamosal. La présence de ces pièces osseuses les rapproche encore des espèces vivantes de lacertiens. Le basi-occipital contribue seul à la formation du condyle arrondi qui s'articule avec l'atlas ; les exoccipitaux restent distincts ; le suroccipital prend part à la formation du grand trou occipital. Il n'y a pas de paroccipital séparé. Les pariétaux restent distincts. Une fontanelle les sépare des frontaux. On ne voit pas d'alisphénoïde. Le postsphénoïde, bien séparé du basilaire occipital, offre en avant un prolongement en forme de rostre. Le présphénoïde et l'orbitosphénoïde ne sont pas ossifiés. Le postfrontal est subdivisé ; les deux frontaux restent distincts ; il y a 2 nasaux, 2 préfrontaux, 2 lacrymaux articulés avec des maxillaires supérieurs très-réduits. Le malaire borde inférieurement l'orbite pour aller retrouver le post-orbitaire, un os quadrato-jugal relie le malaire à l'extrémité inférieure du carré qui s'articule avec un maxillaire inférieur composé des 6 pièces osseuses que l'on compte chez les reptiles.

Il y a 2 vomers allongés occupant le milieu de la voûte du palais, 2 palatins séparés, 2 ptérygoïdiens articulés avec le basisphénoïde. Owen parle d'une transverse (ectoptérygoïde), mais pour Huxley le ptérygoïdien s'articule en haut et en dehors avec le squamosal.

L'élément épiotique du rocher se soude à l'occipital; le prootique et l'opisthotique restent distincts, ce dernier étant pour Cuvier un occipital latéral, comme chez les tortues.

On n'a pas étudié l'os hyoïde.

Chez les plésiosaures, les corps vertébraux s'articulent entre eux par des surfaces plates ou légèrement concaves. Il y a une région cervicale distincte d'une longueur considérable. L'atlas reçoit le condyle unique de l'occipital dans un condyle concave creusé sur le corps et sur la base des lames. Les deux parties du corps de l'atlas (le noyau central et l'arc inférieur) sont primitivement distinctes, et se soudent plus tard entre elles et avec les lames qui en sont d'abord séparées. L'axis, par conséquent, n'a pas d'apophyse odontoïde, mais, avec l'âge, son corps se soude à celui de l'atlas. Une pièce hypapophysaire se trouve entre l'axis et l'atlas.

Presque tous les arcs supérieurs restent distincts des corps vertébraux. Les apophyses transverses ne sont apparentes qu'à la région dorso-lombaire. Toutes les vertèbres du cou, excepté l'atlas, ont des côtes qui s'articulent par une seule tête avec une petite cavité latérale du corps de la vertèbre, ce qui rappelle ce qu'on voit chez les serpents. En approchant du dos, l'articulation des côtes se rapproche de la base des lames ; celles de la première dorsale s'articulent avec l'extrémité de l'apophyse transverse, et il en est de même jusqu'au sacrum ; à la queue, les côtes s'insèrent de nouveau sur le côté du corps de la vertèbre. Courtes au cou, longues au thorax, elles diminuent graduellement de longueur, deviennent très-courtes à la queue, et même disparaissent vers son extrémité. Dans la région thoraco-abdominale, elles se continuent, d'après Owen, avec des côtes sternales tri-segmentées et réunies par une pièce médio-ventrale ; pour Huxley ce sont des pièces cutanés indépendantes des arcs vertébraux.

On compte 2 vertèbres sacrées munies de fortes côtes qui s'articulent avec les iléons. Les premières vertèbres caudales ont à la fois des côtes et des os en V. Toutes les vertèbres possèdent de véritables apophyses articulaires.

Les principaux traits offerts par le crâne sont l'allongement des intermaxillaires, la situation des narines en avant des orbites, la présence d'un trou pariétal (foramen parietale). Le postfrontal et le squamosal ne sont pas subdivisés. Le squamosal va rejoindre le postfrontal et une apophyse latérale du pariétal, comme chez les lézards. Le jugal se prolonge jusqu'à l'extrémité inférieure du carré. L'exoccipital émet une longue apophyse latérale, à l'extrémité de laquelle est suspendu le carré.

La base du crâne est mal connue. On croit avoir trouvé une trace des cornes thyroïdiennes.

Les lacertiens fossiles diffèrent peu des espèces fossiles vivantes. Chez le protorosaurus, les vertèbres sont biconcaves, mais elles sont procéliennes chez le mosasaure. Celui-ci, sauf ses proportions gigantesques, ressemble beaucoup au monitor ; une des différences les plus remarquables est offerte par les ptérygoïdiens qui se rencontrent en avant sur la ligne médiane.

Le crâne des dicynodons est composé comme celui des lacertiens. La principale différence consiste dans les deux longues canines, qui manquent chez les oudenodons.

Il y a un sacrum de 4 ou 5 vertèbres.

Les reptiles du groupe des dinosauriens sont aujourd'hui désignés par Huxley sous le nom d'ornithoscélidés à cause des caractères que présentent leurs membres postérieurs. Il y réunit, avec les mégalosaures et les iguanodons, le compsognathus dont la taille était beaucoup plus petite.

Leur crâne n'a encore été étudié que d'une manière insuffisante. Il a paru réaliser un type intermédiaire entre les crocodiliens et les lacertiens.

Quoique les vertèbres soient en général amphicéliennes, on en trouve qui sont opisthocéliennes à la région cervicale et à la région dorsale. Le sacrum a de 4 à 6 vertèbres, avec des arcs supérieurs correspondant à l'intervalle de 2 vertèbres.

La plus grande partie du squelette du tronc est mal connue dans ses détails.

Chez les ptérodactyles, les corps des vertèbres affectent le type procélien et sont soudés avec les arcs supérieurs; ils sont creusés d'une cavité aérienne avec un orifice latéral.

L'atlas s'articule avec l'occipital par un seul condyle. L'atlas est soudé à l'axis. Les cinq ou six autres cervicales n'ont que de faibles apophyses épineuses. Les arcs supérieurs sont sondés au corps vertébral.

Les vertèbres cervicales semblent privées de côtes et d'apophyses transverses.

Les premières côtes dorsales sont flottantes comme chez les crocodiles et chez les oiseaux; elles ont aussi une tête bifurquée. Les dorsales proprement dites ont des côtes sternales articulées avec un sternum discoide, large et pourvu d'une crête médiane.

Il y a deux lombaires, de trois à sept sacrées, et un nombre variable de caudales, la queue étant habituellement courte, mais longue dans un seul genre.

La tête est remarquable par la présence d'un condyle unique, placé à sa base et non à sa face postérieure, la grandeur de l'orbite qui contient des plaques scléroticales, la longueur de la face qui par sa forme générale rappelle un bec d'oiseau, la position des narines à moitié chemin des orbites et de l'extrémité nasale; un pont osseux qui recouvre la fosse temporale en reliant le postfrontal à la région temporo-pariétale, et une arcade jugale qui va retrouver l'extrémité inférieure du carré. Il y a un vide entre l'orbite et la narine.

On n'a pas fait la décomposition des os du crâne.

Squelette des membres thoraciques et abdominaux chez les poissons, les amphibiens et les reptiles.

POISSONS. — Chez les poissons osseux, auxquels on impose aujourd'hui la dénomination médiocrement euphonique de téléostiens, la ceinture pelvienne est réduite aux ischions, dont la position est très-variable, puisque tantôt ils sont suspendus dans les chairs de la région abdominale (poissons abdominaux), tantôt il sont attachés soit aux os de l'épaule (poissons subbrachiens), soit à la pièce médiane inférieure de l'hyoïde (poissons jugulaires). Ces ischions donnent insertion, par leur bord postérieur, aux rayons des nageoires ventrales, sans interposition d'aucune pièce osseuse. D'après cette manière de voir adoptée aujourd'hui par R. Owen et par la plupart des auteurs, il n'y a ni cuisses, ni jambes, ni tarses.

Cuvier cependant a soutenu que ces deux os représentaient les jambes et les cuisses, et a cru retrouver la trace du bassin dans un des os de l'épaule (*Anat. comp.*, 2ᵉ éd., 1835).

Les membres antérieurs sont beaucoup plus compliqués, du moins dans leur partie basilaire, et on n'est pas encore fixé sur la manière d'interpréter leur composition.

Artédi, le premier, a donné l'énumération suivante : « Ossa pectoris et ventris in piscibus reperiuntur ; suntque in piscibus spinosis : 1° claviculæ, 2° sternum, 3° scapulæ, seu ossa quibus pinnæ pectorales ad radicem affiguntur » (*Partes piscium*, 1735).

Gouan (*Historia piscium, sistens eorum anatomen*, 1770) a désigné sous le nom de clavicule la grande pièce inférieure de la ceinture scapulaire, celle sur laquelle vient battre l'opercule.

Lacépède (*Hist. des poissons*, t. V) conserve le nom de clavicule à l'os ainsi désigné par Gouan.

Et. Geoffroy (*Ann. du Muséum d'hist. nat.*, t. IX, 1807, et *Phil. anatomique*, 1818) affirme que l'os le plus considérable de l'épaule, celui sur lequel vient battre l'opercule, est une clavicule, et, pour mieux indiquer la ressemblance que les poissons offrent sous ce rapport avec les oiseaux, il la nomme clavicule furculaire. Au-dessus d'elle se trouve l'omoplate et en arrière un os en forme de stylet, découvert par Cuvier, que Geoffroy regarde comme le coracoïdien.

Spix, Meckel, Agassiz, Stannius (*Anat. comp.*, p. 45) professent la même opinion sur la détermination de la clavicule des poissons.

D'un autre côté, Vicq d'Azyr (2ᵉ mém. sur l'anat. des poissons, *Œuv. compl.*, t. V, p. 206) critique ainsi l'opinion de Gouan : « Les noms de clavicule et d'omoplate ne conviennent pas à des os qui terminent postérieurement l'ouverture branchiale, et qui n'en ont absolument aucun usage ; celui de bassin doit être également banni, etc. »

Cuvier, dans la première édition de l'*Anatomie comparée* (1800), a réservé la question en embrassant l'ensemble de l'épaule sous le nom d'os en ceinture. Néanmoins il a désigné la clavicule de Gouan sous le nom d'omoplate et donné le nom de clavicule à l'os qui s'allonge en arrière du bord postérieur de celle-ci et qu'il a depuis rapporté au bassin.

Dans l'histoire naturelle des poissons (1828), il décrit l'os en ceinture comme composé d'un surscapulaire, d'un scapulaire et d'un humérus ; ce dernier soutient les deux os de l'avant-bras qui à leur tour soutiennent une rangée d'os carpiens sur lesquels s'insèrent les rayons. L'os en stylet situé derrière l'omoplate est désigné comme un coracoïdien ; les relations qu'il peut contracter avec le bassin sont en même temps signalées.

Dans la seconde édition de l'*Anatomie comparée* (1835), l'os désigné d'abord comme un humérus est considéré comme composé d'une lame externe et d'une lame interne. La lame externe devient un coracoïdien, et la lame interne le véritable humérus auquel s'articulent les os de l'avant-bras. L'os précédemment désigné comme une clavicule, puis comme un coracoïdien, est rapporté au bassin.

R. Owen professe à peu près l'opinion exprimée dans la deuxième édition de l'anatomie comparée. Les deux premiers os sont aussi le surscapulaire et le scapulaire ; le grand os qui vient après et qui soutient la nageoire est le coracoïdien ; il s'articule avec les deux os de l'avant-bras, mais il peut en être séparé par une pièce qui serait l'humérus. Le stylet osseux, qui s'articule avec le bord postérieur du coracoïdien, est une clavicule, mais cette clavicule se trouve en arrière du coracoïdien, et, pour accorder cela avec sa théorie du squelette, Owen est obligé d'ad-

mettre que la clavicule appartient à l'arc inférieur de l'atlas,
qu'elle a chez les poissons sa position typique, et qu'elle subit
dans les autres classes de vertébrés une inversion qui la trans-
porte en avant de l'omoplate et du coracoïdien.

Les travaux les plus récents, prenant pour guide l'étude du
développement, nous ramènent dans la voie indiquée par Artédi,
Gouan et Et. Geoffroy.

Bruch (*Zeitschrift für wissenschaftliche Zoologie*, t. IV ;
Vergleichende Osteologie des Rheinlachses, Mainz, 1861), prenant pour point de départ la distinction faite par Reichert entre
les os de membrane et les os du cartilage, s'est efforcé de démontrer que la clavicule est un os secondaire qui se développe
dans la couche fibreuse sous-cutanée, et qui même peut devenir,
comme chez les esturgeons, une véritable pièce du dermato-
squelette; mais, tandis que chez les vertébrés supérieurs il n'y
a qu'une seule pièce de cette nature, chez les poissons il y en a
plusieurs. Dès lors, les os de l'épaule des poissons osseux peuvent être considérés comme formant deux couches distinctes.
En avant et en dehors il y a la clavicule surmontée par les os
sus-claviculaires (ossa supraclavicularia, scapulaire et sus-scapulaire de Cuvier) qui la rattachent à la tête ; ce sont des os secondaires qui ne résultent pas de l'ossification d'un cartilage. En
arrière et en dedans il y a l'omoplate et le coracoïdien (os de
l'avant-bras de Cuvier), qui résultent de l'ossification d'un carti-.
lage primitif. Ainsi se trouve confirmée la conception d'Artédi et
de Gouan.

Gegenbaur (*Schultergürtel der Wirbelthiere*, 1865) a donné à
cette idée de nouveaux développements. La portion claviculaire
est très-développée chez les poissons osseux. Chez les protop-
tères et les lépidosirènes, elle est réduite à une petite plaque
osseuse. Chez les esturgeons elle est formée par un système
complet de plaques dermo-squelettiques. Chez les plagiostomes
elle n'existe pas. Ceux-ci n'ont que la ceinture scapulaire primaire formée d'un cartilage qui contient l'omoplate et le coracoïdien. Gegenbaur s'applique à faire voir, à l'exemple de Metten-
heimer (*Disquisitiones anatomicie de membro piscium pectorali*,
Berol., 1847), que les ouvertures dont est percé le cartilage
n'indiquent pas l'existence de pièces séparées, et ne sont que
des trous destinés au passage des vaisseaux et des nerfs.

Cette manière de voir est encore adoptée par Huxley (*Anato-*

mie comparée des vertébrés, 1872) et par Parker, qui l'a traitée avec de grands développements dans son mémoire sur la ceinture scapulaire (*Shoulder-girdle, Ray's society,* 1867). Parker nomme post-temporal la pièce qui attache au crâne la ceinture scapulaire ; supra-clavicle, celle qui vient après (scapulaire de Cuvier) ; clavicle ou clavicule, la pièce principale ; interclavicle, la pièce qui réunit sur la ligne médiane les deux clavicules. Il appelle post-clavicle la clavicule d'Owen, que Gegenbaur appelle clavicule accessoire.

Nous nous rangeons aussi de ce côté. Nous partagerons la ceinture scapulaire en une ceinture claviculaire et en une ceinture scapulaire proprement dite. La ceinture scapulaire proprement dite existe seule chez les plagiostomes ; les deux ceintures existent chez les esturgeons et les poissons osseux. La ceinture claviculaire se composera d'un os occipito-claviculaire, d'un sus-claviculaire, d'un claviculaire (la clavicule proprement dite) et d'un interclaviculaire. Nous réservons notre opinion sur la post-clavicule. La ceinture scapulaire proprement dite comprendra l'omoplate et le coracoïdien ; nous pourrons distinguer dans ce dernier os, avec Gegenbaur et Parker, un précoracoïdien, c'est-à-dire une saillie dirigée en avant et partant du point où le coracoïdien s'unit à l'omoplate.

Nous ne trouvons pas d'os auxquels nous puissions appliquer les noms d'humérus, de cubitus et de radius. L'omoplate et le coracoïdien s'articulent par leur bord postérieur avec des petits osselets carpoïdes qui soutiennent les rayons de la nageoire. C'était le carpe pour Cuvier ; Parker les nomme os du bras, brachials.

Gegenbaur voit dans ces osselets une rangée d'humérus. Ce sont les pièces basilaires (basalstücke) de la nageoire. Par un artifice de conception, il les réduit au nombre de trois, et divise ensuite la nageoire en trois régions, dont chacune est formée par une des pièces basilaires et par les rayons qu'elle soutient. Les trois régions sont le proptérygium, le mésoptérygium et le métaptérygium ; elles sont au maximum chez la raie ; chez d'autres poissons elles subissent une réduction ; chez le lépidosirène et le protoptère, il n'y a que le métaptérygium avec un seul rayon. Poussant plus loin les conséquences de sa théorie, Gegenbaur affirme que le bras, l'avant-bras et la main des vertébrés placés au-dessus des poissons répondent au métaptérygium.

R. Owen, d'un autre côté, trouve le premier vestige d'un membre chez les lépidosirènes, d'où le nom de protoptère, donné au genre africain de ce groupe. En compliquant cette forme par la juxtaposition de nouveaux rayons, il passe aux plagiostomes, aux ganoïdes et aux poissons osseux proprement dits ; en la compliquant par la subdivision du rayon primitif en un certain nombre de digitations, il passe aux amphibiens et aux vertébrés allantoïdiens.

Ces deux théories sont très-ingénieuses, mais on ne peut se dissimuler qu'elles contiennent l'une et l'autre quelque chose d'artificiel. Elles sont impuissantes à expliquer un fait nouveau découvert chez le cératodus (Günther, *Ceratodus*, *Phil. trans.*, 1871), où l'on a trouvé un rayon médian supportant de chaque côté une série de petits rayons insérés comme les barbes d'une plume.

Nous réservons notre opinion à ce sujet comme à l'égard de la théorie de Dugès, qui regardait les membres de tous les vertébrés comme formés d'un certain nombre de rayons juxtaposés.

AMPHIBIENS ou BATRACIENS. — Chez les amphibiens, la ceinture pelvienne se compose d'un os iliaque et d'un os ischio-pubien uni sur la ligne médiane à celui du côté opposé. L'os iliaque s'articule avec la côte de l'unique vertèbre qui représente le sacrum. Le pubis n'est pas distinct de l'ischion, il n'existe entre ces deux éléments ni échancrure ni perforation. Au point d'union de l'iléon et de l'os ischio-pubien se trouve la cavité cotyloïde qui sert à l'articulation du bassin avec le fémur.

La partie rayonnante du membre comprend un fémur, un tibia et un péroné, un tarse, un métatarse et des doigts.

La ceinture scapulaire se compose, comme chez les poissons osseux, d'une partie primaire d'abord cartilagineuse, et d'une partie secondaire. La partie primaire comprend un surscapulaire, un scapulaire ou omoplate, et un coracoïdien ; le tout ne forme d'abord qu'une masse cartilagineuse continue ; la distinction des parties ne se fait qu'au moment de l'ossification. Au point d'union de l'omoplate avec le coracoïdien se trouve la cavité glénoïde qui sert à l'articulation de l'épaule avec l'humérus.

Le coracoïdien est divisé par une échancrure en deux parties: le coracoïdien proprement dit, qui correspond à l'ischion, et le précoracoïdien, qui correspond au pubis.

A la surface du précoracoïdien s'applique l'os de formation sccondaire qui constitue la clavicule, et avec le progrès de l'ossification l'union devient complète.

Ces faits, indiqués par Dugès, ont été démontrés par les travaux récents de Gegenbaur et de Parker (*l. c.*) ; nous les adoptons complétement.

Il y a d'ailleurs un humérus, un radius et un cubitus, un carpe, un métacarpe et des doigts.

Le radius et le cubitus sont séparés chez les urodèles ; mais chez les anoures ils sont soudés en une seule pièce (*Connès*. R. Owen), et il en est de même pour le tibia et le péroné.

Lorsqu'on étudie le carpe sur une larve récemment éclose de salamandre commune, on y trouve une rangée d'os articulée avec l'avant-bras, correspondant à la première rangée du carpe des mammifères et comprenant trois os : un radial, qui répond au scaphoïde, un intermédiaire, qui répond au semi-lunaire, un cubital, qui répond au pyramidal ; une autre rangée composée de quatre os qui s'articulent chacun avec un métacarpien ; entre ces deux rangées un os intermédiaire, qu'à l'exemple de Dugès, Gegenbaur appelle le central (1). En ajoutant un os à la deuxième rangée, dans le cas où il y a cinq métacarpiens, on a un type général pour la composition du carpe des amphibiens et de tous les vertébrés allantoïdiens.

Le tarse de la salamandre commune présente la même composition. Seulement, comme il y a cinq doigts au pied, il y a cinq os à la seconde rangée.

Ces éléments peuvent se souder entre eux de diverses manières. Dans le carpe de la salamandre commune adulte, l'os cubital se soude à l'intermédiaire dont il est distinct dans le premier âge. C'est peut-être par une fusion semblable que l'on peut expliquer l'absence de l'intermédiaire chez les batraciens anoures. Chez ceux-ci, le central se place au côté radial du carpe, dans une position semblable à celle que le scaphoïde du tarse occupe chez les mammifères.

Les cinq os de la seconde rangée peuvent rester indépendants comme chez le bombinator ; chez les grenouilles et les crapauds, ceux qui correspondent aux 3ᵉ, 4ᵉ et 5ᵉ métacarpiens se fondent en une seule pièce.

Chez les anoures, la première rangée du tarse est formée par deux os allongés qui sont regardés, celui qui correspond au

(1) *Carpus und Tarsus*, 1864.

péroné, comme un calcanéum ; celui qui correspond au tibia, comme un astragale. Il n'y a pas d'os distinct que l'on puisse rapporter à l'intermédiaire de la salamandre, il n'y en a pas non plus que l'on puisse rapporter au central. La seconde rangée présente un os distinct pour chacun des deux premiers métatarsiens ; pour les trois derniers il n'y a qu'une seule pièce osseuse ; cette pièce n'entre en contact qu'avec le troisième métatarsien, mais elle est continuée jusque sur le cinquième par un tractus fibro-cartilagineux.

Le nombre des doigts est variable et il en est de même du nombre des phalanges.

REPTILES. — Il n'y a aucune trace de membres antérieurs chez les ophidiens, mais on trouve un rudiment de membre postérieur chez les tortryx, et un rudiment du bassin chez les pythons, les boas et les typhlops.

On trouve chez les ichthyosaures une omoplate ; un coracoïdien touchant sur la ligne médiane celui du côté opposé, mais sans le croiser ; une clavicule placée en avant de l'omoplate et ne prenant aucune part à la cavité glénoïde ; une pièce épisternale en forme de T (interclavicule de Parker) sur laquelle viennent s'appliquer les extrémités des clavicules ; R. Owen signale en outre un épicoracoïdien.

Le bassin, qui n'a aucune connexion avec la colonne vertébrale et reste suspendu dans les chairs comme chez les poissons abdominaux, se compose néanmoins d'un iléon, d'un pubis et d'un ischion rayonnant autour de la cavité cotyloïde.

Il y a d'ailleurs un humérus et un fémur, un radius et un tibia, un cubitus et un péroné. Le métacarpe et le métatarse présentent une première rangée composée de trois os, et une seconde rangée composée de quatre os, mais il n'y a pas d'os central. Il y a ensuite une rangée de quatre os formant un métacarpe ou un métatarse, puis une rangée de quatre premières phalanges qui sont prolongées par autant de rayons composés de quinze à vingt-cinq phalanges très-courtes ; le nombre de ces rayons peut être augmenté par suite de la bifurcation des doigts ou de l'addition de rayons marginaux.

Chez les plésiosaures, l'iléon s'articule avec les vertèbres sacrées par l'intermédiaire de deux petites côtes ; le pubis et l'ischion sont largement développés. Il y a un fémur assez fort, un tibia et un péroné très-courts. Le métatarse est composé comme celui des ichthyosaures ; mais il y a cinq métatarsiens suivis de cinq rayons digitaux dont le premier a deux phalanges, le second six, le troisième huit, le quatrième sept et le cinquième cinq.

Au membre antérieur il y a également cinq doigts composés, le premier, de deux phalanges, le second de cinq, le troisième de sept, le quatrième de six, le cinquième de cinq. Le métacarpe, le carpe, l'avant-bras et le bras sont composés comme les parties correspondantes du membre postérieur.

Il y a un large coracoïdien qui s'applique par son bord interne à celui du côté opposé. L'omoplate présente une longue apophyse acromiale qui joue, comme chez les chéloniens, le rôle de clavicule. D'après Huxley, une masse de substance dont l'ossification est douteuse semble avoir contenu deux clavicules, une interclavicule et deux épicoracoïdiens. Chez le nothosaurus il y a réellement entre les deux apophyses acromiales deux clavicules et une interclavicule.

Les chéloniens se rapprochent beaucoup des plésiosaures par leur bassin et par leur épaule. La forme cylindrique des iléons articulés avec le sacrum par l'intermédiaire de deux petites côtes, la largeur des ischions et des pubis augmentent encore la ressemblance. Les os coracoïdiens très-développés restent flottants par leurs extrémités et ne se rencontrent pas. Les omoplates cylindriques, articulées avec la première plaque costale par l'intermédiaire d'un petit cartilage où l'on pourrait voir un surscapulaire, envoient vers la ligne médio-ventrale une grande apophyse acromiale que l'on a considérée à tort comme une clavicule, mais où l'on peut voir avec Parker et Huxley un précoracoïdien qui, au lieu de se détacher de l'omoplate pour rester confondu avec le coracoïdien, resterait confondu avec l'omoplate et détaché du coracoïdien.

Si l'on veut trouver chez les chéloniens des clavicules, on est obligé de les chercher avec Parker dans le plastron. La pièce médiane antérieure du plastron (entosternal d'Et. Geoffroy) serait alors une interclavicule, les deux pièces latérales antérieures (épisternaux de Geoffroy) seraient les clavicules et les deux pièces latérales situées immédiatement en arrière (hyosternaux de Geoffroy) seraient des postclavicules.

Les os du bras, de la cuisse, de l'avant-bras et de la jambe sont distincts et séparés. Le métacarpe est composé comme celui de la salamandre ; tous ses os sont distincts dans la chelydra serpentina, mais, chez l'emys Europœa, le central se soude au radial (c'est-à-dire au scaphoïde), et les os carpiens du quatrième et du cinquième doigts se soudent l'un avec l'autre. Il y a cinq doigts, dont le premier et le cinquième ont deux, et les trois intermédiaires trois phalanges.

Au tarse, il n'y a que deux os à la première rangée, à la seconde rangée il n'y en a que quatre, un seul os s'articulant avec le quatrième et le cinquième métatarsiens. Gegenbaur pense que chez la chelydra l'intermédiaire se soude au tibial, et que, chez l'emys europœa où il n'y a pas de central distinct, l'os tibial, ou l'astragale, est formé par la réunion de l'intermédiaire, du tibial et du central. Le nombre des phalanges est le même qu'en avant, sauf pour la tortue de terre qui n'a, en avant comme en arrière, que deux phalanges à tous les doigts.

Les dicynodons semblent avoir manqué de clavicules ; leur bassin était remarquable par la force et la largeur des iléons, des pubis et des ischions.

Les crocodiles n'ont pas de clavicules, mais il y a chez eux un os épisternal ou interclavicule formant un long stylet aplati et dépourvu de branches, appliqué dans sa moitié postérieure à la face inférieure du sternum. L'omoplate, prolongée par un cartilage sur-scapulaire, présente, en avant de la cavité glénoïde, une apophyse triangulaire très-sessile qui peut répondre à l'épine de l'omoplate ou à la base de l'acromien des mammifères, et dont l'angle se continue avec une masse cartilagineuse qui est comme un petit prolongement acromial.

Le coracoïdien s'articule d'une manière immobile non-seulement avec la partie de l'omoplate où est creusée la cavité glénoïde, mais avec le bord de cette apophyse antérieure et inférieure. Par son autre extrémité, il s'articule d'une manière mobile avec le sternum. En avant et en haut, il présente une apophyse triangulaire très-semblable à celle de l'omoplate avec laquelle elle s'articule. A la base de cette apophyse il y a un petit trou donnant passage à un nerf. Ces divers caractères doivent être notés parce qu'ils peuvent servir à la comparaison des crocodiles soit avec les oiseaux, soit avec les mammifères ornithodelphes.

On distingue un humérus, un radius et un cubitus.

La première rangée du carpe ne compte que deux os, un radial et un cubital, remarquables par leur volume et leur allongement, et creusés d'une cavité médullaire. Il y a de plus un os hors de rang qui correspond au pisiforme des mammifères. L'os radial est surtout très-volumineux. Néanmoins Gegenbaur ne pense pas qu'il résulte de la fusion du radial et de l'intermédiaire ; en un mot, que ce soit comme chez certains mammifères un scaphoïdo-semi-lunaire, et croit plutôt que l'intermédiaire se soude avec l'os cubital.

La seconde rangée du carpe est très-réduite. Nous la retrouverons avec le même auteur, dans une pièce osseuse qui s'articule d'une part avec l'os cubital et d'autre part avec les 2, 3, 4 et 5me métacarpiens ; puis dans un cartilage qui réunit cet os à la tête du premier métacarpien ; et nous pourrons dès lors considérer comme un central un disque osseux interposé entre l'extrémité distale de l'os radial et la base des deux premiers métacarpiens dont il est séparé par le cartilage dont nous venons de parler.

Il y a cinq métacarpiens et cinq doigts qui ont deux, trois, quatre, quatre et trois phalanges.

L'iléon s'articule avec les extrémités des côtes et des apophyses transverses des deux vertèbres sacrées. L'ischion, qui seul concourt avec lui à former la cavité cotyloïde, s'unit sur la ligne médiane à celui du côté opposé. Le pubis ne concourt pas à former la cavité cotyloïde, mais, dans le point où il devrait être placé pour compléter cette cavité, l'iléon et l'ischion restent séparés par une échancrure qui n'est remplie que par du tissu fibreux, et principalement par le ligament qui unit le pubis à l'iléon. Immédiatement en dedans de cette échancrure, l'ischion porte une facette avec laquelle le pubis s'articule d'une manière mobile, et cette mobilité semble expliquer pourquoi chez le crocodile le pubis est rejeté hors de la cavité cotyloïde.

Il y a d'ailleurs un fémur, un tibia et un péroné.

La première rangée du tarse est composée de deux os, un péronéal et un tibial. Le péronéal pourvu d'un talon saillant a bien les caractères d'un calcanéum. Le tibial doit être considéré, avec Gegenbaur, comme formé par la fusion de l'intermédiaire, du tibial et du central (Owen dit à tort le premier cunéiforme). La seconde rangée se compose d'un cuboïde articulé d'une part avec le calcanéum et d'autre part avec les trois derniers métatarsiens, puis d'une lame cartilagineuse qui relie ce cuboïde à la base du premier métatarsien. On voit qu'ici, comme à la main, la seconde rangée du tarse tend à disparaître.

Le 5e doigt est réduit à son métatarsien. Le premier doigt a deux phalanges, et les trois autres, trois, quatre et quatre.

Chez les lacertiens le pubis concourt largement à la formation de la cavité cotyloïde. Il atteint sur la ligne médiane celui du côté opposé. La même chose a lieu pour les ischions qu'un vaste triangle sépare des pubis. L'iléon s'articule avec les masses transversaires des deux vertèbres sacrées ; il est incliné d'arrière en avant. Cette articulation est mobile.

Il y a derrière la symphyse ischiatique un petit os triangulaire que l'on nomme os du cloaque (os *cloacæ*).

L'épaule présente une omoplate surmontée d'un surscapulaire qui se développe par un point d'ossification séparé, un coracoïdien, un épicoracoïdien, une clavicule et une interclavicule.

Parker distingue sur l'omoplate un segment méso-scapulaire qui correspond à l'acromion, mais ne s'articule pas ici avec la clavicule. Le coracoïdien présente en dedans deux prolongements osseux séparés par des échancrures, qui sont le méso-coracoïdien et le précoracoïdien ; une pièce osseuse qui s'applique aux extrémités des trois parties du coracoïdien et ferme les deux échancrures, a reçu le nom d'épicoracoïdien. La clavicule s'articule avec une saillie du surscapulaire, qui figure un acromion. Par son autre extrémité elle s'applique sur une des branches de l'os en T, c'est-à-dire de l'épisternum, ou, pour employer le langage de Parker, de l'interclavicule. Les épicoracoïdiens sont reçus dans des rainures du bord antérieur du sternum, et l'interclavicule s'applique sur la ligne médiane à la face inférieure de cet os.

Le carpe ne diffère de celui de la jeune larve de salamandre que par l'absence de l'os intermédiaire, que Gegenbaur regarde comme confondu avec l'os cubital. Il y a par conséquent deux os pour la première rangée, un central, et cinq os pour la seconde rangée. Les nombres des phalanges des doigts sont 2, 3, 4, 5, 3, caractère typique qui établit une des plus grandes ressemblances entre les lacertiens et les oiseaux.

Le tarse n'offre, pour la première rangée, qu'un seul os formé par la réunion du péronéal, de l'intermédiaire, du tibial et du central (un calcanéo-astragalo-scaphoïdien). Il y a pour la seconde rangée un cuboïde articulé avec le 5e et avec le 4e métatarsiens.

Les trois autres os de la deuxième rangée sont représentés, en tout ou en partie, par un ou deux osselets, et par des ligaments ou des cartilages interarticulaires ; ceux du premier et du second doigts peuvent être confondus avec la base des métatarsiens. Les doigts se comportent comme à la main.

Les caméléons présentent une disposition exceptionnelle. Le carpe se compose de 3 os, un radial, un cubital et un central, auquel Cuvier donne ce nom (ossements fossiles, t. V). La seconde rangée des os du carpe n'existe pas, et les métacarpiens s'articulent avec le central, 3 en avant (1, 2, 3) et 2 en arrière (4, 5). Au tarse, il y a 4 os, un tibial, un péronéal, un central, et un os que R. Owen regarde comme un cuboïde, et Gegenbaur comme un intermédiaire. Les 5 métatarsiens s'articulent avec le central, 2 en avant (1, 2), 3 en arrière (3, 4, 5).

Huxley a désigné sous le nom d'ornithoscélidés (reptiles à jambes d'oiseaux) les reptiles du groupe des dinosauriens (iguanodons, mégalosaures, etc.), et ceux qui se rattachent au compsognathus.

Chez ces reptiles, l'iléon se compose, comme chez les oiseaux, d'une aile antérieure précotyloïdienne, et d'une aile postérieure postcotyloïdienne. L'ischion s'allonge en arrière comme chez les oiseaux. Le pubis, long et grêle, se porte aussi en arrière parallèlement à l'ischion, dont il n'est séparé que par un trou ovale assez étroit. L'ischion présente, chez l'iguanodon, une saillie qui subdivise le trou ovale comme chez les oiseaux.

Le tibia porte à sa partie antérieure et supérieure une crête saillante comme chez les oiseaux. Chez le compsognathus, son extrémité inférieure s'ankylose avec l'astragale, et prend l'aspect de l'extrémité inférieure d'un tibia d'oiseau, ce qui porte à penser que l'épiphyse inférieure du tibia d'un oiseau n'est autre chose que l'astragale. En même temps la seconde rangée du tarse chez le compsognathus est appliquée aux os métatarsiens comme leur est appliquée, chez les oiseaux, la pièce épiphysaire métatarsienne, ce qui donne également à penser que cette pièce épiphysaire des oiseaux n'est autre chose que la seconde rangée du tarse. Chez les autres ornithoscélidés, la soudure n'existe pas, mais la disposition est la même.

Le condyle externe du fémur a une saillie qui s'enfonce entre le péroné et le tibia ; les métatarsiens sont distincts, mais allongés et probablement immobiles. Le troisième doigt est le plus long. Les os de la main sont mal connus.

On ne connaît pas de clavicule chez ces reptiles; il y a une omoplate et un coracoïdien.

Chez les ptérosauriens l'épaule n'est encore qu'imparfaitement étudiée. On ne connaît pas de clavicule. On décrit une omoplate et un coracoïdien, l'un et l'autre longs et étroits. L'extrémité du coracoïdien est reçue dans une dépression du sternum.

L'humérus, muni d'une forte crête pectorale, contient, dans son intérieur, une cavité aérienne dont l'orifice est situé près de sa facette radiale. Le radius et le cubitus, remarquables par leur longueur, sont immobiles l'un sur l'autre. Il y a au métacarpe deux os pour la première rangée, un radial et un cubital; la seconde rangée n'est pas suffisamment étudiée. Il y a 4 os métacarpiens et 4 doigts composés : le premier de 2 phalanges, le second de 3, le troisième et le quatrième de 4. Les phalanges terminales des trois premiers doigts sont crochues et devaient porter des ongles. Le quatrième métacarpien est beaucoup plus fort que les autres; les phalanges du doigt qu'il supporte sont très-fortes et très-longues, mais en diminuant à partir de la première; la phalange terminale est styliforme. On a trouvé en outre près du carpe un stylet osseux qui peut avoir appartenu à la membrane de l'aile.

Au membre postérieur, l'iléon a une aile antérieure et une aile postérieure, mais, pris dans son ensemble, il est assez court. L'ischion concourt avec l'iléon à former la cavité cotyloïde. Le pubis est, comme chez les crocodiles, une palette osseuse qui ne s'articule qu'avec l'ischion, et qui est rejetée de la cavité cotyloide. On peut supposer que ce pubis était mobile. Le fémur est légèrement courbé; le péroné est soudé au tibia. Le tarse est mal connu. Certaines espèces ont 4 doigts pourvus de 2, 3, 4 et 5 phalanges; d'autres présentent le rudiment d'un 5ᵉ doigt.

Dermato-squelette et exo-squelette chez les mammifères, les reptiles, les amphibiens et les poissons. — Chez les mammifères l'exo-squelette est représenté par les dents, les ongles, les cornes et les poils ; parfois, comme chez les pangolins, les productions épidermiques recouvrent le corps d'une véritable armure. La carapace des tatous et des glyptodons est formée par des ossifications du derme.

Dans la classe des reptiles, le derme s'ossifie dans certaines régions chez les tortues, chez les crocodiles, les scinques et les orvets, auxquels il faut ajouter les espèces éteintes des hylœosaurus et des scelidosaurus. L'exo-squelette est représenté par les dents, les ongles et des plaques épidermiques.

Les amphibiens ont généralement la peau nue et molle. Cependant les cécilies ont des écailles comme celles des poissons. On trouve des ossifications du derme chez le ceratophrys dorsata, chez le bufo ephippium. Ces pièces dermo-squelettiques étaient remarquables chez les ganocéphales.

Chez les poissons on doit rapporter à l'exo-squelette les dents et les épines des nageoires. Le corps est recouvert par les écailles qui sont, comme les dents, des organes de la famille des phanères. Les écailles, en effet, sont des papilles de la peau qui se solidifient, et dont l'ossification est plus ou moins complète, suivant le nombre des ostéoplastes qui s'y développent, et la matière calcaire qui s'y dépose.

Il est difficile, chez les poissons, de fixer la limite qui sépare le dermato-squelette et le névro-squelette. Certains os ont l'apparence des écailles, et la peau qui les recouvre est tellement mince qu'ils semblent appartenir à l'exo-squelette.

SQUELETTE DES OISEAUX. — La classe des oiseaux forme-t-elle, dans la série des vertébrés, un terme intermédiaire entre les mammifères et les reptiles ? Rien au premier abord, ne semble plus facile que de répondre à cette question. Les oiseaux en effet sont plus sensibles et plus intelligents que les reptiles, mais les mammifères sont plus sensibles et plus intelligents que les oiseaux, et l'on peut conclure de là que ces derniers occupent le second rang parmi les animaux vertébrés.

D'un autre côté, malgré les grandes différences qui les distinguent des mammifères, les oiseaux ont dans leur aspect général quelque chose qui les en rapproche. La physionomie de leurs yeux, la forme et le volume de leur tête, l'indépendance de ses mouvements, leurs poses dans la station, leur démarche dans la progression terrestre, les plumes dont ils sont recouverts et qui ont une affinité particulière avec les poils dont les mammifères sont revêtus, font qu'ils nous paraissent moins étranges, moins anormaux que les reptiles, et que nous n'éprouvons pas pour eux le même sentiment de répulsion. Leur voix qui nous charme établit entre eux et nous un commerce que nous cherchons à entretenir et à perpétuer. La chaleur de leur corps permet à la main de le saisir sans éprouver cette sensation désagréable qui produit le frisson.

Le caractère de leur chair qui ressemble davantage à celle des mammifères nous la fait rechercher comme alimentation. Nous les élevons comme animaux domestiques. Leur intelligence permet de les apprivoiser ou même de les dresser et d'en faire d'utiles serviteurs.

Nous n'avons plus ce même contact, ce même commerce de chaque jour avec les reptiles, et nous sommes par là disposés à les considérer comme bien plus éloignés de nous.

Peut-on cependant conclure de là que, par leur organisation, les oiseaux forment un passage entre les mammifères et les reptiles?

Bien loin de croire qu'il en soit ainsi, nous pensons au contraire qu'une étude approfondie de l'organisation des oiseaux démontre d'une manière absolue qu'il n'existe aucun passage direct entre eux et les mammifères, et que ces deux classes de vertébrés ne sont rattachées l'une à l'autre que par l'intermédiaire des reptiles ou de quelque autre type inférieur à ces derniers.

Les organes de la circulation nous donnent une preuve immédiate de cette proposition.

Les reptiles conservent pendant toute leur vie les deux arcs aortiques de l'âge embryonnaire. Les oiseaux ne conservent qu'un de ces arcs, et c'est celui du côté droit; les mammifères, eux aussi, n'en conservent qu'un, mais c'est celui du côté gauche. Voilà un trait qui établit entre un mammifère et un oiseau une différence absolue et qui prouve qu'il n'est pas possible d'aller de l'un à l'autre sans passer par les reptiles.

Il suit de là que l'on peut se représenter la classe des reptiles comme un tronc commun d'où partent deux branches divergentes dont l'une appartient aux mammifères et l'autre aux oiseaux, la branche des oiseaux s'élevant moins haut que celle des mammifères.

La divergence bien évidente que nous venons de signaler n'empêche cependant pas qu'il n'existe chez les oiseaux quelques caractères qui les rapprochent des mammifères, plus que des reptiles.

Tel est celui que le cœur nous fournit par la présence de deux ventricules séparés par une cloison complète, ce qui, parmi les reptiles, ne se voit que chez les crocodiles.

Mais le cœur d'un oiseau ne devient pas pour cela un cœur de mammifère. Des deux valvules auriculo-ventriculaires, celle du côté gauche seule est membraneuse, tandis que celle du côté droit consiste tout entière dans une lame charnue, en sorte que la divergence vient se manifester dans un des organes qui établissent le plus de rapport entre les mammifères et les oiseaux.

Les poumons, en se perfectionnant pour accomplir une respiration plus active, se modifient sur un type différent. Les vésicules deviennent très-petites et très-nombreuses, mais toute la ressemblance s'arrête là. Elles sont, ainsi que l'enseignait Gratiolet, rangées *latéralement* sur les parois d'un réseau de petites bronches au lieu d'être les terminaisons ultimes de ramuscules extrêmement divisés.

L'encéphale des oiseaux se rapproche de celui des mammifères par son volume, par le développement du cervelet et du cerveau proprement dit ; mais les lobes optiques, en même temps qu'ils prennent un développement considérable, ne forment qu'une paire de tubercules, ce sont des tubercules bijumeaux comme chez les reptiles et non des tubercules quadrijumeaux comme chez les mammifères ; de plus ils sont rejetés sur les côtés, et par cette disposition particulière les oiseaux s'éloignent des reptiles sans se rapprocher des mammifères.

Le sinus rhomboïdal que la moelle épinière présente dans la région lombo-sacrée est un caractère particulier aux oiseaux.

Les plumes sont des organes de perfectionnement qui ont la plus grande affinité avec les poils ; mais ce sont des poils dont le type diffère complétement de celui des poils des mammifères.

Enfin, les organes de la génération, malgré de grandes ressemblances avec ceux des ornithodelphes, en diffèrent encore beaucoup. Les ornithodelphes ne pondent pas des œufs, et ils allaitent leurs petits.

Il résulte de là un fait important, c'est que deux types qui divergent l'un de l'autre de manière à ne jamais se rencontrer peuvent offrir des perfectionnements analogues par rapport à un troisième type inférieur à tous les deux, mais que dans ces perfectionnements mêmes, la divergence se manifeste encore par des signes particuliers. Ce fait ne doit pas être perdu de vue par ceux qui veulent étudier la question si difficile et si obscure de l'origine des espèces.

Ce que nous venons de dire est également vrai de l'appareil locomoteur, soit qu'on se borne à en décrire le type idéal comme nous nous proposons de le faire en ce moment, soit que l'on envisage cet appareil dans un plus grand détail, comme nous le ferons dans la seconde partie de cet essai.

Tronc. — La colonne vertébrale des oiseaux se compose d'une région céphalique, d'une région cervicale, d'une région dorsale, d'une région lombo-sacrée, et d'une région caudale.

La région *dorsale* est remarquable par le petit nombre de ses vertèbres, qui le plus souvent est fixé à 6 ou 7, et qui ne dépasse jamais 11 (cygne noir). Ces vertèbres ne sont généralement que très-peu mobiles les unes sur les autres ; si elles restent séparées chez l'autruche, elles peuvent être soudées chez d'autres espèces comme chez les flammants.

La face antérieure des corps vertébraux est généralement convexe de haut en bas et concave transversalement ; la face postérieure convexe transversalement et concave de haut en bas. Si l'on ne considère que le sens transversal, on peut dire que ces vertèbres affectent le type procélien. Les manchots présentent une exception pour la deuxième ou la troisième dorsale qui est concave en arrière.

Sous ce rapport, il y a encore une différence entre les oiseaux et les mammifères et un rapprochement entre les oiseaux et les reptiles ; les mammifères, à cet égard, se rapprochent davantage des poissons.

Les 3 ou 4 premières dorsales ont des hypapophyses médianes; toutes ont de courtes parapophyses pour l'insertion des côtes.

Les arcs supérieurs des vertèbres sont complétement fermés, mais on ne peut pas les diviser en pièces distinctes, les apophyses épineuses étant, suivant l'expression de R. Owen, connées avec les lames. Ces apophyses épineuses sont généralement hautes, minces et presque carrées. Cette forme les rapproche des apophyses épineuses cervicales des lézards et des apophyses épineuses dorsales des crocodiles; elles les font ressembler aux apophyses épineuses lombaires des mammifères.

Les apophyses articulaires postérieures, situées à la base du bord postérieur des lames, surmontées d'un petit tubercule d'insertion musculaire, recouvrent à plat les apophyses articulaires antérieures. Celles-ci, projetées en avant du corps vertébral qu'elles dépassent, ne sont surmontées d'aucun tubercule d'insertion musculaire. Elles sont unies à l'apophyse transverse dont elles paraissent dépendre.

Cette forme des apophyses articulaires se voit chez les lacertiens et les crocodiliens.

Les apophyses transverses, situées au dessus des trous de conjugaison, sont des plaques larges et saillantes, détachées de la base des lames. Elles sont horizontales et placées en avant de la vertèbre. Par leur forme elles se rapprochent de celle des crocodiles, elles s'éloignent de celles à peine saillantes des lézards ; les tortues n'en ont pas. Les ichthyosaures, au contraire, ont d'abord des apophyses transverses et des parapophyses distinctes, puis des saillies transversaires formées par la fusion de ces deux éléments.

Les arcs inférieurs des vertèbres dorsales sont les uns complets, les autres incomplets.

Celui de la première dorsale, et souvent celui de la seconde, sont réduits à la côte vertébrale (pleurapophyse d'Owen). Ce fait établit une ressemblance entre les deux premières dorsales des oiseaux et les deux dernières cervicales des crocodiles et des lézards. Les arcs inférieurs suivants (généralement au nombre de cinq) sont complets ; les autres, quand ils existent, ne possèdent que la côte vertébrale (pleurapophyse) et la côte sternale (hémapophyse).

Les arcs inférieurs complets se composent d'une côte vertébrale, d'une côte sternale, et, idéalement, d'une pièce sternale.

La côte vertébrale s'articule par deux branches bien distinctes, d'une part avec le corps de la vertèbre, muni dans ce but d'une courte parapophyse, et, d'autre part, avec l'apophyse transverse. Elle est presque toujours munie, vers le milieu de son bord postérieur, d'une pièce appendiculaire ou appendice de la côte (appendice épipleural, Owen ; apophyse unciforme, Stannius ; récurrents, P. Gervais). Par son extrémité elle s'articule d'une manière mobile avec la côte sternale.

La côte sternale, qui est toujours osseuse, s'articule d'une manière mobile, d'une part avec la côte vertébrale, et d'autre part avec le sternum.

Les diverses pièces sternales sont unies les unes aux autres sans pouvoir être distinguées (connées, suivant Owen) et concourent à la composition d'un os unique, le sternum, qui doit, par conséquent, être décrit dans son ensemble.

Sa forme est caractéristique. C'est un large bouclier à la face ventrale duquel se dresse une crète médiane figurant une carène. Les struthidés, nommés pour cette raison, par Merrem, *aves ratitæ,* sont les seuls où la carène n'existe pas ; chez les autres oiseaux (*carinatæ*), il y en a toujours au moins un rudiment.

Ce sternum diffère tellement de celui des mammifères qu'au premier abord il peut sembler impossible de les ramener à un type commun. On y arrive en ayant recours à l'observation du développement et à une vue théorique due à un effort de l'esprit de l'observateur. Le sternum du lézard se montre alors comme réalisant un état intermédiaire.

Le développement du sternum des oiseaux a été observé d'abord dans l'ordre des gallinacés. C'est d'après les faits réalisés dans ce groupe que Cuvier a donné, dans son Règne animal, la description suivante aussi remarquable par sa concision que par sa clarté :

« Le sternum, auquel s'attachent les muscles qui abaissent l'aile pour choquer l'air dans le vol, est d'une grande étendue, et augmente encore sa surface par une lame saillante dans son milieu. Il est formé primitivement de cinq pièces : une moyenne dont cette lame saillante fait partie, deux latérales antérieures triangulaires pour l'attache des côtes, et deux latérales postérieures et fourchues, pour l'extension de sa surface. Le plus ou moins d'ossification des échancrures de ces dernières, et l'intervalle qu'elles laissent entre elles et la pièce principale, dénote le plus ou moins de vigueur des oiseaux pour le vol. »

Etienne Geoffroy a donné des noms à ces diverses parties. Il a nommé la pièce moyenne formant la carène, entosternal ; chacune des deux pièces latérales antérieures portant les côtes, hyosternal, parce qu'il les compare aux deux moitiés de l'os hyoïde ; chacune des deux pièces latérales postérieures, hyposternal. De plus, il admet en avant de l'entosternal deux pièces épisternales se montrant habituellement sous la forme d'un apophyse en T ; puis, en arrière du sternum, deux pièces qu'il compare à l'appendice xyphoïde des mammifères et qu'il nomme xyphisternaux.

Malheureusement, le sternum ne s'ossifie pas de la même manière chez tous les oiseaux ; chez l'autruche, il n'y a que deux points d'ossification ; chez la plupart des oiseaux carénés (rapaces, passereaux) il n'y a aussi que deux points d'ossification qui apparaissent au voisinage des articulations des côtes.

L'observation étant insuffisante, on a dû recourir au raisonnement pour arriver à une conception.

Carus (*Rech. d'anat. philos. ou transcendante sur les parties primaires du squelette osseux ou testacé*, trad. Jourdan, p. 514) pense que les deux parties du sternum costal, écartées l'une de l'autre par une sorte de spina bifida reçoivent, dans l'intervalle qui les sépare, la pièce antérieure considérablement élargie et prolongée en arrière.

« La cavité pectorale demeure fendue en devant, de même que chez les monstres humains dont le cœur se trouve à nu; ce même mode de formation a permis qu'il arrive aussi au sternum monstrueux des oiseaux ce que les fœtus humains monstrueux offrent assez souvent aux téguments du bas-ventre, et plus rarement à ceux de la poitrine, c'est-à-dire que les viscères demeurent dehors la cavité du tronc, dans les téguments abdominaux distendus en arrière du sac.

« Ce n'est qu'en se plaçant sous ce point de vue qu'on parvient à concevoir la formation, autrement inexplicable, du sternum de la grue, dans lequel on sait que les circonvolutions de la trachée-artère se trouvent renfermées, absolument comme les circonvolutions d'intestins le sont dans une exomphale congéniale. »

Étienne Geoffroy, sans insister autant sur cette idée, l'avait très-nettement exprimée avant Carus, qui a pu la lui emprunter:

« L'entosternal arrive chez eux au plus haut degré de développement. La petitesse de l'épisternal et des xyphisternaux pourrait être attribuée à cette pièce gigantesque comme détournant à son profit le fluide nourricier, puisqu'elle est d'autant plus grande que ceux-ci sont plus petits.

« Étendue de l'épisternal au xyphisternal, elle prive les hyosternaux et les hyposternaux de leur position sur la ligne médiane en les renvoyant en quelque sorte sur ses ailes. Enfin, son accroissement extraordinaire amène cet autre résultat digne de remarque : c'est que chez les oiseaux, les pièces sternales sont rangées trois de front. »

A l'aide de cette conception, il devient facile de comparer le sternum d'un oiseau à celui d'un mammifère, puisqu'il suffit pour cela d'écarter les pièces qui servent à l'articulation des côtes et de combler l'intervalle en allongeant et en élargissant les pièces qui sont au-devant.

Cette idée m'avait aussi frappé comme un trait de lumière, et ce fut ensuite avec bonheur que je la retrouvai dans les deux auteurs éminents que je viens de citer. Cependant il faut avouer qu'elle n'est pas complétement conforme à la vérité, et qu'on doit seulement la compter au nombre de ces erreurs utiles dont on parcourt le cercle quand on cherche à creuser les mystères de la science.

La plus forte objection que l'on puisse faire à cette manière de voir, c'est que, dans la période qui précède l'ossification, le sternum est formé d'une masse cartilagineuse continue dans laquelle on ne trouve aucun indice de division.

Une autre difficulté se présente quand on veut déterminer l'homologie de la pièce osseuse qui forme la carène. R. Owen pense qu'elle correspond à l'os épisternal des crocodiles et des lézards, qui est simplement appliqué au bouclier sternal chez les lézards, à la première pièce du sternum (*manubrium*) chez les crocodiles, et qui serait soudé au bouclier chez les oiseaux. En admettant cette soudure, il y aurait une grande ressemblance entre le sternum des lézards et celui de beaucoup d'oiseaux, qui présente en avant une apophyse en forme de T.

C'est cette apophyse en forme de T qu'Ét. Geoffroy désignait sous le nom d'épisternal, mais comme il la considérait comme formée par deux points d'ossification séparés, il la distinguait de l'entosternal qui était pour lui la carène. Par suite d'une autre vue que l'on ne peut admettre, mais qu'il faut cependant noter, il regardait l'épisternal comme résultant de la réunion des deux épicoracoïdiens.

Ét. Geoffroy, en effet, a comparé le sternum des oiseaux non-seulement avec celui des lacertiens, mais avec celui des ornitho-delphes. Il a figuré dans une même planche le sternum d'un oiseau, celui du tupinambis, celui du lézard vert et celui de l'ornithorynque.

C'est le sternum de l'ornithorynque qu'il prend pour point de départ. Il considère les clavicules de l'ornithorynque comme des pièces acromiales séparées, l'os en T (épisternum d'Owen et de la plupart des auteurs) comme une fourchette, c'est-à-dire comme la réunion des deux clavicules, et la première pièce du sternum (manubrium) qui supporte les deux premières côtes, comme l'entosternal. Les deux épicoracoïdiens deviennent pour lui des pièces sternales détachées, des épisternaux.

Chez les lézards, il trouve les clavicules, qui sont pour lui des acromions détachés comme chez l'ornithorynque, un os en T qui s'allonge en arrière et où il voit une fourchette (c'est-à-dire les clavicules), enfin un petit plastron qui est l'entosternal et derrière lequel se trouvent les xyphisternaux. Les épicoracoïdiens sont encore des épisternaux.

Chez les oiseaux il trouve un petit acromion détaché (il l'a nommé omolite), une fourchette, des épisternaux qui quittent l'os coracoïdien et s'unissent au sternum pour former le plus souvent une apophyse en forme de T ; un entosternum, formant la carène, qui ne porte pas de côtes et s'intercale entre les hyosternaux avec lesquels les côtes s'articulent; enfin, les hyposternaux, que Carus considère à tort comme des côtes sternales, et les xyphisternaux.

L'étude du développement vient combattre l'opinion de R. Owen en démontrant que l'épisternal des lézards, non-seulement résulte d'une ossification distincte de celle du sternum, mais encore doit être rangé au nombre des os de membrane, et, par conséquent, appartient au système des clavicules, ce qui vient confirmer l'opinion, au premier abord si étrange, d'Ét. Geoffroy.

Il suffit, en effet, de modifier très-peu l'opinion de ce dernier pour arriver à celle que Parker professe aujourd'hui avec une véritable autorité.

Parker ne voit pas dans l'os épisternal de l'ornithorynque une fourchette, mais une interclavicule, et il restitue aux clavicules leur véritable nom. Il en est de même pour les lézards. Chez les oiseaux, la fourchette est réellement formée par les clavicules, et l'interclavicule consiste seulement dans une pièce, le plus souvent très-réduite, qui unit leurs extrémités inférieures et qui avait échappé à Ét. Geoffroy. Quant aux pièces acromiales découvertes chez les oiseaux par ce dernier, Parker les admet aussi et leur donne le nom de segments mésoscapulaires. Ainsi, pour Parker comme pour Ét. Geoffroy, l'os épisternal des lézards appartient au système des clavicules et non au sternum, et on ne peut pas le retrouver, comme le veut Owen, dans la carène des oiseaux.

L'opinion d'Ét. Geoffroy sur l'épisternal doit aussi être mise en regard de celle qui a été proposée dans ces derniers temps par Harting (*Revue et mag. de zool.*, 1865), lequel regarde comme formant un appareil épisternal, non-seulement l'apophyse en T, mais les rubans fibreux qui relient ses angles à l'articulation cléido-coracoïdienne. En supposant ces rubans ossifiés, on aurait des épisternaux qui seraient des os de membrane. D'un autre côté ces os épisternaux seraient placés comme de véritables épi-coracoïdiens. Plusieurs opinions seraient ainsi conciliées ; mais comme ces opinions sont contradictoires, la proposition de Harting devient inacceptable. Il faut seulement remarquer avec lui combien il est utile de tenir compte des lames fibreuses et des ligaments dans la conception générale du squelette.

En résumé, le sternum des oiseaux n'est d'abord formé que d'une seule pièce cartilagineuse n'offrant aucun indice de division. Par suite de sa largeur les bords qui donnent insertion aux côtes sont séparés par un grand intervalle au milieu duquel se dresse la carène. Le plus souvent il n'y a que deux points d'ossification qui se montrent au voisinage des côtes. Mais d'autres fois, comme chez les gallinacés, la carène s'ossifie par un point séparé, et alors il y a véritablement une pièce osseuse intercalée entre les deux pièces qui supportent les côtes.

Il n'y a aucune homologie entre le sternum des oiseaux et le plastron des tortues qui appartient au dermato-squelette. Il y a, il est vrai, une telle ressemblance dans la disposition des différentes pièces qu'Ét. Geoffroy a cru pouvoir les désigner par les mêmes noms. Mais ces pièces du plastron de la tortue sont disposées en cercle autour de l'ombilic, ce qui établit une différence caracté-ristique. Nous avons vu que les pièces situées au devant de l'ombilic sont rapportées, par Parker, au système claviculaire.

Région lombo-sacrée. — Il y a chez les oiseaux un sacrum qui peut avoir de 9 (oiseau-mouche) à 18 (autruche) vertèbres. Souvent les deux dernières dorsales, reconnaissables à la présence des côtes, se réunissent à ce sacrum, qui se trouve alors constitué aux dépens de la région dorsale, de la région lombaire et de la région sacrée proprement dite.

Tous les corps de ces vertèbres se soudent de bonne heure les uns aux autres, de manière à former une tige immobile continue.

Tous les arcs supérieurs sont fermés. Ils émettent latéralement des apophyses transverses, mais les saillies épineuses peuvent être nulles.

Les corps vertébraux n'ont pas d'hypapophyses, mais ils ont des parapophyses plus ou moins saillantes.

Les dernières sacrées ressemblent beaucoup à des caudales, et avant leur soudure on pourrait chez certains oiseaux (autruche, gallinacés) les rapporter à la queue. Il existe alors une véritable transition entre les deux régions.

La région caudale se compose de vertèbres mobiles en nombre variable. Elles ont des arcs supérieurs complets avec des apophyses épineuses, des apophyses articulaires et des apophyses transverses. D'après Owen l'apophyse transverse contient à la fois la diapophyse, la parapophyse et la pleurapophyse.

Owen admet sous les corps vertébraux des hémapophyses pouvant enfermer un canal; mais ces saillies ne sont pas distinctes du corps vertébral et doivent être regardées comme des hypapophyses.

Les dernières caudales peuvent se souder au nombre de 2, 3 ou plus, pour former l'os en charrue. On voit ici se répéter sous une autre forme et dans d'autres conditions ce qui a lieu pour la queue des poissons.

Région cervicale. — On passe par des transitions graduelles d'une région de la colonne vertébrale à une autre. Les dernières cervicales passent à la forme des dorsales ; les dernières dorsales à la forme des lombaires ; les dernières sacrées à la forme des caudales. Néanmoins chacune de ces régions est bien caractérisée quand on la considère dans son ensemble.

La région cervicale, chez les oiseaux, est caractérisée par sa grande mobilité et par sa double courbure qui a pour résultat de redresser la partie du cou qui soutient immédiatement la tête, et de donner à celle-ci la position qu'elle aurait si le corps entier affectait la station verticale. Il en résulte aussi que, lorsque l'oiseau veut frapper avec son bec, sa tête est comme un marteau dont la partie redressée serait le manche.

Les corps vertébraux, plus ou moins volumineux, longs ou ramassés, sont à la fois concaves et convexes sur leurs faces

antérieures et postérieures, de la même manière que ceux des
vertèbres dorsales, et, par conséquent, présentent le type procélien quand on les regarde de côté.

Les plus antérieurs et les plus postérieurs ont sur la ligne
médiane des hypapophyses, et en même temps, sur les côtés,
des parapophyses servant à l'articulation des côtes vertébrales.
Pour ceux de la partie moyenne, les hypapophyses sont divisées
en deux saillies qui s'unissent aux parapophyses, mais qui peuvent en même temps se rejoindre inférieurement sur la ligne
médiane, où elles forment un canal traversé par l'artère carotide.

L'existence simultanée des parapophyses et des hypapophyses
doit être remarquée, puisqu'elle démontre que ces deux sortes
d'éléments ne sont pas homologues.

Les arcs supérieurs, toujours fermés, ont des apophyses épineuses plus ou moins saillantes.

Les apophyses articulaires sont très-isolées et très-saillantes.
Les postérieures, qui s'élancent en arrière comme des arcs-boutants, sont surmontées par des tubercules d'insertion musculaire
très-distincts. Les antérieures s'avancent au-devant des corps de
la vertèbre, et sont presque confondues avec l'apophyse transverse.

L'apophyse transverse massive, presque cubique, peu saillante en dehors, est marquée de deux tubercules d'insertion musculaire que nous décrirons dans la seconde partie de cet Essai.

L'arc inférieur est représenté uniquement par la côte vertébrale. Celle-ci se compose en partie d'un cube osseux qui s'intercale entre l'apophyse transverse et la parapophyse, et ferme le
canal de l'artère vertébrale. Le bord postérieur de ce cube se
prolonge en une pointe styliforme dont l'extrémité sert à l'insertion d'un tendon.

La présence de cette côte munie d'un prolongement styliforme
rapproche les oiseaux des crocodiles, avec cette différence que,
chez les crocodiles, il y a deux pointes, une en avant, une en
arrière, et que chez les oiseaux il n'y a qu'une pointe dirigée en
arrière. Ce caractère rapproche aussi les oiseaux des mammifères ornithodelphes.

Par la forme des apophyses articulaires, les arcs supérieurs
des vertèbres cervicales des chéloniens diffèrent moins de ceux
des vertèbres cervicales des oiseaux que ceux des lacertiens et

des crocodiliens. Sous ce rapport, les vertèbres cervicales des chéloniens reproduisent presque les vertèbres cervicales moyennes des oiseaux. Par la réduction des apophyses épineuses, les vertèbres cervicales moyennes des chéloniens ressemblent aussi plus à celles des oiseaux que celles des crocodiles qui, par la forme acuminée de ces apophyses, rappellent les mammifères, et que celles des lacertiens qui, par leur allongement, rappellent les dorsales et les lombaires.

Par les apophyses transverses des vertèbres cervicales, les oiseaux diffèrent à la fois des reptiles et des mammifères.

Par les côtes, ce sont les crocodiles dont ils se rapprochent le plus, les chéloniens étant dépourvus de côtes cervicales.

L'axis a généralement des côtes cervicales. Il est pourvu d'une apophyse odontoïde.

L'atlas est dépourvu de côtes, ce qui le distingue de celui des crocodiles. La partie centrale de son corps se détache pour s'unir à l'axis et lui former une apophyse odontoïde.

Le reste du corps, formant le demi-anneau inférieur de l'atlas, est creusé en avant d'une cavité où est reçu le condyle de l'occipital. En arrière, il présente une surface lisse, presque plane, qui glisse sur le corps de l'axis au-dessous de l'odontoïde.

Le demi-anneau supérieur a deux petites apophyses transverses et une apophyse épineuse nulle ou peu saillante ; son bord postérieur offre deux apophyses articulaires postérieures qui s'appliquent aux apophyses articulaires antérieures de l'axis.

L'existence d'une apophyse odontoïde est un caractère commun aux oiseaux, aux mammifères, aux lacertiens, aux crocodiliens, aux ophidiens, et qui les distingue des chéloniens, des ichthyosaures, des plésiosaures, des batraciens et des poissons.

Région céphalique. — Le crâne des oiseaux est formé, comme dans tout l'embranchement, de quatre segments vertébraux.

Vertèbre occipitale. — Le corps, suivant Et. Geoffroy et presque tous les auteurs qui l'ont suivi, est réduit à l'apophyse condylienne. Pour admettre cette manière de voir, on est obligé de regarder comme étrangère à la vertèbre occipitale presque toute la partie de la base du crâne qui est en arrière de la selle turcique, ce qui établirait une différence considérable, non-seulement entre les oiseaux et les mammifères, mais entre les oiseaux et les reptiles. Il y a là une question d'autant plus difficile à

résoudre que, en examinant la base du crâne d'un jeune oiseau,
il semble au premier abord que l'apophyse condylienne, avec la
petite masse qui lui sert de base, forme un os séparé et que le
reste de la base du crâne placé au devant de cette petite masse
fait un tout continu. Parker a donné la solution de cette difficulté
(*Devel. of the skull of the common fowl*) en démontrant que le
basioccipital est plus étendu qu'il ne paraît au premier abord,
et que la véritable suture du basilaire avec le postsphénoïde est
dissimulée par une plaque osseuse de formation secondaire,
plaque osseuse qu'Et .Geoffroy a signalée le premier (*Phil. anat.*,
1818, p. 224) en la désignant sous le nom de table ou de plaque pharyngienne, et qui résulte pour Parker de la réunion des
basi-temporaux. Cette plaque répond à la pièce osseuse que
Huxley désigne, chez les vertébrés anallantoïdiens, sous le nom
de parasphénoïde.

Le condyle est constitué par le basilaire et les exoccipitaux,
mais le basilaire en fournit la plus grande part et, de plus, contribue à limiter le grand trou occipital.

L'arc supérieur est formé par les exoccipitaux et par l'occipital supérieur qui concourt à limiter le grand trou. Cet occipital
forme une écaille (squama) assez large, qui recouvre la partie
supérieure du cervelet. La largeur de cette écaille rappelle ce
qui a lieu chez les mammifères ; mais elle n'est pas primitivement subdivisée et il n'y a pas d'épactal ou interpariétal distinct.

On ne voit pas non plus de paroccipital distinct ; et par conséquent, chez les oiseaux comme chez les reptiles, la pièce
moyenne de l'arc doit être considérée comme absente ou comme
confondue avec l'exoccipital. Nous avons dit que chez les tortues l'os désigné par Owen comme un paroccipital est un opisthotique (Huxley) et correspond à une partie du rocher des mammifères.

Les exoccipitaux ont des apophyses latérales moins saillantes
que chez les reptiles, et qui, se recourbant en bas, ont l'aspect
des apophyses mastoïdes de l'homme. On leur a donné ce nom,
mais elles n'en sont pas les homologues. Ainsi l'apophyse
transverse de la tête est formée chez les oiseaux par l'exoccipital,
tandis que chez l'homme elle est fournie par le rupéo-mastoïdien. C'est une apophyse paramastoïde comme chez les carnassiers.

Il n'y a pas d'apophyses articulaires mettant l'arc supérieur de l'occipital en contact avec l'atlas. L'articulation ne se fait que par le condyle.

Par tous les caractères que nous venons d'énumérer, les oiseaux se rapprochent des reptiles bien plus que des mammifères.

L'arc inférieur fait de plus apparaître une divergence remarquable. En effet, l'appareil hyoïdien des oiseaux se rapproche surtout de celui des tortues qui ont trois paires de cornes hyoïdiennes, les antérieures ou styloïdiennes très-réduites, les moyennes ou thyroïdiennes très-développées, et les postérieures. Chez les oiseaux les cornes postérieures des tortues n'existent pas ; les cornes thyroïdiennes sont très-développées : les cornes styloïdiennes sont excessivement réduites et n'ont aucune connexion avec le crâne, ce qui rapproche les oiseaux des tortues et des crocodiles, mais les distingue des lézards et des mammifères. Il y a une pièce médiane antérieure ou os lingal, une moyenne ou basihyal, et une posterieure ou urohyal (queue de l'hyoïde) qui répond au prolongement postérieur du bouclier hyoïdien des tortues et des crocodiles.

Vertèbre pariétale. — La détermination du corps de la vertèbre offre une certaine difficulté. Et. Geoffroy, Cuvier, R. Owen pensent que le sphénoïde postérieur et le sphénoïde antérieur sont réunis en une seule pièce. Cette pièce, étant composée d'une partie postérieure plus large et d'un prolongement antérieur en forme de rostre, ce serait le rostre qui répondrait au sphénoïde antérieur. Mais il y a dans cette confusion des deux sphénoïdes quelque chose de paradoxal, et l'on peut aussi se demander si le sphénoïde antérieur ne doit pas être retrouvé dans la partie postérieure de la lame interorbitaire. Cette seconde opinion trouve aujourd'hui un appui dans les travaux de Parker qui fait voir que la masse sphénoïdale et son rostre appartiennent dans leur ensemble au sphénoïde postérieur.

L'arc supérieur est formé par deux pariétaux assez larges, mais peu étendus en longueur, qui tantôt se soudent avec l'occipital par un bord vertical et tantôt le recouvrent légèrement par un bord écailleux. Ces pariétaux s'étendent sur les côtés par une lame descendante, mais n'atteignent pas la grande aile dont ils sont séparés par le squamosal. Entre leur bord postérieur et le bord externe de l'occipital, il reste parfois une fontanelle.

La grande aile s'étend latéralement et obliquement en haut à partir du bord externe de la selle turcique et forme la fosse qui contient le lobe optique. Elle s'unit par la moitié antérieure de son bord supérieur au frontal et par la moitié postérieure au squamosal qui la sépare du pariétal.

Le squamosal est ici, comme chez les mammifères, une écaille osseuse assez grande qui contribue à limiter la boîte crânienne. C'est à tort que R. Owen l'a regardé comme un mastoïdien.

Il y a une apophyse zygomatique, généralement petite, qui n'a aucune connexion avec le jugal, mais qui peut être unie par un pont osseux à l'apophyse orbitaire externe.

L'arc inférieur est formé par des côtes vertébrales mobiles correspondant aux apophyses ptérygoïdes des mammifères. Il est complétement ouvert, comme chez les ophidiens, les lézards, les tortues, et aussi les mammifères, tandis qu'il est fermé chez les crocodiles. L'os ptérygoïdien s'articule parfois comme chez les lézards avec une apophyse latérale du post-sphénoïde; le plus souvent il n'a de rapport qu'avec la partie antérieure de la cloison interorbitaire. Il s'articule en avant avec le palatin, en arrière avec l'os carré.

Vertèbre frontale. — Le corps de la vertèbre, ou sphénoïde antérieur, n'est pas, comme on l'a cru, confondu avec le post-sphénoïde. Il est distinct et forme la partie postérieure et inférieure de la lame interorbitaire. Son bord est reçu dans une gouttière du rostrum sphénoïdal. La base cartilagineuse qui le constitue primitivement est continue avec celle qui forme le corps de l'éthmoïde; cette continuité persiste chez les struthidés et les rapaces nocturnes pendant la marche de l'ossification; mais chez la plupart des oiseaux il se fait une segmentation, et le pré-sphénoïde est séparé de l'éthmoïde par un espace membraneux jusqu'à ce que par le progrès de l'âge cette membrane s'ossifie à son tour.

L'arc supérieur, constituant la fosse cérébrale, est formé par des frontaux considérables, confondus de bonne heure en un seul os, qui tantôt se soudent aux pariétaux par un bord vertical, et tantôt les recouvrent par un bord écailleux. Leur moitié antérieure appartient entièrement à la voûte orbitaire.

Les post-frontaux sont excessivement réduits, enclavés entre le frontal et l'angle antérieur de l'alisphénoïde, et ne forment pas l'apophyse orbitaire externe.

Les petites ailes, situées en avant des grandes ailes, entourent les trous optiques et, en avant de ces trous, se confondent avec la lame interorbitaire. Suivant Parker, il y aurait pour chaque orbitosphénoïde deux points d'ossification.

L'arc inférieur est formé par des côtes vertébrales mobiles qui sont les os palatins.

Vertèbre nasale. — L'ethmoïde se compose d'une lame interorbitaire verticale qui continue l'axe vertébral et qui correspond au corps de la vertèbre, et d'une partie supérieure horizontale, perforée par le nerf olfactif, qui répond aux préfrontaux des reptiles et aux lames vertébrales. Les nasaux, rejetés en avant et sur les côtés, s'articulent avec les frontaux, les intermaxillaires, les maxillaires, les lacrymaux et la lame horizontale de l'ethmoïde.

Les lacrymaux (pièce moyenne de l'arc supérieur de la vertèbre) s'articulent avec les frontaux, les nasaux, et moins constamment avec l'ethmoïde.

L'arc inférieur de la vertèbre nasale est constitué par un vomer unique, mais souvent bifide ou creusé d'un sillon médian, uni latéralement aux palatins, et par les intermaxillaires. Ceux-ci se composent d'une partie horizontale et d'une apophyse médiane placée en avant et en dedans des narines, et se prolongeant jusqu'aux frontaux.

Os des organes des sens. — L'organe du goût contient un os lingual ou glossohyal qui appartient au système hyoïdien.

L'organe de l'odorat contient, d'une part, un cornet supérieur qui se rattache à l'ethmoïde et soutient la membrane olfactive proprement dite ; et, d'autre part, des cornets moyens et inférieurs servant d'organes de protection.

L'organe de la vue contient le cercle osseux de la conjonctive (sclérotal) qui peut n'être qu'à l'état cartilagineux.

L'organe de l'ouïe contient le rocher composé de ses trois éléments, qui s'unissent de bonne heure aux os voisins, savoir : le prootique au squamosal, l'épiotique au suroccipital, l'opisthotique à l'exoccipital et au basilaire. Parker admet, en outre, un ptérotique (balæniceps). Aucune partie du rocher n'apparaît extérieurement, si ce n'est au fond de la caisse.

Les os du tympan sont réduits à l'étrier et à une expansion

cartilagineuse qui prolonge son extrémité externe. Suivant Huxley cette extrémité cartilagineuse répondrait en partie à l'enclume, et le marteau serait représenté par l'os carré.

Appendices de la tête. — Le maxillaire supérieur, méconnu par Vicq-d'Azyr, déterminé par Et. Geoffroy, est excessivement réduit dans sa partie extérieure, mais il envoie en dedans une expansion horizontale plus ou moins considérable. Parker, dans ses mémoires sur le balœniceps et sur le crâne des struthidés, lui a refusé ce nom et l'a désigné sous celui de prévomer. Mais depuis il est revenu sur cette opinion.

L'os jugal, qui le prolonge en arrière, est composé de deux pièces, le jugal proprement dit et le quadrato-jugal. Ce dernier a été considéré à tort par Owen comme un squamosal.

La mâchoire inférieure est suspendue au crâne par l'os carré, dont la détermination divise encore les anatomistes. Les deux déterminations qui ont réuni le plus de suffrages sont celles d'Et. Geoffroy, qui a cru y retrouver le cadre du tympan, et celle de Carus, Reichert et Huxley, qui ont cru y retrouver un osselet de l'ouïe (les deux premiers, l'enclume ; Huxley, le marteau).

Le maxillaire inférieur est composé des mêmes pièces que chez les reptiles, l'articulaire, l'angulaire, le coronoïdien, le complémentaire et le dentaire.

On ne connaît pas d'oiseau vivant qui ait des dents. Et. Geoffroy a cru en trouver des germes chez le perroquet. Il y en aurait eu chez l'archéoptéryx et chez les odontornithes récemment décrits par Marsh (*American journal*, 1872, et *Ann. des sc. nat.*, 1873.)

Appendices du tronc. — *Membre antérieur ou thoracique.* — L'épaule des oiseaux se compose le plus souvent d'une omoplate, d'un os coracoïdien et d'une clavicule. L'omoplate et le coracoïdien existent toujours ; la clavicule manque chez l'autruche, le casoar, le nandou et l'aptéryx, elle existe chez l'émeu.

On peut regarder comme un surscapulaire l'extrémité postérieure de l'omoplate qui reste quelque temps cartilagineuse.

Il n'y a pas d'épicoracoïdien séparé. Parker le retrouve dans l'extrémité sternale primitivement cartilagineuse du coracoïdien.

Étienne Geoffroy a cru retrouver l'épicoracoïdien des lézards dans une pièce complétement détachée du coracoïdien, et soudée avec le sternum, où elle forme l'apophyse épisternale (manubrium d'Owen), et, par la même raison, il donnait le nom d'épisternal à l'os épicoracoïdien des lézards et des ornithodelphes.

L'épaule des oiseaux diffère par conséquent de celle des chéloniens et des crocodiliens par la présence de la clavicule qui, au contraire, la rapproche de celle des lacertiens et des ornithodelphes. Elle diffère de celle des mammifères didelphes, monodelphes, et ressemble, au contraire, à celle des ornithodelphes et des reptiles, par le volume et l'indépendance de l'os coracoïdien qui s'articule avec le sternum, tandis que l'apophyse coracoïde des autres mammifères est toujours séparée de cet os par un long espace, et ne lui est reliée que par du tissu fibreux.

Comme chez les mammifères et chez les reptiles, l'omoplate et le coracoïdien contribuent seuls à former la cavité glénoïde où est reçue la tête de l'humérus.

Les clavicules, à peu d'exceptions près (quelques perroquets seulement, où elles sont réduites à leur extrémité acromiale), se soudent sur la ligne médiane, et forment un seul os qui porte le nom de lunette ou de fourchette (*furcula*), qui peut être articulé ou même soudé avec le sternum, mais le plus souvent ne lui est relié que par un ligament.

Ce caractère est-il particulier aux oiseaux? Étienne Geoffroy a cru trouver une fourchette chez les ornithodelphes. Ce serait l'os en T que l'on désigne sous le nom d'épisternal, et les clavicules de ces animaux seraient des pièces acromiales séparées correspondant à de petites pièces acromiales qu'il a distinguées chez les oiseaux. Parker soutient une opinion qui diffère trèspeu de celle d'Ét. Geoffroy. La fourchette des oiseaux serait bien réellement formée par les clavicules, mais ces deux os seraient unis par une pièce médiane qui est l'interclavicule; cette interclavicule, généralement très-petite chez les oiseaux, serait, au contraire, très-grande chez les ornithodelphes et chez les lézards, où elle formerait l'os épisternal.

Étienne Geoffroy nommait omolite la portion de la clavicule la plus voisine de l'acromion.

L'os coracoïdien, énormément développé, s'articule largement avec le sternum, et s'enfonce par un bord tranchant dans une rainure du bord antérieur de cet os. Par son extrémité sternale, il s'approche beaucoup de celui du côté opposé; parfois il le touche et même le croise, mais jamais il ne se soude avec lui.

Par cette articulation, le coracoïdien des oiseaux diffère de celui des chéloniens, qui reste flottant dans les chairs; il se rapproche de celui des ornithodelphes, des lacertiens et des crocodiliens.

L'omoplate est remarquable par sa forme allongée ; il résulte de cet allongement de l'omoplate, et en même temps de la brièveté de la région thoracique, que l'omoplate est appliquée à presque toute la longueur de cette région. Nous entrerons ailleurs dans de plus grands détails sur la forme et les caractères de cet os. Nous nous bornerons en ce moment à rappeler un caractère qui établit une différence entre les oiseaux et les chéloniens. C'est l'énorme volume, chez les chéloniens, de l'apophyse acromiale qui va toucher le plastron et s'articule avec lui, tandis que chez les oiseaux l'acromion n'a que peu de longueur et ne s'articule qu'avec les clavicules. Pour établir l'homologie, il faut, avec Parker, considérer l'acromion des chéloniens comme une saillie précoracoïdienne détachée du préischion et soudée à l'omoplate.

Les chéloniens sont les seuls où l'extrémité de l'omoplate s'articule avec la colonne vertébrale. Chez les oiseaux elle est flottante comme chez les autres reptiles et chez les mammifères.

L'omoplate des oiseaux ressemble à celle des chéloniens par sa forme allongée, mais elle en diffère par son aplatissement, celle des chéloniens étant cylindrique.

Certains chéloniens (tortue grecque) sont les seuls où les mouvements du coracoïdien sur l'omoplate soient capables d'une étendue appréciable.

Il y a chez la plupart des oiseaux, dans la capsule de l'articulation scapulo-humérale un os sésamoïde que Nitzsch a décrit sous le nom d'os huméro-capsulaire (os *humero-capsulare*), et que les autres auteurs ont ensuite nommé à tort os huméro-scapulaire, ou même omoplate accessoire. Cet os, qui n'est qu'un sésamoïde, ne peut être compté dans le type du squelette. Les ornithodelphes offrent aussi un petit osselet dans le voisinage de l'articulation scapulo-humérale, mais il est placé en dedans de l'articulation, dans l'épaisseur du tendon du muscle sous-scapulaire, tandis que l'os huméro-capsulaire des oiseaux est placé en dehors de l'articulation.

Le bras des oiseaux se compose d'un humérus, l'avant-bras d'un radius et d'un cubitus, comme chez les mammifères et les reptiles.

Il y a souvent, au niveau du coude, un sésamoïde jouant le rôle de rotule. Il y a aussi dans cette région un sésamoïde placé dans le tendon du muscle cubital antérieur. Humphry dit avec raison que ce sésamoïde n'existe pas chez la roussette ; mais, d'autre part, j'ai observé chez ce mammifère volant un os sésamoïde dans le tendon du court supinateur; c'est encore une différence à noter.

Il existe aussi chez certains oiseaux un os sésamoïde au niveau du poignet.

Le carpe ne contient que deux os, le radial et le cubital, qui semblent répondre à la première rangée ou procarpe des mammifères. L'os radial peut représenter la réunion du scaphoïde et du semi-lunaire ; l'os cubital peut répondre au pyramidal et au pisiforme. L'émeu ou casoar de la Nouvelle-Hollande serait le seul oiseau où ces deux os n'existeraient pas.

La seconde rangée, ou mésocarpe, n'existerait pas. D'après Owen, elle serait représentée par le grand os, qui lui-même serait soudé avec le métacarpe et formerait la saillie par laquelle le métacarpe s'articule avec l'os radial.

Le métacarpe et les doigts sont la partie la plus modifiée du membre thoracique.

Chez l'archéoptéryx, les rayons métacarpo-phalangiens sont au nombre de quatre, parce qu'il y a au côté radial de la main deux doigts de deux phalanges, deux pouces en quelque sorte.

Chez les autres oiseaux il n'y a qu'un seul pouce, réduit le plus souvent à une phalange.

Il y a, en outre, un doigt de trois phalanges quelquefois (oie, autruche), mais le plus souvent de deux phalanges seulement, et un doigt d'une seule phalange.

Ces trois doigts sont supportés par un os unique représentant le métacarpe, primitivement divisé en trois pièces distinctes.

Le métacarpien externe est représenté par une apophyse qui supporte le pouce ; les deux autres le sont par deux branches allongées soudées à leurs extrémités seulement, et séparées par un espace vide dans le reste de leur longueur.

L'émeu n'a qu'un seul os métacarpien et un seul doigt de trois phalanges.

Membre abdominal. — Il y a chez les oiseaux trois os de la hanche (iléon, pubis et ischion), comme chez les mammifères, les chéloniens, les lacertiens et les crocodiliens. Ces trois os concourent à la formation d'une cavité cotyloïde dont le fond reste perforé.

L'iléon s'articule avec un grand nombre de vertèbres, tandis qu'il ne s'articule pas avec plus de cinq chez les mammifères, avec plus de deux chez les sauriens, avec plus d'une chez les batraciens.

L'iléon des oiseaux a une forme particulière. Il se compose de deux ailes situées l'une en avant, l'autre en arrière de la cavité cotyloïde. L'aile postérieure n'existe pas chez les mammifères. On peut se demander si c'est l'aile antérieure ou l'aile postérieure qui manque chez les lacertiens et les crocodiliens, parce que leur iléon est dirigé comme l'aile postérieure de l'iléon des oiseaux. Mais les caractères de l'os lui-même et ses connexions montrent bien qu'il correspond à l'iléon des mammifères et, par consé-quent, à l'aile antérieure de l'iléon des oiseaux. Le même doute n'existe pas pour l'iléon des chéloniens, qui est presque vertical dans le repos et mobile soit en avant, soit en arrière. Il suit de là que l'aile postérieure de l'iléon fournit un caractère spécial aux oiseaux, ou du moins que l'on ne retrouve que chez les rep-tiles fossiles du groupe des dinosauriens et de celui des ptéro-sauriens.

L'ischion contribue largement à la formation de la cavité coty-loïde. Il n'est massif qu'au voisinage de cette cavité; il est lamel-leux dans le reste de son étendue et se dirige en arrière. Son bord interne, séparé d'abord de l'aile postérieure de l'iléon par le trou sciatique, lui est ordinairement uni dans sa partie posté-rieure. Le bord externe est séparé du pubis par un trou sous-pubien qui peut être subdivisé par une saillie de ce bord. Habi-tuellement il ne s'unit pas à celui du côté opposé.

Il a la forme d'une côte grêle, et ne prend qu'une faible part à la formation de la cavité cotyloïde; il se termine généralement en pointe : mais chez l'autruche son extrémité s'élargit et se porte vers la ligne médiane, où elle s'unit à celle du pubis opposé.

Le pubis des oiseaux est tout à fait en série avec les côtes vertébrales; il leur est parallèle; il leur ressemble par sa forme, au point que Vicq d'Azyr l'a nommé « un os grêle qui ressemble à une petite côte et n'en diffère que par son absence de rapport avec la colonne vertébrale. » Ce sont là des raisons qui peuvent

être invoquées par ceux qui pensent, avec R. Owen, que le pubis
des vertébrés en général est une côte sternale.

Ét. Geoffroy a pensé aussi que le pubis des oiseaux pouvait
être comparé aux côtes sternales ; il y a vu un os marsupial et l'a
considéré comme étranger au bassin. Le pubis des mammifères
serait alors représenté par l'ischion des oiseaux, et leur ischion
par l'aile postérieure de l'iléon. Cette opinion d'Ét. Geoffroy est,
comme nous le verrons, en partie justifiée par certaines insertions musculaires.

Cuvier a cru pouvoir la réfuter d'un seul mot en rappelant
que cet os concourt à former la cavité cotyloïde et que, par conséquent, on doit le regarder comme un pubis. Meckel, dans l'anatomie du casoar indien, a réfuté plus au long la proposition
d'Ét. Geoffroy en disant que la comparaison du pubis avec une
côte n'a rien d'inadmissible, mais que ce n'est pas une raison
pour séparer du bassin le pubis des oiseaux.

Gratiolet a de nouveau soutenu l'opinion d'Ét. Geoffroy, en
s'appuyant surtout sur les insertions musculaires.

Après avoir moi-même partagé longtemps cette opinion, je
crois devoir décidément l'abandonner. La raison la plus forte est
celle que l'on peut tirer de la position du trou sciatique. Une
autre raison qui me paraît décisive, c'est que certains changements d'insertions musculaires que l'on voit chez les oiseaux
existent aussi chez les reptiles, dont cependant le pubis est bien
l'homologue de celui des mammifères. Enfin, l'aile postérieure
de l'iléon des oiseaux et l'aile antérieure ne forment jamais
qu'une seule pièce osseuse.

On doit donc admettre l'ancienne détermination des os du bassin des oiseaux telle que les premiers observateurs l'ont conçue,
mais c'est à la condition d'accepter la transposition d'un certain
nombre d'insertions musculaires.

Le membre abdominal des oiseaux présente ensuite un segment fémoral ou cuisse composé d'un seul os, le fémur, puis un
second segment ou jambe composé d'un tibia et d'un péroné.

L'extrémité proximale du fémur offre, d'une part, une tête articulée avec la cavité cotyloïde, soutenue par un col plus ou moins
distinct, et, d'autre part, une tubérosité qui répond au grand trochanter des mammifères.

L'absence du petit trochanter distingue les oiseaux des mammifères et les rapproche des reptiles. R. Owen croit pourtant le retrouver chez l'aptornis.

La tête du fémur, chez les mammifères ornithodelphes, est dans l'axe de l'os. La position latérale de cette tête, chez les oiseaux, les rapproche des mammifères didelphes et monodelphes.

L'extrémité distale du fémur présente, comme chez les mammifères, deux condyles qui s'articulent avec le tibia. Elle offre en outre en dehors, sur le côté du condyle externe, une facette qui s'articule avec le péroné, ce qui rapproche les oiseaux des reptiles et des mammifères didelphes et ornithodelphes.

L'extrémité proximale du tibia est munie de deux condyles qui s'articulent avec ceux du fémur. Elle offre, en outre en avant, deux crêtes saillantes qui différencient les oiseaux des mammifères et en même temps des reptiles vivants.

Son extrémité distale a la forme d'une extrémité inférieure de fémur qui serait retournée sens devant derrière. Cette forme est presque particulière aux oiseaux, puisqu'on ne trouve quelque chose d'analogue que dans le reptile fossile désigné par A. Wagner sous le nom de compsognathus.

Le péroné s'articule avec le fémur, ce qui distingue les oiseaux des mammifères monodelphes, et, par conséquent, des cheiroptères. Cet os, chez les oiseaux, se termine inférieurement par un stylet filiforme. L'extrémité distale n'existe pas, ce qui distingue les oiseaux de tous les reptiles pourvus d'une jambe, mais les rapproche des mammifères solipèdes.

Le péroné et le tibia sont distincts, ce qui sépare les oiseaux des batraciens anoures, où ces deux os sont confondus.

Le tarse au premier abord paraît manquer chez les oiseaux; le petit osselet que l'on trouve dans l'épaisseur de la gaîne fibro-cartilagineuse du talon n'est qu'un sésamoïde.

Sténon, Cuvier et d'autres auteurs ont pensé que le tarse des oiseaux était soudé au métatarse. Gegenbaur et Huxley affirment aujourd'hui que le tarse existe réellement chez les oiseaux, mais que la première rangée se soude avec le tibia et la seconde rangée avec le métatarse.

Il y a le plus généralement quatre os métatarsiens. Trois de ces os sont soudés de manière à former un véritable canon semblable à celui des ruminants. Les extrémités proximales sont toujours soudées en une seule masse. Les diaphyses sont parfois distinctes dans toute leur étendue. Le plus souvent cette distinction n'est indiquée que par deux petits pertuis situés près de la base commune des trois os.

Les extrémités distales sont soudées au-dessus des poulies articulaires destinées aux doigts, mais ces poulies, à leur tour, sont complétement distinctes les unes des autres.

Le quatrième os destiné au pouce est réduit à son extrémité distale et s'articule avec la face postérieure du canon.

Les doigts sont habituellement au nombre de quatre. Le pouce a 2 phalanges, le second doigt en a 3 ; le troisième doigt en a 4 ; le quatrième doigt en a 5.

Quand il n'y a que trois doigts, c'est ordinairement le pouce qui manque.

Quand il n'y a que deux doigts (autruche), c'est le second doigt qui disparait à son tour ; le troisième et le quatrième restent.

Le nombre des phalanges des doigts établit un rapport remarquable entre les oiseaux et les lézards. La patte de l'oiseau peut, sous ce point de vue, être considérée comme une patte de lézard dont le cinquième doigt aurait disparu (ce doigt est très-réduit chez les monitors). Mais il n'en est plus ainsi quand on compare les oiseaux, soit avec les autres lacertiens, soit avec les autres reptiles.

Il y a des oiseaux dont les doigts sont disposés 2 en avant, 2 en arrière (zygodactyles) ; il en est de même chez les caméléons qui appartiennent au groupe des lacertiens. Ajoutons enfin que les doigts des oiseaux se rapportant au système digital impair, les oiseaux sont des périssodactyles.

Dermato-squelette. — On observe chez certains oiseaux des pièces osseuses que l'on désigne sous le nom d'ergots, et qui, développées d'abord dans l'épaisseur de la peau, se soudent ensuite à l'endo-squelette.

Sauf cette exception, on peut dire, d'une manière générale, que chez les oiseaux le dermato-squelette n'existe que dans les organes de sensation spéciale.

Exo-squelette. — L'exo-squelette existe chez les oiseaux, non pas à l'état osseux, mais à l'état corné. Il est très-développé et représenté par l'étui corné du bec, les écailles ou scutes qui recouvrent les pattes et les plumes. Les dents ne sont représentées que par des saillies de substance cornée, ou par des étuis de substance cornée revêtant des saillies osseuses.

APPAREIL ACTIF DE LA LOCOMOTION.

L'appareil actif de la locomotion se compose d'organes contractiles qui sont les muscles. Il est vrai que les os peuvent aussi être tirés par des ligaments élastiques, mais les propriétés de ces ligaments ne doivent pas être confondues avec celles des muscles, dont le tissu est très-différent.

Les ligaments élastiques, auxquels le nom de ligaments est parfaitement applicable, sont distendus lorsque, sous l'action musculaire, les os auxquels ils sont attachés se trouvent écartés. Aussitôt que l'action des muscles cesse, les ligaments élastiques reviennent sur eux-mêmes et les os se rapprochent. Cette action se fait indépendamment de toute influence nerveuse; elle n'est suivie d'aucune fatigue, elle est toujours indépendante de la volonté. Il n'en est pas de même des muscles, qui ont besoin, pour se contracter, d'être soumis à une excitation particulière, transmise le plus souvent par l'intermédiaire des filets nerveux. La propriété distinctive des muscles est donc la contractilité, qu'il ne faut pas confondre avec l'élasticité. Les muscles, en vertu de leur propriété contractile, opposent une résistance aux tractions qui ont pour effet de les distendre ; cette résistance est la tonicité dont les effets se produisent même pendant le sommeil.

Les muscles appartiennent les uns à la peau interne, les autres à la peau externe, d'autres encore à des viscères profonds, tels que le cœur et les gros vaisseaux.

Les muscles de la peau interne ne sont pas partout séparés de ceux de la peau externe. Vers les points où ces deux parties de la limite du corps se touchent, c'est-à-dire vers les orifices du tube digestif, des organes de la respiration et de ceux de la sécrétion urinaire, ces deux sortes de muscles se confondent.

Les muscles de l'appareil locomoteur proprement dit appartiennent à la peau externe, et peuvent être répartis entre l'endo-squelette, le dermato-squelette et l'exo-squelette.

Nous avons vu que la couche la plus profonde de la peau est nécessairement une couche contractile ou musculaire. Mais cette couche n'est pas seulement composée de fibres charnues. Sa base, sa gangue en quelque sorte, est formée de tissu conjonctif. Ce tissu conjonctif constitue des fascias ou lames aponévrotiques, des cordons ligamenteux, des cordons tendineux ; il enveloppe les os dont il constitue le périoste, et enfin le tissu charnu lui-même est contenu dans ses mailles. Tout se tient dans cet ensemble, os, ligaments et aponévroses de simple tissu conjonctif, ligaments et aponévroses élastiques, fibres de tissu charnu ou contractile.

Les fibres contractiles étant contenues dans les mailles du tissu conjonctif, il suit de là que certaines lames de la couche musculaire de la peau peuvent être représentées tantôt par de la chair, tantôt par du tissu conjonctif, et que d'autres fois elles peuvent être remplacées par du tissu élastique. On voit aussi des fascias qui tantôt ne renferment que du tissu conjonctif, tantôt sont presque tout entiers formés de tissu élastique. Ce sont là des transformations que l'on peut en quelque sorte prévoir d'avance parce qu'elles dérivent d'une première donnée.

C'est en nous plaçant à ce point de vue général que nous envisageons dans son ensemble la couche musculaire ou contractile de la peau.

On peut considérer les muscles à deux points de vue différents, soit qu'on les envisage dans leur ensemble comme formant des couches contractiles, soit qu'on les envisage isolément comme étendus entre les diverses pièces du squelette.

Si l'on se place au premier de ces deux points de vue, on peut avoir une facile conception de la disposition générale des muscles en adoptant l'idée ingénieuse qu'ont eue Blainville et Gratiolet de les réduire, comme ceux de la peau interne, à deux couches : 1° une couche profonde ou longitudinale, c'est-à-dire dirigée suivant l'axe du corps ; 2° une couche superficielle ou circulaire, c'est-à-dire dirigée plus ou moins transversalement par rapport à cet axe.

Les os du tronc sont développés dans la couche longitudinale et ceux des appendices dans la couche circulaire. Les faisceaux de la couche circulaire adhèrent seuls au derme et aux pièces solides du dermato-squelette et de l'exo-squelette. Quelques-uns des faisceaux les plus superficiels peuvent affecter une direction longitudinale.

Chacune de ces deux couches offre plusieurs grandes divisions.

Grandes divisions de la couche longitudinale. — Chaque segment du tronc peut être considéré comme enfermé dans un prisme hexagonal, offrant de chaque côté du corps trois faces : une su-

périeure ou dorsale, une moyenne ou latérale, une inférieure ou
ventrale, dont chacune est symétrique à celle du côté opposé.
L'ensemble des segments pourra aussi être considéré comme
enfermé dans un prisme à six pans offrant de chaque côté trois
faces : une supérieure, une moyenne et une inférieure. A ces
trois faces correspondent trois bandes longitudinales : 1° une
supérieure, située entre les apophyses transverses et l'angle des
côtes; 2° une moyenne, courant sur les côtes ou les unissant entre
elles ; 3° une inférieure, courant le long de la ligne sterno-ven-
trale. Une quatrième bande (sous-vertébrale) sera placée sous les
corps des vertèbres, au dedans de l'arc inférieur, et une cinquième bande (sous-sternale) au dedans du même arc, sur la
face profonde du sternum et des côtes sternales.

Grandes divisions de la couche circulaire. — Elles sont relatives au nombre des appendices. Les fibres de la couche circulaire, parties de la ligne médio-ventrale et de la ligne médio-
dorsale, convergent vers l'appendice qui correspond à la région
d'où elles viennent. Elles forment ainsi de grands cônes dont le
sommet coïncide avec l'extrémité de chaque appendice. Par cette
disposition, les fibres sont circulaires par rapport au tronc, mais
elles deviennent longitudinales par rapport au membre qu'elles
meuvent, et qui semble, en se développant, les pousser devant lui.

Fasciculation des muscles. — Si maintenant on veut considérer les muscles isolément, il suffit de fragmenter les bandes
de la couche longitudinale et les cônes de la couche circulaire.

Il y a des muscles qui vont d'une pièce osseuse à la pièce la
plus voisine, ce sont des muscles courts; il y en a qui vont d'une
pièce osseuse à une pièce éloignée, ce sont des muscles longs.
Il y a des muscles directs et des muscles obliques. Généralement
les muscles courts sont plus profonds que les muscles longs, les
muscles directs plus profonds que les muscles obliques. Les
muscles longs des doigts font une exception à cette règle presque
générale.

Tous les faisceaux musculaires ne sont pas attachés à des os.
Il peut exister des cloisons ou des intersections fibreuses qui le
plus souvent indiquent la place d'un os ou son prolongement; ces
cloisons ou ces intersections portent le nom de *raphés*. Un muscle peut aller d'un os à un raphé, d'un raphé à un raphé, d'un os
au derme, d'un raphé au derme, d'un point du derme à un autre
point du derme, et enfin à une pièce de l'exosquelette.

La théorie de Gratiolet (1), que nous venons d'exposer, peut être considérée à certains égards comme offrant quelque chose d'artificiel parce qu'il y a des faisceaux intermédiaires à la couche longitudinale et à la couche circulaire que l'on ne peut pas absolument classer dans l'une ou l'autre de ces deux couches et qu'il y a des faisceaux du peaucier qui n'offrent pas la disposition circulaire; mais elle a ce grand avantage de donner une conception très-simple, très-claire et très-facilement intelligible de tout l'ensemble du système musculaire, d'envisager à la fois les parties superficielles et les parties profondes, et d'être immédiatement applicable aux différentes classes de l'embranchement des vertébrés.

R. Owen part d'un autre point de vue. Il envisage d'abord les muscles de la queue d'un poisson, et trouve qu'ils sont divisés comme la colonne vertébrale elle-même en segments qu'il désigne sous le nom de myocommes ou encore de scléromères, chacun de ces segments étant séparé de celui qui le précède et de celui qui le suit par une cloison fibreuse. Les différents faisceaux musculaires du corps ne sont que le résultat de la subdivision des myocommes, et les vertébrés supérieurs (mammifères) montrent encore la trace de cette disposition primitive dans les intersections fibreuses que présentent certains muscles, comme le grand droit de l'abdomen et le sterno-hyoïdien.

Humphry (*Journal of anatomy and physiology*, t. VI, The muscles and nerves of the crytobranchi; muscles in vertebrate animals) professe la même opinion. Les segments musculaires sont des myotomes et les cloisons qui les séparent sont des sclérotomes. Il essaye de résoudre certaines difficultés de la théorie en expliquant par des clivages l'existence de couches superposées dont les fibres sont dirigées en sens inverse, et c'est aussi par des clivages qu'il explique la présence de couches sous-cutanées (muscles peauciers) indépendantes des couches profondes. On ne peut pas se dissimuler qu'il y a aussi dans ces raisonnements quelque chose d'artificiel.

Il nous reste une question à traiter.

Quelle règle doit-on suivre pour donner des noms aux fais-

(1) L'idée première a été émise par H. de Blainville dans son enseignement (V. Hollard, *Précis d'anat. comp.*, 1837, Appareil de la locomotion); mais Gratiolet se l'est véritablement appropriée par les développements qu'il lui a donnés.

ceaux musculaires et surtout comment peut-on arriver à simpli-
fier la nomenclature ?

Les noms rationnels des muscles ne peuvent être tirés ni de leur
forme, ni de leur position dans certaines régions, ni même de
leurs fonctions ; on ne peut les tirer que des insertions, la seule
chose qui soit propre aux muscles et les caractérise.

Mais, en ayant recours aux insertions, on rencontre une difficulté. Doit-on nommer les muscles par toutes leurs insertions?
Doit-on les nommer par une seule?

Essayons d'abord de résoudre cette question pour les muscles
de la couche longitudinale. Ces muscles vont d'un point d'un segment du tronc à un point d'un autre segment. Tous les muscles
étendus entre des points homologues sont homologues les uns
des autres et peuvent recevoir le même nom ; les deux insertions
qui les déterminent sont constantes ; enfin le nombre des insertions ne dépasse pas deux. Rien n'est donc plus naturel que de
nommer ces muscles par leurs deux insertions. Ex.: un muscle
intérépineux, muscle étendu entre deux apophyses épineuses ;
un muscle épineux-transversaire ou transversaire-épineux, muscle étendu entre une apophyse épineuse et une apophyse transverse.

La même règle ne peut pas être appliquée aux muscles de la
couche circulaire. Car ils sont étendus entre les diverses pièces
d'un même appendice et ces pièces ne sont pas les homologues
les unes des autres ; ils sont souvent insérés à plus de deux pièces ; toutes leurs insertions ne sont pas constantes dans les diverses réalisations du type. Il résulte de là que les mêmes noms
ne peuvent pas être répétés et que chaque muscle doit avoir le
sien ; que, si on nomme un muscle par toutes les insertions qui
se rencontrent chez un animal donné, on aura des noms qui ne
seront pas applicables à un autre animal. Or, comme ce qui caractérise véritablement un muscle d'appendice, c'est son insertion
à la pièce qu'il doit mouvoir sur le tronc, ou, pour autrement
parler, son insertion distale ou terminale, il nous semble que c'est
par l'insertion terminale qu'il faut le nommer. La dénomination
portera ainsi sur ce qui est propre au muscle, ce qui le distingue
des autres. Ex.: le muscle de la phalange terminale. Dans quelques cas, on pourra préférer l'insertion proximale si elle est caractéristique ; on pourra employer les deux insertions si elles
sont constantes. Ex.: coraco-brachial, scapulo-olécrânien.

Telles sont les raisons que nous pouvons invoquer pour adopter la nomenclature suivante :

La couche longitudinale nous offre des séries de muscles courts longitudinaux et de muscles courts obliques qui sont des interépineux, des intertransversaires, des intercostaux, des épineux-transversaires, des costo-transversaires, et que l'on divise en cervicaux, dorsaux, etc. Elle nous offre, d'autre part, des séries de muscles longs, directs et obliques, interépineux, transversaires-épineux, etc.

La couche circulaire nous offre, pour le membre thoracique, par exemple : des muscles épineux-scapulaires, épineux-huméraux, scapulo-huméraux, etc., et des muscles du trochiter, des muscles de l'olécrâne, des muscles métacarpiens dorsaux, métacarpiens palmaires, des muscles de la première phalange, de la deuxième phalange, de la troisième phalange, etc.

Cependant l'expérience nous montre qu'il est presque impossible de suivre dans la pratique les règles que nous venons de poser. Cela vient surtout de ce que certaines insertions peuvent varier, et il devient alors impossible de désigner certains muscles s'ils n'ont pas leur nom particulier. Pour ne pas multiplier à l'infini les termes du langage scientifique, il est certainement préférable de conserver autant que possible les expressions consacrées depuis longtemps par l'usage dans les ouvrages d'anatomie humaine, en les modifiant seulement suivant la méthode que nous venons d'exposer, quand ils ont moins de clarté, ou quand ils ne répondent pas exactement aux faits, et surtout quand il s'agit d'un muscle qui n'existe pas chez l'homme. Ces expressions nous donneront en quelque sorte les noms spécifiques des muscles, tandis que les expressions plus rationnelles désigneront en quelque sorte le genre ou la famille auxquels ils se rattachent. Par exemple : le petit droit postérieur de la tête est un interépineux ; le cubital antérieur est un cinquième métacarpien palmaire.

PARTIES ACCESSOIRES DE L'APPAREIL LOCOMOTEUR.

Nous n'avons encore parlé que des parties principales de l'appareil locomoteur des animaux vertébrés. Les parties accessoires sont fournies par les masses viscérales, qui deviennent comme des annexes de l'appareil locomoteur, en tant qu'elles affectent des dispositions particulières pour concourir à tel ou tel mode de locomotion.

Parmi ces dispositions, nous avons à insister sur celles qui se rattachent à l'appareil respiratoire.

Chez les mammifères, les poumons sont situés dans la partie supérieure de la cage thoracique, c'est-à-dire dans la partie moyenne du corps et immédiatement au-dessous du point qui reste indifférent sous la traction du cou, de la tête et des membres thoraciques en avant, des intestins et des membres abdominaux en arrière. Ils rendent plus légère la partie supérieure du corps, et laissent au-dessous d'eux les parties plus denses, dont le poids détermine le centre de gravité.

Dans la nage, la position des poumons devient pour l'animal un moyen de se maintenir dans un équilibre stable, et son étendue un moyen de se soutenir à la surface de l'eau, souvent sans faire de grands mouvements.

Pour les reptiles et les amphibiens (tortues, crocodiles, couleuvres, grenouilles) les poumons, gonflés d'air, constituent aussi un appareil hydrostatique.

Quant aux oiseaux, c'est bien autre chose; l'air pénètre tout le corps, le poumon et ses annexes constituent un appareil aérostatique.

Ces faits suffisent pour démontrer qu'il n'est pas étranger à notre sujet d'exposer le type d'un appareil pulmonaire chez les vertébrés, et de faire entrer cette formule comme accessoire dans celle de l'appareil locomoteur.

Le poumon le plus simple que l'on trouve chez les vertébrés est celui de la salamandre, simple sac sans anfractuosités, sur les parois duquel les vaisseaux viennent se répandre. Il suffit de couvrir cette paroi d'anfractuosités pour avoir un poumon de grenouille. Si l'on ne fait apparaître les anfractuosités que dans la partie antérieure, la partie postérieure restant lisse, on aura un poumon d'ophidien, ou encore un poumon de lacertien, c'est-à-dire un poumon muni d'un réservoir aérien.

En plaçant les uns à côté des autres, dans une série antéro-postérieure, plusieurs poumons de grenouilles, et en les faisant ouvrir chacun à part dans une trachée commune, on a un poumon de chélonien, ou encore un poumon de crocodilien.

Un nombre immense de poumons de grenouille réduits à un

très-petit volume, couverts de vésicules d'une finesse excessive et suspendus aux ramifications d'un arbre trachéal extrêmement divisé, forment un poumon de mammifère.

Un poumon d'ophidien, dont la partie antérieure se transformerait en un réseau de canalicules aux parois couvertes de vésicules excessivement fines, deviendrait un poumon d'oiseau muni de réservoirs aériens envoyant dans tout le corps de nombreux diverticulums.

La présence des réservoirs aériens établit aussi une relation entre les oiseaux et les poissons, où l'organe pulmonaire devient une vessie natatoire. Les sacs pulmonaires des polyptères et des lépidosirènes sont des poumons munis d'un réservoir. La vessie natatoire de l'anguille, couverte à la partie antérieure d'un réseau vasculaire admirable, offre encore le même aspect, mais elle ne reçoit plus l'air extérieur, et de cette manière on arrive, de transition en transition, aux vessies natatoires qui n'ont plus aucune ressemblance avec un organe de respiration.

Chez les oiseaux, les poumons sont fixés d'une manière immobile aux parois de la cage thoracique ; ils sont toujours dilatés et parcourus sans cesse par les courants d'air qui se rendent dans les vésicules ou par ceux qui s'en échappent; les vésicules aériennes, qui sont comme appendues à ces organes essentiellement vasculaires, se répandent dans le thorax et l'abdomen, et se ramifient dans tout le corps, dont elles allégent le poids suivant le degré de leur dilatation.

DEUXIÈME PARTIE.

Description de l'appareil locomoteur des oiseaux.

I. — OSTÉOLOGIE ET SYNDESMOLOGIE.

HISTORIQUE. — Aristote (*Hist. animal.*, livre II) a dit sur l'appareil locomoteur des oiseaux quelques mots dont voici le résumé. On observe chez eux une tête, un cou, un thorax. Ils sont bipèdes comme l'homme, mais l'articulation de leurs pattes est en arrière comme chez les quadrupèdes. Leurs membres antérieurs sont des ailes. Leur ischion ressemble à un fémur; on le prendrait pour la cuisse. Leur vraie cuisse, qui est entre cette fausse cuisse et la jambe, semblerait être quelque autre partie propre à cette espèce d'animal.

Ils sont fissipèdes, même quand les doigts sont palmés. Ceux qui volent ont tous quatre doigts dont un en arrière; quelques-uns, comme le torcol, ont deux doigts en avant et deux en arrière.

L'ergot n'existe que chez des oiseaux qui volent mal.

Ils n'ont pas de queue, mais un croupion (*uropygium*) qui sert de gouvernail. Ceux à petit croupion étendent leurs jambes pendant le vol.

Le corps pris dans son ensemble est une masse ovoïde, carénée inférieurement, amincie en avant et en arrière. Tout le corps est adapté à la locomotion aérienne.

Ils n'ont ni poils, ni écailles, mais ils ont des plumes munies d'un tuyau.

On voit qu'Aristote, comme le fait encore le vulgaire, donnait le nom de jambe au métatarse des oiseaux, qu'il regardait la jambe comme une cuisse et qu'il rattachait la vraie cuisse au bassin.

Albert le Grand ne répète pas cette erreur d'Aristote, mais il ne dit rien pour la réfuter. Il ne fait d'ailleurs que résumer le philosophe grec. Ajoutons cependant qu'il est le premier qui ait considéré l'os des iles comme appartenant au membre abdominal, en insistant sur ce fait qu'il n'est uni à la colonne vertébrale que par une articulation ligamenteuse (1).

Frédéric II, empereur d'Allemagne (xiiie siècle), dans son livre *De arte venandi cum avibus* (2), a décrit les cavités aériennes des os des oiseaux, sans toutefois indiquer leur communication avec la trachée par l'intermédiaire des grands sacs aériens. Il dit que le fémur correspond à l'os du bras (*Hoc autem os refertur illi ossi in alis quod dicitur armus*). Il a signalé les éperons dont le métacarpe de certains oiseaux, comme les pluviers par exemple, est armé près de la base du pouce. Il désigne le bout de l'aile sous le nom d'impulsorium, et l'aile bâtarde, c'est-à-dire le pouce et les plumes auxquelles il donne insertion, sous celui de empiniones. Il a aussi décrit chez la grue la cavité de la crête sternale dans laquelle se trouve logé un repli de la trachée-artère.

Belon (3) est le premier qui ait vraiment décrit le squelette d'un oiseau. Les quelques pages qu'il consacre à ce sujet méritent d'être citées dans leur entier:

« Ch. xii. — L'anatomie des ossements des oyseaux conférée avec celle des animaux terrestres et de l'homme.

« Comme les oyseaux sont de diverse nature, ainsi ont les membres diversement façonnez : et ainsi que l'extérieur monstre les membres proportionnez en grands ou petits, les os qui sont le fondement de l'interieur ensuyvent ce qu'on voit de leur extérieur. Ceux de rapine ont les os plus robustes que les palustres et terrestres. Onc ne tomba animal entre nos mains veu qu'il fut en notre puissance, duquel n'ayons fait anatomie. De quoy est advenu qu'ayons regardé les intérieures parties de deux cents diverses espèces d'oiseaux. L'on ne doit donc trouver estrange si nous descrivons maintenant les os des oyseaux, et les portrayons si exactement. Car qui observera ceux des animaux à deux pieds; et les conferera à l'encontre des autres qui en ont quatre, n'en trouvera aucun, qui en se reposant ou dormant ne se couche sur les costés, hormis les oyseaux qui sont tousiours sur leurs iambes. Il est bien vrai qu'ils s'appuient dessus leur poictrine, toutefois il en est qui peuvent dormir sur un seul pied estants debout sans s'appuyer

(1) Ossa autem coxarum applicantur per alligationem ossibus quocunque, hoc est, renum utrinque; et post illa sunt ossa crurium et pedum. — *De animalibus.*

(2) Sammlung vermischter Abhandlungen zur Erklärung der Zoologie und der Handlungsgeschichte von Johann Gottlob Schneider, Berlin, 1784.

(3) L'Histoire de la nature des oyseaux avec leurs descriptions et naïfs portraicts retirés du naturel, escrite en sept livres par Pierre Belon du Mans, 1555, ch. xii.

aucunement, ou bien se mettent sur les genoux, comme advient à ceux qui ont les iambes longues. Mais ceste considération gist totalement es distributions que i'ay fait des oyseaux de rapine, palustres, terrestres, de bois, et des buissons. Qui prendra toute l'œlle ou la cuisse et iambe d'un oyseau et la conferera avec celle d'un animal à quatre pieds, ou d'un homme, il trouvera les os quasi correspondants les uns aux autres : car tout ainsi comme si un homme se marchait sur les ergots, c'est-à-dire sur les bouts des pieds, aurait le talon amont avec tous les ossements du pied touts droicts, tout ainsi les bestes à quatre pieds se marchants sur les ergots, et ayants le talon, orteils, et doigts touts droits, monstrent semblant d'estre en la proportion à la jambe d'un oyseau. Mais pour en faire voir telle expérience que chasque paysant la puisse comprendre, à fin de ne perdre le temps en l'explication des parties, nous nommerons chasque os en particulier, et le confronterons avec ceux des autres animaux et de l'homme. La description générale des os du corps humain est nécessaire pour apprendre à discerner l'endroit qu'il faudra medeciner, quand quelque patient s'adresse à nous pour avoir remède. Mais nous n'avons que faire d'en parler beaucoup en cest endroit : car estant ia descrite et mise en portraicture par tant de personnes, ne pretendons escrire autre exposition d'icelle, si non sur ce qui est requis pour enseigner comme nature se iouë diversement en ses œuvres, quasi comme si celle d'un animal dependoit de l'autre, et monstrer comment celle des oyseaux en approche, plus possible qu'il n'est advis au vulgaire. Parquoi voulons qu'on entende que mettons ceste anatomie des os humains seulement en comparaison de celle des oiseaux, promettant faire tout de mesme des autres animaux chacun en son endroit en nos commentaires sur Dioscoride en ceste langue.

« Qu'on tuë tel oyseau qu'on voudra, et qu'on lui rascle diligemment l'os de la teste (car c'est par la teste que voulons commencer notre anatomie), on ne lui voira aucunes coutures, ou sutures manifestes au test ; toutesfois ne nions que les oyseaux n'en ayent. Car qui prendra le chef d'un oyseau boulli et le depecera, y pourra discerner les six os correspondents aux nostres et avoir leurs sutures coronales, sagitales, occipitales et les commissures des os pierreux manifestes, et là recognoistra l'os du front ou coronal, et les os pierreux es temples, les os pariétaux sur le sommet de la teste, et celui qui fait le derrière, qu'on nomme *os occipitis*, qui est joint à la base du cerveau, et au-dessus du palais l'os basilaire. Ils ont le bec pour maschouëre, car aussi n'ont-ils aucunes dents, sinon quelques uns de rivière, qui ont le bec dentelé. Et au lieu que grande partie des animaux terrestres ont deux osselets dedans la racine de la langue, les oyseaux les ont aux costés par le bénéfice desquels ils l'estendent et retirent.

« Les os qui suyvent la teste sont les vertèbres ou rouëlles du col qu'on pourrait bien nommer en françoys les pesons, lesquels les Latins dient *vertebræ* et les Grecs *spondyli*. Les oyseaux n'ensuyvent pas la nature des autres animaux en l'endroit des vertèbres du col, car là où les autres n'en ont que sept, les oyseaux en ont douze. Et suyvant le col, ils en ont encore six en l'espine du dos moult différentes en figure à celles du col, auxquelles six sont attachées six costes en chaque costé : car les oyseaux n'ont en tout que douze costes entières, et une petite en chaque costé au dessous des œlles, mais toutes sont tressées par le travers avec des autres petits osselets suyvant l'espine. On leur trouve les deux grands os larges que nous nommons plats, ou sacrés, esquels il y a un pertuis au travers en chaque costé, et l'emboisture où s'insère l'os des cuisses, qui est ce que nous nommons la hanche.

« Mais la poictrine est bien d'autre manière qu'es autres animaux. Car à eux, qui avoyent à faire de grande force es œlles, nature a donné les muscles gros et forts, et renforcez d'un grand os par la poictrine, dedans lequel est l'habitation des poulmons : aux deux costez duquel les clavicules sont coniointes aux palerons de derrière pour tenir l'os de l'aile en sa fermeté. Encor ont un autre os d'abondant qu'on nomme en françoys la lunette ou fourchette : car communement on la met dessus le nez en forme de lunette, ou bien on le nomme le bruchet : car il prend par devant l'estomac, et est conioint aux bouts des deux clavicules en l'endroit des épaules, et de l'autre costé est ioint au corselet, c'est-à-dire à l'os de la poictrine. Car il est fait en manière de fourchette. Au-dessoubs des os larges autrement nommés os sacrés, ils ont le cropion composé de six osselets, qu'on peut séparer l'un de l'autre. L'on trouve quasi mesmes os en leurs œlles qu'es bras des hommes, ou es iambes de devant des animaux à quatre pieds. Car le gros os du bras nommé en latin *os adiutorij*, que nous pouvons nommer l'avant-bras qui sort des palerons de la fourchette et des clefs, est reconnu en même proportion que celui des autres animaux et de l'homme, ayant toujours les mêmes éminences, cavitez et rondeurs, suyvant lequel les autres deux os du bras sont conioints. Nostre vulgaire n'a point de nom pour les exprimer. Les anciens nommèrent le plus gros *ulna*, et le moindre *radius*. Nous les nommerons tous trois indifféremment les os du bras ; d'autant qu'avons ia nommé le gros l'avant-bras. Mais ayants monstré l'anatomie des os humains la première, faisants comparaison d'icelle avec les os des oyseaux, et donné l'intelligence d'iceux par figure, aurons meilleure commodité de poursuyvre à l'exposition d'un chacun en particulier, suyvants l'ordre commencé. »

Belon met en regard dans une même planche un squelette humain et un squelette d'oiseau où les os correpondants sont désignés par les mêmes lettres. Il énumère les pièces osseuses suivantes :

« Deux pallerons longs et estroits, un en chaque costé (omoplates.

L'os qu'on nomme la lunette ou fourchette n'est trouvé en aucun autre animal, hormis en l'oiseau.

Six costes, attachées au coffre de l'estomach par devant, et aux six vertèbres du dos par derrière.

Les deux os des hanches sont longs, car il n'y a aucune vertèbre au-dessous des costes.

Six osselets au cropion.

La rouëlle du genoil (*rotule*).

Les sutures du test n'apparoissent guère, sinon qu'il soit boully.

Douze vertèbres au col et six au dos.

Les os des deux clefs (les coracoïdiens, qui sont pour lui des clavicules).

Les os du bras ou espaule.

Le coffre de la poictrine.

Le petit os du coulde (*radius*).

Le gros os du coulde (*cubitus*).

L'os du pougnet nommé carpus.

Les nœuds et articulations nommées condili.

L'œlleron nommé appendix, qui est en proportion en l'œlle au lieu du pouce en la main.

L'os d'après le pougnet nommé métacarpium.

L'extrémité de l'œlleron qui est comme les doigts en nous.

Plusieurs os au bout de l'œlle, dont deux en forme de navettes, l'un plus grand et l'autre plus petit, qui est en proportion à l'oyseau, comme le creux de la main qu'on nomme en grec *thenar* et en latin *palma*.

Le gros os des cuisses vu en chacun costé.

Le gros os de la jambe (*tibia*).

Le petit os de la jambe (*péroné*).

L'os donné pour jambe aux oyseaux correspondant à nostre talon.

Tout ainsi qu'avons quatre orteils es pieds, ainsi les oyseaux ont quatre doigts desquels celui de derrière est donné en proportion comme le gros orteil en nous.

Quatre articulations au doigt de dehors.

Trois articulations en ce doigt (le troisième).

Deux articulations en ce doigt (le deuxième).

Nous estions demeurez sur le propos d'une œlle d'oyseau, faisants comparaison de ses os avec ceux des autres animaux, parquoy voulons maintenant faire voir que comme nous avons les mains et les autres animaux les pieds, aux uns séparez du bras et aux autres des iambes, ayants divers osselets pour faire les iointes des orteuls ou doigts : aussi les oyseaux ont un petit osselet de l'œlleron correspondant au poulce en l'homme, ou au pasturon ou osselet de derrière es autres animaux : car il n'y a oyseau qui outre sa grande œlle n'ait un petit œlleron, lequel pouvons nommer en latin *appendix* ou *pinnula*, au-dessous duquel est un osselet rond et veule correspondant à ceux qu'on nomme *carpi*. Combien qu'il y en ait huict osselets en la main, qui touchent aux deux os du bras, aussi cestuy-cy faisant la séparation des os susdits d'avec les derniers, qui est respondant à la première partie de la paume de la main, pourra obtenir ce nom de *carpus*, et en françoys pougnet. Et tout ainsi qu'on dit la main estre le bout du bras, aussi y a six os, qui font le bout de l'œlle, dont le premier est formé comme la navette d'un tissier, au bout duquel est attaché un petit os pointu conioint à l'extrémité d'iceluy. Les cuisses, iambes et pieds sont quasi conformes aux œlles ou aux bras et mains : car ils ont l'os de la cuisse, de mesme celuy des autres animaux terrestres, court et trapu au regard de l'autre de la iambe qui est longuet, délié, et double. Mais il y en a un moult petit respondant à celui qu'on nomme *os suræ*, car le grand est celui qu'on nomme en latin *tibia*. Car ce que nous voyons de descouvert et que notre vulgaire et nous avons nommé iambe en l'oyseau, sera mis en comparaison de tout le pied, d'autant que comme l'on voit plusieurs osselets es pieds de tous animaux avant venir aux orteuls ou ergots, aussi y a plusieurs petits os en une cavité entre les doigts et le bout des pieds que mettons pour talon qui servent pour ouvrir et fermer les griffes et doigts des oyseaux. Il faut donc que les orteuls ou doigts des oyseaux soyent comme à nous les nostre, puisqu'avons comparé leurs iambes au-dessous de noz pieds. A peine s'est trouvé oyseau qui excédast le nombre de quatre orteils ou qui n'en eust pour le moins trois ; mais les articulations ou entre deux d'iceux ne sont pas pareils. L'ergot ou doigt de derrière a une articulation, l'autre d'après n'en a que deux, celui du milieu en a trois et le dernier en a quatre, ou bien contant l'articulation, on tient l'ongle pour une. Celui de derrière en a deux, l'autre d'après en a trois, le tiers en a quatre, et le quart en a cinq. »

On voit que Belon a énuméré la plupart des os du squelette des oiseaux, même ceux qui composent la boîte du crâne. Il n'a décrit le bassin que dans son ensemble, et n'a parlé ni du pubis, ni de l'ischion. Il a donné au métatarse des oiseaux le nom d'os du talon. En désignant la fourchette comme un os propre aux oiseaux, et l'os coracoïdien comme une clavicule, il a commis une erreur dont la trace est encore à peine effacée. Il n'a pas parlé de l'os carré.

Coiter a laissé deux ouvrages dont l'un (1), principalement consacré

(1) Externarum et internarum principalium humani corporis partium tabulæ, atque anatomicæ exercitationes observationes que variæ, novis, diversis ac artificiosis-

à l'anatomie humaine, contient quelques faits sur l'anatomie des oiseaux. On trouve dans les planches la représentation du squelette du perroquet, de la grue, du cormoran, de l'étourneau. Dans ces squelettes, l'aile est relevée pour laisser voir la cage thoracique. Dans le chapitre *De auditu*, il décrit l'osselet de l'ouïe (ossiculum nostro malleo non dissimile). Il décrit aussi l'hyoïde du pic.

Dans un autre ouvrage (1), il a décrit le crâne des oiseaux. Mais je n'en puis rien dire, n'ayant pas pu me le procurer.

Aldrovande (2) a figuré le squelette de l'aigle (aquila chrysaetos Bellonii), et en a désigné les principales parties de la manière suivante :

Rostrum, mandibula inferior. — Vertebræ colli novem. — Vertebræ dorsi. — Clavicularum pars superior (ce sont les vraies clavicules formant la fourchette). — Clavicularum pars inferior qua sternum humero et scapulæ annectitur (ce sont les coracoïdiens, que Belon a eu le tort de nommer clavicules). – Omoplatæ. — Os humeri. — Ulna. — Radius. — Carpus et metacarpus. — Sternum. — Costæ. — Cartilagines. — Principium ossis sacri quod a vertebris dorsi exoritur ; quâ postremæ costæ duæ ilio adnexæ sunt, totum continuum cum ossibus ilii, coxendicis, atque pubis. — Os pubis cum suo foramine (la lettre indique l'ischion de l'oiseau et le grand trou sciatique. On peut en conclure qu'Aldrovande a vu un pubis dans l'ischion des oiseaux et un ischion dans l'aile postérieure de l'iléon, opinion qui depuis a été soutenue par Et. Geoffroy Saint-Hilaire). — Coceyx. — Crura. — Pars quæ in homine respondet tarso, quod in manu respondet carpo (c'est l'os du talon de Belon, qu'Aristote nommait la jambe, et qu'Aldrovande, comme on le voit, nomme le *tarse*). Digiti IV, posticus, anticus primus, anticus secundus, anticus tertius.

Ainsi Aldrovande a désigné sous le nom de tarse l'os canon des oiseaux ; la fourchette de Belon est formée pour lui par la partie antérieure des clavicules, et les coracoïdiens sont la partie postérieure des clavicules.

Le même auteur a décrit la tête du perroquet (capitis psittaci anatome). Il l'a figurée sous deux aspects, de profil et obliquement, en montrant la face inférieure. Les parties suivantes sont désignées : Narium foramina. — Oculi orbita. — Vertex et synciput. — Foramina aurium.—Ossibus pterygoïdibus sive alaribus similia ossa quæ trigona esse diximus (ce sont les palatins qu'il désigne ainsi). — Rostrum

simis figuris illustratæ, philosophis, medicis, imprimis autem anatomico studio addictis summe utiles, auctore Volchero Coiter Frisio Græningensi, inclytæ reipublicæ Noribergensis medico physico et chirurgo, Noribergæ, 1573.

(1) De avium craniis, 1575.

(2) Ulyssis Aldrovandi philosophi ac medici Bononiensis, historiam naturalem in gymnasio Bononiensi profitentis, ornithologiæ, hoc est de avibus historiæ libri XII, 1581.

inferius. Stilares processus longiores, quos juga vel primos processus vocavimus.—Stilares processus desinentes ad coïtum alarium processuum: sunt que illa ossicula, quæ secundos processus appellavimus (ce sont les os ptérygoïdiens qu'il indique ici; on voit également apparaître ici l'idée des deux arcades, l'une jugale, l'autre palato-ptérygoïdienne). — Os basilare sive spina ossis basilaris (Pourquoi spina? A-t-il voulu par là désigner la saillie du condyle de l'occipital?) — Os istud vocavimus tertium processum, possit que etiam dici processus auricularis propter aurium vicinitatem. Tubercula sive processus, ubi primus et secundus stilares processus conjunguntur. (Il nomme ainsi l'os carré et ses facettes articulaires latérales inférieures; il a aussi nommé l'os carré os rotundum.) — Vertebra supra quam caput movetur.

Aldrovande a longuement disserté sur les mouvements de la mâchoire supérieure chez le perroquet; il a décrit les organes de ce mouvement et principalement l'os carré, qu'il a désigné sous le nom d'os rotundum. — Rotundum prope modum est, habetque duo tubercula infra unum, unde alterum dictorum ossiculorum progerminat et supra alterum recta sub auribus ad latera exterius protensum; a quo aliud os erumpit non minoris usus quam illud et admirationis. Ab hoc eodem processus ille paulo intro post supremum tuberculum, interjecta velut vallecula exurgit, quem ex anteriore parte foraminibus aurium objectum esse diximus, et intra flexum eorum, et cranii processum in summo reconditum, cujus usum paulo post etiam non sine stupore dabimus.

Enfin, en décrivant la langue du pic, Aldrovande a désigné les cornes hyoïdiennes sous le nom de portiones duræ fidem imitantes.

Casserini (*De vocis auditusque organis historia anatomica*, Ferraræ, 1600) a parlé des organes de la voix et de l'ouïe des oiseaux.

Fabrice d'Acquapendente a décrit les cavités aériennes des os des oiseaux. Il a parlé des mouvements des ailes et des pattes, mais sans décrire les parties du squelette. Nous reviendrons sur cet auteur en parlant de la théorie du vol (1).

Fabrice de Hilden (*Kurze Beschreibung der Fürtreflichkeit, Nutz, und Nothwendigkeit der Anatome,* Bern 1624) a parlé du système osseux et du larynx des oiseaux.

Harvey (*De generatione animalium,* 1651) a dit que les poumons des oiseaux communiquent avec les vésicules aériennes. Il a dit que les pennes diffèrent des autres plumes non-seulement par les caractères qu'elles affectent lorsqu'elles sont développées, mais par leur mode de développement. Il a insisté sur le grand volume des cavités orbitaires chez les oiseaux.

(1) Hieronymii Fabrici ab Acquapendente anatomici Patavini De motu locali animalium secundum totum et primo quidem de gressu. De alarum actione, hoc est de volatu, Padoue, 1618.

Severini (*Zoologie*, 1645) a parlé de la conformation des pattes des oiseaux.

Galilée (*Discorsi e dimostrazioni mathematiche*, t. II, 1655) a parlé des cavités aériennes dont sont creusés les os des oiseaux.

Gassendi (Opera omnia, 1658) se borne à une énumération des différentes régions de l'aile (musculis distendentibus humerum, cubitum, carpum, metacarpium et quos veluti digitos observare in alis licet). Il distingue les oiseaux qui ont les jambes longues (longicrures) de ceux qui les ont courtes (brevicrures). Il compte, avec les Grecs, trois ordres de pennes (cleros, cleros medios, clericulos).

Robert Hook (*Micrographia*, 1665) a décrit la structure des plumes.

Commelini (*Observat. anatom.*, 1665) a parlé du squelette des oiseaux.

Oliger Jacobæus (Anatome psittaci, *Acta Hafniæ*, 1673) a décrit la trachée artère, la langue et l'oreille. Il a dit que chez l'oie, les poches aériennes communiquent avec les poumons.

Nicolas Stenon (Descriptio anatomica aquilæ sæxatilis, dans *Valentini amphitheatrum zootomicum*, 1720, extrait de Th. Bartholin *Act. med. Hafn.*, 1673), n'a pas décrit d'une manière spéciale le squelette des oiseaux; mais dans sa description des muscles de l'aigle, on trouve qu'il désigne l'os carré sous le nom d'*os intermedium intercranium et maxillam inferiorem;* que la fourchette est pour lui *l'os bifurcatum;* qu'il applique, à l'exemple de Belon, le nom de clavicule à l'os coracoïdien, et qu'enfin l'os canon devient pour lui l'os qui tient lieu de tarse et du métatarse, *os qui supplet vices tarsi et metatarsi.*

Jean Ray (1) (L.I de avium in genere) parle de l'appareil locomoteur des oiseaux. Il décrit leur squelette d'une manière générale. Il dit que la fourchette est formée par la réunion des clavicules (aves omnes pro claviculis quibus pleraque quadrupeda donantur furculam dictam obtinent). Les oiseaux seuls ont des ailes composées de plumes. Il y a encore deux ailes bâtardes, une externe et une interne (ala notha exterior, ala notha interior). Il n'y a pas d'oiseaux sans pieds, les oiseaux de paradis en sont pourvus aussi (il les représente dans une figure). Les hirondelles ont seulement des pieds très-courts, et c'est pour cela qu'Aristote les a nommées κακοποδες.

Jean Ray distingue d'ailleurs des oiseaux à 5 doigts, à 3 doigts et à 2 doigts. Il insiste sur ceux qui sont zygodactyles, et ajoute que les rapaces nocturnes peuvent à volonté avoir deux doigts en arrière. Il n'entre pas dans de plus grands détails sur le squelette des oiseaux.

(1) Francisci Willughbeii de Middleton in agro Warvicensi Armigeri, et regiæ societatis, ornithologiæ libri tres : in quibus aves omnes hactenus cognitæ, in methodum naturis suis convenientem redactæ, accurate describuntur : descriptiones iconibus elegantissimis et vivarum avium simillimis æri incisis illustrantur. Totum opus recognovit, digessit, supplevit Johannes Raius, 1676.

Borelli (1) dit que l'aile se compose de l'épaule (scapula), de l'humérus, du radius, du cubitus, et du carpe (qui pour lui est toute la main). Décrivant ensuite l'épaule avec plus de détail, il désigne sous le nom de clavicule chaque moitié de la fourchette, et dit que l'omoplate se compose de deux parties, l'une qui est l'omoplate proprement dite, l'autre qui va s'articuler avec le sternum, et à laquelle il ne donne pas de nom. « At in avibus scapulæ structura diversa, et magis artificiosa est, constat enim ex duobus ossibus oblongis angulum acutum constituentibus, quorum unum supernum costis dorsi adhœret, alligaturque pluribus musculis spinæ dorsi, infimi vero ossis scapulæ terminus planus et circularis firmissimo tendine alligatur aciei laterali ossis sterni. Verum in angulo scapulæ agglutinatur unus terminus claviculæ et in angulo scapulæ excavatur sinus rotundus intra quam rotatur humeri supremum tuberculum, ibidem valido tendine alligatum. »

Au membre postérieur il distingue l'os coxal, la cuisse (fémur), la jambe (crus) composée d'un tibia et d'un péroné très-réduit ; il désigne le canon sous le nom de crus pedale, qui, tout en corrigeant l'erreur d'Aristote, en marque encore la trace. Il note la longueur des doigts et leur disposition rayonnante.

Cornelius Van Dick (*Osteologia*, 1680) a donné les squelettes de l'aigle, de l'autruche, de l'oie, du héron, du canard, de l'étourneau et du moineau.

Néhémiah Grew (Museum regalis societatis, 1681) a représenté la tête osseuse de l'albatros.

Collins (A system of anatomy treating of the body of man, beasts, birds, fish, insects and plants, illustrated with many schemes, etc., by Samuel Collins, 1685. Of the flying of birds, p. 118), dans son chapitre sur le vol des oiseaux, a indiqué sommairement les diverses parties de l'aile, mais sans entrer dans le détail de la description ostéologique. Nous reviendrons à cet auteur en parlant de la théorie du vol.

Allen Moulen (Anatomical observations on the heads of fowl made at several times, by the late Allen Moulen, read before the Royal Society, febr. 1687-1688, dans *Philosophical transactions*, mars 1693, p. 711) a décrit principalement les cavités aériennes de la tête du coq. Ces cavités seraient disposées de manière à prévenir les échos. Il a décrit l'osselet de l'ouïe, mais a dit à tort que le limaçon n'existait pas.

Schelhammer (*Ephemer ac. cæs. Leop. naturæ curios.*, 1688, p. 206, obs. CIX, D. Guntheri Christophori Schelhammeri Ciconiæ anatome)

----

(1) *De motu animalium*, Rome, 1680, p. 205 pr. CLXXXIII. Structura alarum earumque partium expositio.

a parlé du squelette de la cigogne. Il a signalé la consistance, la dureté, l'apparence en quelque sorte vitreuse des os des oiseaux, en même temps que les cavités dont ils sont creusés. Il semble avoir connu, autant du moins que l'on peut en juger d'après un texte assez obscur, l'enchaînement qui existe chez les oiseaux entre les mouvements de la main et ceux de l'avant-bras.

Muralto (*Exerc. medicæ observ. et experimentis anatomicis mixtæ*, Amsterdam, 1688) a décrit le squelette de l'aigle.

Wedel (*Miscellanea acad. naturæ curios.*, 1688. Cycni sterni anatome) a parlé du sternum du cygne.

Perrault a signalé plusieurs particularités du squelette dans ses différents mémoires sur les oiseaux. Il a aussi décrit la structure des plumes (Œuvr. complètes, 1721, et Mém. de l'Ac. des sciences, 1686-99).

Poupart a décrit le développement des plumes (Mém. de l'Ac. des sciences.)

Georges Warren (*Trans. phil.*, 1714) a parlé de l'os hyoïde de l'autruche, et a signalé chez cet oiseau la présence d'une épiglotte.

Limprecht (*Ac. cæs. Leop.*, 1717, p. 209, Ciconiæ anatome) a décrit avec plus de détails le squelette de la cigogne. Il a signalé à tort l'absence du péroné.

Petit (Mém. de l'Ac. des sciences, 1736, Description anatomique de l'œil de l'espèce de hibou appelé ulula, par M. Petit, le médecin) a dit quelques mots du squelette de la tête du hibou ; mais nous avons surtout à tenir compte de la note assez étendue où il a décrit la tête osseuse du perroquet. Il fait remarquer la position moyenne du grand trou occipital situé moins en arrière que dans le coq d'Inde, l'oie et le canard, mais moins avancé que dans l'ulula. Il méconnaît l'articulation mobile du nasal avec le frontal, très-bien décrite par Aldrovande, mais en même temps il redresse l'erreur de cet auteur, qui n'attribuait le mouvement qu'à la mâchoire supérieure. Il affirme que la mâchoire inférieure se meut, ayant une épiphyse attachée à l'os de l'oreille. Il considère donc l'os carré comme une épiphyse de la mâchoire inférieure, et le désigne sous le nom *d'os en massue*. Il donne aux palatins leur véritable nom, et redresse l'erreur d'Aldrovande, qui les appelait os ptérygoïdiens, mais il rentre en partie dans cette erreur en regardant comme des apophyses ptérygoïdes les ailes internes des palatins. Quant aux véritables os ptérygoïdiens, il les désigne comme deux *os grêles*, qu'il semble considérer comme particuliers aux oiseaux. Enfin il décrit très-exactement la manière dont la mâchoire inférieure s'articule avec l'os carré chez le perroquet : « Son articulation se fait avec l'os qui ressemble à une massue, et qui est attaché à l'os de l'oreille, comme je l'ai dit ci-dessus ; elle se fait par gynglyme ; le côté de la massue est reçu dans une rigole ou gouttière qui est à l'extrémité de

la mâchoire, et le côté externe de la massue reçoit dans une gouttière le côté interne de l'extrémité de la mâchoire ; c'est au moyen
de ces deux gouttières que cette mâchoire peut s'avancer en avant
et reculer en arrière (1). »

Hérissant (Observations anatomiques sur les mouvements du bec
des oiseaux. Mém. de l'Ac. des sc. 1748, publié en 1752) a fait voir que
la mobilité du bec supérieur, observée jusque-là sur le perroquet et
sur le flamant, existe chez presque tous les oiseaux, même chez le
rhinocéros (toucan). Prenant pour types le canard, l'oie, le pélican, le
héron, il a décrit dans un grand détail les pièces osseuses des deux
mâchoires et leurs ligaments. Il a donné à l'os ptérygoïdien le nom
d'os omoïde, parce que chez le pélican sa forme rappelle celle d'une
petite omoplate. Il a complétement décrit l'os carré, et lui a donné ce
nom, qui depuis lui a été conservé par presque tous les auteurs. Son
mémoire est accompagné de plusieurs planches d'une belle exécution.

Johann Daniel Meyer (*Vorstellungen der Thiere*, 1748) a figuré les
squelettes d'un grand nombre d'oiseaux, mais son texte ne contient
aucune description.

Vicq d'Azyr (Mém. de l'Ac. des sc., 1772, premier, deuxième et troisième mém. sur l'anat. des oiseaux, Œuvres c., édit. de Moreau de la
Sarthe, t. V) a donné une description complète du squelette des oiseaux,
description plus méthodique, et surtout plus comparative que celle de
ses prédécesseurs. Il ne prononce pas le nom d'os carré et parle seulement, comme Petit, d'une épiphyse mobile de la mâchoire inférieure.
Il se sert du mot arcade palatine pour désigner l'os ptérygoïdien.
Comme Belon, il prend la fourchette pour un os spécial aux oiseaux,
et le coracoïdien pour la clavicule ; il s'efforce même de réfuter Borelli
sur ce point. Il prononce le mot d'os canon pour le crus pedale de
Borelli, et dit que c'est un métatarse. Il donne une description détaillée des os du bassin, et cherche à distinguer la région lombaire
du sacrum proprement dit. Il donne une description des diverses
parties du sternum, et fait pressentir l'importance de cet os pour la
classification des oiseaux. Il a mis à profit, comme il le dit lui-même,
l'expérience et les conseils de Daubenton.

Camper (Mém. sur la structure des os dans les oiseaux, 1773) a
décrit les cavités aériennes des os des oiseaux et montré qu'elles
communiquent avec les vésicules.

Hunter en a également parlé (*Trans. phil.*, vol. LXIV, 1774, An
account of certain receptacles of air, in birds, which communicate with

______

(1) Aldrovande a dit : « Articulatur autem rostrum hoc retro, et cavitatem planam
sub summo ossis rotundi tubere occupat, et infernum ejusdem ossis ambitum
sua quadam cavitate profunda, velut canali excipit, atque intra in adverso-latere
margine includit. »

the lungs and are in the hollow bones of these animals). Il cite le pélican et l'autruche.

Merrem (*Vermischte abhandlungen aus Thiergeschichte*, 1781) a
décrit le squelette de l'aigle à tête blanche.

Silberschlag (Schriften der Berlinischen Gesellschaft der naturfor-
chender Freunde. Zweiter Band, 1781-84, p. 214. Von dem Flüge der
Vögel), dans son travail sur le vol des oiseaux, ne donne pas de détails
sur le squelette. Il distingue dans l'aile l'éventail (Fecher), le fouet
(Schwinge) et l'aîle batarde (appendix de Belon, Afterflügel).

Gottlob Schneider (Sammlung vermischter Abhandlungen zur erkla-
rung der Zoologie und der Handlungsgeschichte, 1784) expose des
remarques sur le squelette et la structure des os de plusieurs oiseaux
(falco buteo, strix, picus martius, rallus grex, tringa vanellus). Il
insiste sur les cavités aériennes des oiseaux, sur le sternum, sur la
distinction primitive des vertèbres sacrées et caudales. Il a observé
sur deux canards sauvages (p. 171) la division du jugal en deux pièces
osseuses, mais il ne semble pas avoir vu là autre chose qu'un cas
exceptionnel. Il cite de longs passages du livre de Frédéric II : *De arte
venandi cum avibus.*

Mauduyt (*Encyclopédie Method.* — Ornithologie, par M. Mauduyt
de la Société royale de médecine. — Premier discours dans lequel on
traite de l'extérieur, de l'organisation des oiseaux, de leurs sens, de
leurs facultés et de leurs habitudes) a dit quelques mots du squelette
en général, en mettant à profit les auteurs qui l'ont précédé, et principalement Vicq d'Azyr. Il voit dans la lunette un os à part ; l'omoplate
est composée de 2 parties faisant un angle aigu, l'inférieure s'articulant
avec le sternum. Il compte trois os au carpe ; le troisième de ces os
est le sésamoïde, que l'on rencontre à l'extrémité du tendon du muscle
tenseur de la membrane antérieure de l'aile.

Il emploie, comme Aldrovande, le mot *tarse* pour désigner la partie
que l'on prend communément pour la jambe de ces animaux. Il mentionne le premier la présence d'un os ethmoïde chez les oiseaux.

Hermann (*Observ. et anecdota ex osteologia comparata*, 1792) a
parlé du squelette des rapaces.

Barthez (*Nouvelle Mécanique des mouvements de l'homme et des
animaux*, 1798, sixième section, Du vol des oiseaux, p. 190) décrit les
os de l'épaule des oiseaux. « L'humérus, qui est le principal instru-
ment des mouvements de l'aile, est appuyé dans ces mouvements
sur des os d'une structure particulière, qui tiennent lieu, dans les
oiseaux, d'omoplate et de clavicule.

« L'un de ces os (qu'on a nommé la lunette ou fourchette) est composé de deux branches, et a la forme d'un V. Il est articulé par son

sommet avec la partie antérieure et aiguë de la crête du sternum, avec lequel il est continu dans la grue.

« Au-dessus du thorax de l'oiseau, est placé, de chaque côté, un autre os composé de deux portions continues ou un assemblage de deux os cohérents qui forment un angle ; et vers cet angle est articulée, avec cet os, l'extrémité de la branche du même côté de l'os de la *lunette*.

« L'une des deux parties de chaque os composé qui est placé latéralement porte de haut en bas, et est appuyée au côté du sternum. L'autre se porte de devant en arrière, s'étend sur les parties dorsales des côtes, et est attachée vers le dos par plusieurs muscles de l'épine. D'où l'on voit qu'on peut regarder la dernière de ces parties comme une omoplate, et la première comme une clavicule postérieure, en considérant la branche correspondante de l'os de la lunette comme une clavicule antérieure. »

Cuvier, dans la première édition de son *Anatomie comparée* (1800) a décrit d'une manière très-succincte le squelette des oiseaux. Cette description, remarquable d'ailleurs par une clarté saisissante, diffère peu de celle de Vicq d'Azyr. L'épaule est considérée comme composée de trois os : la clavicule (dans le sens de Belon), l'omoplate et la fourchette. C'est seulement dans la première édition du règne animal (1815) que Cuvier a décrit l'épaule comme composée d'une clavicule, d'une omoplate et d'un os coracoïdien. Les os de la tête des oiseaux, si complétement décrits dans la seconde édition de l'*Anatomie comparée* (1835-1840), laissent beaucoup à désirer dans la première. Les palatins y sont regardés, à l'exemple d'Aldrovande, comme des apophyses ptérygoïdes et les ptérygoïdiens gardent le nom d'os grêles proposé par Petit.

(Sur la composition de la tête dans les animaux vertébrés, *Bull. de la Soc. philom.*, 1812), Cuvier admet que l'ethmoïde peut être en partie osseux, en partie cartilagineux, en partie membraneux. Il adopte l'opinion d'Et. Geoffroy sur l'os carré.

Il a en outre (*Ann. des sc. natur.*, 1832) publié un mémoire sur la marche de l'ossification dans le sternum des oiseaux ; et enfin il a parlé du squelette des oiseaux dans son ouvrage sur les ossements fossiles (quatrième édit., t. V).

Daudin (*Traité d'ornithologie*, 1800, t. I, ch. II, Sur le squelette des oiseaux, p. 70) a donné la première description de l'ethmoïde des oiseaux, que pourtant Mauduyt avait indiqué. « *La cloison ethmoïdale*, qui sépare les orbites des oiseaux, peut être comparée à un simple feuillet osseux, transparent, ayant plusieurs trous par où passent des nerfs qui communiquent, soit avec les yeux, soit avec l'intérieur des narines. Dans sa partie inférieure, cette cloison est adhérente au vomer, autre espèce de feuillet qui divise l'intérieur des narines en deux parties égales. » Daudin arrive à la véritable détermination des palatins en indiquant « deux arcades situées intérieurement, sous l'os frontal, à la place des palatins. » Il signale un petit rudiment de l'os nommé *rocher*. Il décrit une *arcade sourcilière*. Il continue d'ailleurs à regarder la fourchette comme un os à part, et à nommer clavicule l'os coracoïdien. Il dit que les oiseaux ont un tarse et qu'ils n'ont pas de métatarse.

Wiedmann (*Arch. für Zoologie und Zootomie*, 1801, t. II, première partie, p. 110, Anatomie des Zahmens Schwans) a décrit le squelette du cygne domestique. Il a nommé l'os carré os articulare (gelenkbein); son extrémité supérieure est l'apophyse temporale (schlafenfortsatz); son apophyse antérieure et interne est l'apophyse orbitaire (augenhohlenfortsatz). Le ptérygoïdien est pour lui l'os communicant (verbindungsbein). Il désigne le palatin sous le nom d'os ptérygoïdien (flügelbein), en ajoutant toutefois qu'il est jusqu'à un certain point analogue au palatin des mammifères.

Il refuse à tort une apophyse odontoïde à l'axis (p. 17). Il distingue dans les côtes vertébrales la tête, le tubercule, le crochet (hamulus, rippenhaker) et attribue le nom d'appendices costaux (appendices costarum, rippenanhänge) à la partie ossifiée qui correspond au cartilage costal de l'homme.

Il trouve dans le sternum une crête, des processus latéraux antérieurs, des processus latéraux postérieurs, et une apophyse antérieure à laquelle il ne donne pas de nom.

Il conserve au coracoïdien le nom de clavicule et décrit à part la fourchette (gabelbein).

Blumenbach, dans son Manuel d'anatomie comparée (*Handbuch der vergleichenden Anatomie*, 1805), cherche seulement à mettre en évidence quelques faits auxquels il attache plus d'importance. Il affirme, en contradiction avec Hérissant, que le bec supérieur du toucan est immobile. Il mentionne, comme cet auteur, l'os syncipital ou xyphoïde du cormoran; mais il dit, à tort également comme lui, que cet os sert à l'insertion des muscles qui relèvent la tête. Il voit dans la fourchette un os particulier aux oiseaux. Il insiste sur le squelette de l'aptenodytes et en donne la figure.

Étienne Geoffroy, en 1807, a décrit en détail, d'après le poulet, l'ostéologie de la tête des oiseaux dans un mémoire qui marque un grand progrès dans les études anatomiques (1). Il commence par établir la distinction de l'intermaxillaire, du maxillaire supérieur et du jugal, et montre que ce dernier se compose de deux pièces osseuses. Il dé-

---

(1) Consid. sur les pièces de la tête osseuse des an. vert. et partic. sur celles du crâne des oiseaux, *Ann. du Mus.*, t. X, 1807.

crit les nasaux, « jusqu'alors plutôt supposés qu'aperçus. » Il complète la description de l'ethmoïde, imparfaitement vu par Daudin, détermine la véritable signification des palatins, considérés par les auteurs précédents comme des ptérygoïdiens, et retrouve les véritables ptérygoïdiens dans les os omoïdes de Hérissaut. Il émet l'opinion que l'os carré correspond à la réunion du cadre du tympan avec l'os styloïde. Il s'exprime ainsi dans sa conclusion : « Si ces observations, d'où il résulte que le crâne des oiseaux est formé d'autant et de semblables pièces que celui de l'homme et des mammifères, montrent, jusque dans les plus petits détails, que tous les animaux vertébrés sont faits sur un même modèle, elles établissent aussi qu'il y a un type secondaire et particulier pour les oiseaux. En effet, la mobilité du bec supérieur, la grandeur des intermaxillaires, l'union de leurs branches montantes, leur articulation avec l'ethmoïde, la survenance dans le plancher extérieur de la face de trois os interposés entre les frontaux et les os du nez, l'emploi de l'ethmoïde pour lien commun des os de la face et du crâne, enfin l'articulation par diarthrose des palatins postérieurs et des os carrés, sont des faits communs à tous les oiseaux, et qu'il faudra dorénavant ranger au nombre des caractères généraux qui distinguent les oiseaux des animaux à mamelles. »

Presque toutes les idées émises dans ce travail ont été adoptées par Cuvier et par la plupart des anatomistes.

En 1818 (*Philosophie anatomique. Des organes respiratoires*, etc., 4me mémoire. *Des os du pharynx*, p. 223 à 228), il a décrit sous le nom de plaque pharyngienne une lame osseuse qui recouvre la base du crâne en arrière des trompes d'Eustache. Cette lame, qu'il a trouvée double chez la corneille, est celle que Parker décrit comme formée par la réunion de ses basi-temporaux.

Dans le même ouvrage, il a décrit les os de l'oreille des oiseaux (1er mémoire); leur sternum (dont il a nommé les différentes parties et exposé le développement) et leur épaule (2me mém.); leur os hyoïde (3e mém.); leur larynx (4e mém.), et de nouveau les os de l'épaule (5e mém.). Il a décrit comme un os à part, sous le nom d'omolite, la partie acromiale de la clavicule des oiseaux, et émis l'opinion que cette omolite correspond à l'os que l'on nomme ordinairement clavicule chez les lacertiens et chez les ornithodelphes.

Plus tard (*Ann. des sc. natur.*, 1832) il a rédigé, en réponse aux objections de Cuvier, un mémoire sur la marche de l'ossification dans le sternum des oiseaux.

Tiedemann a publié en 1810 une anatomie complète de la classe des oiseaux (1). Il a décrit le squelette en détail, ainsi que les ligaments,

____

(1) *Anatomie und Naturgeschichte der Vögel*, Heidelberg, 1810.

en indiquant les principales différences observées jusque-là dans les différents ordres. Une bibliographie très-complète accompagne cet ouvrage. Des tableaux indiquent les proportions du crâne, celles des os des membres, et le nombre des vertèbres chez un certain nombre d'oiseaux.

Il regarde encore le coracoïdien comme une clavicule, et la fourchette comme un os particulier aux oiseaux.

Nitzsch (*Osteologische Beiträge zur Naturgeschichte der Vögel*, 1811), a publié vers la même époque un travail très-complet sur les cavités aériennes des os des oiseaux en poursuivant la comparaison dans les différents ordres. Il a décrit sous le nom de *siphonium* un petit tube osseux par où l'air passe de la cavité du tympan dans celle de la mâchoire inférieure. Il a signalé sous le nom d'os huméro-capsulaire un sésamoïde situé à la partie postérieure de l'articulation scapulo-humérale. Enfin il a décrit la saillie que présente l'extrémité supérieure du tibia chez les grèbes et montré qu'elle coexiste avec la rotule.

Henri de Blainville a lu devant l'Académie des sciences de Paris, le 6 décembre 1815, un mémoire sur l'usage que l'on peut faire du sternum pour la classification des oiseaux (1). Dans ce travail, il ne sépare pas le sternum de ses annexes, c'est-à-dire qu'il considère tout l'ensemble de l'appareil omo-sternal. Il énumère en détail toutes les parties de cet appareil et leur donne des noms. Il conserve encore pour l'os coracoïdien le nom de clavicule et pour l'ensemble des vraies clavicules celui de fourchette. Mais il a le soin de dire que ces noms sont impropres et fautifs, et que s'il les emploie c'est parce qu'ils sont plus connus. Il propose pour le coracoïdien le nom de préischion. Il démontre nettement que plusieurs groupes d'oiseaux sont très-bien caractérisés par la forme du sternum et que cette forme donne le moyen de redresser plusieurs erreurs de classification.

Dans ses *Principes d'anat. comparée* (t. Ier, Aistésologie, 1822), il a décrit en détail les cornets du nez dans plusieurs espèces d'oiseaux. Nous citerons encore les travaux suivants : *Sur le fou de Bassan* (*Bull. de la soc. phil.*, 1826). — *Mém. sur le ganga*, lu à l'Ac. des sc. en 1829 (*Bullet. de Férussac*, t. XXVI). — Mém. zool. et anat. *sur le chionis* (Voy. *De la Bonite*, Zool., 1841).

Merrem, l'auteur du travail sur le squelette et les muscles de l'aigle à tête blanche qui avait paru en 1781, a publié en 1816 un essai de classification des oiseaux par le squelette. Sa première division est établie d'après le sternum ; il sépare les oiseaux sans crête sternale

____

(1) Mémoire sur l'emploi du sternum et de ses annexes pour l'établissement et la confirmation des familles naturelles chez les oiseaux, *Journal de physique*, 1821.

(*ratitæ*) de ceux qui ont une crête sternale (*carinatæ*) ; mais il établit d'ailleurs ses caractéristiques d'après l'ensemble du squelette (1).

En 1819, le même auteur a publié une description du squelette du casoar avec des observations sur les oiseaux à sternum sans carène (2).

Frémery (Specimen zoolog., sistens observat. præsertim osteologicas de casuario novæ Hollandiæ, 1819) a publié des observations sur le squelette de l'émeu (casoar de la Nouvelle-Hollande).

Bojanus (Parergon ad anatomen testudinis, cranii vertebratorum animalium, scilicet piscium, reptilium, avium, mammalium comparationem faciens, 1821) a décrit la tête osseuse du coq domestique. Il désigne le pariétal sous le nom d'interpariétal, l'exoccipital sous celui de pariétal ; l'os carré est un squamosal, le squamosal un mastoïdien, le bec du sphénoïde est le ptérygoideus processus. Il nomme tympanique la pièce osseuse que Parker appelle aujourd'hui basi-temporal.

Huber (*Dissertatio de linguis et osse hyoideo*, 1821).

Burtin a décrit le squelette dn pélican (*Observations on the natural history of the pelecanus aquilus of Linnæus, dans Transact. of the Linnean Society*, 1821).

Hauch (*Journ. de physique*, 1822, t. xcv, p. 330, Quelques observations fragmentaires concernant l'ostéologie des organes du mouvement des mammifères et des oiseaux, par M. de Hauch) a essayé de démontrer que les variations de forme du sternum sont soumises à une loi générale. Dans un chapitre particulier (quelques observations additionnelles concernant l'ostéologie des extrémités des oiseaux) il a insisté sur la forme de l'omoplate et sur les variations de longueur du bras et de l'avant-bras.

Naumann (*Naturgeschichte der Vögel Deutschlands*, 1822, 1844, t. Ier) a donné une description générale du squelette des oiseaux. Il admet deux sortes de clavicules. L'os metatarsi, mittelfussbein, représente le tarse et le métatarse.

Heusinger (Zoologische Analekten, dans *Arch. de Meckel.*, t. VI, 1822, p. 177) a décrit chez le strix flammea, sous le nom d'osselet de la membrane de l'aile (flügelhaut knöchelchen), le sésamoïde que Mauduyt avait compté pour un troisième os du carpe.

Wilson (*Bull. soc. med.*, 1822), Anat. de l'oiseau-mouche.

J.-F. Meckel a commencé en 1825 la publication de son système d'anatomie comparée (Syst. der vergleichenden Anatomie), dont la traduction française a paru de 1828 à 1838 sous le nom de *Traité général*

______

(1) Tentamen systematis naturalis avium ex osteologiæ principiis. Mém. ac. de Berlin, 1816.

(2) Beschreibung der Gerippen eines Casuars (casuarii galeati) nebst einiger beiläufiger Bemerkungen über die flachbrüstige Vögel (aves ratitæ).

d'anatomie comparée. Il a décrit le squelette et les ligaments des oiseaux en indiquant les principales différences qu'ils présentent dans les différents ordres. Il emploie les expressions de clavicule postérieure ou coracoïdienne et de clavicule antérieure ou acromiale, et fait entendre que la véritable clavicule manque peut-être chez l'autruche didactyle. Il emploie le mot tarso-métatarien.

Dans un mémoire séparé (Beiträge zur Anatomie des indischen Kasuars, *Arch. f. Anat. und Phys.*, 1830) il a décrit en détail le squelette du casoar indien.

Lherminier (*Mém. de la Soc. linnéenne de Paris*, 2ᵉ partie, 1827, — Recherches sur l'appareil sternal des oiseaux considéré sous le double rapport de l'ostéologie et de la myologie, suivies d'un essai sur la distribution de cette classe de vertébrés, basée sur la considération du sternum et de ses annexes) a développé dans un travail très-remarquable les idées que son maître Henri de Blainville avait proposées en 1816.

En 1837 (Mém. Ac. des sc., rapport d'Isid. Geoffroy) il a publié un autre travail où il s'est occupé du développement du sternum.

Rod. Wagner (*Zeitschrift f. die organische Physik* von Dʳ Carl Heusinger, t. I, 1827. — Ueber die Knie und Ellenbogenschiebe in dem Thierreiche) a décrit la rotule du genou des oiseaux et indiqué, d'après Isid. Geoffroy, la rotule du coude de l'aptenodytes. Dans un autre travail (Uber die vordere Extremität des Neuhollandischen Casuars) il a décrit les membres antérieurs de l'émeu, et confirmé l'assertion de Meckel sur l'absence du carpe chez cet oiseau.

E. Dalton (*Die Skelette der Straussartigen Vögel*, Bonn, 1827, faisant suite à Pander et Dalton, *Vergleichende Osteologie*) a décrit et représenté le squelette de l'autruche (struthio camelus), du nandou (rhea americana), du casoar d'Asie (casuarius galeatus) et de l'émeu (casuarius Novæ Hollandiæ). On trouve dans les planches le détail de la tête de l'autruche et quelques détails du jeune nandou.

En 1837, le même auteur a décrit le squelette des rapaces. Il a figuré plusieurs squelettes entiers, des crânes et des bassins. Dans ce dernier travail il a encore conservé le nom de clavicule à l'os coracoïdien.

Yarrell a décrit les principales variétés que présente la trachée chez les oiseaux (*Transact. Linn. soc.*, 1827).

Il a aussi décrit l'os xyphoïde du cormoran et montré qu'il sert à l'insertion du muscle temporal.

Berthold (*Beiträge zur Anatomie, Zoologie, und Physiologie*, 1831, p. 105, Das Brustbein der Vögel, besonders in Bezug auf ihre Gestalt) a publié en 1831 un travail d'ensemble sur le sternum des oiseaux considéré au point de vue de la forme. Il a décrit et figuré au simple trait un grand nombre de sternums avec les os de l'épaule. Dans ce travail, la clavicule et le coracoïdien sont désignés par leur véritable nom. Pour le développement et la dénomination des diverses parties du sternum, il s'en tient à Et. Geoffroy.

R. Owen, dont les travaux ont tant contribué dans les quarante dernières années aux progrès de l'anatomie comparée, a commencé en 1831 la série de ses publications sur l'anatomie des oiseaux.

Travaux publiés dans les Proceedings de la Soc. zoologique de Londres : 1831. On the anatomy of the gannet (Sula Bassana). Il insiste sur la description des réservoirs aériens et réfute Montagu qui a dit (*Ornith. dict.*, art. GANNET) que la peau ne pouvait pas être insufflée par les poumons et que l'air ne pouvait pas passer d'un côté du corps à l'autre.

1832. On the anatomy of the Flamingo (phœnicopterus ruber). Il établit que les genres chionis, glareola, phœnicopterus appartiennent à des familles distinctes.

1833. On the anatomy of the concave Hornbill (buceros cavatus). Il signale l'existence de l'air dans les os des extrémités, jusque dans les phalanges.

1834. On the anatomy of the purple crested Touraco (corythaix porphyreolopha Vig.). Il insiste sur les clavicules et sur le sternum.

1835. Notes on the anatomy of the red-backed pelikan (pelecanus rufescens). Il parle des vésicules aériennes ; il n'a pas trouvé de communication entre les cavités aériennes de la mâchoire inférieure et les cavités tympaniques et a pu vérifier au contraire qu'elles communiquent avec les cellules du cou et par leur intermédiaire avec la vési-cule sous-claviculaire. Il affirme que le pélican ne perche pas.

1838. On the anatomy of the apteryx. Description complète du squelette.

1839. Sur les os d'un struthidé de la Nouvelle-Zélande, le movie, que les naturels disaient ressembler à un aigle. Il a depuis nommé cet oiseau megalornis, puis dinornis.

1840. On the skeleton of the tachypetes Latham. Il établit que c'est un gallinacé.

1843. On dinornis Novæ-Zelandiæ. Il établit d'après l'os tarso-métatarsien trois espèces distinctes : D. giganteus, D. struthioïdes, D. didiformis. Il y ajoute D. otidiformis, et D. dromeoïdes. D'un autre côté, il cherche à établir un rapport entre ces espèces et les ornithichnites du Connecticut.

1846. Dinornis. — Dodo. Il combat l'opinion qui fait de ce dernier oiseau un rapace.

1848. On the remains of the gigantic and presumed estinct wingless terrestrial birds of New-Zeeland. Il distingue les dinornis giganteus,

casuarinus, didiformis; — les palapteryx ingens, dromeoïdes, gera-
noïdes; — l'apterornis et le notornis. Il décrit comparativement les os
du crâne.

1850. On dinornis.

1851. Leg of dinornis (palapteryx struthioïdoes), and. palapteryx
gracilis.

Il emploie le mot metatarsus et semble renoncer à celui de tarso-
metatarsus.

1856. Leg and foot of the dinornis elephantopus. Description et
mesures.

Travaux publiés dans les Transactions de la même société.

1835. On the anatomy of the concare hornbill. — En décrivant le
ligament orbito-mandibulaire, il dit que ce ligament empêche le recul
de la mâchoire.

Il décrit une partie du squelette de l'aptéryx.

1849. On dinornis. Description et figures de grandeur naturelle.

Observations on the dodo.

1862. Plusieurs mémoires sur le dinornis.

1866. Mémoires sur le dinornis; — Mémoire sur l'alca impennis.
Description et figure du squelette.

1869. On the osteology of the dodo, avec une figure représentant le
squelette restauré.

Deux mémoires sur le dinornis.

1872. Mémoires sur le dinornis et ses congénères.

Nous citerons encore :

On the archæopteryx (*Transactions philosophiques*, 1863).

Description of the skull of a dentigerous bird. Odontopteryx toliap-
tica (*Quarterly journal of geological Society*, 1873). Dasornis londi-
nensis (*Trans. geol. soc.*, t. VII).

Telfair (*Proceed zool. Soc.*, 1833) a décrit des os de dodo découverts dans l'île Maurice.

Borchardt a publié en 1833 un mémoire sur les ligaments de la
colonne vertébrale des oiseaux (Nonnulla de ligamentorum vertebræ
spinalis comparatione inter aves et mammalia, Berolini, 1833).

V. Carus a fait paraître en 1834 la seconde édition de son traité
élémentaire d'anatomie comparée (*Lehrbuch der vergleichenden Anatomie*), dont la première édition avait paru en 1818. Il y a donné une
description générale du squelette des oiseaux dans laquelle on doit
remarquer en particulier la manière dont il conçoit la composition du
sternum.

Le squelette des oiseaux est aussi décrit dans ses *Recherches
d'anatomie philosophique ou transcendante* (1828).

Dans ses planches d'anatomie comparée (Erlaüterungstafeln, ou tabulæ anatomiam comparativam Illustrantes, 1828) il a figuré l'ensemble et diverses parties du squelette.

Duvernoy a publié en 1835, dans les Mémoires de la Soc. d'hist. nat. de Strasbourg, un travail sur l'hyoïde des oiseaux.

Allis a inséré en 1835 dans les Proceedings de la Société zoologique de Londres une note sur la fourchette et le sternum.

Reid a publié dans le même volume un mémoire sur l'anatomie du pingouin de Patagonie (Anatomical description of the patagonian pinguin, aptenodytes patagonica). Il a donné la description complète du squelette et celle de quelques ligaments. Il affirme que la mâchoire supérieure est immobile ; que le tarse manque (there is no tarsus) et que le métatarse seul existe.

Martin (même recueil), 1836. Notes en the visceral and osteological anatomy of the cariama.

Blyth (ibid. 1837). Ostéologie de l'alcaimpennis.

Emile Jacquemin (Anat. et physiol. de la corneille, *Isis*, 1857 et C. R. Ac. des sc.) a étudié le développement du squelette de la corneille.

Hagenbach a étudié la structure du crâne (*Berichte Basler naturforscher Gesellschaft*, 1838, et *Muller's Arch.*, 1839, Schädelbau).

Hallmann (Die vergleichende Anatomie des Schläfenbeins, 1837), dans son anatomie comparée du temporal, a discuté la signification des os qui constituent la région temporale chez les oiseaux (Ch. ii : Du jugal et des parties extérieures du temporal chez les oiseaux et les reptiles écailleux. Ch. iii : Des os qui contribuent à former le labyrinthe chez les oiseaux et les reptiles écailleux). Il admet que le temporal écailleux fait partie de la boîte crânienne chez les oiseaux comme chez les mammifères et qu'il répond à l'os que Cuvier a désigné chez le crocodile sous le nom de mastoïdien. L'os que Cuvier a nommé temporal écailleux chez le crocodile est un quadrato-jugal, ce qui réfute en même temps l'opinion postérieure de R. Owen, qui voit un squamosal dans le quadrato-jugal des oiseaux. Le squamosal présente un rudiment d'apophyse zygomatique et une facette inférieure qui s'articule avec l'os carré comme celle qui reçoit chez les mammifères l'articulation de la mâchoire inférieure. Hallmann admet que le rocher est primitivement composé de trois os, dont le postérieur répond au mastoïdien des mammifères, à l'occipital latéral de Cuvier chez les tortues, et se soude à l'exoccipital chez les crocodiles, les lézards, les serpents, ainsi que chez les oiseaux.

Plattner (*Bemerkungen über das Quadratbein und die Paukenhohle der Vögel*, von Fedor Plattner, 1839) a décrit la forme et les rap-

ports de l'os carré. Il y distingue le corps et les apophyses qui sont :
la musculaire (orbitaire de Wiedemann), la temporale et la tympanique
(articulée avec le rocher). Il pense que l'os carré ne représente pas
le cercle du tympan des mammifères, mais que c'est une partie détachée du temporal et du rocher, et il est porté à croire avec Carus que
cet os correspond à l'enclume. La caisse est limitée par un bord qui
forme une sorte de cadre auquel s'attache la membrane du tympan,
mais ce cadre est toujours incomplet, et c'est une erreur d'attribuer
aux hibous un véritable cercle tympanique.

Bergmann(Ueber die Bewegungen von Ulna und Radius am Vogelflü-
gel. *Muller's Arch. anat.*, 1839), dans un mémoire sur les mouvements
du cubitus et du radius dans l'aile des oiseaux, a décrit le mouvement
d'élongation du radius. Mais la seule conséquence qu'il en tire est
que ce mouvement peut avoir une influence sur les déplacements du
centre de gravité (p. 300).

Pélerin (*Mag. nat. hist.*, 1839), a décrit le crâne de la cigogne.

Brandt a fait connaître en 1838 (*Bullet. de l'Ac. de Saint-Pétersbourg*)
deux osselets qu'il a trouvés chez les oiseaux auxquels il a donné
le nom de stéganopodes, c'est-à-dire les totipalmes de Cuvier. L'un
de ces osselets, qu'il nomme *ossiculum superjugale*, a été rencontré
chez l'anhinga et le cormoran ; l'autre qu'il nomme *lacrymo-palatinum*,
existe chez la frégate, le puffin et l'albatros. La description de ces os
a été publiée de nouveau en 1840 dans les mémoires de l'Académie de
Saint-Pétersbourg en tête d'un grand travail sur le squelette des
oiseaux stéganopodes (1). Brandt regarde l'os superjugal comme un
appendice du jugal et le lacrymo-palatin comme le commencement
d'un cercle sous-orbitaire. Parmi les caractères de la tête osseuse, il
insiste beaucoup sur la fente médiane qui sépare les os palatins (choanenspalte).

Il décrit l'os xyphoïde ou syncipital du cormoran sous le nom d'os
pyramidal, déjà employé par Meckel, et signale un autre os placé
chez le même oiseau sur la ligne courbe de l'occipital. Il se sert du
squelette pour diviser les stéganopodes en trois tribus : carbonidæ,
tachypetidæ, phaetonidæ, et pour discuter les affinités qui les relient,
soit aux autres groupes de palmipèdes, soit aux échassiers, soit encore aux rapaces, parmi lesquels Ray, Hermann et Vigors ont rangé
la frégate. Il a figuré les squelettes des podiceps, aptenodytes, Rhyn-
chops, larus.

Kessler (Osteologie der Vogelfüsse, *Bullet. de la Soc. des natura-*

(1) Beiträge zur Kenntniss der Naturgeschichte der Vögel. Erste Abhandlung.
Ueber zwei eigenthümliche Formen von Knöchelchen, die sich am Schadel meh-
rerer Schwimmvögel finden. — Zweite Abhandlung. Bemerkungen über das Skelet
der einzelnen Steganopoden Gattungen.

listes de Moscou, 1841) a décrit les os du pied des oiseaux dans les différents ordres et en a figuré quelques détails. Il emploie l'expression d'os tarsi qu'il traduit par mittelfussknöchen.

Rodolph Wagner (Icones Zootomicæ, Handatlas der vergleichenden Anatomie, 1841) a figuré les squelettes entiers de plusieurs oiseaux, ainsi que des parties détachées.

Kuhlmann (De absentia furculæ in psittaco pullario, Kiliæ, 1842) a signalé l'absence de la clavicule dans une espèce de perroquet.

Cornay (Comptes rendus de l'Acad. des sciences, 1842; *Revue Zoologique*, 1847, Considérations générales sur la classification des oiseaux, fondées sur la considération de l'os palatin antérieur) est le premier qui ait essayé d'établir une classification générale des oiseaux à l'aide des caractères que nous offre la voûte palatine. Après avoir décrit les principaux caractères des os palatins, il pose trois lois : 1° Il y a coïncidence de telle ou telle forme d'os palatin antérieur avec telle forme de crâne dans les oiseaux de même ordre ; 2° il y a ressemblance entre les os palatins antérieurs dans les oiseaux de même ordre ; 3° il y a des rapports de ressemblance dans les os palatins antérieurs dans les groupes d'oiseaux qui sont voisins les uns des autres.

Cornay se sert de ces caractères pour séparer les pigeons des gallinacés et en même temps des passereaux, les pies des perroquets, les corbeaux des rolliers; pour montrer que les dentirostres de Cuvier ne forment pas un groupe naturel, que les palmipèdes doivent être subdivisés, et qu'au contraire les groupes des rapaces et ceux des palmipèdes plongeurs, longipennes et totipalmes sont bien caractérisés. Il admet comme premières données pour servir à un travail plus complet, 40 formes d'os palatins antérieurs.

Köstlin (Der Bau des knöchernen Kopfes, etc., 1844) a décrit en détail le squelette de la tête des oiseaux.

Strickland (Proc. zool. Soc., 1844) a décrit les os du solitaire de l'île Maurice.

Sappey (Rech. sur l'appareil respiratoire des oiseaux, 1847) a décrit en détail les réservoirs aériens.

Stannius (Anat. comp. des vertébrés, trad. française, *Manuels Roret*, 1849) est entré dans de grands détails sur le squelette des oiseaux.

Strickland et Melville (*The dodo and its kindred*, 1848) ont décrit et figuré en détail les os du dodo et du solitaire.

Wyman (Proc. Boston Soc. nat. hist., 1855) a décrit le mouvement d'élongation du radius et montré son influence sur les mouvements de la main.

Bartlett (*Proc. zool. Soc.*, 1851, On some bones of dodo) soutient que le solitaire de l'île Rodrigue est un dodo.

Kaup (*Trans. zoolog. Soc.* 1862, lu en 1852, Monograph of the strigidæ) dans un travail principalement zooclassique, a figuré la tête osseuse de glaucinium ferrugineum, otus vulgaris, otus brachyotus, bubo africanus, bubo ketupa, strix flammea, syrnium aluco.

Pfeiffer (*Zur vergl. Anat. des Schultergürtels und der Schultermüskeln, bei Säugethieren Völgeln, und Amphibien*, Giessen, 1854) a décrit les os de l'épaule des oiseaux en cherchant à établir leur véritable signification. Il affirme que l'absence de la clavicule n'est jamais complète et qu'il reste toujours au voisinage de l'acromion une petite pièce qu'un ligament réunit au sternum.

Munster (*Journal de Giebel*, Zeitschrift für die gesammten Naturwissenschaften herausgegeben von dem natur. Vereine für Sachsen und Thüringen im Halle, 1853) a signalé l'absence de la clavicule chez un trochilus.

Giebel a publié dans le même recueil, de 1853 à 1866, une série d'articles sur l'appareil locomoteur des oiseaux dont plusieurs sont tirés des manuscrits inédits de Nitzsch :

1853. Squelette du dicholophus cristatus (Nitzsch).

1854. Squelettes de fringilla carduela, f. cœlobs. Description détaillée et mesures.

1855. Ostéologie du râle commun et de quelques espèces voisines.

1857. Upupa epops, coracias garrula, cypselus apus. — Cathartes aura, falco albicilla, f. lagopus, f. buteo.

1858. La langue des oiseaux. Il figure un grand nombre de langues et d'os hyoïdes.

1860. Die Federlinge der Raub Vögel. Plumes des rapaces.

1861. Podoa surinamensis.

1862. Perroquet.

1863. Ostéologie du genre ocypterus.

1865. Le pélican.

1866. Le pic. Le gypaète (Lammergeyer).

Bernstein. De anatomia corvorum, *Osteologia Diss.*, 1854.

Bürmester (Coracina ventata, *Abhandl. natur f. gesellsch.*, Halle, 1855).

Grüber (*Bull. de l'Ac. de Saint-Pétersbourg*, 1855, Ueber das Thränenbein der Straussartigen Vögel überhaupt, und uber den Oberaugenhöhlenknochen (os supraorbitale) und den neuen unteraugenhöhlenknochen (os infraorbitale) des Struthio camelus insbesondere) a décrit et figuré deux os qui existent chez l'autruche, dont le second seul existe chez le nandou, et qui manquent chez le casoar.

Barkow (*Syndesmologie der Vögel*, Breslau, 1856).

Paul Gervais a publié en 1844 ses *Remarques sur les oiseaux fossiles*, où il a distingué les traces de ces oiseaux en ornithichniques lorsqu'elles consistent uniquement dans l'empreinte de leurs pas, et ornitholites lorsque ce sont des os. Il a proposé d'appeler *osteornis* les os d'oiseaux fossiles dont on ne peut pas reconnaître l'espèce. Il a donné l'énumération des ornitholites que l'on avait jusqu'alors trouvés dans les terrains tertiaires ainsi que dans les terrains secondaires.

Dans un autre travail (Description ostéologique de l'hoazin, du kamichi, du cariama et du savacou, suivie de remarques sur les affinités naturelles des oiseaux, Voyage de Castelnau, 1855) il a démontré par les caractères tirés du squelette que l'hoazin se rattache au groupe des oiseaux passériformes, mais qu'il y représente un sous-ordre ; que le kamichi, le cariama et le savacou doivent être rapprochés des hérons, tandis que l'agami, dont on a voulu rapprocher le cariama, doit rester avec les grues. Il a ensuite discuté la valeur des caractères que l'on peut tirer du sternum pour la classification des oiseaux.

Natalis Guillot (*Ann. des sciences natur.*, 1856) a décrit l'appareil pneumatique des oiseaux, principalement d'après le coq domestique.

Tegetmeyer (*Proc. zool. Soc.*, 1857, On the remarkable peculiarities existing in the skulls of the feather-crested variety of the common Fowl) a décrit des productions osseuses que l'on rencontre sur le crâne de certains poulets.

Emile Blanchard, dans son *Organisation du règne animal*, a donné un exposé historique des travaux relatifs à l'anatomie des oiseaux ; il a exposé les principaux caractères de leur squelette et figuré les squelettes entiers du pic, du perroquet et de l'aptéryx. Il a en outre publié les travaux suivants :

Des Caractères ostéologiques des oiseaux de la famille des psittacides, C. R. Ac. des sc., 1856.

De la Détermination de quelques oiseaux fossiles et des caractères ostéologiques des gallinacés, Ann. des Sc. nat., 1857.

Rech. sur les caractères ostéologiques des oiseaux appliqués à la classification naturelle de ces animaux, ibid., 1859. — Il décrit le sternum des rapaces, des perroquets et des principaux types de passereaux.

Jager (Os humero-scapulare der Vögel, Sitzungsberichte, etc., Comptes rendus des séances de l'Acad. des sc. de Vienne, 1857) a décrit l'os que Nitzsch avait désigné sous le nom d'huméro-capsulaire, en indiquant les principales différences qu'il présente dans les diverses classes d'oiseaux et ses rapports avec les muscles qui entourent l'articulation.

Il a décrit dans le même recueil, en 1858, les articulations des corps vertébraux (wirbelkörpergelenke).

Boccius (*Arch. de Muller*, 1858, Oberkehlkopf) a décrit le larynx supérieur.

Langer (Ueber die Fussgelenke der Vögel, Denkschrift wiener Acad. 1859, 4 planches) a décrit, dans les Mémoires de l'Ac. des sc. de Vienne, l'articulation tibio-tarsienne des oiseaux, principalement chez l'autruche, et s'est efforcé d'exprimer par des figures géométriques (courbes et spirales) les mouvements de cette articulation.

Parker a commencé en 1860 une série de publications qui jettent un jour nouveau sur la conception du type ostéologique des oiseaux en particulier et des vertébrés en général.

On the osteology of balæniceps, *Trans. of the zoolog. Soc.*, 1862, lu en 1860.

On the osteology of gallinaceous birds and tinamous, *Ib.*, 1866, lu en 1862.

On the structure and developpement of the skull in the ostrich tribe., *Philos. transact.*, 1866.

A monograph of the structure and developpement of the Shoulder-girdle and sternum of the vertebrata. *Ray's Society*, 1868.

Developpement of the skull of the common Fowl phil. trans., 1870.

Developpement of the skull of the common Frog., *Ib.*, 1871.

Microglossa alecto, *Proc. zool. Soc.*, 1865.

Ostéologie du kagu, *Trans. zool. Soc.*, 1869.

Ajoutons un mémoire sur le développement du crâne du saumon, *Trans. phil.*, 1874.

Kaup (*Trans. of the zoolog. Soc.*, 1862, Monograph of the strigidæ) a représenté la tête osseuse de plusieurs espèces du groupe des rapaces nocturnes.

Eyton (*Osteologia avium*, 1865), dans un travail d'ensemble qui embrasse toute la classe des oiseaux, a décrit et figuré les squelettes d'un grand nombre d'oiseaux de tous les ordres.

Welter (*De Avibus sterni conformatione classificandis*, Bonnæ, 1861).

Crisp (On some points relating to the anatomy of the Humming-bird, *Proc. zoolog. Soc.*, 1862) a décrit le squelette de l'oiseau-mouche, et affirme qu'il n'y a pas d'air dans les os. Il en serait de même pour l'hirondelle et le martin, mais l'humérus du martinet en contiendrait.

Th. Huxley a publié en 1864 ses Leçons d'anatomie comparée (*Lectures on the elements of comparative anatomy*) où il a décrit en détail la composition du crâne des oiseaux. Il a aussi publié la même année avec Hawkins un atlas d'ostéologie comparée. En 1867 (*Proc. of the zool. Soc.*, On the classif. of birds) il a exposé une classification nouvelle des oiseaux fondée sur la considération de la base du crâne et principalement de la région ptérygo-palatine. Il divise ainsi les oiseaux en dromœognathés (oiseaux à mâchoires de casoar), desmognathés (oiseaux à palais non fendu), schizognathés (oiseaux à palais fendu), ægithognathés (oiseaux à mâchoires de mésange). En 1868, il a publié dans le même recueil un travail sur la classification des gallinacés. En 1869 (On the representatives of the mallens and the Incus of the mammalia and the other vertebrata) il a soutenu l'opinion que l'os carré des oiseaux et des reptiles représente le marteau des mammifères.

En 1871 il a publié un traité général d'anatomie comparée des vertébrés (a *Manual of the anatomy of vertebrated animals*) où il donne une description générale du squelette des oiseaux. Il désigne les oiseaux sous le nom de Sauropsida afin d'indiquer leurs affinités avec les lézards. Pour les os de l'épaule et du bassin, il soutient les mêmes idées que Parker et Gegenbaur. Il partage celles de ce dernier touchant les os du carpe et du tarse, du pied et de la main.

C. Gegenbaur a publié en 1864 (carpus und tarsus) un mémoire sur les os du carpe et du tarse, où il a particulièrement démontré que chez les oiseaux la première rangée des os du tarse se soude au tibia et la seconde rangée au métatarse.

En 1865 (*Schultergurtel der wirbelthiere*) il a principalement insisté sur la nature de la clavicule, qu'il regarde comme un os secondaire, et sur celle des pièces épisternales.

En 1870, il a publié la seconde édition de ses Principes d'anatomie comparée (*Grundzuge der werglichenden anatomie*), où il décrit dans son ensemble le squelette des oiseaux.

En 1871 (*Jenaische zeitschrift*), il a publié deux mémoires : l'un sur le bassin des oiseaux (Beiträge zur Kenntniss des beckens der Vögel), où il ne rapporte au sacrum que 2 vertèbres qu'il nomme acétabulaires; l'autre sur les cornets du nez (Ueber die nasenmuscheln der Vögel).

Edmond Alix. J'ai publié les travaux suivants qui ont paru dans le *Bulletin de la société philomathique*, 1863 : Mouvements de l'avant-bras chez les oiseaux. — J'ai décrit en détail le mouvement d'élongation du radius et le mouvement de rotation du cubitus et indiqué leurs conséquences. 1864. Sur le membre abdominal des oiseaux et principalement de l'aigle pris comme exemple. — J'ai insisté sur la description des articulations et des mouvements dont elles sont le siége. — 1865. Essai sur la forme, la structure et le développement de la plume. — 1867. Sur l'appareil locomoteur de l'ornithorynque et de l'échidné. Sur l'appareil locomoteur de la rousette d'Edwards. Sur la comparaison des os et des muscles des oiseaux avec ceux des mammifères. — 1868. Sur l'anatomie de l'autruche d'Afrique. — 1874. Sur le larynx de la cigogne. Sur la nomenclature des pennes ou rémiges. Sur quelques points de l'anatomie du nandou.

Mémoire sur l'ostéologie et la myologie du nothura major (*Journ. de zoolog.* de Paul Gervais, 1874).

Macalister (Proceedings of the royal irish academy, 1864) a décrit le squelette de l'autruche.

Paul Bert (*Bulletin de la Soc. philom.*, 1865) a exposé les principaux caractères qui rapprochent les oiseaux des reptiles.

Weitzel (*Journal de Giebel*, 1865) a décrit les clavicules dans les différents ordres d'oiseaux, en signalant leur force, leur faiblesse ou leur absence. Il dit qu'elles manquent dans Psittacus pusillus Novæ Hollandiæ, Ps. pennanti, Ps. pullarius, Pezoporus peut-être, et qu'elles sont très-faibles dans Ps. mascaruana.

Harting (*L'appareil épisternal des oiseaux*, Utrecht 1864 ; *Revue et magasin de zoologie*, 1865) a insisté sur la nécessité de tenir compte, dans la conception générale du squelette, des lames et des cordons fibreux qui s'étendent soit entre des os séparés, soit entre des parties d'un même os. Il a émis l'opinion que chez les oiseaux la membrane sterno-cléido-coracoïdienne contribuerait à former un appareil épisternal dont l'apophyse que l'on nomme épisternale ne serait qu'une partie.

Bianconi (*Studi sul tarso-metatarso degli uccelli ed in particulare su quello dell' epyornis maximus*, Bologna, 1863), cherchant à déterminer la place de l'épiornis dans la classification, a décrit et figuré l'os tarso-métatarsien de 30 espèces appartenant aux différents ordres. Il considère dans l'os canon 3 régions qu'il nomme hyperotarso, mesotarso et catotarso.

Alphonse Milne Edwards a publié de 1865 à 1872 ses *Recherches anatomiques et paléontologiques pour servir à l'histoire des oiseaux fossiles de la France*, qui contiennent 200 planches, où des squelettes entiers et des parties séparées du squelette d'un grand nombre d'oiseaux des différents ordres sont représentés avec une exactitude qui n'avait été atteinte dans aucun des travaux précédents. L'auteur, en s'attachant avec un soin particulier à la nomenclature des parties, a mis en relief des détails dont on n'avait pas reconnu l'utilité, et grâce auxquels il devient facile de déterminer les espèces auxquelles appartiennent les débris d'oiseaux que l'on trouve à l'état fossile. Les squelettes des principaux types d'oiseaux sont décrits en détail, et les points douteux de la classification sont sérieusement discutés.

Le même auteur a en outre publié dans les *Annales des sciences naturelles* :

1863. Mémoire sur la distribution géologique des oiseaux fossiles et description de quelques espèces nouvelles.

1865. Observations sur l'appareil respiratoire de quelques oiseaux.

1866. Remarques sur les oss. de dronte (didus ineptus) nouvelle ment découverts à l'île Maurice.

Observations sur les caractères ostéologiques des principaux groupes de psittacidés.

1867. Note additionnelle sur l'appareil respiratoire de quelques oiseaux.

Étude sur les rapports zoologiques du gastornis parisiensis.

Mémoire sur un psittacidé fossile de l'île Maurice.

Sur l'existence d'un pélican de grande taille dans les tourbières d'Angleterre.

1868. Observations sur les affinités zoologiques de l'aphanaptéryx.

1869 (avec Alf. Grandidier). Nouvelles observations sur les caractères ostéologiques et les affinités naturelles de l'épyornis de Madagascar; le tarso-métatarsien, le tibia, le fémur et des vertèbres de cet oiseau sont représentés de grandeur naturelle.

1874. Recherches sur la faune ancienne des îles Mascareignes. Des os de plusieurs espèces d'oiseaux sont décrits et représentés.

Schmidt (*Skelet der Hausvögel*, 1867) a décrit le squelette des oiseaux domestiques.

Magnus (Physiologische anatomische untersuchungen uber das brustbein der Vögel, dans *Arch. de Reichert et Dubois-Reymond*, 1868) a essayé de ramener les différents aspects du sternum des oiseaux à 5 formes principales.

A. Newton (*Trans. zool. Soc.*, 1869) a décrit le squelette du pezophaps solitaria de l'île Rodrigue.

Cuningham (*Proceed. zool. Soc.*, 1871, Rheæ osteologia) a décrit le squelette du nandou.

Morse (*Proceed. of the american association*, 1871, On the carpal and tarsal bones of birds) a décrit les os du carpe et du tarse des oiseaux.

Elliot Cowes (*Ibid.*, On the mechanism of flexion and extension in bird's wings) a décrit de nouveau les mouvements des articulations du coude et du poignet chez les oiseaux.

Young (Contrib. to the anatomy of the shoulder of birds, dans *Journ. d'anat. et de Physiol.* de Humphry, 1871) a décrit les mouvements des articulations de l'épaule chez les oiseaux.

James Marie (*Proceed. zool. Soc.*, 1872, On the skeleton of the todus) a décrit le squelette du todier.

(*The Ibis*, 1873, On the upupidæ and their relationship). Le même auteur a décrit comparativement le squelette de la huppe, de l'irrisor, du rhinopomastus et de l'heteralocha.

Reinhardt (*Journal de zoologie* de P. Gervais, 1873, Mém. sur un osselet jusqu'ici inconnu du crâne du touraco) a décrit chez le touraco un os identique à l'ossiculum lacrymo-palatinum de Brandt.

(*Ibid.*, 1874, Anat. de l'aile des pétrels). Le même auteur a décrit les os sésamoïdes que l'on trouve chez les procellaridés au voisinage de l'articulation du coude dans le tendon de l'extenseur du métacarpe.

RÉGION CÉPHALIQUE.

On distingue dans la tête d'un oiseau deux régions principales, le bec et la tête proprement dite. Cette seconde région es caractérisée par le grand volume des cavités orbitaires dont l'étendue est presque égale à celle de la boîte cérébrale (1).

En regardant la tête osseuse par sa face supérieure, on trouve d'arrière en avant : une partie élargie plus ou moins globuleuse formée par la boîte cérébrale, puis une portion rétrécie qui répond aux orbites et à laquelle succède un espace un peu plus large servant de base au long triangle dont la pointe coïncide avec l'extrémité du bec.

Une vue de profil offre à nos regards : en arrière, une partie globuleuse formée par la région pariétale et la région occipito-temporale, séparée de l'orbite par l'apophyse orbitaire postérieure, puis l'orbite limitée en avant par l'apophyse orbitaire antérieure que complète l'os lacrymal, enfin le bec supérieur ou mandibule supérieure, formé principalement par le nasal, l'intermaxillaire et le maxillaire supérieur, percé le plus souvent vers son milieu (rapaces, passereaux), parfois à sa base (perroquets), rarement à son extrémité (aptéryx) par les orifices antérieurs des fosses nasales.

La portion sous-orbitaire de cette face latérale nous montre une tige presque dépourvue de courbure qui part de la base du bec et se dirige obliquement en arrière, tige formée par une partie du maxillaire supérieur, le malaire, le quadrato-jugal, et qui représente une partie de l'arcade zygomatique des mammi-

---

(1) Harvey a écrit que chez les oiseaux le volume des orbites est supérieur à celui de la boîte cérébrale. Jean Ray a corrigé cette exagération.

fères (1). Dans un plan plus profond, on aperçoit une seconde arcade formée par le palatin et le ptérygoïdien. Ces deux arcades, l'une palato-ptérygoïdienne, l'autre zygomatique, aboutissent, l'une en dedans, l'autre en dehors, à la partie inférieure de l'os carré ou tympanique.

Ce dernier os, placé en avant de la cavité tympanique, suspendu à la région temporale du crâne, sert à son tour à suspendre par son extrémité opposée les pièces qui composent la mâchoire inférieure.

Meckel a comparé l'ensemble de cette tête à une pyramide dont la base est en arrière. Cette base de la pyramide constitue la face occipitale de la tête. Elle est circonscrite en haut et sur les côtés par la crête occipito-temporale, que l'on pourrait aussi bien nommer occipito-pariétale ou ligne courbe demi-circulaire, et percée généralement dans sa moitié inférieure par le grand trou occipital, au-dessous, rarement en avant, duquel se trouve le condyle unique destiné à l'articulation de la tête avec la colonne vertébrale.

La face inférieure de la tête nous montre sur la ligne médiane (rarement le grand trou occipital plus ou moins incliné à l'horizon) le condyle formant un bouton arrondi plus ou moins sessile ; puis la surface basilaire figurant en arrière tantôt un triangle, tantôt un losange (triangle ou losange basilaire, triangle ou losange occipito-sphénoïdal, écusson sphénoïdal d'A. Milne Edwards) flanqué de deux saillies latérales (apophyses basilaires), et en avant un triangle plus étroit (bec du sphénoïde, tige grêle d'Et. Geoffroy) ; enfin le vomer.

Latéralement, on trouve de chaque côté, dans le plan le plus profond, l'oreille moyenne ; la trompe d'Eustache convergeant vers celle du côté opposé et limitant en avant le triangle basilaire ; l'orbite limitée en avant et en dehors par l'os lacrymal ; puis, en avant et en dedans de l'orbite, l'orifice postérieur de la fosse nasale séparé de celui du côté opposé par le vomer, limité en avant par la voûte du palais.

Dans un plan moyen, on trouve l'os carré, le ptérygoïdien, le palatin bordant en dehors l'orifice postérieur de la fosse nasale, enfin la surface palatine, formée de chaque côté par l'intermaxillaire, le palatin, le maxillaire supérieur, tantôt pleine (aigles,

---

(1) Pour R. Owen, qui regarde le quadrato-jugal comme représentant le squamosal des mammifères, ce serait toute l'arcade zygomatique qui serait ici représentée.

perroquets, hérons, palmipèdes lamellirostres), tantôt largement ouverte (struthidés, gallinacés) et laissant alors apparaître la cloison des fosses nasales (1).

Le plan inférieur, qui est le plus superficiel, est occupé par les deux branches de la mâchoire inférieure qui s'emboîtent dans celles de la mâchoire supérieure.

Tel est chez les oiseaux l'aspect général de la tête ; à cette vue d'ensemble nous pouvons maintenant ajouter quelques détails.

La face supérieure de la tête offre souvent, en avant des orbites, une dépression transversale croisée à angle droit par une dépression longitudinale qui sépare la tête en deux moitiés symétriques. D'autres fois (hérons, plongeons, manchots) le sommet de la tête est parcouru en partie par une crête longitudinale. Son extrémité postérieure, généralement arrondie, peut aussi figurer une pointe aiguë (cormorans). Des déformations remarquables sont parfois le résultat du développement des cellules aériennes (calaos, casoar à casque, hocco).

La face postérieure ou occipitale de la tête, constituée tantôt par l'occipital supérieur et les occipitaux latéraux, tantôt par ces os et une partie du pariétal, est circonscrite, ainsi que nous l'avons dit, par la crête occipito-temporale, ou ligne courbe demi-circulaire. Cette crête, plus ou moins saillante, plus ou moins sinueuse, plus ou moins régulièrement courbée, se termine inférieurement de chaque côté sur une saillie en sorte de crochet apophysaire que l'on désigne généralement sous le nom d'apophyse mastoïde que nous lui conserverons, mais qui n'est en réalité qu'une apophyse paramastoïde, puisqu'elle est formée tout entière par l'occipital latéral. Car la partie mastoïdienne du rocher, d'abord cartilagineuse, s'unit par le progrès de l'ossification avec l'occipital latéral, mais elle ne fait aucune saillie et n'apparait pas à l'extérieur.

Le point médian de la crête correspond à la protubérance occipitale externe des mammifères (2), du moins au point de vue des insertions musculaires. Il a généralement peu de saillie.

Entre ce point et le grand trou occipital s'étend une éminence

<hr>

(1) La voûte palatine est alors en grande partie membraneuse.

(2) Une différence importante qui distingue à ce point de vue les oiseaux des mammifères, consiste en ce que chez les oiseaux cette protubérance correspond à la suture du suroccipital avec les pariétaux, tandis qu'elle correspond chez les mammifères à la suture du suroccipital avec l'interpariétal.

allongée, arrondie d'un côté à l'autre, qui correspond en tout ou en partie à la saillie du cervelet, et pour laquelle je propose le nom de *colline cérébelleuse* préférablement à celui de protubérance cérébelleuse proposé par A. Milne Edwards (1), et à plus forte raison à celui de protubérance occipitale adopté par Eyton et la plupart des auteurs, qui impliquent une fausse assimilation avec la protubérance occipitale externe des mammifères, cette colline ne servant à des insertions musculaires que sur ses versants latéraux.

De chaque côté de la colline cérébelleuse, on trouve chez certains oiseaux (palmipèdes lamellirostres, pingouins, grues, spatules, flammants, scolopacidés, vanneaux) les pertuis occipitaux qui résultent, ainsi que l'a dit Meckel, d'une réunion incomplète du suroccipital avec les pariétaux (2). On trouve chez les pigeons une fontanelle médiane entre le suroccipital et les exoccipitaux.

C'est à la face postérieure de la tête qu'appartient le plus souvent le grand trou occipital. Tantôt (manchots, oies, flammants, hérons) il regarde tout à fait en arrière ; tantôt (rapaces, perroquets, corbeaux) il regarde en bas et très-peu en arrière et appartient en partie à la face inférieure du crâne ; tantôt (bécasses, martinets) il appartient tout entier à cette face inférieure, la face postérieure regardant elle-même en bas (3).

Sa forme est le plus souvent triangulaire ou ovataire avec le sommet en haut ; il est le plus généralement plus haut que large ; il est plus large que haut chez les chouettes, les perroquets, les toucans ; presque circulaire chez les aigles, les martinets, les oiseaux-mouches ; presque carré chez le secrétaire, le podarge, le calao.

De chaque côté du condyle, le bord du grand trou occipital est plus ou moins échancré. Chacune de ces échancrures correspond à une fossette paracondylienne, en forme de gouttière,

____

(1) A. Milne Edwards lui donne aussi le nom de *saillie cérébelleuse.*

(2) *Traité général d'anat. comp.*, trad. Reister, t. III, p. 240.

(3) Petit, Description anatomique de l'œil de l'espèce de hibou appelée ulula, (*Mém. de l'Ac. des sc.*, 1736), s'exprime ainsi dans la note qu'il consacre à la tête du perroquet : « Le trou par où sort la moelle allongée n'est pas tout à fait à l'occiput, comme on le voit dans le coq d'Inde, l'oie et le canard, etc., mais il n'est pas si avancé sous la base du crâne qu'on le voit dans le ulula. »

Eyton (osteologia avium) a décrit avec soin les formes diverses du grand trou occipital.

qui se porte obliquement en dehors pour se terminer dans l'espace qui sépare l'apophyse mastoïde de l'apophyse basilaire latérale.

Le condyle unique servant à l'articulation de la tête avec l'atlas est composé primitivement de trois éléments : un médian qui appartient au corps de l'occipital, et deux latéraux, qui appartiennent aux exoccipitaux. L'élément moyen domine. Le condyle est parfois bilobé supérieurement (coq, pigeon, corbeau).

La face basilaire de l'occipital, qui n'a que peu d'étendue, puisqu'elle n'occupe qu'un petit espace en avant du condyle, doit être confondue dans la description du crâne adulte avec celle du sphénoïde postérieur (dont elle n'est séparée que par une suture qui s'efface rapidement) sous le nom de triangle ou de losange basilaire. Cette surface est flanquée de deux apophyses (apophyses basilaires latérales) qui par leur face postérieure prolongent la face occipitale de la tête, en sorte que cette face montre de chaque côté du trou occipital deux saillies dont l'une est l'apophyse basilaire latérale (de nature hypapophysaire) et l'autre l'apophyse mastoïde.

Chacune des apophyses basilaires latérales est séparée de l'apophyse mastoïde correspondante par une gouttière (gouttière basilaire latérale) qui prolonge la fossette paracondylienne.

Le triangle ou losange basilaire est limité en avant chez le manchot par une crête anguleuse très-prononcée : la crête est moins saillante chez le guillemot et moins encore chez le plongeon ; elle est indiquée par un bourrelet chez le héron ; le plus souvent elle est effacée. La pointe de l'angle fait généralement une petite saillie, remarquable surtout chez le héron, bifurquée chez le coq.

Chez le goëland, l'apophyse basilaire latérale est séparée de l'apophyse mastoïde par un large espace ; un peu en avant et en dehors d'elle on voit une autre apophyse (apophyse basilaire marginale) qui est beaucoup plus forte et qui est située au bord même de la caisse ; un pont osseux réunit cette dernière apophyse à l'apophyse mastoïde, ce qui, existant également chez d'autres oiseaux où l'apophyse marginale est moins saillante, a fait dire à tort que chez les gallinacés et chez les chouettes l'apophyse mastoïde se confondait avec l'apophyse basilaire latérale.

En avant du triangle basilaire se trouvent les trompes d'Eustache figurant tantôt des tubes (manchots, plongeons, guillemots), tantôt des gouttières (flammants, goëlands, etc.) qui, en avant, se rencontrent sur la ligne médiane et, en arrière, s'ouvrent dans l'oreille moyenne correspondante. Ces trompes d'Eustache se montrent ainsi comme une dépendance de la masse basilaire, au lieu d'en être séparées et d'être unies au rocher comme dans les mammifères. Étienne Geoffroy a décrit la lame osseuse qui recouvre les trompes d'Eustache comme un os à part, qu'il a nommé *plaque pharyngienne* (*Philos. anatom.*, 1818, Des os du pharynx). Parker la considère comme formée par la fusion des deux os qu'il nomme basitemporaux. Suivant les observations de cet auteur (Development of the skull of the common fowl), les basitemporaux se montrent sur les côtés de la masse basilaire sous l'apparence de deux lames osseuses qui s'avancent l'une vers l'autre et finissent par se rencontrer sur la ligne médiane. Elles constituent alors la plaque pharyngienne qui, suivant l'opinion de Parker et de Huxley, représente le parasphénoïde des batraciens et des poissons. Cette lame qui se confond plus tard avec la masse basilaire recouvre la suture du basilaire occipital avec le postphénoïde, et il résulte de là que la véritable étendue du basilaire occipital a été méconnue parce que l'on plaçait son articulation avec le sphénoïde au bord postérieur de la plaque pharyngienne, ce qui réduisait le basioccipital à un très-petit espace en avant du condyle.

La plus grande partie du triangle basilaire appartient donc à la plaque pharyngienne.

L'oreille moyenne est séparée du losange basilaire (et du tubercule basilaire latéral correspondant) par un espace plus ou moins grand et par une crête plus ou moins saillante formée par l'apophyse basilaire marginale et par le pont osseux qui l'unit à l'apophyse mastoïde. Tantôt cette crête se prolonge à peine en dehors et la cavité tympanique est visible par l'œil qui regarde la face inférieure du crâne (goëland, héron, flammant), tantôt (passereaux, perroquets, rapaces, gallinacés) l'ouverture de la cavité tympanique appartient tout entière à la face latérale du crâne. Chez ces derniers, et surtout chez les rapaces nocturnes, la crête marginale est formée en grande partie par l'apophyse mastoïde qui se recourbe en avant.

Le fond de la caisse est rempli d'anfractuosités et percé de plusieurs ouvertures qui conduisent dans des cavités aériennes. On compte trois ouvertures principales: une supérieure et antérieure qui pénètre entre les canaux demi-circulaires et com-

munique avec les cavités du pariétal et du squamosal ; une supérieure et postérieure qui mène dans les cavités de l'occipital,
lesquelles communiquent souvent d'un côté à l'autre ; une inférieure et antérieure qui est plus ou moins confondue avec l'orifice de la trompe d'Eustache, et qui communique avec les cellules de la masse basilaire. Enfin il peut y avoir un orifice qui
mène dans l'intérieur de l'os carré.

En avant et au dedans de la caisse, près de la crête qui la limite, se trouve l'orifice tympanique de la trompe d'Eustache,
qui affecte dans certains cas (manchots) la forme d'un cornet,
et, le plus souvent, une forme irrégulière. Il ne faut pas confondre cet orifice avec l'orifice antérieur et inférieur des cavités
aériennes qui est toujours beaucoup plus grand et dont il est
difficile à distinguer au premier abord.

En arrière et en haut, on voit l'ouverture du sinus des
orifices vestibulaires, le plus souvent assez étroite, parfois
(chouette) assez large pour laisser voir la fenêtre ovale et la
fenêtre ronde situées obliquement l'une au-dessus de l'autre,
la fenêtre ronde inférieurement et postérieurement, la fenêtre
ovale antérieurement et supérieurement.

Au-dessus et en avant de l'ouverture du sinus des orifices
vestibulaires on trouve une facette articulaire destinée à l'os
carré ; un espace souvent percé d'une cavité aérienne sépare
cette facette (postérieure et regardant en avant) d'une facette antérieure (regardant en arrière) destinée aussi à l'os carré. Ces deux
facettes, concaves l'une et l'autre, et sans aucune saillie, n'appartiennent pas à la même pièce osseuse. La postérieure est située
sur le rocher, c'est-à-dire sur l'élément de cet os que Huxley
désigne sous le nom de prootique. Elle est taillée sur une barre
osseuse qui sépare du trou aérien supérieur le sinus des orifices
vestibulaires. Cette facette regarde en avant et en dehors.

La facette antérieure, qui regarde en arrière, est située sur le
squamosal ; chez le manchot, on la trouve tout entière à la face
inférieure de l'apophyse zygomatique. La grande aile du sphénoïde peut en fournir une partie (gallinacés).

Cette seconde facette est séparée du point où se trouve l'orifice
tympanique de la trompe d'Eustache par une échancrure (échancrure tympanique antérieure) dans laquelle se trouve logé le col
de l'os carré. En avant de cette échancrure, qui appartient tout
entière à la grande aile du sphénoïde, un espace plus ou moins

grand et assez fuyant sépare l'oreille moyenne du trou ovale. Chez la chouette, l'échancrure tympanique antérieure est fermée par un petit pont osseux qui complète la crête circulaire sur laquelle s'insère la membrane du tympan.

On voit que les os qui concourent à former les parois de l'oreille moyenne sont le basilaire occipito-sphénoïdal, l'ex-occipital, le rocher, le squamosal, l'os carré et l'alisphénoïde, auxquels on doit ajouter les basi-temporaux de Parker (plaque pharyngienne d'Et. Geoffroy).

La face inférieure du crâne présente sur la ligne médiane, en avant du losange basilaire et des trompes d'Eustache, une surface triangulaire plus étroite, qui est le bec du sphénoïde. Et. Geoffroy affirme que, chez l'autruche, c'est une pièce osseuse primitivement distincte, mais Cuvier regarde cela comme une erreur. Parker désigne aussi cette partie comme un parasphénoïde antérieur.

En avant, le triangle sphénoïdal antérieur, ou bec du sphénoïde, se prolonge, comme Et. Geoffroy l'a démontré, sous le bord de la lame interorbitaire et reçoit ce bord dans une gouttière où il se trouve enchâssé.

Le triangle sphénoïdal antérieur peut offrir à sa base deux parapophyses plus ou moins saillantes avec lesquelles s'articulent les os ptérygoïdiens. Ce sont les apophyses ptérygoïdiennes du sphénoïde. Huxley les appelle *basi-pterygoids ;* Parker, *posterior pterygoïd processes* (apophyses ptérygoïdiennes postérieures) ; Owen, *ptérapophyses*. Elles sont placées à la base même du triangle chez l'autruche, un peu plus en avant chez les gallinacés et les palmipèdes lamellirostres. Chez les lacertiens, que la présence de ces apophyses relie de si près aux oiseaux, elles sont néanmoins situées sur le corps même du sphénoïde, en arrière du prolongement rostriforme.

Des parties latérales du sphénoïde, dans sa partie moyenne, partent en s'élevant obliquement des lames osseuses qui correspondent aux grandes ailes sphénoïdales des mammifères. Ces ailes ne s'insèrent pas immédiatement sur la masse du sphénoïde, mais sur de courtes expansions lamelliformes qui s'en détachent. Cette disposition, facile à constater (canard, poulet) avant la suture définitive, est plus tard masquée par le développement des cavités aériennes.

Les grandes ailes occupent la partie du crâne qui loge les

lobes optiques et s'élèvent plus ou moins haut au-dessus de la crête intérieure qui sépare ces lobes de ceux du cerveau proprement dit. Cette crête, qui par conséquent appartient à la face interne de la grande aile, vient retrouver en avant et en dedans le bord antérieur de la fosse pituitaire.

Extérieurement, les limites de la grande aile sont assez difficiles à décrire. On peut y distinguer une partie postorbitaire, une partie intraorbitaire, et une partie sousorbitaire.

La partie postorbitaire, qui regarde en dehors, offre une surface concave qui fait partie de la fosse temporale. Elle est séparée de la face intraorbitaire, qui regarde obliquement en avant, par une crête plus ou moins saillante, sorte de coin osseux dont l'extrémité se recourbe en un crochet à pointe dirigée en bas. C'est ce crochet qui constitue l'apophyse orbitaire postérieure, qui n'est pas formée, comme chez les mammifères, par le frontal postérieur. Owen cependant a figuré chez l'émeu une apophyse orbitaire postérieure dont le sommet était constitué par un petit noyau osseux représentant le frontal postérieur. Mais sur un crâne d'émeu que j'ai étudié au laboratoire d'anatomie comparée du muséum d'histoire naturelle, le postfrontal, encore cartilagineux, n'atteignait pas le sommet de l'apophyse orbitaire postérieure qui appartenait bien à l'alisphénoïde. Parker, de son côté, admet l'existence d'un postfrontal chez les struthidés et chez le tinamou ; mais le petit osselet qu'il désigne ainsi chez ce dernier peut être également rattaché à la chaîne des os surorbitaires.

La partie intraorbitaire de la grande aile reçoit aussi les insertions d'une partie du muscle temporal. En avant, elle se continue avec la petite aile du sphénoïde qui limite en avant le trou optique, et qui, suivant Parker, se forme par deux points d'ossification.

En haut et en avant, la petite aile se soude à l'ethmoïde. Immédiatement en arrière du trou optique, il y a un autre trou beaucoup plus petit qui sert au passage du nerf maxillaire supérieur et correspond au trou rond des mammifères.

La partie sous-orbitaire de la grande aile, qui regarde en dehors et en bas, est percée en arrière par le trou ovale qui laisse passer le nerf maxillaire inférieur.

Ce trou est séparé de l'oreille moyenne par une lame ou colonne osseuse qui correspond à la partie échancrée (échancrure tympanique antérieure) qui contourne le col de l'os carré au dessus de l'orifice de la trompe d'Eustache. Cette lame osseuse se soude au rocher.

Le squamosal, ou écaille du temporal, forme la paroi latérale du crâne entre l'exoccipital, la grande aile, le pariétal et le frontal. Sa face externe est creusée par la fosse temporale. En avant, elle s'avance plus ou moins près de l'apophyse orbitaire externe. En arrière, elle présente une apophyse zygomatique p'us ou moins prolongée. La base de cette apophyse peut être elle-même creusée d'une petite fossette. La face inférieure de l'apophyse zygomatique fournit une facette à l'os carré.

Par le progrès de l'âge, le squamosal, d'abord entièrement distinct, se soude avec le rocher et devient beaucoup moins apparent à la face interne du crâne, à laquelle pourtant il participe très-nettement dans le jeune âge.

L'apophyse zygomatique peut être reliée à l'apophyse orbitaire postérieure, soit par un simple ligament, soit par un pont osseux (gallinacés, cacatoes, aptornis), et dans ce dernier cas on voit se répéter chez les oiseaux, sous un aspect très-différent, ce qui a lieu chez les crocodiles (1).

Les pariétaux sont le plus généralement des rectangles allongés transversalement et peu étendus longitudinalement. Ils s'étendent entre la ligne médiane, où ils se touchent, et les temporaux écailleux, avec lesquels ils s'articulent en dehors. Parfois ils sont dirigés obliquement en arrière et concourent à former la face postérieure du crâne. C'est ce qui a lieu chez les oiseaux où l'on voit des pertuis occipitaux ; tout ce qui est en dehors de ces pertuis est formé par les pariétaux.

Le plus souvent ils s'articulent bord à bord avec les os qui les entourent, mais parfois, comme on le voit chez les canards, ces os s'étendent sur eux par des bords écailleux, et les pariétaux sont ainsi recouverts par les suroccipitaux, les frontaux, et même les temporaux écailleux.

Dans l'intérieur du crâne, ils concourent à la formation de la

(1) Chez le crocodile, le squamosal va retrouver, par une expansion supérieure et interne, le plan supérieur du pariétal ; cette expansion n'existe pas chez les oiseaux. D'autre part, le squamosal du crocodile va retrouver, par une expansion supérieure et antérieure, l'apophyse orbitaire postérieure ; c'est là ce qui a lieu, par exemple, chez le hocco, mais avec cette différence que chez le crocodile l'apophyse orbitaire postérieure appartient au postfrontal, tandis que chez les oiseaux elle appartient à l'alisphénoïde.

fosse cérébelleuse et ne prennent part à la formation de la fosse des hémisphères que dans sa partie postérieure.

Extérieurement, ils sont plus ou moins envahis par la fosse temporale, et sont plus ou moins déprimés, plus ou moins inclinés. A la suture sagittale correspond le plus souvent une dépression, rarement une crête. Cette crête sagittale s'articule en arrière, chez le cormoran, avec une pièce osseuse mobile qui sert, ainsi que Yarrell l'a indiqué le premier, à prolonger l'insertion des muscles temporaux. Nous la nommerons l'os syncipital (1).

Les os frontaux, chez les oiseaux, recouvrent la totalité des hémisphères cérébraux, forment une voûte au-dessus des orbites, et se prolongent sur la racine du bec, en sorte qu'on peut y distinguer une partie postérieure, crânienne ou cérébrale, une partie moyenne, orbitaire, et une partie antérieure, nasale, ou mieux ethmo-naso-lacrymale.

La partie postérieure s'articule habituellement bord à bord avec les pariétaux par une suture presque transversale; parfois (canards) elle recouvre les pariétaux par un bord écailleux. Elle descend sur les côtés jusqu'à la rencontre du squamosal et de l'alisphénoïde. En avant et au-dessus de l'alisphénoïde, elle se replie en quelque sorte pour former la lame osseuse qui sert de plancher à la loge des hémisphères et de plafond à la moitié postérieure de l'orbite, lame osseuse qui s'élève obliquement, légèrement concave du côté de l'orbite, légèrement convexe du côté du cerveau.

Au milieu, ces deux lames ne se touchent pas, mais elles sont séparées par la lame ethmoïdale, qui ne fait aucune saillie rappelant une apophyse crista galli, et de chaque côté de laquelle se trouve un trou par où sort le nerf olfactif. Il y a une véritable lame criblée chez l'aptéryx et le dinornis.

La partie du frontal qui recouvre l'hémisphère présente à sa face interne plusieurs dépressions. L'une d'elles, située en haut et en dehors vers la partie moyenne de l'os, dessine extérieurement une bosse frontale. Une autre dépression consiste dans une gouttière longitudinale courant le long de la ligne médiane où une crête saillante la sépare de celle du côté opposé, en sorte

____

(1) Yarrell l'appelle os xyphoïde. On l'a nommé os pyramidal. Coiter l'a décrit et figuré. On répète généralement, mais à tort, qu'il sert à l'insertion des muscles releveurs de la tête.

que la face interne du crâne des oiseaux, au lieu de présenter sur la ligne médiane un sinus longitudinal comme chez les mammifères, y présente une crête osseuse.

L'os postfrontal est généralement confondu avec le frontal. Cependant R. Owen a décrit chez l'émeu un postfrontal séparé. Dans tous les cas il ne forme pas l'apophyse orbitaire postérieure et se confond seulement avec la base de cette apophyse formée par la grande aile.

L'apophyse orbitaire postérieure se montre comme la terminaison d'une crête qui sépare l'orbite de la face supérieure du crâne, en parcourant le bord de cette orbite.

La partie orbitaire du frontal s'unit sur la ligne médiane à celle du côté opposé ; le long de cette suture, il peut y avoir une crête (guillemot) ; il y a le plus souvent une dépression longitudinale qui se bifurque derrière l'orbite en deux gouttières demi-circulaires qui se confondent avec les fosses temporales. On peut trouver aussi (palmipèdes lamellirostres, plongeons, goëlands scolopacidés) entre le bord sourcilier et la ligne médiane une dépression où se loge la glande que l'on désigne sous le nom de glande nasale.

En avant des orbites, les frontaux s'élargissent de nouveau pour former les apophyses orbitaires antérieures, puis s'avancent plus ou moins loin sur la base du bec. Pour mieux apprécier cette disposition, on peut admettre que chaque frontal se bifurque et fournit ainsi deux apophyses (l'orbitaire antérieure et la nasale).

Généralement, l'apophyse nasale se prolonge en une pointe amincie qui offre une certaine flexibilité. Elle est séparée de celle du côté opposé par l'apophyse médiane de l'intermaxillaire qui vient se loger dans leur intervalle. En dehors et en avant, les apophyses nasales s'articulent avec les os nasaux. Par leur face profonde, elles appuient sur la lame horizontale de l'ethmoïde, qui peut aussi apparaître dans leur intervalle (coq, autruche).

Les apophyses orbitaires antérieures se portent en dehors en terminant la courbure du bord supérieur (sourcilier) de l'orbite, et s'articulent avec les lacrymaux qui les prolongent. Elles s'articulent aussi avec les nasaux.

Les frontaux constituent les voûtes orbitaires. La cloison qui sépare les orbites est formée en grande partie par l'ethmoïde. Daudin, qui semble avoir le premier reconnu cette analogie, lui a donné le nom de cloison ethmoïdale. Etienne Geoffroy (1) l'a démontrée en s'appuyant sur les connexions. « Il (l'ethmoïde) est, dit cet auteur, articulé en bas avec une apophyse de l'os basilaire, vers le haut avec les frontaux ; » et, sur les côtés, avec les lames que nous avons dit ci-dessus être les analogues des cornets supérieurs. Or telles sont les connexions de l'ethmoïde dans les mammifères. L'ethmoïde est en outre articulé dans les oiseaux avec les branches montantes (médianes) des inter-maxillaires ; ce qui suit nécessairement de leur longueur extraordinaire, et ce qui est d'ailleurs un arrangement d'une convenance admirable. Le bec des oiseaux, obligé souvent à de grands efforts, devait reposer de préférence sur la quille de l'édifice.

L'ethmoïde des oiseaux remplit au surplus les mêmes fonctions que dans les mammifères. Il fournit vers ses flancs quelques attaches à la membrane pituitaire et en donne aussi à la dure-mère fixée à son bord postérieur. Sa forme la plus habituelle est celle d'une lame verticale surmontée d'un plancher horizontal. Le bord inférieur de cette lame est renflé à la manière d'un bourrelet ; il est reçu et fermement enchâssé dans un sillon de la longue apophyse de l'os basilaire. Enfin, ces deux os forment les deux principales pièces d'assemblage de toutes les parties du crâne. Et. Geoffroy, avec l'esprit ingénieux qui le guide toujours, fait remarquer que l'ethmoïde « est de la plus grande solidité chez les oiseaux, où il acquiert une nouvelle et bien importante fonction : c'est de servir de lien commun, et pour ainsi dire d'arc-boutant aux os de la face et à ceux du crâne. »

L'ethmoïde des oiseaux peut être décrit comme composé d'une lame verticale, d'une lame horizontale et de deux ailes ou apophyses latérales antérieures.

La lame verticale forme la partie supérieure et antérieure de la cloison interorbitaire. La lame horizontale est très-étroite en arrière, dans sa partie intra-crânienne ; elle est plus large dans sa partie orbitaire qui est appliquée à la suture interfrontale ; en arrière de l'orbite, elle présente de chaque côté soit un trou, soit une échancrure par où passe le nerf olfactif. Le nerf est ensuite logé dans une gouttière creusée sur la lame verticale, immédiatement au-dessous de la lame horizontale, et en avant cette gout-

(1) *Ann. du mus.*, t. X, 1807.

tière communique avec la cavité nasale soit par un trou, soit par une échancrure de l'apophyse latérale antérieure (1).

Les apophyses latérales antérieures, qui séparent l'orbite de la cavité nasale, sont comme des épanouissements du bord antérieur de la lame verticale.

La lame verticale est le corps de l'ethmoïde ; la lame horizontale et les ailes correspondent aux lames de l'arc vertébral, ou aux os préfrontaux des reptiles qu'Ét. Geoffroy a comparés aux masses latérales de l'ethmoïde des mammifères. On ne peut d'ailleurs s'empêcher de reconnaître une grande ressemblance d'aspect entre les préfrontaux des crocodiles et les apophyses latérales antérieures de l'ethmoïde des oiseaux.

La cloison interorbitaire offre généralement une perforation qui correspond à l'intervalle de l'ethmoïde et du présphénoïde. Cette perforation n'existe pas chez les autruches, les rapaces nocturnes et les perroquets. Elle n'existe jamais dans la cloison cartilagineuse primitive. Chez le poulet, suivant Parker, elle se manifeste au début de l'ossification, et ne s'oblitère que plus tard par une fusion secondaire des deux éléments osseux. Chez le héron, le butor et le cormoran, la cloison interorbitaire tout entière est membraneuse.

Nous avons dit que l'apophyse orbitaire interne ou antérieure du frontal est tronquée à son extrémité pour s'articuler avec l'os lacrymal qui la complète et la prolonge.

Tantôt le lacrymal est simplement suspendu à cette apophyse (oies, flammants), tantôt il s'appuie en outre sur l'apophyse latérale antérieure de l'ethmoïde.

La forme de l'os lacrymal est très-variable ; il est le plus souvent (rapaces, palmipèdes) contourné de manière à figurer un crochet à pointe inférieure. Sa face externe est creusée d'un sillon de dimension variable qui loge le canal lacrymal. Son angle supérieur et postérieur peut se prolonger en arrière (goëland, barge, numenius), et même s'articuler avec une pièce osseuse qui élargit la voûte sus-orbitaire, et qu'on a désignée sous le nom de sourcilier (os superciliare), comme on le voit chez l'aigle ou chez l'autruche. D'autres fois, comme chez le tinamou, il y a une chaîne d'osselets qui borde toute l'arcade sus-orbitaire.

Son angle inférieur est tantôt libre (le plus souvent), tantôt

<hr>

(1) Le rameau nasal du nerf opthalmique, beaucoup plus volumineux, pénètre dans la cavité nasale soit par le même trou, soit par une division de ce trou.

appuyé sur la branche jugale du maxillaire supérieur (aigle, buse), tantôt réuni à l'apophyse orbitaire postérieure (perroquets) par un pont osseux qui forme un cadre sous-orbitaire.

Grüber a décrit chez l'autruche un osselet placé entre cet angle et l'arcade jugale.

Les os nasaux ont une forme particulière qui a trompé les premiers observateurs, au coup d'œil desquels ils ont échappé. Ils se composent d'une partie horizontale disposée comme les os nasaux des mammifères et d'une branche descendante. La partie horizontale peut être excessivement réduite (perroquets, toucans); chez les gallinacés, elle se prolonge sur les os frontaux, dont elle recouvre en partie l'apophyse nasale avec laquelle elle se soude avec l'âge ; chez les canards, au contraire, elle se prolonge en avant par une pointe qui borde la narine. Elle s'unit, soit par sa partie antérieure (rapaces, passereaux, gallinacés, hérons, scolopacidés, goëlands), soit par sa partie moyenne (canards) à la branche descendante.

Cette branche descendante de l'os nasal le constitue parfois tout entier à elle seule (perroquets). Vicq-d'Azyr l'a prise à tort pour la branche montante du maxillaire supérieur, dont elle est parfaitement distincte. Elle a en effet l'aspect et à un certain point la position de cette branche montante, et va s'articuler avec le maxillaire supérieur dans le lieu d'où cette branche montante partirait. Elle forme par son bord antérieur la limite postérieure de la narine et par son bord postérieur la limite antérieure du trou lacrymal.

Le nasal s'articule en haut avec le frontal et le lacrymal entre lesquels il se place. Il est complètement séparé de celui du côté opposé par les apophyses nasales des frontaux et par les branches moyennes des intermaxillaires.

Les nasaux peuvent être flexibles soit dans leur partie horizontale (gallinacés), soit à la racine de leur branche descendante.

La plus grande partie du bec supérieur est formée par les intermaxillaires, qui se composent du corps, d'une branche médiane ascendante et d'une branche horizontale.

Le corps de l'intermaxillaire est soudé à celui du côté opposé d'une manière assez intime pour que l'ensemble de l'intermaxillaire puisse être considéré comme un seul os. Cette partie commune des deux os forme la pointe du bec. Tantôt la soudure n'existe que vers l'extrémité (manchots), tantôt elle se fait dans une certaine étendue.

La branche médiane ascendante est également soudée à celle du côté opposé. Son existence établit une différence remarquable entre les oiseaux et les mammifères monodelphes et didelphes où elle n'existe pas (du moins à l'état osseux) et une ressemblance entre les oiseaux et les mammifères ornithodelphes qui en ont un rudiment.

L'extrémité de cette branche commune s'interpose entre les apophyses nasales des os frontaux, et, comme ces apophyses, elle est flexible à la base du bec.

Les branches horizontales restent écartées l'une de l'autre, elles forment la plus grande partie de la voûte palatine et se terminent en arrière et en dehors par un prolongement plus ou moins large qui recouvre dans une faible étendue la face externe du maxillaire supérieur.

Nous avons dit que la narine était limitée en arrière par la branche descendante du nasal ; elle est bornée en bas par la branche horizontale de l'intermaxillaire et par le maxillaire supérieur, en avant et en haut par la branche médiane de l'intermaxillaire, et en haut parfois (canard) par l'apophyse nasale du frontal.

La flexibilité du frontal, de la branche médiane de l'intermaxillaire et du nasal, donne au bec supérieur une certaine mobilité sur le crâne. Il se plie et s'élève quand la bouche s'ouvre, il s'étend de nouveau et s'abaisse quand la bouche se ferme. Cette mobilité est plus grande chez les perroquets ; mais chez eux, au lieu de résulter de la flexibilité des os, elle résulte de la présence d'une véritable articulation. Chez les canards, ainsi que l'a dit Hérissant, il existe à la fois une charnière et une languette flexible.

Vicq-d'Azyr a commis l'erreur de considérer l'intermaxillaire des oiseaux comme un maxillaire supérieur et de confondre le maxillaire supérieur avec le jugal. Cette erreur a été redressée par Gothelf Fischer (1800) et ensuite par Et. Geoffroy (1807).

Le maxillaire supérieur, très-irrégulier dans sa forme, est en partie caché par l'intermaxillaire qui s'applique à la partie antérieure et inférieure de sa face externe. Il n'est pas complétement dépourvu de branche montante, mais la branche descendante du nasal (qu'il ne faut pas, avec Tiedemann, prendre pour la branche montante du maxillaire) recouvre cette partie montante et la dissimule complétement. En arrière et en dehors il se prolonge en un petit stylet qui forme la partie antérieure de l'arcade zygomatique et s'articule avec le jugal.

En dedans il envoie une lame transversale, plus ou moins courbée, plus ou moins pneumatisée. Tantôt cette partie interne du maxillaire supérieur rencontre celle du côté opposé (hérons, canards) et concourt à la formation de la voûte du palais ; tantôt (aigle) elle rencontre seulement le vomer ; tantôt elle reste séparée.

Elle est presque toujours cachée par la partie antérieure du palatin, parfois aussi (Larus) par une partie de l'intermaxillaire.

Chez les gallinacés une véritable branche montante s'applique à la face interne du nasal et arrive presque au contact du lacrymal. De la partie supérieure de cette branche montante part une lame, anfractueuse à la base, qui se recourbe et va se terminer près de la ligne médiane en dedans du palatin.

Huxley désigne la masse interne du maxillaire supérieur sous le nom de maxillo-palatine (c'est-à-dire plaque maxillo-palatine) ; il nomme schizognathés les oiseaux où elle est bien séparée de celle du côté opposé, et desmognathés ceux où elle lui est soudée soit directement, soit par l'intermédiaire du vomer.

Parker, dans ses mémoires sur le balœniceps, sur l'ostéologie des gallinacés et sur le développement du crâne de l'autruche, a nié l'existence d'un maxillaire supérieur chez les oiseaux et donné à l'os que nous venons de décrire le nom de prévomer. Il croyait pourtant pouvoir désigner comme un maxillaire supérieur une petite pièce osseuse qu'il trouvait chez le nandou. Dans son mémoire sur le développement du crâne du poulet, il est revenu sur cette opinion et a restitué au maxillaire supérieur son véritable nom.

L'arcade zygomatique s'allonge en arrière du maxillaire supérieur. Elle se compose de deux os, le jugal et le quadrato-jugal : ce dernier s'articule avec la facette externe concave de l'os carré.

En dedans des arcades zygomatiques, on trouve les arcades palato-ptérygoïdiennes, entre lesquelles on voit le vomer plus ou moins développé.

Les os palatins des oiseaux ont été décrits pour la première fois sous leur véritable nom par Et. Geoffroy Saint-Hilaire. Aldrovande, en décrivant le crâne du perroquet, les a considérés comme représentant les apophyses ptérygoïdes internes des mammifères (ossibus pterygoïdibus seu alaribus similia ossa quæ trigona esse diximus). Je ne puis dire si Et. Geoffroy, après avoir déterminé la véritable nature des palatins, a été conduit à déterminer celle des ptérygoïdiens par cette opinion d'Aldrovande, puisqu'il n'en fait pas mention. Hérissant, qui paraît l'avoir négligée, sinon ignorée, les désigne seulement comme les branches latérales internes du bec supérieur, tout en faisant mention d'un trou qu'il compare à un trou palatin postérieur. Petit, avant lui, avait cependant désigné les palatins sous leur véritable nom ; mais, comme il regardait leurs ailes internes comme des apophyses ptérygoïdes, il n'avait qu'en partie corrigé l'erreur d'Aldrovande.

Vicq d'Azyr ne parle pas d'os palatins proprements dits et son texte peut laisser croire qu'il les a confondus avec les ptérygoïdiens sous le nom d'arcades palatines. Ce nom d'arcades palatines est encore employé par Cuvier dans la deuxième édition de son *Anatomie comparée*, mais en l'appliquant aux palatins eux-mêmes et à eux seuls.

Les palatins s'articulent en avant avec les intermaxillaires (1), en arrière avec les ptérygoïdiens, en dehors et en haut avec les maxillaires supérieurs, en dedans et en haut avec le vomer, l'ethmoïde et le sphénoïde antérieur. Ils contribuent à limiter les orifices postérieurs des fosses nasales. Toutes leurs connexions, à l'exception de celle qui les unit aux intermaxillaires, répondent aux connexions des palatins des mammifères dont ils ont la situation.

Leur union avec les intermaxillaires se fait le plus souvent par une sorte de suture écailleuse où les palatins se placent à la face inférieure des intermaxillaires. Chez les perroquets leur extrémité antérieure se termine par une tête osseuse qui est reçue dans une cavité articulaire, et l'articulation est mobile. Par la connexion des palatins avec les intermaxillaires, les oiseaux diffèrent non-seulement des mammifères, mais encore des reptiles et des amphibiens. D'un autre côté, ce caractère les rapproche des poissons ; d'autre part la mobilité les rapproche des poissons, des ophidiens et des lacertiens ; elle les distingue

_____
(1) Chez les struthidés le palatin ne s'étend pas jusqu'à l'intermaxillaire, dont il est séparé par la branche horizontale du maxillaire supérieur.

des amphibiens, des crocodiliens, des chéloniens et des mammifères.

L'union des palatins avec les maxillaires supérieurs peut être immédiate comme chez les manchots, où les palatins s'articulent avec les branches internes des maxillaires, ou bien ces os restent séparés et les palatins ne s'articulent qu'avec les intermaxillaires.

Leur union avec les ptérygoïdiens se fait, tantôt, comme chez les canards, par des facettes articulaires qui s'emboîtent réciproquement, tantôt par une simple juxtaposition. Dans ce dernier cas, le palatin et le ptérygoïdien peuvent se rencontrer bout à bout, ou bien le ptérygoïdien peut s'appliquer dans une certaine étendue à la face dorsale du palatin (corbeau).

Leur union avec l'ethmoïde et le bec sphénoïdal se fait près de leur extrémité postérieure en avant de leur articulation avec les ptérygoïdiens. En ce point, les deux palatins (quand ils ne sont pas séparés par le vomer) s'appliquent l'un contre l'autre pour former une gouttière qui embrasse le bord étroit de la lame interorbitaire sur lequel elle glisse d'avant en arrière et d'arrière en avant dans les mouvements des mâchoires.

Les os palatins des oiseaux ont une forme très-caractéristique. En avant, c'est une tige étroite, plus ou moins épaisse; en arrière on peut distinguer trois ailes d'apparence foliacée, une aile supérieure, une aile inférieure ou interne, une aile externe ou latérale, limitant une fossette interne ou nasale, et une fossette inférieure externe ou pharyngienne.

L'aile supérieure va rejoindre en haut celle du côté opposé pour former avec elle et avec le vomer la gouttière qui reçoit le bord de la cloison interorbitaire. L'aile inférieure se recourbe aussi vers celle du côté opposé, mais elle en reste séparée par un intervalle notable. L'aile externe s'étend en dehors; en haut elle se confond avec l'aile supérieure pour former une convexité uniforme; en bas elle est séparée de l'aile inférieure par la fossette pharyngienne. La fossette nasale est entourée par l'aile inférieure et par l'aile supérieure, dans laquelle elle est comme repoussée.

Le bord de l'aile inférieure se termine souvent (passereaux) en une pointe aiguë, et il en est de même du bord de l'aile externe. Le bord de l'aile supérieure est terminé en arrière par la facette destinée au ptérygoïdien.

Si l'on ne considère le palatin qu'au point de vue des mouvements des mâchoires, on peut faire abstraction de l'aile inférieure et de l'aile externe, et par la pensée réduire l'os à une arcade appuyée en avant sur l'intermaxillaire, en arrière sur le ptérygoïdien, appliquée par le sommet de sa courbure au bord de la cloison interorbitaire.

Ce palatin diffère assez de celui des lacertiens et des ophidiens, qui ne rencontre pas celui du côté opposé sur la ligne médiane, qui ne se prolonge pas en avant, qui s'articule avec le maxillaire supérieur par une petite expansion latérale, et qui est dépourvu d'ailes et d'anfractuosités. Chez les chéloniens et les crocodiliens, le prolongement antérieur et l'aile latérale sont indiqués, les palatins se touchent en haut sur la ligne médiane et convergent aussi l'un vers l'autre au-dessous de la fosse nasale pour se rencontrer chez les crocodiles, et pour rencontrer, chez les tortues, le bord inférieur du vomer qui seul les sépare. L'aile supérieure et l'aile inférieure du palatin des oiseaux sont donc bien représentées chez les crocodiliens et les chéloniens. C'est à ces deux parties qu'il faudrait réduire le palatin d'un oiseau pour le comparer à celui d'un mammifère.

L'union du vomer avec les palatins est tellement intime chez les oiseaux, que leurs descriptions ne peuvent pas être séparées.

Hérissant paraît être le premier qui ait fait mention du vomer. C'est, pour lui, la branche mitoyenne de la base du bec supérieur, les palatins étant les branches latérales internes, et les arcades jugales les branches latérales externes. Il ne prononce pas le nom de vomer, mais il dit cependant que, chez le pélican, cette branche mitoyenne est en forme de soc de charrue. Vicq d'Azyr se borne à indiquer, dans son énumération des os du crâne, une cloison qui tient lieu de vomer.

Et. Geoffroy (Crâne des oiseaux, 1807) a décrit le vomer des oiseaux comme un os séparé. C'est, en effet, ce qui a lieu chez les gallidés et chez les cracidés (hocco, pénélope) où le vomer n'est maintenu que par des ligaments très-lâches, ce qui fait qu'il est presque toujours absent sur les crânes qui ont macéré. Le plus généralement c'est un os médian, impair, formant en arrière la cloison des fosses nasales, mobile par rapport au crâne, immobile par rapport aux palatins entre lesquels il est enchâssé comme s'il était saisi entre les mors d'un étau. Il s'articule avec le crâne de la même manière que les palatins, c'est-à-dire qu'il s'applique au bord de la lame interorbitaire et glisse avec eux sur ce bord. Dans ce but, il est creusé sur sa face supérieure d'une gouttière longitudinale.

En avant il se prolonge plus ou moins loin. Chez l'autruche, par exemple, il occupe presque toute l'étendue de la fente palatine et atteint presque la symphyse des intermaxillaires. Chez les rapaces diurnes il se confond avec le prolongement antérieur de la cloison ethmoïdale qui s'interpose entre les apophyses pala- tines des maxillaires supérieurs. Chez les oies il atteint la su- ture de ces apophyses. Chez les corbeaux, au contraire, il n'a pas de prolongement antérieur, et il n'existe pas, du moins à l'état osseux, chez les perroquets.

En bas il n'est recouvert que par la muqueuse, et sa saillie est habituellement visible dans toute l'étendue occupée par les orifices postérieurs des fosses nasales.

Quoiqu'il ne forme qu'un seul os, l'indice de sa division pri- mitive peut rester indiqué. Hérissant a remarqué que chez le pé- lican son extrémité est fourchue. Chez le pic il serait formé, d'après Huxley, de deux petits osselets.

Sa forme peut varier ; c'est habituellement une lame étroite posée verticalement. Il est épais chez les corbeaux ; chez l'au- truche, il est plus large en arrière et son extrémité antérieure est trifurquée ; elle est bifurquée chez le nandou et chez les tina- midés.

Les os ptérygoïdiens ont été ainsi nommés par Et. Geoffroy, qui détermina leur homologie avec les apophyses ptérygoïdes internes des mammifères. Cette opinion fut immédiatement adoptée par Cuvier, puis par Meckel, Spix, Carus, Tiedemann, Blainville, et tout le monde l'accepte aujourd'hui.

Cette relation n'est pourtant pas assez évidente pour avoir frappé les yeux des premiers observateurs. Aldrovande les a nommés *seconds processus stylaires* (stilares processus longio- res quos juga vel primos processus vocavimus ; stilares proces- sus desinentes ad coïtum alarum processuum : suntque illa os- sicula quæ secundos processus apellavimus), énonçant ici l'idée de deux arcades, l'une jugale, l'autre palato-ptérygoïdienne pla- cées parallèlement l'une à l'autre.

Petit et Hérissant, qui ont à leur tour signalé ces os à l'atten- tion des anatomistes, ont cru qu'ils étaient particuliers aux oi- seaux. Petit les a nommés os grêles à cause de l'aspect qu'ils ont chez le hibou ; Hérissant les a nommés os omoïdes parce que chez le pélican ils ressemblent à une omoplate de lapin ; Tiedemann de son côté les a nommés os unissants (ossa communicantia, Verbindungsbeine) comme pour indiquer que ce seraient des os surnuméraires, des ligaments ossifiés, reliant à la base du crâne et aux palatins la partie inférieure des os carrés.

Le nom de palatin postérieur proposé par Schneider, accepté par Et. Geoffroy, Cuvier, Carus, conduisait plus directement à la détermination homologique de l'os ptérygoïdien, soit qu'on le regarde comme une côte de la tête, soit qu'on y voie, avec R. Owen, un appendice divergent de la côte vertébrale formée par le palatin, mais laisse encore la question indécise.

Tout cela montre que l'assimilation du palatin postérieur à l'apophyse ptérygoïde interne des mammifères ne pouvait pas résulter de la comparaison directe du crâne des oiseaux avec celui des mammifères. Les reptiles fournissent la transition, et c'est par cette voie qu'Et. Geoffroy paraît y être parvenu.

Chez les chéloniens et les crocodiliens, les os ptérygoïdiens sont soudés à la base du crâne comme les apophyses ptérygoïdes internes des mammifères, en sorte que l'assimilation se fait immédiatement sans aucune espèce de difficulté. Mais en même temps ces os ptérygoïdiens des chéloniens et des crocodiliens se prolongent jusqu'à l'os carré comme chez les oiseaux. Cela pourrait suffire pour démontrer que les os omoïdes des oiseaux sont bien les représentants des apophyses ptérygoïdes internes des mammifères. Les lacertiens viennent en fournir une autre preuve. Chez eux les ptérygoïdiens sont plus grêles, plus isolés, et forment de véritables arcades, ce qui les fait ressembler davantage à ceux des oiseaux. Outre cela, il se détache des flancs du sphénoïde deux courtes apophyses, que l'on peut regarder comme des parapophyses, munies à leur extrémité d'une facette qui s'articule avec le ptérygoïdien correspondant ; ces apophyses sont tout à fait analogues à celles qui fournissent un appui aux ptérygoïdiens chez les struthidés, les rapaces nocturnes, les gallinacés, les scolopacidés, les puffins et les lamellirostres. De cette disposition on passe facilement à celle qui existe chez les oiseaux où les ptérygoïdiens, suspendus seulement par leurs extrémités, n'ont aucun rapport avec le crâne par leur partie moyenne.

La nature des os ptérygoïdiens des oiseaux est ainsi complétement démontrée par des faits qui montrent en même temps que, sous ce rapport comme sous beaucoup d'autres, il est impossible d'aller des oiseaux aux mammifères sans passer par les reptiles.

D'un autre côté, il n'est pas moins intéressant d'observer que les os *transverses* ou *ectoptérygoïdiens* qui existent chez les poissons osseux et chez les reptiles allantoïdiens, et qui ne manquaient encore que chez les batraciens, disparaissent chez les oiseaux comme chez les mammifères.

Les os ptérygoïdiens varient chez les divers oiseaux par leur longueur, leur épaisseur, leur courbure, leur torsion, leur direction; tantôt ils sont entièrement stiliformes, tantôt ils s'étalent en palettes et méritent alors véritablement le nom d'os omoïdes, comme chez les manchots, par exemple, où ils représentent une petite omoplate dont l'extrémité glenoïdale correspond à l'articulation ptérygo-palatine et dont le bord postérieur offre à sa partie moyenne la facette qui s'articule avec l'os carré.

Par leur extrémité antérieure, les os ptérygoïdiens s'articulent avec les os palatins, ainsi que nous l'avons dit. Le plus souvent ils entrent en contact avec le bord inférieur de la cloison interorbitaire. Ce contact se fait chez les passereaux dans une. grande étendue ; chez les perroquets les extrémités antérieures des deux ptérygoïdiens se réunissent pour former une gouttière profonde. Chez les canards et chez les gallinacés, où les apophyses ptérygoïdiennes du sphénoïde sont situées très en avant, le contact dont nous parlons n'existe pas ; mais chez les chouettes, où les apophyses ptérygoïdiennes du sphénoïde sont situées plus en arrière, les ptérygoïdiens touchent le bord de la cloison interorbitaire par leur extrémité antérieure.

Par leur extrémité postérieure, ils s'articulent avec l'os carré. Cette articulation se fait le plus souvent par une petite facette latérale externe concave qui s'applique à la facette latérale interne convexe de l'extrémité inférieure de l'os carré. Dans certains cas, comme chez les gallinacés, l'os ptérygoïdien présente deux facettes qui s'articulent avec deux facettes distinctes de l'apophyse interne de l'os carré.

L'os *carré* ou *tympanique*, dont Belon ne fait aucune mention, décrit d'abord par Coiter, qui ne lui a pas donné de nom, puis par Aldrovande, qui l'a nommé *os rotundum*, désigné ensuite sous le nom d'*os carré* par Hérissant, qui l'a dessiné sous toutes ses faces et complétement décrit, puis enfin par Wiedemann sous celui d'os articulaire (ossa articularia. Stenon avait dit os intermedium inter cranium et maxillam inferiorem), a été nommé *os tympanique* par Et. Geoffroy, qui l'a considéré comme représentant la réunion du cadre du tympan des mammifères et de la pièce de la chaîne hyoïdienne qui forme chez l'homme l'apophyse styloïde du temporal. Hérissant avait cru y voir l'apophyse montante de la mâchoire inférieure ; c'est d'après cette opinion que Vicq d'Azyr l'a désigné comme une apophyse condyloïdienne mobile. Tiedemann, Meckel, Duvernoy, Plattner, y ont vu la partie articulaire du temporal écailleux ; Carus et Reichert ont pensé que c'était l'enclume énormément developpée. Huxley et Parker après avoir soutenu cette opinion, combattue par Peters, professent aujourd'hui que c'est le marteau.

L'opinion d'Etienne Geoffroy, qui a été adoptée par Cuvier, Blainville, Milne Edwards, Gratiolet, P. Gervais, ainsi que par R. Owen, et en dernier lieu par Peters, nous paraît devoir être abandonnée.

L'os carré se compose d'une extrémité supérieure, d'un col, d'un corps, muni d'une apophyse antérieure, et d'une extrémité inférieure.

L'extrémité supérieure ou temporale de l'os carré présente deux têtes articulaires, séparées par un sillon, qui s'appliquent à deux facettes concaves dont l'antérieure appartient au squamosal et dont la postérieure appartient au rocher. Ces deux têtes articulaires ne regardent pas dans le même sens. L'antérieure regarde en avant et en dedans, la postérieure regarde en arrière et en dedans.

L'extrémité supérieure de l'os carré est réunie au corps de l'os par une partie plus étroite, ou un col, qui manifeste une torsion plus ou moins prononcée.

Le corps de l'os, qui présente le plus souvent à son côté interne un orifice aérien, est plus ou moins cylindrique, ou plus ou moins aplati, plus ou moins court, ou plus ou moins long. Il offre toujours à son côté antérieur une apophyse triangulaire un peu inclinée en dedans, convexe en dehors, concave en dedans, c'est l'apophyse antérieure de l'os carré que l'on désigne aussi avec Wiedemann sous le nom d'apophyse orbitaire. Cette apophyse élargit le corps de l'os et contribue à donner à son ensemble une forme qui se rapproche de celle d'un carré.

L'extrémité inférieure présente deux facettes articulaires latérales et deux facettes articulaires terminales.

La facette latérale interne, convexe, s'articule avec le ptérygoïdien ; la facette latérale externe, concave, s'articule avec le quadrato-jugal. La facette latérale interne est quelquefois double comme chez les gallinacés.

Les facettes articulaires terminales sont généralement formées par deux lobes principaux séparés par un sillon. Chacun de ces lobes offre à son tour une ou deux surfaces lisses, et l'ensemble s'articule par emboitement réciproque avec la partie correspondante de la mâchoire inférieure. C'est du moins ce qui a lieu le plus souvent.

Les perroquets offrent une exception remarquable signalée par Aldrovande. Chez eux l'os carré se termine inférieurement par une facette convexe, étroite, allongée d'avant en arrière, qui est reçue dans une gouttière longitudinale que lui offre la mâchoire inférieure. Il résulte de là que chez les perroquets l'axe de l'extrémité inférieure de l'os carré est dirigé d'avant en arrière et se trouve dans le même plan que celui qui passe par les deux facettes de l'extrémité supérieure. Généralement, au contraire, l'axe qui passe par les facettes mandibulaires est transversal et fait avec celui des facettes temporales un angle qui varie avec la torsion du col de l'os tympanique.

L'os carré contribue à former la paroi antérieure de la cavité tympanique; mais toute sa partie inférieure, c'est-à-dire tout ce qui est situé au-dessous de l'échancrure qui loge son col, est situé hors de cette cavité. Il est recouvert par une partie de la muqueuse qui tapisse la cavité ; mais il ne fournit aucune insertion à la membrane du tympan qui s'attache en avant soit à une bride fibreuse, soit à un petit arc osseux situé en dehors de l'os carré. Cette bride, ou cet arc, convertit en trou l'échancrure où est logé le col de cet os.

On trouve encore dans cette région, outre l'osselet de l'ouïe, ou columelle, dont nous reparlerons, un petit os que Nitzsch a décrit sous le nom de syphonium (rohrenbeinchen). C'est un petit cylindre creux résultant de l'ossification du canal membraneux qui fait communiquer la caisse avec la cavité aérienne de la mâchoire inférieure. Le syphonium, qui est très-développé chez le corbeau et que Nitzsch a trouvé chez la plupart des passereaux ainsi que chez le vanneau, paraît manquer chez la plupart des rapaces, des gallinacés, des échassiers et des palmipèdes. Il est situé derrière l'os carré ; son extrémité supérieure étant placée contre l'orifice tympanique de la trompe d'Eustache, et son extrémité inférieure contre l'apophyse angulaire interne du maxillaire inférieur.

La *mandibule inférieure*, bec inférieur, mâchoire inférieure, ou simplement la mandibule (si l'on réserve au bec supérieur le nom de maxille, maxilla), est composée de deux moitiés symétriques ou de deux branches, unies en avant sur la ligne médiane et complétement immobiles l'une par rapport à l'autre. Cette immobilité des deux branches de la mâchoire inférieure l'une par rapport à l'autre est un caractère qui distingue les oiseaux des mammifères didelphes aussi bien que des mammifères ornithodelphes, où les deux branches sont séparées l'une de l'autre pendant toute la vie par une articulation mobile.

D'autre part le pélican, et, d'après Et. Geoffroy, l'autruche et le calao, sont les seuls où l'on ait observé la séparation primitive des deux branches sur la ligne médiane. Habituellement, pour employer le langage de R. Owen, elles sont connées ; en sorte qu'il n'y a sur la ligne médiane qu'une seule pièce, impaire et symétrique, qui soutient la pointe du bec inférieur et que l'on désigne sous le nom de dentaire. Outre la moitié du dentaire qui lui appartient, chaque branche contient primitivement quatre pièces dont les sutures peuvent rester indiquées pendant toute la vie (harles, manchots, autruche); ce sont : l'articulaire, qui sert à l'articulation de la mâchoire avec l'os carré ; l'angulaire, qui termine la mâchoire en arrière et qui est situé au-dessous et en arrière de l'articulaire ; le surangulaire ou coronoïdien, situé en avant de l'articulaire, en avant et au-dessus de l'angulaire ; enfin le complémentaire, qui remplit l'espace compris entre l'angulaire, le surangulaire et le dentaire.

Ces pièces se soudent bientôt les unes aux autres, mais leur séparation primitive reste indiquée chez plusieurs oiseaux par des sutures visibles ; chez d'autres, un trou ovale (trou postdentaire), qui perfore la mâchoire vers sa partie moyenne et n'est fermé que par une membrane, indique la séparation de l'angulaire et du dentaire.

Ce caractère, que l'on observe surtout chez les passereaux, les gallinacés, les scolopacidés, existe aussi chez les crocodiles.

Nitzsch a montré que chez l'engoulevent la branche de la

mâchoire est mobile à sa partie moyenne et qu'il existe là une véritable articulation dans le point qui correspond à la suture du dentaire avec le complémentaire.

Généralement les branches de la mâchoire offrent dans leur partie moyenne une grande flexibilité qui leur permet de s'écarter l'une de l'autre pour la déglutition des corps volumineux. L'observation en a été faite par Hérissant et par Et. Geoffroy.

La partie articulaire de chacune des branches de la mâchoire inférieure est généralement formée de deux lobes séparés par un sillon. Chacun de ces lobes offre plusieurs facettes qui s'appliquent par emboîtement réciproque à celles de l'os carré.

Chez les perroquets, la mâchoire inférieure présente une gouttière longitudinale où est reçue l'extrémité de l'os tympanique : en dehors et au-dessus de cette facette, le maxillaire présente à sa face interne une surface lisse légèrement déjetée en dehors qui s'applique à la face externe de l'extrémité inférieure de l'os carré jusqu'à la facette latérale externe ou zygomatique. Cette disposition permet un mouvement de va-et-vient dans le sens antéro-postérieur, tel que celui qui a lieu chez les rongeurs.

La partie angulaire de la mâchoire inférieure fait plus ou moins de saillie au-dessous et en arrière de la partie articulaire. Elle présente deux apophyses remarquables, dont l'une se porte transversalement en dedans ; c'est l'*apophyse angulaire interne* (chez le perroquet la facette longitudinale est creusée sur la face supérieure de cette apophyse). L'autre n'offre le plus souvent que très-peu de saillie ; mais d'autres fois (lamellirostres, flammants, gallinacés), elle s'allonge en arrière en figurant une serpette, et mérite alors le nom d'apophyse serpiforme qui lui a été imposé par Hérissant (1). C'est l'*apophyse angulaire postérieure*.

Les faces postérieures de ces apophyses ne sont pas séparées; elles forment par leur réunion un espace rugueux qui sert à l'insertion du muscle abaisseur de la mâchoire. La présence de l'apophyse serpiforme n'est pas subordonnée à la force de la mâchoire; les coqs, les canards, les flammants, où elle existe, n'ont pas la force de l'aigle, où elle manque ; elle semble plutôt être en rapport avec les mouvements de latéralité.

Il n'y a aucune trace de la branche montante, mais le bord supérieur de la partie surangulaire ou coronoïdienne présente

(1) « Je nomme ainsi cette apophyse à cause de sa figure en forme de serpette. » *L. c.*, p. 360.

une petite saillie rugueuse pour la partie tendineuse du muscle temporal.

La partie dentaire est complétement entourée par le bec corné, qui se moule sur elle et offre exactement la même forme.

Outre ces faits principaux, on peut encore étudier le maxillaire inférieur au point de vue de sa forme particulière, de sa force, de son volume et de son poids.

Mouvements du bec. — Les mouvements du bec des oiseaux ont été décrits pour la première fois d'après le perroquet par Aldrovande. Cette description est remarquable par plusieurs faits intéressants qu'elle met en lumière; mais elle contient une erreur fondamentale en n'attribuant la mobilité qu'au bec supérieur et en soutenant que le bec inférieur est immobile ; elle a de plus le défaut de n'être pas applicable à l'ensemble de la classe des oiseaux, puisque les perroquets présentent une exception singulière dans la forme des surfaces articulaires qui établissent le contact entre la mandibule et l'os carré.

Petit a corrigé l'erreur d'Aldrovande en montrant que chez le perroquet le bec inférieur est mobile aussi bien que le bec supérieur.

Hérissant, en prenant l'oiseau pour type et en étudiant comparativement un grand nombre d'espèces, a pu donner une description beaucoup plus générale, et comme d'autre part il a exposé les détails avec une grande précision, on ne tient compte habituellement que de son travail et on oublie ceux qui l'ont précédé.

Les anciens avaient observé la mobilité du bec supérieur chez le perroquet, mais ils ne semblent pas avoir su que cette mobilité existe également chez les autres oiseaux. Aldrovande s'est borné à constater le fait chez le perroquet, Hérissant a fait voir qu'il est général.

« Il y a, dit Hérissant, deux moyens par lesquels les oiseaux peuvent se procurer l'ouverture de leur bec.

« Le premier de ces moyens consiste dans l'abaissement du demi-bec inférieur. Le second moyen procure non-seulement l'abaissement du demi-bec inférieur, mais il produit de plus l'élévation du demi-bec supérieur, en sorte que les deux demi-becs se meuvent en même temps et en sens contraire, comme les jambes d'un compas. »

Il est presque superflu de parler du premier moyen. Car le

simple abaissement du bec inférieur ne peut atteindre une limite appréciable sans avoir immédiatement pour conséquence l'élévation du bec supérieur.

La faculté qu'ont les oiseaux de relever et d'abaisser leur bec supérieur dépend d'une part de la flexibilité ou même de l'articulation mobile des pièces qui le rattachent au crâne, et d'autre part de la mobilité de l'os carré transmettant ses mouvements à la mâchoire supérieure par l'intermédiaire des arcades zygomatique et palato-ptérygoïdienne.

Quand l'os carré se meut d'arrière en avant, son extrémité inférieure décrit un arc de cercle dont l'os lui-même est le rayon et dont le centre se trouve à l'articulation de son extrémité supérieure avec le crâne. Alors les arcades zygomatique et palato-ptérygoïdienne articulées l'une en dehors, l'autre en dedans de l'extrémité inférieure de l'os carré, sont poussées en avant ; mais elles seraient arrêtées par un obstacle invincible si le bec supérieur ne cédait pas à leur pression. Or le mouvement direct en avant n'étant pas possible, l'extrémité antérieure de ces arcades décrit à son tour un arc de cercle, autour d'un centre placé à leur articulation avec l'os carré. L'arcade elle-même est le rayon de ce cercle. Le rayon formé par l'arcade zygomatique est continu dans toute son étendue. Le rayon formé par l'arcade ptérygo-palatine est brisé en deux segments, l'un postérieur, formé par le ptérygoïdien, l'autre antérieur, formé par le palatin. Le ptérygoïdien ne fait que glisser d'arrière en avant, soit sur l'apoplyse du sphénoïde (quand elle existe), soit sur le bord de la cloison interorbitaire ; mais le palatin, en même temps que son extrémité postérieure glisse sur le bord de la cloison, décrit par son extrémité antérieure un arc de cercle dans le même sens que l'arcade jugale. Le bec supérieur est ainsi amené à décrire par sa pointe antérieure un arc de cercle autour d'un axe transversal qui correspond à son articulation avec le crâne, et c'est ainsi qu'il se trouve relevé.

Un mouvement inverse a lieu si l'os carré se porte en arrière. L'extrémité inférieure de cet os, décrivant alors un arc de cercle dirigé d'avant en arrière, entraîne à sa suite les arcades zygomatique et ptérygo-palatine, et celles-ci, dont les extrémités antérieures décrivent un arc de cercle de haut en bas et d'avant en arrière, tirent en bas le bec supérieur.

Tel est, dans son ensemble, le mouvement du bec supérieur ; voyons maintenant à quelles forces on doit l'attribuer.

Il est impossible de prendre ici pour type le perroquet, dont les muscles offrent une disposition particulière sur laquelle nous reviendrons. La plupart des autres oiseaux peuvent au contraire être donnés pour exemples, aussi bien que l'oie et le canard, choisis par Hérissant.

Aldrovande, en décrivant les mouvements du bec chez le perroquet, déclare qu'il s'explique très-bien comment le bec supérieur est serré contre le bec inférieur, mais qu'il ne voit pas aussi bien ce qui peut le relever ; il cherche en vain une force qui puisse produire ce mouvement et n'en voit pas d'autre qu'un muscle cutané (peaucier cervico-céphalique) dont les fibres antérieures iraient se terminer sur la base du bec en avant des orbites et entre les orifices des narines ; mais, n'ayant pas pu vérifier cela par l'observation directe, il abandonne aux études à venir la solution du problème. En réalité le muscle dont parle Aldrovande n'existe pas.

Hérissant a comblé ce désidératum en montrant que l'élévation du bec supérieur est due à la bascule de l'os carré qui pousse devant lui les arcades zygomatique et palato-ptérygoïdienne. Quant à la bascule de l'os carré, il l'attribue soit à une traction exercée directement sur cet os par un muscle attaché à la base du crâne, soit au mouvement de la mâchoire inférieure.

Mais comment le mouvement de la mâchoire inférieure fait-il basculer l'os carré ? Hérissant ne fait qu'énoncer la chose et son explication reste incomplète. Nous allons essayer d'aller un peu plus loin.

Hérissant dit avec raison que, sans le déplacement de l'os carré, la mandibule, qui n'est tirée que parallèlement à son axe, ne pourrait pas s'abaisser, mais il ne dit pas comment cette traction produit à la fois la bascule de l'os carré et l'abaissement de la mandibule. Or, ce double effet est dû avant tout à la présence du ligament orbito-mandibulaire que Hérissant a très-bien décrit, mais dont il n'a pas suffisamment apprécié l'usage.

Le ligament orbito-mandibulaire part, soit de l'apophyse orbitaire externe, soit de la pointe du lacrymal, il se dirige en bas et en arrière, glisse sur la face externe de l'arcade zygomatique, et va se terminer sur un tubercule que la mandibule présente un peu au-devant de la facette articulaire destinée à l'os carré. Il peut être fortifié par un triangle aponévrotique couvrant l'espace compris entre l'apophyse orbitaire et l'apophyse zygomatique; mais comme le cordon orbito-mandibulaire forme toujours le faisceau principal et le plus constant, nous pouvons ne considérer que lui.

Ce ligament applique la mandibule contre l'os carré et l'empêche de se porter en arrière sous la traction des muscles abaisseurs qui agissent presque parallèlement à son axe. Ces muscles alors portent leur principale action sur l'angle de la mâchoire, et il suffit d'une faible élévation de cet angle pour que, la partie postérieure de la mandibule agissant comme un levier, l'os carré soit poussé en avant par les surfaces articulaires placées entre le point d'application de la puissance (angle de la mâchoire) et le point d'application de la résistance (tubercule d'insertion du ligament orbito-mandibulaire). De la sorte, la mandibule tournant sur place, l'os carré se porte en avant, et il y a un recul apparent de la mâchoire, apparence d'autant plus trompeuse que la mandibule semble passer derrière l'os carré , et que le ligament orbito-mandibulaire semble glisser d'avant en arrière sur l'arcade zygomatique.

En même temps que l'os carré se trouve poussé en avant, l'extrémité antérieure de la mandibule s'abaisse. Par suite de l'inclinaison des surfaces articulaires dans leur partie postérieure, il suffit généralement d'une très-faible élévation de l'angle de la mâchoire pour produire un abaissement considérable de sa pointe antérieure.

Après le déplacement de l'os carré, cet abaissement peut encore augmenter, parce que, le regard des facettes articulaires de l'os carré ayant changé, les forces qui agissent sur l'angle de la mâchoire la tirent plus obliquement.

Pendant ces mouvements, il se produit un changement dans les rapports réciproques des facettes articulaires. Dans le repos, les deux lobes articulaires de la mandibule sont appliqués aux deux lobes articulaires de l'os carré, mais les facettes de la mandibule ne touchent que la partie antérieure des facettes de l'os carré. Quand le bec est ouvert, le contact se fait entre la partie antérieure des facettes de la mandibule et la partie postérieure des facettes de l'os carré. C'est du moins ce qui a lieu le plus généralement.

Nous venons de voir comment l'abaissement de la mandibule

produit la bascule de l'os carré et l'élévation du bec supérieur.
L'écartement des deux becs peut encore être augmenté : 1° par
la traction qu'exercent les muscles abaisseurs de la mandibule ;
2° par une traction directe exercée sur l'apophyse orbitaire de l'os
carré ; 3° par une traction exercée sur la mandibule par ses
muscles releveurs (cette traction, ne pouvant pas produire l'élévation de la mandibule, combattue par ses muscles abaisseurs,
tire en avant l'articulation elle-même).

Les faits que nous venons d'exposer sont réalisés chez la
plupart des oiseaux. Nous reviendrons plus loin sur les perroquets.

Qu'arrive-t-il maintenant quand le bec se ferme?

Rappelons-nous d'abord que chez la plupart des oiseaux (les
perroquets font exception) l'articulation de l'intermaxillaire avec
le crâne se fait par une lame élastique. C'est cette lame flexible
qui se plie quand le bec supérieur s'élève. Mais aussitôt que la
force élévatrice cesse d'agir, l'élasticité de cette lame osseuse
prend le dessus et le bec tend à revenir à sa position primitive,
c'est-à-dire à s'abaisser. En même temps les rayons qui vont se
terminer sur l'os carré sont poussés en arrière, l'os carré bascule en décrivant un arc de cercle antéro-postérieur, et la mandibule se relève.

Le premier moyen peut suffire pour amener la fermeture du
bec. Elle peut encore avoir lieu de la manière suivante. La mandibule, tirée par ses muscles releveurs, franchit l'os carré et le
fait basculer d'avant en arrière ; l'os carré tire les rayons, et le
bec supérieur s'abaisse.

Les deux moyens doivent se combiner sur l'animal vivant ;
sur l'animal mort, le premier est suffisant.

On peut se demander comment le bec supérieur avec sa mobilité peut avoir, chez certains oiseaux, un si grand degré de
force et de solidité. Cette force est due principalement à l'action
des muscles releveurs de la mandibule qui s'insèrent aux palatins et aux ptérygoïdiens, et qui, tirant en bas la mâchoire supérieure, la fixent avec énergie lorsque l'oiseau frappe ou déchire
avec la pointe du bec. La mobilité du bec sur le crâne devient
alors une condition favorable en préservant le cerveau, les yeux
et le crâne lui-même des secousses et des commotions.

La description générale que nous venons de donner, applicable à la plupart des oiseaux, souffre quelques exceptions dont la plus remarquable est celle que nous offrent les perroquets.

Chez les perroquets, l'élévation de la mâchoire supérieure, de même que chez les autres oiseaux, n'est due qu'à la bascule de l'os carré ; mais cette bascule se fait sans que la mandibule inférieure s'abaisse beaucoup. Cela tient à la forme des surfaces articulaires, l'os carré offrant un condyle longitudinal qui glisse dans une gouttière de la mandibule. De plus, l'os carré pouvant être tiré directement en avant peut glisser dans cette gouttière sans que la mandibule s'abaisse, et c'est là que se justifie en partie l'assertion d'Aldrovande. Quant à l'abaissement du bec supérieur, il n'y a aucune lame osseuse qui puisse le produire par son élasticité. Il résulte soit d'un mouvement rétrograde de l'os carré provoqué par la mandibule, soit de l'action d'un muscle particulier aux perroquets qui va du palatin à la base de l'apophyse mastoïde.

Il résulte de là, chez les perroquets, un mouvement des mâchoires analogue à celui que l'on voit chez les rongeurs. Aldrovande l'a comparé à celui d'une meule (*vel cartillus in mola*). La cavité du bec supérieur frotte alors contre l'extrémité du bec inférieur, et ils s'usent et s'aiguisent réciproquement.

D'autre part, le bec supérieur possède une grande solidité et une grande résistance, dont ces oiseaux se servent, soit pour attaquer des fruits à enveloppe dure, soit pour la locomotion en prenant avec le bec un point d'appui.

Ces usages multiples du bec expliquent pourquoi on trouve chez les perroquets des dispositions toutes particulières : la forme des condyles du bec inférieur ; le volume des palatins , leur articulation mobile avec l'intermaxillaire ; les articulations en charnières du bec supérieur avec le crâne ; le volume des arcades zygomatiques dépourvues de flexibilité, mais articulées d'une manière mobile avec le maxillaire supérieur ; la brièveté de l'apophyse angulaire postérieure, qui n'a rien de serpiforme ; le volume de l'apophyse angulaire interne ; l'énorme surface d'insertion musculaire fournie par l'ensemble de l'angle de la mandibule ; le vomer réduit à sa portion interpalatine et dépourvu de soc osseux ; enfin, la situation des narines au sommet de la tête et la direction verticale des fosses nasales.

Chez les oiseaux où le ptérygoïdien s'articule, soit par sa partie moyenne, comme chez les chouettes, soit au voisinage de son

extrémité antérieure, comme chez les canards et chez les gallinacés, avec une parapophyse du sphénoïde, le glissement se fait
dans toute la longueur de cette facette ; aussi est-il plus étendu
chez les gallinacés que chez les canards, et chez les canards que
chez les chouettes. C'est chez les oiseaux où cette articulation
n'existe pas que le mouvement du bec supérieur a le plus
d'étendue.

Il faut distinguer aussi les oiseaux où le ptérygoïdien et le palatin sont l'un et l'autre en contact avec le bord de la cloison interorbitaire, ceux où ce contact n'existe que pour le palatin, et
ceux où il n'existe que pour le ptérygoïdien. Mais l'ensemble du
mécanisme n'est pas dérangé par ces circonstances, sur lesquelles
nous reviendrons plus loin.

Chez un grand nombre d'oiseaux, il faut ranger encore parmi
les mouvements du bec un mouvement, non plus actif, mais passif, qui consiste en ce que ses parties latérales peuvent s'écarter
pour laisser passer un aliment volumineux. Cette dilatation pas-
sive du bec, sur laquelle Hérissant, Et. Geoffroy et Nitzsch ont
insisté, est favorisée par la brisure de l'arcade palato-ptérygoïdienne, par la flexibilité de l'arcade zygomatique, par l'écart
possible de l'os carré ; enfin, et surtout, par la flexibilité des
branches de la mandibule à leur partie moyenne.

OS DES APPAREILS DE SENSATION.

Organe du goût. — La langue est soutenue par les pièces
antérieures de l'appareil hyoïdien, que l'on désigne sous le nom
de glosso-hyaux.

Organe de l'odorat. — Les pièces osseuses qui chez les oiseaux contribuent à la formation des fosses nasales sont l'ethmoïde, le lacrymal, le frontal, le nasal, le maxillaire supérieur,
l'intermaxillaire, le vomer et le palatin. Il faut y ajouter les
cornets ou turbinaux, qui sont des os cutanés (dermos, Blainville) particuliers à l'organe de l'odorat.

La cloison des fosses nasales est formée par le prolongement
antérieur de la lame ethmoïdale et par le vomer. Elle est perforée chez les échassiers cultrirostres et longirostres, et chez les
palmipèdes lamellirostres et longipennes, les colymbidés, les
manchots et le toucan.

La voûte appartient au frontal, à la partie préfrontale de l'ethmoïde, à l'intermaxillaire, au nasal et au lacrymal.

La paroi postérieure appartient à l'apophyse latérale de l'ethmoïde. La paroi externe appartient au lacrymal, à une membrane qui ferme le trou naso-lacrymal, à la branche descendante du nasal, au maxillaire supérieur, et à une membrane qui comble l'espace entre le nasal et l'ouverture de la narine.

Le plancher appartient à l'intermaxillaire, au maxillaire supérieur, au palatin et au vomer.

Les orifices postérieurs sont limités en dedans par le vomer, en dehors par les palatins; les orifices antérieurs le sont par l'intermaxillaire, le nasal, et le maxillaire supérieur.

Tantôt la cavité de la fosse nasale s'allonge presque horizontalement, comme chez les canards, tantôt elle est presque verticale, comme chez les perroquets, et encore plus chez les toucans. Mais ce sont toujours les mêmes os qui l'entourent, et la disposition typique reste la même.

Cette constance du type existe également pour les plis de la membrane interne qui ont reçu le nom de cornets, et dont la trame fibreuse est solidifiée, soit par du tissu cartilagineux, soit par du tissu osseux.

Ces plis ont été décrits d'abord par Scarpa (*De auditu et olfactu*, 1789) qui a distingué un cornet supérieur, un moyen et un inférieur. Le cornet supérieur est seul en rapport avec les expansions du nerf olfactif; le cornet moyen et le cornet inférieur ne reçoivent que des ramifications du nerf trijumeau et ne servent qu'à protéger l'organe de la sensation spéciale. H. de Blainville (*Traité d'anatomie comparée*, 1822) s'est efforcé de mieux déterminer la signification de ces replis. Il pense que le cornet moyen de Scarpa répond au cornet inférieur des mammifères, et le cornet inférieur de Scarpa au cartilage des narines.

« Le sac olfactif, dit-il, est compris entre les mêmes os que chez les mammifères ; il est également divisé en partie supérieure et en partie inférieure ; mais il diffère surtout en ce que ses replis ne sont que fort rarement soutenus par des lames osseuses, mais seulement par des lames cartilagineuses qui forment une masse unique, cylindroïde, appliquée contre les parties latérales de la cloison et dans la gouttière qu'elle forme avec l'os maxillaire et le prémaxillaire ; aussi peut-on l'enlever tout entière. On y distingue trois parties : la postérieure ou la supérieure touche immédiatement à l'orbite ; c'est une sorte de vésicule cartilagineuse fort mince, ordinairement en forme d'entonnoir, dont la concavité est interne du côté des narines, et la concavité externe du côté du sinus suboculaire ; la seconde est formée par un long repli cartilagineux étendu d'avant en arrière, et plus ou moins enroulé sur lui-même ; *c'est l'analogue du cornet inférieur des mammifères.* Séparée en dessus par un sillon assez profond de la précédente, et en avant de la troisième par un autre sinus, son bord libre est inférieur, et sa convexité (?) en dehors : mais elle est tapissée sur ses deux faces par la membrane pituitaire, qui est fort rouge. Son extrémité postérieure se voit quelquefois à l'orifice guttural des narines. Son sinus ou méat communique avec l'air extérieur par une sorte de canal formé par le côté interne de la troisième partie, et par la cloison médiane. *Cette troisième partie est plus grande, plus externe et plus antérieure ; c'est évidemment l'analogue du cartilage des narines dans les mammifères ; elle forme l'orifice même des narines ;* aussi.est-elle recouverte en partie par la membrane cornée extérieure. La substance cartilagineuse qui la constitue est plus épaisse, plus blanche ; elle se compose ordinairement de trois replis en cornets principaux : un interne, qui borde l'orifice du véritable canal olfactif ; et deux autres, l'un supérieur, l'autre inférieur, entre lesquels est l'orifice de la fausse narine. »

Ces idées diffèrent très peu de celles que Gegenbaur professe dans son mémoire sur les cornets du nez des oiseaux (über die nasenmuscheln der Vogel, *Jenäische Zeitschrift,* 1871). Cet auteur admet aussi que le cornet moyen de Scarpa correspond au cornet inférieur des mammifères, et invoque en outre cet argument que le canal lacrymal s'ouvre immédiatement au-dessous. Il désigne les plis qui sont au-devant (cornet inférieur de Scarpa) sous le nom de cornets vestibulaires (vorhofsmuscheln). Quant au cornet supérieur de Scarpa, il pense que le nom de cornet ne lui convient pas, qu'il fait partie de la paroi de la cavité nasale et qu'il vaudrait mieux l'appeler *éminence olfactivo* (riechhügel). En effet, ce cornet supérieur est comme un boursouflement du sac olfactif ; il est creusé, comme l'a dit Scarpa, d'une cavité aérienne et le nerf olfactif s'épanouit sur la convexité de sa face interne.

Gegenbaur démontre, en outre, que le cornet moyen des oiseaux est identique à celui des reptiles (lézards, serpents, tortues, crocodiles).

Chez le canard, que je prendrai pour exemple, le cornet supérieur est une ampoule cartilagineuse placée dans l'angle supérieur et postérieur du sac olfactif, entre le lacrymal, le frontal et l'ethmoïde. Sa cavité communique, par une ouverture située en arrière, en dehors et en bas, avec le sinus aérien suboculaire, qui lui-même communique avec la fosse nasale. On peut considérer ce cornet comme une pyramide triangulaire, dont la base s'appuie sur l'aile de l'ethmoïde et l'arête externe sur le lacrymal ; l'angle supérieur et postérieur touche le point par où pénètre le nerf olfactif; le sommet, ou l'angle antérieur, s'incline légèrement en bas ; la face inférieure est creusée d'un enfoncement cupuliforme, qui donne à l'ensemble l'aspect d'une cloche.

Le cornet moyen commence en arrière par un tubercule arrondi, qui s'insère sur l'aile de l'ethmoïde, très-près de la cloison et de l'orifice postérieur de la fosse nasale. Un sillon sépare ce bourrelet de la masse principale du cornet, qui s'insère d'abord sur la face interne du lacrymal au milieu de sa branche descendante. La ligne d'insertion remonte ensuite obliquement pour atteindre la suture du lacrymal et du frontal. Puis, enfin, le cartilage se trouve suspendu à la voûte de la fosse nasale.

Le cornet moyen affecte, par conséquent, une direction longitudinale, et son insertion se fait, suivant une ligne oblique, de bas en haut ; tout à fait latérale dans sa partie moyenne, cette insertion se rapproche de la ligne médiane en avant et en arrière.

Le cornet moyen s'enroule sur lui-même de haut en bas et de dedans en dehors, de telle sorte que, si on le déroulait, sa concavité serait tournée en dehors. Dans sa partie moyenne, il décrit 2 tours 1/2, mais, tout en avant, il ne fait qu'un 1/2 tour, et son extrémité même n'est plus qu'un simple bourrelet. En arrière, au-devant du sillon qui le sépare de son tubercule postérieur, sa cavité forme un cul-de-sac qui s'enfonce dans la cupule du cornet supérieur.

Vers l'extrémité antérieure du lacrymal, le cornet moyen est subdivisé en 2 lobes, dont le postérieur est le plus volumineux, par un sillon où se loge un gros cordon nerveux qui est la branche nasale de l'ophthalmique et qui contraste par son volume avec la gracilité du nerf olfactif.

Le cornet inférieur ou antérieur est situé au-dessous du lobe antérieur du cornet moyen. Il se compose d'une partie horizontale insérée sur le milieu de la branche descendante du nasal, immédiatement en arrière de l'orifice, et d'une partie transversale qui va de l'os nasal à la cloison. Je donnerai en conséquence à ce cornet le nom de *pli transversal*, qu'il mérite, en même temps que celui de *pli operculaire*.

On doit encore noter un bourrelet qui borde le trou qui fait communiquer les deux fosses nasales, et deux autres bourrelets, l'un plus fort, situé sur le plancher de la fosse nasale, au-dessous du lobe postérieur du cornet moyen, l'autre plus faible, situé latéralement et séparé du précédent par un sillon.

En résumé, nous trouvons chez le canard un cornet supérieur (ethmo-turbinal de R. Owen, éminence olfactive de Gegenbaur, poche de Blainville) que nous nommerons aussi *ampoule olfactive ;* un cornet moyen qui répond au cornet inférieur des mammifères, par sa situation au-dessus de l'orifice du canal lacrymal, mais qui en diffère par les os avec lesquels il entre en rapport, et un cornet antérieur ou inférieur, que nous appellerons *pli transversal ou operculaire*. Le cornet moyen est longitudinal.

Chez le coq, le cornet supérieur est une ampoule cupuliforme communiquant avec le sinus aérien par un large orifice. Le cornet moyen offre en arrière un petit tubercule isolé, comme chez le canard ; il adhère à peine au lacrymal dont la branche descendante est très-réduite ; il se dirige d'ailleurs obliquement de bas en haut, et son extrémité antérieure adhère à la branche horizontale de l'os nasal. Il fait 2 tours dans sa partie moyenne.

Le pli operculaire transversal est très-développé. Il offre à sa face postérieure une dépression cupiliforme, qui coiffe la pointe antérieure du cornet moyen. En avant, il présente encore une concavité dans laquelle s'emboîte un second pli qui n'adhère qu'à l'os nasal et au plancher de la cavité. Enfin, la peau elle-même forme à l'orifice de la narine un troisième pli qui ressemble à une paupière supérieure.

Les principales variétés que l'on rencontre dans les différents groupes d'oiseaux ont été indiquées par Blainville et par Gegenbaur dans les ouvrages que je citais tout à l'heure.

Le cornet supérieur est nul chez le pigeon, où l'on ne voit, dit Blainville, qu'un entonnoir membraneux. Il n'est que peu développé chez la plupart des passereaux et des grimpeurs, médiocre chez les perroquets, les rapaces nocturnes, la buse, la plupart des échassiers cultrirostres et longirostres de Cuvier, les râles et les palmipèdes totipalmes. Il est, au contraire, bien développé chez le faucon, l'engoulevent, le podarge, le numénius, les gallinacés, les échassiers pressirostres, les palmipèdes longipennes et lamellirostres et les colymbidés.

Le cornet moyen forme, chez le perroquet, un simple bourrelet dirigé obliquement de bas en haut, dépourvu d'enroulement, mais renflé dans sa partie moyenne. Ce cornet est médiocre et peu enroulé chez les pies, la plupart des passereaux, les pigeons, les râles, les échassiers cultrirostres et longirostres, les palmipèdes totipalmes. Il offre, au contraire, des dimensions plus considérables dans les rapaces, les martinets, les pies-grièches, les gallinacés, les pressirostres, les palmipèdes longipennes et lamellirostres, et les colymbidés.

Le cornet inférieur ou antérieur est double chez les échassiers pressirostres, comme chez les gallinacés, mais le plus souvent il n'y a, comme chez les canards, qu'un seul pli transversal. Ce pli manque chez le secrétaire et chez le podarge. Il est très-petit chez le perroquet et chez l'engoulevent. Il est ossifié chez les chouettes, les pics et les passereaux chanteurs.

Organe de la vue. — Les éléments osseux qui concourent à la formation de l'orbite sont le frontal, le lacrymal et le sourcilier, l'ethmoïde, la grande aile du sphénoïde, les arcades palatines et les arcades jugales.

Le globe même de l'œil offre dans sa composition des parties solides. Ce sont les pièces imbriquées que l'on rencontre dans le sclérotique autour de la cornée transparente. R. Owen a désigné leur ensemble sous le nom de sclérotal. Ces pièces ne sont pas toujours osseuses ; on les trouve encore à l'état cartilagineux. Elles sont concaves en dehors et courbées de telle sorte que l'anneau cornéal est plus étroit en dedans, où il forme un tube dirigé comme l'axe de l'œil, qu'en dehors, où il s'étale perpendiculairement à cet axe.

R. Owen rattache à l'appareil oculaire l'os lacrymal, qu'il regarde comme un dermos (Bl.), ainsi que l'os sourcilier, qui chez les rapaces se prolonge en haut et en arrière.

Nous avons dit que nous rattachions le lacrymal au squelette proprement dit, et que pour nous il appartenait à l'arc supérieur de la vertèbre nasale. Il est toujours placé au côté interne du canal lacrymal qui, pour pénétrer dans la fosse nasale, le contourne et traverse l'espace qui le sépare du maxillaire supérieur et de la branche descendante du nasal.

Organe de l'ouïe. — L'organe de l'ouïe des oiseaux possède, comme celui des mammifères, un labyrinthe osseux, c'est-à-dire que le vestibule, les canaux demi-circulaires et le limaçon sont contenus dans une enveloppe osseuse qui leur est propre. Cette enveloppe osseuse, qui dessine exactement la forme des parties molles contenues dans leur intérieur, est constituée, comme chez les mammifères, par un tissu très-compacte et d'apparence vitreuse.

Les canaux demi-circulaires des oiseaux sont remarquables par leur enchevêtrement, qui a pour effet de les resserrer dans un moindre espace. Le canal vertical antérieur forme une arcade au-dessus du canal vertical postérieur, qui lui-même embrasse dans son anse le canal horizontal. Pour ramener au type commun cette forme compliquée, il suffit de se figurer que le canal vertical postérieur s'est incliné en avant pour se mettre à cheval sur le canal horizontal et que la partie qui lui est commune. avec le canal antérieur a subi une légère torsion ; en ramenant le canal postérieur en arrière et en redressant la torsion, on donnerait à ces canaux une position semblable à celle qu'ils affectent chez les mammifères. Ils s'ouvrent d'ailleurs dans le vestibule par cinq orifices, dont l'un est commun aux deux canaux verticaux, et il y a trois grosses ampoules.

Le limaçon, situé en avant et en dedans, n'est qu'un simple cornet presque dépourvu de courbure ; il est divisé à l'intérieur en deux rampes par une cloison cartilagineuse ; mais les deux rampes s'ouvrent toutes les deux dans l'intérieur du vestibule, tandis que chez les mammifères l'une des rampes (dite vestibulaire) s'ouvre dans le vestibule, et l'autre directement dans la caisse par la fenêtre ronde.

Le vestibule, assez grand, plus large que profond, reçoit les ouvertures des canaux demi-circulaires et celles du limaçon. Il s'ouvre dans la caisse par deux orifices. L'un de ces orifices est bien la fenêtre ovale, puisqu'il est bouché par la platine de l'étrier, ou du moins de l'os qui, chez les oiseaux, représente l'étrier, et que l'on désigne sous le nom de columelle. Une petite travée osseuse, comparable au promontoire, sépare la fenêtre ovale de l'autre orifice qui est situé au-dessous et un peu en arrière. Ce second orifice est désigné sous le nom de fenêtre ronde, mais, comme nous l'avons dit, il appartient au vestibule et n'est pas réservé à la rampe tympanique du limaçon.

La fenêtre ronde et la fenêtre ovale sont situées au fond d'une anfractuosité à laquelle on peut donner le nom *de sinus des orifices vestibulaires*. Tantôt (chouette) ce sinus s'ouvre largement dans la cavité tympanique, tantôt il ne communique avec elle que par un canal plus ou moins étroit par lequel passe la tige de la columelle, et que R. Owen appelle canal de la columelle (columellar canal), et H. de Blainville méat des orifices vestibulaires (*De l'organisation du règne animal*, 1822, p. 527).

Outre les deux fenêtres, le sinus des orifices vestibulaires peut contenir des ouvertures qui mènent dans des cavités aériennes.

Comme chez les mammifères, le labyrinthe osseux des oiseaux est contenu dans une gangue osseuse. Mais chez les mammifères, cette gangue osseuse, qui ne se soude jamais qu'avec le squamosal et le tympanique, forme un os spécial qui est le rocher ou mieux le rupéo-mastoïdien. Chez les oiseaux, la gangue rupéo-mastoïdienne ne se soude pas à la caisse tympanique ; mais, d'un autre côté, elle se confond non-seulement avec le squamosal, mais avec le suroccipital, le pariétal, l'exoccipital, le basilaire sphénoïdal et la grande aile du sphénoïde. Cette confusion n'existe pas avant l'ossification du rocher, qui forme d'abord une masse cartilagineuse bien distincte, mais elle se produit à mesure que le cartilage se transforme en os.

On peut d'ailleurs reconnaître dans ce rocher les trois éléments primitifs que Kerkringius a signalés dans le rocher des mammifères et que Huxley, développant l'idée de Kerkringius, a désignés sous les noms de prootique, épiotique, opisthotique. Ces trois éléments, réunis autour de la fenêtre ovale, se soudent : le prootique avec le sphénoïde, le basilaire et la grande aile ; l'épiotique avec le squamosal, le pariétal et le suroccipital ; l'opisthotique avec l'exoccipital C'est à l'épiotique qu'appartient la masse mastoïdienne des mammifères. Chez les oiseaux, cette partie non-seulement se soude avec le suroccipital, mais elle est complétement recouverte par cet os, en sorte qu'elle ne fait aucune saillie au dehors. Il n'y a donc rien à l'extérieur du crâne que l'on puisse comparer à l'apophyse mastoïde des mammifères, et ce que l'on désigne sous ce nom chez les oiseaux appartient tout entier à l'exoccipital.

De même encore, on ne voit dans le crâne des oiseaux aucune pièce osseuse que l'on puisse appeler le mastoïdien, et l'on peut ajouter que sur le crâne ossifié il n'y a pas à proprement parler de rocher, celui-ci étant confondu avec les os qui l'environnent.

La détermination des trois parties primitives du rocher des oiseaux présente une difficulté qui tient à la position réciproque des canaux demi-circulaires ; car à cause de l'enchevêtrement de ces canaux elles ne peuvent pas répondre exactement à chacun d'eux.

Parker (Balæniceps) distingue un quatrième élément osseux qu'il nomme le ptérotique.

Le rocher des oiseaux ne diffère pas seulement de celui des mammifères par sa fusion avec les os environnants. Il en diffère encore par son tissu qui, loin d'être compacte et d'une dureté exceptionnelle, est au contraire excessivement spongieux, c'est-à-dire uniquement formé de fines trabécules et de minces cloisons séparant des vacuoles aériennes. Toutes ces vacuoles communiquent ensemble et avec celles des os environnants, non-seulement d'un même côté de la tête, mais encore d'un côté à l'autre. Le tissu ne devient compacte que dans les parties superficielles ou dans les parois des canaux vasculaires.

La cavité tympanique formée chez les mammifères en dedans et en arrière par le rupéo-mastoïdien, et pour le reste par la caisse ou os tympanique, est limitée chez les oiseaux par le rocher et par les os avec lesquels il se soude ; l'os carré n'y concourt que dans une très-petite étendue en avant et en dedans.

Ce qu'on peut appeler chez les oiseaux, au point de vue de la fonction, le cadre du tympan, n'est pas formé par un os distinct. C'est un bord contourné qui appartient au squamosal, à l'exoccipital, au basilaire et à la grande aile du sphénoïde. Tantôt le cercle est interrompu en avant par l'échancrure où est reçu le col de l'os carré, et alors cette échancrure n'est formée que par une anse fibreuse qui passe en dehors du col de l'os carré et se rend d'une petite épine de l'alisphénoïde à une petite pointe du squamosal située près de la facette articulaire sur la base de l'apophyse zygomatique. Tantôt, comme chez la chouette, l'anse fibreuse est ossifiée, et alors, comme Platner l'a signalé le premier, la membrane du tympan s'insère sur un cercle complet.

Chez les oiseaux la membrane du tympan est convexe en dehors, ce qui chez les mammifères n'a lieu que pour l'ornithorynque et l'échidné (Bl.).

La chaîne des osselets de l'ouïe est en partie osseuse, en partie cartilagineuse, ainsi qu'il résulte des observations d'Et. Geoffroy, confirmées par Blainville, Cuvier, Richard Owen, Peters et Huxley.

L'os nommé columelle répond à l'étrier ; il se compose d'une platine appliquée à la fenêtre ovale et d'une longue tige. Chez les chouettes la tige est bifurquée à la base comme l'étrier des mammifères ; généralement cette bifurcation n'existe pas. La tige traverse le canal columellaire, fait une légère saillie dans la caisse et s'unit à angle droit à un tractus cartilagineux qui se dirige en avant. Ce cartilage représente pour Et. Geoffroy le lenticulaire, l'enclume et le marteau. L'étude des ornithodelphes semble confirmer cette analogie. Reichert, et plus récemment Huxley, ont combattu cette manière de voir en affirmant que l'enclume est représentée par l'os carré ; mais Peters (1), dans un travail plus récent, après avoir étudié les ornithodelphes et les didelphes, a apporté de nouvelles preuves à l'appui des idées d'Et. Geoffroy ; plus récemment encore Huxley (malleus et incus) a exprimé l'idée que chez les oiseaux l'enclume reste à l'état cartilagineux, mais que le marteau est représenté par l'os carré.

La caisse des oiseaux présente en avant et en dedans l'orifice intérieur de la trompe d'Eustache. L'orifice pharyngien de cette trompe est habituellement situé sur la ligne médiane à côté de celui du côté opposé. Lorsque les parties molles sont conservées il n'y a pour les deux trompes qu'une petite ouverture médiane. Chez la cigogne cette ouverture est placée au fond d'un tube

---

(1) Uber die Verbindung des os tympanicum mit dem Unterkiefer bei den beutelthieren (os tympanique des marsupiaux). *Monatsber. Ac. Berlin*, 1867.

Uber das os tympanicum und die gehörknöchelchen der schnabelthiere (os tymp. de l'ornithorynque). *Ibid.*

Uber die gehörknöchelchen, etc. bei den crocodilen (osselets de l'ouïe du crocodile). *Ib.*, 1868.

Uber die gehörknöchelchen der Schildkröten, Eidechsen und Schlangen (osselets de l'ouïe des tortues, des lézards et des serpents). *Ib.*, 1869.

Uber die gehörknöchelchen, etc. Bei sphenodon punctatus (osselets de l'ouïe, etc. du Sph. p. *Ib.*, 1874.

16

membraneux qui s'allonge en avant du sommet du triangle basilaire qui est le point où les deux trompes viennent se rencontrer. L'orifice même du tube est profondément caché dans la cavité commune des narines postérieures. Chez le tinamou, l'aptéryx et l'autruche, quoique les tubes membraneux viennent se rencontrer sur la ligne médiane, les orifices des tubes osseux sont rejetés sur les côtés et très-écartés l'un de l'autre.

Pour achever la description de la tête des oiseaux, nous avons encore à parler de la cavité du crâne considérée dans son ensemble.

La partie supérieure, ou la voûte, peut être séparée en deux parties dont l'antérieure appartient à la fosse cérébrale et la postérieure à la fosse cérébelleuse.

La partie cérébrale de la voûte est formée par le frontal, la partie postérieure est formée par les pariétaux et l'occipital supérieur.

La partie cérébrale est divisée en deux moitiés symétriques par une crête longitudinale peu saillante; on voit de chaque côté de cette saillie une digitation ou une dépression qui se manifeste à l'extérieur par une bosse frontale.

La partie cérébelleuse n'a pas de crête médiane, mais on y voit des impressions plus ou moins obliques indiquant la trace des feuillets du cervelet.

Les fosses cérébrales se prolongent latéralement et forment en arrière de chaque côté une fosse profonde.

En avant, au contraire, le plancher de la cavité est convexe à l'intérieur dans l'espace qui recouvre la partie postérieure de l'orbite.

Cette partie surorbitaire offre quelques inégalités où l'on peut voir la trace de petites circonvolutions.

La ligne médiane se relève un peu sans cependant former d'apophyse crista galli. En avant on voit, de chaque côté de cette ligne, une légère pointe où est le trou du nerf olfactif; en arrière sont les trous optiques, et, un peu en arrière et en dehors de ceux-ci, les trous ronds.

Un peu plus en arrière, sur la ligne médiane, est la fosse pituitaire, parfois à peine creusée, comme chez les hérons, mais le plus souvent profonde (manchots, goëlands, gallinacés, passereaux, struthidés) et toujours dirigée obliquement en bas et en arrière. Son bord antérieur est effacé, mais elle est limitée en arrière par une crête transversale. Derrière cette crête on trouve une surface oblique légèrement concave sur laquelle repose la protubérance annulaire ; c'est la gouttière basilaire.

De chaque côté de la fosse pituitaire se trouvent les fosses optiques qui la dépassent à peine en avant, mais qui la dépassent plus ou moins en arrière. En avant et en dehors chaque fosse optique est limitée par une crête plus ou moins saillante qui la sépare de la fosse cérébrale correspondante. Cette crête, comme nous l'avons dit, appartient à la face interne de la grande aile du sphénoïde dont l'articulation avec le frontal et avec le squamosal est située plus loin.

Dans la partie postérieure de la fosse optique la grande aile est percée par le trou ovale. De chaque côté de la gouttière basilaire, en arrière de la fosse optique et au-dessous de la fosse cérébelleuse, on trouve l'otocrâne formé par les divers éléments du rocher soudés aux os voisins. Immédiatement au-dessous de la loge cérébelleuse, on voit se dessiner le canal vertical antérieur enfermant une anfractuosité plus ou moins profonde.

L'ostéologie de la tête a fourni aux zoologistes des caractères importants pour la classification des oiseaux. La forme du bec a surtout été employée pour établir des divisions de divers degrés. Les noms de dentirostres, fissirostres, conirostres, ténuirostres, pressirostres, cultrirostres, longirostres, lamellirostres, ont été employés par Cuvier ; ceux de latirostres, altirostres, subulirostres, crénirostres, ont été proposés par Blainville ; ceux de glyphoramphes, odontoramphes, pléréoramphes, conoramphes, raphioramphes, omaloramphes et leptoramphes par Duméril (zoologie analytique). Les oiseaux de proie sont caractérisés par un bec court et crochu, les palmipèdes carnassiers par un bec crochu mais allongé ; le bec des palmipèdes omnivores est garni de lamelles entre lesquelles l'eau s'échappe comme entre les fanons des baleines ; les hérons et les martins-pêcheurs saisissent les poissons avec leur bec pointu, robuste et allongé ; chez les granivores le bec est court et robuste, tantôt droit, tantôt légèrement courbé ; la longueur et la gracilité du bec se montrent chez ceux qui recherchent les vers ou les larves d'insectes ; chez ceux qui prennent les insectes au vol, le bec est court, mais l'ouverture buccale est énorme.

Un organe dont les fonctions sont intimement liées au genre de vie de l'animal devait nécessairement fournir des caractères importants qui ont servi à distinguer, de prime-abord, un certain nombre de familles à l'aide desquelles on a établi les premières bases de la classification, mais on n'a pas tardé à voir que l'on ne possédait là que des documents insuffisants, et qu'en s'en tenant à ces seules données on arrivait, dans certains cas, à méconnaître les véritables affinités. Chez les perroquets le bec est court et crochu comme chez les oiseaux de proie, mais il y a dans le reste du squelette, même en ne considérant que le crâne, de telles différences que l'on doit repousser toute idée de passage direct entre ces deux groupes d'oiseaux, malgré la ressemblance apparente offerte par les strigops, qu'un premier examen avait fait regarder comme une forme intermédiaire entre les rapaces nocturnes et les psittacidés (1). Le bec des martins-pêcheurs a la même forme que celui des hérons, ce qui avait conduit Belon à rapprocher ces deux genres quoiqu'il n'y ait entre eux aucune affinité. Le bec est lamellé chez les flammants comme chez les oies, sans qu'on puisse les réunir dans un même groupe. Dans d'autres cas la forme du bec est tout à fait caractéristique; il pourrait suffire de voir le bec d'un secrétaire pour affirmer que cet oiseau doit être rangé parmi les rapaces.

La longueur du bec, proportionnellement au reste de la tête, est caractéristique dans certains groupes, par exemple dans les échassiers cultrirostres et longirostres de Cuvier; mais dans le groupe des passereaux la longueur du bec est très-variable, on voit même des différences se produire en raison de l'âge et du sexe comme dans le genre néomorphe.

La cavité cérébrale a toujours un volume notable chez les oiseaux. Elle est considérable chez les perroquets, les passereaux, les rapaces, les autruches, un peu moindre chez les gallinacés, les échassiers et les palmipèdes. Elle est grande chez les manchots qui offrent en même temps un grand développement de la loge cérébelleuse et des fosses où sont contenus les lobes optiques.

Les orbites sont énormes chez les rapaces, les échassiers, les palmipèdes, les struthidés; elles sont moins vastes chez les perroquets et la plupart des passereaux, très-grandes chez les martinets, moyennes chez les colombidés et les gallinacés.

La boîte cérébrale vue par ses faces supérieure et postérieure

(1) Un ingénieux observateur, M. O. Des Murs, a observé que l'œuf des strigops affecte, comme celui des chouettes, une forme presque sphérique. *Traité d'oologie.*

est toujours plus ou moins globuleuse, les déformations qu'elle éprouve ne tendent ni à la déprimer fortement, ni à la comprimer beaucoup d'un côté à l'autre. C'est chez l'engoulevent qu'elle est le plus aplatie. C'est chez le martinet qu'elle a le moins de longueur d'avant en arrière. Chez cet oiseau les yeux semblent repousser en arrière la boîte cérébrale ; la cloison qui les sépare du cerveau est presque verticale, la loge des hémisphères se dessine fortement au sommet de la tête, la loge du cervelet fait une saillie considérable en arrière, en même temps que le grand trou occipital est repoussé en bas. Chez les autres passereaux, la cloison qui sépare les yeux du cerveau est oblique, et il en est de même chez les perroquets, les rapaces diurnes, les colombidés, les gallinacés, la plupart des échassiers et des palmipèdes. Chez les rapaces nocturnes, cette cloison affecte la disposition que nous venons de décrire chez le martinet, et en même temps la loge cérébrale se dessine fortement au sommet de la tête, mais la loge du cervelet ne fait que peu de saillie. On retrouve encore cette disposition chez les bécasses où la loge du cervelet fait un peu plus de saillie. Chez ces derniers oiseaux le grand trou occipital regarde en bas, ce qui se voit à un moindre degré chez les rapaces nocturnes et les martinets, tandis que ce grand trou regarde presque directement en arrière chez les oies qui ont, d'une part, une loge cérébelleuse très-saillante, et, d'autre part, un occiput bombé avec une cloison post-orbitaire presque verticale.

Chez les rapaces diurnes la voûte du crâne est creusée d'une gouttière le long de la suture interfrontale ; cette gouttière est encore plus marquée chez les rapaces nocturnes où la saillie des bosses frontales est augmentée par la présence des cellules aériennes. Cette dépression existe chez tous les oiseaux dans sa partie postorbitaire. Chez les perroquets, chez les toucans, l'espace interorbitaire présente une surface plane ; chez les guillemots (*uria*) on voit au fond du sillon une petite crête médiane ; chez les flammants, chez les oies, l'espace interorbitaire est saillant.

La suture interpariétale n'offre pas de dépression ; le plus souvent elle se trouve sur une surface plane ou légèrement convexe. Chez les hérons, elle présente une véritable crête sagittale située en arrière de la gouttière interfrontale et séparant les deux fosses temporales ; il en est de même chez les

martins-pêcheurs et chez les plongeons (colymbus) ; chez les
cormorans, cette crête donne attache en arrière à l'os syncipital.

Chez les autres oiseaux, les fosses temporales n'atteignent
pas la ligne médiane et sont toujours séparées par un espace
plus ou moins large. Cet espace est considérable chez les rapaces, les perroquets, la plupart des passereaux, les pigeons, les
gallinacés, les lamellirostres. Il est médiocre chez les toucans,
certains échassiers, assez étroit chez les goëlands, les guillemots
et les manchots.

Les fosses temporales, à peine creusées chez les palmipèdes
lamellirostres, les flammants, les gallinacés, les pigeons, la plupart des passereaux, les rapaces diurnes, le sont davantage chez
les rapaces nocturnes, les perroquets, les toucans, les échassiers
longirostres ; elles sont profondes chez les martins-pêcheurs,
les hérons, les goëlands, les guillemots, et surtout chez les plongeons et les manchots. Chez les premiers, elles ne sont limitées
en arrière que par des crètes temporales à peine saillantes, mais
chez les derniers, ces crêtes font une saillie qui, déjà bien marquée chez les hérons, devient considérable chez les guillemots et
les manchots.

La face postérieure de la tète montre une colline cérébelleuse
énorme chez les manchots et chez les martinets, assez saillante
chez les guillemots, les plongeons, les palmipèdes lamellirostres
et les flammants, mais à peine marquée chez les autres oiseaux.

Les pertuis occipitaux que l'on voit chez les palmipèdes lamellirostres, les flammants, les pingouins, les scolopacidés, les grues
et les spatules, n'ont pas d'influence sur la forme de la boîte
crânienne; mais ils montrent qu'une partie de la face postérieure
de cette boîte est formée par les pariétaux. On n'en voit aucune
trace chez les oiseaux où la crète temporale coïncide avec la
suture occipito-pariétale.

Un espace sus-orbitaire en forme de croissant, où est logée
la glande nasale, se voit au bord sourcilier chez les oies, et
chez les flammants, légèrement bombé en arrière, mais creusé
en avant dans ses 3/4 antérieurs chez les oies, dans 1/4 antérieur
seulement chez les flammants ; c'est une gouttière creuse dans
toute son étendue chez les manchots, les guillemots, les plongeons, les goëlands et chez les échassiers longirostres, les pluviers, les ædicnèmes. Ces gouttières sont séparées par un espace
à peine concave chez les manchots, par une crête médiane tran-

chante chez les guillemots, arrondie chez les oies, par un sillon médian chez les longirostres (scolopacidés); on ne les voit pas chez les autres oiseaux.

Les orbites sont limitées en arrière par des apophyses fortement saillantes chez les rapaces, les perroquets, les toucans, les gallinacés, les longirostres, les longipennes, les lamellirostres, les guillemots et les manchots, tandis qu'elles n'ont que peu de saillie chez les plongeons et les autres oiseaux. Il y a une double saillie postorbitaire chez le héron. L'apophyse postorbitaire rencontre l'apophyse zygomatique chez certains psittacidés (ara, cacatua) et chez certains gallinacés (hocco) qui ont une très-longue apophyse zygomatique, tandis qu'elle ne rejoint pas cette apophyse lorsque celle-ci est médiocre, comme chez les corbeaux, ou presque nulle, comme chez la plupart des oiseaux.

L'os lacrymal qui forme l'apophyse orbitaire antérieure s'articule généralement avec l'os frontal et avec l'apophyse latérale de l'ethmoïde; mais, chez les palmipèdes lamellirostres, les flammants, les gallinacés, il n'atteint que le frontal. Ce n'est que chez certains psittacidés (cacatua) qu'il va rejoindre l'apophyse orbitaire postérieure en formant un cercle sous-orbitaire. Souvent il ne rencontre pas l'arcade zygomatique.

Le lacrymal est caractérisé chez les rapaces diurnes par un prolongement sourcilier qui supporte à son extrémité une pièce épiphysaire (os sourcilier).

Chez les grues et les cigognes, le lacrymal n'est pas soudé au frontal.

Tous les oiseaux montrent en avant des orbites, à l'union du bec et de la tête, une gouttière transversale plus ou moins profonde.

L'arcade zygomatique est généralement grêle et très-flexible; c'est une tige massive et peu flexible chez les perroquets et les savacous.

Sa torsion est très-marquée chez les flammants, mais en général il faut de l'attention pour l'apercevoir.

L'os carré présente des différences remarquables. Les deux facettes articulaires supérieures peuvent être placées sur des apophyses bien distinctes, comme chez les rapaces diurnes, et bien plus encore chez les rapaces nocturnes, comme chez les hérons, les goëlands, les guillemots, ou bien elles peuvent être placées l'une à côté de l'autre sur une seule tête, comme chez les

struthidés, les tinamous, les gallinacés, les palmipèdes lamellirostres, les passereaux. Un état intermédiaire existe chez les
flammants.

L'apophyse orbitaire de l'os carré a un plus grand développement chez les gallinacés, les flammants, les goëlands ; elle est
moyenne chez les palmipèdes lamellirostres et les rapaces diurnes
et très-faible dans les autres groupes. La facette articulaire
pour le ptérygoïdien est double chez les gallinacés.

La surface qui s'articule avec le maxillaire inférieur est caractéristique chez le perroquet par sa forme de roue ; chez la plupart des autres oiseaux elle est transversale et plus ou moins
compliquée, et il y a généralement un emboîtement réciproque.
Cet emboîtement est au maximum chez le héron, où la surface
articulaire de l'os carré se prolonge sur la face interne et frotte
contre une sorte de crochet de l'apophyse postérieure interne du
maxillaire inférieur.

La saillie de cette apophyse postérieure interne est surtout
remarquable chez les hérons, où elle touche presque celle du côté
opposé.

L'angle postérieur ne s'allonge en une apophyse serpiforme
que chez les gallinacés, les flammants, les palmipèdes lamellirostres, et un peu chez les manchots. Sa présence est en rapport
avec les mouvements de latéralité.

Chez les perroquets et chez la poule sultane la partie coronoïdienne de la mâchoire inférieure s'élève notablement au-dessus
de l'arcade zygomatique.

Le trou postdentaire est bien visible chez les passereaux proprement dits, les gallinacés, les scolopacidés, les pluviers, les
vanneaux et les rallidés.

On a aussi à tenir compte de la courbure du maxillaire inférieur
et de la forme de son extrémité, qui tantôt est cachée sous le bec
supérieur, comme chez les rapaces, les perroquets, tantôt se
montre tout entier au-dessous de lui, et alors, prenant une plus
grande part dans l'aspect général du bec, contribue à en former
la pointe.

La caisse du tympan fait plus ou moins de saillie sur le côté
du crâne. La paroi postérieure dessine chez les passereaux une
saillie convexe en dehors de la colline cérébelleuse, saillie que
l'on remarque surtout chez les martinets. Chez les rapaces nocturnes, cette saillie qui est presque plate concourt beaucoup à

l'élargissement de la tête ; il en est de même chez les perroquets, où elle est un peu concave.

La lèvre osseuse qui simule un cadre tympanique est surtout dessinée chez les rapaces nocturnes.

A la base du crâne le condyle varie de volume, de saillie et de sessilité. Le triangle basilaire diffère suivant qu'il est plat avec de fortes apophyses latérales comme chez les manchots, ou convexe et presque dépourvu d'apophyses saillantes comme chez les corbeaux, les gallinacés, les rapaces nocturnes. La forme de cornets affectée par les troupes d'Eustache caractérise les plongeons, les guillemots et les manchots.

La présence des apophyses destinées aux ptérygoïdiens caractérise tout le groupe des struthidés ; on les trouve aussi chez les tinamous, les palmipèdes lamellirostres, les puffins, les échassiers longirostres, les gallinacés, les pigeons, les passereaux des genres trogon, caprimulgus et buceros, les rapaces nocturnes, les sarcoramphes et les secrétaires. Leur absence chez les flammants distingue nettement ceux-ci des oies et des canards.

Les ptérygoïdiens lamelleux des manchots, des flammants, des pélicans se distinguent des ptérygoïdiens en tige arrondie de la plupart des oiseaux. Ceux des goëlands creusés d'une gouttière à leur face supérieure, ceux des gallinacés épais, massifs et contournés sur eux-mêmes distinguent des groupes particuliers.

Les palatins ont une forme tout à fait caractéristique chez les perroquets et il faut quelque attention pour les ramener à la forme générale des palatins des autres oiseaux, où ils varient par leur allongement, leurs ailes, leurs gouttières latérales, leurs pointes postérieures, et tantôt se soudent sur la ligne médiane en arrière des orifices postérieurs des fosses nasales, tantôt restent distincts.

En avant, ils s'articulent généralement avec les intermaxillaires, mais chez les autruches ils en sont séparés par les maxillaires supérieurs.

La voûte palatine est oblitérée quand les maxillaires supérieurs et les intermaxillaires restent soudés sur la ligne médiane ; d'autres fois la voûte palatine reste fendue jusqu'à la suture des intermaxillaires.

Ces dispositions de la base du crâne ont été longtemps négligées par les classificateurs. Cornay a cherché le premier à classer les oiseaux d'après l'examen des os palatins ; après avoir posé quelques jalons dans un premier travail (*Revue zoologique*, 1847), il s'était occupé de rassembler un grand nombre de crânes d'oiseaux pour arriver à des résultats plus complets. Malheureusement cette belle collection a été détruite au mois de mai 1871, la maison habitée par Cornay ayant été livrée à l'incendie.

Brandt, dans son ouvrage sur les stéganopodes, a insisté sur les caractères fournis par la fente palatine (choanenspalte). Huxley a cherché à généraliser l'ensemble des données fournies par la base du crâne et s'en est servi pour établir une nouvelle classification. Les oiseaux étant divisés en ratités et carinatés, les carinatés comprennent les dromœognathés qui ressemblent aux struthidés, les schizognathés qui ont le palais fendu, les desmognathés qui ont le palais fermé, les ægithognathés qui ressemblent aux mésanges.

Cette classification met en évidence des faits dont la valeur a besoin d'être établie par de nouveaux travaux, puisqu'elle conduit à séparer des oiseaux que l'on réunissait et à en réunir d'autres que l'on séparait. Ainsi les martins-pêcheurs, les coucous, les trogous, placés dans les desmognathés sont séparés des passereaux; les cormorans, les oies, rangés dans les desmognathés avec les aigles, sont séparés des plongeons et des goëlands placés dans les schizognathés avec les pluviers, les râles et les gallinacés.

La revue rapide que nous venons de faire des principaux caractères de la tête des oiseaux montre que, si dans certains cas un caractère isolé peut nettement faire distinguer un genre ou même un groupe (bec des flammants, palatins des perroquets), il n'en est pas ainsi le plus souvent et que c'est plutôt par un ensemble de caractères que l'on peut établir les véritables affinités.

On peut ajouter que la tête ne suffit pas toujours et que le reste du squelette doit aussi être pris en considération.

L'examen de la tête des oiseaux confirme les grandes divisions établies d'abord par les zoologistes sur la seule considération du bec et des pattes. Elle montre qu'il y a réellement des rapaces, des passereaux, des gallinacés, des échassiers, des palmipèdes; mais elle fait voir en outre qu'il y a d'autres groupes qui ne rentrent pas dans ces formes principales. Ainsi les psittacidés forment bien un groupe à part que l'on peut placer, à l'exemple de Jean Ray, Latham, H. de Blanville, Ch. Bonaparte, et plus récemment Alph. Milne-Edwards, en tête de la classe des oiseaux ; les rapaces nocturnes se distinguent nettement des rapaces diurnes, les pigeons ne peuvent être confondus ni avec les passereaux ni avec les gallinacés ; l'ordre des échassiers et celui des palmipèdes contiennent chacun plusieurs groupes bien distincts les uns des autres, et tandis que certains oiseaux à doigts palmés diffèrent nettement de ceux qui offrent cette particularité, il est au contraire des affinités qui les relient soit à quelques-uns des oiseaux que l'on range dans les échassiers, soit d'autre part au groupe des rapaces.

RÉGION CERVICALE.

Pour décrire les vertèbres de cette région, nous prendrons pour type une des vertèbres cervicales intermédiaires.

L'apophyse épineuse est à peine saillante. Les lames, très-surbaissées, forment une arcade aplatie, très-échancrée en avant et en arrière, en sorte qu'il y a une partie du canal médullaire entièrement à découvert.

De chaque côté la base des lames se prolonge en arrière en une sorte d'arc-boutant que termine l'apophyse articulaire postérieure. Cette apophyse est surmontée à sa face dorsale par un tubercule d'insertion musculaire ; sa facette articulaire, située sur la face opposée au tubercule, regarde tantôt directement en avant ou en bas, tantôt un peu en dehors, suivant la région du col où on la considère.

L'apophyse articulaire antérieure est confondue avec la masse transversaire dont nous parlerons tout à l'heure.

Le canal médullaire se présente généralement comme une portion de cylindre surmontée d'un prisme triangulaire ; la portion inférieure cylindrique contient la moelle épinière, et l'espace libre qui est au-dessus est rempli par des vaisseaux, du tissu conjonctif et des vacuoles aériennes.

Le corps de la vertèbre, plus ou moins allongé, se termine en avant par une facette qui est concave transversalement, mais convexe dans l'autre sens, et en arrière par une facette qui est convexe transversalement et concave dans l'autre sens.

Les articulations sont de véritables arthrodies ; mais il y a en outre un fibro-cartilage interarticulaire en forme de ménisque. Chez l'aigle, c'est un demi-cercle à concavité inférieure ; chez le coq, c'est un cercle complet. Il n'existe pas chez le nandou.

Le corps vertébral, généralement plus étroit au milieu qu'aux extrémités, par conséquent dicône, peut présenter sur sa face ventrale une apophyse médiane (hypapophyse) plus ou moins saillante, ou bien encore une gouttière médiane limitée de chaque côté par une apophyse latérale qui se rattache à la masse transversaire correspondante.

Les hypapophyses médianes des premières cervicales sont placées en arrière du corps de la vertèbre, comme celles des lézards et des serpents ; mais celles des dernières cervicales, comme celles des premières dorsales, sont placées en avant du corps de la vertèbre.

Nous allons maintenant parler de la masse transversaire, dont la description exige un soin particulier.

Cette masse transversaire se compose : 1° de l'apophyse transverse proprement dite (diapophyse d'Owen), dont l'apophyse articulaire antérieure ne peut pas être séparée ; 2° de la côte, et 3° de la parapophyse, à laquelle se joint, pour un certain nombre de vertèbres seulement, le tubercule osseux dont nous parlerons tout à l'heure.

L'apophyse transverse, placée à l'avant de la vertèbre, dépasse la facette articulaire antérieure du corps vertébral. Elle est massive. C'est comme une espèce de cube osseux.

En arrière et en dedans l'apophyse transverse présente à sa base la facette de l'apophyse articulaire antérieure qui tantôt est presque plane, tantôt est creusée de manière à emboîter l'apophyse articulaire postérieure qui lui correspond.

En dehors elle s'articule avec la côte d'une manière immobile par une surface plane.

La face externe présente deux petites crêtes qui servent à des insertions musculaires, et, comme il y en a une troisième sur la côte, il résulte de là que la masse transversaire offre trois crêtes ou trois tubercules dont il faut tenir compte pour la description des muscles intertransversaires et des muscles intercostaux.

La côte s'articule d'une part avec l'apophyse transverse et d'autre part avec le corps de la vertèbre par l'intermédiaire d'une parapophyse. Dans l'intervalle de ces deux articulations, la côte n'adhère pas au corps de la vertèbre, et par conséquent elle ferme le canal de l'artère vertébrale.

On doit considérer dans la côte la base et le stylet. La base est massive et cubique ; elle complète la masse de l'apophyse transverse, et présente sur sa face externe une petite crète. Le bord postérieur ou inférieur s'allonge en un stylet dirigé parallèlement au corps de la vertèbre et dont la longueur varie, soit que l'on considère dans un même individu les différentes régions de la colonne cervicale, soit que l'on considère deux espèces différentes. Cette saillie d'ailleurs n'est pas toujours considérable et peut ne pas dépasser celle que l'on voit au bord postérieur ou inférieur de l'apophyse transverse proprement dite. Parfois, comme chez les oies, le bord interne du stylet se trouve réuni par un pont osseux à l'apophyse articulaire postérieure.

Le demi-trou de conjugaison postérieur est situé au-dessous de l'apophyse transverse, au niveau du canal de l'artère vertébrale, mais le demi-trou de conjugaison antérieur (placé en arrière de la vertèbre) s'élève plus haut avec l'arcade que dessine l'apophyse articulaire postérieure.

Nous venons de décrire un premier type ; voyons maintenant comment il se modifie dans les différentes parties de la région cervicale.

L'atlas, vu par sa face dorsale, ne présente qu'un demi-anneau dépourvu d'apophyse épineuse.

La face ventrale peut offrir une apophyse médiane (hypapophyse) qui peut être légèrement bifurquée (tinamous), mais qui est simple le plus souvent. On peut se rappeler que chez l'ornithorynque il y a une forte apophyse largement bifurquée, et, chez l'échidné, deux petits tubercules.

Les facettes qui servent à l'articulation de l'atlas avec l'axis sont de véritables apophyses articulaires postérieures ; elles appartiennent à l'arc dorsal et sont situées au-dessus du trou de conjugaison.

Les apophyses transverses n'ont que peu de saillie. Elles ne sont pas perforées. Il n'y a pas de côte.

Le corps de l'atlas est creusé sur son bord antérieur d'une cavité en forme de zone sphérique, où est reçu le condyle de l'occipital, et sur sa face profonde il présente une autre facette concave dans laquelle roule l'apophyse odontoïde ; enfin son bord postérieur ou inférieur est muni d'une facette légèrement inclinée qui tourne sur une facette que le corps de l'axis présente à la base de l'apophyse odontoïde.

L'axis est muni d'une apophyse odontoïde plus ou moins saillante, parfois assez longue pour toucher le condyle de l'occipital, qui alors présente à son sommet une légère dépression (corbeau).

Son corps présente à la base la facette articulaire dont nous venons de parler. Une facette convexe sert à son articulation avec la troisième vertèbre cervicale. Il est muni en arrière d'une hypapophyse médiane.

La masse transversaire se compose le plus souvent d'une parapophyse, d'une apophyse transverse et d'une côte.

L'arc dorsal est peu échancré, soit en avant, soit en arrière ; il porte les apophyses articulaires, qui s'articulent, les postérieures avec la 3ᵉ cervicale, les antérieures avec l'atlas.

Les apophyses articulaires postérieures ne sont pas détachées, et ne sont pas surmontées d'un tubercule d'insertion musculaire.

L'apophyse épineuse est généralement assez saillante et trilobée. Ses lobes latéraux remplacent les tubercules d'insertion musculaire absents sur les apophyses articulaires postérieures.

En passant aux vertèbres suivantes, on peut suivre en série les modifications de ces diverses parties.

L'hypapophyse médiane existe généralement sur les six premières cervicales. Les vertèbres dépourvues d'apophyse médiane ont des parapophyses beaucoup plus développées qui enserrent un canal dans lequel passe l'artère carotide ; elles peuvent même émettre par leur face interne des lamelles qui viennent se rejoindre sur la ligne médiane et ferment complétement le canal (pélican, grèbe).

Les côtes ont leur plus grand développement dans la partie moyenne de la région.

Les apophyses transverses se comportent comme les côtes. Celles des dernières cervicales passent à la forme de celles de la région thoracique.

Les apophyses épineuses, d'abord bien développées sur l'axis et sur les vertèbres suivantes, s'effacent peu à peu et finissent par disparaître ; mais ensuite elles reparaissent peu à peu, et, sur les dernières cervicales, elles passent à la forme des apophyses épineuses des vertèbres thoraciques.

L'apophyse épineuse de l'axis, comme nous l'avons dit, est généralement trilobée. A mesure qu'on s'éloigne de cette vertèbre, on voit les trois tubercules se séparer ; l'un reste au milieu : c'est celui qui s'atrophie peu à peu ; les deux autres vont se placer sur l'apophyse articulaire postérieure ; arrivés dans cette situation, ils s'y fixent et s'y montrent encore dans la région dorsale.

C'est un des faits qui démontrent que l'apophyse articulaire postérieure doit être considérée comme une partie de l'apophyse épineuse, et que les muscles insérés au tubercule qui la surmonte doivent être considérés comme insérés à l'apophyse épineuse ; aussi donnerons-nous à ce tubercule le nom de *métapophyse épineuse*.

Les apophyses articulaires postérieures sont le plus détachées à la partie moyenne de la région cervicale. En approchant de la région dorsale, elles se serrent de nouveau contre la lame de l'arc épineux. Il résulte de là que c'est aussi dans la région moyenne que l'arc dorsal de la vertèbre est le plus largement échancré.

Les vertèbres de cette région peuvent exécuter des mouvements d'une certaine étendue. La colonne cervicale peut en effet se tordre et s'enrouler sur elle-même, comme lorsque la tête vient se cacher sous une aile. Un autre mouvement est celui qui se fait dans le sens antéro-postérieur. Le cou peut se mettre tout à fait droit, ou bien se plier soit en avant, soit en arrière. Dans l'état de repos il offre trois courbures principales, savoir : dans la partie supérieure, une courbure à concavité antérieure ; dans la partie moyenne, une courbure à concavité d'abord postérieure, puis supérieure ; enfin, en réunissant la région dorsale à la région cervicale, il y a une courbure à concavité inférieure.

Cette dernière partie, qui continue en avant la courbure de la région dorsale, ne peut pas se redresser au delà du plan horizontal, et par conséquent le redressement du cou ne peut se faire que dans les deux premières parties de la région cervicale. De là résulte une courbure permanente qui n'est pas due seulement au jeu des vertèbres les unes sur les autres. Cette courbure se montre même sur les vertèbres, et on la constate principalement sur le corps et sur les apophyses articulaires postérieures qui la manifestent par leurs branches et par leurs surfaces de glissement.

Il est très-intéressant d'étudier les modifications que subit la colonne cervicale dans les différents ordres de la classe des oi-

seaux en considérant ces modifications non-seulement au point
de vue du genre de vie des animaux, mais au point de vue purement abstrait du type idéal.

Il est par exemple important de voir qu'une grande longueur
de cou peut être obtenue de diverses manières. Chez le cygne,
ce sera par l'augmentation du nombre des vertèbres ; chez le
héron et le flamant, ce sera par l'allongement du corps de certaines vertèbres, le nombre total n'étant pas considérablement
augmenté.

Tantôt les vertèbres sont courtes, larges et massives, tantôt
elles sont grèles et allongées ; elles sont plus ou moins pneumatisées.

Il y a le plus généralement 13 vertèbres cervicales. Cuvier
n'en accorde que 10 au gorfou sauteur ; on en a attribué 11 au
martinet, mais Cuvier dit 13, et j'en ai bien compté 12. On en
accorde 12 au pigeon, 14 à la plupart des gallinacés ; les hérons,
les flammants, les pélicans, les cormorans, les anhingas ont un
long cou avec 17 à 18 vertèbres ; le cygne, dont les vertèbres
n'ont qu'une longueur médiocre, en a 23 ; les oies en ont 17 et les
canards 15, de même forme que celles du cygne, mais leur cou
est moins long ; les grèbes, avec 19 vertèbres, ont le cou médiocrement long.

Les chiffres que l'on a donnés pour le nombre des vertèbres
cervicales varient parfois d'une ou deux unités. Cela peut tenir
à des particularités individuelles et aussi à la manière de compter, suivant que l'on regarde la colonne vertébrale par la face
dorsale en ne tenant compte que des apophyses épineuses,
ou qu'on la regarde de côté en portant son attention sur les
côtes.

Les calaos sont les seuls oiseaux où l'on ait signalé la soudure
de l'axis avec l'atlas.

L'aspect trilobé de l'apophyse épineuse de l'axis n'existe pas
chez tous les oiseaux. Il est surtout marqué chez les rapaces et
les passereaux. On ne le rencontre pas chez les oies, où les mé-
tapophyses épineuses n'ont que peu de saillie.

Les stylets des côtes cervicales sont bien distincts, quoique
peu allongés, chez les rapaces, les passereaux, les pigeons, les
gallinacés, les râles, les grues, les cigognes, les hérons et les
flammants ; il sont plus allongés chez les totanides et les palmipèdes. Il peut arriver, comme chez l'oie, qu'un pont osseux les

réunisse au corps de la vertèbre, et alors leur longueur réelle est dissimulée.

RÉGION THORACIQUE.

La région thoracique de l'axe du tronc chez les oiseaux est tout à fait caractéristique. Les divers os qui la composent, les vertèbres, les côtes, aussi bien que le sternum, se distinguent par des formes que l'on ne trouve que dans cette classe de vertébrés.

Nous décrirons d'abord le quatrième segment dorsal comme un type moyen auquel nous pourrons ensuite comparer les autres segments.

La vertèbre a pour apophyse épineuse un mince quadrilatère, souvent presque carré, limité en avant et en arrière par des bords presque tranchants. Le bord supérieur de l'apophyse est mousse, souvent aplati, terminé en avant et en arrière par une pointe aiguë qui peut être bifurquée. A la base de l'apophyse épineuse, les deux lames s'écartent presque horizontalement en limitant un triangle peu profond qui sert de voûte au canal médullaire.

Ce canal a généralement la forme d'un cylindre surmonté d'un triangle. La moelle ne remplit que le cylindre.

Du bord postérieur et de la base de chaque lame part une apophyse articulaire postérieure que surmonte un tubercule d'insertion musculaire. Cette apophyse articulaire postérieure aplatie, presque horizontale, offre inférieurement une surface convexe qui est reçue dans la concavité de l'apophyse articulaire antérieure de la vertèbre suivante. Elle est située tout entière en arrière du corps de la vertèbre, ainsi qu'une partie de l'apophyse épineuse.

L'apophyse articulaire antérieure étant confondue avec l'apophyse transverse, nous les comprendrons dans une même description. L'apophyse transverse, qui est presque horizontale, ne correspond qu'à la moitié antérieure de l'apophyse épineuse ; elle se présente sous la forme d'un mince quadrilatère plus ou moins voisin du carré. Son bord antérieur et son bord postérieur sont presque tranchants. Son bord externe est plus épais ; il présente à sa partie moyenne un tubercule d'insertion musculaire (pour le surcostal), et à ses extrémités des épines qui peuvent se bifurquer.

17

La face inférieure de l'apophyse transverse présente vers son extrémité une facette qui sert à son articulation avec la côte ; puis, en dedans de cette facette, des orifices aériens.

La face supérieure de l'apophyse transverse est légèrement concave ; elle offre à la partie antérieure de sa base une facette articulaire concave limitée en dehors par un bord plus ou moins saillant, et destinée à recevoir la facette articulaire postérieure de la vertèbre précédente. Cette facette, avec le bord qui la limite, constitue l'apophyse articulaire antérieure, qui par conséquent est enveloppante à un certain degré, l'apophyse postérieure étant à peine recouvrante.

L'apophyse épineuse et l'apophyse transverse, considérées dans leur ensemble, limitent une large gouttière qui est elle-même divisée en deux gouttières secondaires, l'une plus interne située entre le bord supérieur de l'apophyse épineuse et les apophyses articulaires, l'autre plus externe située entre les apophyses articulaires et le sommet de l'apophyse transverse.

Le corps de la vertèbre dépasse le bord antérieur de l'apophyse épineuse. Il est limité en avant par une facette concave transversalement et convexe de haut en bas, et en arrière par une facette convexe transversalement et concave de haut en bas. Sur la ligne médiane, où le tissu est plus blanc, plus serré, la lèvre de la facette postérieure présente une apparence spatuliforme et se prolonge en arrière pour mieux embrasser la facette antérieure de la vertèbre suivante. Le corps de la vertèbre peut être plus ou moins caréné et offrir en avant une hypapophyse.

La face supérieure du corps vertébral est creusée d'une gouttière longitudinale qui forme la partie inférieure du canal médullaire.

Sur les côtés il est plus ou moins excavé et percé de trous aériens. On y voit, immédiatement en arrière de la cavité articulaire antérieure, une petite facette concave pour l'articulation avec la côte vertébrale. Cette facette est plus ou moins sessile en raison du plus ou moins de saillie de la parapophyse à laquelle elle appartient. Elle est située près de la base de la lame vertébrale.

Au-dessus de la parapophyse, on voit l'apophyse transverse qui correspond principalement à la moitié antérieure du corps vertébral. Elle est insérée sur la lame de l'arc médullaire qui forme au-dessous d'elle un pédicule échancré en avant et en

arrière par le demi-trou de conjugaison. Ce pédicule ne présente
pas de pertuis séparé pour le passage de la branche nerveuse,
ce qui établit une différence entre les oiseaux et les ornithodelphes.

Passons maintenant à l'arc inférieur du segment vertébral.
Afin de mieux indiquer la forme de la côte vertébrale, nous
adopterons une manière spéciale de la décrire.

La côte vertébrale (pleurapophyse d'Owen) s'articule avec le
corps de la vertèbre par une petite tête convexe à laquelle succède une arête osseuse d'abord arrondie, puis comprimée d'avant
en arrière et qui, tout en se courbant comme la cage thoracique,
s'écarte et s'étend à une certaine distance. Ce petit arc osseux
contribue seul à former la côte entre le point où elle s'articule
avec le corps de la vertèbre et celui où elle s'articule avec
l'apophyse transverse. Un espace vide, triangulaire, assez notable est limité par ces trois éléments. A partir du point où ce
petit arc s'articule avec l'apophyse transverse on voit s'appliquer à son bord externe une lamelle assez large comprimée de
dehors en dedans, et qui se continue jusqu'à l'extrémité de la
côte dont elle forme à elle seule environ le dernier tiers. Cette
lamelle aplatie se porte d'abord assez directement en dehors,
puis elle se courbe brusquement au niveau de l'angle de la côte
où l'on voit un tubercule d'insertion musculaire, et enfin elle se
porte presque directement en bas et un peu en arrière, en se
courbant un peu en avant vers son extrémité. Ajoutons que ces
deux parties de la côte ne sont jamais séparées et que la distinction que nous venons de faire pour le besoin de la description est tout à fait artificielle.

Une petite lame osseuse plate et légèrement aiguë, dirigée en
arrière et en haut, s'insère sur le bord postérieur de la côte à
peu près à égale distance de son insertion transversaire et de
son extrémité, c'est l'appendice costal ou apophyse récurrente,
qui peut rester isolé pendant toute la vie.

La côte vertébrale ainsi constituée se termine par une facette
convexe qui est reçue dans une facette concave que lui offre
l'extrémité correspondante de la côte sternale.

La côte sternale (hémapophyse d'Owen) correspond au
cartilage costal parfois ossifié des mammifères. C'est ordinairement une tige aplatie tranversalement dans la plus grande

partie de son étendue et d'avant en arrière au voisinage du sternum.

Elle se termine en haut par une facette articulaire concave pour la côte vertébrale ; en bas par une facette convexe qui s'articule avec le sternum. Quand les côtes sternales sont pneumatisées, l'orifice aérien se trouve au niveau de l'articulation sternale.

La pièce sternale qui termine l'arc inférieur (hémépine d'Owen), n'étant pas distincte, ne peut pas être décrite à part.

Nous venons d'envisager d'une manière générale le type d'une vertèbre thoracique. Nous allons maintenant envisager tour à tour les différentes vertèbres de cette région et nous parlerons ensuite du sternum.

La première vertèbre dorsale présente une forme intermédiaire entre celle des autres dorsales et celle des autres cervicales. Son apophyse épineuse est moins haute, ses masses transversaires sont plus portées en avant, ses apophyses articulaires postérieures plus saillantes et plus détachées. Son corps est plus court ; il est muni d'une hypapophyse. La parapophyse qui supporte la facette articulaire costale peut être flanquée en dedans d'un crête plus ou moins saillante (geai).

La côte s'articule avec le corps et l'apophyse transverse. Elle est moins large, terminée par une pointe aiguë et flottante. Il n'y a pas de côte sternale.

Cette vertèbre est considérée comme une dorsale, quoique son arc inférieur n'atteigne pas le sternum. On peut lui donner le nom de *prédorsale*. Huxley la rattache à la région cervicale.

La deuxième et la troisième dorsale ont des hypapophyses médianes; leurs arcs inférieurs sont le plus souvent complets. Néanmoins la deuxième dorsale n'a parfois que des côtes flottantes (autruche), et, dans ce cas, c'est la troisième dorsale qui atteint le sternum.

La quatrième dorsale n'a pas toujours d'hypapophyse. Le plus souvent les autres dorsales n'en ont pas, et leur corps est simplement caréné. La cinquième et la sixième ont habituellement des arcs inférieurs complets. L'arc inférieur de la septième dorsale n'atteint pas le sternum ; ses côtes sternales, terminées en pointe aiguë, s'appliquent au bord postérieur des côtes sternales de la sixième vertèbre ; ses côtes vertébrales sont souvent recouvertes par les iléons et même articulées avec eux.

Quand il y a une huitième et une neuvième dorsale, leurs côtes vertébrales sont articulées avec les iléons, comme nous le verrons en parlant du bassin. Elles s'articulent avec des côtes sternales qui tantôt (perroquets) vont s'articuler avec le sternum, tantôt s'appliquent seulement aux côtes sternales des arcs situés au-devant.

La première côte est la plus courte, les autres vont en augmentant de longueur. La facette articulaire terminale de la deuxième côte (ou celle de la troisième chez l'autruche) est la plus large et la plus transversale. Les appendices costaux n'existent pas toujours. On les trouve principalement sur les vertèbres moyennes. Ils s'étendent jusque sur la côte voisine, et peuvent même la dépasser.

Si maintenant nous considérons la région dorsale dans son ensemble, nous trouvons que les vertèbres sont plus ou moins mobiles les unes sur les autres. Les deux extrêmes nous sont offerts par l'autruche, où tout est mobile, et par le flamant, où tout est soudé. Les apophyses épineuses et les apophyses transverses peuvent être soudées, soit par toute l'étendue de leurs bords, soit seulement par les pointes qui prolongent en avant et en arrière leurs bords terminaux. Les facettes articulaires des corps vertébraux se soudent également, et il en est de même des apophyses articulaires.

L'inclinaison des apophyses épineuses est variable. Elles peuvent être toutes inclinées en avant, comme le sont chez les mammifères carnassiers les apophyses épineuses des vertèbres situées en arrière de l'indifférente. Ce caractère fait ressembler la région dorsale des oiseaux à la région lombaire de certains mammifères ; mais il n'existe pas pour les apophyses transverses qui sont plutôt inclinées en arrière.

La courbure de la région dorsale est peu prononcée. C'est tantôt une très-légère convexité, tantôt une ligne presque droite. Il est d'ailleurs difficile d'établir une règle à cet égard, l'absence de courbure s'observant également chez les oiseaux nageurs et chez les passereaux.

Les côtes limitent une cage thoracique dont l'étendue et la forme varient, suivant qu'elle est comprimée latéralement, comme on le voit le plus souvent, ou déprimée de haut en bas, comme on l'observe surtout chez les oiseaux nageurs. Les côtes sternales sont plus ou moins serrées les unes contre les autres, leurs arti-

culations avec le sternum occupent une assez grande étendue
chez les rapaces diurnes, les perroquets, les palmipèdes lamellirostres, totipalmes et longipennes, et les échassiers longirostres
et cultrirostres de Cuvier ; tandis que ces articulations n'occupent
qu'un espace de peu de longueur chez les rapaces nocturnes, les
passereaux, les pigeons, les gallinacés, les échassiers pressirostres et les rallidés.

Il est intéressant d'étudier les variétés que présente chez les
oiseaux le nombre des vertèbres dorsales.

Cuvier en compte sept chez les rapaces nocturnes, la plupart
des passereaux et des gallinacés. Parmi les rapaces diurnes, il
indique ce nombre chez le vautour fauve et le cathartes aura ;
parmi les échassiers, chez le héron, la cigogne, l'avocette, l'ibis,
la spatule et le flamant ; parmi les palmipèdes, le pélican n'en a
que six, et il en est de même pour l'anhinga, suivant Alph. Milne
Edwards.

Cuvier donne à l'aigle neuf vertèbres dorsales, mais je n'en
trouve que huit sur l'aigle fauve, l'aigle de Bonelli, l'aigle ravis-
seur, ainsi que sur l'aigle à queue étagée de la nouvelle Hollande
figuré par Alph. Milne Edwards. Il en compte huit chez la plupart
des rapaces diurnes, le moineau domestique le couroucou, l'ara
rouge, le pigeon, le coq.

Les nombres huit et neuf dominent chez les échassiers ; cependant la grue, le râle d'eau et la perdrix de mer en ont dix.

Les palmipèdes en ont généralement 9, mais on en trouve 10
chez le grèbe, le plongeon, le guillemot, l'albatros, le cygne,
et même 11 chez le cygne à bec noir.

L'autruche et le nandou en ont 9, l'émeu 10 et le casoar à
casque 11.

Ces chiffres ont besoin d'être interprétés, parce qu'ils indiquent
le nombre dés vertèbres dorsales considérées en masse, tandis
qu'il est nécessaire de distinguer les prédorsales, les dorsales
proprement dites et les prélombaires.

Prenons le pic pour exemple : nous trouvons en arrière une
vertèbre dorsale complétement soudée au sacrum, une prélombaire, puis 7 vertèbres qui ont toutes des apophyses épineuses
bien distinctes, inclinées en avant, et offrant toutes ainsi le caractère de vertèbres dorsales; la forme de l'apophyse distingue
nettement la plus antérieure de ces vertèbres de la vertèbre qui
est au-devant d'elle, et qui n'a qu'un tout petit tubercule épi-

neux. En s'en tenant à ces seules considérations, on compterait
1 prélombaire et 7 dorsales proprement dites. Si, au contraire,
on s'en rapporte aux côtes, on voit que la prélombaire a une
paire de côtes, ce qui en fait bien une dorsale, mais qu'en avant
il y a deux vertèbres munies de stylets costaux sans relation
avec le sternum, et que, par conséquent, il y a deux prédorsales.
La deuxième prédorsale a une véritable côte vertébrale possé-
dant un appendice ; la première prédorsale a un stylet beaucoup
plus court, mais c'est une petite lame aplatie, dont l'aspect n'a
aucun rapport avec celui des côtes cervicales. Ainsi, en ne considérant que les apophyses épineuses, on comptera chez le pic
8 vertèbres dorsales, dont 1 prélombaire, et 7 dorsales proprement dites, tandis qu'en s'en rapportant aux côtes, on comptera
8 dorsales, dont 2 prédorsales. Il faut ajouter que les 5 dorsales
proprement dites sont les seules dont les côtes s'articulent directement avec le sternum, et que les côtes sternales de la prélombaire s'appliquent seulement à celles de la cinquième dorsale.

Chez un geai, je compte 1 prélombaire, comme chez le pic. et
seulement 6 dorsales munies d'apophyses épineuses saillantes ;
je ne trouve aussi en avant qu'une seule paire de côtes sternales et, par conséquent, il y a 7 dorsales, dont 1 prédorsale,
5 dorsales proprement dites, et 1 prélombaire.

Chez un perroquet, je trouve 8 vertèbres dorsales, mais je les
décompose en 2 prélombaires, 4 dorsales proprement dites, et
2 prédorsales. Ces deux dernières vertèbres sont réellement des
prédorsales par leurs apophyses épineuses et par leurs côtes bien
développées (la seconde a un appendice). Cependant la première
prédorsale a des caractères de cervicale par sa mobilité, ainsi
que par la forme de ses apophyses transverses, quoique la cervicale qui est au-devant participe aux caractères des vertèbres
dorsales par son apophyse épineuse. La seconde prélombaire est
confondue avec le sacrum, mais la première laisse voir la trace
de sa soudure.

Chez le perroquet, les côtes sternales des prélombaires s'articulent directement avec le sternum.

Chez les rapaces diurnes, où le nombre 8 domine , il y a
1 prédorsale, 5 dorsales et 2 prélombaires dont les côtes s'articulent directement avec le sternum, comme chez les perroquets.

Chez les rapaces nocturnes, où il y a 1 prédorsale, 5 dorsales
proprement dites et 1 prélombaire, il n'y a que 5 paires de côtes

articulées avec le sternum. Sur un savacou, figuré par Alph.
Milne Edwards (pl. 91), il y a 8 dorsales, dont 1 prélombaire,
4 dorsales proprement dites, et 3 prédorsales.

Je trouve chez le manchot 2 prélombaires dont les côtes n'atteignent pas le sternum, 5 dorsales proprement dites dont les
côtes s'articulent avec le sternum, et 2 prédorsales, dont la
deuxième a des côtes munies d'appendices.

Sur une oie bernache, 4 prélombaires, 4 dorsales proprement
dites, 1 prédorsale ; toutes les prélombaires, excepté la dernière,
ont des côtes articulées avec le sternum.

Sur un squelette de megacephalon rubrifrons (groupe des talégalles), les 7 vertèbres dorsales se composent de 1 prélombaire,
3 dorsales et 3 prédorsales.

Sur un pigeon ramier, 1 prélombaire, dont la côte sternale
s'applique à celle de la dernière dorsale, 4 dorsales proprement
dites, dont les côtes s'articulent avec le sternum, et 2 prédorsales.

Chez l'autruche, 2 prélombaires, 5 dorsales proprement dites
et 2 prédorsales. Chez un casoar à casque, 4 prédorsales, et 3
chez un émeu.

Le sternum des oiseaux présente une forme tout à fait caractéristique. A l'exception des struthidés et des aptérygidés, où il
se montre comme un simple disque légèrement bombé, on trouve
toujours sur la ligne médiane une crête plus ou moins élevée
qui a reçu le nom de bréchet. Cette crête se dresse au milieu d'un
large bouclier dont la partie postérieure est plus ou moins divisée
par des échancrures et dont les bords latéraux, libres en arrière,
servent dans leur partie antérieure à l'insertion des côtes.

En étudiant le sternum sur un fœtus de gallinacé, on ne voit
d'abord qu'une masse cartilagineuse dans laquelle on ne peut
établir aucune subdivision; mais lorsque l'ossification commence,
on peut y distinguer trois pièces médianes et quatre pièces latérales placées symétriquement deux à deux de chaque côté.

Et. Geoffroy a nommé la pièce médiane antérieure épisternal,
la moyenne entosternal, la postérieure xyphisternal ; il a nommé
chacune des pièces latérales antérieures hyosternal, et chacune
des pièces médianes postérieures hyposternal. Le nom d'hyosternal appliqué à la pièce latérale antérieure qui supporte les côtes
montre qu'Et. Geoffroy y a retrouvé l'homologue d'une moitié de
l'os hyoïde, c'est-à-dire, dans le type, la moitié de la pièce mé

diane qui ferme l'arc hyoïdien, et que R. Owen désigne sous le nom d'hémépine.

Si l'on compare un sternum de gallinacé ainsi décomposé à celui d'un mammifère, on voit immédiatement deux choses : la première, c'est que toutes les côtes d'un même côté s'articulent avec une seule et même pièce représentant toutes celles qui peuvent se trouver à la suite les unes des autres dans la série longitudinale ; la seconde, c'est que cette pièce latérale unique est séparée de celle du côté opposée par un large espace occupé par l'entosternal, c'est-à-dire par la pièce médiane qui constitue le bréchet.

Nous n'insisterons pas sur cette comparaison, dont nous avons longuement traité dans la première partie de ce travail (p. 141).

Avant de passer à une description détaillée des diverses parties qui composent le sternum, nous devons faire observer que, si l'on se place au point de vue physiologique, c'est-à-dire au point de vue des usages de cet os comme partie de l'appareil locomoteur, on ne peut pas séparer sa description de celle des os de l'épaule. Dans un ouvrage spécialement consacré à l'appareil sternal, cette séparation ne pourrait pas être faite ; il faudrait décrire dans son ensemble tout l'appareil omo-sternal. Nous aurons donc à revenir sur quelques-uns des points que nous allons traiter, lorsque nous parlerons du membre thoracique.

On doit considérer dans le sternum des oiseaux, d'une part le bouclier ou corps du sternum, et d'autre part la crête sternale ou le bréchet.

Le bréchet, crête, ou carène, est une lame étroite qui se dresse au milieu du bouclier comme la carène d'un vaisseau. Elle est nulle dans le groupe des autruches (struthidés) désignées pour cela par Merrem sous le nom d'aves ratitæ, en opposition à celui d'aves carinatæ, donné par le même auteur au reste des oiseaux. La saillie ou la hauteur de cette crête varie beaucoup, soit qu'on la considère en elle-même ou par rapport à la longueur et à la largeur du bouclier. Enorme chez les rapaces, les oiseaux mouches, les gallinacées, elle est excessivement réduite chez les ocydromes du groupe des rallidés. Sa longueur varie également ; elle n'atteint pas toujours le bord postérieur du bouclier, elle peut le dépasser en avant. Son épaisseur n'est jamais considérable ; cependant sa base (secrétaire) peut être beaucoup plus large que son bord libre, lequel peut être tranchant ou bien offrir une certaine épaisseur.

Ce bord libre ou inférieur est plus ou moins convexe, et sa courbure, le plus souvent régulière, peut offrir une certaine irrégularité (secrétaire).

Ce bord inférieur, tantôt se termine immédiatement sur le bord postérieur du bouclier, tantôt s'élargit avant d'atteindre ce bord, et se bifurque en quelque sorte pour laisser un intervalle désigné par Lherminier sous le nom de *marge* et par Emile Blanchard sous celui de *méplat*.

La crête sternale vue de profil a la forme d'un triangle à sommet postérieur. Le bord supérieur est adhérent, le bord inférieur est libre ; le bord antérieur, également libre, mesure généralement la hauteur du bréchet. Ce bord antérieur peut être convexe (perroquet), concave (gallinacés), ou droit (pic), tranchant, ou formant un triangle plus ou moins large (aigle). La surface de ce triangle peut être plane on convexe transversalement, carénée (aigle) ou plus ou moins creusée (grue).

Tantôt le bord antérieur est séparé de la fourchette par un espace notable (aigle), tantôt il est articulé avec elle (cygne) ou enfin il lui est soudé (frégate).

L'angle supérieur et antérieur est adhérent ; il peut être aigu (manchots) ou obtus (gallinacés).

L'angle inférieur et antérieur, généralement nommé antérieur, peut être aigu (manchots), droit (pic) ou obtus (vautour) ; dans les deux premiers cas il peut dépasser (manchots) ou atteindre (pic) le bord antérieur du bouclier ; dans le troisième cas, il est situé plus ou moins en arrière de ce bord. Sa pointe peut être très-arrondie (perroquet, huppe).

Les faces latérales du bréchet servent à des insertions musculaires ; la partie la plus voisine du bord libre reçoit les fibres du grand pectoral ou abaisseur de l'aile, une ligne légèrement saillante sépare ces insertions de celles du moyen pectoral de Vicq d'Azyr ou releveur de l'aile qui se fixent à toute la surface qui reste entre cette ligne et le bouclier. C'est la ligne de séparation des muscles pectoraux nommée plus brièvement ligne intermusculaire.

Le *bouclier* ou *corps* du sternum peut être étudié par sa face superficielle ou par sa face profonde. La face superficielle, plus ou moins convexe, est limitée par un bord antérieur, un bord postérieur et deux bords latéraux ; le bréchet la divise en deux moitiés égales et symétriques.

Les principales parties qu'on y distingue sont l'apophyse épisternale, l'apophyse sus-épisternale, les rainures coracoïdiennes, les surfaces latérales divisées par la ligne intermusculaire ; les apophyses antérieures externes ; les fossettes latérales ou coracoïdiennes ; les facettes articulaires costales ; les branches latérales divisées en internes et en externes, séparées par les échancrures internes et externes ; la branche médiane, et la marge ou méplat.

Le bord antérieur offre le plus souvent (passereaux chanteurs, gallinacés) sur la ligne médiane une saillie apophysaire, l'apophyse épisternale, que Geoffroy regardait comme formée par deux points d'ossification distincts. Cette saillie peut être nulle (secrétaire, martinet), ou presque nulle (la plupart des rapaces), ou bien être assez prononcée ; elle se relie au bord antérieur de la crête ; quand ce bord est caréné (aigle), la carène se continue sur elle ; quand il est creusé (cygne), le creux s'y continue également. L'apophyse épisternale peut être bifurquée en forme de T ; les angles du T sont reliés par des brides aponévrotiques avec l'extrémité antérieure de l'os coracoïdien.

De chaque côté de la ligne médiane se trouvent les rainures coracoïdiennes, étroites gouttières où sont reçues les extrémités inférieures des os coracoïdiens. Ces rainures peuvent se rencontrer (gallinacés, pigeons), ou même se croiser (Héron), sur la ligne médiane derrière l'apophyse épisternale, ou bien (aigle, vautour, passereaux chanteurs) être séparées par un intervalle.

Derrière elles peut se trouver sur la ligne médiane une saillie qui est l'apophyse sus-épisternale (tinamous, gallinacés, pigeons, huppes, coucous).

Les rainures coracoïdiennes sont en quelque sorte creusées sur le bord antérieur du sternum, qui offre une lèvre antérieure et une lèvre postérieure, lèvres souvent inégales dans le cours de leur étendue.

En dehors et en avant des rainures coracoïdiennes, on trouve les apophyses latérales antérieures (apophyses hyosternales d'Alph. Milne Edwards, claviculaires de Vicq-d'Azyr). Ces apophyses résultent de ce que les angles latéraux antérieurs du bouclier se prolongent en avant et en dehors, en formant parfois des crochets plus ou moins aigus et recourbés. Leur surface est plus ou moins creusée d'une fossette qui se continue avec celle dont nous allons parler.

En arrière de ces apophyses on trouve la partie du sternum où s'insèrent les côtes et qui correspond aux hyosternaux d'Et. Geoffroy. La surface est plus ou moins creusée d'une fossette qui se continue avec celle de l'apophyse. C'est la fossette latérale (hyosternale d'Alph. Milne Edwards); elle peut (rapaces diurnes) ne pas occuper tout l'espace qui correspond aux côtes.

La partie moyenne du bouclier compose de chaque côté du bréchet la face latérale qui est divisée par une ligne saillante, dite ligne intermusculaire, en deux parties. Ce qui est au-devant ou en dedans de cette ligne donne attache au moyen pectoral. La surface qui est immédiatement en arrière ou en dehors de cette ligne ne donne souvent aucune insertion au grand pectoral qui glisse sur elle, mais le reste de l'espace jusqu'au bord postérieur donne toujours attache à ce muscle.

Lorsque la carène n'atteint pas le bord postérieur, il y a en arrière, entre les deux moitiés du bouclier, un espace lisse qui est la marge ou méplat. Assez étendu chez la plupart des rapaces diurnes, les palmipèdes lamellirostres et totipalmes, très-réduit chez les passereaux, le méplat manque chez les faucons.

Le bord postérieur peut être entier et plus ou moins sinueux, ou bien il peut être plus ou moins profondément échancré. Alors il y a une branche médiane avec ou sans échancrure médiane ou feston médian, et de chaque côté, soit une branche latérale externe, soit une branche latérale interne et une branche latérale externe, limitant soit une échancrure ou fosse latérale, soit une échancrure latérale interne et une échancrure latérale externe. Les échancrures sont remplies par des lames aponévrotiques. Elles peuvent être converties par la convergence des branches qui les limitent en des trous ou fontanelles, qui à leur tour peuvent s'oblitérer de manière à produire un sternum plein chez des individus adultes qui ont eu un sternum échancré ou perforé dans le jeune âge.

Les bords latéraux se composent d'une partie lisse qui appartient à la branche latérale (hyposternal d'Et. Geoffroy), et d'une partie antérieure où se trouvent les facettes pour l'articulation des côtes, dont le nombre varie.

Tantôt ces facettes sont rassemblées sur un petit espace (passereaux chanteurs), tantôt elles sont beaucoup plus espacées (rapaces). Elles s'étendent sur l'apophyse latérale antérieure, qu'elles semblent envahir lorsque celle-ci n'a pas une grande longueur.

Les deux parties qui composent le bord latéral peuvent être en ligne droite (aigle) ou bien faire un angle rentrant (passereaux) ou encore dessiner une courbe à convexité externe (tinamou).

Si maintenant on considère le bouclier dans son ensemble, on voit que les bords latéraux peuvent être parallèles, et alors le bouclier n'est pas plus large en avant qu'en arrière (aigles), ou bien il est plus large soit en avant (plongeons, manchots), soit en arrière (passereaux), ou au milieu (secrétaire, coq, pigeon).

La face profonde du sternum est plus ou moins concave. Elle offre sur la ligne médiane une sorte de gouttière longitudinale qui répond au bréchet. Elle est généralement percée de trous aériens en nombre variable rangés avec une certaine régularité. On ne trouve pas de ces trous sur la face superficielle, mais les bords latéraux en présentent dans les intervalles des facettes articulaires. On en voit aussi entre les rainures coracoïdiennes à la base de l'apophyse épisternale.

Le sternum, pris dans son ensemble, peut encore être considéré sous le rapport de sa longueur, de sa largeur et de sa force.

Quand on parle de la force du sternum, on peut avoir en vue l'étendue, l'épaisseur et la résistance de ses parties osseuses, le degré d'ossification de ses échancrures. Il est naturel de penser, par exemple, que le sternum d'un gallinacé n'est pas aussi bien conformé pour un vol puissant que celui d'un rapace ; mais il est difficile d'établir quelque chose de général à cet égard, parce qu'il faut tenir compte à part du bréchet, du bouclier, des échancrures et des branches latérales, des rainures coracoïdiennes, des apophyses latérales antérieures et même de l'apophyse épisternale.

Il est assez naturel de dire qu'on trouve les sternums les plus courts et les plus larges chez les meilleurs voiliers, les plus longs et les plus étroits chez ceux qui volent le moins bien. Cependant cette règle souffre de nombreuses exceptions. Il faut, dans les jugements que l'on porte à ce sujet, se bien garder d'une cause d'erreur qui consiste à envisager le sternum isolément sans tenir compte de ses annexes, c'est-à-dire des os de l'épaule. Aussi la longueur et la largeur du sternum doivent-elles être toujours considérées par rapport à la colonne vertébrale, à l'omoplate, au coracoïdien, à la clavicule, et même par rapport au bassin et à l'ensemble du tronc.

Les détails que nous venons d'exposer montrent que le sternum des oiseaux, dont l'importance est si grande au point de vue physiologique, offre en même temps des particularités remarquables, qui peuvent être utilisées pour la classification.

Vicq d'Azyr l'a indiqué d'une manière sommaire dans son premier mémoire sur les oiseaux (1772), où il a désigné par des noms la crète, les apophyses latérales antérieures qu'il nomme claviculaires (c'est-à-dire coracoïdiennes) et les branches latérales externes qu'il nomme anses latérales. Il a dit que le sternum de l'autruche se distingue par l'absence de la crète ; il a dit aussi qu'il y a des sternums pleins et des sternums échancrés en arrière, mais que ces échancrures peuvent être oblitérées chez des espèces voisines de celles qui les possèdent (certaines chouettes, par exemple).

Wiedemann (1801), en décrivant le squelette du cygne, a donné des noms aux différentes parties du sternum.

Tiedemann (1810) a énuméré les principales variétés que cet os présente dans les différents ordres.

Merrem (1816) a établi la distinction entre les ratitæ et les carinatæ, puis, en décrivant les oiseaux à sternum caréné, il a fait entrer cet os dans la caractérisque des familles.

A la même époque, H. de Blainville (1815) faisait sur ce sujet un travail spécial, où il s'efforçait de montrer l'importance du sternum pour la classification. De même que Vicq d'Azyr et Merrem, il séparait les struthidés des autres oiseaux. « En considérant isolément la forme du sternum et de ses annexes, nous sommes forcé de voir un type particulier dans les autruches et les casoars. » D'autre part, il arrivait à des résultats remarquables pour les oiseaux à sternum caréné. Il séparait les perroquets des passereaux et des grimpeurs, et les plaçait, à l'exemple de Jean Ray, en tète de la classe des oiseaux. Il montrait que les rapaces nocturnes doivent être séparés des rapaces diurnes, que la plupart des oiseaux du genre picæ de Linné (scansores) ne font point partie des passereaux, que les passereaux proprement dits (passeres) forment un groupe à part bien caractérisé dont il faut encore séparer les subpasseres (coucous, calaos, engoulevents, martinets), que les hirondelles ne doivent pas être réunies aux martinets, que la lyre n'est pas un gallinacé, que les pigeons ne doivent être confondus ni avec les passereaux, ni avec les gallinacés, qui forment un groupe à part.

Il distinguait dans les échassiers les groupes correspondant aux outardes, aux hérons, aux chevaliers, aux râles (compressi), et cinq groupes dans les palmipèdes (mouettes, procellaires, cormorans, canards, plongeons).

Lherminier (1827), élève de H. de Blainville, a repris ce sujet en lui donnant de nouveaux développements, et en remplissant la plupart des lacunes qui existent dans le travail précédent. Il a désigné les struthidés sous le nom d'oiseaux anormaux, et sous celui d'oiseaux normaux les oiseaux à sternum caréné qu'il a divisés en 34 familles. De nombreuses figures accompagnent ce travail.

Berthold (1831) a figuré au trait les sternums d'un grand nombre d'oiseaux de différents ordres.

Cuvier (*Anat. comp.*, 2ᵉ éd., 1835) s'exprime ainsi: « On avait cru un moment que les caractères de cette pièce pourraient être en rapport avec les familles naturelles des oiseaux ; cela ne s'est pas vérifié et néanmoins, dans certains cas, ils donnent des indications utiles sur les affinités des différents genres. » Dans le résumé fort intéressant qu'il donne ensuite, il insiste principalement sur les échancrures du bord postérieur, sur la présence ou sur l'absence de l'apophyse épisternale, et sur la forme de cette apophyse.

Brandt (1838) a figuré les sternums des palmipèdes.

Emile Blanchard (1859) a décrit dans un grand détail, avec de nombreuses figures, le sternum des rapaces et des passereaux, et démontré que les caractères les plus importants doivent être cherchés dans la partie antérieure de cet os, tandis que ceux fournis par les échancrures du bord postérieur n'ont qu'une bien moindre valeur. Il a désigné les oiseaux à sternum caréné sous le nom de trépidosterniens, et ceux à sternum non caréné sous celui d'homalosterniens.

Eyton, dans son *Osteologia avium* (1861), et Alph. Milne Edwards, dans ses *Oiseaux fossiles* (1865-72), ont décrit avec un grand soin les sternums des différents groupes d'oiseaux.

Paul Gervais (*Voyage de Castelnau*, 1855), passant en revue les grandes divisions admises par Cuvier, admet 3 formes de sternum chez les rapaces (accipitres, vulturidés, strigidés),

4 pour les oiseaux passériformes (Sternum de perroquets.—Sternum à deux paires d'échancrures postérieures: le pic, le toucan, le couroucou, le touraco, le barbu, parmi les zygodactyles ; le todier, le martin-pêcheur, le guêpier, parmi les syndactyles ; le rollier, l'hoazin parmi les déodactyles. — Sternum avec une seule paire d'échancrures postérieures : la plupart des déodactyles et des syndactyles ; les calaos et les coucous, parmi les zygodactyles. — Sternum plein : oiseaux-mouches, martins-pêcheurs).

Pour les gallinacés de Cuvier, 2 formes : celle des gallinacés proprement dits et celle des pigeons ; les hoccos, les mégapodes et les gangas montrant une forme intermédiaire.

Chez les échassiers de Cuvier, 4 formes : celle des struthidés, celle des hérodiens, échancrures réduites à une seule paire ou nulles ; celle des macrodactyles, une seule paire d'échancrures profondes ; enfin celle des limicoles, deux paires d'échancrures.

Chez les palmipèdes, on trouve également 4 formes caractérisant les groupes des laridés, des anatidés, des pélécanidés et des brachyptères.

Les résultats atteints par H. de Blainville et confirmés par les auteurs qui l'ont suivi montrent que Cuvier s'est renfermé dans des limites trop restreintes en affirmant que les caractères fournis par le sternum ne peuvent servir que pour la distinction des genres. Mais il faut avouer qu'à l'exception du caractère tiré de la présence où de l'absence de la carène, il est presque impossible de trouver dans le sternum quelques-uns de ces traits saillants que l'on désigne d'un seul mot et qu'on donne pour titres aux divisions principales d'un tableau. La plupart des sternums des oiseaux, même les mieux caractérisés, doivent être considérés dans leur ensemble, et il faut une description complète pour les distinguer.

Ainsi, le sternum des tinamous, avec sa longue branche médiane que deux échancrures profondes et étroites séparent de deux longues branches latérales convergentes, peut apparaître, au premier abord, comme une forme exceptionnelle. Cependant il suffit de diminuer un peu la profondeur des échancrures pour avoir le sternum d'un râle ou d'une foulque, et, en les diminuant encore, on passera au grébifoulque, au grèbe et même au manchot. En conservant la profondeur des échancrures et en ajoutant des branches latérales externes, on aura un sternum de gallinacé. Le sternum du tinamou ne peut donc pas être caractérisé uniquement par ses trois longues branches et ses deux profondes échancrures, mais si l'on ajoute les traits suivants : carène très-haute, facettes costales au nombre de quatre resserrées dans un petit espace en avant, apophyses latérales antérieures projetées en dehors, apophyse sus-épisternale saillante et comprimée, pas d'apophyse épisternale, rainures coracoïdiennes étroites et taillées sur le bord du bouclier, angle antérieur de la crête presque droit, bord antérieur caréné, ligne externe du moyen pectoral s'allongeant sur la branche latérale parallélement au bord externe, on aura exprimé un ensemble de caractères qui n'appartient qu'au tinamou.

Les passereaux chanteurs (oscines, pour employer le langage de Pline ; passeres de H. de Blainville ; œdornines d'Alph. Milne Edwards) ont un sternum tout à fait caractéristique. Cependant il est presque impossible de dégager de l'ensemble un seul trait qui n'appartienne qu'à ce groupe d'oiseaux, mais nulle part aussi on ne trouve la même réunion de caractères : sternum plus large en arrière ; crête saillante, atteignant presque le bord postérieur ; une seule paire d'échancrures peu profondes, largement séparées de la crête ; branches latérales divergentes, faisant un angle rentrant avec la partie antérieure du bord latéral ; facettes costales resserrées en avant et en partie situées sur l'apophyse antérieure externe qui se projette en dehors ; fossette latérale peu distincte de la surface de l'apophyse et se continuant avec la rainure coracoïdienne ; rainure coracoïdienne ne rencontrant pas celle du côté opposé, mais s'avançant vers elle derrière une apophyse épisternale saillante et bifurquée en forme de T ; bord antérieur de la crête légèrement concave ; angle antérieur aigu dépassant à peine le bord antérieur du bouclier.

On reconnaîtra, au premier abord, un sternum de rapace diurne, et pourtant il y a des différences assez importantes pour qu'il soit difficile de désigner un caractère commun à tous les rapaces diurnes et n'appartenant qu'à eux. Si le sternum d'un aigle, d'un gypaète ou d'un vautour est à peu près aussi large en avant qu'en arrière, celui d'un faucon ou d'un épervier est plus large en arrière, et celui du secrétaire au milieu ; si le sternum du gypaète est presque aussi large que long, celui des autres rapaces est toujours plus long que large ; si l'insertion des côtes se fait dans une grande longueur chez les aigles, elle est resserrée dans un moindre espace chez l'épervier ; si l'angle antérieur de la crête est projeté en avant chez le faucon, l'épervier, le polyborus, il l'est moins chez l'aigle et il est retiré en arrière chez le vautour ; si la crête sternale touche le bord postérieur chez le faucon, elle en est séparée par un méplat chez l'aigle, le vautour et la plupart des rapaces diurnes; s'il y a des fontanelles persistantes chez le vautour, elles s'oblitèrent avec l'âge chez l'aigle ; si les rainures coracoïdiennes sont bien séparées chez le gypaète, elles se rencontrent derrière l'apophyse épisternale chez l'épervier.

On est ainsi réduit à dire, avec Cuvier, que les oiseaux de proie diurnes ont le sternum grand, la crête saillante, l'épisternal petit ; on pourrait seulement ajouter que la surface d'insertion du releveur de l'aile n'a que peu d'étendue, et qu'elle est confinée dans le tiers antérieur de la crête et du bouclier.

Il est curieux de voir le sternum offrir ces variétés chez des oiseaux qui se ressemblent tant par la conformation du bec et des pattes, tandis que les passereaux, où le bec et les pattes présentent beaucoup de variété, ont tous à peu près le même sternum.

Chez les perroquets, le sternum est allongé, la partie du bord externe qui donne attache aux côtes est assez longue (caractère de rapace diurne) et de plus elle est parallèle à la crête sternale ; la partie du bord externe qui répond à la branche latérale est un peu déjetée en dehors, ce qui élargit un peu la partie postérieure du sternum (caractère de passereau) ; il n'y a pas d'échancrures, mais seulement des trous qui peuvent s'oblitérer avec l'âge (caractère de rapace diurne) ; en avant les apophyses latérales sont à peine déjetées et la fossette latérale ne correspond qu'à une seule côte ; cette fossette se continue comme chez les passereaux avec la rainure qui se dirige derrière l'apophyse épisternale vers celle du côté opposé. L'apophyse épisternale peu saillante, peu détachée du bord antérieur de la crête, n'est pas en forme de T. La crête est saillante, son angle antérieur est arrondi, il n'y a en arrière qu'un très-petit méplat ; la surface d'insertion du releveur de l'aile se continue jusqu'à l'extrémité du sternum, une ligne droite la limite en dehors.

Les rapaces nocturnes ne se rapprochent guère des diurnes que par la petitesse de l'apophyse épisternale, la saillie de la crête et le peu d'espace occupé par le releveur de l'aile. Les apophyses latérales antérieures sont projetées en dehors, la fosse latérale répond aux facettes costales qui sont rassemblées sur un petit espace ; il y a un méplat ; le bord postérieur présente 4 échancrures et 4 branches latérales (caractère qui manque cependant chez le strix flammea).

Parmi les grimpeurs de Cuvier (les scansores de H. de Blainville) les pics, les torcols, les toucans, les couroucous, les touracos ont 4 échancrures en arrière du sternum, tandis que le coucou et l'âni n'en ont que 2.

Il y a encore 4 échancrures chez les martins-pêcheurs, les todiers et les guêpiers (merops) qui ont le doigt externe versatile, ainsi que chez les rolliers.

Mais ces oiseaux, qui diffèrent ainsi des passereaux proprement dits par la présence de 4 échancrures en arrière du sternum, en diffèrent beaucoup moins par la partie antérieure de cet os, en sorte qu'il suffirait de combler les échancrures latérales internes pour effacer la principale différence qui les sépare.

Les huppes (promerops) se distinguent des passereaux proprement dits par la forme de l'apophyse épisternale qui s'unit à l'apophyse sus-épisternale en formant un pont au-devant des rainures coracoïdiennes, caractères que l'on retrouve chez les irrisors et chez les guêpiers.

Chez les martinets et les oiseaux-mouches, le bouclier sternal n'a ni trous, ni échancrures, mais son élargissement en arrière ramène à la forme générale des passereaux. La carène fait une grande saillie, elle atteint le bord postérieur du sternum ; en avant son angle se projette et peut même se relever en haut (oiseau-mouche géant). Il n'y a pas d'apophyse épisternale ; les facettes coracoïdiennes très-rapprochées sont taillées sur le bord antérieur et n'ont plus l'aspect d'une rainure ; les apophyses latérales antérieures ont peu de saillie, et les facettes articulaires costales occupent une plus grande étendue.

Chez les gallinacés proprement dits (coq, faisan, paon, perdrix), il y a deux paires d'échancrures postérieures ; les insertions des côtes, au nombre de 5, sont resserrées en avant dans un court espace en arrière des apophyses latérales antérieures qui sont aplaties et se portent en avant comme une lame de couteau. Les fosses latérales se prolongent le long des facettes costales.

Les rainures coracoïdiennes communiquent par un trou percé dans l'apophyse épisternale qui est comprimée latéralement et, suivant la remarque ingénieuse de Lherminier, semble composée de deux parties situées l'une au-dessus, l'autre au-dessous des rainures. Le bord antérieur de la crète est concave et incliné en arrière; l'angle antérieur est obtus, la crête convexe est fortement saillante, la surface d'insertion du moyen pectoral s'étend très en arrière ; elle est limitée en dehors par une ligne parallèle au bord costal.

Les échancrures postérieures sont très-profondes chez les perdrix, un peu moins chez les coqs, moins encore chez les paons et chez les hoccos. Chez ces derniers, l'échancrure interne s'étend moins en avant que l'échancrure externe.

Chez les pigeons, il y a une apophyse épisternale réduite à une petite pointe aiguë et très-courte; les rainures coracoïdiennes se touchent et au-dessus d'elles il y a une apophyse sus-épisternale un peu plus forte que l'épisternale. En réunissant ces deux apophyses par un pont osseux, on aurait, comme le dit Lherminier, une apophyse épisternale perforée comme chez les gallinacés. Les apophyses latérales antérieures sont projetées en dehors, les côtes, au nombre de 4, s'insèrent très en avant, la fosse latérale leur correspond, elle se continue avec la rainure coracoïdienne. La surface d'insertion du moyen pectoral s'étend très en arrière, elle est limitée en dehors par une ligne presque droite, qui laisse en dehors d'elle les deux branches latérales. Tantôt il y a 4 échancrures postérieures et tantôt il n'y en a que 2, les échancrures étant converties en trous. La présence de 4 échancrures postérieures semble les rapprocher des gallinacés, d'autant plus que les branches latérales externes sont comme chez ceux-ci déjetées en dehors, ce qui donne à l'ensemble du sternum une forme losangique, et la principale différence résiderait dans le peu de profondeur des échancrures internes. Mais il faut observer que ces branches latérales externes sont toujours placées très en avant, tandis que chez les hoccos où les échancrures diminuent de profondeur, les anses latérales sont en même temps reportées en arrière. A ce dernier point de vue, le sternum des mégapodes et des talégalles ressemble bien plus à celui des pigeons qu'à celui des gallinacés proprement dits.

La plupart des oiseaux qui répondent aux échassiers pressirostres et aux échassiers longirostres de Cuvier (outardes, pluviers, vanneaux, huitriers, courlis, barges, maubèches, sanderlings, phalaropes, tourne-pierres, chevaliers, échasses, avocettes), ont quatre échancrures en arrière du sternum, et il en est de même des spatules et des ibis, qu'Alph. Milne Edwards place à côté des cigognes, ainsi que des goëlands, des mouettes, des stercoraires et de la plupart des procellaridés qui appartiennent au groupe des palmipèdes longipennes. Par contre, les œdicnèmes, les bécasses, les combattants, l'oiseau des tempêtes (petit pétrel, procellaria pelagica) et l'albatros n'en ont pas.

Tous ces oiseaux ont une apophyse épisternale comprimée ; la crête sternale est saillante, avec le bord antérieur concave, et l'angle antérieur un peu recourbé ; les apophyses latérales antérieures sont un peu projetées en dehors, et les rainures coracoïdiennes situées très en avant, et près de la ligne médiane.

Chez les râles, le sternum n'a que deux échancrures ; son étroitesse a fait donner à ces oiseaux par H. de Blainville le nom de compressi. Le bord latéral donne insertion à six côtes dans un espace allongé ; les apophyses latérales antérieures sont dirigées en dehors ; les facettes coracoïdiennes sont situées très en avant près de la ligne médiane ; la crête est plus ou moins saillante (presque nulle chez les ocydromes), avec le bord antérieur concave, l'angle antérieur aigu, mais un peu reculé en arrière, l'apophyse épisternale réduite à une petite pointe.

Le sternum des grèbes rentre dans la forme de celui des rallidés. Les échancrures sont moins profondes, les angles latéraux antérieurs plus projetés en dehors, l'angle antérieur de la crête plus projeté en avant et dépassant le bord antérieur du bouclier. On peut encore rapprocher du sternum des grèbes celui des manchots, qui est plus allongé, et dont l'angle antérieur se projette beaucoup en avant. Celui des guillemots, des plongeons et des pingoins (alca) est remarquable par sa longueur et son étroitesse.

Chez les grues, le sternum est long et étroit, d'une largeur uniforme, sans échancrures postérieures ni fontanelles ; les bords latéraux, légèrement concaves, portent sept côtes qui en occupent la moitié antérieure. Les apophyses latérales antérieures sont assez grandes, tronquées et projetées en dehors ; les fossettes latérales sont petites, les rainures coracoïdiennes très-obliques ne se rencontrent pas sur la ligne médiane. La crête est très-haute ; dans les vraies grues, son angle antérieur se soude avec le bréchet. Dans les mêmes espèces, le bord antérieur de la crête est creusé d'une cavité qui s'enfonce entre les lames du sternum et où sont logés les replis de la trachée, dont une partie se loge encore dans une sorte de tambour creusé dans l'apophyse épisternale, qui s'amplifie beaucoup. Cela se voit surtout dans la grue de Mandchourie, la grue cendrée, moins dans la grue couronnée et dans la grue de Numidie.

Chez l'agami, la fourchette ne se soude pas au sternum: il n'y a pas de tambour épisternal, mais une simple apophyse. La crête est beaucoup plus basse, le bouclier encore plus étroit ; la ligne qui limite en dehors le moyen pectoral est presque confondue avec le bord latéral. Les apophyses latérales antérieures sont un peu dirigées en avant.

Chez les ardéidés (hérons, etc.) le sternum, très-bombé, est à la fois large et allongé ; sa longueur est égale à celle des coracoïdiens qui sont très-longs (Lherminier). Il y a deux échancrures postérieures plus profondes. Les bords latéraux, légèrement concaves, portent quatre côtes en avant. Les apophyses latérales antérieures sont massives et comme tronquées ; les rainures coracoïdiennes se croisent au-dessus de l'apophyse épisternale, qui est petite, lamelleuse et inclinée en avant.

La surface d'insertion du moyen pectoral est limitée sur le bouclier par une ligne oblique, séparée par un espace lisse des points où se fixe le grand pectoral. La crête est haute, surtout au milieu, son bord antérieur concave ; son angle antérieur aigu s'articule, chez le héron seulement, avec la fourchette, et se soude avec elle chez le balœniceps.

Chez le flamant, le sternum est également très-bombé; il y a en arrière deux échancrures assez profondes; les angles latéraux, légèrement concaves, portent cinq côtes dans leur moitié antérieure ; les angles latéraux antérieurs sont prolongés en dehors, ce qui élargit beaucoup la partie antérieure du sternum ; les fossettes latérales sont creusées sur les apophyses latérales antérieures. Les rainures coracoïdiennes se croisent sur la ligne médiane derrière une apophyse épisternale en forme de crochet à concavité antérieure, et située au sommet d'un angle aigu que dessinent les deux moitiés très-inclinées du bord antérieur. Le bréchet, fort saillant, atteint le bord postérieur ; son bord antérieur est concave et légèrement creusé ; son angle antérieur, quoique aigu (à cause de cette concavité), est très-retiré en arrière. La surface d'insertion du moyen pectoral est limitée sur le bouclier par une ligne oblique.

Chez les cigognes, le sternum est court, étroit et très-bombé.

Il y a deux échancrures postérieures. Le bord latéral, légèrement concave, porte cinq côtes qui occupent les trois quarts de la longueur. Les apophyses latérales antérieures sont très-courtes et légèrement projetées en dehors, les fossettes latérales peu étendues ; les rainures coracoïdiennes ne se rencontrent pas sur la ligne médiane. L'apophyse épisternale est à peine marquée.

La crête est haute, avec un bord antérieur concave et un angle antérieur aigu qui dépasse le bord antérieur du bouclier et s'articule avec la fourchette. La surface du moyen pectoral est limitée sur le bouclier par une ligne oblique.

Chez les palmipèdes totipalmes, le sternum est à la fois large et court. La brièveté est exagérée chez la frégate, mais elle est en partie corrigée par la longueur des os coracoïdiens et des clavicules. L'angle antérieur de la crête, projeté en avant, se soude à la fourchette. La surface du moyen pectoral a peu d'étendue ; elle est limitée sur le bouclier par une ligne oblique, et un espace lisse la sépare de l'insertion du grand pectoral. Il n'y a d'échancrures postérieures que chez le phaéton, où elles sont au nombre de quatre comme chez les longipennes. L'apophyse épisternale est médiane ; les rainures coracoïdiennes, le plus souvent limitées en arrière par un gros bourrelet, sont séparées par une dépression en forme de gouttière. Les apophyses latérales antérieures sont peu saillantes ; les facettes costales occupent la moitié de la longueur du bord latéral.

Les palmipèdes lamellirostres ont deux échancrures en arrière du sternum, mais peu profondes, et souvent converties en trous, comme chez les rapaces diurnes. Ces oiseaux ont le sternum long et large, la crête saillante, et l'angle antérieur un peu projeté en avant. Les rainures coracoïdiennes, profondes, ne se rencontrent pas sur la ligne médiane. L'apophyse épisternale est généralement peu développée. Les facettes costales occupent près de la longueur du sternum. Chez les canards, le bréchet atteint presque le bord postérieur du sternum, tandis que chez les cygnes et chez les oies il s'arrête à une assez grande distance de ce bord et en est séparé par un méplat considérable.

Les apophyses latérales antérieures sont à peine projetées en avant et en dehors, les fossettes latérales ne correspondent qu'aux deux premières côtes sternales. La surface d'insertion du moyen pectoral est limitée sur le bouclier, chez le cygne, par une ligne oblique séparée par un espace lisse de l'insertion du grand pectoral, mais chez le canard et chez l'oie l'insertion du moyen pectoral se prolonge très-loin en arrière et une ligne parrallèle au bord costal la limite en dehors.

Chez l'oie, le bord antérieur de la crète est élargi à sa base et parcouru par une carène médiane qui réunit l'angle antérieur à l'apophyse épisternale. Chez le cygne ce bord présente généralement une surface de glissement contre laquelle frotte la convexité de la fourchette ; mais, dans certains cas, comme chez le cygnus buccinator, ce bord est creusé par l'orifice d'une cavité profonde dans laquelle se logent les replis de la trachée.

Chez les struthidés, le sternum a la forme d'un bouclier plus ou moins bombé. Il n'y a pas de carène ; on voit seulement sur la ligne médiane une tubérosité située vers le milieu de la longueur, et, au-devant de la tubérosité, une arête mousse plus marquée chez le nandou. Il y a chez le casoar à casque deux tubercules qui peuvent représenter une apophyse épisternale. Les apophyses latérales antérieures sont bien distinctes. Le bord postérieur est régulièrement arrondi chez le nandou, le casoar et l'émeu, tandis qu'il offre chez l'autruche deux apophyses latérales. Les surfaces costales occupent un plus grand espace chez l'autruche ; chacune d'elles est subdivisée en deux facettes.

RÉGION LOMBO-SACRÉE, BASSIN.

Il est facile, chez les mammifères, de distinguer une région dorsale, une région lombaire et une région sacrée. La région dorsale diffère de la région lombaire par le développement des côtes ; la région lombaire diffère de la région sacrée par la mobilité de ses vertèbres ; la région sacrée diffère moins de la région caudale, mais pourtant il y a toujours une ou deux vertèbres qui, par leur soudure, composent incontestablement un sacrum.

Les choses ne se passent pas précisément de la même manière chez les oiseaux, où les vertèbres lombaires, étant soudées entre elles et avec les vertèbres sacrées proprement dites, concourent à la formation d'un sacrum auquel viennent se joindre souvent les deux dernières dorsales. Il est fort difficile de distinguer, dans cet ensemble, ce qui appartient aux trois régions. Quant à la distinction entre la région sacrée et la région caudale, tantôt elle est immédiatement évidente (aigle), tantôt, au contraire, les dernières sacrées diffèrent si peu des caudales et la transition est tellement insensible, qu'il est presque impossible de dire où finit le sacrum, où commence le coccyx (perroquet, passereaux, palmipèdes, struthidés).

Suivant l'opinion de Daubenton, rapportée par Vicq-d'Azyr (1), la région lombaire peut être distinguée de la région sacrée par la limite qui sépare les branches d'origine du plexus lombaire de celles du plexus sacré. Cette opinion a depuis été adoptée par Barkow (*Syndesmol. der Vögel*) et par Huxley (*Man. d'anat. comp.*). En dernier lieu, Gegenbaur (*Bassin des oiseaux*) n'attribue au sacrum des oiseaux que deux vertèbres qu'il nomme acétabulaires, à cause de leur situation au voisinage de la cavité cotyloïde, et entre lesquelles passe la dernière branche d'origine du plexus sacré ; de là résulterait qu'au point de vue du type idéal le sacrum des oiseaux ne différerait pas de celui des reptiles. Cependant il est impossible de méconnaître que la région qui donne issue aux branches d'origine du plexus sacré présente un aspect particulier, que l'on apprécie très-bien en étudiant le sacrum par sa face viscérale, ainsi que nous allons le voir en décrivant celui de l'aigle que nous prendrons pour terme de comparaison. La nécessité de choisir un terme de comparaison vient de ce que le sacrum diffère assez dans les différents ordres pour

---

(1) « Mais ce que l'ostéologie de cette région présente de plus difficile, c'est de déterminer : 1° dans quel endroit commence le sacrum; 2° s'il y a une portion lombaire dans la moelle épinière ; 3° supposé qu'elle existe, quelle est son étendue. Ces trois questions sont très-importantes pour classer le squelette des oiseaux.

« Pour les résoudre, je ferai observer qu'à la partie antérieure des fosses rénales se trouve la symphyse de l'os des îles avec l'os sacrum; que cette union se fait de chaque côté par une double apophyse qui, dans son écartement, laisse une ouverture ; que la crête de l'os des îles se continue parallèlement à la moelle épinière, comme dans les quadrupèdes ; et qu'enfin au-dessus de la symphyse susdite, il y a entre l'os des îles et la colonne épinière une fosse de chaque côté, divisée pour l'ordinaire en deux trous, dont le plus antérieur est creusé au-dessous de la dernière côte. Si on pousse ses recherches plus loin et qu'on soit curieux de connaître les parties qui passent par ces trous, on y observe de chaque côté plusieurs nerfs analogues aux nerfs lombaires, dont un se porte au-dessus et le long de la dernière côte, le second se distribue aux muscles du bas ventre et aux muscles antérieurs de la cuisse, et le troisième sort par le trou de la double apophyse qui joint le sacrum à l'os innominé, pour s'épanouir dans les parties sexuelles et dans les muscles voisins. Ces observations, faites sur des pièces molles, confirment celles que M. Daubenton a faites sur les parties osseuses qu'il m'a communiquées. Il paraît donc qu'il y a dans la colonne épinière des oiseaux une région très-courte qui correspond à la région lombaire des quadrupèdes, et l'on peut regarder le sacrum comme commençant immédiatement au-dessus de la double apophyse dont j'ai parlé plusieurs fois.» (Vicq d'Azyr, *Anat. des ois.*, 3ᵉ *mém.*)

qu'il soit impossible d'établir une description générale également applicable à toutes les divisions de la classe des oiseaux. R. Owen a choisi le sacrum d'une jeune autruche. Alph. Milne Edwards semble avoir eu principalement en vue le sacrum de l'aigle, qu'il figure dans une des premières planches de son ouvrage. C'est aussi au sacrum de l'aigle que nous donnons la préférence, à cause des caractères tranchés qui le distinguent.

En regardant ce sacrum par sa face viscérale, on voit d'abord que les deux dernières dorsales en font partie. Chacune de ces vertèbres porte une paire de côtes, et ces côtes sont articulées, comme celles de la région dorsale, d'une part avec l'extrémité de l'apophyse transverse, et d'autre part avec un tubercule parapophysaire situé sur la base de la lame, au point où elle s'unit au corps de la vertèbre. Nous donnons à ces deux vertèbres le nom de prélombaires.

Pour plus de simplicité, nous ne décrirons qu'un seul côté.

La première lombaire diffère de la deuxième prélombaire par l'absence de côte et par la présence d'un pont osseux jeté entre les deux points qui donneraient insertion à la côte, c'est-à-dire la base de la lame et le sommet de l'apophyse transverse. Ce pont osseux ressemble beaucoup à une côte qui serait réduite à son col, c'est-à-dire à la partie située entre la tête et la tubérosité ; mais on ne peut lui attribuer cette signification, parce qu'il ne se développe pas par un point d'ossification séparé. On doit, par conséquent, le considérer avec R. Owen comme une parapophyse (apophyse transverse inférieure de J. Müller). Gegenbaur pense que ce n'est qu'un dédoublement de l'apophyse transverse proprement dite ; mais la nature parapophysaire de ce pont osseux nous paraît bien démontrée par sa situation au-dessous du trou de conjugaison placé entre lui et l'apophyse transverse.

Les trois vertèbres suivantes ont des parapophyses de plus en plus courtes, dont les deux dernières ne rejoignent pas le sommet de l'apophyse transverse et s'appuient seulement sur l'iléon. Il y a ainsi 4 vertèbres lombaires.

Telle est, vue par sa face viscérale, la région lombaire de l'aigle ; elle répond aux racines du nerf fémoral et du nerf obturateur ; elle est caractérisée par la présence de parapophyses bien développées dans toute son étendue. Les deux prélombaires portent seules des côtes.

Nous trouvons ensuite une région composée de 4 vertèbres. On n'y voit pas de côtes ; les parapophyses n'y sont représentées que par de petits tubercules, dont les deux premiers sont cependant unis à l'iléon par un tractus ligamenteux. Les deux premières de ces vertèbres sont visiblement précotyloïdiennes, mais la 3ᵉ et la 4ᵉ méritent plutôt le nom de paracotyloïdiennes, étant placées au niveau de la cavité cotyloïde. Cette région répond à la fosse rénale supérieure ou antérieure de Vicq-d'Azyr ; elle contient les racines du nerf sciatique, et, par conséquent, mérite bien le nom de région sacrée. Il faut y joindre les deux vertèbres suivantes entre lesquelles passe la racine postérieure du nerf sciatique.

Ces deux vertèbres sont celles que Gegenbaur désigne sous le nom d'acétabulaires, et qu'il considère comme formant à elles seules le sacrum des oiseaux. Elles sont visiblement post-cotyloïdiennes. Chacune d'elles est munie d'une longue et forte parapophyse, et les deux parapophyses s'unissent par leurs sommets pour former un arc-boutant (arc-boutant cotyloïdien d'Alph. Milne Edwards) qui s'appuie à l'iléon en arrière de la cavité cotyloïde. Les sommets de ces parapophyses s'unissent aussi à ceux des apophyses transverses de manière à circonscrire un canal qui est beaucoup plus étroit pour la seconde vertèbre que pour la première. Gegenbaur considère ces parapophyses comme des côtes, et affirme qu'elles se développent par des points d'ossification séparés.

A la suite de ces deux vertèbres, on en trouve deux autres qui offrent aussi deux fortes parapophyses unies par leurs sommets et forment un arc-boutant (arc-boutant ischiatique d'Alph. Milne-Edwards), lequel s'appuie contre l'iléon en arrière du trou sciatique. Ces deux parapophyses se dirigent en sens inverse de celles des deux premières vertèbres postcotyloïdiennes, c'est-à-dire d'avant en arrière, et en sont séparées par un intervalle qui fait partie de la fosse rénale postérieure de Vicq d'Azyr. L'arc-boutant ischiatique marque la limite postérieure du sacrum. Au delà de cet arc-boutant commence la région caudale.

En résumé, nous trouvons chez l'aigle 2 vertèbres prélombaires, 4 lombaires proprement dites, 4 vertèbres sacrées précotyloïdiennes, dont 2 peuvent être appelées paracotyloïdiennes, et 4 vertèbres sacrées postcotyloïdiennes, dont les deux premières appartiennent bien à la région sacrée (la forment seules pour

Gegenbaur), tandis que les deux dernières peuvent être rattachées à la région caudale.

La distinction des corps vertébraux qui composent le sacrum est indiquée par de légères saillies transversales qui correspondent aux trous de conjugaison, et par conséquent à l'intervalle de deux vertèbres ; l'espace qui sépare ces saillies est légèrement concave. Elles sont à peine marquées dans la région postcotyloïdienne.

Le corps du sacrum, d'abord comprimé d'un côté à l'autre et presque tranchant sur la ligne médiane, avec de faibles hypapophyses, s'élargit et s'aplatit à partir de la 3e lombaire. Le maximum de cet élargissement, dû à l'amplitude de la cavité qui contient le sinus rhomboïdal, correspond aux deux premières sacrées précotyloïdiennes. Puis le sacrum devient rapidement étroit et comprimé.

Il y a une sorte d'angle sacro-vertébral au point où la 2e prélombaire se joint à la 1e lombaire proprement dite. Le reste du sacrum présente une concavité qui devient très-prononcée dans la région postcotyloïdienne.

Si maintenant nous regardons le sacrum de l'aigle par sa face dorsale, nous trouvons d'abord une partie caractérisée par la saillie des apophyses épineuses et qui correspond à la région dorso-lombaire ; puis une partie caractérisée par l'effacement des apophyses épineuses coïncidant avec la prédominance des apophyses transverses, et qui correspond à la région sacrée.

La soudure des différentes pièces osseuses entre elles ainsi qu'avec l'iléon et la présence des cavités aériennes font que cette face du sacrum est très-difficile à étudier. Pour sortir de cet embarras, nous commencerons par décrire les apophyses transverses qui ne sont ici qu'un repli des lames vertébrales.

Les deux vertèbres dorsales qui font partie du sacrum sont munies d'apophyses transverses très-fortes et très-dégagées. Celle de la première montre en avant une apophyse articulaire très-forte à facette supérieure et un peu interne, presque plane, mais dépassant à peine le corps vertébral. A son extrémité, cette apophyse transverse est munie d'une épine antérieure très-forte et très-aiguë. Cette extrémité même se soude avec l'iléon par une surface oblique ; elle présente en dehors et un peu en arrière la facette qui s'articule avec la tubérosité ou tête externe de la côte. Cette dernière facette, qui regarde en dehors et un peu en arrière et en bas, est presque terminale, la tubérosité de la côte s'enfonçant comme un coin entre elle et l'iléon.

En arrière de cettte facette, l'apophyse transverse n'offre pas d'épine postérieure, mais elle s'articule avec celle de la vertèbre suivante.

L'apophyse transverse de celle-ci (2ᵉ prélombaire) se comporte à peu près de la même manière. Elle offre à sa base un indice d'apophyse articulaire antérieure. Son sommet n'a pas d'épine antérieure, mais il se soude à la vertèbre qui est en en avant et à celle qui suit. La facette articulaire costale est plus triangulaire et un peu plus petite.

L'apophyse transverse de la première lombaire ressemble assez à celle de la 2ᵉ prélombaire, mais elle est plus grèle, plus éloignée du corps vertébral, et plus inclinée en haut. Elle offre à sa base un indice d'apophyse articulaire antérieure. Par son sommet, elle se soude en avant et en arrière aux apophyses transverses contiguës. En dedans elle se soude avec la parapophyse.

Les apophyses transverses des autres lombaires sont de plus en plus inclinées en haut. Elle sont toutes inclinées en avant. Elles finissent par ne plus se souder avec l'extrémité de la parapophyse et par se terminer au contact de l'iléon, contre lequel la parapophyse vient s'arc-bouter isolément.

Quant aux apophyses transverses de la région sacrée précotyloïdienne, il faut distinguer leur branche ascendante et leur extrémité. La branche ascendante, que l'on aperçoit au fond de la fosse paracotyloïdienne, et qui est inclinée en avant, est presque verticale, mais l'extrémité s'étend horizontalement. Ce n'est que par le bord externe de cette partie horizontale que l'apophyse transverse s'articule avec l'iléon. Dans la région postcotyloïdienne, les apophyses transverses et les parapophyses s'unissent par leurs extrémités pour venir s'appuyer à l'iléon, en sorte que les arcs-boutants cotyloïdien et ischiatique sont encore fortifiés par les apophyses transverses, dont ils sont séparés par un canal dans une partie de leur longueur.

Entre les apophyses transverses et les apophyses épineuses des deux vertèbres prélombaires, il existe une gouttière qui est convertie en un triangle complet par l'iléon appuyé obliquement comme un toit sur les extrémités des apophyses transverses et des apophyses épineuses. Ce triangle existe encore entre l'apo-

physe épineuse de la première lombaire et son apophyse transverse, mais il est réduit à de faibles dimensions, parce que d'une
part l'apophyse transverse est plus courte, et que d'autre part
l'iléon s'applique de plus près à l'apophyse épineuse.

A la vertèbre suivante, le triangle est réduit à deux trous,
l'iléon se soudant à la partie moyenne de l'apophyse épineuse :
ensuite il s'oblitère complétement en même temps que s'atro-
phient les apophyses épineuses.

Au niveau de la 1re sacrée, la saillie épineuse n'existe plus,
mais les apophyses transverses s'étalent de chaque côté pour
s'appuyer au bord interne de l'iléon, et cela se répète pour les
vertèbres de la région précotyloïdienne, comme pour celles de la
région postcotyloïdienne.

Si maintenant on scie le sacrum verticalement suivant sa longueur, on peut apprécier d'autres détails. On voit que le canal
médullaire n'occupe qu'une étendue médiocre en hauteur et en
largeur. Jusqu'à la 3e lombaire, son calibre est à peu près uniforme. A la 3e lombaire il augmente en hauteur et en largeur.
Ses dimensions atteignent leur maximum à la 1re sacrée ; elles
diminuent ensuite rapidement, et, à la 5e sacrée, le canal a
repris l'aspect d'un tube étroit.

Le plancher inférieur du canal médullaire est assez aplati ;
au niveau de la 1re sacrée, il offre sur chaque côté une légère
dépression. La paroi latérale est percée d'un certain nombre de
pertuis placés deux par deux, l'un au-dessus de l'autre, l'inférieur étant toujours le plus grand. Ces pertuis donnent passage
aux racines d'un même nerf rachidien, le supérieur à la racine
sensitive, l'inférieur à la racine motrice, qui ne se réunissent
qu'après les avoir traversés. Ces pertuis nous indiquent la place
des trous de conjugaison et l'interstice de deux vertèbres. Les
quatre premiers sont assez écartés. Les cinq suivants, qui répondent au sinus rhomboïdal, sont beaucoup plus rapprochés.
Ensuite ils s'écartent de nouveau. Au-dessus d'eux les lames
vertébrales sont soudées dans toute la longueur du sacrum, avec
cette différence toutefois que depuis la 3e lombaire jusqu'à la
5e sacrée, les divers arcs sont séparés par des anfractuosités
linéaires dont les plus profondes sont celles qui bordent en avant
et en arrière l'arc dorsal de la 1re sacrée.

L'exiguité de ce canal médullaire fait un contraste remarquable avec le grand volume du sacrum de l'aigle. Cela

tient au développement considérable des cavités aériennes. Au-dessous du canal médullaire, dans la tige solide formée par les corps vertébraux, ces cavités sont très-développées et communiquent dans toute la longueur du sacrum ; on y voit un réseau de trabécules dont quelques-unes formant de petits piliers verticaux indiquent encore la distinction des corps vertébraux. Le développement des cavités aériennes est énorme au-dessus du canal médullaire. Là de minces cloisons verticales, correspondant à peu près aux trous de conjugaison, limitent de vastes alvéoles traversés par de nombreuses trabécules. A la partie inférieure et postérieure de la paroi externe des quatre premiers de ces alvéoles, on voit de grands trous ovales placés au-dessus des apophyses transverses, qui sont les orifices des cavités aériennes et qui ne doivent pas être pris pour des trous de conjugaison.

Le plus grand et le plus haut de ces alvéoles appartient à la première prélombaire ; ils vont en diminuant à partir de là, et sont médiocres au-dessus du sinus rhomboïdal. A la première prélombaire, la moitié supérieure seulement de l'alvéole appartient à l'apophyse épineuse proprement dite, la moitié inférieure formant la base de l'apophyse transverse. Peu à peu la partie qui appartient à l'apophyse épineuse diminue ; elle est nulle ou presque nulle dans la région sacrée proprement dite où l'alvéole appartient presque tout entier à l'apophyse transverse.

Nous avons décrit dans son ensemble le sacrum de l'aigle ; dans toute la partie qui est au-dessus du canal médullaire, il y a une confusion des divers éléments qui ne peut être débrouillée que par une analyse attentive ; ces détails se voient à première vue sur des bassins d'autres espèces ; si nous avons pris le bassin de l'aigle pour terme de comparaison, c'est à cause de la facilité avec laquelle on étudie ses diverses parties quand on le regarde par sa face viscérale. Cette face viscérale nous frappe par la présence de parapophyses qui s'appliquent à l'iléon, en formant de vigoureux arcs-boutants, et concourent, avec les apophyses transverses, à établir une union intime et solide entre le sacrum qui forme la partie médiane du bassin, et les os coxaux qui forment ses parties latérales. Cette union intime des diverses parties du bassin nous engage à ne pas séparer la description du sacrum de celle des os coxaux.

C'est pourquoi nous parlerons plus loin de la région caudale, et nous allons immédiatement terminer l'étude du bassin par la description des os de la hanche ou os coxaux. Cette description peut être beaucoup plus générale que celle du sacrum, et applicable à la fois à l'aigle et aux autres oiseaux.

Quand on étudie séparément le bassin d'un oiseau, on trouve qu'il est composé d'une partie médiane, le sacrum, et de deux parties latérales, servant de racines aux membres postérieurs, que l'on compare immédiatement aux os iliaques ou coxaux des mammifères. Chacun de ces os coxaux se compose de trois parties : l'iléon, l'ischion, le pubis.

L'*iléon*, chez les mammifères, est situé tout entier en avant ou au-dessus de la cavité cotyloïde. Celui des oiseaux se compose de deux ailes, une aile antérieure placée comme l'iléon des mammifères, et une aile postérieure, qui se dirige dans le sens opposé, c'est-à-dire d'avant en arrière.

L'aile antérieure de l'iléon se montre dans sa plus grande partie comme une lame osseuse un peu convexe en dedans, excavée en dehors, qui s'appuie obliquement par sa face interne sur les apophyses transverses, les côtes et les parapophyses du sacrum lombaire et souvent (comme chez l'aigle) sur les apophyses épineuses, de manière à former un toit sur la gouttière que limitent ces deux séries d'apophyses, ou même à combler cette gouttière. Souvent (rapaces diurnes, palmipèdes lamellirostres) cette aile antérieure de l'iléon s'avance sur la région dorsale et recouvre de 2 à 4 côtes qui peuvent lui adhérer.

Si l'on regarde cette partie de l'iléon par la face interne, on voit qu'il n'y a pas, à proprement parler, de fosse iliaque interne comparable à celle des mammifères, la partie libre de cette face interne n'ayant que très-peu d'étendue.

Il n'en est pas de même de la face externe qui, avec sa forme excavée, présente réellement une fosse iliaque externe, mais cette fosse n'est pas séparée de la cavité cotyloïde par une partie rétrécie formant un col de l'iléon.

Un bord tranchant (bord externe) limite en dehors la fosse iliaque externe. Il se continue avec le pubis, mais avant de s'articuler avec cet os, il présente tantôt un simple tubercule (rapaces, passereaux, œdicnème, héron), tantôt (gallinacés, palm., lamellirostres) une épine saillante, que nous nommerons épine ou apophyse iléo-pectinée. Un bord rugueux, de peu de largeur, muni parfois (rapaces, oies) de petites épines, parfois dirigé transversalement (rapaces diurnes, perroquets), le plus souvent arrondi, et correspondant à la crête iliaque externe des mammifères, limite en avant la fosse iliaque externe. Le bord interne, tantôt libre, tantôt soudé aux apophyses épineuses lombaires, se montre comme le commencement d'une crête, fort bien nommée par A. Milne Edwards *crête iléo-ischiatique*, qui bientôt s'incline en dehors, se soude aux premières apophyses transverses sacrées, et se tourne en arrière, comme nous le verrons tout à l'heure, pour border en dehors l'aile postérieure de l'iléon.

A sa partie postérieure, la fosse iliaque externe se relève pour former le bourrelet cotyloïdien qui, au-dessus et en arrière de la cavité cotyloïde, figure une apophyse (apophyse trochantérienne) munie d'une facette pour le trochanter. Derrière cette facette se trouve une gouttière étroite (gouttière postcotyloïdienne) qui termine la fosse iliaque externe, et, derrière cette gouttière, une ligne rugueuse qui est la continuation de la crête iléo-ischiatique.

L'aile postérieure de l'iléon, située en arrière de la cavité cotyloïde, n'est pas inclinée de la même manière que l'aile antérieure. Le plus souvent elle regarde directement en haut en formant avec le sacrum et l'aile correspondante du côté opposé une large surface désignée par A. Milne Edwards sous le nom de *bouclier tergal*. Elle dépasse en arrière l'arc-boutant ischiatique (correspondant chez l'aigle à la 4ᵉ vertèbre post-cotyloïdienne), se prolonge plus ou moins loin, et se termine tantôt par une pointe aiguë comme chez les rapaces et les passereaux, tantôt par un bord presque transversal comme chez les oies.

Tantôt ce prolongement n'a aucune connexion avec les vertèbres caudales (rapaces), tantôt (le plus souvent) il s'articule avec un plus ou moins grand nombre de ces vertèbres réunies au sacrum.

Outre la pointe terminale que nous venons de signaler, et que l'on peut nommer épine iliaque postérieure externe, le bord postérieur de l'iléon peut offrir à sa partie interne une saillie très-prononcée (par ex. chez le cormoran), que nous appellerons épine iliaque postérieure interne et qui est séparée des premières caudales libres par un espace que nous nommerons échancrure iléo-caudale.

L'aile postérieure de l'iléon s'articule, par son bord interne seulement, avec les extrémités des apophyses transverses du sacrum qui lui correspondent. La face profonde tout entière fait partie du bassin ; elle est concave, et concourt à la formation de la fosse rénale postérieure (1) ; la face superficielle est plus ou moins convexe, le bord externe est en partie libre (pendant qu'il contourne le trou sciatique), en partie soudé à l'ischion ; il peut ne faire que peu de saillie comme chez les palpimèdes lamelli-rostres, mais souvent, comme chez les rapaces et les passereaux, il s'avance en dehors et surplombe l'ischion.

La crète iléo-ischiatique, considérée dans son ensemble, suit d'abord le bord interne de l'aile antérieure de l'iléon le long des apophyses épineuses lombaires ; puis elle s'écarte en dehors, en restant en rapport avec les apophyses transverses des vertèbres sacrées précotyloïdiennes ; ensuite elle traverse obliquement l'iléon dont elle sépare les deux ailes, atteint le bord externe de l'aile postérieure et se confond avec lui. Cette crète peut aussi être considérée comme formée d'une seule branche dans sa partie précotyloïdienne, et, dans sa partie postcotyloïdienne, de deux branches, une externe que nous venons de décrire, et une interne beaucoup plus effacée qui se continue le long des apophyses transverses, et que nous nommerons crète iléo-transversaire.

La partie de l'aile postérieure de l'iléon qui limite le trou sciatique et celle qui s'articule avec les apophyses transverses méritent de fixer notre attention. Nous y reviendrons après avoir parlé de l'ischion.

Il résulte de cette description que tout ce qui correspond à l'iléon des mammifères n'est en rapport qu'avec des vertèbres lombaires, et que l'articulation avec les apophyses transverses de ces vertèbres lombaires se fait comme celle de l'iléon des mammifères avec le sacrum ; que la partie postérieure de l'iléon est seule en rapport avec la région sacrée et que sa soudure avec les apophyses transverses reproduit ce qui se passe chez certains mammifères (phascolomes) entre le sacrum et l'ischion. Par suite de cette disposition, le grand trou sciatique est complétement séparé du sacrum et l'aile postérieure de l'iléon semble être une amplification de l'épine iliaque inférieure et postérieure.

<hr>

(1) Vicq-d'Azyr décrit ainsi les fosses rénales : « En dedans on trouve quatre fosses que l'on peut appeler rénales, du nom de l'organe qu'elles contiennent. Deux sont antérieures et petites ; deux sont postérieures et beaucoup plus grandes. »

L'*ischion* est situé au-dessous et en avant de l'aile postérieure de l'iléon. Il se compose d'une sorte de tête qui s'articule avec l'iléon et le pubis et concourt pour le tiers à la formation de la cavité cotyloïde ; d'un col, portion plus étroite, massive et peu tordue sur son axe ; enfin d'un corps, sorte de palette allongée qui s'étend au-dessous et en arrière de l'aile postérieure de l'iléon.

Le bord postérieur de l'ischion, qui correspond à la tubérosité de l'ischion des mammifères, est généralement festonné, ce qui lui donne la forme d'un arc. Le bord interne et supérieur se soude avec l'aile postérieure de l'iléon en arrière ; plus en avant, il fait la limite inférieure du trou sciatique.

Le bord externe et inférieur est séparé du pubis par le trou sous-pubien qui, chez les oiseaux, est réellement sus-pubien. Il s'articule en arrière avec le pubis. En avant, immédiatement en arrière du col, il s'articule encore par une apophyse (1) avec le pubis, en sorte que le trou sus-pubien est divisé en deux parties d'inégale étendue. Le trou postérieur est seul fermé par la membrane obturatrice ; l'antérieur est traversé par le tendon du muscle obturateur externe qui, chez les oiseaux, ainsi que nous le verrons, est transporté sur la face interne du bassin. Chez les rapaces, le trou postérieur est complétement oblitéré.

La face externe du corps de l'ischion est le plus généralement concave dans sa partie moyenne ; elle est cependant convexe chez les palmipèdes lamellirostres.

La face interne peut aussi être légèrement excavée dans sa partie moyenne. La partie ainsi excavée est comme une expansion foliacée de l'ischion, tandis que la partie la plus épaisse est la continuation directe du col.

Nous avons dit que le col de l'ischion limitait en bas le trou sciatique. En avant il le sépare de la cavité cotyloïde et forme sa limite jusqu'à l'apophyse trochantérienne.

En arrière du col, le bord interne de l'ischion se recourbe pour border le trou sciatique jusqu'au contact de l'iléon qui entoure ce trou dans sa partie supérieure. Chez l'aigle, cette partie du bord interne de l'ischion est remarquable par son épaisseur ; on peut y distinguer un interstice et deux lèvres. La lèvre externe se continue avec une côte saillante de l'iléon qui va rejoindre l'apophyse trochantérienne, au-dessous de la gout-

____

(1) Nous nommerons cette saillie apophyse *méso-ischiatique*.

tière postcotyloïdienne. La lèvre interne se continue avec une autre côte saillante de l'iléon qui s'articule avec l'arc-boutant ischiatique et se prolonge jusqu'à l'arc-boutant cotyloïdien. Entre ces deux côtes, la face interne de l'iléon est creusée d'une cavité qui forme la partie externe de la fosse rénale postérieure, la partie interne de cette fosse appartenant à la région postcotyloïdienne du sacrum. Il résulte de cette disposition que les deux arcs-boutants sont appuyés sur une masse solide et que le demi-cercle qui entoure le trou sciatique en haut et en arrière a une grande résistance.

Le *pubis* est un os grêle qui s'allonge au-dessous et en avant de l'ischion, tantôt costiforme dans toute son étendue, tantôt élargi et lamelleux à son extrémité.

Par sa base, il se soude à l'iléon et à l'ischion et concourt pour 1/6 à la formation de la cavité cotyloïde. Son bord interne et supérieur est habituellement separé de l'ischion par le trou sus-pubien antérieur et par le trou sus-pubien postérieur, mais il touche à l'ischion dans l'intervalle des deux trous et en arrière du trou postérieur. Chez les rapaces il s'applique à l'ischion dans toute l'étendue du trou sus-pubien postérieur, et de plus il devient dans cette région excessivement grêle, tandis que son extrémité forme de nouveau une tige solide et résistante. Le plus souvent, cette extrémité du pubis est plus ou moins recourbée en haut; mais, chez les palmipèdes lamellirostres, elle se recourbe en bas, et, chez l'autruche, elle va rejoindre sur la ligne medio-ventrale celle du côté opposé.

La cavité cotyloïde est formée pour la moitié supérieure par l'iléon, pour un tiers par l'ischion, et pour un sixième par le pubis. Son bord supérieur lisse, revêtu de cartilage, et continu avec l'apophyse trochantérienne, reçoit principalement la pression de l'extrémité supérieure du fémur. La cavité cotyloïde est largement perforée. Tout le fond de cette cavité est membraneux. Sa partie osseuse est plus épaisse en bas et en avant. L'insertion du ligament rond se fait sur le fond membraneux de la cavité, et par conséquent ne laisse aucune impression sur les os du bassin.

Le bassin des oiseaux, inflexible dans toute son étendue, protége les reins et les ovaires; il soutient la région dorsale de la colonne vertébrale où sont fixés les poumons, mais il n'a aucun rapport direct avec l'estomac, le foie et le cœur. Il est ainsi l'antagoniste du sternum dans les mouvements respiratoires. Tandis que le sternum soutient les membres thoraciques, organes de la locomotion aérienne, il soutient les membres abdominaux, organes de la locomotion terrestre. Aussi forme-t-il un levier d'une grande puissance, à la partie antérieure duquel presque tout le corps est suspendu, tandis que la partie postérieure, qui fait basculer le devant du corps, sert d'attache aux puissances musculaires.

Le bassin, comme le sternum, présente chez les oiseaux des variétés qui fournissent des caractères importants pour la classification.

C'est le bassin de l'autruche qui diffère le plus de celui de l'aigle. On y voit d'un bout à l'autre de longues apophyses épineuses libres et dégagées. Elles sont bien séparées des apophyses transverses, et il existe dans toute la longueur de la région une gouttière vertébrale en forme de prisme triangulaire dont la face interne est constituée par les apophyses épineuses, la face inférieure externe par les apophyses transverses, et la face supérieure externe par l'iléon, dont le bord interne s'applique aux sommets des apophyses épineuses dans la région postcotyloïdienne aussi bien que dans la région précotyloïdienne, en sorte que dans l'ensemble de ces deux régions l'iléon s'applique par sa face interne au sommet des apophyses transverses, et par son bord interne au sommet des apophyses épineuses, ce qui n'a lieu chez l'aigle que dans la région précotyloïdienne.

Ajoutons que dans la partie moyenne du sacrum de l'autruche, les apophyses épineuses répondent à l'intervalle de deux vertèbres.

En regardant ce bassin par sa face ventrale, on trouve 1 prélombaire, avec 1 côte vertébrale mobile ; 4 précotyloïdiennes munies d'une apophyse transverse et de 1 parapophyse qui se réunissent par leurs sommets pour s'appuyer ensemble à l'iléon (la 4ᵉ répondant au cercle cotyloïdien); 5 paracotyloïdiennes dépourvues de parapophyses, ou du moins n'offrant que des tubercules parapophysaires insignifiants, et dont les 4 premières n'ont pour apophyses transverses que de petites tiges remarquables par leur gracilité, tandis que l'apophyse transverse de la 5ᵉ est large et forte (cette dernière répondant au cercle cotyloïdien) ; 3 postcotyloïdiennes munies d'apophyses transverses et de parapophyses qui s'unissent à leurs sommets et forment de puissants arcs-boutants ; enfin 5 vertèbres qui, malgré la soudure de leurs corps, appartiennent visiblement à la région caudale, et dont les masses transversaires sont formées par la réunion de la parapophyse avec l'apophyse transverse.

Cette fusion des deux sortes d'apophyses est démontrée par la présence, à la face postérieure de la masse transversaire, d'un sillon au fond duquel on voit le trou de conjugaison, ce qui prouve bien qu'un des deux éléments de cette masse transversaire émane du corps de la vertèbre et l'autre de l'arc médullaire ; puisqu'aux 3 premières vertèbres postcotyloïdiennes, où les deux éléments transversaires sont complétement distincts, le trou de conjugaison sépare la base de la parapophyse de celle de l'apophyse transverse.

Les masses transversaires des 5 dernières vertèbres sacrées sont inclinées d'avant en arrière. Celle de la 3ᵉ postcotyloïdienne est inclinée d'arrière en avant, tandis que celles des 2 premières postcotyloïdiennes sont à peu près transversales. Il suit de là que les 2 premières postcotyloïdiennes représentent bien l'arc-boutant cotyloïdien de l'aigle, mais que l'arc-boutant ischiatique n'est représenté que par une vertèbre.

Le bassin de l'autruche se distingue aussi par l'absence de connexion entre l'ischion et l'aile postérieure de l'iléon, caractère qui ne se voit que chez les struthidés, l'aptéryx et les tinamidés. Ce n'est aussi que chez les autruches que l'on voit les pubis s'unir sur la ligne médiane, et chez le casoar seulement que cette union a lieu entre les ischions ; chez le nandou, les ischions se soudent par leur bord interne au-dessous du sacrum.

Une tout autre forme est celle que l'on voit chez les frégates, où l'iléon n'a aucun rapport avec les apophyses épineuses et ne s'unit qu'avec les apophyses transverses dans la région précotyloïdienne, aussi bien que dans la région postcotyloïdienne.

Chez l'aigle, en supposant que le sacrum typique serait borné aux 2 vertèbres dont les masses transversaires composent l'arc-boutant cotyloïdien, il n'y aurait que 2 caudales soudées au sacrum, celles qui forment l'arc-boutant ischiatique ; chez les vautours il y en a une de plus.

Chez l'autruche, en comptant la 3ᵉ postcotyloïdienne, il y aurait 6 caudales soudées au sacrum. Ce fait de la présence de nombreuses caudales entrant dans la composition du sacrum se montre chez les palmipèdes lamellirostres.

Chez l'oie, par exemple, il y a 2 postcotyloïdiennes avec apophyses transverses et parapophyses distinctes formant un arc-boutant cotyloïdien. Elles sont suivies de 1 troisième post-cotyloïdienne, où les deux éléments transversaires sont encore séparés, et celle-ci est suivie à son tour de 4 vertèbres où les deux éléments transversaires sont soudés. Toutes ces masses transversaires, en y comprenant l'arc-boutant cotyloïdien, sont inclinées d'avant en arrière. Un espace un peu plus grand sépare la 2ᵉ post-cotyloïdienne de la 3ᵉ ; mais les autres sont tout à fait en série, et elles font place à de véritables caudales reconnaissables à un tissu plus spongieux, plus imbibé de graisse, mais dont la 1ʳᵉ est encore soudée aux iléons.

Chez le manchot, il y a 1 prélombaire avec une forte côte articulée au sternum, 4 lombaires avec de fortes parapophyses, et 1 cinquième avec une parapophyse plus faible ; 2 vertèbres sacrées paracotyloïdiennes dépourvues de parapophyses ; 2 postcotyloïdiennes avec de fortes parapophyses unies aux apophyses transverses ; puis 2 autres vertèbres dont les masses transversaires s'appliquent à l'iléon en arrière du trou sciatique. Celles qui suivent appartiennent à la queue.

Le plongeon (colymbus) présente une disposition différente. Il y a 2 prélombaires suivies de 3 lombaires, avec de courtes parapophyses. Toute la région sacrée est tellement serrée contre les liéons, qu'on distingue à peine les masses transversaires et qu'il n'y a pas d'arcs-boutants, soit cotyloïdiens, soit ischiatiques.

Chez le cormoran, il y a 2 prélombaires, 4 lombaires, 2 sacrées paracotyloïdiennes ; 1 postcotyloïdienne avec parapophyses formant des arcs-boutants cotyloïdiens et 8 autres sacrées précédant les vertèbres caudales ; l'avant-dernière fournit l'arc-boutant ischiatique.

Chez le goëland, il y a 2 prélombaires, 3 lombaires, 4 sacrées pré- et paracotyloïdiennes, et 6 postcotyloïdiennes, dont la 1ʳᵉ fournit un arc-boutant cotyloïdien et la 5ᵉ un arc-boutant ischiatique.

Je trouve chez une barge 2 prélombaires, 3 lombaires, 3 sacrées précotyloïdiennes, 1 postcotyloïdienne avec arc-boutant cotyloïdien, et 4 autres postcotyloïdiennes, dont la 4ᵉ fournit l'arc-boutant ischiatique.

Chez l'œdicnème, 2 prélombaires, 4 lombaires, 2 sacrées paracotyloïdiennes, et 7 postcotyloïdiennes, dont les 2 premières fournissent des arcs-boutants cotyloïdiens et la 6ᵉ des arcs-boutants ischiatiques.

Chez l'outarde, 2 prélombaires, 3 lombaires, 3 sacrées précotyloïdiennes et 6 postcotyloïdiennes, dont les 2 premières fournissent des arcs-boutants cotyloïdiens, et la 6ᵉ des arcs-boutants ischiatiques.

Chez la foulque, 1 prélombaire, 4 lombaires, 3 sacrées précotyloïdiennes, et 7 postcotyloïdiennes, dont la 1ʳᵉ fournit un arc-boutant cotyloïdien, tandis que les masses transversaires des 4 dernières s'unissent en un seul arc-boutant ischiatique.

Chez le flamant, 1 prélombaire, 5 lombaires, 2 sacrées précotyloïdiennes, et 7 postcotyloïdiennes, dont les 3 premières fournissent des arcs-boutants cotyloïdiens et la 6ᵐᵉ un arc-boutant ischiatique.

Chez la cigogne, 1 prélombaire, 4 lombaires, 3 sacrées précotyloïdiennes, et 6 postcotyloïdiennes, les 2 premières avec arcs-boutants cotyloïdiens, la 5ᵉ avec arcs-boutants ischiatiques.

Chez la grue, 2 prélombaires, 4 lombaires, 3 sacrées précotyloïdiennes et 8 postcotyloïdiennes, les 3 premières avec arcs-boutants cotyloïdiens; les 3 dernières s'unissant pour former un arc-boutant ischiatique.

Chez le héron, 1 prélombaire, 4 lombaires, 3 sacrées précotyloïdiennes et 5 postcotyloïdiennes, la 1ʳᵉ avec arc-boutant cotyloïdien et les 3 dernières s'unissant pour former un arc-boutant ischiatique.

Chez le coq, 1 prélombaire, 3 lombaires, 3 (parfois 4) sacrées précotyloïdiennes, 2 (parfois 1) postcotyloïdiennes formant arc-boutant cotyloïdien, et 5 postcotyloïdiennes, dont la dernière fournit un arc-boutant ischiatique.

Chez les crax et les tétras, il y a toujours 2 vertèbres pour l'arc-boutant cotyloïdien.

Chez le pigeon, 1 prélombaire, 2 lombaires, 3 sacrées précotyloïdiennes, 1 postcotyloïdienne avec arc-boutant et 6 autres postcotyloïdiennes, dont les 3 dernières s'unissent pour former un arc-boutant ischiatique.

Chez les passereaux en général, 1 prélombaire, 2 lombaires, 3 sacrées précotyloïdiennes et 5 postcotyloïdiennes sans arcs-boutants cotyloïdiens distincts, la 4ᵉ correspondant à l'arc-boutant ischiatique.

Chez le perroquet, même formule. Les sacrées proprement dites (région du sinus rhomboïdal) se distinguent par l'absence de parapophyses, et les postcotyloïdiennes par la soudure des parapophyses avec les apophyses transverses. La 5ᵉ postcotyloïdienne peut être considérée comme une caudale.

Les struthidés sont les seuls où les vertèbres postcotyloïdiennes et les dernières précotyloïdiennes aient des apophyses épineuses saillantes, et où les iléons s'articulent avec les sommets de ces apophyses. Les frégates et les martinetssont les seuls où il n'y ait pas d'apophyses épineuses saillantes dans la région précotyloïdienne et où l'aile antérieure de l'iléon s'articule par son bord interne avec les sommets des apophyses transverses.

Le plus généralement il y a dans la région postcotyloïdienne et dans la plus grande partie de la région paracotyloïdienne une surface plus ou moins large, à laquelle Alph. Milne Edwards donne le nom de bouclier tergal, et qui résulte de l'expansion des apophyses transverses dont les sommets s'articulent avec le bord interne de l'iléon. Les intervalles des apophyses transverses sont indiqués par des pertuis plus ou moins larges ou trous sacrés postérieurs. Ces pertuis ont une grande largeur chez les palmipèdes, les gallinacés, les échassiers pressirostres et longirostres et les tinamous. Ils sont généralement presque capillaires chez les rapaces, les perroquets, les passereaux.

Chez les pigeons, il y a deux trous considérables entre la région sacrée et la région lombaire proprement dite.

Les apophyses épineuses font généralement une saillie plus ou moins grande dans la partie antérieure de la région paracotyloïdienne et dans la région précotyloïdienne, et il y a entre elles et les apophyses transverses une gouttière vertébrale. Cette gouttière reste ouverte dans sa partie supérieure chez les oiseaux où le bord interne de l'iléon ne va pas rejoindre les apophyses épineuses. C'est ce qui a lieu chez les passereaux en général. Elle est recouverte et fermée en haut, mais reste ouverte à son extrémité postérieure chez les gallinacés. Enfin chez d'autres oiseaux la gouttière est fermée à son extrémité postérieure. Il en est ainsi chez les perroquets, les rapaces diurnes, les palmipèdes lamellirostres.

Il faut remarquer chez l'aigle la grande hauteur de la base des apophyses transverses du bouclier tergal et leur obliquité de bas en haut et de dedans en dehors. Cette obliquité existe aussi chez les struthidés, mais chez ces derniers les apophyses transverses n'offrent pas à leur sommet d'expansion latérale. Chez les gallinacés au contraire et chez la plupart des oiseaux, les apophyses transverses tergales n'ont qu'une base très-courte et sont horizontales dans toute leur étendue. Il peut sembler au premier abord qu'à cet égard l'aigle fait exception parmi les rapaces diurnes, mais il n'en est pas ainsi : les apophyses transverses tergales des autres rapaces diurnes ont en réalité, comme chez l'aigle, une base presque verticale et une expansion horizontale, mais la base a moins de hauteur.

Il résulte des considérations que nous venons d'exposer que l'étude du bassin justifie la grande division établie d'après le sternum en ratitæ et carinatæ, et que, parmi les carinatæ, elle confirme les subdivisions qui ont été établies d'après des caractères plus apparents.

RÉGION CAUDALE.

La description des vertèbres caudales des oiseaux peut être réduite à quelques mots. Elles ont des apophyses épineuses assez élevées, aplaties transversalement, parfois bifurquées au sommet (gallinacés), généralement inclinées en avant. Le bord antérieur et le bord postérieur des lames présentent des saillies en forme de dents, qui sont les apophyses articulaires, les antérieures enveloppant les postérieures. Au-dessous de ces apophyses articulaires sont les trous de conjugaison qui échancrent les lames en avant et en arrière. Toutes les vertèbres, à l'exception de celles qui forment la pièce terminale, contiennent un canal médullaire.

Les apophyses transverses, bien isolées, insérées sur le corps de la vertèbre, plates, généralement inclinées en arrière et un peu concaves inférieurement, portent à leur sommet un rudiment de côte. Elles sont formées, comme nous l'avons dit, par la réunion de l'apophyse transverse proprement dite et de la parapophyse.

Les corps vertébraux, concaves en avant, convexes en arrière, d'une longueur médiocre, séparés par des cavités synoviales contenant une ménisque et au centre un tractus fibreux, reste de la corde dorsale, peuvent être munis d'hypapophyses, tantôt simples, tantôt bifurquées, à leur sommet. Il n'y a pas d'os en V.

La queue se termine généralement par une pièce osseuse triangulaire, qui tantôt reste placée dans la direction de l'axe du corps (manchot) et tantôt se redresse presque verticalement. Dans ce dernier cas on lui donne le nom d'os en charrue ; le canal médullaire ne s'y continue pas. Cette pièce terminale de la queue est formée le plus souvent par la soudure de plusieurs vertèbres. Chez l'autruche on voit distinctement les arcs supérieurs de 3 vertèbres. D'autres fois l'indication de la division primitive se voit surtout dans les éléments hypapophysaires. Sur un squelette de gypaète, je trouve 6 vertèbres caudales libres (je ne compte pas la 1re qui est unie au sacrum) et 1 os en charrue. Les 3 premières caudales montrent un tubercule hypapophysaire croissant graduellement de volume ; à la 4e, le tubercule est bifurqué ; à la 5e, les branches de bifurcation s'allongent ; à la 6e, les branches se réunissent par leur sommet et forment un arc enfermant un canal. Ce canal se continue sous l'os en charrue, où il est formé par 2 arcs hypapophysaires, distincts à leur base, mais soudés au sommet, et ces deux arcs montrent que l'os en charrue contient ici deux vertèbres au moins.

Le nombre des vertèbres caudales est très-variable ; il peut être beaucoup plus grand dans le jeune âge, parce qu'alors les vertèbres les plus antérieures sont libres et distinctes, tandis que plus tard elles se soudent avec le sacrum. Cette disposition, transitoire dans certaines espèces actuelles, comme l'autruche, semble avoir été permanente chez l'archéoptéryx.

MEMBRE ANTÉRIEUR OU THORACIQUE.

Nous décrirons successivement les différentes régions de ce membre, à savoir : l'épaule, le bras, l'avant-bras et la main. Dans cette description nous comprendrons les plumes qui servent au vol et qui sont désignées sous le noms de pennes ou rémiges, car ces plumes, sans appartenir au système osseux, sont cependant au nombre des parties solides qui constituent l'appareil locomoteur.

Os de l'épaule. — La région de l'épaule ou région scapulaire est caractérisée chez les oiseaux par ses rapports avec le sternum et par la forme particulière des os qui la composent. Les os de l'épaule chez les oiseaux sont au nombre de trois : l'omoplate, l'os coracoïdien ou préischion, la clavicule.

Omoplate. — L'omoplate ou scapulum se présente le plus souvent sous l'aspect d'une lame de sabre légèrement courbée et presque horizontale, dont la pointe est en arrière et la poignée en avant. Son extrémité antérieure dépasse le thorax et peut atteindre le niveau de l'antépénultième cervicale (la 3e en comptant à partir du dos). Son extrémité postérieure peut atteindre (le plus souvent) ou même dépasser (oies, manchots) le bord antérieur de l'iléon ; d'autres fois elle en est séparée par 2 ou 3 espaces intercostaux. Cette omoplate est donc appliquée à la partie du thorax formée par les 6 ou 7 premières côtes (1) ; elle est appliquée aux côtes non loin de leur angle, mais cette position varie aux divers moments du mouvement respiratoire ; pendant l'inspiration l'omoplate recule et s'abaisse, pendant l'expiration elle s'avance et remonte.

La lame qu'elle représente a deux faces, l'une interne et l'autre externe, limitées par un bord supérieur et un bord inférieur. Le bord inférieur, plus ou moins concave, correspond au bord axillaire des mammifères. Le bord supérieur, légèrement coudé un peu en avant de son tiers postérieur, correspond à la saillie que chez les mammifères on désigne sous le nom d'épine de l'omoplate ; car la face externe de l'omoplate de l'oiseau ne représente que la fosse sous-épineuse des mammifères, et la fosse sus-épineuse est absente, fait très-intéressant dont on acquiert la certitude en étudiant le scapulum des mammifères ornithodelphes (2).

Ce bord supérieur de l'omoplate se termine en avant par un acromion peu saillant, aplati de haut en bas, légèrement déjeté en dedans, à peine échancré sur le devant de sa base. L'acromion s'articule avec la clavicule, soit par son extrémité antérieure, soit par sa face supérieure et un peu par sa face externe, ou bien par sa face interne (pic). Il s'articule par sa face in-

---

(1) Chez les oies, où il y a 9 côtes, les 4 dernières sont recouvertes par l'iléon, et la pointe postérieure de l'omoplate, tout en dépassant le bord de l'iléon, dépasse à peine la 7e côte.

(2) *Voy.* Edmond Alix sur l'appareil locomoteur de l'ornithorynque et de l'échidné, dans : *Bulletin de la Société philomatique, 1867,* et *Journal de l'Institut.*

férieure, soit directement, soit par l'intermédiaire d'un ligament (oies) avec l'apophyse supérieure interne de l'os coracoïdien.

L'acromion compose la partie antérieure de l'omoplate avec l'apophyse glénoïdale dont il est séparé par une échancrure. La partie antérieure de l'omoplate, ainsi constituée, représente la poignée du sabre; elle est séparée de la lame par une partie un peu plus étroite à laquelle on pourrait donner le nom de col de l'omoplate si l'on n'avait à considérer que la classe des oiseaux, mais, comme ce nom est appliqué chez les mammifères à la partie qui supporte la cavité glénoïde, nous devons le réserver pour désigner cette partie.

L'apophyse glénoïdale se compose pour nous d'un col, analogue au col de l'omoplate des mammifères, et d'une partie qui présente à son côté externe deux facettes articulaires. L'une de ces facettes, située en dedans et en avant, est plane ; elle sert à l'articulation de l'omoplate avec le préischion.

L'autre facette, située en dehors et en arrière, plus ou mois saillante, concave en forme de demi-cylindre, constitue la moitié supérieure et postérieure de la cavité glénoïde où est reçue la tête de l'humérus. Elle est limitée en arrière par un bord tranchant qui, dans la rotation du bras en dedans, est embrassé par la rainure articulaire de la tubérosité interne de l'humérus.

Les bords de l'omoplate, ainsi que la face externe, servent dans presque toute leur étendue à des insertions musculaires ou ligamenteuses, tandis que la face interne, étant presque tout entière en contact avec une vésicule aérienne qui la sépare de la cage thoracique et équivaut à une bourse muqueuse, ne sert à des insertions que dans sa partie la plus antérieure. L'omoplate par elle-même n'est que très-peu mobile, mais elle est entraînée dans les mouvements du préischion, qui la font glisser et basculer.

Le trou aérien, quand il existe, est situé à la base de l'acromion.

Chez le manchot, l'omoplate s'étale en une large palette arrondie en arrière et qui se rétrécit un peu au voisinage de l'extrémité antérieure. Cette dernière portion est dépourvue de facette glénoïdale, l'humérus ne s'articulant qu'avec le coracoïdien; elle s'articule largement avec l'os coracoïdien et présente une tubérosité acromiale très-saillante.

Le plus généralement l'omoplate est beaucoup plus étroite et plus ou moins falciforme ; elle est presque droite chez les totanides et médiocrement arquée chez les rapaces.

L'acromion fait une plus forte saillie chez les totipalmes, les lamellirostres, les flammants, les hérons, les gallinacés, les pigeons, les passereaux chanteurs. Chez les râles, il est nettement divisé en deux tubercules, dont l'un s'articule avec la clavicule et l'autre avec l'apophyse supérieure interne du coracoïdien.

Os coracoïdien ou préischion. — L'omoplate des oiseaux est dépourvue d'apophyse coracoïde ; mais on peut démontrer, principalement à l'aide du squelette des ornithodelphes, que cette apophyse est représentée par un os très-développé rattaché à l'omoplate par une articulation mobile. Belon donne à cet os le nom de clavicule, parce qu'il unit l'omoplate au sternum. Pour Aldrovande, c'est la partie inférieure de la clavicule. Pour Borelli, c'est la partie inférieure de l'omoplate. Stenon et Vicq-d'Azyr ont partagé l'avis de Belon, qui a pendant longtemps prévalu. Barthez a désigné cet os sous le nom de clavicule postérieure. Cuvier, déterminant sa véritable analogie, l'a désigné sous le nom d'os coracoïdien, et H. de Blainville, voulant rappeler en même temps l'analogie de l'épaule avec le bassin, a proposé de le nommer *préischion*. Pendant longtemps on a conservé l'expression de clavicule coracoïdienne, à laquelle on a maintenant tout à fait renoncé.

L'os coracoïdien ou préischion, très-développé chez les oiseaux, comparé pour la forme et le volume à un fémur, est un os long, en partie cylindrique, dont le grand axe est rectiligne, et dont la position sur le corps de l'animal est oblique d'arrière en avant, de bas en haut, et un peu de dedans en dehors, de manière à présenter une extrémité antérieure et supérieure et une extrémité inférieure et postérieure. Il s'articule à angle aigu (1) par son extrémité antérieure et supérieure avec l'omoplate. Cette articulation est exactement située comme la suture scapulo-coracoïdienne des mammifères, et par conséquent l'extrémité antérieure et supérieure du préischion correspond à la base de l'apophyse coracoïde. Comme cette base, elle concourt à former la

(1) Les struthidés sont les seuls où le préischion se soude à l'omoplate, et où il fasse avec elle un angle obtus. Chez le nandou, la partie postérieure de l'omoplate fait un angle prononcé avec la partie qui se soude au préischion.

cavité glénoïde ; comme cette base, ainsi que nous le verrons, elle donne insertion au tendon du muscle biceps brachial.

L'autre extrémité, au lieu de se terminer, comme l'apophyse coracoïde des mammifères, en une pointe libre, s'élargit pour s'articuler avec le sternum, où elle est reçue dans la rainure que cet os présente à sa partie antérieure ; dans ce but, elle devient large et plate et son bord articulaire s'amincit en forme de biseau. Elle peut exécuter dans la rainure un mouvement de bascule et de glissement, par suite duquel l'extrémité antérieure est portée tantôt en dedans, tantôt en dehors, tantôt abaissée et tantôt relevée, en entraînant l'omoplate. Ces mouvements sont, d'ailleurs, beaucoup plus bornés que chez les reptiles et chez les ornithodelphes ; ils ont plus d'étendue chez les struthidés que chez les autres oiseaux.

Le bord postérieur du préischion est plus ou moins oblique par rapport à l'axe de l'os. Cette obliquité ne correspond pas toujours à celle de la rainure par rapport à l'axe du sternum ; elle est plutôt en rapport avec la divergence des préischions.

Il est rare (gallinacés, hérons) que l'angle interne de l'extrémité postérieure du préischion se rencontre sur la ligne médiane avec l'angle symétrique de l'autre coracoïdien, il en est habituellement séparé (passereaux) par la racine de l'apophyse épisternale. L'angle externe de l'extrémité inférieure se prolonge habituellement au delà de la partie articulaire, et forme une apophyse (apophyse inférieure externe ; apophyse hyosternale d'Alp. Milne Edwards). Sur la face inférieure ou superficielle du préischion, cette apophyse est séparée du reste de l'os par la ligne qui limite en dehors le moyen pectoral de Vicq-d'Azyr. Sur la face supérieure ou profonde, cette séparation n'existe pas, mais on voit un triangle plus ou moins excavé qui occupe toute la largeur de l'os et dont le sommet placé en haut peut être, comme chez les geais, séparé du reste de l'os par une crête anguleuse.

Le corps même du préischion, qui tend à devenir cylindrique, est uni par une sorte de col à l'extrémité supérieure et antérieure.

Cette extrémité supérieure du préischion comprend l'apophyse glénoïdale, l'apophyse cléidienne et l'apophyse supérieure interne.

L'apophyse glénoïdale forme en dehors une saillie qui se dé-

tache du corps de l'os ; elle est creusée, en haut, en dehors et
en arrière, par une demi-gouttière qui complète la cavité glénoïde, dont elle forme la partie inférieure et antérieure. La demi-
gouttière glénoïdienne est limitée en avant et en bas par un bord
saillant, qui répond à une portion du bourrelet glénoïdien des
mammifères et, au delà de ce bord, on voit une petite gouttière
(gouttière paraglénoïdienne) qui dessine une sorte de col, et dans
laquelle se place, quand l'humérus est incliné en avant, le ligament latéral huméro-coracoïdien.

L'apophyse cléidienne, qui continue directement le corps de
l'os, s'avance plus ou moins au delà de la cavité glénoïde. Elle
s'articule avec la clavicule, soit directement, soit indirectement,
par une surface lisse ou rugueuse située à sa face interne, et sur
laquelle la clavicule peut basculer (gallinacés, passereaux, rapaces, etc.). Sa face externe présente des rugosités qui servent
à l'insertion du ligament huméro-coracoïdien, de l'accessoire
coracoïdien du moyen pectoral, et du tendon du biceps ; sa base
est réunie à l'apophyse glénoïdale par une surface lisse qui sert
de poulie de renvoi au tendon du moyen pectoral, surface que
nous appellerons gouttière sus-glénoïdienne ; immédiatement en
arrière de cette gouttière est la surface qui sert à l'articulation
de l'os coracoïdien avec l'omoplate.

En regardant l'apophyse cléidienne par sa face inférieure et
antérieure, on la voit parfois (passereaux) se recourber en dedans
en formant un crochet qui prolonge son contact avec la clavicule,
et dont la pointe soutient un faisceau de la membrane sterno-
cléido-coracoïdienne. C'est pour nous le *crochet paracléidien*.

L'apophyse supérieure interne se détache du bord interne du
préischion à peu près au niveau de l'apophyse glénoïdienne.
Chez les oiseaux de proie nocturnes, où elle est très-développée,
elle se recourbe en bas et en avant, en enveloppant la partie
supérieure du moyen pectoral et s'articule, par son extrémité,
avec la clavicule, tandis que son bord supérieur s'articule avec
l'acromion. Elle est presque anéantie chez les gallinacés, mais
bien marquée chez les pigeons. C'est chez les rapaces nocturnes,
les perroquets, les grimpeurs et aussi chez les manchots qu'elle
a le plus de développement. Chez la huppe et le touraco elle va
retrouver le crochet paracléidien et se soude avec lui, de manière à constituer un trou complet.

L'apophyse cléidienne peut être considérée comme répondant

au précoracoïdien des lézards, et l'apophyse interne comme
répondant à leur mésocoracoïdien.

Le préischion est généralement tordu sur son axe. Son extrémité sternale, aplatie, présente un bord interne, un bord externe,
une face inférieure et une face supérieure. En avant et en haut,
la face inférieure devient interne, une partie de la face supérieure devient externe, et il reste une face postérieure et externe
en arrière de la cavité glénoïde. L'os est alors prismatique ; son
bord externe devient antérieur et se confond avec la ligne du
moyen pectoral, qui va se terminer sur le bord interne de l'apophyse cléidienne.

La partie supérieure du préischion présente souvent, au fond
de la cavité qu'enveloppe l'apophyse interne, un trou vasculaire;
ce trou manque chez les gallinacés, les pigeons, les passereaux,
les ardéidés, les ciconidés, les palmipèdes lamellirostres, le fou
parmi les totipalmes et la plupart des totanides. Il a des dimensions considérables chez l'autruche, où il ressemble au trou sous-
pubien des mammifères, ce qui a fait prendre pour une clavicule
la partie interne du préischion de cet oiseau.

L'os coracoïdien présente une grande longueur chez les palmipèdes totipalmes ; chez la frégate, en particulier, sa longueur
supplée à la brièveté du sternum et augmente l'étendue de la
surface d'insertion du grand pectoral. Sa longueur est encore
remarquable chez les manchots, les cigognes, les hérons, les
gallinacés, les colombidés et les rapaces.

L'extrémité sternale est remarquable par sa largeur, chez les
palmipèdes ; cette largeur est surtout considérable chez l'albatros.
On doit encore la noter chez les flamants, les gallinacés, les pigeons et les rapaces.

L'apophyse inférieure externe (hyosternale, A. M. Edw.) fait
plus de saillie chez les colymbidés, les longipennes, les totanides,
les flamants, les hérons, les pigeons et les rapaces. Elle se relève
en crochet chez les plongeons, les laridés, les totanides, les ibis,
les flamants et les hérons.

La facette articulaire sternale présente plus d'épaisseur dans
sa partie interne chez les rapaces, où son versant postérieur se
creuse en gouttière pour s'appliquer au bord du sternum. Il en
est de même chez les totipalmes. C'est chez ces derniers et chez
l'albatros qu'elle offre le plus d'obliquité par rapport à l'axe de
la diaphyse.

Le corps du coracoïdien est le plus généralement droit ou presque droit ; il est concave en avant chez les totipalmes. Chez les manchots il est à peu près rectangulaire, mais généralement il est plus étroit au-dessous de la facette glénoïdale.

Le bord interne, généralement arrondi, est plus ou moins cristiforme chez les ibis, les grues, les flamants, les râles.

L'apophyse cléidienne (tubérosité, A. M. Edw.) est remarquable par sa longueur chez le manchot ; elle est encore assez longue chez les palmipèdes lamellirostres.

Clavicule. — La clavicule est généralement réunie sur la ligne médiane à celle du côté opposé, de manière à constituer un seul os qui a reçu le nom de lunette ou de fourchette. La fourchette a été considérée par Belon comme un os particulier à la classe des oiseaux, et cette opinion a été adoptée par presque tous les auteurs qui l'ont suivi jusqu'à Cuvier, principalement par Stenon et Vicq d'Azyr. Cependant Aldrovande l'a nommée partie antérieure des clavicules (*clavicularum pars anterior*) ; Jean Ray et Borelli l'ont désignée comme correspondant aux clavicules ; Barthez a dit que chaque moitié de la lunette pouvait être considérée comme une clavicule antérieure. Cuvier a déclaré nettement que la lunette représentait à la fois les deux clavicules des mammifères, et a fait prévaloir cette opinion qui fut adoptée par Et. Geoffroy (1) et par H. de Blainville. Les expressions de clavicule furculaire, clavicule coracoïdienne, conservées encore pendant quelque temps, ont aujourd'hui complétement disparu du langage.

Chaque branche de la fourchette, ou chaque clavicule, est formée par une lame étroite, légèrement tordue sur son axe, et doublement courbée. En avant, l'une des faces regarde en dehors et l'autre en dedans ; en arrière (près du sternum), la face interne se tourne en avant et la face externe en arrière. Chaque branche offre une courbure à concavité le plus souvent supérieure, et, en même temps, comme les deux branches viennent se réunir sur la ligne médiane, une courbure à concavité antérieure, cette dernière dans la moitié postérieure seulement.

L'extrémité antérieure, supérieure, externe de chaque clavicule s'élargit et se coude d'avant en arrière, en présentant d'abord

____

(1) *Philos. Anatom.*, 1818.

une facette externe qui s'articule avec le préischion, puis une
facette terminale qui s'articule avec l'acromion. La facette préischiale est tout à fait latérale ; elle est légèrement concave et
permet souvent à la clavicule d'exécuter un mouvement de bascule (rapaces) ; chez les frégates, la clavicule est soudée au coracoïdien et les deux os sont tout à fait immobiles l'un par rapport
à l'autre ; chez d'autres oiseaux (lamellirostres, colymbidés, ibis,
cigogne, grue, hérons, gallinacés, passereaux), il n'y a pas de
facette articulaire pour le préischion et les deux os sont seulement unis par des ligaments.

La facette scapulaire ou acromiale, généralement concave,
s'applique à la facette de l'acromion et peut aussi permettre le
mouvement de bascule.

La mobilité des deux facettes favorise aussi le mouvement
dans lequel la fourchette se comporte à la manière d'un ressort
élastique dont les extrémités s'écartent et se rapprochent alternativement. L'enclavement de la clavicule entre l'acromion et le
préischion augmente la solidité de l'appareil.

Il peut encore y avoir une troisième articulation, celle qui se
fait entre la clavicule et l'apophyse interne du préischion. Chez
la chouette, elle se fait par une petite facette du bord postérieur
de la clavicule qui se trouve auprès de la facette préischiale.

Par suite de ces articulations, un espace complétement fermé,
en forme de trou, se trouve intercepté entre la clavicule, l'omoplate et le préischion. C'est par ce trou que passe le tendon du
muscle moyen pectoral. Il existe aussi chez les mammifères, où
il donne passage au tendon du muscle sus-épineux. G. Jäger
lui a imposé le nom de *foramen triosseum*. Le nom de trou sous-
acromial pourrait lui convenir chez les mammifères. Nous
donnons pour les oiseaux la préférence au nom de trou *sus-glénoïdien*. L'existence du trou sus-glénoïdien est un caractère commun aux mammifères et aux oiseaux, et d'autre part il n'existe
que chez eux. Il se rattache à l'existence, chez les oiseaux, d'une
apophyse cléidienne du préischion qui s'articule avec la clavicule, et, chez les mammifères, du ligament cléido-coracoïdien
qui réunit la clavicule à la tubérosité que présente sur sa face
supérieure la base de l'apophyse coracoïde.

L'extrémité postérieure de la fourchette est le plus souvent
inclinée en haut. Plus rarement (perroquet) elle est inclinée en

bas, et alors sa concavité antéro-postérieure regarde en bas et en avant. Tantôt elle forme une courbe régulière (rapaces, passereaux, pigeons, râles, grèbes, tinamous, flamants, totanides, longipennes, lamellirostres) et figure un U ; tantôt elle se termine en pointe (totipalmes, grues, cigognes, hérons, gallinacés) et figure un V. Dans plusieurs groupes (gallinacés, passereaux chanteurs, etc.) elle se prolonge sur la ligne médiane en une palette osseuse qui tantôt se porte presque directement en arrière (gallinacés), tantôt se relève en haut (passereaux), parfois se porte en avant dans l'anse même de la fourche (héron). On peut donner à ce prolongement, avec A. Milne Edwards, le nom d'*apophyse furculaire*; H. de Blainville l'a nommé chez les passereaux *apophyse récurrente*; Lherminier l'a nommé *tubercule postérieur* de la fourchette; Huxley le désigne sous le nom de *hypocléidium*. Il appartient à la pièce médiane qui réunit les deux clavicules et que Parker appelle interclavicule (*interclavicle*). Chez la pintade (numida L.), il forme une poche où se loge une anse de la trachée (Yarrell, *l. c.*).

Huxley désigne encore sous le nom d'*épicléidium* l'extrémité scapulaire de la clavicule, qui chez les passereaux se développe par un point d'ossification séparé, ainsi qu'Étienne Geoffroy et Delalande l'ont observé les premiers sur la grive et ensuite dans la plupart des passereaux. Étienne Geoffroy a vu dans cette partie un acromion qui se détacherait de l'omoplate pour se souder à la clavicule, et a proposé de la nommer omolite (petite épaule). Parker y voit la partie de l'acromion qu'il nomme segment méso-scapulaire (*meso-scapular segment*) réunie à la partie précoracoïdienne du préischion.

Ces diverses parties de la fourchette n'existent pas chez tous les oiseaux. La pièce médiane interclaviculaire peut rester à l'état cartilagineux (chouette), ou manquer complétement (ramphastos, carpophaga), en sorte que les extrémités des clavicules sont flottantes ; enfin les clavicules proprement dites peuvent manquer, l'extrémité scapulaire seule persistant (certains psittacidés, les platycerques, les strygops, par exemple ; la surnie boréale parmi les rapaces nocturnes). On a dit même qu'il n'existait chez plusieurs psittacidés aucune trace de clavicule ; mais, ainsi que l'a dit Pfeiffer, cela demande de nouvelles vérifications.

L'autruche, le casoar et le nandou n'ont point de clavicules, ainsi que Cuvier l'a dit le premier et que Gegenbaur, Parker et Huxley le soutiennent aujourd'hui. L'émeu (*dromœus novæ Hollandiæ*) a une petite clavicule dont l'extrémité scapulaire est réunie à l'acromion par un fibro-cartilage, dont l'autre extrémité n'est maintenue que par la membrane sterno-cléido-coracoïdienne, et dont la face postérieure interne est réunie par du tissu fibreux à l'apophyse interne du préischion.

La flexibilité de la fourchette réside principalement dans la partie moyenne de ses branches. Cette flexibilité est plus grande dans les espèces où la clavicule est plus grêle, mais elle existe aussi dans celles où la clavicule est très-forte, et alors l'élasticité est plus grande. Les oiseaux qui ont les clavicules les plus fortes sont les rapaces diurnes, les palmipèdes lamellirostres, longipennes et totipalmes. Elle est assez forte chez le manchot et les grands échassiers.

Généralement sa force est en rapport avec la puissance des ailes. Néanmoins elle est faible chez les martinets et les oiseaux-mouches et presque anéantie chez les platycerques, oiseaux remarquables par l'aisance et la rapidité de leur vol.

Nous pouvons ajouter à ces considérations quelques mots sur l'épaule des struthidés. Nous avons dit que l'autruche n'avait pas de clavicule. L'omoplate et le coracoïdien sont soudés en un seul os dont les deux parties font l'une avec l'autre un angle obtus. Primitivement ce n'est qu'une masse cartilagineuse indivise. On voit ensuite apparaître dans cette masse deux points d'ossification qui viennent se rejoindre au niveau de la cavité glénoïde, et enfin se confondent, comme chez les mammifères, sans être jamais séparés par une cavité articulaire.

L'apophyse cléidienne du coracoïdien est réduite à un tubercule sur lequel se fixe un ligament qui bride le tendon du muscle releveur de l'aile. Le coracoïdien présente une expansion méso-coracoïdienne qui répond en partie à l'apophyse supérieure interne du coracoïdien des autres oiseaux. Cette expansion va retrouver l'angle inférieur interne du coracoïdien en limitant un large trou qui a l'aspect du trou sous-pubien de l'os des iles. Elle s'ossifie beaucoup plus tard que la partie principale du coracoïdien ; elle est d'abord en grande partie formée par une membrane qui répond visiblement à la membrane sterno-coracoïdienne. On a pris à tort cette expansion pour une clavicule. Nous avons dit plus haut que Cuvier a le premier signalé cette erreur. Chez le nandou, la membrane ne s'ossifie pas et s'attache à la pointe de l'apophyse qui a la forme d'un crochet. Il en est de même chez le casoar et l'émeu.

Chez l'autruche et le nandou, il n'y a pas de saillie acromiale, à moins de voir un acromion dans la partie de l'omoplate qui s'articule avec la base de l'expansion méso-coracoïdienne. Chez le casoar il y a un petit tubercule qui s'articule avec un petit noyau claviculaire. Chez l'émeu il y a une petite tubérosité acromiale qui s'articule avec une petite clavicule. Cette clavicule est unie par une aponévrose tant à celle du côté opposé qu'au sternum. Elle est appliquée et reliée par du tissu fibreux à la face superficielle de l'apophyse supérieure interne, ou expansion mésocoracoïdienne, qui elle-même est reliée par des brides fibreuses (comme chez le casoar et le nandou), soit avec le corps du préischion, soit avec son angle inférieur interne. La position de cette expansion osseuse à la face profonde de la clavicule montre bien qu'elle ne peut répondre qu'à l'apophyse supérieure interne des autres oiseaux, et qu'elle ne représente pas l'apophyse cléidienne. Sa présence chez l'émeu, concurremment avec la clavicule, donne l'intelligence de ce qui existe chez l'autruche.

L'aptéryx n'a pas de clavicule. Le dinornis n'en avait pas, et, de plus, ce dernier oiseau n'avait pas de cavité glénoïde pour recevoir un humérus (Owen, *Dinornis*, *Trans. Soc. zool.*).

Os du bras et de l'avant-bras.

Pour décrire les os du bras, de l'avant-bras et de la main des oiseaux, nous sommes obligé de donner à ces os une position arbitraire qui ne correspond en aucune manière aux diverses positions très-variables que ces os peuvent affecter. Afin de ne rien changer à la nomenclature anatomique, nous conserverons les expressions employées pour la description du squelette humain, appelant antérieur, postérieur, etc. ce qui est antérieur, postérieur, etc. chez l'homme.

Pour désigner les extrémités des os, il nous semble utile d'adopter les expressions employées par les auteurs anglais, qui appellent *proximale* l'extrémité la plus voisine du tronc, et *distale* l'extrémité la plus éloignée. Ainsi, pour l'humérus, le mot extrémité proximale sera synonyme du mot extrémité scapulaire

(extrémité supérieure chez l'homme), et le mot extrémité distale
sera synonyme d'extrémité antibrachiale (extrémité inférieure
chez l'homme).

Humérus. — Ce qui caractérise à première vue un humérus
d'oiseau, c'est d'être comprimé d'avant en arrière (légèrement
cylindrique au milieu seulement), très-peu courbé suivant sa
longueur, et à peine tordu sur son axe.

L'extrémité proximale surtout est remarquable par l'excès du
diamètre transversal. La saillie articulaire qui correspond à la
tête de l'humérus représente une portion d'ellipsoide étroite et
allongée, à peine inclinée sur la diaphyse, et qui, n'étant pas
limitée par un véritable col anatomique, se distingue surtout par
le cartilage dont elle est revêtue. L'extrémité externe de cette
tête humérale se confond presque avec la tubérosité externe de
l'humérus ; l'extrémité interne, plus arrondie, est, au contraire,
séparée de la tubérosité correspondante par une rainure profonde
(seul indice d'un col anatomique) dans laquelle s'engage, quand
l'aile se replie, la portion scapulaire du rebord glénoïdien.

Les saillies qui correspondent aux tubérosités interne ou externe (trochin, trochiter) s'étalent sur une vaste surface. Il faut
un effort de la pensée pour reconnaître dans le large espace
aplati qui les sépare cet étroit enfoncement qui, chez les mammifères didelphes et monodelphes, a reçu le nom de gouttière
bicipitale.

La tubérosité interne (trochin, petit trochanter, trochanter
interne), lisse et plate en avant, est creusée à sa face postérieure
d'une anfractuosité arrondie qui sert d'orifice à la cavité aérienne.
Cette face postérieure, séparée de la tête humérale, comme nous
venons de le dire, par un sillon profond, une rainure (coulisse
articulaire, A. Milne Edwards), où s'engage, quand l'humérus est
tourné en dedans, la portion scapulaire du bourrelet glénoïdien,
se détache de la diaphyse en formant un crochet plus ou moins
saillant et recourbé, sur lequel on trouve plusieurs tubercules
d'insertion musculaire (en haut pour le sous-scapulaire, en arrière pour le coraco-brachial, en avant pour le grand rond).

Sur la face antérieure on trouve le sillon ligamenteux (A.M.E.),
dépression plus ou moins marquée où se loge le ligament coraco-huméral.

La tubérosité externe (trochiter), moins détachée, moins saillante, mais beaucoup plus étendue en longueur, forme une sorte de prisme triangulaire adhérent au reste de l'os par une de ses faces, et par conséquent deux de ses bords. Le bord du prisme resté libre constitue la crète pectorale ; il sépare la face antérieure (qui appartient à la coulisse bicipitale) d'une face triangulaire qui regarde à la fois en arrière et en dehors. Cette dernière face, que nous appellerons face *postérieure* de la tubérosité externe, n'est en réalité que la face externe de la tubérosité externe des mammifères qui, par suite d'une torsion en sens inverse de celle que l'on considère habituellement pour l'humérus, se trouve rejetée en arrière et en dehors.

La crète pectorale elle-même, qui ne mérite pas toujours le nom de crète pectoro-deltoïdienne, se continue presque sans transition avec l'extrémité de la tète humérale, dont elle n'est séparée que par une faible dépression, et commence par une saillie tuberculeuse qui correspond à l'un des tubercules de la tubérosité externe des mammifères, celui qui donne attache au muscle sus-épineux. Les éléments qui composent la tubérosité externe des mammifères se trouvent ici dissociés et répandus sur un plus grand espace.

On distingue généralement sur la diaphyse humérale (l'humérus plat des manchots est une des exceptions les plus remarquables) une face antérieure aplatie, une face postérieure légèrement convexe et une face externe en partie convexe, assez étroite, qui, en haut, empiète sur la face postérieure, se continuant avec la face postérieure de la tubérosité externe, mais qui en bas devient tout à fait externe, tandis que la face postérieure s'aplatit et se creuse même d'une légère fosse olécranienne, sans pourtant, que je sache, ètre jamais perforée. La face interne présente parfois (gallinacés) une petite fosse où se loge un trousseau de fibres du triceps.

L'extrémité distale, qui nous semble offrir une légère torsion en sens inverse de celle qu'on observe chez les mammifères, n'a jamais une grande largeur. Son axe transversal est presque parallèle à celui de la tète humérale. Deux saillies, l'une externe, l'autre interne, correspondant à l'épicondyle et à l'épitrochlée, forment ses limites latérales.

L'épicondyle présente un tubercule supérieur et antérieur (tubercule supérieur de l'épicondyle, tubercule sus-épicondylien d'A. Milne Edwards) qui fait parfois une saillie considérable (albatros), et un tubercule inférieur et postérieur (tubercule inférieur de l'épicondyle, épicondyle d'A. Milne Edwards).

En arrière et en dedans du tubercule inférieur, la face postérieure de l'épicondyle est creusée d'une gouttière où glisse le tendon de la longue portion du triceps, souvent muni en cet endroit d'une petite rotule.

Le bord interne assez saillant de cette petite gouttière est séparé de l'épitrochlée par une large gouttière qui forme la partie supérieure de la fosse olécranienne et où glissent les deux autres portions du triceps, dont la séparation est marquée par une ligne à peine saillante.

L'épitrochlée est un peu plus volumineuse et plus saillante que l'épicondyle, mais n'est pas munie de tubercules aussi saillants. Elle est limitée inférieurement par un bord lisse arrondi sur lequel se réfléchit le tendon du cubital antérieur muni d'un sésamoïde (ou bien séparé par un ligament muni d'un sésamoïde) ; c'est la poulie sous-épitrochléenne. Sa face interne est également lisse en avant, où se trouve une surface de glissement pour les ronds pronateurs ; c'est la poulie parépitrochléenne derrière laquelle se trouve une crête ou une ligne rugueuse où se fixent les muscles cubital antérieur et ronds pronateurs. Le rond pronateur superficiel est parfois inséré sur un tubercule isolé, tubercule supérieur de l'épitrochlée qu'A. Milne Edwards appelle sus-épitrochléen.

En avant, les deux éminences sont séparées par une sorte de fosse coronoïdienne où s'engagent à la fois, dans la flexion de l'avant-bras, le radius et le cubitus.

Au-dessous de, ou même entre ces saillies, se trouvent les surfaces articulaires destinées au radius et au cubitus, surfaces qui méritent une attention particulière.

Généralement ces deux surfaces sont disposées de telle manière que, si l'on regarde l'humérus par sa face postérieure, la facette cubitale occupe les deux tiers de l'espace, tandis que, si l'on regarde l'humérus par sa face antérieure, la facette radiale s'avance obliquement au-dessus de la facette cubitale. Quelquefois même, comme chez le manchot, la facette radiale est située tout entière au-dessus de la facette cubitale.

La facette cubitale est une saillie hémisphérique dont le sommet regarde un peu en avant. En raison de sa forme, elle ne

peut plus mériter le nom de trochlée employé pour les mammifères ; c'est un véritable condyle.

Elle est séparée du condyle par une vallée oblique assez profonde nommée par A. Milne Edwards gorge intercondylienne.

La facette radiale est une saillie convexe, allongée, dirigée
obliquement de dehors en dedans, et dont la partie interne,
comme nous l'avons dit, vient se placer au-dessus de la facette
cubitale. Nous verrons les conséquences remarquables qui résultent de cette disposition pour les mouvements de l'avant-bras.
En arrière, la facette radiale se continue sous l'épicondyle. En
dehors, elle en est séparée par une dépression où se fixe le ligament latéral externe.

La facette radiale répond au condyle des mammifères ; la
facette cubitale répond à la trochlée ; mais ce nom ne peut lui
être conservé que par analogie, puisque pour la forme et aussi,
comme nous le verrons, pour la fonction, c'est un véritable
condyle.

L'humérus est excessivement court chez les martinets et chez
les oiseaux-mouches, où sa longueur dépasse à peine celle de l'os
coracoïdien ; il est encore très-court chez les pigeons, où son
extrémité distale atteint à peine l'iléon ; assez court chez les
passereaux et chez les perroquets, où cette extrémité atteint ou
dépasse à peine le bord antérieur de cet os ; chez les gallinacés
et les rallidés, où elle l'atteint.

Il a au contraire une grande longueur et son extrémité distale
atteint et dépasse la cavité cotyloïde chez les aigles et la plupart
des rapaces diurnes, chez les rapaces nocturnes, chez les échassiers cultrirostres et longirostres, chez les flamants, les palmipèdes lamellirostres, la plupart des totipalmes, les longipennes.

Malgré cette longueur, il est plus court que l'avant-bras chez
la plupart de ces oiseaux ; néanmoins il est plus long que
l'avant-bras chez le fou de Bassan parmi les totipalmes, et chez le
cygne parmi les palmipèdes lamellirostres. Chez l'agami et chez
les gallinacés il est également plus long que l'avant-bras ; mais
il est plus court que l'avant-bras chez les colombidés, les pas-
seraux et les psittacidés.

L'humérus est généralement plus ou moins cylindrique, mais
il est fortement comprimé latéralement chez les manchots et les
pingouins.

Il est tout à fait droit chez les pigeons, le plus souvent très-légèrement arqué ; il est un peu tordu sur son axe chez les rallidés et beaucoup plus chez les gallinacés, où il offre une double courbure avec concavité interne supérieurement et concavité externe inférieurement.

La tête humérale est très-détachée chez les cormorans, les goëlands, les flamants, les perroquets. Généralement elle fait une moindre saillie.

La crête externe est remarquable chez les pigeons par sa forme triangulaire. Cette forme se voit encore chez les frégates, les procellaridés, le genre psophia parmi les grues, les perroquets. Généralement elle est arrondie. Elle est très-longue et très-saillante chez les rapaces diurnes, très-saillante chez les grues ; chez les colymbidés, elle descend beaucoup sur la diaphyse humérale. Elle est tronquée en avant chez les rallidés, courbée en dedans chez les gallinacés.

On voit à sa face postérieure une surface plus ou moins excavée qui sert à l'insertion du muscle sous-épineux chez les passereaux chanteurs et les pigeons, et, le plus souvent, à celle du sous-épineux et du deltoïde postérieur.

La crête pectorale porte le plus souvent à son extrémité supérieure un tubercule sur lequel se fixe le tendon du moyen pectoral. Ce tubercule (ou la petite surface d'insertion qui lui correspond) est rejeté au-dessous et en dehors de la tête humérale chez les palmipèdes lamellirostres, les gallinacés, les tinamous, les colombidés, les perroquets.

La surface qui répond à la coulisse bicipitale des mammifères a une grande largeur chez les palmipèdes lamellirostres; elle est généralement moins étendue, mais très-rejetée en dedans chez les totipalmes, les colymbidés, les procellaridés.

Elle est limitée en bas par un sillon très-marqué chez les pélicans et chez les totanides.

La tubérosité interne fait une très-forte saillie chez les palmipèdes lamellirostres, les totipalmes, les colymbidés, les grues, les cigognes, les colombidés, les passereaux et les perroquets. Elle fait plus de saillie chez les rapaces nocturnes que chez les rapaces diurnes.

La coulisse articulaire est très-profonde chez les palmipèdes lamellirostres, les rallidés, les gallinacés, les perroquets ; elle l'est beaucoup moins chez les rapaces.

Le sillon du ligament coraco-huméral est profond chez les totipalmes, les laridés, les totanides, les flamants, les cigognes, les hérons, les pigeons, les rapaces. Il est peu marqué chez les palmipèdes lamellirostres, les procellaridés, les grues, les ralidés, les gallinacés, les passereaux et les perroquets.

La fosse sous-trochantérienne est profonde chez les palmipèdes lamellirostres, les totipalmes, les grues, où elle présente un orifice pneumatique. Elle est également profonde chez les pigeons, les passereaux, les perroquets et les rapaces. Elle est dépourvue d'orifice pneumatique chez les colymbidés, les puffins, les pétrels, les laridés, les flamants et les rallidés. Chez les procellaridés, les cigognes, les hérons et les gallinacés, elle est peu profonde, mais pourvue d'un orifice aérien.

L'extrémité distale n'a que peu de longueur chez les lamellirostres, les colymbidés, les rallidés. Elle est d'une largeur remarquable chez les grues, les cigognes et les rapaces.

L'empreinte du brachial antérieur est petite, ovalaire et médiane chez les palmipèdes lamellirostres, très-allongée et oblique chez les totipalmes, profonde chez les laridés, mais peu creusée chez les procellaridés.

La fosse olécranienne est nulle chez le cygne, les grues, les hérons, les gallinacés, les rapaces nocturnes. Elle est profonde chez la plupart des totipalmes, les flamants, les passereaux et les perroquets. Elle est médiocre chez les procellaridés, les totanides, les rallidés et les colombidés. Elle offre chez la frégate un orifice aérien.

Les condyles de l'humérus sont portés en avant chez les cormorans et les colymbidés. Le condyle radial du cormoran se recourbe en crochet. Le condyle cubital s'étend transversalement chez les passereaux.

L'apophyse sus-épicondylienne fait une saillie considérable chez la frégate, les longipennes et la plupart des totanides. Elle est beaucoup moins longue, mais très-isolée et très-distincte chez les passereaux chanteurs et les psittacidés ; elle est un peu plus forte chez les rapaces, et, chez les rapaces diurnes, sa pointe est dirigée en haut ; chez les pigeons et les oies elle est bien isolée, placée très-haut sur l'humérus et séparée de l'épicondyle par un intervalle notable. Elle est faible chez les autres oiseaux et nulle chez les gallinacés.

La saillie de l'épicondyle est remarquable chez les pélicans, les colombidés, les passereaux chanteurs et les perroquets.

Chez les procellaridés on trouve un ou deux os sésamoïdes que nous nommerons osselets épicondyliens, placés au voisinage de l'épicondyle dans l'épaisseur du tendon qui s'insère sur cette saillie (1).

L'épitrochlée se prolonge inférieurement chez les colombidés ; elle fait une forte saillie chez les palmipèdes lamellirostres, les pétrels, les puffins, les cigognes, les grues, les perroquets, les rapaces, où elle limite une gouttière tricipitale profonde.

Os de l'avant-bras. — *Radius.* — Le radius des oiseaux est généralement remarquable par sa gracilité, sa torsion et sa courbure. Le degré de cette courbure détermine la largeur de l'espace interosseux qui le sépare du cubitus. Plus le radius est grêle, plus sa tête parait volumineuse et mieux on distingue le col qui la sépare de la diaphyse.

Cette tête du radius s'articule avec l'humérus par une facette concave (ou cupule) un peu allongée ; elle s'articule avec le cubitus par une facette latérale convexe et assez oblique, sur laquelle nous reviendrons en parlant des mouvements de l'articulation.

La diaphyse est plus ou moins cylindrique ; elle est souvent comprimée ; elle se tord sur son axe de manière que sa face dorsale devient externe. Elle offre à peu de distance de la tête une rugosité sur laquelle se fixe le tendon du muscle biceps et qui par conséquent correspond à la tubérosité bicipitale. Le court espace compris entre la tête et cette tubérosité peut être désigné sous le nom de col du radius ; il offre souvent une inclinaison particulière. Plus loin, sur la face palmaire, sont les impressions des muscles pronateurs.

Il n'y a pas de crête interosseuse, ce qui coïncide avec l'absence du ligament interosseux.

L'extrémité distale contraste par son volume avec la gracilité du reste de l'os. Elle s'élargit de manière à produire l'apparence d'une pronation complète, quoique le radius ne soit qu'en demi-pronation. Elle est triangulaire et présente un bord libre, une face palmaire et une face dorsale également libres, une face interosseuse qui s'articule avec le cubitus, et enfin une face carpienne qui s'articule avec l'os radial du carpe. Par suite de la

---

(1) *Voy.* Reinhard, *Anat. de l'aile des pétrels;* dans *Journal de zool.,* de P. Gervais.

torsion de la diaphyse, la face dorsale devient externe, ce qui exagère la pronation apparente du radius. Cette face dorsale est creusée d'une gouttière tendineuse limitée par des bords plus ou moins saillants.

Ce radius est assez droit chez les lamellirostres, les fous, les longipennes.

Il est arqué dans la plupart des totanides, très-arqué chez la cigogne, la grue, le héron, le flamant ; il l'est un peu chez les gallinacés.

Son corps est robuste chez les lamellirostres, les totipalmes, les colymbidés ; il est grêle chez le grèbe et les longipennes.

La gouttière de l'extenseur du métacarpe est profonde chez les lamellirostres, les totipalmes, les colymbidés, les laridés et les totanides ; elle est peu marquée chez le grèbe, la cigogne, la grue, le flamant, les gallinacés.

La facette humérale est circulaire chez la grue ; elle offre un talon chez le cormoran.

L'extrémité inférieure est très-dilatée chez les longipennes.

Cubitus. — Au contraire du radius, le cubitus est très-volumineux. Il est presque cylindrique, plus ou moins courbé, et très-légèrement tordu sur son axe dans le même sens que le radius.

Sa diaphyse présente sur la face dorsale un certain nombre de rugosités (de 7, passereaux, à 17, grues) servant à l'insertion des ligaments qui soutiennent les pennes ou rémiges antibrachiales (dites rémiges secondaires). De même que pour le radius, elle n'offre pas de crête interosseuse (le ligament interosseux faisant défaut). Sa face palmaire est lisse.

La courbure du cubitus est plus forte vers l'extrémité proximale. Cette extrémité présente une facette en forme de cupule, tantôt hémisphérique, tantôt un peu allongée, qui s'applique à la facette en forme de tête hémisphérique (trochlée condyliforme) de l'humérus. Cette facette regarde un peu en avant ; elle est dans un plan oblique à l'axe du cubitus (obliquité qui résulte en partie de la courbure de l'extrémité supérieure). Elle se continue sans interruption du cartilage avec une facette latérale qui est comme coupée obliquement sur son bord et qui correspond à la petite cavité sigmoïde des mammifères. Le bord de cette facette latérale fait une légère saillie à la face dorsale du cubitus ; elle offre avec l'humérus, le radius et un ligament particulier des relations que nous décrirons plus tard.

En arrière de la cupule se trouve l'apophyse olécrane, qui n'a que très-peu de saillie. La forme de cette apophyse est variable ; tantôt elle est mousse et arrondie, tantôt (passereaux) elle détache en son milieu une petite tige étroite qui sert à l'insertion du vaste externe.

En dedans de cette apophyse (entre elle et l'épitrochlée) se trouve une gouttière où glisse un tendon muni d'un sésamoïde (tendon d'origine du muscle cubital antérieur) ; en dehors de l'olécrane se trouve une autre gouttière qui le sépare de la petite cavité sigmoïde, et au fond de laquelle se fixe le tendon de la longue portion du triceps.

L'extrémité distale ou carpienne du cubitus n'offre pas une forme moins caractéristique. Elle présente une face dorsale, une face palmaire et une face interosseuse dont la position est déterminée par la torsion du cubitus. La face interosseuse s'articule par une surface convexe avec l'extrémité distale élargie du radius ainsi qu'avec l'os radial du carpe.

La face dorsale est un peu déjetée, elle se prolonge du côté libre de l'os. Un bord tranchant, arrondi, la sépare de la face palmaire qui est taillée en biseau et sur laquelle glisse, comme nous le verrons, l'os cubital du carpe. Il n'y a rien chez les oiseaux qui ressemble à une apophyse styloïde.

Tel est dans son ensemble le cubitus des oiseaux, nous ajouterons quelques détails en parlant des articulations.

Le cubitus est généralement cylindrique. Il est comprimé chez les manchots, les pingouins, les colymbidés, et aussi, mais à un moindre degré, chez les procellaridés.

Le plus souvent robuste, il est remarquable par sa gracilité chez les longipennes et les totanides. Il est aussi moins arqué chez les longipennes que chez les autres oiseaux.

Os de la main.

Le carpe des oiseaux se compose de deux os, l'os radial et l'os cubital. De tous les oiseaux connus, l'émeu (casoar de la Nouvelle-Hollande) est le seul où on ne les rencontre pas. Ces deux os semblent appartenir à la première rangée du carpe ; la seconde rangée n'est pas représentée, ou du moins serait soudée au métacarpe.

Os radial du carpe. — Cet os, prismatique dans son ensemble, est comme la continuation du radius, avec lequel il s'articule tantôt par une surface plane, tantôt par une sorte d'emboîtement réciproque, de manière à simuler une épiphyse mobile et sur lequel il ne s'incline que dans la flexion de la main, cette inclinaison étant déjà commencée par une courbure du radius.

Nous devons étudier dans cet os une facette pour le radius, une pour le métacarpe, séparées l'une de l'autre par un bord qu'un ligament interosseux réunit à l'os cubital, une face dorsale et une face palmaire.

Nous verrons que la face palmaire est creusée d'une gouttière transversale où se réfléchit le tendon du muscle carré pronateur. La face dorsale est légèrement convexe et se continue avec la face libre.

La facette destinée au métacarpe est une cupule qui reçoit la tête arrondie de l'os métacarpien, lequel à son tour offre parfois à son côté dorsal (rapaces) une sorte d'onglet qui glisse sur l'os radial. La cupule est limitée à son côté interosseux par un bord auquel s'attache le ligament interosseux qui se rend sur l'os cubital.

Os cubital du carpe. — L'os cubital, nommé par Cuvier *os en chevron*, parce qu'il est comme à cheval sur le métacarpe, dont il embrasse l'angle interne dans sa concavité, mais dont la forme est d'ailleurs très-variable, a une grande importance dans les mouvements de la main sur l'avant-bras. Sa face dorsale est plane ou légèrement convexe, généralement triangulaire, et dépourvue de saillie remarquable. Sa face palmaire, au contraire, présente une forte apophyse (grande apophyse palmaire) qui peut faire à elle seule la plus grande partie du volume de l'os, et sur laquelle le tendon du muscle cubital antérieur s'insère comme sur un pisiforme. Au côté radial de cette apophyse, et séparé d'elle par un faible intervalle, peut se trouver un tubercule saillant (petite apophyse palmaire) où s'insère l'aponévrose qui représente le muscle petit palmaire des mammifères.

L'os cubital s'enfonce comme un coin entre le cubitus et le métacarpe. Son angle interosseux ne touche pas l'os radial auquel il n'est uni que par un ligament. Sa facette cubitale, taillée obliquement, est beaucoup moins étendue que la facette correspondante du cubitus, d'où il résulte qu'elle peut entrer successivement en contact avec les divers points de cette facette. Sa facette métacarpienne est aussi taillée obliquement et moins

étendue que la facette métacarpienne correspondante. Parfois
(larus) une partie de cette facette est taillée en gouttière, et
reçoit dans cet enfoncement une saillie du bord interne du métacarpe.

Chez l'autruche, l'os cubital n'est pas taillé de la même manière. C'est un disque osseux dont les deux facettes sont perpendiculaires à l'axe de la main. Cette disposition est très-
défavorable aux mouvements d'adduction de la main, tandis
qu'elle permet de très-légers mouvements de flexion et d'extension. L'os radial de son côté se trouve disposé pour glisser
légèrement vers le bord radial de l'avant-bras. Il suit de là que
chez l'autruche, contrairement à ce qui a lieu chez les autres
oiseaux, il ne peut pas se replier vers le cubitus et s'incline au
contraire vers le bord radial de l'avant-bras, de telle sorte qu'il
n'y ait qu'une seule courbe concave en avant, depuis l'épaule
jusqu'au bout des doigts (1). Il en est de même chez le casoar et
l'émeu ; mais cela n'a plus lieu chez le nandou, qui, sous ce
rapport, se comporte comme les oiseaux à sternum caréné.

Métacarpe. — Le métacarpe des oiseaux consiste en un
seul os qui résulte de la soudure de plusieurs métacarpiens
et qui renferme peut-être aussi les os carpiens de la seconde
rangée.

Ce métacarpe se compose d'une masse basilaire commune et
de deux branches séparées l'une de l'autre dans la plus grande
partie de leur étendue, mais soudées par leurs extrémités.

La base commune, large et comprimée, s'articule avec le carpe
par une tête arrondie que R. Owen considère comme un grand
os soudé avec le métacarpe. Cette tête arrondie est reçue en
partie dans la facette concave que lui offre l'os radial du carpe ;
elle est en outre en contact avec le ligament interosseux qui unit
l'os radial à l'os cubital ; elle touche ce dernier os dans l'extension (abduction de la main), mais dans la flexion extrême (adduction de la main) elle touche le cubitus ; elle n'occupe d'ailleurs
qu'une partie de la face carpienne du métacarpe, dont la moitié
interne est en contact avec l'os cubital, ainsi que nous le dirons
avec plus de détails en parlant du jeu de l'articulation.

A son côté radial, la base du métacarpe est munie d'un talon
plus ou moins volumineux qui se développe par un point d'ossi-

____

(1) E. Alix, Sur l'appareil locomoteur de l'autruche d'Afrique, *Bull. de a Soc.
philom.*, 1867.

fication particulier, comme on peut l'observer principalement
sur l'autruche et sur le plongeon, et par conséquent représente
à lui seul un os métacarpien. Ce talon présente à son bord libre
une saillie rugueuse où s'attache le tendon du muscle extenseur
de la main (long supinateur); sur sa face distale il est muni
d'une facette qui s'articule avec l'appendix.

Chacune des deux branches dont nous avons parlé représente
un os métacarpien. La branche externe (radiale) qui correspond
au deuxième métacarpien est plus forte que la branche interne
(cubitale) qui correspond au troisième métacarpien. A sa base une
échancrure la sépare du talon. Elle est à peine courbée; son bord
externe libre est arrondi, son bord interne ou interosseux peut
être muni d'une petite crête. On peut observer sur sa face dorsale une gouttière plus ou moins profonde dans laquelle est reçu
le tendon du muscle extenseur de la phalange terminale.

La branche cubitale, ou le troisième os métacarpien, est beaucoup plus grêle. Elle est courbée suivant son axe longitudinal,
en sorte que dans sa partie moyenne elle s'écarte de l'autre
branche dont elle est séparée par un espace interosseux plus ou
moins large. Il résulte de cette courbure que la branche cubitale
est la plus longue, et Gegenbauer fait de cette circonstance un
argument pour prouver qu'elle répond bien au troisième métacarpien, qui est en effet le plus long chez les crocodiles et les
lézards.

Ce troisième métacarpien n'est pas massif comme le deuxième;
c'est une lame plus ou moins amincie, dont la face interosseuse
est creusée d'une gouttière longitudinale, et dont la face interne
(face libre ou cubitale) est creusée à sa base par une autre gouttière dans laquelle glisse l'os cubital du carpe pendant les
mouvements d'adduction et d'abduction de la main.

L'extrémité distale (ou tête du métacarpien) s'incline vers
celle du deuxième métacarpien pour se souder avec elle.

A l'endroit où s'unissent les extrémités distales des deux métacarpiens, il y a sur la face dorsale une concavité et sur la face
palmaire une convexité. Chez l'autruche, où l'union ne se fait
que très-près de la face palmaire, les têtes des deux métacarpiens sont séparées, du côté de la face dorsale, par un sillon
profond où sont logés les tendons des muscles interosseux.

Quoique les têtes des deux os métacarpiens soient soudées, leurs
facettes articulaires digitales sont bien distinctes l'une de l'autre.

Elles ne sont pas situées au même niveau, et généralement la facette du troisième métacarpien s'avance plus loin que celle du deuxième, comme cela se voit d'une manière très-prononcée chez les corvidés. Cette facette est taillée obliquement sur l'angle interne de la tête du métacarpien. Elle est à la fois concave et convexe, et permet les mouvements d'adduction, d'abduction et de rotation.

La facette qui termine le deuxième métacarpien est tout à fait sessile. Elle est à la fois convexe et concave, et obliquement taillée, de manière à permettre au doigt de légers mouvements d'adduction et d'abduction, et même de rotation. Son étendue est augmentée parce qu'elle se prolonge sur une saillie que le métacarpien présente sur son bord radial, saillie qui présente à sa face dorsale une petite gouttière et à sa face radiale une facette sur laquelle glisse un sésamoïde.

Le troisième doigt est composé chez l'autruche de deux pha langes, mais généralement il n'en contient qu'une. Cette phalange unique est un stylet osseux, arrondi au sommet, plus large et plus plat à sa base, mais dépourvu de toute expansion latérale, et qui s'incline en dedans en raison de l'obliquité de la surface articulaire que lui fournit l'os métacarpien. Par son bord externe elle s'applique au tiers proximal du bord interne de la première phalange du second doigt.

Le second doigt a trois phalanges, chez l'autruche, chez les oies, la poule d'eau, le tinamou; le plus souvent il n'en a que deux. Dans ce dernier cas la phalange basilaire (première phalange) est massive dans sa partie externe qui porte les facettes articulaires et forme comme le corps de l'os. En dedans la phalange produit une expansion foliacée qui s'appuie sur la phalange unique du troisième doigt et la rejette en dedans. Cette expansion foliacée est limitée en dedans par un bord plus épais ; une côte moyenne presque transversale, légèrement inclinée vers le bout de l'aile, divise la face dorsale de cette expansion en deux alvéoles où se fixent les tuyaux de deux plumes digitales : chez les laridés, ces deux alvéoles sont perforés.

Il faut observer que le regard des deux alvéoles n'est pas le même; celui qui est près de la tête de la phalange regarde plus le bout de l'aile que celui qui est à la base ; et il résulte de là que la seconde penne digitale est un peu plus inclinée que la première.

La deuxième phalange est un stylet aigu creusé sur sa face dorsale d'une fosse oblique où se fixe une plume digitale, dont la direction est presque parallèle à celle de l'axe de cette phalange. Elle s'articule avec la première phalange par emboîtement réciproque et peut exécuter des mouvements d'adduction, d'abduction et de rotation.

La troisième phalange des oies est un petit stylet aigu qui prolonge la deuxième phalange. Celle de l'autruche, qui est très-développée, porte un étui corné qui ressemble à un ongle.

LIGAMENTS DU MEMBRE THORACIQUE.

Pour compléter la description du squelette du membre antérieur, il nous reste à parler des ligaments, du jeu des articulations, et des plumes que l'on désigne sous le nom de pennes à cause de leur développement, de rémiges à cause de leur rôle dans le mécanisme du vol.

Articulation sterno-coracoïdienne. — Nous avons dit que l'extrémité postérieure et inférieure de l'os coracoïdien, taillée en biseau, est reçue dans la rainure coracoïdienne. On comprendra mieux cette disposition en se figurant qu'il y a sur le sternum une facette allongée légèrement convexe limitée par un rebord saillant. Le préischion aura sur sa face supérieure une facette légèrement concave appliquée à la facette sternale, et sur sa face inférieure une marge articulaire bien plus étroite embrassée par le rebord de la facette sternale. Cette disposition est très-défavorable pour les mouvements de rotation que le préischion pourrait exécuter sur son axe; elle permet de légers mouvements d'élévation et d'abaissement de l'extrémité supérieure du préischion et des glissements peu étendus dans la rainure qui inclinent cette extrémité du préischion soit en dedans soit en dehors. Les secousses imprimées à l'épaule pendant le vol viennent s'amortir dans cette articulation et par là ne retentissent que faiblement sur le sternum.

L'articulation est maintenue par un ligament antérieur et un ligament postérieur qui s'attachent aux lèvres de la rainure et vont se fixer sur la partie la plus voisine du préischion en prolongeant leurs fibres assez loin sur cet os.

Le postérieur est beaucoup plus fort que l'antérieur; mais celui-ci présente un trousseau fibreux vigoureux inséré sur une saillie de la rainure qui correspond à la ligne du moyen pectoral.

Cette articulation est en outre maintenue par les muscles sterno-coracoïdiens.

Articulation sterno-claviculaire. — Chez certains oiseaux (frégates, cormorans, pélicans, grues), l'angle de la fourchette est soudé au sternum. Chez d'autres (cygnes) il s'articule avec le bord antérieur du sternum par une surface munie d'une synoviale ; chez la plupart des oiseaux il lui est seulement relié à distance par l'intermédiaire d'un ligament plus ou moins élastique.

La clavicule est en outre reliée au sternum par la membrane sterno-cléido-coracoïdienne qui occupe le triangle compris entre le coracoïdien, la clavicule et le sternum, s'attachant au bord postérieur (puis externe) de la clavicule, au bord interne du préischion, à la lèvre postérieure de la rainure et à l'apophyse épisternale.

Il y a dans cette membrane un cordon fibreux plus fort et plus épais, qui se rend sur l'angle de l'apophyse épisternale, et qui vient soit du crochet paracléidien du préischion, soit de son apophyse interne, soit encore de la face inférieure de l'acromion. C'est ce ligament, déjà très-bien décrit et figuré par Et. Geoffroy, que Harting regarde comme constituant un appareil épisternal.

La membrane a encore pour office de limiter la cavité aérienne sous-claviculaire et de la séparer du muscle moyen pectoral.

L'articulation coraco-claviculaire se fait le plus souvent par le contact de deux surfaces lisses l'une claviculaire, l'autre coracoïdienne, qui glissent l'une sur l'autre dans les mouvements de bascule de la fourchette, et les deux os sont réunis par un ligament externe et un ligament interne. D'autres fois (gallinacés) les deux os sont simplement réunis à distance par un ligament interarticulaire.

L'articulation scapulo-claviculaire se fait par le contact de deux petites facettes, maintenues par des ligaments assez lâches, ou bien encore à distance par un simple ligament interosseux.

L'articulation scapulo-coracoïdienne se fait par les surfaces que les os présentent auprès de la cavité glénoïde ; elle est maintenue par des ligaments très-forts qui se continuent avec le bourrelet glénoïdien, et dans les autres points par un périoste épaissi. Cette articulation ne permet pas de véritables mouvements.

Il y a en outre une articulation à distance qui se fait par un ligament parfois très-fort (cygne) étendu entre l'acromion et le sommet de l'apophyse cléidienne du coracoïdien, ligament qui concourt pour sa part à former le trou sus-glénoïdien.

Articulation scapulo-humérale. — L'articulation scapulo-humérale des oiseaux est maintenue par une capsule, des ligaments et des muscles. Nous avons à mentionner, outre les ligaments proprements dits qui recouvrent immédiatement la capsule, des cordons fibreux qui peuvent en être séparés par des muscles ou par leurs tendons, mais qui concourent au même effet.

Le ligament le plus considérable de cette articulation peut être désigné sous le nom de ligament coraco-huméral antérieur et inférieur, ou plus simplement ligament coraco-huméral. Il se fixe à l'apophyse cléidienne du coracoïdien auprès du tendon du biceps et de l'accessoire coracoïdien du moyen pectoral, et, recouvert par ce dernier muscle, va s'insérer dans la coulisse ligamentouse qui est située entre la tête humérale et la tubérosité interne de l'humérus dans la partie interne de la coulisse bicipitale. Dans la rotation de l'humérus en dehors la portion inférieure du ligament se loge dans la partie libre de la coulisse ligamenteuse, dans la rotation de l'humérus en dedans, sa portion moyenne se loge dans la gouttière qui borde la moitié coracoïdienne de la cavité glénoïde (gouttière paraglénoïdienne).

A la face postérieure externe de l'articulation, il y a un ligament moins vigoureux mais plus compliqué. Il s'attache à l'omoplate en arrière de la cavité glénoïde et se divise en deux têtes qui vont se terminer entre la tête humérale et la tubérosité externe. L'une de ces divisions est recouverte par le tendon du moyen pectoral, l'autre recouvre et bride ce tendon.

Ce ligament adhère à l'os huméro-capsulaire. Il adhère à la capsule articulaire qui le relie à l'apophyse cléidienne de l'os coracoïdien.

On peut aussi rencontrer quelques brides ligamenteuses sur lesquelles nous n'insisterons pas.

Nous n'avons pas en ce moment à parler des muscles, mais nous devons insister sur la forme et les relations réciproques des surfaces articulaires, et sur les conséquences qui en résultent.

La cavité glénoïde (ou mieux gouttière glénoïde) a la forme d'une gouttière dirigée obliquement de bas en haut et d'arrière en avant, bornée sur ses côtés, c'est-à-dire en arrière et en haut, en avant et en bas, par des saillies plus ou moins élevées qui sont comme les vestiges d'un bourrelet glénoïdien et que revêt un cartilage à bord tranchant. On peut donner à ces saillies, dont l'une appartient à l'omoplate et l'autre au préischion, le nom de bords glénoïdiens.

La gouttière glénoïdienne ainsi constituée a un diamètre longitudinal et un diamètre transversal. Convexe dans le sens du diamètre longitudinal, elle est concave dans le sens du diamètre transversal.

La tête humérale est convexe dans tous les sens, mais comprimée d'avant en arrière, en sorte qu'elle offre, comme la gouttière, un diamètre longitudinal et un diamètre transversal qui sont en même temps le grand et le petit diamètre (expressions plus convenables pour la tête humérale que pour la cavité glénoïde à laquelle on appliquerait avec plus d'exactitude les noms de grande et de petite courbure).

En voyant ces dispositions on pourrait au premier abord imaginer que la tête humérale de l'oiseau ne peut se mouvoir que dans un seul sens. Mais il n'en est pas ainsi ; la tête humérale peut se mouvoir dans tous les sens, les bords glénoïdiens ne sont pas assez saillants pour l'enclaver ; ils offrent seulement plus de surface dans le sens suivant lequel l'humérus s'élève ou s'abaisse.

Cependant on peut se figurer que le mouvement se fasse dans un sens fixe et examiner ce qui doit arriver en pareil cas.

Nous pouvons supposer trois variétés :

1° Le diamètre longitudinal de la tête humérale reste dans le même plan que le diamètre longitudinal de la cavité glénoïde et, le mouvement se faisant dans ce plan, la tête humérale roule comme une roue dans une ornière.

2° Les diamètres longitudinaux restant encore dans le même plan, le mouvement se fait suivant le diamètre transversal.

3° Les diamètres se placent dans des plans qui se coupent.

1ᵉ variété.

Ce mouvement est celui que l'humérus exécute lorsqu'il s'écarte du corps sous l'influence de son muscle releveur, sans être sollicité par les muscles rotateurs. Ce mouvement suit une courbe légère à concavité interne.

Dans ce mouvement, la face postérieure de l'humérus devient supérieure, et, comme la face dorsale de l'extrémité distale de

l'humérus est dans le même plan, il en résule que la saillie olécranienne de l'avant-bras devient également supérieure, ou, en
un mot, que le coude regarde en haut. L'aile se trouve ainsi
placée dans la position la plus favorable pour frapper, et cela
pourrait être déduit comme un simple corollaire de la forme des
surfaces articulaires.

2e variété.

Ce mouvement sera exécuté de bas en haut, si l'aile après
s'être étendue se relève davantage, et de haut en bas, si l'aile
frappe.

Dans cette variété, ou bien l'aile se porte en haut et un peu en
arrière, ou bien elle se porte en bas et un peu en avant. Alors
elle appuie par une large surface sur les bords glénoïdiens.

3e variété.

Elle résulte de la rotation de l'humérus. En réalité, elle se
mêle toujours plus ou moins aux variétés de mouvements qui
précèdent.

Quand l'humérus s'abaisse complétement, il se place en même
temps dans la rotation en dedans et alors le crochet de la tubérosité humérale interne embrasse le bord scapulaire de la cavité
glénoïde qui se trouve saisi entre deux surfaces lisses. Ici encore
le mouvement exécuté par l'humérus est indiqué d'avance par la
forme des surfaces articulaires.

Dans le repos, la tête humérale quitte presque la cavité glénoïde, les ligaments sont relâchés ; la face postérieure de l'humérus regarde en haut et en dedans.

Le maximum de tension des ligaments a lieu au moment où la
partie la plus convexe de la tête humérale est appliquée à la
partie la plus convexe de la gouttière glénoïdienne. Dans les
autres positions, les ligaments sont plus ou moins relâchés.

Ces ligaments ont assez de laxité pour céder à la torsion qui résulte des mouvements de rotation.

*Articulation de l'humérus avec les os de l'avant-bras et des
os de l'avant-bras entre eux.*

Nous devons comprendre dans une même description l'articulation de l'humérus avec le cubitus, l'articulation de l'humérus avec le radius, et celle du radius avec le cubitus, parce
que les mouvements de ces différentes articulations sont liés les
uns avec les autres, comme ceux des divers organes d'un seul et
même mécanisme.

L'énumération de ces divers mouvements va nous montrer immédiatement l'ensemble de cette combinaison (1).

Le cubitus exécute sur l'humérus deux sortes de mouvements :

1° Des mouvements de flexion et d'extension ;

2° Des mouvements de rotation sur son axe qui sont, ainsi que nous le verrons, la conséquence de l'union intime du cubitus et du radius.

Les mouvements de rotation accompagnent régulièrement ceux de flexion et d'extension de la manière suivante : le cubitus, en même temps qu'il se fléchit sur l'humérus, tourne sur son axe de dehors en dedans ; le cubitus en même temps qu'il s'étend sur l'humérus, tourne sur son axe de dedans en dehors ; en d'autres termes, le cubitus, en se fléchissant, se met en pronation ; en s'étendant, il retourne vers la supination.

Le radius exécute aussi sur l'humérus deux sortes de mouvements :

1° Un mouvement d'élongation, c'est-à-dire suivant sa longueur, parallèlement à son axe ;

2° Un mouvement de glissement latéral.

Le radius n'exécute sur le cubitus aucun mouvement de pronation et de supination ; il est fixé, relativement au cubitus, dans un état permanent de demi-pronation.

Les deux sortes de mouvements que le radius exécute par rapport au cubitus sont intimement liés aux mouvements de flexion et d'extension que le radius exécute par rapport à l'humérus. Le mouvement d'élongation se fait de l'humérus vers la main, quand l'avant-bras se fléchit ; il se fait de la main vers l'humérus quand l'avant-bras s'étend. Le mouvement latéral se fait en sens inverse pour les deux extrémités du radius. Quand l'avant-bras se fléchit, l'extrémité humérale du radius s'incline vers la face dorsale de l'avant-bras et son extrémité carpienne vers la face palmaire ; quand l'avant-bras s'étend, l'extrémité humérale du radius s'incline vers la face palmaire de l'avant-bras, et son extrémité carpienne revient vers la face dorsale.

Voyons maintenant le rapport qui existe entre ces divers mou-

(1) Lorsque je fis cette étude pour la première fois, je crus avoir découvert des faits tout à fait nouveaux ; mais j'ai dû reconnaître plus tard qu'ils avaient été vus en partie par Bergmann, et complétement par Strauss Durckheim. Schelhammer en a peut-être eu connaissance.

vements et les dispositions des surfaces osseuses et des ligaments.

1° *Flexion et extension.* — Rien ne gêne ces mouvements. Mais, comme les facettes sont plus inclinées en avant qu'en arrière on peut en conclure que la flexion est plus complète que l'extension. En effet, l'avant-bras peut se fléchir sur le bras à angle très-aigu, mais, dans l'extension, il ne se met jamais en ligne droite avec l'humérus, ce qui est en rapport avec la forme de toit que l'aile affecte quand elle est déployée.

2° *Rotation du cubitus.* — La facette que l'humérus présente au cubitus et qui correspond à la trochlée des mammifères a la forme d'un condyle; elle est à peu près hémisphérique; la facette par laquelle le cubitus s'applique à l'humérus, et qui correspond à la grande cavité sigmoïde, a la forme d'une cupule. On peut conclure de là immédiatement que le cubitus doit exécuter des mouvements de rotation sur son axe.

La facette que l'humérus présente au radius, et qui correspond au condyle des mammifères, est allongée, un peu plus large en arrière qu'en avant; elle est dirigée obliquement de dehors en dedans et de bas en haut, de telle sorte que sa partie postérieure et externe se trouve à côté de la trochlée, mais que sa partie antérieure et interne se trouve au-dessus. La cupule par laquelle le radius s'applique à l'humérus est un peu allongée; mais, sa longueur étant moindre que celle du condyle, elle vient, suivant le degré de la flexion, s'appliquer à différents points de celui-ci. Dans l'extension elle s'applique à sa partie postérieure et externe et se trouve ainsi à côté et non au-devant du cubitus; dans la flexion elle s'applique à la partie antérieure et interne du condyle et vient ainsi se placer en avant et au-dessus du cubitus, en se portant de dehors en dedans. L'extrémité humérale du radius exécute ainsi un mouvement par suite duquel, si le cubitus restait immobile, elle tournerait autour de celui-ci; mais comme le cubitus est entraîné par le mouvement du radius, il est forcé de tourner sur son axe. Il suit de là que s'il n'y a pas de pronation du radius sur le cubitus, il y a néanmoins une pronation totale de l'avant-bras qui se prononce dans la flexion et qui diminue dans l'extension.

3° *Elongation du radius* (1). — La cupule du radius, en par-

----

(1) Ce mouvement a d'abord été vu par Bergmann, qui n'en a tiré aucune conséquence; puis par Strauss-Durckheim, qui l'a complétement étudié.

courant les différents points du condyle huméral, s'éloigne de la main dans l'extension et s'en rapproche dans la flexion ; mais, comme le cubitus n'exécute pas de mouvement analogue, il s'en suit que le radius exécute par rapport au cubitus un mouvement suivant sa longueur. L'étendue de ce mouvement varie avec celle du condyle huméral.

De ce mouvement du radius résulte un fait que nous devons signaler immédiatement : c'est que l'extension de la main doit être le résultat nécessaire de l'extension de l'avant-bras sur le bras et que, réciproquement, la flexion de la main doit être la conséquence de la flexion de l'avant-bras sur le bras. Car dans la flexion le radius repousse le carpe, et dans l'extension il l'attire. Nous reviendrons sur ce mécanisme en parlant du carpe et de la main.

4° *Mouvement latéral du radius sur le cubitus.* — L'extrémité proximale du cubitus, outre la facette destinée à l'humérus en présente une autre qui est destinée au radius et qui correspond à la petite cavité sigmoïde des mammifères. Cette dernière facette, par une disposition toute particulière, est taillée obliquement sur le bord de la cupule qui représente la grande cavité sigmoïde et n'en est séparée que par un angle obtus, sans aucune interruption du cartilage articulaire ; elle forme un plan incliné sur lequel glisse le bord également incliné de la tête du radius.

Le bord de la tête du radius, plus large de ce côté, s'applique à la petite cavité sigmoïde, mais comme sa dimension est moindre, il peut en occuper divers points. Lorsque l'avant-bras s'étend, il occupe la partie la plus externe de cette facette; lorsque l'avant-bras se fléchit, il en occupe la partie la plus interne. Il est évident que ce mouvement latéral de l'extrémité proximale du radius est accompagné d'un mouvement (en sens inverse) de son extrémité distale.

Il faut ajouter que la petite cavité sigmoïde qui, dans l'extension, n'est en rapport qu'avec la tête du radius, se trouve, dans la flexion, en contact avec la partie postérieure du condyle huméral ; en repassant à l'extension, la tête du radius vient s'insinuer entre la petite cavité sigmoïde et l'humérus.

Ligaments. — L'un des plus remarquables est le *ligament interarticulaire de l'articulation du coude.* Il se fixe dans l'intérieur de l'articulation à la petite crête qui sépare les deux cavités sigmoïdes du cubitus, recouvre la partie marginale de la petite cavité sigmoïde sans y adhérer, gagne le bord du radius, où il s'insère en le contournant, et s'étend sur une partie de la cupule sous l'apparence d'une portion de ménisque. La partie de la petite cavité sigmoïde qui, dans la flexion, se trouve en contact avec l'humérus, en est séparée par ce ligament.

Plus épais à son bord extérieur, qui peut contenir un sésamoïde (geai), ce ligament est tranchant dans l'intérieur de l'articulation. Il est comparable aux fibro-cartilages interarticulaires fémorotibiaux. La relation qu'on pourrait chercher à établir avec le ligament annulaire de l'homme nous paraît douteuse.

Il y a d'ailleurs un ligament *transversal* antérieur et supérieur qui vient de la partie la plus interne de la face antérieure du cubitus, glisse sur cette face sans y adhérer, traverse comme un pont l'espace interosseux et va se terminer sur le col du radius. Ce ligament, qui permet la rotation du cubitus, pourrait être comparé au ligament annulaire, surtout si l'on considère ses relations avec le ligament suivant.

Le ligament antérieur de l'articulation du coude est un ligament assez fort inséré à l'humérus entre les deux facettes articulaires. Il s'épanouit en éventail et envoie des fibres sur le radius et sur le cubitus ; mais sa partie moyenne, bien distincte, au lieu de se terminer sur un des deux os, vient se fixer sur le ligament transversal que nous venons de décrire, précisément comme la partie moyenne du ligament latéral externe s'insère sur le ligament annulaire.

Le cubitus est en outre relié à l'humérus par deux ligaments latéraux. L'interne, très-vigoureux, se fixe à la face interne de l'épitrochlée et va s'attacher au cubitus en dedans de l'olécrane. L'externe vient de la lèvre postérieure et externe de l'épitrochlée et va se fixer en dehors de l'olécrane ; il est en partie confondu avec la capsule articulaire et reçoit un faisceau qui vient du bord postérieur de l'épicondyle. On voit que ces deux ligaments se portent l'un en dedans, l'autre en dehors de la facette articulaire du cubitus, laissant l'olécrane dans leur intervalle, et que leur disposition est en rapport avec la rotation du cubitus.

Le radius est relié à l'humérus par un ligament latéral externe qui vient de la face externe de l'épicondyle. Ce ligament envoie en arrière un faisceau qui s'insère sur le cubitus au-dessous de la petite cavité sigmoïde. Le faisceau radial se fixe sur la face externe du col du radius.

Il n'existe pas entre le radius et le cubitus de ligament inter-osseux proprement dit, réunissant les diaphyses des deux os; tout cet espace est libre. Mais l'extrémité distale de l'avant-bras présente un ligament *cubito-radial interosseux dorso-palmaire* qui mérite une attention spéciale.

Ce ligament part du côté dorsal du cubitus, passe entre les deux os sans y adhérer, et va s'insérer au côté palmaire du radius. On voit que sa disposition est en rapport avec les mouvements d'élongation et de latéralité du radius. Il empêcherait le radius de se mettre en pronation complète. Il n'a été qu'indiqué par Meckel, qui le désigne comme un fort ligament transverse situé entre les deux faces qui se regardent.

Articulations du poignet. — Nous comprenons dans une seule description toutes les articulations du poignet, c'est-à-dire celles du radius et du cubitus avec les os du carpe, et celles des os du carpe avec le métacarpe, parce qu'elles se meuvent toutes ensemble et d'un même mouvement.

Nous avons d'abord à parler des extrémités carpiennes du radius et du cubitus, des deux os du carpe et du ligament inter-osseux qui les unit, enfin des surfaces articulaires de la base du métacarpe. Nous parlerons ensuite des ligaments qui maintiennent ces différentes parties.

L'extrémité distale ou carpienne du radius est en quelque sorte prolongée par l'os radial du carpe qui lui est appliqué comme une sorte d'épiphyse. L'os radial du carpe s'articule donc avec le radius par sa facette proximale, par sa facette distale avec le métacarpe, par sa face interosseuse avec le cubitus et avec l'os cubital du carpe. Quand la main se fléchit il subit un léger mouvement de bascule et de torsion, et quand la main s'étend il se redresse et se replace exactement dans la direction du radius.

La facette métacarpienne a moins d'étendue que la facette du métacarpe avec laquelle elle s'articule; et tandis que l'os méta-carpien exécute un grand mouvement en tournant sur l'os radial, celui-ci n'exécute qu'un mouvement très-borné sur le radius.

L'extrémité distale du cubitus, vue par sa face dorsale, est terminée par un bord tranchant figurant une courbe à peu près elliptique. Ce bord devient plus palmaire à sa partie interne, où il est aussi plus prolongé sur le cubitus. Ce bord limite d'abord une surface lisse étroite sur laquelle glisse le tendon du fléchisseur profond et qui appartient encore à la face dorsale du cubitus. Bientôt cette surface, s'élargissant et se courbant à la fois, occupe l'extrémité même du cubitus. Alors on peut y distinguer deux parties : l'une comme perpendiculaire à l'axe du cubitus, moins étendue et tout à fait terminale ; l'autre beaucoup plus large et taillée en biseau aux dépens de la face palmaire. Disons aussi que l'os cubital du carpe, suivant qu'il s'applique à l'une ou à l'autre de ces deux parties, doit changer de direction.

L'os cubital du carpe s'articule avec le cubitus par une facette plate ou légèrement concave qui, étant bien plus petite que la facette carpienne du cubitus, peut en occuper successivement divers points et, par conséquent, suivant les points qu'elle occupe, répondre à différentes directions.

La facette carpienne ou enclavée de l'os cubital présente, immédiatement au delà de la facette cubitale, un enfoncement dans lequel s'insère le ligament interosseux qui réunit l'os radial à l'os cubital.

La facette métacarpienne est beaucoup moins étendue que la surface correspondante qui lui est offerte par l'os métacarpien. Celle-ci n'est pas seulement taillée sur l'extrémité proximale de l'os ; elle se prolonge encore sur son bord latéral. Dans l'extension, l'os cubital est en contact avec la partie carpienne de cette surface, tandis que dans la flexion il est en contact avec la partie latérale, ou, en d'autres termes, il glisse sur le côté du métacarpe.

La manière dont s'exécute le mouvement de la main sur l'avant-bras est la conséquence nécessaire de ces dispositions.

Quand on fait mouvoir la main sur l'avant-bras, il est facile de voir que, dans l'extension, la main et l'avant-bras sont à peu près dans un même plan, mais que, dans la flexion, le poignet subit une sorte de torsion d'où il résulte que la main vient se placer au devant de l'avant-bras, de telle manière que sa face dorsale s'applique à la face palmaire de celle-ci. Il résulte aussi de là que les plumes digitales et métacarpiennes viennent se placer sous les pennes antibrachiales.

La direction de ce mouvement dépend tout particulièrement de l'os cubital du carpe, car, tandis que l'os métacarpien roule dans la cavité que lui offre l'os radial du carpe, son mouvement est à chaque instant modifié par celui de l'os cubital du carpe, qui joue le rôle d'un excentrique.

En effet, l'extrémité carpienne du cubitus présente, comme
nous venons de le dire, une facette articulaire qui est en partie
terminale, en partie palmaire. Dans l'extension de la main, l'os
cubital du carpe est appliqué à la partie terminale de cette
facette, en sorte que sa face dorsale regarde à peu près dans le
même sens que la face dorsale de l'avant-bras ; mais, dans la
flexion, l'os cubital s'incline comme la facette du cubitus sur
laquelle il glisse. Dans ce mouvement il entraîne l'os métacarpien sur lequel il glisse également, de telle sorte qu'à la fin du
mouvement il est à la fois perpendiculaire au cubitus et au métacarpien, étant toujours interposé entre ces deux os comme une
sorte de coin mobile.

Les articulations du poignet sont maintenues par des ligaments dorsaux, des ligaments palmaires, et des ligaments interosseux.

Les ligaments dorsaux sont très-forts. Ils vont du radius à
l'os radial, de l'os radial au métacarpe, du cubitus à l'os cubital,
de l'os cubital au métacarpien (ce dernier s'étendant plus ou
moins sur le bord libre du troisième métacarpien).

Les ligaments palmaires sont distribués de la même manière.
Outre le plan profond, il y a un plan superficiel formé de fibres
qui vont directement du radius et du cubitus au métacarpe. On
peut trouver un sésamoïde dans le ligament qui frotte contre la
saillie articulaire du métacarpe.

Il y a un ligament interosseux qui va de l'os radial au cubitus, et un autre, qui est le plus important, et qui va de l'os radial
à l'os cubital du carpe. Lorsque la main se fléchit, le métacarpe
entrerait directement en contact avec la petite tête du cubitus
s'il n'en était pas séparé par ce ligament. Lorsque la main est
dans l'extension, le ligament s'applique à la partie la plus interne
de la tête du métacarpe, l'os radial appuyant alors sur la partie
externe de cette tête.

Les os métacarpiens sont soudés entre eux. Cependant, les
extrémités distales des deux longs métacarpiens sont séparées
à leur face dorsale par un sillon plus ou moins profond, où se
logent les tendons des deux muscles interosseux, mais la soudure est complète du côté de la face palmaire.

Les premières phalanges s'articulent, comme nous l'avons dit,
par des facettes qui permettent un léger mouvement de rotation.

Elles sont maintenues en contact avec le métacarpe par des ligaments palmaires, dorsaux et latéraux.

Les deuxièmes phalanges peuvent aussi légèrement tourner sur la première. Elles sont maintenues par un périoste assez épais.

Il en est de même des troisièmes phalanges quand elles sont mobiles, comme chez l'autruche.

Ce que nous avons dit sur les articulations du coude et du poignet des oiseaux n'est pas applicable à l'autruche, où l'on ne rencontre pas le ligament interosseux de l'articulation du coude, et où le métacarpe, ainsi que les phalanges, se fléchissent en sens inverse (1).

LES PENNES ET LEURS LIGAMENTS.

Pour achever la description des parties solides qui entrent dans la composition d'une aile, il nous reste à parler des pennes désignées sous le nom de pennes ou rémiges et de leurs ligaments.

Le corps des oiséaux est en grande partie couvert d'organes particuliers de nature épidermique auxquels on a donné le nom de plumes et qui n'existent que dans cette classe de vertébrés désignés pour cette raison par H. de Blainville sous le nom de pennifères. Toute plume est composée d'une partie basilaire creuse et transparente nommée *tuyau*, d'une partie pleine (ou seulement creusée d'un tube étroit) qui continue le tuyau et qui porte le nom de *tige*, et enfin d'un nombre considérable de petites lamelles insérées sur les côtés de la tige. Ces lamelles, auxquelles on donne le nom de *barbes*, supportent à leur tour de petites expansions filiformes appelées *barbules*, et ces barbules sont composées de cellules munies de petits prolongements qui sont les *barbelles* (2).

Il y a plusieurs variétés de plumes qui diffèrent par le plus ou moins de développement de ces diverses parties. Dans le duvet par exemple, le tuyau est très-court, la tige très-fine, les barbes très-fines et très-longues. Dans certaines plumes roides qui ressemblent à des poils (casoar) les barbes font défaut.

(1) *V.* E. Alix, Sur l'appareil locomoteur de l'autruche d'Afr. (*Bull. de la Soc. phil.*, 1868).

(2) *V.* pour plus de détails E. Alix, Essai sur la forme, la structure et le développement de la plume. (*Bull. de la Soc. phil.*, 1865.)

Dans les pennes ou rémiges qui servent au vol, tous les éléments de la plume sont très-développés. Le tuyau reste enfermé dans un étui cutané qui maintient la plume. La tige et les barbes s'étalent au dehors.

La penne, prise dans son ensemble, a une face dorsale et une face ventrale. La face dorsale de la tige porte le nom de rachis. Les barbes qui sont au côté externe du rachis sont plus courtes, plus fortes, plus serrées que celles qui sont au côté interne. Les pennes sont toujours superposées de telle sorte que les barbes du côté interne sont recouvertes par la penne suivante, en allant du bout de l'aile vers sa base.

Les pennes sont insérées sur les phalanges digitales, sur le métacarpe, sur le cubitus, et enfin il y en a de flottantes qui occupent les aisselles. Nous distinguerons par conséquent des pennes ou rémiges digitales, métacarpiennes, cubitales ou antibrachiales, et axillaires. Les pennes digitales qui s'insèrent sur l'appendix ont été appelées rémiges bâtardes. Les pennes ou rémiges digitales des doigts proprement dits et les pennes métacarpiennes, c'est-à-dire toutes celles qui sont insérées au côté cubital de la main, ont reçu le nom de rémiges primaires ; les rémiges cubitales ont été appelées secondaires, et les rémiges axillaires, tertiaires. Ce sont là des noms un peu vagues qui ont au moins besoin d'être expliqués par ceux que je propose.

Les pennes digitales proprement dites, c'est-à-dire celles qui s'insèrent sur les phalanges du second doigt, sont fixées à ces phalanges d'une manière immobile ; celles qui se fixent à la première phalange ont même leurs extrémités logées dans des alvéoles que cette phalange présente à sa face dorsale. Ce caractère les distingue bien des rémiges métacarpiennes qui sont toutes mobiles par elles-mêmes tandis que les rémiges digitales n'ont de mouvement que par l'intermédiaire des phalanges auxquelles elles sont fixées.

Parmi les rémiges bâtardes, celle qui est au côté radial de la main est fixée à la phalange de l'appendix, mais les autres sont mobiles en sorte qu'elles peuvent tantôt se serrer les unes contre les autres, tantôt s'étaler en éventail.

La description des ligaments qui maintiennent les rémiges nous semble devoir être plus intelligible si nous commençons par ceux des rémiges cubitales.

Les pennes de l'avant-bras, que l'on a nommées rémiges secondaires, sont insérées sur le cubitus. Leur nombre est variable, le cubitus présente sur sa face dorsale un nombre égal de petites saillies tuberculeuses. Chacun de ces tubercules donne attache à un ligament très-court dirigé obliquement vers le côté libre du cubitus et de la main vers le coude. Ce ligament qui n'existe que pour les pennes cubitales va s'attacher sur le fond de l'étui cutané qui renferme le tuyau de la rémige. Chaque rémige repose ainsi par son extrémité sur le cubitus, auprès d'un de ces tubercules ; le tubercule étant placé du côté de la main et la rémige du côté du coude. Le bout de la plume ainsi retenu ne peut exécuter que des mouvements d'une très-petite étendue, mais ces mouvements suffisent pour permettre à la plume, tantôt de se rabattre sur l'avant-bras, tantôt de lui devenir presque perpendiculaire.

Les tuyaux des rémiges sont encore maintenus par l'expansion cutanée dans laquelle ils sont logés et dont les étuis membraneux qui les contiennent ne sont que des parties rentrées ou en d'autres termes des enfoncements plus ou moins profonds.

Ils reçoivent aussi des expansions des aponévroses de l'avant-bras, les unes dorsales, les autres palmaires. L'aponévrose dorsale de l'avant-bras est en continuité avec la membrane antérieure de l'aile, et tirée par le muscle tenseur de cette membrane ; elle s'étend sur la face dorsale des rémiges sans se diviser en digitations particulières. Les expansions que les pennes reçoivent à leur face palmaire sont beaucoup plus compliquées ; nous y reviendrons tout à l'heure.

Ligaments communs des rémiges cubitales (1). — A une distance plus ou moins grande du bout des plumes, on trouve deux séries de ligaments qui s'étendent dans toute la longueur de l'avant-bras.

1e série. Si l'on regarde l'espace qui sépare deux rémiges antibrachiales, on y trouve un ligament, aplati perpendiculairement à l'axe de la plume, d'une largeur égale au diamètre du tuyau. Ses fibres se séparent pour embrasser toute la circonférence du tuyau et se continuer au delà avec le ligament de l'espace interplumaire suivant. Il y a donc là une grande bande fibreuse étendue tout le long de l'avant-bras et percée d'autant de trous qu'il y a de rémiges.

____

(1) Nous prenons le cygne pour exemple.

Ce ligament se continue entre les rémiges métacarpiennes, en sorte qu'on peut le considérer comme allant depuis la base des doigts jusqu'au coude. A la base des doigts il se continue avec le périoste. Au coude, il se continue dans l'aisselle, unit les pennes axillaires comme celles de l'avant-bras, et va se confondre avec le tendon d'un muscle inséré sur les côtes, le tenseur de la membrane axillaire.

Au niveau de chaque espace interplumaire, ce ligament offre souvent un épaississement formé de tissu élastique.

2e série. Le ligament que nous venons de décrire n'appartient pas plus à la face palmaire des rémiges qu'à leur face dorsale. Celui que nous allons décrire est situé tout entier à la face palmaire ; il est situé un peu plus près de la base de la plume et offre une fasciculation remarquable.

Commençons, comme tout à l'heure, par ne considérer que les plumes cubitales et supposons que nous allons du coude vers la main.

Du milieu du tuyau, et un peu au-dessus du ligament de la première série, part un petit cordon qui se dirige obliquement. Il reçoit presque aussitôt le cordon qui vient de la penne précédente; le faisceau commun ainsi constitué se porte directement vers la penne suivante, et en atteignant celle-ci, émet par son bord supérieur une petite expansion qui se fixe à son tour au milieu du tuyau. Le faisceau commun franchit ensuite la penne, reçoit par son bord inférieur le cordon qui en émane, et la même chose se répète non-seulement pour toutes les pennes cubitales, mais encore pour les pennes métacarpiennes.

A la main, ce ligament se rapproche de plus en plus du précédent et finit par se confondre avec lui, en atteignant la base des doigts. Au coude les deux ligaments se confondent aussi.

Ajoutons que ce second ligament n'existe pas chez tous les oiseaux.

Nous donnerons au grand ligament commun de la première série le nom de grand ligament palmaire inférieur, et à celui de la seconde série le nom de grand ligament palmaire supérieur.

La présence de ces deux ligaments nous explique pourquoi, lorsque le bras s'étend, les rémiges métacarpiennes, cubitales et axillaires s'écartent les unes des autres d'un intervalle déterminé, et aussi pourquoi elles gardent cet intervalle.

Pour les rémiges cubitales, l'action de ces ligaments (pendant le déploiement de l'aile) est antagoniste de celle du petit ligament qui retient le bout de chaque plume. Entraînant vers la main la partie supérieure du tuyau, elles communiqueraient au bout de ce tuyau un mouvement vers le coude si le petit ligament ne s'y opposait pas.

Lorsque ces ligaments sont abandonnés à leur élasticité, ils ramènent les rémiges contre l'avant-bras.

Chaque penne reçoit encore sur sa face palmaire deux sortes de ligaments.

Le plus superficiel est une expansion triangulaire qui vient de l'aponévrose qui recouvre le muscle cubital antérieur, aponévrose qui nous semble représenter le muscle petit palmaire des mammifères, et dont la face profonde adhère au muscle fléchisseur de la première phalange du deuxième doigt. Cette aponévrose émet des expansions triangulaires dont le sommet va se fixer sur le tuyau immédiatement au-dessus du grand ligament palmaire supérieur, mais au-dessous de sa petite expansion. Ces triangles aponévrotiques ont pour fonction de maintenir les pennes inclinées en bas, pendant l'abaissement de l'aile, et de les empêcher d'être relevées par la pression de l'air.

Le plus profond vient du muscle rotateur des rémiges qui se détache du bord interne du cubital antérieur. Le bord de ce muscle émet à son tour de petites expansions triangulaires qui s'insèrent sur le tuyau un peu plus haut que les triangles précédents. Elles contournent le tuyau en se dirigeant du coude vers la main ; elles sont en partie composées de tissu élastique. Leur fonction est de faire tourner la penne sur son axe, de telle sorte que la large barbe placée du côté du coude s'applique plus intimement à la face ventrale de la plume voisine. Lorsque l'aile se relève, l'action du muscle cesse, et on comprend alors que, chez certains oiseaux (rapaces), les pennes tournant sur leur axe en sens inverse, l'air puisse filtrer dans leurs intervalles.

Les pennes métacarpiennes ne sont pas, comme les pennes cubitales, maintenues à leur extrémité par un petit ligament. Elles dépassent le métacarpien interne et atteignent l'externe, couvrant ainsi tout l'espace interosseux. Tandis que les plumes cubitales se rabattent vers le coude, elles se rabattent vers les doigts ; lorsqu'elles s'étalent, c'est aussi par un mouvement en sens inverse. Les bouts des tuyaux, qui dans ce dernier mouvement se porteraient vers les doigts, sont retenus par les divisions d'un ligament dorsal qui continue l'aponévrose dorsale de l'avant-bras et qui est tiré par le muscle tenseur de la membrane antérieure de l'aile.

A leur face palmaire elles reçoivent, comme les rémiges cubitales, des expansions triangulaires. Nous rapportons ces expansions à l'aponévrose palmaire.

Par leur ensemble, elles forment un grand triangle scalène qui a son sommet sur le bord radial du poignet et dont le bord inférieur se divise en digitations qui vont sur les rémiges. Le bord supérieur envoie sur l'appendix une digitation qui correspond au faisceau de l'éminence thénar. Le bord interne du triangle qui répond au ligament annulaire du carpe se continue avec l'aponévrose de l'avant-bras. Par sa face profonde il limite des coulisses tendineuses en contractant des adhérences : 1° avec l'os radial pour brider le carré pronateur ; 2° avec le tubercule palmaire du métacarpe, pour brider le fléchisseur de la phalange terminale du deuxième doigt ; 3" avec le grand tubercule palmaire de l'os cubital pour brider le fléchisseur de la première phalange.

Les pennes métacarpiennes reçoivent, en outre, des expansions qui viennent des muscles de la main. Les principales viennent du court fléchisseur, qui devient ainsi rotateur des pennes métacarpiennes.

Disposition générale des rémiges. — Les rémiges primaires (digitales et métacarpiennes) forment par leur ensemble un triangle à sommet plus ou moins aigu : ce sont les plus fortes et les plus longues. Les rémiges secondaires (cubitales) forment un trapèze : elles sont moins fortes et moins longues ; les rémiges tertiaires continuent ce trapèze quand l'aile est étendue, et le rattachent au flanc de l'oiseau ; elles sont encore moins fortes et moins longues que les rémiges cubitales.

Le plan des rémiges primaires est plus aplati, celui des rémiges cubitales est plus courbé ; ces deux plans réunis ne forment une voûte continue que dans l'extension complète de l'aile ; dans les autres positions, il y a toujours un certain degré de torsion, et cette torsion est encore plus marquée entre les rémiges cubitales et les rémiges axillaires.

Les rémiges sont doublées sur chacune de leurs faces par une penne beaucoup plus petite, qui les recouvre jusqu'à une certaine distance et qui a pour usage de mieux remplir l'espace compris entre deux pennes. Ces petites pennes (couvertures) s'étendent moins loin, proportionnellement à la longueur de la rémige, sur les rémiges primaires que sur les secondaires.

Lorsque l'aile est complétement étendue, les rémiges primaires forment un vaste triangle remarquable surtout par sa longueur chez les oiseaux bons voiliers ; mais cette surface est bien moindre lorsque l'aile commence à se replier. Les rémiges primaires n'ont plus alors qu'une faible action sur l'air, tandis que l'ensemble des rémiges secondaires occupe encore une large surface.

On peut en conclure que le rôle des rémiges primaires est plus instantané et qu'elles contribuent beaucoup plus à lancer l'oiseau, tandis que celui des rémiges secondaires peut se prolonger plus longtemps et se rapproche de celui d'un parachute.

Quand les rémiges bâtardes sont serrées les unes contre les autres, elles ne font que fortifier le bord radial de la main ; lorsqu'elles s'étalent, elles élargissent ce bord considérablement et forment une petite aile qui n'a pas une grande puissance pour frapper, mais qui offre à l'air une résistance capable de modifier le mouvement général de l'oiseau. Nous verrons leur influence sur les mouvements tournants.

Pour avoir une idée de l'ensemble de l'aile, il ne suffit pas de considérer les rémiges, il faut encore tenir compte des membranes qui élargissent sa surface. L'une est la membrane axillaire, elle occupe le creux de l'aisselle et rattache l'aile au flanc de l'oiseau ; les pennes axillaires prolongent sa surface. L'autre est placée au bord radial de l'aile : c'est la membrane antérieure ; elle va de l'épaule au métacarpe ; elle est tendue par un muscle tenseur marginal que nous décrirons. Son tissu contient beaucoup de fibres élastiques, souvent disposées par faisceaux. On y trouve parfois près du poignet un os sésamoïde que Mauduyt a décrit comme un troisième os du carpe.

En tenant compte de la membrane antérieure, on voit que l'aile a la forme d'un toit dont cette membrane forme le versant antérieur. A la main il y a aussi un versant antérieur quand l'appendix est écarté ; quand l'appendix est serré contre la main (1), il n'y a que le versant postérieur.

(1) Cela est vrai si les rémiges digitales restent dans le plan des rémiges métacarpiennes. Mais par suite de la rotation des phalanges, les rémiges digitales

L'aile de la chauve-souris ne reproduit qu'en partie celle de l'oiseau. Il y a de même un versant antérieur et un versant postérieur, et le versant postérieur a une grande étendue. On peut aussi dans ce versant postérieur distinguer une partie triangulaire et une partie trapézoïde ; mais la partie triangulaire n'a ni la même étendue, ni la même puissance, en sorte que dans l'aile de la chauve-souris la partie qui domine est celle qui répond au parachute.

MEMBRE POSTÉRIEUR OU ABDOMINAL.

Le membre postérieur se compose d'autant de régions que le membre antérieur : la hanche qui correspond à l'épaule, la cuisse qui correspond au bras, la jambe qui correspond à l'avant-bras, le pied qui correspond à la main. Toutes ces régions existent chez les oiseaux ; mais le pied ne comprend que deux régions, le métatarse et les phalanges, les éléments du tarse étant soudés en partie avec le tibia, en partie avec les os métatarsiens.

Comme nous avons parlé plus haut des os de la hanche ou os coxaux, nous passerons immédiatement à la description du fémur.

Os de la cuisse ou fémur. — Le corps du fémur chez les oiseaux est en général presque cylindrique, tantôt droit (cigognes, flamants), tantôt légèrement convexe en avant ; il s'élargit vers les extrémités ; en arrière et en dedans il est parcouru par une ligne rugueuse qui est la ligne âpre, et qui se continue en haut avec le bord postérieur du trochanter, en bas avec le condyle interne.

L'extrémité proximale, qui, par suite de la direction habituelle de l'os, est toujours supérieure, présente deux saillies, la tête et le trochanter.

La tête est plus ou moins sessile (*it is sessile*, R. Owen, a. c., t. II, p. 75), car le plus souvent la partie du fémur qui la soutient n'est pas assez détachée pour mériter le nom de col et ne peut être distinguée que par l'inclinaison de son côté inférieur et interne. Cette tête, toujours peu volumineuse, est dirigée en dedans et en

peuvent tourner leur face palmaire en bas et en arrière, et alors l'extrémité de l'aile présente un versant antérieur haut. La calotte sphérique qu'elle représente offre un peu au-dessus de son sommet une empreinte rugueuse où se fixe le ligament rond qui semble exister chez tous les oiseaux. La position de cette empreinte établit une différence caractéristique entre les oiseaux et les mammifères, où l'empreinte du ligament rond est toujours située au-dessus du sommet de la calotte sphérique.

En dedans et en bas, le cartilage d'incrustation qui revêt la tête fémorale ne se prolonge pas sur le col. Mais il n'en est pas de même en haut et en dehors, où le cartilage recouvre tout l'espace qui s'étend entre la tête du fémur et le trochanter, espace qui se trouve en contact avec le bord également lisse et articulaire de la cavité cotyloïde.

Le cartilage se continue encore sur la face interne du trochanter qui se trouve ainsi comprise dans la cavité de l'articulation coxo-fémorale. Cette face interne du trochanter offre toujours une largeur notable et s'applique à l'apophyse trochantérienne de l'iléon ; elle est taillée obliquement par rapport à l'axe du fémur.

Dans les cas où le fémur est pneumatisé, c'est ordinairement en avant et au-dessous de cette surface lisse, entre le bord antérieur du trochanter et la base du col du fémur, que se trouve l'orifice de la cavité aérienne. On peut aussi rencontrer un orifice aérien près de l'extrémité distale (sécrétaire). A. Milne Edwards fait observer que chez les totanidés et chez les laridés il n'y a jamais d'orifice pneumatique à l'extrémité supérieure.

La face externe du trochanter est triangulaire et légèrement convexe ; une ligne oblique (*ligne moyenne du trochanter*) la partage en deux parties à peu près égales. Un tubercule (*tubercule supérieur du trochanter*) se trouve un peu au-dessous de son sommet. Le bord postérieur est rugueux. A la partie inférieure de ce bord se trouve un tubercule (*turbercule postérieur du trochanter*) où s'insère le muscle que nous désignerons comme un obturateur externe.

L'extrémité distale est toujours inférieure. Elle s'élargit parfois beaucoup (canards, œdicnèmes). Elle se courbe d'abord, puis se termine par deux condyles dont l'interne offre une facette articulaire pour le tibia et l'externe, deux facettes, l'une pour le tibia, l'autre pour le péroné. Ces condyles se prolongent beaucoup en arrière et remontent vers la diaphyse, ce qui permet à la jambe de se fléchir complétement sur la cuisse.

La face postérieure du fémur présente au-dessus des condyles une sorte de rainure rugueuse (rainure sus-condylienne), qui sert à des insertions musculaires.

En avant, les condyles convergent l'un vers l'autre et s'unissent pour se prolonger en une gouttière destinée à recevoir la rotule, gouttière large et profonde limitée par deux lèvres longitudinales fort saillantes. L'étendue de cette gouttière montre que les condyles sont également disposées pour une extension complète de la jambe sur la cuisse.

Le condyle externe fait plus de saillie que l'interne.

Le condyle interne est plus dans la direction du fémur. Il est plus large, plus mousse, et appuie d'aplomb sur le condyle interne du tibia.

Le condyle externe est plus déjeté. Il présente deux facettes. Celle qui est destinée au tibia est taillée obliquement et n'appuie sur le tibia que par un plan incliné. Elle se continue sans interruption du revêtement cartilagineux avec une gouttière qui reçoit dans sa concavité la tête étroite et allongée du péroné.

Le fémur est très-court chez les plongeons (colymbus), il l'est un peu moins chez les grèbes. Il est encore remarquable par sa brièveté chez le cormoran, la cigogne, le flamant et les struthidés ; mais, chez l'aptéryx, sa longueur égale celle du bassin. Sa longueur, du reste, n'est jamais considérable, et il est toujours plus court que le tibia. Il est assez long chez les râles, les gallinacés et les passereaux.

Il offre chez les lamellirostres une courbure à concavité interne; le plus souvent il est concave en arrière. Il est droit chez les frégates, les longipennes, les totanides, les cigognes, les flamants.

Le col du fémur est trapu, dépourvu d'étranglement chez les palmipèdes lamellirostres ; il est au contraire étroit chez les totipalmes. Il est long chez les cigognes, mais il est court chez les grues, les flamants et les hérons. Il offre plus de longueur chez les gallinacés, et il est particulièrement long et grele chez les perdrix où la tête du fémur semble pédiculée.

Le trochanter fait une saillie en arrière chez les palmipèdes totipalmes ; il est très-grand chez les colymbidés. Sa saillie est forte chez les grues, chez les gangas, chez les syrrhaptes, chez les rapaces diurnes, assez sensible chez les râles ; elle est médiocre le plus souvent. Il y a chez le pic une petite fosse posttrochantérienne.

Le condyle externe est plus bas que le condyle interne chez les palmipèdes lamellirostres et chez les pigeons.

La fosse poplitée, nulle chez les gallinacés, est profonde chez les palmipèdes lamellirostres, les pigeons et les rapaces.

Rotule. — La rotule existe chez tous les oiseaux. Elle a généralement une forme pyramidale avec une de ses bases tournée en haut pour l'insertion du vaste externe.

Elle est considérable chez les palmipèdes totipalmes, les plongeons et les grèbes, où elle est allongée, terminée en pointe supérieurement et articulée par sa base inférieure avec une longue apophyse du tibia.

La rotule chez les oiseaux n'est pas simplement contenue dans le tendon du triceps, puisqu'elle reçoit directement les fibres de ce muscle.

Elle est cartilagineuse chez les struthidés et les tinamidés.

Tibia. — Le tibia, chez les oiseaux, n'est pas tordu sur son axe. Son corps est prismatique en haut, où il a plus de volume ; en bas il devient cylindroïde. Il a trois faces, deux latérales et une postérieure, trois bords, un antérieur et deux latéraux.

L'extrémité proximale ou supérieure est munie de deux condyles. L'interne est à peu près perpendiculaire à l'axe de l'os ; il donne un point d'appui solide au condyle interne du fémur, qui pivote sur cette surface dans les mouvements de rotation de la jambe.

Le condyle externe offre une surface inclinée qui, dans sa partie antérieure, regarde en dehors, et dans sa partie postérieure en dehors et en arrière.

Ces deux condyles sont séparés par un espace rempli en avant par un tubercule arrondi, qui est l'épine du tibia (intercondylar convexity, intercondylar tuberosity de R. Owen), et en arrière par une surface rugueuse où s'insèrent des ligaments qui correspondent aux ligaments croisés des mammifères.

Au-dessous des condyles, on voit deux crêtes saillantes, l'une antérieure et interne, l'autre externe. La crête antérieure et interne correspond à la tubérosité antérieure du tibia des mammifères. Son extrémité supérieure, qui donne attache au tendon rotulien, porte le nom de crête rotulienne ; elle fait une énorme

saillie chez les grèbes, les plongeons et les guillemots, où elle
s'articule directement avec la rotule, et chez les cormorans ; elle
est encore très-élevée chez les procellaridés, les sternes et les
foulques, mais le plus souvent elle n'a qu'un faible volume. La
crète antérieure elle-même fait toujours une saillie notable en
avant. Un bord osseux figurant une sorte de corniche demi-
circulaire la relie à la crète externe, dont la saillie est bien moins
prononcée. Chez les longipennes, cette dernière crète se recourbe
en forme de crochet, et cela se voit pour les deux crètes chez les
passereaux proprement dits. La crète externe est nulle chez les
pics.

On voit en dehors de la crète externe une gouttière où glisse
le tendon fémoral du muscle jambier antérieur. En dehors de
cette gouttière est une surface qui s'articule avec la tête du
péroné. Cette surface est supportée par une tubérosité légèrement saillante qu'un espace plus ou moins grand sépare de la
crète péronière, c'est-à-dire de la partie du bord externe du tibia
qui s'articule avec la diaphyse styliforme du péroné.

Dans la partie supérieure du tibia la face interne, limitée en
avant par la crète antérieure, est séparée par un bord supérieur
et interne de la face postérieure qui regarde un peu en dehors ;
dans la région inférieure il n'y a plus qu'une face postérieure
convexe et une face antérieure séparées l'une de l'autre par un
bord interne et par un bord externe. La face antérieure présente
en haut, dans l'intervalle des deux crètes, une fosse supérieure
et antérieure que l'on pourrait encore appeler fosse sous-rotu-
lienne. Elle est convexe dans sa partie moyenne. Inférieurement
elle est creusée d'une autre fosse (1) où se loge le tendon de
l'extenseur commun des doigts qui est retenu au fond de cette
fosse ou de cette gouttière le plus souvent par un pont osseux,
plus rarement (rapaces nocturnes, perroquets, calaos, autruche,
casoar) par un anneau fibreux. La lèvre interne de cette gouttière offre un tubercule plus ou moins saillant où s'attache l'anneau fibreux du jambier antérieur dont l'autre extrémité se fixe
au fond de la gouttière. La lèvre externe est creusée d'une gouttière plus ou moins profonde où glisse le tendon du court
péronier.

---

(1) Fosse antérieure et inférieure, fosse de l'extenseur commun, fosse précon-
dylienne (precondylar groove, Owen).

L'extrémité distale du tibia est remarquable par sa forme singulière qui reproduit celle de l'extrémité inférieure du fémur. Elle présente en effet deux condyles et une gouttière ; seulement la gouttière est située en arrière et les condyles se prolongent sur la face antérieure. Cette forme de l'extrémité distale du tibia ne peut plus être considérée comme particulière à la classe des oiseaux depuis la découverte du saurien fossile que Wagner a désigné sous le nom de compsognathus. Huxley, poussant plus loin la recherche des analogies, a désigné sous le nom d'ornithoscélidés (reptiles à jambes d'oiseaux) un groupe de reptiles où le compsognathus se trouve réuni aux dinosauriens. Chez ces animaux l'extrémité proximale du tibia présente en avant une crète antérieure saillante. L'extrémité distale à son tour présente en avant un enfoncement dans lequel se loge un prolongement antérieur de l'astragale. Chez le compsognathus, l'ornithotarsus et l'euskelosaurus, l'astragale paraît s'être ankylosé avec le tibia, et il en serait de même chez les oiseaux, à la condition de considérer comme un astragale la pièce épiphysaire qui termine inférieurement le tibia. En étudiant sur un poulet cette pièce épiphysaire avant sa soudure, on voit qu'elle comprend la gorge postérieure et les deux condyles et que de plus elle présente un prolongement antérieur qui s'enfonce dans la fosse de l'extenseur des doigts, prolongement offert par les ornithoscélidés. Le tibia des oiseaux serait donc un os composé, il comprendrait un des os de la première rangée du tarse, en un mot ce serait un os tibio-tarsien.

Les faces latérales de l'extrémité distale du tibia sont légèrement excavées ; elles sont entourées dans leurs trois quarts inférieurs par un bord saillant et offrent vers leur centre une rugosité pour l'insertion d'un ligament latéral.

Le tibia des oiseaux n'offre jamais une grande brièveté. Il est toujours plus long que le fémur. Sa longueur est considérable chez les oiseaux remarquables par la brièveté de leur fémur, comme les plongeons, les grèbes, les flamants. Il est très-long chez les flamants, les grues, les hérons, les cigognes, les outardes, les totanides. Sa longueur est encore considérable chez les râles et les gallinacés. Il a une longueur moyenne chez les rapaces, les passereaux, les palmipèdes lamellirostres et longipennes; il est court chez les totipalmes.

Il est généralement droit, mais un peu moins large au milieu

de la diaphyse qu'à ses extrémités. Il offre une légère courbure
à concavité interne chez les lamellirostres, les laridés, les totanides, les flamants, les pigeons ; la courbure est plus forte chez
les aigles. Chez les grues, il est un peu tordu sur son axe. Il est
aplati en avant chez les lamellirostres, les cigognes, les grues,
les aigles, il est fortement comprimé d'avant en arrière chez
les flamants.

La crête péronière est très-forte et prolongée jusqu'au tiers
de l'os chez les palmipèdes lamellirostres, jusqu'à la moitié chez
les totipalmes ; peu étendue et située très-haut chez les longipennes, les totanides, les cigognes, les grues et les flamants.
Elle occupe le $\frac{1}{6}$ de l'os chez les rallidés, le $\frac{1}{4}$ chez les passereaux chanteurs ; elle descend très-bas chez les rapaces et chez les
struthidés.

Le pont osseux de l'extenseur du doigt est transversal chez
les lamellirostres, le phaéton, les colymbidés, les longipennes,
les rallidés, les gallinacés, les colombidés, le secrétaire. Il est
oblique chez les pélicans, les cormorans, les guêpiers, les martins-pêcheurs, les rapaces diurnes. Il est ligamenteux chez les
calaos, les huppés d'un âge peu avancé, les strigidés et les
psittacidés, à l'exception des platycerques.

Péroné. — Le péroné, dépourvu d'extrémité distale ou inférieure, est réduit à son extrémité proximale et à sa diaphyse.

La diaphyse est un stylet osseux plus ou moins grêle, souvent
flexible, qui adhère plus ou moins au bord externe du tibia.
Elle a plus de volume dans sa partie supérieure où elle s'articule par son bord interne avec la crête péronière du tibia ; on y
voit sur la face postérieure, près du bord interosseux, une rugosité qui sert à l'insertion du muscle biceps. Au-dessus de
cette insertion, le péroné s'éloigne du tibia dont il est séparé par
un intervalle, et sa face externe présente une surface lisse sur
laquelle glisse le tendon de l'accessoire iliaque du fléchisseur
perforé ; au-dessus encore se trouve une rugosité d'insertion
pour le ligament latéral externe. Plus haut, la diaphyse se continue avec la tête du péroné.

L'extrémité proximale, supérieure, fémorale de l'os constitue
la tête du péroné, qui est allongée d'avant en arrière, un peu
plus large en avant, et convexe transversalement. La tête du
péroné ne s'articule avec le tibia que par son extrémité antérieure. Nous verrons que dans les mouvements de flexion de la

jambe sur la cuisse, elle tourne sur son articulation tibiale comme une valve ou un battant de porte sur sa charnière. La face supérieure de la tête du péroné est reçue dans la gouttière externe du condyle fémoral ; sa face interne, également lisse, glisse contre la lèvre interne de la gouttière ; la face externe est également lisse pour permettre le glissement du ligament latéral externe.

L'extrémité distale n'existe pas, mais le stylet diaphysaire se prolonge très-bas chez les rapaces et chez les struthidés, les palmipèdes totipalmes, les plongeons ; il s'arrête au-dessus du tiers inférieur du tibia chez les passereaux, les gallinacés, les palmipèdes lamellirostres ; à la moitié chez les longipennes et les échassiers en général.

Tarse. — Chez les sujets où le travail de l'ossification est terminé, les os du tarse paraissent manquer. Dans le jeune âge, au contraire, on peut les retrouver dans des pièces qui plus tard se soudent soit avec le tibia, soit avec le métatarse. Nous verrons tout à l'heure que la deuxième rangée des os du tarse se confond avec le métatarse.

Parmi les os de la première rangée, l'astragale, comme nous venons de le dire, se soude au tibia. Le calcanéum paraît manquer; son absence d'ailleurs coïnciderait avec celle de l'extrémité distale du péroné. On pourrait peut-être voir un calcanéumdans un fibro-cartilage en partie ossifié qui glisse comme une rotule dans la gouttière intercondylienne et qui forme la lame profonde de la gaine des fléchisseurs des doigts. On n'aperçoit aucun os qui corresponde au central ou au scaphoïde du pied des mammifères.

Métatarse. — Le métatarse des oiseaux se compose généralement de quatre os ; il est rare qu'il n'y en ait que trois.

L'un des quatre os est toujours isolé ; il supporte le doigt de deux phalanges que l'on désigne sous le nom de pouce.

Les trois autres sont toujours plus ou moins confondus de manière à former un seul os comparable, comme le disait Vicq-d'Azyr, au canon des ruminants, avec cette différence que celui-ci n'est composé que de deux os.

Diverses opinions ont été émises sur la nature de l'os canon des oiseaux. Pour Aristote c'était la jambe, erreur dont la trace persiste encore dans le langage vulgaire. Belon qui, le premier, a corrigé cette erreur, l'a désigné ainsi : l'os donné pour jambe aux oiseaux correspondant à notre talon. Aldrovande l'a nommé tarse, expression qui depuis a été employée par tous les ornithologistes descripteurs. Borelli a encore dit que c'était la jambe du pied, *crus pedale*. Nicolas Stenon y a vu l'os qui tient lieu du tarse et du métatarse, *os qui supplet vices tarsi et metatarsi*. Vicq-d'Azyr enfin a déclaré que le tarse manquait aux oiseaux, et que l'os du canon répondait uniquement au métatarse. Cuvier, revenant à l'opinion de Stenon, l'a désigné sous le nom d'os tarso-métatarsien. Cette dernière opinion est la plus généralement adoptée, elle est soutenue par Tiedemann, Carus, Meckel, A. Milne Edwards. L'opinion de Vicq-d'Azyr, adoptée par Blumenbach, l'est encore par Strickland et Melville, Eyton, P. Gervais. R. Owen, après avoir préféré la première opinion dans son archétype, a déclaré depuis qu'il considérait la question comme indécise (1). Il est certain que la plus grande partie du canon des oiseaux est formée par les os du métatarse. Chez le manchot, ils restent séparés dans presque toute leur étendue ; chez les autres oiseaux la séparation est encore le plus généralement indiquée par deux pertuis (pertuis supérieurs, A. Milne Edwards) situés au voisinage de l'extrémité proximale, l'un entre le deuxième et le troisième métatarsien, l'autre entre le troisième et le quatrième. Mais l'extrémité proximale n'offre aucun indice de division, et elle forme d'abord une pièce osseuse distincte qui ne se confond avec le reste de l'os que par le progrès du développement.

Pour les uns, cette pièce osseuse n'est qu'une épiphyse du métatarse et le tarse n'existe pas ; pour les autres, elle correspond au tarse et le métatarse n'a pas d'épiphyse. Mais dans ce dernier cas, il reste à savoir si elle représente la totalité du tarse, ou si elle ne répond qu'à la deuxième rangée. En effet, ce qui fortifie l'opinion de Vicq-d'Azyr et lui prête un appui contre ses prédécesseurs, c'est que les expressions de tarse (Aldrovande), d'os du talon (Belon), d'os calcanei (Fabrice d'Aquapendente), contiennent une erreur en ce sens qu'il n'y a rien dans cet os qui corresponde au calcanéum, et Vicq-d'Azyr a bien vu

____

(1) « The term tarso-metatarse applied by some ornithotomists to the present « segment, implies the tarsal homology of the epiphysis; the same might, non « probably, be predicable of the distal one of the tibia, but neither being de-« monstrated, I prefer to call the present segment the metatarse.» *Compar. anat.* t. II, 1866, p. 79

que la première rangée du tarse en est exclue. Cuvier, en adoptant l'expression d'os tarso-métatarsien, a réservé l'avenir bien plus qu'il n'a résolu la question. Cette solution nous est donnée aujourd'hui par Gegenbaur et par Huxley, qui démontrent, en s'appuyant sur la comparaison des oiseaux avec les reptiles, que l'os canon des oiseaux est formé par la réunion du métatarse avec la deuxième rangée des os du tarse. Le nom d'os tarso-métatarsien peut donc lui être appliqué, mais dans ce dernier sens seulement.

L'extrémité proximale de l'os canon ou tarso-métatarsien des oiseaux reproduit assez bien la forme de l'extrémité proximale d'un tibia de mammifère. Elle offre deux surfaces demi-circulaires ou condyles (cavités glénoïdales, A. Milne Edwards) sur lesquelles roulent les condyles inférieurs du tibia, et en arrière, entre ces deux surfaces, un tubercule arrondi (tubérosité intercondylienne, A. Milne Edwards) qui ressemble à l'épine du tibia. La ressemblance est augmentée par la présence dans l'intérieur de l'articulation de fibro-cartilages semi-lunaires et de ligaments croisés.

Cette extrémité présente à sa face postérieure, de chaque côté, une crête plus ou moins saillante. Entre les deux crêtes se trouve une gouttière où passent les tendons des muscles fléchisseurs des doigts ; sur les crêtes mêmes, et principalement sur l'interne, se fait l'insertion du tendon d'Achille. La crête interne fait habituellement une forte saillie (rapaces), la crête externe en fait une beaucoup plus faible. Chez les coqs, chez les plongeons, les deux saillies sont unies par un pont osseux, et la gouttière des tendons fléchisseurs est convertie en un canal. On compare généralement la saillie de ces crêtes à celle du calcanéum. R. Owen les nomme crêtes calcanéennes (calcanear ridges, processes); Alph. Milne Edwards les nomme crêtes du talon. Cependant elles n'ont rien à faire avec le calcanéum, la crête externe pouvant tout au plus représenter une saillie du cuboïde, ou la saillie que le métatarsien externe présente à sa base, et la crête interne différant encore plus de la saillie calcanéenne, puisque celle-ci est toujours située au côté externe du pied. On peut leur conserver le nom de crêtes du talon à cause de leur fonction, mais en ayant soin d'observer qu'il n'y a aucune homologie entre le talon des oiseaux et celui des mammifères et des reptiles.

Il faut d'ailleurs ajouter que la crête interne appartient au métatarsien médian. Cela se voit très-bien chez le manchot, comme le dit Gegenbaur, et l'on peut s'en convaincre chez les autres oiseaux en considérant qu'elle est toujours située entre les orifices postérieurs des deux pertuis supérieurs ; chez les gallinacés, elle se prolonge le long du métatarsien médian et divise ainsi en deux parties la face postérieure du métatarse. D'autres fois, comme chez les rapaces, la face postérieure du métatarse a l'aspect d'une gouttière allongée limitée en dehors par une lèvre saillante qui continue la crête externe, et en dedans par une autre lèvre qui appartient en haut à la crête interne et plus bas au bord postérieur du deuxième métatarsien. Chez d'autres, comme chez les passereaux chanteurs, il y a une crête saillante le long du bord externe.

La gouttière qui sépare les deux crêtes du talon peut n'offrir aucune subdivision, les tendons qu'elle contient n'étant alors séparés que par du tissu fibreux (autruche). Le plus souvent elle est partagée en une partie profonde et une partie superficielle ; la partie profonde contient deux canaux séparés l'un de l'autre par une cloison osseuse, et recouverte par une autre lame osseuse qui les sépare de la partie superficielle ; la partie superficielle, à son tour, tantôt forme une simple gouttière qui n'est subdivisée que par de faibles dépressions, tantôt (gallinacés) est convertie en un véritable canal (simple ou subdivisé) à cause de la présence d'un pont osseux qui réunit les deux crêtes.

En avant, l'extrémité proximale de l'os tarso-métatarsien est creusée d'une gorge (gouttière métatarsienne antérieure ; A. Milne Edwards) qui correspond à l'intervalle des deux condyles, et au fond de laquelle on voit les pertuis supérieurs limitant de chaque côté le métatarsien médian qui, dans cette région, fait moins de saillie qu'en arrière. Près du pertuis supérieur externe le métartarsien médian présente une rugosité qu'un pont ligamenteux unit à une rugosité du bord externe du métatarse. Le tendon de l'extenseur commun passe sous ce pont ligamenteux, qui est complétement ossifié chez le balbuzard, les rapaces nocturnes et la plupart des rallidés. Le métatarsien médian présente en outre, entre les deux pertuis, une rugosité à laquelle se fixe le tendon du jambier antérieur, et le deuxième métatarsien offre aussi, dans sa partie externe le plus souvent, une rugosité pour une expansion de ce tendon. Ces rugosités ont été désignées par A. Milne Edwards sous le nom d'empreintes tibiales.

La face antérieure ou dorsale du métatarse est, en outre, parcourue par plusieurs lignes intermusculaires. La gouttière métatarsienne antérieure s'y prolonge d'abord, mais, au voisinage de l'extrémité proximale, la concavité fait place à une convexité, le métatarsien médian devenant alors plus saillant en avant qu'en arrière.

L'extrémité distale du métatarse est formée par les extrémités séparées des trois métatarsiens. L'échancrure qui sépare le quatrième métatarsien du troisième est beaucoup plus profonde ; sa partie supérieure, qui donne passage à un tendon, est souvent convertie en un trou (pertuis inférieur, A. Milne Edwards) par un pont osseux. Le troisième métatarsien dépasse généralement les deux autres, qui sont rabattus sur les côtés. Les trois os sont terminés par des poulies articulaires ou des trochlées convexes d'avant en arrière et concaves transversalement, et qui se prolongent assez sur la face dorsale et sur la face plantaire pour permettre le plus haut degré de flexion et d'extension. La direction de leur gorge est aussi disposée de manière à faire écarter les doigts dans l'extension, et à les rapprocher dans la flexion. Pour cela cette gorge est dirigée, dans sa partie dorsale, de dedans en dehors pour le quatrième doigt, et de dehors en dedans pour le deuxième ; tandis que, dans sa partie plantaire, elle est dirigée en sens inverse ; en un mot, la poulie présente pour le quatrième et le deuxième doigt une sorte de torsion qui n'existe pas pour le doigt médian.

La trochlée moyenne se rattache au corps de l'os par une partie plus étroite ou col ; elle est comprimée latéralement ; les deux autres sont comprimées l'une en dedans, l'autre en dehors ; mais leur côté libre présente une légère expansion. Chez les oiseaux où le quatrième doigt est versatile, il y a pour ce doigt deux surfaces articulaires, dont l'une est latérale et l'autre tout à fait postérieure.

Chez les oiseaux qui ont un pouce, le bord interne du deuxième métatarsien présente une empreinte rugueuse qui sert à l'articulation du métatarsien du pouce. A. Milne Edwards la nomme empreinte digitale. J'aimerais mieux l'appeler empreinte pollicienne ou polléale. Elle peut être située assez haut, comme chez les gallinacés ; elle est placée très-bas dans les rapaces.

Le métatarsien du pouce est réduit à son extrémité distale. C'est une plaque osseuse à peu près triangulaire terminée par une poulie transversale qui forme la base du triangle articulée avec le pouce, tandis que le sommet et le côté qui devrait être externe s'articulent avec le bord interne du deuxième métatarsien. Cet os est placé de telle sorte que le pouce est constamment opposé aux autres doigts, c'est-à-dire qu'il est posé comme s'il avait tourné sur son articulation comme sur une charnière, que sa face dorsale regarde en arrière, que sa face plantaire regarde en avant, et que cette face plantaire dessine une voûte sous laquelle passent les tendons des fléchisseurs du pouce, tandis que l'extenseur glisse sur la face dorsale.

Doigts ou orteils. — Il n'y a pas d'oiseaux qui aient plus de quatre doigts. Si on les compare aux mammifères et aux reptiles, on voit que c'est le cinquième doigt qui manque. Chez les oiseaux qui n'ont que trois doigts (pluviers, outardes, casoars), c'est généralement le pouce qui manque ; mais chez le pic tridactyle, le pouce existe, et c'est le quatrième doigt qui fait défaut. L'autruche n'a que le quatrième et le troisième doigt, mais le deuxième métatarsien existe, et l'on peut trouver sur quelques sujets un vestige du second doigt complétement caché sous la la peau.

Le pouce a deux phalanges ; le second doigt trois, le troisième quatre, et le quatrième cinq. Cependant le troisième doigt est toujours plus long que le quatrième, parce que la longueur totale des doigts ne dépend pas seulement du nombre des phalanges, mais aussi de la longueur particulière de chacune d'elles. Ainsi le quatrième doigt, qui a cinq phalanges, est plus court que le troisième qui n'en a que quatre.

Toutes les phalanges, à l'exception de la dernière, présentent à leur extrémité distale une trochlée, et à leur extrémité proximale une véritable cavité sigmoïde qui embrasse la trochlée de la phalange précédente. Au côté dorsal cette cavité sigmoïde est munie d'une petite saillie qui a la forme d'un petit olécrane et qu'on peut, avec Alph. Milne Edwards, nommer olécranienne ; à la face plantaire se trouve une autre saillie que l'on pourrait appeler coronoïdienne ; on peut aussi les désigner par les noms de tubercule basilaire plantaire et de tubercule basilaire dorsal de la phalange. Sur les faces latérales des trochlées se trouvent de petits enfoncements où s'insèrent des ligaments.

La phalange terminale a une grande longueur chez les oiseaux qui ont des ongles crochus comme les rapaces ; elle est beaucoup plus courte chez ceux qui ont les ongles plats, comme les grèbes et les flamants, ou légèrement courbés comme les gallinacés. L'avant-dernière phalange a une longueur considérable chez les rapaces, les perroquets, les passereaux, ce qui n'a pas lieu chez d'autres oiseaux, par exemple chez les gallinacés. Tiedemann a cru pouvoir affirmer que chez les gallinacés, les échassiers et les palmipèdes, les phalanges vont en décroissant de longueur à partir de la première. Meckel a montré que cette règle n'est pas absolue. C'est qu'en effet chaque doigt a besoin d'être considéré à part.

Prenons le quatrième doigt. Chez un rapace, un perroquet, un passereau chanteur, les trois premières phalanges sont d'une brièveté excessive, et la quatrième est très-grande. Chez le pic elles sont toutes assez courtes, mais la première est la plus longue, et les autres vont en décroissant.

Chez les pigeons, les gallinacés, les échassiers et les palmipèdes, la première phalange est assez grande et les trois autres vont généralement en décroissant. Cependant chez le coq la quatrième phalange est plus longue que la troisième.

Au troisième doigt, la première phalange est très-courte chez les rapaces nocturnes, la deuxième un peu plus longue, et la troisième très-grande. Chez les rapaces diurnes, la première et la troisième phalange sont longues et la deuxième est courte. Il en est de même chez les perroquets, où cependant la deuxième phalange est un peu plus longue que chez les rapaces. Chez le pic la première phalange est la plus courte, et il en est de même chez les passereaux proprement dits. Dans les autres groupes, les phalanges vont en décroissant à partir de la première, comme pour le quatrième doigt.

Au deuxième doigt, la deuxième phalange est plus longue que la première chez les rapaces, les perroquets, les pics, les passereaux ; elle est la plus courte chez les pigeons, les gallinacés, les échassiers et les palmipèdes.

La forme des phalanges est aussi à considérer. Ainsi la phalange onguéale n'a qu'une base de peu de longueur, mais son crochet peut acquérir de grandes dimensions.

Les pattes ont fourni aux ornithologistes des caractères importants pour la classification. Mais ils se sont surtout occupés du nombre des doigts, de leurs palmures, de leur position, de leur longueur relative entre eux et par rapport au métatarse ; dans le métatarse on a principalement considéré la longueur, l'épaisseur et la forme générale. Nous venons de signaler les principaux caractères fournis par les doigts ; l'os canon présente de son côté des formes dont pendant longtemps les classificateurs n'ont pas tenu un compte suffisant. L'importance de ces détails a été démontrée par Kessler (ostéologie der Vogelfüsse), Bianconi (subtarso-métatarso degli uccelli), et surtout par Alph. Milne Edwards, qui les a décrits très-exactement dans les différents ordres et a prouvé que des portions bien conservées de cet os peuvent suffire pour déterminer les genres et même les espèces.

L'os canon est très-court chez les manchots, les frégates, les martinets, les calaos, les perroquets. Il est assez court chez la plupart des palmipèdes totipalmes et chez les pigeons ; d'une longueur médiocre chez les colymbidés, les palmipèdes lamellirostres, les rallidés, la plupart des gallinacés, des passereaux et des rapaces ; long chez les longipennes, les totanides ; très-long chez les outardes, les cigognes, les grues, les hérons et surtout les flamants.

Du reste, quelle que soit sa longueur, il est toujours plus court que le tibia. Alph. Milne Edwards a calculé que chez le flamant, en prenant l'os canon pour 100, on aurait 108 pour le tibia et 28 pour le fémur.

Chez les manchots et chez les pingouins (alca) l'os canon est comprimé d'avant en arrière ; il est donc à la fois court, large et plat. Il en est de même à un moindre degré chez les totipalmes.

Chez les grèbes, les plongeons, les puffins, les flamants, les avocettes, les cigognes, les hérons, les grues, les outardes, il est comprimé latéralement.

Il est presque quadrangulaire chez les pélicans, les longipennes, les totanides, les cigognes.

Le plus généralement il est plus ou moins arrondi.

Les pertuis supérieurs sont grands et allongés chez les manchots, de telle sorte que les trois os qui composent l'os canon sont en grande partie séparés. Généralement ces pertuis sont réduits à de petites dimensions ; ils peuvent aussi être inégaux ; le pertuis supérieur interne est beaucoup plus grand chez les pigeons ; chez les rapaces nocturnes c'est le pertuis supérieur externe Chez les perroquets l'interne disparaît de bonne heure.

Chez le pélican, le kamichi, le calao, il y a de vastes trous aériens communiquant avec les pertuis supérieurs.

Le pertuis inférieur externe est large et peu séparé de l'échancrure interdigitale chez les palmipèdes lamellirostres et les gallinacés ; il en est beaucoup plus éloigné chez les passereaux chanteurs. Il est très-petit chez ces derniers ; il est remarquable par sa grandeur chez les palmipèdes totipalmes.

La gouttière métatarsienne antérieure est profonde chez les rapaces, les martinets, les pigeons, les gallinacés, la poule sultane (où elle est très-profonde), le héron, le flamant, la grue, la cigogne, l'albatros.

Elle est nulle chez les longipennes en général. Elle est faiblement creusée chez les lamellirostres, les totipalmes, les totanides, la plupart des passereaux et les perroquets.

La gouttière métatarsienne postérieure est très-effacée chez les palmipèdes lamellirostres où la face postérieure de l'os est convexe transversalement ; elle l'est encore chez les totipalmes ; elle est nulle chez la plupart des longipennes et chez les cigognes ; elle est légèrement creusée chez la grue, le flamant. Elle est profonde chez la poule sultane, les gallinacés, les pigeons, les rapaces ; mais elle est faible chez les passereaux.

L'éperon des coqs et des faisans est inséré sur la face interne du canon. L'extrémité proximale est large chez les manchots, les palmipèdes lamellirostres, les passereaux chanteurs.

Les cavités condyliennes sont très-excavées chez les grues, où elles sont limitées par un bord saillant, surtout du côté interne.

Elles sont étroites et plus longues que larges chez les flamants et les hérons.

L'interne est plus grande chez les pigeons, les passereaux chanteurs, les rapaces nocturnes.

La tubérosité intercondylienne est surtout considérable chez les cigognes, où elle est haute et étroite. Elle est ronde et large chez les grues. Elle est très-large chez les flamants, où elle occupe plus de la moitié du diamètre transversal. Elle est saillante et très-grosse chez les passereaux chanteurs.

Elle est pointue chez les jacanas, ronde et faible chez les gallinacés, très-surbaissée chez les pigeons, faible chez les rapaces, nulle chez les aras, mais elle existe chez les cacatoès, les loris et les perroquets.

Les crètes du talon font une grand saillie chez les palmipèdes lamellirostres, les totipalmes, les laridés, les cigognes, les grues, les gallinacés, les pigeons, les passereaux, les rapaces.

Elles sont séparées de la surface articulaire par une gouttière transversale chez les grues, les cigognes, les flamants, etc. Le plus souvent leur bord supérieur est de niveau avec la surface articulaire.

La crète interne appartient, comme nous l'avons dit, au métatarsien médian. Elle est situé au milieu de la face postérieure de l'os canon chez les manchots, les pigeons, les gallinacés, les rapaces diurnes. Elle est rejetée en dedans chez les rapaces nocturnes.

Les deux crètes sont égales chez les flamants, les cigognes, les passereaux chanteurs. Le plus généralement la crète interne est beaucoup plus forte. Chez les râles la crète externe est très-forte et plus grande que l'interne.

Chez les passereaux chanteurs la crète externe se prolonge sur la diaphyse en une crète postéro-externe. Chez la plupart des gallinacés la crète interne se prolonge le long du bord interne.

De petites crètes intermédiaires se montrent chez les palmipèdes lamellirostres de manière à former trois gouttières, dont la plus interne devient tubuleuse. Il y a chez le pélican 2 gouttières presque tubuleuses, une seule chez le cormoran, 3 chez l'anhinga, 3 chez le grèbe, 1 chez le courli, 3 chez la bécasse, 1 chez la grue, le héron, le râle et la poule d'eau. Chez les gallinacés la crète interne se soude à la crète externe pour former une gouttière profonde.

Chez les passereaux proprement dits, tels que les corbeaux, il y a 5 tubes (3 internes et 2 antéro-externes). La huppe n'offre qu'un canal ; il n'y en a qu'un aussi chez les martins-pêcheurs, les guêpiers, les rolliers et les touracos. Il y en a deux chez les calaos, les couroucous, les coucous, les barbus, les toucans et les pics. Chez les psittacidés on trouve tantôt un et tantôt deux tubes.

Les empreintes tibiales que l'on voit sur la face antérieure sont doubles chez les lamellirostres, chez les pélicans et les cormorans, les longipennes, les totanides, la grue, le flamant, la cigogne, le râle, le goura.

Il n'y en a qu'une chez la plupart des totipalmes, le héron, les gallinacés, les genres serresius et pterocles, les passereaux les rapaces. Chez ces derniers elle est bien placée sur le métatarsien médian, mais chez les perroquets elle est en dedans du métatarsien interne.

La coulisse de l'extenseur des doigts située dans la partie externe de la fosse antérieure est fermée par un pont osseux chez les râles, les passereaux chanteurs, les rapaces nocturnes.

L'extrémité distale est le plus généralement assez large. Elle est très-large chez les manchots ; elle l'est encore beaucoup chez les totipalmes. Elle est au contraire très-resserrée chez les grèbes et les colymbidés. Elle est comprimée d'avant en arrière chez les passereaux chanteurs.

Les trochlées sont sur un même plan chez les totipalmes, les rallidés, les outardes, les cigognes, les flamants, les passereaux chanteurs.

La trochlée interne est plus ou moins déjetée en dedans chez les totipalmes. La trochlée externe est déjetée en dehors chez le coq de roche, en arrière chez les rapaces diurnes (à l'exception du secrétaire). Chez les perroquets, la trochlée interne est retournée de dedans en dehors.

La trochlée interne est placée plus haut que l'externe chez les palmipèdes lamellirostres, les colymbidés, les grébifoulques, les longipennes, les totanides, les grues, les flamants, les gallinacés.

Elle est au contraire plus bas que l'externe chez les hérons, les pénélopes, les pigeons, les martinets, les calaos, les rapaces diurnes.

Chez les strigidés la trochlée médiane est placée plus bas que l'interne.

On trouve chez le pic une trochlée accessoire postéro-externe ; elle manque chez le pic tridactyle et chez les coucous. Il y a chez les perroquets deux poulies digitales externes.

Les trochlées sont séparées par des échancrures profondes chez les rallidés et les gallinacés, ainsi que chez les struthidés.

La surface articulaire pour le métatarsien du pouce (empreinte pollicienne) manque nécessairement chez les oiseaux qui n'ont pas de pouce. Elle manque également chez les flamants, où le métatarsien du pouce n'est rattaché à l'os canon que par un ligament ; il en est de même chez le grèbe. Elle est bien marquée chez les pélicans, les râles, les gallinacés, les pigeons, les passereaux, les perroquets, les rapaces.

ARTICULATIONS DU MEMBRE ABDOMINAL.

Articulation coxo-fémorale. — Chez tous les oiseaux connus, le fond de la cavité cotyloïde est perforé, ou du moins n'est pas ossifié et n'est rempli que par une membrane fibreuse. Le reste est recouvert de cartilage ; c'est vers le centre de la membrane qui occupe le fond de la cavité cotyloïde que s'insère le ligament rond, c'est-à-dire un cordon aplati qui représente le ligament rond des mammifères.

Le bord de la cavité cotyloïde n'est pas garni par un bourrelet fibreux destiné à embrasser plus étroitement la tète du fémur. Ce bord est lisse, et le cartilage d'incrustation se réfléchit de manière à constituer une nouvelle surface articulaire qui peut entrer en contact avec le col du fémur et le trochanter. En arrière et en haut cette portion réfléchie recouvre l'apophyse post-cotyloïdienne ou trochantérienne qui est plus particulièrement en rapport avec la face interne du trochanter.

La tète fémorale est, comme nous l'avons dit, peu volumineuse et elle porte au-dessus de son sommet l'empreinte du ligament rond. La partie supérieure du col fémoral, qui est assez large, lisse et articulaire, est disposée pour entrer en contact avec le bord de la cavité cotyloïde, et cette partie du col se continue immédiatement avec la face interne du trochanter. Ces parties sont maintenues par une capsule fibreuse d'une force médiocre en haut, en avant et en arrière, où elle se fixe aux bords du trochanter; beaucoup plus développée en bas et en avant, où elle embrasse la base du col fémoral.

Les mouvements exécutés par cette articulation sont variés, mais bornés dans leur étendue.

Dans la station et pendant le vol, le fémur est fortement fléchi en avant (le genou atteignant la deuxième côte vertébrale). Dans les mouvements, il est rare qu'il s'abaisse assez pour devenir perpendiculaire à l'axe du tronc.

Ses mouvements de rotation sont bornés, mais suffisants pour tourner la plante du pied en dehors.

Les genoux sont toujours écartés l'un de l'autre de toute la largeur de la région thoraco-abdominale ; ils peuvent s'écarter davantage par un mouvement d'abduction. Dans ce dernier cas, le fémur se meut sur le tronc, considéré comme un point fixe.

D'autres fois, c'est le fémur qui est immobile et le tronc qui s'incline sur le fémur ; cela se produit dans la station sur une seule patte, le centre de gravité devant être porté soit à droite, soit à gauche, pour rétablir l'équilibre.

Le fémur sert aussi de point d'appui au bassin pour les mouvements de bascule qui font abaisser ou relever la partie antérieure du tronc. L'articulation du trochanter et de l'apophyse trochantérienne a un rôle particulier dans ces mouvements, en établissant le contact par des surfaces plus larges dans le point où s'exerce la plus forte pression.

Articulations du genou. — Nous avons à distinguer : une articulation fémoro-tibiale, une articulation fémoro-péronéale, une articulation péronéo-tibiale supérieure, et une articulation fémoro-rotulienne.

L'étude de ces articulations offre un grand intérêt, non-seulement au point de vue des mouvements qu'elles exécutent, mais encore au point de vue de la comparaison du type des oiseaux avec celui des mammifères. Car elles réalisent des conditions que l'on voit chez ceux-ci avec des moyens très-analogues, sans pourtant produire la similitude, et tout montre que ces rapports se présentent dans deux types qui n'ont aucune tendance à se confondre l'un avec l'autre.

Articulation fémoro-rotulienne. — L'extrémité distale du fémur présente au-dessus des condyles une gorge profonde et très-étendue dans laquelle glissent la rotule et le ligament rotulien. Ce ligament, qui unit la rotule à la crête antérieure du tibia, est parfois en partie fibro-cartilagineux, ce qui lui donne une résistance élastique (aigle) ; d'autres fois il manque (grèbe) et semble alors remplacé par un prolongement de l'épine du tibia qui s'articule directement avec la rotule. Il peut aussi arriver que la face profonde du ligament soit garnie d'un bourrelet cellulo-graisseux qui forme comme une autre rotule. Il peut aussi arriver (aigle) que la cavité synoviale fémoro-rotulienne soit complétement distincte de la cavité fémoro-tibiale.

La rotule et le ligament rotulien ne sont d'ailleurs retenus que par l'enveloppe fibreuse du genou.

Articulations fémoro-tibio-péronéale et *tibio-péronéale.* — Il y a dans l'intérieur de cette double articulation deux ligaments croisés et deux fibro-cartilages semi-lunaires. Elle est, en outre, maintenue par une capsule fibreuse et par deux ligaments latéraux, l'un interne et l'autre externe.

Les ligaments croisés sont complétement isolés l'un de l'autre ; l'externe se porte directement du creux intercondylien à l'épine du tibia. Le ligament croisé interne part du creux intercondylien et traverse la perforation du fibro-cartilage semi-lunaire interne pour se fixer, sous ce fibro-cartilage, au bord postérieur du condyle interne du tibia.

Le fibro-cartilage semi-lunaire interne est presque circulaire et n'est le plus généralement perforé que dans sa partie centrale (cette perforation est même complétement remplie par le ligament croisé interne et semble n'exister que pour lui donner passage). Il adhère en dedans à la capsule, en dehors au pourtour du condyle interne du tibia. Il résulte de là que le condyle interne du fémur n'est par aucun point directement en contact avec le tibia.

Le fibro-cartilage semi-lunaire externe figure le plus souvent une ellipse complète. Sa partie postérieure et interne est reliée au creux intercondylien par une bride fibreuse ; en dedans et en avant, il s'attache à l'épine du tibia et se continue avec la partie antérieure du fibro-cartilage semi-lunaire interne ; en dehors et en avant, il s'attache à la tête du péroné ; sur le reste de son contour, il n'est retenu que par la capsule articulaire. C'est ainsi que je l'ai étudié particulièrement chez l'aigle. Chez une autruche je l'ai vu réduit à sa moitié interne.

On peut voir par cette description que les fibro-cartilages semi-lunaires des oiseaux ne sauraient être considérés comme des replis épaissis de la capsule et que ce sont de véritables pièces interarticulaires.

Le condyle interne du fémur appuie d'aplomb sur le condyle interne du tibia et sert de pivot dans les mouvements de rotation de la jambe sur la cuisse.

Le condyle externe du tibia, au lieu d'être, comme le condyle interne, presque perpendiculaire à l'axe de la jambe, est au contraire très-oblique à cet axe, et de plus il a une double direction. Dans sa partie antérieure il regarde en dehors, et dans sa partie postérieure il regarde en dehors et en arrière. Le condyle externe du fémur ne saurait trouver un appui sur cette partie du tibia qui lui présente un plan incliné sur lequel il ne peut que glisser; mais il est soutenu par le péroné, avec lequel il s'articule en dehors.

En effet, le condyle externe du fémur présente une face interne qui glisse sur le condyle externe du tibia, dont elle n'est séparée que par le fibro-cartilage semi-lunaire externe, et une face externe concave limitée par deux lèvres à peu près égales en avant, mais très-inégales en arrière, où la lèvre interne descend beaucoup plus bas que l'externe, et forme à elle seule toute la face du condyle.

La tête du péroné qui s'articule avec cette partie du condyle externe et qui s'élève plus haut que le condyle externe du tibia, offre une facette articulaire allongée plus étroite en avant qu'en arrière, où elle se prolonge sur la face interne.

Dans l'extension, les parties antérieures des surfaces articulaires correspondantes du fémur et du péroné sont seules en contact, et la facette convexe du péroné, reçue dans la facette concave du fémur, lui offre un point d'appui solide. Mais dans la flexion les parties postérieures sont seules en contact, et le condyle externe du fémur s'enfonce entre le tibia et le péroné dans l'espace que A. Milne Edwards a nommé gorge péronière ou fosse glénoïdale, et que nous nommerons gorge tibio-péronière.

Strauss-Durckeim a fort bien étudié (*Théologie de la nature*, t. I, p. 333) un mouvement très-curieux que le péroné exécute pendant que la jambe passe soit de l'extension à la flexion, soit de la flexion à l'extension. Chez les oiseaux, la flexion de la jambe sur la cuisse est toujours accompagnée d'une rotation de la jambe de dehors en dedans, rotation qui porte un peu en avant sa face externe, un peu en arrière sa face interne, et qui coïncide avec un mouvement oblique par lequel la totalité de ce segment du membre abdominal vient se placer en dehors de la cuisse. Cette rotation, conséquence nécessaire de la disposition des surfaces articulaires, a pour pivot le condyle interne du fémur.

Le condyle externe enfonce peu à peu, comme un coin, son prolongement postérieur entre le tibia et le péroné, qui s'écarte comme une valve en cédant à la pression; le mouvement continuant, la rotation du condyle fémoral augmente encore cet écart; mais à mesure que celui-ci s'applique à la partie postérieure du condyle tibial taillée d'avance pour permettre à la rotation de s'achever, il presse de moins en moins sur la tête du péroné, qui revient d'elle-même à sa première position. Ainsi, le péroné tourne comme le battant d'une porte pendant les mouvements de flexion et d'extension de la jambe sur la cuisse.

Pendant ce mouvement, le ligament latéral externe de l'articulation du genou se comporte d'une manière très-remarquable. Pendant l'extension, il se trouve en avant d'une saillie que la tête du péroné présente à sa face externe (tubérosité externe de la tête du péroné) ; pendant le mouvement de flexion, il est obligé de franchir cette saillie devenue encore plus forte par l'écart de la tête du péroné, et, lorsque la flexion est complète, il se trouve placé derrière la saillie. Le contraire a lieu en passant de la flexion à l'extension.

Il résulte de là un obstacle que l'oiseau doit vaincre par un effort musculaire quand il passe de l'une à l'autre de ces deux positions, et par là il lui est plus facile de se maintenir au repos dans une demi-flexion du membre abdominal.

Le péroné adhère au tibia par son bord antérieur et interne, à l'aide d'un tissu fibreux élastique formant une sorte de charnière : c'est le ligament interosseux. Il est en outre réuni à cet os par deux ligaments tibio-péroniers supérieurs ; un antérieur qui s'attache en avant de l'épine du tibia, glisse sur la partie la plus antérieure du condyle et se termine sur la partie antérieure de la tête péronéale ; un postérieur, souvent élastique, qui vient également de l'épine du tibia, mais qui va gagner le tiers postérieur de la tête du péroné. Le bord postérieur de la tête du péroné reste toujours écarté du tibia et ne lui est uni que par la capsule articulaire, remarquable par son épaisseur, et servant en partie à l'insertion du fléchisseur perforé qui devient un muscle tenseur de la capsule.

La rotation de la jambe sur la cuisse n'a pas seulement lieu pendant les mouvements de flexion et d'extension, elle se produit aussi indépendamment de ces mouvements. Elle a lieu par exemple quand l'oiseau est au repos, soit debout, soit perché, et peut se combiner avec une rotation plus ou moins prononcée du métatarse sur le tibia.

Articulation du cou-de-pied. — Pour ceux qui pensent, avec Gegenbaur et Huxley, que chez les oiseaux la première rangée des os du tarse est soudée au tibia, et la seconde rangée au métatarse, l'articulation du cou-de-pied chez les oiseaux est une articulation médio-tarsienne. Pour ceux qui pensent que les pièces qui se soudent au tibia et au métatarse sont des épiphyses, c'est une articulation tibio-métatarsienne.

Considérée uniquement au point de vue morphologique, l'articulation du cou-de-pied chez les oiseaux a l'aspect d'une articulation fémoro-tibiale retournée, dont la face antérieure est en arrière, la face postérieure en avant, la face interne en dedans et la face externe en dehors. Le tibia appuie, par deux condyles très-semblables aux condyles du fémur, sur deux condyles qui reproduisent les deux condyles ordinaires du tibia. L'articulation est maintenue par une capsule et par deux ligaments latéraux, l'un interne et l'autre externe, qui se fixent sur les côtés des condyles du tibia et s'insèrent assez bas sur les faces latérales du canon. Meckel indique deux ligaments latéraux externes.

En arrière, l'extrémité inférieure du tibia présente une gorge profonde dans laquelle glisse la masse fibro-cartilagineuse qui sert de gaîne aux tendons fléchisseurs des orteils, et qui joue le rôle d'une rotule ; cette gaîne peut même offrir une ossification dans sa lame profonde qui est en contact avec le tibia.

On trouve dans l'intérieur de cette articulation, comme dans celle du genou, des fibro-cartilages semi-lunaires et des ligaments croisés.

L'un des ligaments croisés réunit la partie moyenne de l'espace intercondylien tibial au sommet de la tubérosité intercondylienne du canon (1) ; l'autre s'attache à la partie la plus antérieure de l'espace intercondylien tibial, se porte au devant de la tubérosité intercondylienne du canon, et se bifurque : sa division la plus externe se pose à plat sur la facette articulaire externe et s'étend en arc de cercle jusqu'au delà de la ligne médiane, derrière le mamelon ; la division la plus interne s'applique de même à l'autre facette, mais ne dépasse pas la moitié de l'étendue de celle-ci. Ces deux expansions du ligament croisé forment de véritables fibro-cartilages semi-lunaires, limités vers l'intérieur de l'articulation par un bord tranchant ; l'autre bord est épais, et, dans certains cas (autruche, casoar) on y trouve un noyau osseux.

La présence des ligaments croisés et des fibro-cartilages semi-

---

(1) Voir, pour comparer, la description donnée par Meckel, t. III, p. 230.

lunaires est en rapport non-seulement avec le roulement des condyles inférieurs du tibia dans la flexion et l'extension, mais encore avec un mouvement de rotation sur son axe que le canon exécute en passant de l'une à l'autre de ces deux positions.

En se fléchissant, il tourne légèrement de dedans en dehors, de manière à produire un commencement de supination par laquelle les deux pattes ont une tendance à se placer en regard l'une de l'autre. Cette rotation tient principalement à ce que le condyle interne du tibia, qui est arrondi et plus saillant, rejette la tubérosité intercondylienne du canon sur le condyle externe, qui est plus déprimé.

Outre cette rotation, qui est la conséquence de la flexion et de l'extension, l'os canon peut encore tourner sur le tibia. C'est ce qui a lieu chez les perroquets, chez les passereaux chanteurs, les rapaces, les pigeons, les rallidés, les palmipèdes lamellirostres et totipalmes et les colymbidés.

Les articulations des phalanges avec le métatarse et des phalanges entre elles se font par des capsules fibreuses et des ligaments latéraux. Il faut, en outre, remarquer qu'il existe des sésamoïdes au côté plantaire des articulations métatarso-digitales, et au côté dorsal de ces articulations, ainsi que parfois de celles des phalanges entre elles. De plus, on doit remarquer des brides fibreuses qui s'étendent entre les premières phalanges, et qui vont de la base du pouce au doigt interne, du doigt interne au doigt médian, du doigt médian au doigt externe. Ces brides sont reliées entre elles par un tissu aponévrotique moins dense, qui se prolonge dans les palmures quand elles existent. Elles sont sous-cutanées et doivent être rapportées à l'aponévrose plantaire.

II. — MYOLOGIE.

HISTORIQUE. — C'est dans Aldrovande que l'on trouve pour la première fois une description des muscles des oiseaux. Belon s'est borné à signaler la puissance et le volume des muscles pectoraux, et les auteurs qui l'ont précédé gardent un silence complet sur l'appareil actif de la locomotion.

Aldrovande (*Ornithologia*, 1581) a décrit l'ensemble des muscles de l'aigle (Chrysaetos Bellonii) dans le chapitre qu'il consacre aux parties intérieures du corps (Descriptio partium internarum). En parlant de la troisième paupière, il dit que chez les gallinacés il n'y a pas de muscles pour la mouvoir (in gallinaceo genere nullo musculo movetur saltem apparenti); mais il indique ce muscle chez l'aigle (in aquila tamen musculus aderat... Hujus musculi initium erat haud procul ab eruptione nervi optici e cerebro, undè per membranæ quam σκληροτικην Græci vocan t, superficiem oblique ferebatur, et mox postquam sese in angulum internum insinuasset, in membranam illam, quam diximus, inserebatur. Principium ejus exile erat et carnosum, et mox in tendinem desinebat).

Il parle ensuite des muscles du tronc et des membres (musculorum lectionem aggressi sumus, et eorum figuram, situm, usum, quantum licuit observavimus, quæ omnia etiam paucis jamjam ad communem studiosorum utilitatem subnectere decrevimus). Personne encore ne l'a essayé (... nullum hactenus quod sciam ego, hoc saxum voluisse anteà); de là des imperfections que le temps seul pourra corriger. Il traite successivement des muscles des différentes régions. De musculis colli eorumque ortu atque usu. De musculis thoracis. Musculi abdominis. Musculi alas moventes (il compte 9 muscles, dont le premier répond au grand pectoral et le second au moyen pectoral de Vicq-d'Azyr, qu'il décrit avec assez de détail). Musculi scapulæ. Musculi ulnam cubitumve moventes. Musculi moventes eam partem quæ carpo in homine respondet (c'est une description très-sommaire; il omet complétement les muscles courts de la main). Musculi cruris aquilini et primùm femoris. Musculi tibiam moventes. De musculis pedem et digitos moventibus.

Dans le livre XI, De psittacis (capitis psittaci anatome, de musculis capitis) il a décrit en détail les muscles qui meuvent les mâchoires.

Enfin il a décrit les muscles de la langue du pic, picus martius. (LXII, ch. xxx.)

Coiter. (*De avium cranis et præcipue musculis*, 1575). Je n'ai pas pu me procurer cet ouvrage.

Fabrice d'Aquapendente (*De volatu*, 1618) a décrit et figuré le releveur de l'aile (moyen pectoral de Vicq-d'Azyr) et insisté sur la position de ce muscle, ainsi que du grand pectoral, à la partie inférieure de la poitrine.

Nicolas Sténon(dans *Bartholini Acta, Hafniæ*, 1673), reproduit dans Valentini amphitheatrum zootomicum 1720; descriptio anatomica aquilæ saxatilis) a décrit à son tour l'ensemble des muscles de l'aigle. De musculis capitis. De musculis oculorum (il indique deux muscles pour la nictitante, dont un qui est pyriforme). De musculis linguæ, ossis hyoidei, ingluviei et asperæ arteriæ (il pense que les muscles placés à la bifurcation de la trachée artère servent à la voix). De muscu-

lis colli. Musculorum cranio continuatorum parte interiore colli. Musculorum inter primam vertebram et reliquas ; parte posteriore, parte
laterale. Musculi inter secundam et reliquas. Musculi inter tertiam, etc.
De musculis servientibus communi cavitati thoracis et abdominis
(il montre que l'expiration est active. Constringit interstitia costarum
et adducit sternum versus spinam, adèoque expirationi servit). De
musculis in uropygio sitis (il compte 8 muscles de la queue qu'il décrit très-complétement). De musculis jungentibus alarum ossa inter se
et cum ossibus tranci (il ne parle pas des muscles courts de la main. Il
regarde comme un sous-clavier un muscle qui va du sternum au coracoïdien qu'il considère comme une clavicule.) De musculis jungentibus pedum ossa inter se et cum ossibus tranci (il indique l'accessoire iliaque du fléchisseur perforé, mais il ne le suit que jusqu'au
genou. Exilis et longus musculus habet extremitatem superiorem in
acetabuli margine anteriore, inferiorem transversim per anteriorem
genum oblique extrorsum tendentem).

Comme Aldrovande, Stenon ne donne pas aux muscles de noms
particuliers, et les désigne seulement par des numéros.

Jean Ray (*Ornithol.* 1676) rappelle seulement le grand volume des
muscles pectoraux.

Borelli (*De motu animalium.* Rome 1680) n'a pas décrit les muscles des oiseaux dans leur ensemble. Il a insisté sur le grand pectoral
et sur le releveur de l'aile qu'il a décrit et figuré comme Fabrice
d'Aquapendente. Au membre abdominal, il a complétement décrit
l'accessoire iliaque du fléchisseur perforé ; il a découvert les relations
de ce muscle avec les fléchisseurs des doigts ; il a apprécié le rôle
qu'il joue chez certains oiseaux percheurs, mais il en a peut être exagéré l'importance.

Blasius (*Anatome animalium.* Amsterdam 1681) a parlé des muscles
pectoraux du pigeon.

Collins (*System of anatomy*, etc. 1685) décrit d'une manière générale l'action des muscles de l'aile qu'il réunit sous les noms d'extenseurs et de fléchisseurs, mais il n'en donne pas la description
détaillée.

Schelhaunner (*Ac. nat. curios.* 1688) a parlé des mouvements,
mais n'a rien dit des muscles.

Ruysch (*De avibus*, t. I, p. 32).

Perrault et Méry (*Mém. de l'Acad. des sciences*, 1686 à 1699) ont
décrit les muscles de la membrane nictitante.

Duverney (*Ibid.*) a dit que la voix dans le coq se produit à la bifurcation de la trachée.

Delahire (*Ibid.*, 1730) a décrit les mouvements de la langue du pic.

Petit (*Ibid.*, 1736) a décrit les muscles de l'œil chez le hibou.

Hérissant (*Ibid.*, 1752) a décrit complétement et en détail les muscles qui meuvent le bec en prenant l'oie pour type.

Vicq-d'Azyr (*Ibid.*, 1772) a décrit dans leur ensemble les muscles des oiseaux. Au lieu de se borner comme Aldrovande et Sténon à les désigner par des numéros, il leur a donné des noms aussi rapprochés que possible de ceux des muscles de l'homme. Son travail est le véritable point de départ de tous les travaux modernes sur la myologie des oiseaux. Il a décrit les muscles courts de la main. Il a nié à tort l'existence de l'accessoire du fléchisseur perforé, ou du moins, comme Aldrovande et Sténon, il n'a suivi ce muscle que jusqu'à la rotule.

Merrem (1781) a décrit les muscles de l'aigle à tête blanche.

Cuvier (*Anat. comparée*, 1800) a donné une description complète des muscles des oiseaux qui diffère peu de celle de Vicq d'Azyr. L'accessoire iliaque du fléchisseur perforé est décrit comme dans Borelli.

Il avait déjà publié un mémoire *sur le larynx inférieur des oiseaux* (*Magasin encyclopédique*, t. II, 1795).

Wiedemann (*Arch. für zoologie und zootomie,* 1801) a décrit complétement les muscles du cygne.

Tiedemann (*Anatomie und Naturgeschichte der Vögel*, 1810) a donné une description complète des muscles des oiseaux considérés dans les différents ordres, en citant Aldrovande, Sténon, Petit, Hérissant, Vicq-d'Azyr, Merrem, Cuvier et Wiedemann.

Burtin (*Trans. Linn. Soc.* 1821) a décrit les muscles de la queue du pélican et ceux du sac guttural.

Heusinger (*Arch. de Meckel*, 1822) a décrit en détail et figuré les muscles de l'aile chez le strix scops, en s'efforçant de signaler des faisceaux omis par ses prédécesseurs.

Chabrier (*Essai sur le vol des insectes*, etc., 1823) a parlé des principaux muscles de l'aile.

Yarrell (*On the use of the xyphoid bone and its muscles in the cormorant*, Zoolog. journ. of London, t. IV, 1829) a montré que l'os xyphoïde du cormoran sert uniquement à l'insertion d'un faisceau superficiel du muscle temporal. — (*Ibid.*) Il a décrit les muscles de la mâchoire inférieure du bec croisé *loxia curvirostris*, et montré que les muscles ptérygoïdiens jouent un rôle important.

Meckel (*Traité général d'anat. comp.* traduit par Riester et Sanson, t. VI, 1830) a donné une description générale des muscles des oiseaux envisagés dans les différents ordres.

Schœps (*Beschreibung der Flügelmuskeln der Vögel.*, Arch. de Meckel, 1829, p. 72 à 76) a fait une dissertation complète sur les muscles de l'aile des oiseaux. Il a figuré ceux de falco buteo, struthio camelus, aptenodytes demersa.

Lanth (*Mém. de la Soc. d'hist. natur. de Strasbourg*, 1830) a décrit le muscle tenseur de la membrane antérieure de l'aile.

Reid (*Procced. zoolog. Soc.*, 1835) a décrit en détail les muscles de l'aptenodytes patagonica.

En 1835 a paru le premier volume de la seconde édition de l'*Anatomie comparée* de Cuvier, publiée par Laurillard et Duvernoy. Les muscles du tronc et ceux des membres y sont décrits. Les autres muscles le sont dans les volumes suivants avec les régions auxquelles ils appartiennent.

Dalton (*De Strigum musculis Commentatio*, 1837) a décrit les muscles des oiseaux de proie nocturnes.

V. Carus (*Traité élémentaire d'anat. comp.*, t. Ier, tr. Jourdan, 1835) a décrit dans un tableau rapide l'ensemble des muscles des oiseaux. Il a figuré ceux du falco-nisus.

Jean Müller a communiqué, en 1845, à l'Académie des sciences de Berlin, un mémoire : *Sur les types encore inconnus des différents larynx de l'ordre des passereaux*, où il a décrit les muscles du larynx inférieur de ces oiseaux.

R. Owen (*Procced. zoolog. Soc.*, 1848) a décrit en détail la myologie de l'aptéryx australis. Il a résumé cette description dans son *Anatomie comparée*, 1866. Avant ces travaux il avait publié une dissertation complète sur la myologie des oiseaux (Art. *Aves*, dans *Cyclop. of anat. and phys.*, t. Ier, 1835-36).

Heming (*Proc. Linnean Soc.*, 1844, p. 212. *On the muscles which move the tail and tail-coverts of the pea-cock*) a décrit en détail les muscles de la queue du paon.

P. Gratiolet, suppléant Henri de Blainville dans la chaire d'anatomie comparée du Muséum d'histoire naturelle, a fait, en 1845, un cours sur l'appareil locomoteur des vertébrés, où il a décrit en détail les muscles des oiseaux. Ce cours n'a pas été publié, mais je ne puis le passer sous silence, puisque j'y ai puisé mes premières idées sur ce sujet.

Sundewall (*Report of the british Association*, 1855). Je ne connais ce travail que par le résumé communiqué par Retzius à l'Association britannique. L'auteur a embrassé l'ensemble de la classe des oiseaux. C'est une grande satisfaction pour moi de me trouver d'accord sur plusieurs points avec cet illustre ornithologiste, mais je suis obligé de reconnaître qu'à cet égard la priorité lui appartient, et que, par exemple, il a signalé dix ans avant moi l'absence de l'accessoire iliaque du fléchisseur perforé chez beaucoup d'oiseaux percheurs.

Pfeiffer, *l. c.*, 1854, a décrit les muscles de l'épaule des oiseaux, en les comparant à ceux des mammifères et des reptiles.

Giebel *Zeitschrift für die gesammten Naturwissenschaften herausgegeben von den naturw. Wereine für Sachsen und Thuringen in*

Halle, a publié, de 1857 à 1866, une série de myologies que Nitzsch avait laissées dans ses manuscrits : 1857, mouette, huppe, coracias garrula, martinet, cathartes aura, falco albicilla, falco lagopus, falco buteo; 1862, perroquet; 1863, vultur fulvus; 1866, le pic et le gypaète (vautour des agneaux, Lammergeier).

Klemm a publié dans le même recueil, en 1864, une myologie du corbeau (*Zur Muskulatur der Raben*).

Macalister, *Proceed. of the royal irish Academy*, 1864, a donné une description complète des muscles de l'autruche (*struthio camelus*).

Edmond Alix (*Bulletin de la Soc. philom.*, 1863. *Appareil locomoteur des oiseaux*). J'ai insisté sur la présence des freins élastiques rattachant les tendons des phalanges terminales, soit des doigts de la main, soit des doigts du pied, à la tête des autres phalanges. *Ibid.*, 1864.—*Sur le membre abdominal des oiseaux.* J'ai décrit le mode d'insertion du muscle biceps fémoral sur le péroné. J'ai démontré que le muscle accessoire iliaque du fléchisseur perforé n'est pas l'agent nécessaire de la flexion involontaire des doigts, et signalé l'absence de ce muscle, d'abord chez le grand-duc, puis chez d'autres oiseaux percheurs. *Ibid.*, 1867. — *Comparaison des os et des muscles des oiseaux avec ceux des mammifères.* J'ai exposé dans un tableau d'ensemble les principales différences qui distinguent les muscles des oiseaux de ceux des mammifères. *Ibid.*, 1874. — *Muscles fléchisseurs des orteils chez les oiseaux.* J'ai signalé l'absence du long fléchisseur du pouce chez le cygne, le flamant, le grèbe. J'ai montré que la couche profonde des fléchisseurs superficiels pouvait fournir des caractères différentiels, d'après lesquels j'ai divisé les oiseaux en *ectomyens*, *entomyens* et *homœmyens*. — *Sur quelques points de l'anatomie du nandou.* J'ai montré que chez le nandou, le muscle moyen pectoral ou releveur de l'aile s'insère en partie sur le sternum. *Ibid.* et *Journ. de zool.*, de P. Gervais. — *Sur la détermination du muscle long supinateur chez les oiseaux.* J'ai montré, par la comparaison des oiseaux avec les mammifères et avec les reptiles, que l'extenseur radial de la main est un long supinateur. — *Mémoire sur l'ostéologie et la myologie du nothura major.* Dans *Journal de zoologie*, de Paul Gervais, 1874. J'ai décrit en détail les muscles d'un tinamidé, le nothura major. J'y ai signalé la présence d'un muscle de gallinacé, l'anconé interne; d'un muscle de struthidé, l'extenseur externe du 3e orteil, et d'un faisceau particulier du biceps brachial qui n'a pas été signalé.

Elliot Cowes a décrit les muscles du colymbus cristatus.

Alphonse Milne Edwards a commencé, en 1866, la publication de son ouvrage sur les oiseaux fossiles. Il a figuré dans le premier volume les muscles des ailes et ceux des membres abdominaux de l'aigle. Il a aussi figuré les muscles de l'épaule du coq de Bankiva.

Rudiger (*Mémoires de l'Académie de Harlem*, 1868) a décrit comparativement les muscles de l'extrémité antérieure chez les reptiles et chez les oiseaux.

Magnus (*Arch. de Muller*, R. et D. R., 1869, a décrit les muscles qui s'insèrent au sternum (brustmuskeln), en distinguant ceux qui servent à la respiration (respirationsmuskeln), et ceux qui servent au vol (flügelmuskeln).

Harting (*Arch. néerlandaises*, 1869) a publié des observations sur l'étendue relative des ailes et le poids des muscles pectoraux chez les oiseaux.

Selenka (*Ibid.*, 1870) a publié un mémoire sur les muscles de l'épaule chez les oiseaux.

Humphry (*Observations in myology, muscles in vertebrate animals*, 1872) est entré dans de nombreux détails sur la comparaison des muscles des oiseaux avec ceux des autres vertébrés.

Garrod (*Proc. zool. Soc.*, 1873. Steatornis). Muscles du coude. — (*Ibid.*, 1874). Caract. différentiels fournis par les muscles de la cuisse.

<hr>

MUSCLES DE LA COLONNE VERTÉBRALE.

Les muscles de la colonne vertébrale des oiseaux offrent au premier abord un aspect tellement compliqué, que l'on pourrait désespérer de débrouiller ce lacis inextricable. Cependant, après une analyse attentive, il est possible d'en ramener la description à quelques données excessivement simples.

La nécessité de ne pas se borner à un coup d'œil superficiel et de pousser la dissection aussi loin que possible est d'autant plus grande que l'on ne peut pas trouver dans les faisceaux musculaires des oiseaux l'exacte répétition de faisceaux semblables existant chez les mammifères.

Une pareille assimilation serait contraire à toute vérité. Chez les oiseaux, comme chez les mammifères, il y a des éléments vertébraux qui se répètent en série ; chez les uns et chez les autres, il y a des faisceaux qui réunissent ces éléments. Mais la ressemblance ne va pas plus loin. Les faisceaux musculaires des oiseaux sont si peu la simple répétition de ceux des mammifères, que certains faisceaux existant chez ces derniers ne sont pas représentés chez les oiseaux, et que la réciproque est également vraie. En un mot, dans un même type général, celui des vertébrés, on trouve des réalisations différentes.

Afin d'éviter toute confusion, nous désignerons d'abord par des lettres les différentes séries de muscles que nous allons décrire, et nous chercherons ensuite à établir leur signification.

Nous commencerons par la région dorsale, comme nous l'avons fait en décrivant le type du squelette.

Région dorsale. — Dans cette région nous trouvons d'abord une couche profonde qui comprend cinq séries de faisceaux musculaires que nous désignerons par les lettres A, B, C, D, E.

La série A se compose de muscles courts interépineux que l'on peut séparer en deux plans α et β.

α est le plus profond de ces deux plans. Ce sont des fibres charnues qui vont directement d'une apophyse épineuse à l'apophise épineuse de la vertèbre suivante. Une partie de ces fibres relie entre elles les apophyses épineuses elles-mêmes ; une autre partie relie entre elles les apophyses articulaires postérieures de deux vertèbres consécutives.

Le second plan β se compose de fibres charnues dirigées obliquement d'arrière en avant et dont une partie saute une vertèbre. Un tendon fixé à la pointe qui termine en avant le bord supérieur de l'apophyse épineuse donne insertion à des fibres charnues disposées comme les barbes d'une plume. Celles de ces fibres qui sont en avant du tendon vont sur l'apophyse épineuse la plus voisine ; celles qui sont en arrière du tendon se rattachent, comme nous le verrons, au long surépineux α de F ; les terminales, après avoir sauté une vertèbre, se fixent à l'apophyse articulaire postérieure de la vertèbre qui est au devant de celle-ci.

Le plan α représente les muscles courts interépineux des mammifères.

Le plan β n'est pas représenté chez les mammifères à la région dorsale. (Il est représenté chez eux à la région cervicale par le grand droit postérieur de la tête qui va de l'axis à l'occipital.)

Nous retrouverons ces deux plans de muscles interépineux chez les oiseaux à la région cervicale et à la région caudale.

En dehors de ces muscles, la couche profonde nous offre à la région dorsale une série B de muscles courts qui s'attachent aux apophyses articulaires postérieures des vertèbres et se portent

obliquement d'avant en arrière sur les apophyses transverses.
Ces faisceaux sautent une vertèbre pour se fixer à la pointe antérieure (tubercule antérieur) de l'apophyse transverse de la
vertèbre suivante ; ils peuvent en outre envoyer des digitations
à une, deux et même trois vertèbres consécutives. Ces muscles
allant d'une apophyse articulaire postérieure à une apophyse
transverse ont en réalité des *articulo-transversaires ;* mais,
mais comme l'apophyse articulaire postérieure appartient réellement à l'apophyse épineuse, ce sont typiquement des *épineux-
transversaires.* Ils représentent par conséquent les épineux-
transversaires des mammifères, mais ils en diffèrent considérablement ; ils en ont la direction, mais ils sont rejetés en dehors,
et leur origine antérieure, au lieu de remonter jusqu'au sommet
de l'apophyse épineuse, n'atteint que l'apophyse articulaire, c'est-
à-dire le tubercule qui la surmonte (1).

Du rejet de ces muscles en dehors, il résulte qu'ils ne recouvrent pas les muscles courts interépineux A. On les retrouve
dans toute l'étendue de la région cervicale.

Les articulo ou épineux-transversaires B que nous venons de
décrire recouvrent une série C de muscles courts intertransversaires qui vont d'une apophyse transverse à une autre. Ces
muscles courts intertransversaires peuvent être réduits à l'état
ligamenteux.

En dehors des articulo-transversaires et des intertransversaires, on trouve les muscles intercostaux D, que nous décrirons
plus loin, après avoir parlé des muscles sterno-costaux.

Au voisinage de l'apophyse transverse, les intercostaux sont
immédiatement recouverts par une série E de muscles surcostaux ou transverso-costaux fixés à toute la largeur du bord externe de l'apophyse transversaire, et qui vont s'insérer obliquement sur la côte du segment vertébral placé immédiatement en
arrière.

Tels sont à la région dorsale les muscles de la couche profonde.
Ils sont immédiatement recouverts par une seconde couche composée de deux séries de faisceaux musculaires que nous désignerons par les lettres F et G.

La série F se compose de deux parties, α, qui peut correspondre au *long surépineux* des mammifères, et β, qui peut
correspondre au *long du dos.*

<hr>

(1) Je désigne ce tubercule sous le nom de *métapophyse épineuse.*

On voit d'abord un fort tendon aplati qui se fixe à la moitié interne du bord antérieur de l'iléon, ainsi qu'à l'apophyse épineuse de la première vertèbre lombo-sacrée (première prélombaire).

A la face profonde de ce tendon se trouve une masse charnue α qui vient en partie de la crête iliaque.

Cette masse charnue α produit par son côté interne des digitations α′, dont les fibres s'insèrent en barbes de plumes sur des tendons qui se fixent aux pointes postérieures des bords supérieurs (postépines) des apophyses épineuses dorsales. Ces tendons croisent par conséquent ceux de la série β de α, auxquels ils sont rattachés par des fibres charnues.

Par son côté externe, la masse commune α produit d'autres digitations α″ qui semblent la continuer plus directement et qui vont se terminer sur les apophyses articulaires postérieures ; la plus antérieure de ces digitations, terminaison directe du muscle, va se fixer sur l'apophyse articulaire postérieure de la dernière cervicale, après avoir reçu un petit faisceau charnu qui vient de l'apophyse articulaire postérieure de la dernière dorsale.

A peu de distance de l'insertion iliaque, on voit se détacher de la masse α un faisceau β qui se porte en dehors et envoie des digitations sur les pointes postérieures des apophyses transverses des trois ou quatre dernières dorsales.

L'angle qui sépare α de β, contient la série B des articulo-transversaires. Cette circonstance nous explique pourquoi R. Owen fait naître α de F, qu'il nomme *Longissimus dorsi*, des apophyses transverses et des apophyses articulaires.

Le faisceau α de F est un *long interépineux*, mais au lieu de ne s'attacher, comme chez les mammifères, qu'aux apophyses épineuses, il s'attache aussi aux apophyses articulaires postérieures.

Ce muscle, d'ailleurs, ne correspond qu'à la partie antérieure du long interépineux des mammifères, celle qui est au devant de la vertèbre indifférente (1).

Le faisceau β de F peut correspondre au *long du dos;* mais, tandis que le long du dos, chez les mammifères, envoie des digi-

---

(1) Chez les mammifères, l'apophyse épineuse de la 11ᵉ dorsale affecte le plus généralement une position verticale, et par conséquent indifférente, par rapport à celles qui sont en avant, et qui sont inclinées d'avant en arrière, ainsi que par rapport à celles qui sont en arrière, et qui sont inclinées d'arrière en avant. Chez les oiseaux, le point d'indifférence est situé sur le sacrum.

tations sur les apophyses transverses et sur les côtes, celui des oiseaux n'en envoie que sur les apophyses transverses.

En dehors du long du dos B de F, se trouve le muscle G que l'on désigne sous le nom de *sacro-lombaire*. Ce muscle, généralement peu développé chez les oiseaux, vient de la moitié externe de la crête iliaque (bord antérieur de l'iléon) et un peu de la côte située au devant de cette crête. La partie la plus interne α envoie des digitations à la fois sur les apophyses transverses et sur les côtes, et se conduit sous ce dernier rapport de la même manière que le long du dos des mammifères qui, par conséquent, se trouverait représenté chez les oiseaux en partie par le faisceau α de G, en partie par le faisceau β de F.

La portion la plus externe β du muscle G se conduit comme un véritable sacro-lombaire. Elle s'épuise par trois digitations sur les trois côtes situées au devant de la crête iliaque. La partie du sacro-lombaire constituée chez les mammifères par les faisceaux de renforcement n'existe pas chez les oiseaux.

Tels sont chez les oiseaux, les muscles de la région dorsale de la colonne vertébrale. Ils sont remarquables par leurs entre-croisements successifs.

Région cervicale. — Les muscles de la couche profonde formant les séries A, B, C, D, E, existent tous à la région cervicale.

La série α de A, formée par la couche la plus profonde des muscles courts interépineux, est représentée par des fibres charnues qui vont, les unes d'une apophyse épineuse à l'apophyse suivante, les autres d'une apophyse articulaire postérieure à l'apophyse articulaire postérieure de la vertèbre qui est au devant. Ces dernières insertions se font sur le tubercule qui surmonte l'apophyse articulaire postérieure et pour lequel nous proposons le nom d'épizygapophyse postérieure ou préférablement celui de métapophyse épineuse.

Il y a chez les oiseaux un muscle court interépineux allant de l'apophyse épineuse de l'axis à l'apophyse épineuse de l'atlas ; ce muscle manque chez les mammifères. Le *petit droit postérieur* de la tête qui va de l'arc postérieur de l'atlas à l'occipital, et qui appartient à cette série, existe chez les oiseaux comme chez les mammifères.

La série β de A est représentée par des faisceaux de renforcement qui vont fortifier les digitations du *long surépineux* et que nous décrirons en même temps que ce muscle. On doit rapporter à cette série le *grand droit postérieur de la tête* qui va de l'axis à l'occipital, comme chez les mammifères, et qui est très-développé chez les oiseaux. Ses insertions se font d'une part sur l'apophyse épineuse de l'axis et d'autre part sur la face postérieure de l'occipital, entre la ligne courbe et la colline cérébelleuse ; mais la crête de cette colline reste libre, et le muscle n'adhère qu'à son versant.

La série B des muscles *articulo* ou *épineux-transversaires*, allant d'avant en arrière des apophyses articulaires postérieures aux apophyses transverses, est réalisée à la région cervicale d'une manière très-remarquable. L'apophyse articulaire postérieure (1) de toutes les vertèbres cervicales à l'exception de l'atlas, donne attache à un tendon suivi d'un faisceau triangulaire charnu qui se porte en arrière et, après avoir franchi une vertèbre, va s'insérer sur l'apophyse transverse de la vertèbre suivante, immédiatement au-dessus ou en avant de l'apophyse articulaire antérieure, sur le tubercule supérieur ou interne de l'apophyse transverse.

La série C des muscles *courts intertransversaires* existe entre toutes les vertèbres cervicales à partir de la troisième.

L'apophyse transverse offrant trois tubercules, ainsi que nous l'avons expliqué en parlant du squelette, il y a des faisceaux qui vont directement d'un tubercule interne à un tubercule interne suivant, d'autres qui vont obliquement d'un tubercule interne à un tubercule moyen, d'autres d'un tubercule moyen à un tubercule externe, d'autres enfin d'un tubercule externe à un tubercule externe.

La série D des muscles *courts intercostaux* existe dans toute la région cervicale à partir de la troisième vertèbre. Ces muscles vont d'un stylet costiforme, ou prolongement costiforme de la côte, au stylet suivant.

La série E des muscles *surcostaux* recouvre immédiatement les intercostaux. Elle est composée de faisceaux triangulaires qui naissent du tubercule externe de l'apophyse transverse d'une vertèbre, et, se portant en arrière, vont s'insérer sur le bord antérieur du stylet costyforme de la vertèbre suivante. Ces muscles, situés en arrière des branches nerveuses, correspondent

(1) Ou du moins le tubercule qui la surmonte.

aux scalènes postérieurs des mammifères; ils sont en série avec les surcostaux de la région dorsale.

Deux séries de muscles longs F et G recouvrent à la région dorsale les muscles dont nous venons de parler. La série F existe seule à la région cervicale des oiseaux et elle n'y est représentée que par le long interépineux *a* de F.

Généralement ce muscle s'insère par une série de tendons sur les pointes antérieures des bords supérieurs (pointes épineuses antérieures ou préépines) des apophyses épineuses des quatre à cinq premières dorsales. La face profonde de ces tendons donne attache à une masse charnue qui se divise en plusieurs faisceaux. Le plus interne de ces faisceaux émane principalement de l'apophyse épineuse de la deuxième dorsale. Il devient bientôt tendineux et ne redevient charnu qu'au voisinage de la tête, ce qui l'a fait désigner sous le nom de *digastrique* (1). Il parcourt toute la longueur du cou sans y prendre aucune attache et s'insère à la tubérosité occipitale externe ou partie médiane de la crête occipito-temporale. Chez le héron, il n'atteint pas l'occipital et s'attache à l'apophyse épineuse de l'axis. Nous l'appellerons le *faisceau interne* ou *digastrique du long interépineux cervical*.

Le faisceau suivant, c'est-à-dire situé immédiatement en dehors du précédent, va s'attacher à l'axis; suivant la forme particulière de l'apophyse épineuse de cette vertèbre, il s'attache soit au tubercule qui surmonte l'apophyse articulaire postérieure (métapophyse épineuse), soit le plus souvent au tubercule externe de l'apophyse épineuse (quand le tubercule de l'apophyse articulaire postérieure devient le tubercule externe de l'apophyse épineuse, qui offre alors trois tubercules, un médian et deux latéraux). C'est le *long interépineux cervical de l'axis*.

Les faisceaux suivants vont se fixer aux tubercules qui surmontent les apophyses articulaires postérieures des autres vertèbres cervicales, à l'exception de celles qui suivent immédiatement l'axis. Chez l'autruche, il n'y a pas de digitations pour la troisième et la quatrième cervicale. Chez l'aigle, chez le faucon, il n'y en a pas non plus pour la cinquième. Ces digitations sont remplacées par des faisceaux qui viennent des apophyses épineuses situées en arrière en sautant une ou deux vertèbres.

Toutes ces divisions sont en outre fortifiées par des faisceaux

____

(1) Ce nom a été souvent donné chez les mammifères au muscle grand complexus, qui n'a aucun rapport avec le faisceau dont nous parlons.

charnus accessoires qui viennent des apophyses épineuses et qui, allant se terminer sur les apophyses articulaires postérieures, représentent au cou les faisceaux de la série β de A. Ce sont les faisceaux accessoires du long interépineux cervical.

Ajoutons encore qu'il peut exister quelques faisceaux charnus qui établissent une connexion entre le long interépineux cervical et les articulo-transversaires cervicaux. Ces faisceaux sont très-développés chez le vautour, où ils forment de véritables longs épineux transversaires.

Le long interépineux cervical, α de F, que nous venons de décrire chez les oiseaux, n'existe pas chez les mammifères. Cuvier a rejeté avec raison toutes les comparaisons que l'on avait essayées jusqu'alors et l'a nommé le *long postérieur du cou*, expression acceptée depuis par R. Owen, mais tout à fait insignifiante.

Vicq d'Azyr a dit que ce muscle jouait le rôle du grand ligament élastique des mammifères. En effet, ce ligament n'existe pas chez les oiseaux ; on ne trouve chez eux que des ligaments courts allant d'une vertèbre à l'autre et répondant aux ligaments jaunes des mammifères. Comme le grand ligament élastique des mammifères, le muscle long postérieur du cou des oiseaux envoie sur les vertèbres des digitations dirigées d'arrière en avant; en un mot, il se fascicule de la même manière et l'on pourrait invoquer cette raison pour admettre que ce muscle représente réellement le ligament qui serait à l'état de tissu élastique chez les mammifères, et à l'état charnu chez les oiseaux.

A l'opposé de ce muscle, situé à la face dorsale du cou, nous trouvons à la face ventrale (antérieure ou inférieure) du cou un muscle remarquable qui correspond au *long du cou* des mammifères, sans cependant en être l'exacte répétition.

Il se fixe en arrière sur les hypapophyses ou apophyses médianes inférieures des trois ou quatre premières dorsales, puis successivement aux hypapophyses des vertèbres cervicales jusqu'à la troisième. D'autre part il émet des tendons qui vont s'attacher à la pointe des stylets de toutes les côtes cervicales. Les faisceaux charnus qui viennent des vertèbres dorsales fournissent les tendons qui s'insèrent aux derniers stylets. Les faisceaux charnus qui viennent des dernières vertèbres cervicales fournissent les tendons qui vont aux stylets moyens. Enfin, les faisceaux charnus qui s'insèrent aux autres vertèbres cervicales

fournissent les tendons qui se fixent aux stylets les plus antérieurs.

Ce muscle se compose, comme on le voit, de faisceaux qui
sont tous dirigés d'arrière en avant, des corps vertébraux vers
les côtes cervicales. Il y a là un fait qui établit une différence remarquable entre le long du cou des oiseaux et celui des mammifères. Le long du cou, chez les mammifères, se compose de deux
triangles opposés base à base (1); la base commune passe par les
apophyses costales de la sixième cervicale; les sommets des
triangles sont situés, l'un sur le corps de l'atlas, l'autre en général sur le corps de la troisième dorsale. Chez les oiseaux, le second triangle, qui est un muscle thoraco-cervical, existe seul, et,
au lieu de s'arrêter à la sixième cervicale, il s'avance jusqu'à
l'axis.

Pour terminer la description des muscles qui se rapportent à
la colonne cervicale, il nous reste à parler de ceux qui la rattachent à la tête.

Nous avons déjà décrit le faisceau digastrique du long interépineux cervical qui se rend à la tête.

Le court interépineux atloïdo-occipital, représentant le *petit
droit postérieur* des mammifères, s'insère sur l'arc supérieur
de l'atlas et sur la tête au-dessus du grand trou occipital; il se
confond en partie avec le grand droit postérieur.

Il y a un court interépineux axoïdo-occipital répondant au
grand droit postérieur des mammifères. Ce muscle, qui saute
une vertèbre, appartient à la série α de A. Il s'attache d'une
part à l'apophyse épineuse, et, d'autre part, à la face postérieure
de la tête au-dessous de la ligne courbe et en dehors de la colline cérébelleuse.

Il y a un court épineux transversaire qui réunit l'occipital à
l'apophyse transverse de l'atlas. Il appartient à la série B et correspond au *petit oblique* des mammifères. Il s'attache à la saillie
paramastoïdienne de l'exoccipital au-dessous et en dehors du
muscle précédent.

Nous ne trouvons pas chez les oiseaux de *petit complexus*,
c'est-à-dire de muscle surtransversaire allant de l'apophyse
transverse de la tête aux apophyses transverses cervicales.

Nous ne trouvons pas non plus de *splénius*, c'est-à-dire un

____

(1) On trouve une exception chez le nicticèbe, ou l'on voit un faisceau qui parcourt toute la région cervicale.

muscle qui, étant le plus superficiel de tous ceux de la colonne vertébrale, se dirige obliquement, d'arrière en avant, des apophyses épineuses cervicales vers l'apophyse épineuse de la tête et vers les apophyses transverses des deux ou trois premières cervicales. C'est bien à tort que l'on a donné ce nom au long interépineux.

Nous croyons, au contraire, pouvoir retrouver le *grand complexus* dans un long épineux transversaire antéro-postérieur qui, recouvrant immédiatement le long interépineux, va de la moitié interne de la ligne courbe de l'occipital aux apophyses transverses des troisième, quatrième et cinquième cervicales. Ce muscle touche sur la ligne médiane celui du côté opposé ; les fibres charnues ne s'entre-croisent pas, mais le tissu fibreux établit entre eux une union intime. Il se continue, en outre, avec une aponévrose qui enveloppe tout le système des interépineux et des épineux transversaires.

La surface basilaire de l'occipital donne attache à un muscle qui se porte directement d'avant en arrière, et va se terminer par des digitations successives sur les hypapophyses des six premières cervicales. Ce muscle a été désigné sous le nom de *droit antérieur*, mais il ne répond pas au droit antérieur des mammifères, qui doit être rattaché au système du long du cou. L'insertion céphalique de ce muscle se fait sur toute la surface du triangle basilaire, entre les apophyses basilaires latérales et en avant de ces apophyses.

Un autre muscle, que nous appellerons *basi-transversaire*, s'attache à l'apophyse basilaire latérale, et envoie des digitations sur les apophyses transverses des troisième ou quatrième premières cervicales. Il s'y joint un faisceau *atloïdo-transversaire* qui vient de l'hypapophyse de l'atlas.

Enfin, nous avons encore à signaler un muscle, qui se fixe à la moitié externe de la ligne courbe de l'occipital, contourne le cou en recouvrant les deux muscles précédents, et, gagnant la ligne médiane, va se terminer par des digitations sur les hypapophyses des deuxième, troisième, quatrième, cinquième et sixième vertèbres cervicales. Il n'y a aucune trace d'un pareil muscle chez les mammifères. Il ne peut être représenté chez eux que par les enveloppes aponévrotiques. Nous le nommerons *occipito-sousvertébral ;* on l'a nommé *trachélo-mastoïdien*.

Région caudale. — La région caudale présente à la face dorsale des muscles *courts interépineux*, *intertransversaires*, *épineux-transversaires*, et à la face ventrale, de *courts sous-transversaires*. Ces muscles n'ont pas besoin d'être décrits en détail. Les épineux-transversaires se rendent d'arrière en avant des apophyses épineuses aux apophyses transverses.

On y voit en outre :

Un *sacro-coccygien supérieur* qui s'attache au sacrum plus ou moins en arrière de la cavité cotyloïde et qui envoie des digitations charnues ou tendineuses aux diverses apophyses épineuses.

Un *sacro-coccygien inférieur* qui vient des apophyses transverses caudales et envoie d'avant en arrière des digitations sur la partie médiane des corps vertébraux.

Puis des muscles qui relient la queue aux os coxaux et au fémur :

Un *iléo-coccygien* qui va de l'aile postérieure de l'iléon (bord postérieur) aux apophyses transverses (face dorsale) et envoie un faisceau sur les rectrices.

Un *ischio-coccygien* qui va de l'ischion (bord postérieur) sur la dernière caudale (os en soc de charrue) et sur les rectrices.

Un *pubio-coccygien* qui va du pubis aux rectrices latérales.

Un *fémoro-coccygien* qui se fixe, comme nous le verrons, sur le fémur, d'une part, et d'autre part sur la face ventrale de l'os en soc de charrue.

Enfin, un muscle inséré par des digitations successives sur les sommets des apophyses transverses, va se terminer sur les rémiges. Ce serait un *transverso-cutané*.

Ces différents muscles sont disposés pour imprimer à la queue des mouvements dans tous les sens et même des mouvements de torsion.

Muscles longs sternaux. — Les muscles qui composent cette série sont d'abord l'ischio-coccygien et le pubio-coccygien dont nous avons déjà parlé.

Le *grand droit de l'abdomen* se fixe en arrière sur le pubis et en avant sur le bord postérieur du bouclier sternal. Il est très-large et n'offre pas d'intersection tendineuse. Son insertion thoracique diffère de ce que l'on voit chez les mammifères où le muscle s'attache aux côtes sternales et remonte même le plus souvent jusqu'à la première.

Le *sterno-trachéen* est un petit faisceau grêle qui s'attache à la face profonde du sternum près de l'angle antérieur externe, et se porte obliquement vers la trachée qu'il atteint un peu au-dessus du larynx inférieur. Il se confond avec le muscle trachéal qui accompagne la trachée jusqu'au larynx supérieur.

Le *cléido-trachéen* (ypsilo-trachéen) s'attache à la concavité de la fourchette et va également se confondre avec le muscle trachéal. On ne le rencontre pas toujours ; il manque par exemple chez les rapaces, les pigeons, les autruches, les bécasses, les foulques, les cigognes, les grues, les flamants et la plupart des palmipèdes.

Le muscle *sterno-trachéen* représente certainement la partie postérieure du *thyro-hyoïdien ;* quant au cléido-trachéen, on pourrait le rapporter au *sterno-hyoïdien.*

Les muscles du larynx inférieur étant situés au-dessous du sterno-trachéen ne peuvent pas lui être rattachés.

Vers la partie supérieure (ou antérieure) du cou, on voit se détacher du muscle trachéal un ruban charnu qui va se fixer au cartilage thyroïde par des fibres charnues que l'on peut rapporter au *sterno-thyroïdien*, et par d'autres fibres que l'on peut rapporter au *sterno-hyoïdien*, au corps de l'hyoïde et à la base de la corne thyroïdienne.

Le *thyro-hyoïdien* est un faisceau charnu à fibres longitudinales qui s'attache à la face externe du cartilage thyroïde et au bord postérieur de la corne thyroïdienne près de sa base.

Un petit faisceau charnu se rend du bord antérieur de la corne thyroïdienne, près de son articulation avec l'hyoïde, sur la petite pointe du cartilage lingual qui répond à la corne styloïdienne. On peut voir dans ce muscle un *hyo-glosse.*

Il n'y a pas de muscle génio-glosse.

Nous devons mentionner ici deux muscles transverses, l'un que Cuvier a nommé *cératoïdien moyen* et qui unit la partie moyenne de la corne thyroïdienne au prolongement caudiforme de l'hyoïde ; l'autre un peu plus oblique unissant la partie antérieure de l'hyoïde à la corne styloïdienne.

Le *génio-hyoïdien* est représenté par le muscle protracteur de l'hyoïde, qui, chez l'émeu, se compose de deux faisceaux : 1° un large faisceau attaché à la mâchoire inférieure dans le voisinage de la symphyse et inséré sur la base de la corne thyroïdienne ; 2° un faisceau plus grêle inséré vers le milieu de la branche maxillaire et enveloppant la corne thyroïdienne près de son extrémité distale. Habituellement ce dernier faisceau existe seul.

Le rétracteur de l'hyoïde se fixe à l'angle de la mâchoire inférieure et, lorsque cet angle se prolonge en une apophyse serpiforme, il mérite le nom de *serpi-hyoïdien* qui lui a été donné par Cuvier. Il se fixe d'abord au bord externe de l'hyoïde et à la base de la corne thyroïdienne. On a voulu retrouver dans ce muscle le stylo-hyoïdien, qui d'ailleurs n'est pas autrement représenté.

Il n'y a pas de stylo-glosse.

Toute la région hyoïdienne est recouverte par le muscle *mylo-hyoïdien* qui s'étend transversalement entre les deux branches de la mâchoire inférieure, en entre-croisant ses fibres sur un raphé médian.

MUSCLES DES MACHOIRES. — Nous compléterons immédiatement la description des muscles de la région céphalique en partant de ceux qui meuvent les mâchoires.

Il n'y a pas chez les oiseaux de muscles masséter, c'est-à-dire de muscles allant de l'arcade zygomatique au maxillaire inférieur.

Le muscle *temporal* se fixe sur le bord supérieur du maxillaire inférieur, soit sur la saillie coronoïdienne, soit au voisinage de cette saillie. Les fibres forment plusieurs faisceaux : les unes s'attachent à l'apophyse zygomatique, les autres à la fosse temporale, d'autres enfin à la face intraorbitaire de l'alisphénoïde. Les fibres qui remplissent la fosse temporale vont jusqu'à la crête occipito-temporale, parfois (héron) jusqu'à la crête sagittale ; chez le cormoran leur surface d'insertion est considérablement augmentée par l'os xyphoïde, qui leur est entièrement destiné ; les fibres qui s'unissent à ces os forment, suivant Yarrell, une lame séparée.

L'*abaisseur de la mâchoire inférieure* a été désigné sous le nom de *digastrique*, parce qu'en effet il semble répondre au digastrique des mammifères dont il a les fonctions. Il se fixe à l'apophyse angulaire postérieure de la mâchoire inférieure. Ses fibres viennent de la face externe de l'apophyse zygomatique et du bord externe de l'apophyse paramastoïde. Chez les rapaces elles n'occupent que la partie postérieure de ce bord ; mais chez les canards, où le mouvement de latéralité est très-prononcé, elles en occupent toute l'étendue et les fibres les plus inférieures forment un faisceau presque transversal dont la force a été remarquée par Hérissant.

Le *ptérygoïdien* s'attache par une partie de ses fibres à l'extrémité antérieure de l'os ptérygoïdien et à la base du crâne, mais la plus grande partie du muscle s'insère sur la face supérieure du palatin; il se fixe d'ailleurs à la face interne du maxillaire inférieur.

On trouve chez le perroquet un muscle *occipito-palatin* qui va de l'apophyse paramastoïde au bord postérieur du palatin. Il abaisse le bec supérieur.

Le *quadrato* ou *tympano-mandibulaire* s'attache d'une part à la face externe de l'apophyse orbitaire de l'os carré, et d'autre part au maxillaire inférieur.

Le *releveur supérieur de l'os carré* s'insère en avant sur la cloison interorbitaire, et en arrière à la partie supérieure de la face interne de l'apophyse orbitaire de l'os carré. Une partie de ses fibres s'insère parfois (oie) sur l'extrémité postérieure de l'os ptérygoïdien.

Le *releveur inférieur* s'insère au bas de la face interne de l'apophyse orbitaire de l'os carré ; il se fixe en dedans et en avant au basilaire sphénoïdal, derrière l'apophyse ptérygoïdienne. Ces deux muscles tirent en avant l'os carré et concourent à l'élévation de la mâchoire supérieure.

Nous achèverons maintenant la description des muscles qui meuvent le thorax.

On trouve dans la profondeur du thorax un muscle *sternocostal* qui se fixe à la face profonde de l'angle antérieur externe du sternum et qui envoie des digitations sur les trois ou quatre premières côtes sternales. Ce muscle concourt à la dilatation du thorax.

Les *intercostaux* sont placés, soit entre les côtes vertébrales, sois entre les côtes sternales. Ceux qui unissent les côtes sternales ont leurs fibres dirigées obliquement de bas en haut, d'avant en arrière et du sternum vers le dos. Les dernières fibres forment un petit faisceau qui s'attache à l'extrémité de la côte vertébrale située en arrière de l'espace intercostal.

Ceux qui unissent les côtes vertébrales ont leurs fibres dirigées en sens inverse, c'est-à-dire de haut en bas et d'avant en arrière, ou, autrement, dans le sens des fibres des muscles surcostaux. Un faisceau de ces fibres s'attache au bord inférieur de l'apophyse récurrente.

Le muscle *petit oblique de l'abdomen* est en série avec les muscles intercostaux, il s'étend entre la dernière côte et le côté externe de l'iléon. Une partie de ses fibres s'insère sur l'apophyse pectinéale qui s'incline dans leur direction.

Il n'y a pas de carré des lombes.

Le petit oblique recouvre le *transverse* qui forme l'enveloppe charnue des viscères abdominaux. Le transverse se fixe à la face interne des côtes vertébrales par des digitations qui s'entre-croisent avec celles du *diaphragme*. Ce dernier muscle se compose d'un large centre phrénique placé entre le foie et le cœur, et adhérent au péricarde, et d'une partie charnue insérée sur les côtes.

Le petit oblique est recouvert par le *grand oblique*, dont une partie, venant du pubis et de l'aponévrose qui recouvre le grand droit, envoie des digitations sur les dernières côtes, au bord postérieur desquelles elles se fixent au-dessous de l'apophyse récurrente.

La partie antérieure du grand oblique s'attache au bord externe du sternum et envoie des digitations sur les trois premières côtes.

Parmi les muscles que nous avons décrits jusqu'ici, les surcostaux, les intercostaux, les sternocostaux et le grand droit de l'abdomen concourent à la dilatation du thorax et sont par conséquent des muscles inspirateurs; les intercostaux, le petit oblique et le grand oblique concourent à resserrer le thorax et sont par conséquent des muscles expirateurs.

Les surcostaux font tourner les côtes vertébrales autour de l'axe qui passe par la tête et la tubérosité, d'où il résulte que la partie de la côte située en dehors de la tubérosité se porte en avant.

Les intercostaux concourent à la dilatation de la poitrine quand la première côte est tirée en avant, et à son resserrement quand la dernière côte est tirée en arrière (par exemple par le petit oblique).

La partie antérieure du grand oblique concourt puissamment à resserrer le thorax. Le grand droit au contraire concourt à dilater le thorax en tirant le sternum en arrière.

Les muscles qui vont du tronc à l'omoplate, et que nous décrirons plus loin, concourent aussi à resserrer et à dilater le thorax. Le grand dentelé concourt à la dilatation en tirant l'omoplate en arrière et en bas; l'angulaire, le rhomboïde et le trapèze concourent au resserrement en tirant l'omoplate en avant et en haut, ces mouvements étant communiqués au sternum par l'intermédiaire de l'os coranoïdien.

COMPARAISON DES MUSCLES DE LA COLONNE VERTÉBRALE DES OISEAUX AVEC CEUX DES REPTILES ALLANTOÏDIENS.

Dans les descriptions qui précèdent, nous nous sommes surtout occupé de comparer les muscles des oiseaux avec ceux des mammifères. Nous signalerons aussi quelques-unes des ressemblances et des différences qu'ils offrent avec ceux des chéloniens et des lacertiens.

C'est aux chéloniens que les oiseaux ressemblent le plus sous le rapport des muscles de la colonne vertébrale, ou du moins de la région cervicale et de la région caudale de cette colonne, ceux de la région dorsale proprement dite n'existant pas.

Remarquons cependant que les vertèbres cervicales des chéloniens diffèrent de celles des oiseaux par quelques points essentiels qui doivent nécessairement influer sur les dispositions musculaires. L'absence de côtes est peut-être la plus importante de ces différences. Il en résulte que le canal de l'artère vertébrale est ouvert et formé par une gouttière qui sépare l'apophyse transverse de la parapophyse. L'apophyse transverse elle-même est confondue avec l'apophyse articulaire antérieure qui s'élance en avant de la vertèbre. L'arc médullaire au contraire est très-semblable à celui des oiseaux.

On trouve chez les chéloniens des muscles courts interépineux, intertransversaires, épineux-transversaires, disposés comme chez les oiseaux. Les courts intercostaux sont représentés par des faisceaux étendus entre les parapophyses. Le long postérieur du cou existe comme chez les oiseaux, et c'est là un des traits de ressemblance les plus remarquables.

A la face ventrale du cou, le long antérieur est représenté par des faisceaux qui viennent des corps des vertèbres dorsales et qui vont se fixer sur les parapophyses des vertèbres cervicales; comme chez les oiseaux, le triangle postérieur du long du cou des mammifères est seul représenté. On ne doit pas considérer comme appartenant au long du cou un long faisceau qui, recouvrant tous les autres, s'attache le dernier à la région dorsale, et qui, après avoir parcouru toute la longueur du cou, va se terminer sur une arcade fibreuse, laquelle arcade fixe une de ses extrémités à l'os hyoïde et l'autre à la base de l'occipital. On peut voir dans ce faisceau un constricteur du pharynx ; on peut aussi en rapporter une partie au droit antérieur du cou.

Il y a, comme chez les oiseaux, un droit antérieur du cou allant de la base de l'occipital aux hypapophyses des premières vertèbres cervicales, un basi-transversaire et un occipito-sous-vertébral.

Les muscles de la queue sont disposés sur le même type.

Il en est de même pour les muscles de la paroi abdominale.

Chez les lacertiens et les crocodiliens il y a un droit antérieur du cou répondant à celui des oiseaux, un basi-transversaire, un occipito-sous-vertébral, un long antérieur du cou disposé de la même manière, mais plus faible. D'autre part, le long postérieur du cou des oiseaux n'est représenté que par un faisceau qui va du suroccipital aux apophyses épineuses des premières dorsales. Il y a un petit complexus allant de l'exoccipital aux apophyses transverses des premières cervicales, un grand complexus et une série d'épineux transversaires. Une lame superficielle semble répondre au splénius. Le sacro-lombaire se continue jusque sur la côte de la troisième cervicale. La série des muscles intercostaux se continue dans la région abdominale avec le petit oblique et avec le grand droit. Les côtes ventrales reçoivent aussi des digitations qui viennent de l'ischiococcygien. Les muscles propres de la région caudale sont tous des muscles courts. Le muscle grand oblique est très-développé. Il y a aussi un pyramidal dont les grandes dimensions rappellent ce qui se voit chez les mammifères didelphes et ornithodelphes, tandis que ce muscle n'existe pas chez les oiseaux.

Les muscles des mâchoires affectent le même type dans les reptiles allantoïdiens et dans les oiseaux. Les muscles propres de l'os carré manquent nécessairement chez les chéloniens, les lacertiens et les crocodiliens, où cet os est immobile, tandis qu'ils existent chez les ophidiens.

MUSCLES DU MEMBRE THORACIQUE.

Muscles qui vont du tronc à l'omoplate.

L'omoplate est rattachée au tronc par quatre muscles qui correspondent au *grand dentelé*, à l'*angulaire*, au *rhomboïde* et au *trapèze* des mammifères, et qui peuvent être désignés par ces noms, malgré les modifications remarquables qu'ils présentent.

Le *grand dentelé* se compose de deux faisceaux, l'un postérieur, l'autre antérieur. Tous les deux se fixent au bord axillaire de l'omoplate, chose tout à fait exceptionnelle chez les mammifères, où cela ne se voit que chez les chauve-souris et où l'insertion scapulaire du grand dentelé se fait habituellement sur le bord spinal de l'omoplate.

Le faisceau postérieur naît par plusieurs digitations du bord antérieur et de la face externe des 3 ou 4 côtes moyennes (6, 5, 3, 4) au-dessous de leur appendice et non pas de l'appendice lui-même ; ses fibres se dirigent obliquement en haut, les unes en avant, les autres en arrière, et s'attachent à la partie postérieure du bord axillaire de l'omoplate.

La force de ce faisceau musculaire est variable. Je l'ai trouvé tout à fait aponévrotique sur une autruche d'Afrique, tandis que chez un émeu il offrait d'épaisses digitations charnues.

Le faisceau antérieur naît du bord antérieur et de la face externe des deux premières côtes dans les mêmes points que le précédent ; il se porte presque directement en haut et va s'attacher au bord axillaire de l'omoplate, où il est le plus souvent compris entre deux lames charnues

Les deux faisceaux du grand dentelé sont tout à fait distincts, séparés l'un de l'autre par un intervalle, et ne sont reliés que par une aponévrose, tandis que, chez les mammifères, le grand dentelé se compose d'une masse charnue qui n'offre aucune interruption.

Les faisceaux du grand dentelé tirent l'omoplate en bas et sont par conséquent antagonistes de ceux dont nous allons parler.

Angulaire. — Le plus profond des muscles qui s'attachent au bord spinal de l'omoplate peut être comparé à l'angulaire. Son insertion scapulaire se fait sur le tiers moyen du bord spinal en avant de la coudure.

Il naît par des digititations des deux ou trois premières côtes, puis de l'apophyse transverse (Owen dit la côte, pleurapophyse) de la dernière cervicale, ou encore des deux ou trois dernières cervicales. Chez les oiseaux de proie il se fixe aussi aux quatre côtes thoraciques moyennes.

La partie thoracique du muscle pourrait correspondre à une portion du grand dentelé des mammifères, et alors la partie cervicale seule correspondrait à l'angulaire.

Les insertions costales se font sur le bord postérieur et la face externe de la côte, dans la moité supérieure de l'espace qui sépare la tubérosité de l'appendice. Toutes les fibres du muscle sont dirigées d'arrière en avant et de dehors en dedans.

Le *rhomboïde* recouvre immédiatement l'angulaire. Il se fixe aux cinq ou six dernières apophyses épineuses de la région dorsale, tantôt par ses fibres charnues, tantôt par l'intermédiaire d'une lame aponévrotique. Les fibres se dirigent obliquement d'avant en arrière vers l'omoplate, et se terminent sur les trois quarts postérieurs du bord spinal de cet os. Ce muscle mérite véritablement le nom de rhomboide par sa forme autant que par sa position. Il né se compose que d'un faisceau dorsal ; il ne va ni à la tête ni au cou. D'après R. Owen, il manquerait chez l'aptéryx.

Le *trapèze* recouvre le rhomboide. Il vient des apophyses épineuses des quatre ou cinq premières dorsales et de la dernière, ou des deux ou trois dernières cervicales (ou bien du raphe fibreux situé à leur niveau). De là ses fibres se rendent sur le bord spinal de l'omoplate en avant de la coudure, sur l'acromion, et sur la partie externe de la clavicule. Ce muscle, très-réduit, ne correspond qu'à une partie du trapèze des mammifères. Chez les chauve-souris, comme chez les oiseaux, il s'arrête au commencement de la région cervicale ; mais chez la plupart des mammifères il s'étend jusqu'à la tête.

Parmi les muscles que nous venons de décrire, ceux qui s'insèrent au bord axillaire de l'omoplate tirent cet os en bas, ceux qui s'insèrent à son bord spinal le tirent en haut. Ils sont donc antagonistes les uns des autres et concourent alternativement à l'inspiration et à l'expiration.

Il n'existe pas chez les oiseaux de muscles sterno-mastoïdien, omo- et cléido-trachélien, omo- ou cléido-basilaire, omo-hyoïdien.

Le *cléido-mastoïdien*, confondu avec le peaucier du cou, se compose d'un faisceau mince et pâle dont les fibres s'attachent au bord interne et antérieur de la fourchette.

Le *cléido-hyoïdien* est représenté par le cléido-trachéal chez les oiseaux où ce muscle existe, par exemple chez les gallinacés.

Muscles allant du tronc à la clavicule.

Nous venons d'indiquer le cléido-mastoïdien.

Il n'existe pas de muscle *sous-clavier*. Ce nom a été donné à tort à un muscle qui se rend sur l'os caracoïdien. Cependant il y a des faisceaux aponévrotiques dans lesquels on pourrait voir la représentation d'un véritable sous-clavier. Ce sont les faisceaux qui composent l'aponévrose sterno-cléido-coracoïdienne dont nous avons donné plus haut la description.

Muscles allant du tronc à l'os coracoïdien.

Il existe un muscle *sterno-coracoïdien* que l'on pourrait considérer comme un petit pectoral, à la condition de définir ce muscle par une attache coracoïdienne.

Chez l'aigle, c'est un sterno-costo-coracoïdien. Il s'attache au sternum en dehors et en arrière du ligament sterno-coracoïdien externe, à toute la fosse latérale antérieure, puis, par autant de digitations, aux quatre premières côtes sternales. Toutes ces fibres convergent vers l'angle inférieur externe de l'os coracoïdien. C'est le muscle *sterno-coracoïdien externe*.

Il y a à la face profonde un autre muscle qui s'insère au bord antérieur de l'apophyse latérale antérieure du sternum, d'où ses fibres s'étalent en éventail sur l'espace triangulaire que présente le coracoïdien. Ce muscle est recouvert par le ligament sterno-coracoïdien interne : c'est le muscle *sterno-coracoïdien interne*.

Muscles qui vont de l'os coracoïdien à l'humérus.

Il existe chez les mammifères un muscle *coraco-brachial* qui se fixe à la pointe de l'apophyse coracoïde, et qui, le plus généralement, se compose de deux faisceaux. Le premier (le seul que l'on voit chez l'homme, chez les singes anthropoïdes et chez les chauves-souris), se rend obliquement sur le corps de l'humérus. Le second se porte transversalement vers la tubérosité interne et se fixe immédiatement au-dessous d'elle. Habituellement le second coraco-brachial est très-peu développé ; chez les ornitho-delphes, il est énorme, mais le premier coraco-brachial existe en même temps.

Chez les oiseaux, le premier coraco-brachial n'existe pas, mais le second prend un grand développement, et presque toujours il se compose de plusieurs faisceaux.

Le plus fort de ces faisceaux s'attache au bord externe et à la face inférieure ou superficielle de l'os coracoïdien (dans la moitié ou le tiers de sa longueur) à partir de son extrémité sternale, qui correspond à la pointe de l'apophyse coracoïde des mammifères ; il peut se prolonger sur la face profonde jusqu'au ligament sterno-coracoïdien ; il contourne le bord externe du coracoïdien et va s'attacher, à la tubérosité interne de l'humérus immédiatement au-dessus du trou aérien. C'est ce muscle que Vicq-d'Azir a nommé le petit pectoral.

Un ou deux faisceaux viennent ensuite du bord externe et de la face profonde du coracoïdien, et, formant l'éventail avec le précédent, se terminent par des tendons qui s'insèrent à côté de lui sur la tubérosité interne. L'éventail est complété par le sous-scapulaire, dont nous parlerons plus loin, et auquel on pourrait rattacher, sous le nom d'*accessoire coracoïdien du sous-scapulaire*, le dernier des faisceaux que nous venons de décrire.

L'accessoire coracoïdien du sous-scapulaire est considérable chez les gallinacés. Chez la pénélope, il va s'insérer sur l'apophyse sus-épisternale, et il en est de même chez le nothura major, de la famille des tinamidés.

Muscles qui vont de l'omoplate à l'humérus.

Les muscles qui vont de l'omoplate à l'humérus sont le *grand rond*, le *sous-scapulaire*, le *sous-épineux*, peut-être le *petit rond*, le *deltoïde postérieur* et le *sus-épineux*.

La détermination de ces muscles offre une certaine difficulté, parce qu'ils sont très-modifiés chez les oiseaux. Aussi croyons-nous que leurs véritables analogies ont été jusqu'ici en grande partie méconnues.

Le *grand rond* s'attache à presque toute l'étendue de la face externe de l'omoplate. Il est très-fort, épais et volumineux. C'est un long triangle charnu déterminé par un tendon plat qui va se fixer à la partie la plus inférieure de la tubérosité interne de l'humérus, au-dessous du trou aérien. Cette insertion démontre sa signification homologique et empêche de le considérer comme un muscle sous-épineux. Son insertion scapulaire fait voir d'autre part que la plus grande partie de l'omoplate des oiseaux répond à l'angle postérieur de l'omoplate des mammifères.

Ce muscle est toujours isolé, tandis que, chez les mammifères, son tendon s'unit souvent avec celui du grand dorsal. C'est un puissant rotateur de l'humérus en dedans.

Le *sous-scapulaire* est loin d'avoir un aussi grand développement que le grand rond. Il va s'insérer sur le crochet même de la tubérosité interne de l'humérus, à côté du coraco-brachial, dont il complète l'éventail. Le plus généralement, il se compose de deux faisceaux, l'un qui se fixe à la lèvre interne du bord inférieur et à la face interne de l'omoplate, immédiatement en arrière de la cavité glénoïde, l'autre qui se fixe à la lèvre externe de ce bord. C'est entre ces deux faisceaux que se trouve placé le faisceau antérieur du grand dentelé. Ils se terminent sur un tendon commun qui s'insère à la tubérosité interne.

Le faisceau interne répond bien au sous-scapulaire, mais il n'occupe qu'une petite partie de la face interne de l'omoplate, le reste de cette face étant lisse.

Le faisceau externe ressemble par son insertion scapulaire à un *petit rond*, mais il en diffère par son insertion sur la tubérosité interne de l'humérus. Les mammifères didelphes et monodelphes n'offrent rien qui reproduise exactement ce faisceau, tandis que nous le trouvons chez l'ornithorhynque et l'echidné. Si on le regarde comme un petit rond, on dira que le petit rond des oiseaux diffère de celui des mammifères didelphes et monodelphes, mais qu'il ressemble à celui des ornithodelphes (1).

Chez les gallinacés, ce faisceau est constitué par un ruban charnu long et étroit, tandis que chez les passereaux, c'est une lame plus courte, mais plus large, dont le tendon s'unit d'une manière intime à celui du sous-scapulaire.

Sous-épineux et deltoïde postérieur. — Le muscle sous-

____

(1) Chez l'ornithorhynque, le tendon de ce muscle contient un sésamoïde.

épineux a été jusqu'ici confondu par tous les auteurs avec le
deltoïde postérieur. Cependant Gustave Jager (*Das Os huméro-
scapulare der Vögel, Sitz, berichte, Ac. sc.* de Vienne, 1857)
était certainement sur la voie en distinguant dans le deltoïde
postérieur trois faisceaux. L'un de ces faisceaux, suivant notre
opinion, peut représenter le deltoïde postérieur, mais les deux
autres répondent au sous-épineux, et peut-être mieux encore au
sous-épineux et au petit rond.

C'est chez les passereaux que cette distinction apparaît avec
le plus d'évidence. Mais, pour comprendre la disposition de ces
muscles, il faut d'abord bien se figurer celle de l'os huméro-
capsulaire, ainsi que celle de ses ligaments et de la bride qu'un
de ces ligaments fournit au tendon du moyen pectoral de Vicq
d'Azyr qui répond au sus-épineux des mammifères.

Cet os, que Nitzsch a décrit sous le nom d'huméro-capsulaire,
mais que les auteurs suivants ont nommé huméro-scapulaire ou
même omoplate accessoire, est un véritable sésamoïde que l'on
peut considérer idéalement comme développé dans l'épaisseur
de la capsule scapulo-humérale. Il est situé à la partie postérieure et externe de l'articulation, contre la tête humérale sur
laquelle il glisse, et relié par deux forts ligaments, d'une part
à l'omoplate, de l'autre au coracoïdien. Le ligament qui va sur
l'omoplate, et qui pourrait aussi être considéré comme un
tendon du sous-épineux, se fixe immédiatement en arrière du
bourrelet glénoïdien. Celui qui se fixe au coracoïdien s'attache
aussi un peu au delà du bourrelet glénoïdien ; il recouvre le
tendon du moyen pectoral et lui forme une bride qui le serre
contre la tête de l'humérus.

On peut aussi trouver sous le tendon du moyen pectoral un
épaississement de la capsule muni d'un fibro-cartilage.

Tel est l'os huméro-capsulaire de Nitzsch, dont la forme et
les dimensions varient, qui peut n'être que cartilagineux, comme
chez le flamant, et qui peut manquer, comme chez les gallinacés, les ardéidés et les struthidés.

On trouve chez les corbeaux et chez les passereaux en général un faisceau charnu triangulaire qui se fixe sur l'os huméro-
capsulaire et, par l'intermédiaire de son ligament, sur l'omoplate. Il s'étale en un triangle qui va s'insérer sur la face
postéro-externe de la crête pectorale. C'est le *sous-épineux*
proprement dit. Il diffère de celui des mammifères en ce que

son attache scapulaire se fait par un tendon et son attache humérale par une masse charnue.

En arrière et au-dessous de ce faisceau il y en a un autre plus allongé qui s'attache directement à la partie antérieure externe de l'omoplate dans une petite étendue en arrière de la cavité glénoïde, et qui va couvrir toute la face externe de la diaphyse humérale. Cette seconde partie du sous-épineux pourrait être regardée comme un *petit rond*.

Le *deltoïde postérieur* est tout à fait distinct de ces deux faisceaux. Il s'attache en haut au crochet de la clavicule qui s'articule avec l'acromion, par des fibres charnues, et, en outre, par une expansion aponévrotique, à la partie antérieure du bord supérieur de l'omoplate, descend le long de la face externe du bras en recouvrant les deux muscles précédents, et va se terminer sur l'épicondyle en envoyant quelques fibres sur la rotule du coude.

Il n'en est pas de même chez tous les oiseaux.

1° La seconde partie du sous-épineux peut manquer ou descendre très-peu.

Elle n'existe peut-être que chez les passereaux.

2° L'os huméro-capsulaire peut manquer, et alors la première partie du sous-épineux s'attache directement à l'omoplate (gallinacés).

3° Le deltoïde postérieur, au lieu de descendre jusqu'à l'épicondyle, s'attache à la crête pectorale (tous les oiseaux, excepté les passereaux, les pigeons, les cracidés et les tinamidés).

4° Le deltoïde postérieur adhère au sous-épineux, ce qui rend la distinction plus difficile. Ceci est surtout remarquable chez les perroquets, ou il n'y a qu'un faisceau grêle attaché à l'omoplate en arrière du bourrelet glénoïdien, et s'insérant d'autre part sur la diaphyse de l'humérus immédiatement au-dessous de la crête pectorale.

Cette fusion a lieu également chez les rapaces où pourtant les deux faisceaux peuvent être en partie distingués.

Chez les pigeons, les cracidés et les tinamidés, le deltoïde postérieur est distinct du sous-épineux. Il ne descend pas comme chez les corbeaux jusque sur l'épicondyle, mais il s'attache sur la diaphyse humérale, à une certaine distance au-dessous de la crête pectorale.

Sus-épineux (moyen pectoral de Vicq-d'Azyr). — Le sus-épineux est tellement déplacé et modifié, qu'il serait fort difficile de le reconnaître si l'on ne trouvait pas chez les ornithodelphes une disposition intermédiaire qui explique parfaitement ce qu'on voit chez les oiseaux.

En effet, chez les ornithodelphes, de même que chez les oiseaux, il n'existe pas de fosse sus-épineuse, et pourtant le muscle sus-épineux existe, mais son insertion est rejetée sur la face interne du col de l'omoplate. Chez les oiseaux, le muscle, qui aquiert un développement énorme, va chercher ses insertions sur le sternum, sur la clavicule, sur l'os coracoïdien et sur la membrane sterno-cléido-coracoïdienne.

Son insertion sternale se fait à la fois sur la crête et sur le bouclier, dans l'angle solide formé par ces deux parties du sternum. Il s'attache dans une étendue plus ou moins grande à la crête où sa limite est marquée par la ligne intermusculaire qui le sépare du grand pectoral, ligne qui, en général, commence en avant sur le bord antérieur de la crête et se termine en arrière à la jonction de la crête et du bouclier. La surface d'insertion du muscle sur le bouclier est aussi limitée par une ligne oblique dont l'extrémité postérieure va rejoindre celle de la ligne précédente.

Cette dernière ligne sépare le sus-épineux, tantôt du grand pectoral lui-même, tantôt d'une surface lisse sur laquelle glisse le grand pectoral. Le nom de ligne intermusculaire ne lui convient donc pas toujours. En avant, elle coupe en deux parties à peu près égales la rainure coracoïdienne et se prolonge en quelque sorte sur l'os coracoïdien qui présente aussi une ligne limitant en dehors le sus-épineux.

Le muscle se fixe en outre sur la partie interne de la lèvre inférieure de la rainure coracoïdienne, sur le côté de l'apophyse épisternale, et sur le bord antérieur de la crête au-dessous de la ligne intermusculaire.

Les insertions claviculaires se font sur le bord externe et la face profonde de cet os. Ses insertions coracoïdiennes se font sur la face superficielle en dedans de la ligne oblique.

Il s'attache en outre à la membrane sterno-cléido-coracoïdienne.

En haut et en avant les fibres se ramassent sur un tendon qu'elles accompagnent plus ou moins loin. Cette extrémité du muscle contourne l'os coracoïdien de manière à s'appliquer à sa face profonde, ou bien à s'engager dans la gouttière que limite l'apophyse supérieure interne, et enfin se réfléchit sur l'extrémité supérieure et antérieure de cet os, sur une surface concave, entre l'apophyse claviculaire et la cavité glénoïde, de manière à traverser le tronc sus-glénoïdien.

Après avoir traversé le trou sus-glénoïdien, le tendon, accompagné ou non de fibres charnues, glisse sur la capsule de l'articulation scapulo-humérale et sur la tête de l'humérus, et va s'attacher au tubercule supérieur de la crête pectorale. En passant sur la capsule articulaire, il peut être bridé (passereaux, rapaces, pluvier) par le ligament coracoïdien de l'os huméro-capsulaire.

Aldrovande et Sténon, en décrivant ce muscle, l'ont seulement désigné comme le second des muscles qui meuvent l'aile. Fabrice d'Acquapendente et Borelli l'ont nommé le releveur de l'aile (levator alæ). Vicq d'Azyr l'a regardé comme particulier aux oiseaux, et l'a nommé le troisième ou moyen pectoral. R. Owen l'appelle le second pectoral. Meckel a pensé qu'il représentait une partie du deltoïde. Plus récemment, Sélenka (*Archives néerlandaises*, 1870) l'a comparé au sous-clavier.

Mais il nous paraît évident que le moyen pectoral de Vicq-d'Azyr correspond au sus-épineux des mammifères. Comme ce muscle, il va s'attacher à la tubérosité externe après avoir traversé un trou formé par les trois os de l'épaule, et cela peut suffire pour le caractériser. Quant aux difficultés qui résultent des modifications offertes par les insertions proximales, elles sont facilement résolues en considérant les modifications intermédiaires réalisées chez les ornithodelphes.

Accessoires du sus-épineux. — Chez les gallinacés, le moyen pectoral se compose de deux faisceaux dont le plus profond est formé par des fibres insérées sur le bord antérieur du sternum et sur l'aponévrose sterno-cléido-coracoïdienne. Chacun de ces faisceaux se termine par un tendon plat. En arrivant au trou sus-glénoïdien, le tendon A du faisceau profond se porte au côté interne de l'autre; B le contourne et devient le plus superficiel. B va s'insérer entre la tête humérale et la tubérosité externe sur le tubercule que l'on voit au-dessous et en arrière de la tête.

A peut être considéré comme un accessoire du moyen pectoral. Je l'ai trouvé chez les gallinacés et chez le nothura.

Au lieu de ce muscle, on peut trouver (perroquet) un petit

faisceau charnu qui s'attache à la portion scapulaire de l'orifice externe du trou sus-glénoïdien, et qui, recouvrant le tendon du moyen pectoral, va se terminer sur la tubérosité externe.

Ce petit faisceau est l'*accessoire scapulaire du moyen pectoral*.

Il y a en outre un *accessoire coracoïdien* dans lequel on a voulu voir un deltoïde antérieur, comme si ce nom pouvait convenir à un muscle inséré sur l'apophyse coracoïde. Il s'attache en haut de l'apophyse cléidienne du coracoïdien, glisse en dedans de la tête humérale, et va se fixer près du sommet de la crête pectorale. C'est un faisceau charnu assez fort qui recouvre immédiatement le ligament coraco-huméral.

Chez les struthidés, il n'y a qu'un seul faisceau dont le tendon se fixe au sommet de la crête humérale et dont le corps charnu s'étale en éventail sur l'os coracoïdien. Comme ce faisceau ne passe pas par un trou sus-glénoïdien, on pourrait penser qu'il représente uniquement l'accessoire coracoïdien. Mais la question reste indécise, parce que l'absence d'un trou sus-glénoïdien chez les struthidés tient surtout à ce que chez eux l'apophyse cléidienne du coracoïdien n'existe pas ; et par conséquent le muscle dont nous parlons peut tout aussi bien représenter le moyen pectoral, et cette détermination est confirmée par ce qu'on voit chez le nandou (Rhea americana) où l'insertion du muscle se prolonge sur le sternum.

L'accessoire coracoïdien pourrait aussi être comparé au muscle *épicoraco-huméral* que l'on trouve chez les ornithodelphes (*l. c.*).

Muscles qui vont de la clavicule à l'humérus.

Ces muscles sont une partie du grand pectoral et un faisceau du système deltoïdien que nous décrirons plus loin.

Muscles qui vont du tronc à l'humérus.

Les muscles qui vont du tronc à l'humérus sont le grand pectoral et les faisceaux que l'on rapporte au grand dorsal.

Le *grand pectoral* s'attache à la clavicule, à la crête sternale, à la partie postérieure du bouclier sternal, et aux côtes sternales très-près de leur articulation avec le sternum. Il est faux cependant de dire avec Vicq d'Azyr et Cuvier qu'i s'insère aux dernières côtes, insertions dont Meckel et R. Owen ne parlent pas. L'erreur de Vicq-d'Azyr vient probablement de ce que chez les gallinacés la branche postérieure externe (hyposternal de Geoffroy) a l'apparence d'une côte, ou de ce que le bord externe du grand pectoral est appliqué au grand oblique qui lui-même recouvre immédiatement les côtes.

Les plus antérieures des fibres claviculaires se portent obliquement vers l'humérus, les autres se dirigent presque transversalement ; les fibres qui viennent du bréchet sont de plus en plus obliques à mesure qu'elles viennent de plus loin, et celles qui se fixent latéralement au sternum finissent par être presque longitudinales. Toutes ces fibres s'attachent du haut en bas, dans l'ordre ci-dessus, à la crête pectorale de l'humérus et (au contraire de ce qui a lieu chez les mammifères) le muscle ne subit aucune torsion. Le corps du muscle est très-épais, mais cette épaisseur existe surtout dans sa partie moyenne ; elle est moindre au voisinage des insertions.

Les insertions claviculaires se font sur le bord externe et sur la face profonde de l'os et un peu sur la membrane sterno-cléido-coracoïdienne.

Sur le bréchet, les insertions n'occupent qu'une partie de la hauteur de cette crête et s'arrêtent à la ligne intermusculaire qui les sépare du moyen pectoral de Vicq-d'Azyr. Il suit de là que l'épaisseur de cette partie du grand pectoral n'est pas toujours en rapport avec la hauteur du bréchet, comme on peut le voir chez les gallinacés. Chez les rapaces elles n'occupent toute la hauteur de la crête que dans la partie qui est en arrière du moyen pectoral.

Lorsque le bréchet atteint le bord postérieur du sternum, le grand pectoral s'étend jusqu'à cette limite ; mais lorsqu'on voit à son extrémité une marge (Lherminier) ou méplat (Blanchard) comme chez la buse, par exemple, le muscle va rejoindre obliquement le bord postérieur du sternum, et alors un espace nu reste sur la ligne médiane.

Sur le bouclier sternal, les fibres charnues se fixent au bord postérieur, ainsi qu'à la partie postérieure du bord externe, et adhèrent, en outre, à une partie de la surface, soit osseuse, soit osséo-membraneuse, que limitent ces bords. L'insertion se fait, par conséquent, non-seulement sur le bouclier, mais encore sur les membranes qui comblent ses échancrures. Mais il ne faut pas croire que le grand pectoral s'attache toujours, comme tout le monde l'a répété jusqu'ici, à toute la surface que limite en avant le moyen pectoral de Vicq-d'Azyr. Cela n'a lieu que chez les oiseaux, comme les gallinacés, par exemple, où le bord externe du moyen pectoral est parallèle à l'axe du corps. Chez les rapaces, chez les palmipèdes totipalmes, et en général chez les oiseaux où le moyen pectoral est confiné dans la partie antérieure du sternum et où la ligne qui le limite en dehors va retrouver obliquement le bréchet, il y a derrière cette ligne un espace lisse triangulaire sur lequel glisse le grand pectoral, soit en raison de ses contractions, soit en raison des mouvements respiratoires.

Au voisinage de son insertion humérale, le grand pectoral reçoit, près de son bord externe, un petit ruban charnu qui est la terminaison du muscle des parures, inséré d'ailleurs sur la peau dans la moitié postérieure de la région thoracique.

Chez les struthidés, le grand pectoral est réduit à une lame charnue, presque sans épaisseur, qui s'insère sur la partie antérieure du sternum, en dehors de la ligne médiane.

Grand dorsal. — Il y a deux faisceaux charnus, que les auteurs comparent au grand dorsal des mammifères.

L'un de ces faisceaux vient des apophyses épineuses des 4 à 5 premières dorsales. C'est une lame charnue, large et plate, qui va se terminer sur la face externe de l'humérus, en s'insinuant sous le muscle sous-épineux, ou encore sur la face postérieure de l'humérus, en dehors du vaste interne. On peut, à cause de son aspect, le nommer *faisceau trapézoïde.*

L'autre faisceau vient des apophyses épineuses des dernières dorsales, de la crête iliaque et des dernières côtes ; il se termine par un tendon plat qui s'engage sous le faisceau précédent et va se terminer sur la face postérieure de l'humérus, immédiatement en dehors du vaste interne. Les deux faisceaux passent d'ailleurs en dedans de la longue portion du triceps. Leur entre-croisement pourrait correspondre à la torsion du grand dorsal des mammifères. Mais l'insertion humérale est toute différente ; il en résulte que le muscle est rotateur de l'humérus en dehors, tandis que chez les mammifères il est rotateur de l'humérus en dedans, et passe toujours sous la face interne de l'humérus pour aller se fixer à la lèvre interne de la coulisse bicipitale.

En présence d'une telle différence, on peut se demander s'il

26

existe véritablement un grand dorsal chez les oiseaux, puisque, pour accepter l'analogie, on est obligé d'admettre la transposition des insertions. Il faut ajouter que le premier des deux faisceaux recouvre le trapèze, tandis que, chez les mammifères, c'est le trapèze qui recouvre le grand dorsal. Vicq-d'Azyr regarde ce faisceau comme correspondant à la fois au sus-épineux et au sous-épineux, dont la fusion s'expliquerait par l'absence de l'épine de l'omoplate. On pourrait également y voir un faisceau du trapèze qui se prolongerait jusqu'à l'humérus, ou encore un faisceau du peaucier.

Le grand dorsal tire l'humérus en arrière, le rapproche du corps et le tourne légèrement en dehors. En même temps il relève l'extrémité distale.

On peut rattacher au grand dorsal, à l'exemple de Vicq-d'Azyr, le muscle *tenseur de la membrane axillaire* qui s'attache immédiatement au-dessous du faisceau postérieur du grand dentelé, à la face externe de plusieurs côtes (aux mêmes côtes que le grand dentelé chez la buse) et dont le tendon terminal va se confondre près du coude avec le grand ligament commun des pennes cubitales. Ce muscle peut être considéré comme un faisceau costal du grand dorsal ; il offre aussi quelque analogie avec le faisceau accessoire qui, chez beaucoup de mammifères, se détache du grand dorsal pour aller se fixer dans la région du coude.

Système deltoïdien. — On ne peut pas décrire chez les oiseaux, comme chez les mammifères, un muscle deltoïde dont les divers faisceaux, quoique distincts, apparaissent néanmoins comme les parties d'une masse commune. Chez les oiseaux ces divers faisceaux sont complétement dissociés, et ce n'est qu'en ayant sous les yeux le plan du deltoïde des mammifères monodelphes que l'on peut arriver à les réunir dans une même description.

Cette dissociation existe d'ailleurs chez les mammifères ornithodelphes où le deltoïde postérieur est tout à fait séparé.

Les faisceaux que nous attribuons au deltoïde se rapportent en partie au deltoïde claviculaire, en partie au deltoïde acromial, en partie au deltoïde postérieur.

Ce sont :

1° Un muscle cléido-métacarpien qui est le *tenseur marginal* (ou tenseur du bord) *de la membrane antérieure de l'aile.* Il se

compose d'un ou de deux petits faisceaux charnus qui naissent
du tiers moyen de la clavicule. Ces faisceaux se réunissent bientôt sur un tendon qui va se terminer sur l'apophyse radiale de la
base du métacarpe en se prolongeant un peu sur sa face palmaire. Vers son extrémité distale, ce tendon peut contenir,
comme chez les chouettes, un os sésamoïde. Dans sa partie
moyenne, il est plus ou moins épaissi par du tissu élastique, et,
de plus, il envoie des radiations plus ou moins élastiques dans
toute l'étendue de la membrane. Par son insertion distale, ce
tendon ressemble à celui de la membrane antérieure de l'aile
des chauve-souris qui s'attache au premier os métacarpien.

La portion charnue du muscle peut adhérer au grand pectoral.
Elle peut aussi recevoir un petit faisceau qui vient de la crête
pectorale (ou envoyer une petite expansion sur cette crête).
Elle peut être fortifiée, ainsi que l'a dit Vicq-d'Azyr, et que je
l'ai observé sur le pigeon, par un faisceau qui se détache du
biceps. Chez le perroquet elle reçoit un faisceau charnu qui vient
du peaucier du cou.

Par suite des relations de ce muscle avec le grand pectoral, on
a tout autant de raisons pour le considérer, avec Meckel, comme
une portion de ce dernier, et comme répondant à l'expansion
principalement aponévrotique qui, chez les mammifères, va retrouver l'avant-bras. On pourrait aussi le comparer à ce gros
faisceau du peaucier qui, chez les pachydermes, double le grand
pectoral et va de la ligne médio-sternale à l'avant-bras. Chez
les chauve-souris tous les faisceaux charnus du tenseur de la
membrane antérieure de l'aile sont fournis par le peaucier du
cou ; ce serait une raison pour rapporter au peaucier celui des oiseaux ; mais ses insertions claviculaires nous déterminent à le
considérer, avec Vicq-d'Azyr, comme un faisceau du deltoïde.

2° Un muscle cléido-épicondylien qui est un *tenseur de la partie moyenne* (ou tenseur moyen) *de la membrane antérieure de
l'aile.*

Il naît de la clavicule avec le faisceau le plus interne du
muscle précédent, ou du moins il est le résultat d'une bifurcation
de ce faisceau. Il se termine bientôt par un tendon qui va se
terminer, en apparence, à quelque distance du pli du coude sur
le tendon d'origine du long supinateur (extenseur du métacarpe).
Mais, avec un peu d'attention, on aperçoit que les fibres du tendon, après avoir atteint le tendon du muscle radial, peuvent

encore être reconnues dans la masse commune, et qu'elles vont en grande partie se fixer au tubercule supérieur de l'épicondyle. Tout le tendon a cette direction quand l'avant-bras est fléchi sur le bras ; mais quand l'avant-bras s'étend, la partie libre et la partie confondue du tendon forment un angle.

Le tendon envoie, en outre, sur la face palmaire et sur la face dorsale de l'avant-bras des expansions qui se continuent jusqu'à la gaîne des pennes antibrachiales.

3° Le deltoïde postérieur que nous avons déjà décrit, et qu'il ne faut pas confondre avec le sous-épineux dont il n'est pas toujours complétement séparé.

Muscles allant de l'épaule à l'avant-bras.

Triceps brachial. — Il y a chez les oiseaux un faisceau scapulo-cubital qui répond à la *longue portion du triceps* et deux faisceaux huméro-cubitaux qui répondent au *vaste interne* et au *vaste externe.* Ces faisceaux sont le plus souvent dissociés.

La *longue portion* s'attache à l'omoplate, immédiatement en arrière du bourrelet glénoïdien, sur le bord axillaire, en s'étendant sur les deux faces de ce bord. Elle peut envoyer une petite expansion aponévrotique jusqu'au bord spinal. Au-dessous de l'omoplate elle envoie toujours une expansion aponévrotique sur le bord postérieur de l'humérus.

Le muscle lui-même est formé par un long cordon charnu et se termine par un tendon qui va s'insérer isolément sur la partie externe de l'olécrane et qui offre souvent dans son épaisseur une petite rotule glissant dans une gouttière que l'humérus présente derrière l'épicondyle.

Le *vaste externe* s'insère sur la face postérieure de l'humérus, généralement dans sa partie inférieure seulement.

Le *vaste interne* s'attache à l'humérus dans une plus grande étendue. Il s'insère sur la face postérieure et sur la face interne de cet os, et s'étend jusque très-près de la tubérosité interne où l'on trouve souvent une fosse plus ou moins profonde dont ses fibres remplissent la cavité.

Il se termine inférieurement par une large aponévrose qui se fixe à l'olécrane et adhère à la capsule articulaire qu'elle fortifie.

On trouve parfois (gallinacés) sur la diaphyse humérale une fossette où se fixe un faisceau de fibres de ce muscle.

Biceps brachial. — A la face antérieure du bras se trouve le muscle qui représente le biceps brachial des mammifères. Il répond uniquement au faisceau glénoïdien ; car le faisceau que l'on appelle, chez l'homme, coracoïdien parce qu'il s'attache au bec de l'apophyse coracoïde, et que l'on voit chez les ornithodelphes, n'existe pas chez les oiseaux. Chez les mammifères le tendon d'origine du faisceau glénoïdien s'insère au-dessus du bourrelet sur la base de l'apophyse coracoïde ; chez les oiseaux il s'attache à l'os coracoïdien sur le point qui correspond à cette base, c'est-à-dire immédiatement au-dessus du rebord glénoïdien sur l'apophyse qui s'articule sur la clavicule.

Chez tous les mammifères, à l'exception des ornithodelphes, le tendon d'origine du faisceau glénoïdien passe dans une gouttière étroite qui sépare les deux tubérosités de l'humérus et qui porte le nom de gouttière bicipitale. Chez les oiseaux et chez les ornithodelphes, les deux tubérosités sont séparées par une surface large et à peine concave sur laquelle glisse, non pas un tendon, mais le corps charnu lui-même qui, chez les oiseaux, prend immédiatement une grande épaisseur.

Le muscle se termine par un tendon qui se bifurque à son extrémité pour s'insérer à la fin sur le radius et sur le cubitus, très-près de l'articulation huméro-antibrachiale. La digitation radiale du tendon s'attache au radius, un peu en arrière du bord interosseux ; la digitation cubitale s'insère sur la face antérieure.

Le biceps des oiseaux présente encore d'autres particularités.

Le tendon d'origine est réuni à la tubérosité interne par un frein tantôt aponévrotique, tantôt charnu (autruche, émeu) qui semble se détacher avec lui de l'os coracoïdien. C'est pour nous le *frein coraco-brachial* du biceps, ou, en d'autres termes, le *frein supérieur du biceps.* Il forme chez l'autruche et l'émeu un faisceau charnu aplati très-développé.

D'autre part, le corps du muscle reçoit un faisceau accessoire qui se détache de la face antérieure de l'humérus immédiatement au-dessus de la tubérosité interne. On le considère souvent comme une seconde tête du biceps, qui alors mériterait véritablement d'être ainsi nommé, non plus à la manière du biceps brachial, mais à la manière du biceps fémoral de l'homme et des anthropoïdes. Nous l'appellerons le *frein huméral* ou encore le *frein inférieur* du biceps, ou bien la *tête humérale* du biceps.

Je n'ai pas trouvé ce faisceau chez le nothura, mais, d'un autre côté, j'ai observé chez cet oiseau une particularité singulière ; c'est un faisceau charnu qui se détache de la face profonde du biceps un peu au-dessous de la tête humérale et qui va se fixer sur la face interne de l'humérus, le long du bord antérieur depuis la crête pectorale jusque très-près de l'épicondyle : ce serait un frein *coraco-huméral externe*.

Brachial antérieur. — Ce muscle, que l'on a aussi nommé le *court fléchisseur* de l'avant-bras, par opposition au précédent nommé le *long fléchisseur*, est représenté chez les oiseaux par une petite bande charnue qui vient de la partie la plus inférieure de l'humérus et va se fixer au cubitus dans son quart supérieur.

L'insertion humérale se fait sur la face antérieure et sur la face interne, immédiatement au-dessus de l'épitrochlée, tandis que, chez les mammifères en général, le muscle couvre la face antérieure de l'humérus au-dessous de l'empreinte deltoïdienne et s'étend sur la face externe. L'insertion cubitale se fait sur une ligne oblique presque parallèle à l'axe de l'os, et plus rapprochée du côté radial du cubitus que de son côté libre, ce qui établit encore une différence avec les mammifères. Chez les chauve-souris le brachial antérieur s'attache à la face interne de l'humérus, mais son insertion cubitale se fait sur la face interne (libre) de l'os ; il est d'ailleurs aussi grêle que chez les oiseaux.

Chez les toucans, l'insertion humérale se fait dans une fossette profonde.

Ronds pronateurs. — Le pingouin, d'après Meckel, n'offre aucune trace de rond pronateur. Chez l'autruche, il y a un muscle unique représentant celui des mammifères. Il en est de même chez l'émeu, où ce muscle est très-petit. Mais il a une force et une épaisseur considérable chez l'autruche, où il s'attache, d'une part, à l'aide d'un tendon, sur le tubercule supérieur de l'épitrochlée, et, d'autre part, à presque toute l'étendue du radius.

Chez les autres oiseaux, il y a toujours deux muscles ronds pronateurs qui se fixent à l'épitrochlée, tantôt (gallinacés) sur un seul tubercule par un tendon commun, tantôt (pigeons, passereaux, perroquets, rapaces) par des tendons séparés sur deux tubercules isolés. Ces deux corps charnus vont se terminer sur le radius, le superficiel ne s'étend pas aussi loin que le profond.

Vicq-d'Azyr a désigné le plus superficiel de ces faisceaux comme un radial interne (radial antérieur) qui s'arrêterait sur le radius au lieu d'atteindre le métacarpe.

Il n'y a pas chez les oiseaux de muscle interosseux proprement dit. On peut regarder comme un carré pronateur un muscle métacarpien palmaire que nous décrirons plus loin.

Je dois ajouter que je n'ai pas trouvé de carré pronateur chez les ornithodelphes.

Court supinateur. — « Il est, dit Vicq-d'Azyr, placé absolument comme dans l'homme, quoiqu'il ait des usages différents ; son insertion est au condyle externe de l'humérus et ses fibres sont contournées de telle sorte, qu'il embrasse le radius presque dans ses deux tiers supérieurs. » Nous ajouterons que son in-insertion humérale se fait soit sur la partie moyenne, soit sur le tubercule inférieur de l'épicondyle.

Long supinateur. — Ce muscle n'est pas mentionné par Vicq-d'Azyr. Il manque d'après Cuvier.

D'après Meckel (t. VI, p. 54) « il existe chez l'autruche tridac- « tyle un muscle propre, qui naît du commencement du tiers « inférieur de l'humérus, et s'insère au radius bien plus haut « que le biceps ou long fléchisseuur. Il correspond vraisembla- « blement au long supinateur, qui, dans l'autruche didactyle, « est confondu à sa partie inférieure avec le long radial, quoi- « qu'il ait une origine spéciale. »

Si l'on ne veut accorder le nom de long supinateur qu'à un muscle inséré sur le radius, on doit considérer ce muscle comme absent chez les oiseaux ; mais on peut, comme nous le verrons tout à l'heure, admettre l'existence de ce muscle chez les oiseaux à la condition d'accepter qu'il va s'insérer, comme cela se voit chez certains mammifères, sur le métacarpe.

Anconé (fléchisseur profond de Vicq-d'Azyr). « Il est, dit « Cuvier, attaché au condyle externe, sous le court supinateur, « et s'étend à tout le tiers supérieur du cubitus, où il s'insère « à sa face radiale. » Suivant Meckel, « il vient de l'extrémité « inférieure de l'épicondyle et s'insère en haut, à une partie « considérable du bord antérieur et de la face interne du cubitus. « Ses fonctions sont la flexion et l'abduction. » Vicq-d'Azyr est moins explicite : il dit seulement que ce muscle est fort mince,

« et situé dans le pli du gynglyme, à la capsule duquel il
« adhère, et à l'os cubitus au-dessous de sa tète »., mais il
ajoute qu'il tient lieu de court anconé. C'est en effet à l'anconé
que l'on est disposé, de prime abord, à le comparer. Ce qui éloigne de cette opinion, c'est que le muscle est situé profondément
et recouvert par le cubital postérieur et par l'extenseur épicondylien des doigts qui chez les mammifères lui sont généralement
juxtaposés ; mais on peut voir que cette objection est insuffisante en considérant que chez les ornithodelphes il y a un véritable anconé, bien caractérisé par sa connexion avec le vaste
externe et non isolé comme celui des oiseaux, et qui d'autre
part est, comme chez les oiseaux, recouvert par le cubital postérieur.

Ce muscle s'attache au tubercule inférieur de l'épicondyle.
Il s'étend parfois, comme chez l'autruche, à toute la longueur
du cubitus.

Anconé interne. — On peut distinguer sous ce nom un faisceau charnu qui va de la face interne de l'épitrochlée au cubitus.
C'est comme une répétition musculaire du ligament latéral interne, s'insérant à l'humérus auprès de ce ligament, et au cubitus, entre lui et le brachial antérieur. Il manque chez la plupart des oiseaux. On le trouve chez les gallinacés et les tinamous ; il n'existe pas chez les pigeons.

*Muscles allant du bras et de l'avant-bras à la main,
Métacarpiens dorsaux.*

Long supinateur (muscle radial, extenseur externe du métacarpe). Il y a chez les oiseaux un muscle que l'on a désigné sous
le nom de radial et dont la détermination offre quelque difficulté. Son insertion proximale se fait sur le tubercule supérieur
de l'épicondyle par un tendon, et, par des fibres charnues, au-
dessous et en avant de ce tubercule. Le muscle a par conséquent
deux têtes qui restent séparées dans une plus ou moins grande
étendue. Chez l'autruche, la tête charnue s'étend beaucoup
plus haut sur l'humérus et c'est elle que Meckel a considérée
comme un long supinateur. L'insertion distale se fait sur l'apophyse externe du métacarpe.

Ce muscle relève la main vers le bord radial de l'avant-bras.
Il est placé le long du bord externe du radius, mais il ne peut

pas répondre aux radiaux externes des mammifères, puisque son insertion métacarpienne est différente. Il se comporte au contraire comme le long supinateur des lézards qui s'attache aussi à l'humérus par deux têtes distinctes, mais dont l'extrémité inférieure se termine sur le radius. Or, si l'on considère que sur certains mammifères, comme le tarsier (1), la sarigue, le kanguroo, le long supinateur va s'insérer soit sur le métacarpe, soit sur le carpe, on peut admettre que le muscle des oiseaux, malgré son insertion sur le métacarpe, ne cesse pas d'être l'homologue de celui des lézards et que, par conséquent, on doit le considérer comme un long supinateur.

Abducteur du pouce. — Un muscle que l'on peut comparer aux grand abducteur du pouce des mammifères, parfois très-fort (autruches, gallinacés), parfois très-grêle (passereaux), s'attache au bord interosseux du radius vers son extrémité proximale, en contournant l'os et s'étendant un peu sur sa face palmaire. Les fibres charnues se rendent sur un tendon qui va se terminer sur l'apophyse radiale du métacarpe à côté du muscle radial. Chez les gallinacés, les deux tendons se confondent avant d'atteindre le métacarpe ; il en est de même chez les palmipèdes lamellirostres et chez les grues.

Cubital postérieur.—Le cubital postérieur se fixe d'une part sur l'olécrane et d'autre part, à l'aide d'un tendon, sur le tubercule moyen de l'épicondyle. Il recouvre l'ancôné. Il s'avance le long du cubitus et se termine par un tendon qui se réfléchit sur l'extrémité distale du cubitus, où il glisse dans une gouttière où il est retenu par un petit rebord en forme d'onglet, puis il va se fixer dans l'espace interosseux métacarpien au côté cubital du métacarpien du deuxième doigt.

Ce muscle, par ses insertions proximales, reproduit le cubital postérieur des mammifères, mais il en diffère par son insertion distale. En effet, lecubital postérieur des mammifères se fixe toujours au bord cubital de la main, soit sur le cinquième métacarpien, soit, dans le cas où le cinquième n'existe pas, sur le quatrième. Chez les oiseaux, il s'attache au deuxième métacarpien, malgré la présence du troisième. Il faut donc admettre un plan général où il y aurait des muscles métacarpiens dorsaux s'insé-

---

(1) E. Alix, Nouvelles observations sur la myologie du tarsier (*Bull. de la Soc. philom.*, 1865). — Sur la détermination du muscle long supinateur chez les oiseaux (*ibid.*, 1874, et *Journ. de zoologie* de P. Gervais).

rant au bord cubital de tous les métacarpiens ; ce plan serait réalisé chez les mammifères pour le métacarpien qui est au bord cubital de la main, et pour les oiseaux pour le deuxième métacarpien. Ce muscle, d'ailleurs, malgré son insertion sur le deuxième métacarpien, ne peut pas être comparé à un radial externe, puisque les radiaux externes se fixent au côté radial de la base des deuxième et troisième métacarpiens.

Second ou court cubital postérieur ou court adducteur de la main. — « Tout à fait en bas, dit Meckel, on voit s'isoler de la face externe du cubitus un muscle bien plus petit qui se rend à l'extrémité postérieure de la branche cubitale de l'os métacarpien.

« Ce muscle tire la main fortement vers le bord cubital ; il la met par conséquent dans l'abduction, et l'élève en même temps un peu.

« Ou ce muscle est la partie inférieure du cubital externe, ou il correspond à l'abducteur du petit doigt. »

Si l'on considère ce muscle comme un métacarpien dorsal, il y aura chez les oiseaux des métacarpiens dorsaux insérés au côté cubital pour le deuxième et pour le troisième métacarpien.

Métacarpiens palmaires.

Il y en a trois.

Le *métacarpien palmaire externe*, que Meckel compare au *radial interne* (*grand palmaire* ou *radial antérieur*) des mammifères, s'attache au tiers moyen de la face palmaire du cubitus. Son tendon, qui apparaît sur sa face palmaire, se dirige obliquement vers l'os radial du carpe, se réfléchit, glisse dans la gouttière transversale que cet os présente sur sa face palmaire et son bord libre, et va se fixer sur la base du métacarpe à côté de l'apophyse pollicienne, immédiatement au-dessus du point où se fixe le ligament latéral qui va de l'os radial au métacarpe.

Ce muscle est abducteur de la main, qu'il relève vers le bord radial de l'avant-bras, en même temps qu'il lui imprime un mouvement en sens inverse de celui qu'elle subit dans l'adduction. On pourrait également dire, en renversant les termes, qu'il imprime à la main un mouvement de rotation en sens inverse de celui qu'elle décrit dans l'adduction, et que par conséquent il concourt au mouvement d'abduction qui produit l'extension de la main sur l'avant-bras. Si ce muscle correspondait réellement au grand palmaire des mammifères, ce serait un muscle fléchisseur de la main qui deviendrait extenseur. Chez l'autruche, où il ne se réfléchit pas sur l'os radial du carpe et où il va directement s'insérer sur la face palmaire du métacarpe, il imprime à la main un commencement de flexion.

La détermination homologique de ce muscle offre quelque difficulté.

On pourrait trouver dans le trajet oblique du tendon un rapport éloigné avec le long péronier latéral des mammifères, mais le tendon de ce dernier muscle est situé tout entier à la face plantaire du pied, et le corps charnu, autrement situé, n'est pas enfoncé dans l'espace interosseux.

On ne peut pas l'assimiler au grand palmaire (deuxième métacarpien palmaire) des mammifères, dont il diffère en ce qu'il s'insère sur le cubitus et non sur l'épitrochlée, en ce qu'il est profond, tandis que le grand palmaire est superficiel. Il est vrai que le grand palmaire glisse dans une poulie du scaphoïde, mais cette poulie est située tout entière à la face palmaire, tandis que celle que nous décrivons chez les oiseaux se continue sur le bord radial de l'os, et même un peu sur la face dorsale. Ajoutons que le grand palmaire des chauve-souris se comporte comme celui des autres mammifères, et qu'il en est de même chez les ornithodelphes.

En réalité, il n'y a pas chez les mammifères de muscle exactement semblable à celui que nous décrivons ici, tandis qu'on le retrouve chez les reptiles (chéloniens, crocodiliens, lacertiens) et même chez les batraciens. Dugès, en le décrivant chez les batraciens, l'a désigné sous le nom de carré pronateur. C'est en effet le seul muscle de l'avant-bras des mammifères avec lequel on puisse le comparer. Le carré pronateur occupe aussi le plan le plus profond, et s'attache également au cubitus, mais son autre insertion se fait sur le radius et non sur le métacarpe.

D'un autre côté, on doit observer qu'il existe à la face plantaire de la jambe des mammifères un muscle profond, le jambier postérieur, qui se rend au métatarse et remplit ainsi les conditions du métacarpien palmaire externe des oiseaux. Il est vrai que son tendon ne se réfléchit pas sur le carpe, mais on peut répondre que cette réflexion n'a pas lieu chez l'autruche. Alors ce ne serait plus avec le membre thoracique des mammifères, mais avec leur membre abdominal qu'il faudrait comparer le membre thoracique des oiseaux et des reptiles pour trouver l'homologie du muscle que nous décrivons en ce moment.

Cependant l'idée de Dugès ne doit pas être rejetée, mais pour l'accepter il faut élargir la conception et dire que ces muscles appartiennent idéalement à un même système, qui serait réalisé d'une manière chez les mammifères, d'une autre manière chez les oiseaux, les reptiles et les batraciens. C'est en faisant ces réserves que nous appliquerons à ce muscle le nom de *carré pronateur*.

Le *métacarpien palmaire interne*, qui répond au *cubital antérieur*, se fixe au tubercule inférieur de l'épitrochlée par un tendon qui contient un fort sésamoïde par l'intermédiaire duquel il glisse dans une gouttière que l'extrémité proximale du cubitus présente à sa face interne entre l'olécrane et la petite cavité sigmoïde; il se fixe en outre à l'olécrane, soit par des fibres charnues, soit par des fibres aponévrotiques. Son tendon terminal va s'insérer à la grande apophyse palmaire de l'os cubital du carpe, et, au delà de ce point, se continue par une expansion sur le bord cubital du métacarpien interne. — Du bord cubital de ce muscle se détache un faisceau charnu dont les fibres se dirigent obliquement sur un tendon qui se fixe à la base de la même apophyse de l'os cubital. Sur le bord libre du tendon se fixent de petits triangles de tissu élastique dont les pointes s'attachent à la gaîne des rémiges cubitales dont ce faisceau charnu est le *muscle rotateur*.

Le cubital antérieur est recouvert par une lame aponévrotique dont l'extrémité distale se fixe à la petite apophyse palmaire de l'os cubital. Cette lame qui est pour nous l'homologue du *petit palmaire* s'attache au tubercule inférieur de l'épitrochlée. Elle adhère par sa face profonde au long fléchisseur de la 1re phalange du second doigt ; elle envoie d'autre part des expansions sur les rémiges cubitales.

Le cubital antérieur est adducteur de la main; il produit le mouvement excentrique de l'os cubito-carpien, par suite duquel la main vient se placer sous l'avant-bras.

Muscles allant du bras et de l'avant-bras aux phalanges.

Longs extenseurs des doigts. — Ces muscles, au nombre de

deux, sont abducteurs de la main et des doigts qu'ils relèvent vers le bord radial de l'avant-bras. C'est en ce sens qu'ils sont extenseurs de l'aile. Ils ramènent aussi la face dorsale de la main dans le plan de la face dorsale de l'avant-bras, mais ils ne produisent jamais un mouvement comparable à celui que l'on voit chez les mammifères, ou du moins c'est uniquement chez l'autruche que l'on découvre une trace de ce mouvement,

Cuvier, avec une apparence de raison, n'a voulu donner aux extenseurs et aux fléchisseurs des doigts des oiseaux que les noms d'adducteurs et d'abducteurs ; mais, en supprimant ainsi les expressions applicables à l'ensemble du type des vertébrés pour ne tenir compte que d'une particularité physiologique, il a, contre son habitude, rendu la description obscure et presque inintelligible.

L'*extenseur commun du pouce ou appendix et du second doigt* vient de l'épycondyle où il se fixe sous une dépression, immédiatement au-dessus et en avant du tubercule inférieur de cette apophyse à l'aide d'un tendon accompagné de fibres charnues. Le corps du muscle longe la face dorsale du cubitus sans y adhérer et devient tendineux vers l'extrémité distale de l'avant-bras. Il se réfléchit sur la petite tête du cubitus, et en atteignant le métacarpe se divise en deux tendons.

L'une de ces deux divisions, qui est très-courte, se dirige obliquement et va s'insérer à la base de la première phalange du pouce, sur la face dorsale de cette phalange, au voisinage de son bord cubital.

L'autre division va gagner le côté radial de la base de la première phalange du second doigt; en parcourant le trajet suivant: elle se porte vers le bord cubital du métacarpien de ce doigt, glisse, sous les bouts des rémiges métacarpiennes, dans une gouttière plus ou moins profonde creusée sur la face dorsale du métacarpien, atteint la première phalange au milieu de sa base, se réfléchit sur une petite saillie, et va gagner, obliquement ou presque transversalement, le côté radial de la phalange. Par suite de cette dernière réflexion, le muscle devient abducteur du second doigt qu'il relève sur le bord radial de la main.

Le tendon qui se rend au pouce ramène au contraire celui-ci vers le métacarpien du second doigt, en sorte que le muscle a également pour action de rapprocher le pouce du second doigt.

D'autre part, le tendon du second doigt peut imprimer à la phalange un léger mouvement de rotation.

L'extenseur de la seconde phalange du second doigt, nommé par Vicq-d'Azyr extenseur externe du doigt, par Meckel extenseur propre du second doigt, est situé à l'avant-bras dans la profondeur de l'espace interosseux. Il s'attache aux deux tiers supérieurs du radius dont il couvre la face dorsale, et à la partie supérieure de la face dorsale du cubitus. Il reçoit, en outre, un petit faisceau de la partie inférieure du radius. Il est immédiatement recouvert par le muscle métacarpien dorsal que nous avons désigné sous le nom d'abducteur.

Son tendon terminal glisse sur cette poulie de la petite tête du cubitus qui se continue avec la facette carpienne. Après s'y être réfléchi dans une étendue qui varie suivant le degré d'adduction de la main, il croise le carpe, gagne obliquement le bord radial du deuxième métacarpien, et atteint l'articulation métacarpophalangienne. En ce point le tendon est muni d'un sésamoïde qui est uni de chaque côté à la capsule articulaire, et qui glisse sur deux facettes, l'une métacarpienne, l'autre phalangienne. Le tendon envoie ensuite une petite expansion sur la base de la première phalange, presque sur le bord radial, puis il glisse, au côté dorsal de ce bord, dans une gouttière plus ou moins profonde, et se termine sur la face dorsale d'un tubercule placé au côté radial de la base de la deuxième phalange. Quand il y a une troisième phalange (oies, cygnes, courlis, grues, struthidés), le tendon continue son trajet le long du bord radial de la deuxième phalange et se termine sur la base de la troisième.

Le tendon, au niveau du carpe, est recouvert par le tendon commun du muscle précédent, mais ensuite, en croisant le métacarpe, il devient le plus superficiel et recouvre à son tour le tendon que ce muscle envoie au second doigt.

Ce muscle, sans cesser d'être dorsal, est rejeté par une suite de réflexions sur le bord radial du deuxième doigt, il est releveur et abducteur de la main et du deuxième doigt, et il l'est aussi du troisième doigt qui est entraîné dans les mouvements du deuxième.

Les tendons des deux mucles longs extenseurs des doigts sont généralement étroits, très-nettement limités, ne s'élargissant pas, ne s'étalant pas en éventail. C'est une différence qui les distingue des extenseurs des doigts des mammifères.

Il faut ajouter que le tendon de l'extenseur de la deuxième phalange du second doigt reçoit sur sa face profonde, avant de passer sous le tendon de l'autre extenseur, les fibres d'un petit muscle accessoire qui se fixe d'ailleurs sur la face dorsale de la base du métacarpe et de l'os radial du carpe.

Quelles sont les analogies des muscles que nous venons de décrire ?

Nous trouvons chez les mammifères deux systèmes de muscles extenseurs des doigts.

L'un de ces deux systèmes est formé par l'extenseur commun des doigts, que l'on nomme aussi extenseur direct ou extenseur superficiel. Ce muscle naît de l'épicondyle et il fournit des tendons aux quatre doigts proprement dits. Il n'y a pas de tendon pour le pouce.

L'autre système est formé par deux muscles. L'un de ces deux muscles est superficiel. Il naît de l'épicondyle avec l'extenseur commun ; il fournit des tendons au cinquième doigt, au quatrième, et dans certains cas au troisième. L'autre muscle, qui est profond, naît du cubitus ; il fournit des tendons au pouce, au second doigt, et, dans certains cas, au troisième. Le tendon du troisième doigt est donc fourni tantôt par l'un, tantôt par l'autre de ces deux muscles. Chez l'homme, il n'y a pas, le plus souvent, de tendon pour le quatrième doigt, et il est très-rare qu'il y en ait pour le troisième. Il en est de même pour le gorille et le chimpanzé. Chez les autres singes, y compris l'orang, il y a des tendons pour tous les doigts et celui du troisième doigt vient du muscle cubital. Chez les carnassiers, le muscle cubital n'envoie des tendons qu'au pouce et au deuxième doigt, le muscle épicondylien fournit le tendon du troisième doigt ; il en est de même chez les ornithodelphes.

Que voyons-nous chez les oiseaux ?

Nous trouvons d'une part un muscle qui donne des tendons à la première phalange du pouce et à la première phalange du second doigt. Par ces deux insertions il répond au faisceau cubital de l'extenseur profond des mammifères. Mais d'autre part il s'attache à l'épicondyle, ce qui établit une différence essentielle. Cette attache épicondylienne pourrait le faire considérer comme analogue de l'extenseur superficiel ; mais cet extenseur superficiel ne donne pas de tendon au pouce, et d'ailleurs il s'étend jusqu'à la phalange terminale. Il nous paraît impossible de rapporter ce muscle à l'extenseur superficiel quand on considère l'appendix comme l'analogue du pouce. En tenant compte de la présence de deux pouces chez l'archéoptéryx, on pourrait peut-être regarder l'appendix comme un second doigt, et on concevrait alors qu'il reçût un tendon de l'extenseur commun, mais il resterait encore une difficulté à éclaircir dans l'insertion du tendon sur la première phalange.

Nous trouvons d'autre part un muscle qui se fixe profondément au cubitus et au radius et qui par là correspond au faisceau cubital de l'extenseur profond des mammifères ; sous ce rapport le nom d'extenseur propre du second doigt lui conviendrait parfaitement. Mais il se prolonge jusqu'à la phalange terminale et par là il répond à l'extenseur commun.

Que puis-je conclure de là, si ce n'est qu'il n'y a ici aucune identité de type entre les oiseaux et les mammifères ?

Cette identité de type n'existe pas non plus entre les oiseaux et les reptiles chez qui l'extenseur superficiel des doigts n'existe pas et qui n'ont qu'un extenseur profond comparable au pédieux (c'est-à-dire à un muscle du membre abdominal) des mammifères, inséré sur l'os cubital du carpe, d'où ses faisceaux rayonnent pour donner des tendons au pouce et aux autres doigts.

Longs fléchisseurs des doigts. — Il y a chez les oiseaux deux muscles palmaires qui répondent aux fléchisseurs des doigts des mammifères; mais, de même que les extenseurs, ils changent de rôle et sont releveurs et abducteurs de la main et des doigts. Ils deviennent ainsi congénères des extenseurs et ne sont leurs antagonistes que relativement à la rotation des phalanges.

Le pouce reçoit parfois (coq, nothura) un tendon qui se détache du tendon du muscle suivant, ou bien (grand duc) de l'autre muscle ; le plus souvent il est complétement dépourvu de long fléchisseur.

Le *fléchisseur de la première phalange du second doigt* naît de l'épitrochlée (tubercule inférieur) ainsi que de l'aponévrose palmaire de l'avant-bras (aponévrose qui recouvre le cubital antérieur et qui envoie des expansions aux rémiges). Son tendon se réfléchit sur le grand tubercule palmaire de l'os cubital du carpe, et, traversant obliquement l'espace interosseux du métacarpe, atteint la base de la première phalange, produit une légère expansion qui s'y attache immédiatement, puis gagne transversalement le côté de la phalange et s'y termine. Entre ces deux divisions passe (gallinacés, nothura) le tendon du muscle suivant, en sorte que celui dont nous parlons est réellement perforé. Il est à la fois abducteur et légèrement rotateur de la première phalange du second doigt.

Le *fléchisseur de la seconde phalange du second doigt* vient du tiers supérieur de la face palmaire du cubitus. Son tendon, qui se dégage vers l'extrémité distale de l'avant-bras, gagne obliquement la base du métarcarpe, se réfléchit sur le tubercule palmaire de cette base (apophyse pisiforme, Alph. Milne Edwards) au côté radial duquel il se place (première poulie, première réflexion), se dirige alors presque en droite ligne vers le côté radial de l'articulation métacarpo-phalangienne, est retenu sur la base de la première phalange par une bride fibreuse (deuxième poulie, deuxième réflexion), passe entre les deux divisions du tendon précédent, se rapproche obliquement du bord radial de la phalange, glisse sur un tubercule particulier (troisième poulie, troisième réflexion), puis enfin marche directement le long de ce bord, et se fixe au côté palmaire du tubercule placé à la base du bord radial de la deuxième phalange.

Avant d'atteindre la deuxième phalange, le tendon envoie sur la tête de la première une expansion de nature élastique.

C'est après trois réflexions successives que ce muscle, fléchisseur chez les mammifères, devient chez les oiseaux extenseur, c'est-à-dire abducteur et releveur de la main. L'existence de l'expansion élastique semble montrer que le muscle conserve sa nature de fléchisseur malgré son changement de rôle.

Quand il y a une troisième phalange, le tendon donne par son côté cubital une expansion qui se fixe à la base de la deuxième phalange, se continue sur le bord radial de celle-ci et va gagner le tubercule radial de la base de la troisième phalange.

Muscles courts de la main. — Ces muscles peuvent être comparés aux interosseux des mammifères. Nous allons les décrire d'après la base que nous prendrons pour type de comparaison.

L'appendix reçoit des faisceaux qui viennent se terminer : 1° sur son tubercule radial ; 2° sur son tubercule palmaire ; 3° sur son bord cubital.

Les faisceaux qui se rendent sur le tubercule radial de l'appendix sont abducteurs de cet os, et peuvent aussi être dits extenseurs, puisque pour la main de l'oiseau l'extension est une abduction. On peut les comparer à l'abducteur du pouce des mammifères.

Ils se composent d'abord d'un muscle situé tout entier du côté dorsal de la main. Ce petit muscle se fixe à la face dorsale de l'apophyse radiale du métacarpe, apophyse qui représente le métacarpien du pouce. Son corps charnu, plat et pyriforme, se termine par un tendon qui s'attache au côté dorsal du tubercule radial de la phalange. Ce muscle porte le pouce dans l'abduction et en même temps lui imprime un léger mouvement de rotation.

Nous pouvons l'appeler le *court extenseur de l'appendix*. — Un autre faisceau, placé tout entier au bord radial de la main, se rend directement de l'apophyse du métacarpe au tubercule radial de l'appendix. Il est charnu dans toute son étendue et se termine au côté radial de ce tubercule. C'est l'*abducteur direct de l'appendix*.

Un troisième faisceau, peu distinct du précédent, se fixe à la face palmaire de l'apophyse du métacarpe et se termine par une bride grêle sur le côté palmaire du tubercule radial de l'appendix. C'est le *court abducteur palmaire* du pouce. Il imprime à celui-ci un léger mouvement de rotation.

Ces trois muscles, ainsi que nous venons de le dire, se terminent sur le tubercule radial de l'appendix. Les deux suivants se terminent sur son tubercule palmaire.

L'un s'insère sur la face palmaire de la base du métacarpe au voisinage de la saillie (tubercule palmaire de la base du métacarpe) qui sert de poulie au fléchisseur de la deuxième phalange du second doigt. Il est tout charnu et va se terminer directement sur le tubercule palmaire du pouce. L'autre vient du tubercule même du métacarpien, et se termine sur le côté cubital du tubercule palmaire de l'appendix. Ces deux muscles sont les *courts fléchisseurs* du pouce ; ils sont en même temps légèrement adducteurs.

Enfin, il y a un *adducteur* qui répond à la portion oblique de l'adducteur du pouce des mammifères, et qui occupe l'espace interosseux. Il s'attache à la base du bord radial du deuxième métacarpien et se porte obliquement vers l'appendix pour s'insérer sur son bord cubital. Il ramène le pouce vers l'axe de la main et par conséquent le rapproche du deuxième métacarpien.

Le deuxième doigt reçoit trois muscles interosseux.

Il y a d'abord un muscle qui s'insère à la face palmaire de la base du métacarpe ainsi qu'au côté radial du métacarpien du deuxième doigt. Il se termine par un tendon qui se montre sur sa face superficielle, et va se fixer au côté radial de la base du second doigt. Ce muscle, situé tout entier à la face palmaire, est l'*abducteur palmaire du deuxième doigt*.

. Deux autres muscles sont situés dans l'espace interosseux qui sépare les deux longs métacarpiens.

L'un d'eux se présente le premier quand on regarde par la face palmaire ; il se fixe aux deux os métacarpiens par des fibres qui viennent s'insérer, comme les barbes d'une plume, sur un tendon qui se porte à la face dorsale et va s'attacher au côté cubital de la base de la deuxième phalange. C'est l'*adducteur du deuxième doigt*.

L'autre, situé à la face dorsale du précédent, s'insère également sur les deux métacarpiens. Il se termine par un tendon qui se porte sur la face dorsale de la première phalange du deuxième doigt et va se terminer sur le côté radial de la base de la deuxième phalange. C'est l'*adducteur dorsal du deuxième doigt*.

Enfin, le métacarpien interne donne attache, par son côté cubital, à un muscle, et ce muscle se termine par un tendon qui va se fixer au côté cubital de la base du troisième doigt. C'est l'*adducteur du troisième doigt*.

On voit par cette description que le deuxième doigt possède un interosseux palmaire et deux interosseux dorsaux, et que le troisième doigt possède un interosseux palmaire sans interosseux dorsal.

Le tendon de l'adducteur du deuxième doigt envoie quelques expansions sur les rémiges qui s'appuient sur ce doigt. Le tendon de l'adducteur du troisième doigt envoie aussi quelques expansions sur les rémiges voisines.

Quelques fibres charnues se rendent de la face palmaire du métacarpien interne sur les rémiges voisines, en suivant la direction des expansions de l'aponévrose.

Vicq d'Azyr a indiqué les expansions charnues et tendineuses qui se rendent sur les pennes métacarpiennes, et a même désigné sous le nom d'*extenseur de la membrane de l'extrémité de l'aile* le muscle que nous venons de décrire sous le nom d'adducteur du troisième doigt.

COMPARAISON DES MUSCLES DU MEMBRE THORACIQUE DES OISEAUX AVEC CEUX DES REPTILES.

L'extrémité distale du membre thoracique des oiseaux, modifiée d'une manière toute spéciale pour porter des rémiges, diffère essentiellement de celle du membre thoracique des reptiles ; mais l'épaule, le bras et l'avant-bras peuvent être beaucoup plus facilement ramenés à un type commun. On y trouve un certain nombre de caractères qui appartiennent à la fois aux oiseaux et aux reptiles, et en même temps les différencient des mammifères; on n'en trouve pas qui établissent plus de ressemblance entre les oiseaux et les mammifères qu'entre les oiseaux et les reptiles. En nous plaçant à ce point de vue, ce sont les chéloniens qui se rapprochent le plus des oiseaux.

CHÉLONIENS. — L'épaule des chéloniens ressemble à celle des oiseaux par l'absence d'un os épicoracoïdien, et par la forme allongée du corps de l'omoplate. Elle en diffère par la forme cylindrique de cet os, par l'absence de la clavicule, par l'énorme longueur de l'acromion. L'os coracoïdien n'est en rapport avec aucune pièce solide par son extrémité distale, qui reste flottante sous le plastron. L'omoplate, fixée à la carapace par son extrémité supérieure, et au plastron par son extrémité inférieure, n'est pas pour cela dépourvue de mouvement ; elle peut tourner autour d'un axe fictif, passant par ses deux points d'appui comme une circonférence tourne autour de son diamètre en engendrant une sphère, et ce mouvement a pour résultat de porter l'articulation scapulo-humérale tantôt en avant, tantôt en arrière. Enfin, chez la tortue grecque, le coracoïdien est mobile sur l'omoplate.

Les muscles de l'épaule présentent, auprès de quelques différences manifestes, plusieurs ressemblances remarquables.

On ne trouve pas chez la tortue grecque de muscles omo-basilaire, omo-trachélien, cléido-mastoïdien; mais on trouve chez les chélonées un *omo-trachélien* qui va de l'omoplate sur les apophyses transverses du cou.

Il y a un *omo-hyoïdien*, ou mieux *coraco-hyoïdien,* qui se fixe en arrière à l'os coracoïdien, glisse sur l'acromion, et va en avant se fixer à la corne thyroïdienne de l'os hyoïde.

On a désigné sous le nom de grand dentelé un muscle qui va

de la carapace et du plastron à l'os coracoïdien. Il s'insère d'une part sur la face supérieure de cet os, et d'autre part, en formant un éventail, sur les deux premières plaques costales, sur l'hyosternal et sur la partie voisine de l'hyposternal.

Il n'y a pas de rhomboïde.

On a désigné sous le nom de *trapèze* un faisceau qui se rend des dernières vertèbres cervicales à la partie supérieure de l'omoplate.

Cuvier a décrit chez les chéloniens un muscle qui répond à l'*angulaire*, et qui relie la partie inférieure de l'omoplate aux apophyses transverses cervicales.

On a donné le nom de *sous-clavier* à un muscle qui va de la deuxième plaque costale à la partie supérieure de l'omoplate.

Coraco-brachial.— C'est à tort que Cuvier et Meckel ont affirmé que les deux muscles coraco-brachiaux des mammifères sont représentés dans les chéloniens. Chez ces derniers, comme chez les oiseaux, le faisceau qui s'attache à la tubérosité interne de l'humérus est seul représenté, mais en même temps il est très-développé ; il recouvre toute la face profonde ou supérieure de l'os caracoïdien (d'où le nom de supercoracoïdien donné par R. Owen), ce qui est un caractère ornithoïde, et de plus, autre caractère ornithoïde, il peut être divisé en deux faisceaux.

Chez la tortue grecque, il s'attache à la face supérieure ou profonde de l'os coracoïdien, ainsi que de la membrane acromio-coracoïdienne, et même à la face profonde de l'acromion. C'est à peine s'il contourne le bord externe du coracoïdien, et il se porte presque directement, presque sans torsion, sur la partie supérieure de la tubérosité interne de l'humérus, où il s'insère largement.

Sous-scapulaire. — Chez la tortue grecque, ce muscle est très-développé. Il enveloppe presque en totalité le corps de l'omoplate et va s'attacher à la tubérosité interne de l'humérus, étant partiellement recouvert par le tendon du muscle coraco-brachial. Malgré son aspect caractéristique chez la tortue, il conserve le type ornithoïde en faisant avec le coraco-brachial un vaste éventail, mais il en diffère d'autre part en ce qu'il n'a pas de faisceau accessoire venant du coracoïdien.

Le *grand rond*, si développé chez les oiseaux, est très-réduit chez les tortues. « Le grand rond, dit Cuvier, vient du bord postérieur de l'omoplate et unit son faisceau à celui du grand dorsal. »

Cuvier désigne sous le nom de *grand dorsal* un muscle qui s'insère sur la carapace, au voisinage de l'articulation de la seconde côte et dont le tendon s'unit à celui du grand rond.

Le *sus-épineux* est séparé du coracobrachial par le bord externe du coracoïdien et par le muscle biceps qui s'insère sur ce bord ainsi que nous le verrons. Son insertion humérale se fait sur la partie supérieure de la tubérosité externe. Il est d'abord assez difficile de le reconnaître, mais après quelque réflexion, on reconnaît qu'il reproduit à peu près ce qu'on voit chez l'autruche.

Il s'attache en effet à la face inférieure ou superficielle du coracoïdien (infracoracoïdeus Owen), à la membrane acromio-coracoïdienne, à la face inférieure de l'acromion. Ici, comme chez l'autruche, il n'y a pas de trou sus-glénoïdien ; on trouve une disposition intermédiaire entre celle qui existe chez les oiseaux à sternum caréné, et celle que l'on voit chez les mammifères, et à partir de laquelle on peut passer soit à l'un, soit à l'autre de ces deux types. Chez les oiseaux à sternum caréné, le sus-épineux traverse le trou sus-glénoïdien pour se porter sur le sternum et devenir un muscle pectoral; chez les mammifères monodelphes et didelphes, il traverse le trou sus-glénoïdien pour se porter dans la fosse sus-épineuse, et chez les ornithodelphes, pour se porter derrière le col de l'omoplate.

Chez les autruches et chez les tortues, il reste appliqué au coracoïdien et à la membrane acromio-coracoïdienne.

Le *sous-épineux* se fixe uniquement à la face externe ou superficielle de l'acromion. Il se tord un peu à son extrémité et se termine par un tendon plat qui s'attache immédiatement au-dessous du sus-épineux, au bord et à la surface de la tubérosité externe. On pourrait, comme chez certains oiseaux, le considérer comme formé par la réunion du sous-épineux avec le *deltoïde postérieur*.

Le *grand pectoral* ne pouvait pas trouver d'insertion sur le sternum, qui n'existe pas ; mais, en revanche, il s'attache par sa face superficielle à toute la longueur du plastron.

En raison de la position que l'humérus affecte quand l'aile se relève, le grand pectoral agit comme chez les oiseaux.

Son tendon a deux parties, l'une qui va au bord de la tubérosité externe, l'autre qui s'enfonce profondément dans la coulisse bicipitale.

Triceps brachial. — Les trois portions existent, mais au lieu d'être dissociées comme chez les oiseaux, elles s'unissent bientôt en une masse commune qui va s'insérer sur l'olécrâne. Le tendon de la longue portion se fixe au bord même de la cavité glénoïde.

Le *biceps brachial*, de même que chez les oiseaux, ne réalise que le faisceau glénoïdien des mammifères ; mais l'insertion de ce muscle au coracoïdien, au lieu de se faire au voisinage de la cavité glénoïde, se fait sur le bord postérieur. D'autre part, le muscle est charnu depuis son insertion coracoïdienne jusqu'à la coulisse bicipitale ; alors il devient tendineux, le tendon s'engage dans la coulisse et, sans recevoir aucune addition de fibres charnues, va se fixer au radius et au cubitus.

Le *brachial antérieur*, beaucoup plus fort que chez les oiseaux, enveloppe les faces interne, antérieure et externe de l'humérus et s'unit au tendon du biceps, mais se porte principalement sur le cubitus.

Le *long supinateur* s'attache à l'épicondyle et au bord externe de l'humérus, et, d'autre part, à toute la face palmaire du radius ; ses dernières fibres atteignent le bord radial du carpe, en sorte que ce muscle réalise à la fois les conditions du long supinateur des mammifères et de celui des oiseaux.

Le *court supinateur*, également très-fort, s'insère aussi à toute la longueur du radius.

. En dehors du long supinateur, il y a deux muscles *radiaux externes*. Le premier s'attache à l'épicondyle par un long tendon, devient charnu, et se termine par un tendon qui s'attache au bord radial du premier métacarpien ; ce muscle reproduit presque exactement le long supinateur des oiseaux. Le second s'attache à l'épicondyle par des fibres charnues, et se termine par un tendon qui se fixe à la face dorsale du carpe, près du bord radial.

On a désigné sous le nom d'*extenseur commun des doigts* un muscle dont les digitations se fixent au côté externe de la base des cinq os métacarpiens. Cette dénomination est impropre. Il s'agit d'un muscle métacarpien dorsal qui donne des tendons au côté externe de tous les rayons digitaux. Le faisceau qui va au cinquième métacarpien représente le cubital postérieur des mammifères; celui qui va au deuxième métacarpien représente le cubital postérieur des oiseaux.

Il y a un muscle profond qui est le *long abducteur du pouce*. Il vient de la moitié inférieure du cubitus et se rend obliquement sur le premier métacarpien. Un frein le rattache au scaphoïde.

On a désigné sous le nom de *rond promoteur* un muscle qui se fixe à l'épitrochlée et qui se termine par un tendon qui va s'insérer sur le carpe et sur le premier métacarpien. On pourrait y voir aussi un grand palmaire ou radial antérieur.

Un autre faisceau musculaire, très-développé, part de l'épitrochlée au côté cubital de celui-ci, et va se terminer en partie sur l'os cubital du carpe, en partie sur le ligament annulaire du carpe. On ne peut le comparer qu'au *petit palmaire*, détermination qui serait d'ailleurs justifiée par l'insertion du fléchisseur superficiel des doigts sur le ligament annulaire.

Il y a un énorme *cubital antérieur* venant à la fois de l'épitrochlée et de l'épicondyle, de chaque côté de l'olécrane, et s'insérant à l'os cubital du carpe et au cinquième métacarpien. Il envoie sur la face dorsale de cet os une petite expansion que l'on pourrait prendre pour un *cubital postérieur*.

Profondément il y a deux muscles, l'un qui vient de l'épitrochlée et qui se fixe à l'extrémité distale du radius ; on l'a nommé *radial interne*. Il peut répondre au faisceau profond du rond pronateur des oiseaux. L'autre vient de la moitié inférieure du cubitus ; il se termine par un tendon qui va se fixer sur le carpe à côté du grand palmaire ; il répond au muscle que Dugès a désigné chez les batraciens sous le nom de *carré pronateur*, et auquel nous avons appliqué le même nom chez les oiseaux.

Lacertiens. — Chez le monitor, que je prendrai pour type des lacertiens, l'épaule ressemble à celle des oiseaux par la présence d'une clavicule articulée avec l'os épisternal ou interclavicule, par l'articulation de l'os coracoïdien avec le sternum, par l'absence d'une fosse sus-épineuse à l'omoplate. Elle en diffère par la présence d'un os épicoracoïdien et d'un sus-scapulaire distincts, par la manière dont la clavicule s'articule avec le sus-scapulaire, par la grandeur de l'os épisternal ou interclavicule, par l'absence d'un trou sus-glénoïdien. Le coracoïdien exécute sur le sternum un mouvement beaucoup plus étendu que chez les oiseaux.

Les muscles qui vont du tronc à l'épaule ont un grand développement.

Le *grand dentelé* se compose : 1° d'un faisceau qui s'insère sur le bord axillaire de l'omoplate, et qui vient des trois premières côtes, où il se fixe sur l'extrémité de la côte vertébrale et sur la côte sternale. Ce large faisceau répond au grand dentelé des oiseaux et des chauve-souris ; 2° d'un autre faisceau qui s'attache à la première côte dorsale et aux trois dernières côtes cervicales, et qui va se fixer au bord spinal de l'omoplate. Il répond au grand dentelé et à l'*angulaire* de tous les mammifères, excepté les chauve-souris.

On doit rattacher à l'*angulaire* : 1° un petit faisceau qui s'insère à l'angle du surscapulaire et à la quatrième côte cervicale (en comptant d'arrière en avant); 2° un énorme *omo-basilaire* qui s'attache à la crête acromiale et va se fixer sous la base de l'occipital ; 3° l'*omo* ou mieux le *cléido-hyoïdien* qui se fixe à la clavicule et un peu à l'acromion.

Le rhomboïde manque ou n'est représenté que par une aponévrose.

Le *trapèze* comprend : 1° un faisceau dorsal à bord antérieur droit qui se fixe à l'acromion, à l'épine scapulaire, et qui adhère, par une expansion tendineuse, à la longue portion du triceps et au grand dorsal. Ce faisceau répond au trapèze des oiseaux : 2° un faisceau qui vient du tiers postérieur du cou et va sur la clavicule ; 3° un muscle *cléido-mastoïdien* très-fort qui s'insère sur le mastoïdien de Cuvier et sur le squamosal antérieur.

Il n'y a pas de sous-clavier.

Le *sterno-coracoïdien* profond semble être remplacé par un *sterno-scapulaire* qui va de la première côte à la face profonde de l'omoplate, et qui est rejoint par une expansion tendineuse de la longue portion du triceps.

Un muscle *épicoraco-huméral*, semblable à celui que j'ai décrit sous ce nom chez les ornithodelphes, et que depuis Macalister a désigné sous le même nom, s'insère, d'une part, à l'os épicoracoïdien, et, d'autre part, à la tubérosité externe de l'humérus, sous le grand pectoral.

Le *coraco-brachial*, inséré sur le bord externe et sur l'angle externe du coracoïdien, ainsi que sur sa face superficielle en arrière de l'épicoraco-huméral, est composé de deux faisceaux comme chez les mammifères, l'un qui se fixe immédiatement au-dessous de la tubérosité interne de l'humérus, l'autre qui va sur la diaphyse. Ces deux faisceaux sont séparés par le tendon du grand dorsal, comme chez l'ornithorynque.

Le *sous-scapulaire* vient de la face profonde de l'omoplate et du coracoïdien; il est en partie confondu avec le coraco-brachial, mais toutes ses fibres vont sur un seul tendon. Ainsi, comme chez les oiseaux, il forme un éventail avec le coraco-brachial, mais il rejette le coraco-brachial en dehors de la face profonde du coracoïdien, ce qui fait une différence. On pourrait considérer ses fibres coracoïdiennes comme répondant au coraco-brachial des tortues qui s'insère tout entier sur la face profonde.

Le *grand rond*, qui est très-fort, s'insère à la face profonde de l'omoplate auprès du sous-scapulaire, au bord axillaire de l'omoplate et du sur-scapulaire, et va se fixer à la tubérosité interne de l'humérus, comme chez les oiseaux. Il est indépendant du grand dorsal, ce qui le rapproche des oiseaux et de l'ornithorynque, mais le distingue de l'échidné et des tortues.

Le muscle qui répond au *sus-épineux*, et par conséquent au moyen pectoral des oiseaux, se fixe à la tubérosité externe de l'humérus au-dessus du grand pectoral; il recouvre l'épicoraco-huméral, passe sous la clavicule, contourne cet os, et va s'insérer sur la face superficielle de l'épisternal. C'est encore une nouvelle variété. Ainsi ce muscle s'insère, chez les mammifères mono-delphes et didelphes, dans la fosse sus-épineuse ; chez les orni-thodelphes, en dedans du col de l'omoplate; chez les oiseaux à sternum caréné, sur le sternum ; chez l'autruche, sur la face ex-terne du coracoïdien ; chez les tortues, sur la face externe du co-racoïdien, de la membrane acromio-coracoïdienne, et de l'acro-mion ou précoracoïdien ; chez le monitor, à la face superficielle de l'interclavicule, après s'être réfléchi sur la clavicule ; chez les oiseaux à sternum caréné, et chez les mammifères didelphes et monodelphes, il traverse un trou sus-glénoïdien.

Le *sous-épineux* se fixe au bord inférieur de l'épine acromiale et va s'insérer, à côté du muscle précédent au bord postérieur duquel il adhère, sur la tubérosité externe de l'humérus. Il ne faut pas prendre ce muscle pour un deltoïde postérieur.

On a désigné sous le nom de *petit rond* un muscle que l'on retrouve chez les ornithodelphes et chez les oiseaux, et qui va du bord axillaire de l'omoplate à la tubérosité interne de l'humé-rus. Il n'a aucun rapport avec le petit rond des mammifères monodelphes.

Le *grand pectoral* va, du sternum, de l'épisternal et de sa branche, à la tubérosité externe de l'humérus. Il n'a aucune torsion et envoie sur l'avant-bras une aponévrose qui peut répondre au tenseur de la membrane antérieure de l'aile.

Il n'y a pas de *deltoïde*; on ne peut le retrouver que dans les muscles sus et sous-épineux, ou bien dans l'expansion aponévrotique du trapèze.

Le *grand dorsal* vient des dix premières vertèbres thoraciques et de la 9e côte. Il ne se compose que d'un seul faisceau. Le tendon contourne la face interne comme chez les mammifères, et se fixe au-dessous de la tubérosité interne.

Le *triceps brachial* a ses trois faisceaux. La longue portion émet une expression tendineuse qui passe sous le grand dorsal, contourne le coracoïdien et va s'attacher, avec celui du costo-coracoïdien profond, à la face profonde du scapulum sur son union avec le sus-scapulaire, puis au coracoïdien et au sternum. Chez le crocodile, il s'attache seulement à l'omoplate et au coracoïdien.

Le *biceps* a deux faisceaux distincts, dont l'un se fixe à l'angle externe du coracoïdien et l'autre à son bord interne comme chez les ornithodelphes. Comme chez les chéloniens, il est charnu jusqu'à la coulisse bicipitale, et au delà il est tendineux. Il se fixe au radius et au cubitus.

Le *brachial antérieur* s'unit au biceps; il s'attache à la face antérieure et à la face externe de l'humérus.

Le *long supinateur* et le *court supinateur* sont très-forts : ils s'insèrent l'un et l'autre sur toute la longueur du radius. Le long supinateur, qui est énorme, peut être décomposé, dans sa partie proximale, en deux faisceaux.

Il y a un muscle *anconé* disposé comme chez les oiseaux.

Il y a deux *ronds pronateurs ;* le superficiel s'attache à l'humérus au-dessus de l'épitrochlée et à toute la longueur du radius. Un faisceau de vaisseaux et de nerfs le sépare du profond, qui s'attache en bas et en avant de l'épitrochlée et ne s'insère que sur les 2/3 supérieurs du radius.

Il y a un muscle *interosseux* qui adhère d'abord au rond pronateur profond. Sa moitié inférieure se termine sur un tendon qui se fixe à l'os radial du carpe, et constitue un muscle semblable à celui que nous désignons, avec Dugès, comme un *carré pronateur* chez les batraciens, les tortues et les oiseaux.

Je ne trouve pas de muscles *radiaux externes* séparés, ou du moins le muscle que l'on pourrait au premier abord comparer aux radiaux externes a une tout autre signification ; il se termine par quatre tendons qui vont se fixer au côté cubital de la base des 2e, 3e, 4e et 5e métacarpiens.

Par ce mode d'insertion, il appartient au même système que le *cubital postérieur* des mammifères, des oiseaux et des tortues.

Ce muscle a été désigné à tort sous le nom d'extenseur commun des doigts ; il s'attache à l'épicondyle et adhère, dans sa partie proximale, au long supinateur.

Il y a un *grand abducteur* du pouce qui vient de la moitié inférieure du cubitus et se rend obliquement sur la base du premier métacarpien. Ce muscle se comporte comme chez les mammifères.

Nous avons dit qu'il n'y avait pas de long extenseur superficiel des doigts.

Les *extenseurs profonds* ou *latéraux des doigts* appartiennent à un muscle court, disposé comme le pédieux au membre postérieur. Ce muscle s'insère sur l'os cubital du carpe, comme le pédieux s'insère sur le calcanéum, et envoie des digitations qui rayonnent vers tous les doigts.

Il n'y a pas de cubital postérieur formant un muscle distinct.

Il y a un *grand palmaire* considérable, placé au côté cubital du rond pronateur superficiel, et dont le tendon va se fixer à l'os radial du carpe et au premier métacarpien en envoyant une expansion sur le ligament annulaire.

Le *petit palmaire* est énorme ; il va se terminer sur l'os cubital du carpe et sur toute la largeur du ligament annulaire.

Le *cubital antérieur* est encore un muscle considérable. Il s'attache à l'humérus par deux têtes qui se fixent l'une à l'épitrochlée, l'autre à l'épicondyle, laissant entre elles l'olécrane. La tête epitrochléenne est la plus grosse. Il s'attache à l'os cubital du carpe et au cinquième métacarpien, sur la face dorsale duquel il envoie une petite expansion.

Le *fléchisseur superficiel des doigts* s'insère sur le ligament annulaire du carpe, ce qui le met en continuation avec le petit palmaire, et par là le type des reptiles se rattache à un certain point à celui des mammifères.

Le *fléchisseur profond* se compose d'un faisceau profond et de deux faisceaux superficiels. Le faisceau profond s'attache au

cubitus dans les 2/3 supérieurs de sa face palmaire. Il se termine
par un large tendon qui donne des digitations aux cinq doigts.
Comme chez les ornithodelphes, ce tendon, au niveau du carpe,
contient dans son épaisseur un fort sésamoïde. Un frein charnu,
attaché sur l'os cubital du carpe, se fixe à sa face profonde et
reproduit ainsi la chair carrée du pied des mammifères ; ce frein
existe chez les ornithodelphes. Il y a des muscles lombricaux
pour tous les doigts, moins le pouce.

Les deux faisceaux superficiels viennent de l'épitrochlée avec
le grand palmaire à la face profonde duquel ils adhèrent, adhérence qui rappelle d'une manière éloignée les connexions qui
existent, chez la plupart des mammifères, entre le fléchisseur
superficiel et le fléchisseur profond. Ces deux faisceaux viennent se terminer sur le large tendon du faisceau profond. Celui
qui est placé au côté cubital va presque tout entier au cinquième
doigt, l'autre au quatrième et au troisième. Le faisceau cubital
agit sur tous les doigts ; il est le seul qui agisse sur le deuxième
doigt et sur le pouce.

Il y a pour tous les doigts des interosseux palmaires et des
interosseux dorsaux.

MUSCLES DU MEMBRE ABDOMINAL.

De même que pour les autres régions du corps, les faisceaux
musculaires du membre abdominal des oiseaux sont loin de reproduire identiquement ceux du membre abdominal des mammifères. Si quelques-uns se correspondent d'une manière évidente,
il est également incontestable que certains faisceaux réalisés
chez les mammifères n'existent pas chez les oiseaux et que d'autres faisceaux réalisés chez les oiseaux n'existent pas chez les
mammifères. Il y a d'autre part de grandes ressemblances entre
les oiseaux et les reptiles ; mais cela ne va pas non plus jusqu'à
l'identité. Nous trouvons immédiatement à faire l'application de
ces remarques dans la description des muscles qui vont du rachis
et du bassin au fémur.

Muscles qui vont du rachis et du bassin au fémur.

Il existe chez les mammifères, à la partie externe et supérieure
de la cuisse, quatre muscles que l'on désigne sous les noms de

grand fessier, de *moyen fessier*, de *pyramidal*, de *petit fessier* et d'*iliaque interne*. Il existe chez les oiseaux plusieurs muscles qui leur ont été comparés et dont nous avons à discuter les analogies.

Moyen fessier ou *grand fessier*. — On trouve chez les oiseaux un muscle qui s'attache à toute la surface de la fosse iliaque externe, c'est-à-dire à la partie externe concave de l'aile antérieure de l'iléon, qui à elle seule représente l'iléon des mammifères. Ce muscle se termine par un tendon plat qui glisse sur une facette lisse que lui présente la face externe du trochanter et s'attache habituellement à la partie supérieure de la ligne moyenne de cette apophyse. Il est rare que cette insertion se fasse, comme chez l'aptéryx, au-dessous de l'apophyse trochantérienne et se prolonge sur la diaphyse fémorale.

Ce muscle a été considéré comme un moyen fessier par Vicq-d'Azyr, Cuvier et Meckel. Merrem et Tiedemann l'ont regardé comme un grand fessier et R. Owen partage cette opinion.

Il diffère du moyen fessier des mammifères parce qu'il s'attache à toute la surface de la fosse iliaque externe, au lieu de partager cette surface avec le petit fessier. Ce caractère le distingue aussi du grand fessier des mammifères qui n'adhère qu'à la crête iliaque. Son insertion sur le trochanter le rapproche du moyen fessier des mammifères ; mais quand il se prolonge sur la diaphyse, comme chez l'aptéryx, il prend le caractère d'un grand fessier.

On trouve chez le monitor un faisceau triangulaire assez mince qui se fixe à la face externe de l'iléon et qui va s'insérer sur le tiers supérieur de la ligne âpre au-dessous du grand trochanter. Ce muscle ressemble beaucoup à celui que nous venons de décrire chez l'aptéryx et sera par conséquent pour nous le moyen fessier ; mais on ne peut dissimuler que son insertion fémorale est celle d'un grand fessier de mammifère. — Ce muscle en recouvre un autre qui se fixe par un large tendon à la partie supérieure de la ligne âpre au-dessous du trochanter, mais dont l'insertion proximale se fait sur la face profonde du pubis. Ce muscle sus-pubio-postfémoral, qui n'est réalisé ni chez les oiseaux, ni chez les mammifères, ne peut être rattaché qu'au moyen fessier.

Petit fessier ou *moyen fessier*. — En dehors de ce muscle, mais non sous lui, se trouve un muscle qui s'attache au bord externe de l'iléon (aile antérieure) et va s'insérer par un tendon sur le bord antérieur du trochanter, ou encore sur la partie inférieure de la ligne moyenne. Ce muscle a été désigné par Vicq-d'Azyr et ensuite par Wiedemann sous le nom d'*iliaque antérieur*. Merrem, Cuvier et Meckel y ont vu le petit fessier. Tiedemann et R. Owen le considèrent comme un moyen fessier. Ses insertions répondent certainement à celles du petit fessier des mammifères ou du moins à celles de la partie la plus externe de ce muscle.

Ce muscle n'est pas réalisé chez le monitor.

Petit fessier ou *deuxième petit fessier*. — Ce muscle en recouvre un autre qui vient aussi du bord externe de l'iléon et qui va se fixer un peu plus bas sur le bord antérieur du trochanter. Vicq-d'Azyr, qui le regarde comme un petit fessier, dit que son insertion iliaque se fait au-dessus d'un petit crochet qui se trouve à la partie antérieure de la cavité cotyloïde. Tiedemann et R. Owen le regardent aussi comme un petit fessier. Nous y verrons pour notre part un deuxième petit fessier.

Iliaque interne. — Nous donnerons ce nom, avec Cuvier, à un muscle qui se fixe d'une part au bord externe de l'iléon, à peu de distance en avant de la cavité cotyloïde, et d'autre part à la face interne du fémur dans le point où devrait se trouver le petit trochanter. Cette dernière insertion se fait en dedans du faisceau du triceps auquel nous donnerons le nom de crural moyen, et en dehors de celui que nous nommerons crural interne.

On trouve chez le monitor un muscle qui se fixe à la face interne du fémur sur un tubercule que l'on pourrait regarder comme un petit trochanter, mais dont l'insertion pelvienne diffère de celle de l'iliaque interne des mammifères ; car, tandis que celui-ci est un muscle iléo-fémoral, celui du monitor est un muscle sus-pubio-préfémoral. Dans la profondeur du bassin, il est uni à celui du côté opposé par un raphé médian, et ce raphé adhère à la symphyse pubienne par une lame aponévrotique ; il recouvre le sus-pubio-postfémoral ; en sortant du bassin, les deux muscles se dirigent l'un vers la face antérieure, l'autre vers la face postérieure du fémur. Le muscle que nous venons de décrire semble bien répondre à l'iliaque interne, mais il n'est réalisé de cette manière ni chez les oiseaux, ni chez les mammifères.

Pyramidal. — Il existe chez la plupart des mammifères un muscle que l'on nomme le *pyramidal* et qui est comme un faisceau accessoire du moyen fessier au bord interne duquel il est accolé. Il vient de la face profonde des apophyses transverses des vertèbres sacrées et de plusieurs caudales, s'accole au bord interne du moyen fessier et va se terminer sur la lèvre postérieure du grand trochanter.

Vicq-d'Azyr, Cuvier, Tiedeman, ont désigné sous ce nom, chez les oiseaux, un muscle inséré à une petite éminence au-dessus de la cavité cotyloïde et à la partie externe du fémur au-dessus de sa tête. Cette petite éminence est pour Tiedemann la crête de séparation des deux parties de l'iléon; elle fait partie de la crête iléo-ischiatique de A. Milne Edwards. Meckel regarde ce muscle comme un jumeau supérieur. Il manque chez les grèbes. Il est très-fort chez l'aigle.

Il semble manquer chez le monitor, à moins que l'on n'y rapporte les fibres postérieures du moyen fessier.

Le petit fessier, le moyen fessier et le pyramidal sont abducteurs de la cuisse, c'est-à-dire qu'ils produisent le mouvement par lequel les genoux s'écartent de l'axe du corps; le petit fessier et le moyen fessier sont en outre rotateurs de la cuisse en dedans; le pyramidal est légèrement rotateur de la cuisse en dehors; enfin ils concourent faiblement à fléchir la cuisse, le petit fessier en avant, le moyen fessier et le pyramidal en arrière.

L'iliaque interne est rotateur de la cuisse en dehors, et légèrement abducteur et fléchisseur en avant.

La détermination des autres muscles qui vont du tronc et du bassin à la cuisse offre encore plus de difficulté que celle des muscles que nous venons de décrire, et cette difficulté est d'autant plus grande qu'il y a des transpositions d'attaches.

Carré. — Il y a un muscle que Vicq-d'Azyr a comparé au carré de la cuisse des mammifères. Ce nom lui a été conservé par Cuvier et par Meckel. Tiedemann le regarde comme un obturateur externe, et Meckel, tout en soutenant la première opinion, ajoute pourtant qu'il pourrait représenter à la fois l'obturation externe et le carré. C'est au carré tout seul que nous croyons devoir le comparer, l'obturation externe étant, à notre avis, représenté par un autre muscle.

Recouvert par le nerf sciatique, il s'insère sur la face externe de l'ischion et sur la membrane obturatrice. Dans les espèces où l'aile postérieure de l'iléon s'étend latéralement en surplombant l'ischion, il remplit toute la fosse ainsi formée par les deux os. Réduit le plus souvent à une lame mince, il est parfois très-volumineux, comme chez l'aigle ; il est énorme chez l'autruche. Il se termine par un tendon plat, qui se fixe à la face externe du fémur, immédiatement au-dessous du trochanter, après avoir glissé sur une surface lisse, sur le tendon du moyen fessier, et sur l'extrémité supérieure du vaste externe.

Il est, comme le carré des mammifères, rotateur de la cuisse en dehors. Aussi Wiedemann le nommait-il le rotateur de la cuisse (Schenkelroller). Mais il diffère du carré des mammifères, parce qu'il est complétement isolé de l'obturateur externe et aussi par son mode d'insertion fémorale.

Je n'ai pas retrouvé ce muscle chez le monitor.

Fémoro-coccygien. — Vicq d'Azyr l'a nommé cruro-coccygien. Ce nom lui a été conservé par Tiedemann et par Cuvier qui l'appelle aussi fémoro-caudien.

Cette détermination nous paraît préférable à celle de Meckel, qui le compare au pyramidal ; car ce muscle est recouvert par le nerf sciatique, tandis que le pyramidal a pour caractère de recouvrir ce nerf, et de plus il existe visiblement chez les ornithodelphes en même temps que le pyramidal. On ne le trouve pas chez les mammifères didelphes et monodelphes, et d'ailleurs il diffère complétement du muscle que l'on désigne chez eux sous ce nom, et qui n'est qu'un faisceau accessoire du grand fessier inséré sur les vertèbres coccygiennes. Il est très-développé chez les sauriens où, comme l'a très-bien dit Cuvier, il devient un fémoro-péronéo-coccygien (*An. Comp.*, 2ᵉ éd. t. ii, p. 296). Il s'attache généralement à la face inférieure de la dernière caudale, gagne le bassin, glisse sur le carré, entre ce muscle et le demi-tendineux, et va se fixer au fémur vers le tiers moyen de la ligne âpre. Il tire la cuisse en arrière et la queue en bas. Vicq d'Azyr lui attribue la dépression de la queue qui se produit dans certains oiseaux quand on les force de courir plus vite qu'à l'ordinaire.

Le plus souvent, ce muscle ne s'attache qu'à la queue et au fémur, mais chez les autruches, les râles, les gallinacés, le tinamou, le canard, l'oie, le manchot, le guillemot, il est fortifié par un faisceau charnu qui s'insère sur la crête iléo-ischiatique et sur le bord postérieur de l'ischion au pourtour du carré qu'il recouvre. Ce dernier faisceau, représenté chez le cormoran par un frein aponévrotique, existe seul chez le grèbe, le flamant, le héron, l'outarde, et le secrétaire.

Ce muscle présente un développement particulier chez les lacertiens et les crocodiliens. Chez le monitor, il s'attache au fémur par un tendon plat qui s'insère sur la crête qui prolonge le tubercule interne du grand trochanter; il émet en outre un cordon tendineux qui se prolonge jusqu'au creux du jarret, où il se partage entre le sésamoïde interne et la capsule de l'articulation tibio-péronière. Chez le crocodile, il s'unit en outre au jumeau externe et au faisceau fémoral du fléchisseur profond des doigts. Il se fixe d'ailleurs à la face inférieure des premières vertèbres caudales. Cette insertion sous-caudale est un caractère d'oiseau, mais le tendon qui se rend au jarret n'existe pas chez les oiseaux.

Chez le monitor, le fémoro-coccygien est recouvert par un autre muscle qui n'existe pas chez les oiseaux, mais qui correspond à celui que l'on désigne chez les ornithodelphes sous le nom de tibio-péronéo-coccygien. Ce muscle, qu'il faut fendre pour voir les insertions caudales du fémoro-coccygien, s'attache aux apophyses transverses des premières caudales et se termine par deux digitations dont l'une s'insère en dehors et l'autre en dedans du tibia.

Obturateur externe. — Il nous reste à parler d'un muscle très-développé chez les oiseaux qui se fixe à la face interne du bassin. Il recouvre la face interne du pubis, de la membrane obturatrice et de l'ischion; ses fibres, formant un éventail, viennent se réunir sur un tendon qui passe entre le pubis et l'ischion en se réfléchissant sur ce dernier os, immédiatement au-dessous de la cavité cotyloïde, dans un espace fréquemment converti en un trou particulier par une saillie de l'ischion qui s'applique au pubis et divise en deux le trou obturateur, et va se terminer sur le bord postérieur du grand trochanter, où se trouve parfois une petite saillie qui lui est destinée.

Ce muscle a été considéré par Vicq d'Azyr, Wiedemann et Tiedemann comme un iliaque interne. Il diffère de l'iliaque interne des mammifères par son insertion fémorale qui en fait un abducteur de la cuisse. Il en diffère aussi par ses insertions pelviennes, et ne lui ressemble que par la position de son corps charnu à l'intérieur du bassin qui fait de l'un et de l'autre de ces deux muscles des *pelviens internes*. Si l'on regardait avec Geoffroy-Saint-Hilaire et Gratiolet le pubis des oiseaux comme un os étranger au bassin, et leur ischion comme un pubis, on pourrait admettre cette comparaison, mais, du moment où nous rejetons cette opinion et où nous regardons comme un trou obturateur l'espace que traverse le tendon de ce muscle, nous ne pouvons plus en aucune manière le comparer à l'iliaque interne.

Cuvier l'a considéré comme un *obturateur interne*, parce qu'en effet il occupe dans le bassin la place de l'obturateur interne, et qu'il en a véritablement l'aspect. Mais cette analogie est tout à fait inadmissible, puisqu'un obturateur interne devrait passer par le grand trou sciatique en contournant l'ischion. R. Owen enseigne encore l'opinion de Cuvier. Meckel y a vu un pectiné, mais il a dit aussi que ce pouvait être à la fois un obturateur interne et un obturateur externe.

Pour ma part, il me semble évident qu'il faut voir dans ce muscle un *obturateur externe* qui, par une disposition tout à fait caractéristique de la classe des oiseaux, a traversé le trou obturateur pour se fixer à la face interne du bassin.

Son tendon reçoit un ou deux petits *muscles accessoires*, très-comparables à des jumeaux, sans pourtant représenter les jumeaux des mammifères. Chez l'aigle, il y a deux faisceaux, dont l'un se fixe au bord pubien du trou obturateur ; le nerf obturateur le sépare du suivant, qui est beaucoup plus fort et qui se fixe sur le col de l'ischion, dans un espace triangulaire placé au-dessous et en arrière de la cavité cotyloïde.

La transposition du muscle obturateur externe sur la face interne du bassin est un caractère spécial aux oiseaux ; on ne le retrouve pas chez les reptiles.

Adducteurs. — Il y a encore deux muscles qui vont de la face interne de la partie postcotyloïdienne du bassin au fémur ; ils correspondent aux adducteurs ; mais, à cause de la position de cette partie du bassin, ils sont en même temps fléchisseurs du fémur en arrière. Ce sont habituellement deux lames charnues appliquées l'une à l'autre. Chez l'autruche, ce sont des masses courtes et épaisses. Leur insertion pelvienne se fait presque tout entière sur le bord externe de l'ischion, bord qui limite le trou obturateur, et sur la membrane obturatrice ; il est rare qu'ils atteignent le pubis, et alors l'adhérence est tellement légère qu'il est difficile de voir là une véritable insertion.

D'autre part, ces muscles vont se fixer à la ligne âpre dans les deux tiers inférieurs du fémur. Le plus interne des deux faisceaux s'étend jusqu'au condyle interne. Chez les rapaces, les fibres marginales de cet adducteur forment un faisceau particulier qui se termine sur le tendon du muscle jumeau interne.

Chez le monitor, il y a un petit muscle adducteur qui s'insère sur le bord du tubercule interne du grand trochanter ; aucun faisceau de ce système ne s'insère sur le reste du fémur.

Muscles qui vont du fémur à la jambe.

Ces muscles sont placés à la face dorsale de la cuisse et représentent une partie du triceps fémoral des mammifères. On trouve deux faisceaux qui répondent au vaste externe et un faisceau qui peut être comparé au vaste interne.

Vaste externe. — Il comprend deux faisceaux que nous nommerons le *crural externe* et le *crural moyen*. Le crural moyen recouvre la face antérieure et la plus grande partie de la face externe du fémur ; il remonte jusque sur la base du trochanter, s'insinuant en dehors sous le tendon du carré, et en dedans entre le petit fessier et l'iliaque interne. Les fibres charnues se terminent en partie sur la rotule, en partie sur une aponévrose qui se fixe aux bords supérieurs et latéraux des crêtes du tibia. Le crural externe s'attache aux deux tiers inférieurs de la face externe du fémur, immédiatement au-dessus et en avant de la ligne âpre, et se termine par un tendon qui se fixe à un tubercule de la tubérosité externe du tibia.

Le crural externe est confondu avec le crural moyen chez les rapaces, les perroquets, les passereaux, le cygne ; il est difficile de l'en distinguer chez les gallinacés ; il s'en sépare mieux chez les pigeons ; il forme un faisceau bien distinct chez les struthidés, le nothura, le chevalier, la mouette.

Vaste interne. — Ce muscle, complétement isolé, s'attache à la face interne du fémur et va se terminer sur le côté interne de la tubérosité antérieure ou interne du tibia.

Ces muscles sont extenseurs et rotateurs de la jambe sur la cuisse. Vicq-d'Azyr a désigné leur ensemble sous le nom de muscle *crural*. Le faisceau que nous regardons, avec Vicq-d'Azyr et Cuvier, comme un vaste interne, a été considéré par Meckel comme un droit interne, parce que chez l'autruche il reçoit un faisceau accessoire qui vient du pubis. R. Owen partage cette dernière opinion.

Chez le monitor, on trouve un muscle vaste externe qui recouvre la face externe et la face antérieure du fémur; puis un vaste interne qui s'attache aux deux tiers inférieurs de la face interne du fémur, et ne s'unit à la masse commune que très-près de l'articulation du genou.

Dans cette description il n'est pas question du muscle droit antérieur de la cuisse qui, chez les mammifères, est le troisième faisceau du triceps. Ce muscle manque-t-il réellement chez les oiseaux ? Meckel a cru le retrouver dans le faisceau que nous décrirons plus loin, sous le nom d'accessoire iliaque du fléchisseur perforé. Cuvier semble avoir approuvé cette idée (*Anat. comp.*, t. Ier, p. 523 : Les extenseurs de la jambe sont formés du triceps crural, celui qu'on peut regarder comme le droit antérieur passant par-dessus le genou, et servant de fléchisseur des doigts).

R. Owen retrouve le droit antérieur dans une partie du plan charnu que l'on considère habituellement comme formé du couturier, du tenseur du fascia-lata et du grand fessier, et qui vient adhérer à la surface du vaste externe. Nous discuterons ces analogies tout à l'heure. En ce moment nous nous bornerons à rappeler que, chez le monitor, il y a un gros faisceau qui s'unit à la masse commune, comme le droit antérieur des mammifères, mais dont l'insertion iliaque répond à celle de l'accessoire du fléchisseur perforé.

Il n'y a pas chez les oiseaux de muscle *poplité* proprement dit, c'est-à-dire de muscle allant du condyle externe du fémur au tibia. Ce caractère est commun aux ornithodelphes, aux oiseaux et aux reptiles.

Muscles qui vont du tronc et du bassin au fémur.

Plan superficiel de la cuisse. — Les faces externe et antérieure de la cuisse sont recouvertes, chez les oiseaux, par une vaste enveloppe en partie charnue, en partie aponévrotique, dans laquelle on croit reconnaître à première vue un couturier, un tenseur du fascia-lata, un grand fessier et le fascia-lata lui-même. C'est du moins ce qui a semblé à Vicq d'Azyr, qui les a désignés par ces mots : le muscle qui tient la place du couturier, le muscle du fascia-lata, le muscle qui tient la place du grand fessier (1). Cuvier et Meckel ont exprimé la même opinion. Tiedemann y voit seulement le couturier et le tenseur du fascia-lata. R. Owen y distingue d'une part un couturier, et d'autre part un grand adducteur (*adductor magnus*) remplissant les fonctions du muscle du fascia-lata et celles du droit antérieur de la cuisse.

Couturier. — Le faisceau que l'on compare au *couturier*, et qui peut en effet conserver ce nom, s'attache aux apophyses épineuses de la dernière ou des deux dernières dorsales, à la crête iliaque, c'est-à-dire au bord antérieur de l'aile antérieure de l'iléon, à son angle externe qui représente l'épine iliaque antérieure et supérieure, parfois un peu aux côtes des vertèbres prélombaires.

Nous pouvons immédiatement remarquer combien ces insertions diffèrent de celles du couturier des mammifères.

Ainsi constitué, le muscle se porte vers le genou en dessinant le tranchant de la cuisse et remplissant l'angle dont le fémur et l'os de la hanche forment les côtés. Une partie de ses fibres va se terminer sur la crête interne ou antérieure du tibia ; une autre partie va se terminer sur le tendon du crural moyen et, par son intermédiaire, sur la rotule.

Ce muscle tire la cuisse en avant et en haut ; il contribue aussi à l'extension, à la flexion, et parfois à la rotation de la jambe sur la cuisse.

Chez le grèbe, le couturier est une grosse lame charnue qui recouvre en avant la face interne de la cuisse. Il y a en avant de la face externe un autre faisceau tout à fait semblable qui est le tenseur du fascia–lata.

Nous considérons comme un faisceau du couturier l'accessoire iliaque du fléchisseur perforé dont nous parlerons plus loin.

Chez le monitor, le couturier ressemble beaucoup à celui des mammifères, par son insertion sur le tibia auprès du droit interne. Son insertion proximale se fait sur un raphé fibreux qui le sépare d'un muscle qui nous semble être le fascia-lata. De ce raphé se détache un faisceau plus profond qui va se fixer dans le creux du jarret, au côté interosseux du tibia et qui est

---

(1) Cuvier se trompe lorsqu'il dit que Vicq d'Azyr a désigné le grand fessier sous le nom de pyramidal.

rotateur de la jambe en dehors. A ce faisceau s'en joint un autre qui vient de l'éminence iléo-pectrinée où il se fixe auprès
d'un troisième faisceau qui a l'aspect d'un droit antérieur et dont
nous reparlerons plus loin.

Tenseur du fascia-lata. — Immédiatement en arrière du couturier, le plan fibro-charnu devient tout à fait aponévrotique.
Cette aponévrose se fixe à la partie précotyloïdienne de la crête
iléo-ischiatique, elle se continue sous la face profonde du couturier jusqu'au bord externe de l'iléon ; vers le milieu de la
cuisse, elle adhère au crural moyen.

Si l'on considère cette aponévrose comme répondant au fascia-
lata, les fibres charnues qui viennent, immédiatement après,
des apophyses épineuses et qui s'insèrent sur elles, peuvent être
regardées comme le *muscle du fascia-lata*, ce qui pourtant n'est
pas d'une évidence absolue quand on considère que chez les
mammifères, le tenseur du fascia-lata vient du bord externe de
l'iléon et que ses fibres sont dirigées en sens inverses.

Grand fessier ou *extenseur superficiel de la jambe.* — Enfin,
la partie post-cotyloïdienne de la crête iléo-ischiatique donne
attache à un vaste triangle charnu, souvent très-épais (énorme
chez l'autruche), que l'on est tout d'abord disposé à regarder
comme un grand fessier. Ses fibres se portent obliquement sur
la cuisse ; les uns vont sur la lame aponévrotique dont nous
venons de parler, et, par son intermédiaire, se terminent sur
le crural moyen ; les autres recouvrent le crural moyen sans lui
adhérer, et vont se terminer sur la crête externe du tibia et sur
l'aponévrose jambière.

Ce muscle forme chez le grèbe un vaste plan charnu qui
recouvre près de la moitié de la jambe. Les fibres situées au-
dessous de la crête externe du tibia se terminent sur une aponévrose qui sépare le jumeau externe du fléchisseur de la troisième
phalange du troisième doigt, et par cette aponévrose se rattachent au péroné.

Il est encore considérable chez les gallinacés, les pigeons, les
rallidés ; il est faible et ne s'insère à l'aile postérieure de l'iléon
que dans un très-petit espace en arrière de la cavité cotyloïde
chez les rapaces, les perroquets, les passereaux, le cygne, la
mouette, le chevalier.

Ce muscle existe chez le monitor ; il s'attache par une lame
fibreuse superficielle à l'aponévrose lombo-sacrée et par une

lame fibreuse plus profonde au bord interne de l'iléon, va se terminer sur le vaste externe auquel il adhère. Par son bord antérieur, il adhère, dans sa partie proximale, à un muscle que je regarderai comme un muscle du fascia-lata très-différent de celui des mammifères et de celui des oiseaux. Ce dernier muscle se fixe au bord antérieur du pubis, recouvre la portion extérieure du sus-pubio-préfémoral, et se perd en partie dans l'aponévrose fémorale. En dedans ses fibres se terminent sur un raphé fibeux, qui est le point d'origine du couturier.

Biceps fémoral. — Le grand extenseur superficiel recouvre habituellement une partie du muscle que nous allons décrire. Il le recouvre en entier chez le grèbe.

Ce muscle qui semble répondre au *biceps fémoral* de l'homme et des mammifères, mais qui n'est composé, comme cela se voit chez la plupart des mammifères, que d'un seul faisceau, s'attache tout entier à l'aile postérieure de l'iléon le long de la crête iléo-ischiatique. C'est un triangle charnu très-allongé, mince et plat, situé tout entier au-dessous et en arrière du fémur ; il remplit en partie l'angle qui sépare la jambe de la cuisse et se dirige vers le genou au-dessous duquel il se termine par un tendon qui se réfléchit tout à coup, pour devenir presque parallèle au péroné, sur lequel il se fixe plus ou moins loin du genou, un peu en dedans de son bord postérieur.

Au moment ou le tendon se réfléchit, il repose sur une anse fibreuse dont les deux extrémités s'insèrent sur le fémur, celle de la branche interne sur la diaphyse, celle de la branche externe immédiatement au-dessus du condyle externe ; la branche externe envoie en outre une expansion sur la tête du péroné. Nous verrons que cette anse fibreuse résulte d'une disposition particulière de l'extrémité fémorale du muscle jumeau externe. Cette anse donne en même temps passage au nerf tibial antérieur et à l'artère satellite de ce nerf qui, passant au-dessus du tendon, se trouvent ainsi protégés contre les froissements et les pressions.

Par suite de la réflexion de son tendon sur la poulie que lui fournit l'anse fibreuse, et de l'insertion de ce tendon sur le péroné en dedans du bord postérieur, le biceps, en fléchissant la jambe sur la cuisse, la fait tourner de dehors en dedans, tandis que chez les mammifères il la fait tourner de dedans en dehors.

Il est important de remarquer l'insertion de ce muscle sur l'aile postérieure de l'iléon. Car chez les mammifères, y compris les ornithodelphes, le biceps est un muscle de la tubérosité de l'ischion. Ce fait nous oblige à admettre que des muscles homologues peuvent subir des transpositions d'attache.

Nous retrouvons ce muscle chez le monitor, où il s'insère sur l'iléon comme chez les oiseaux. Son tendon ne se réfléchit pas sur un anneau fibreux, mais il passe entre les deux têtes du jumeau externe, qui sont représentées chez les oiseaux par les deux branches de l'anse fibreuse.

Le biceps appartient tout entier au côté externe de la cuisse. Les deux muscles suivants appartiennent plutôt au côté interne ; mais comme, chez les oiseaux, il est plus facile de les étudier en les découvrant de dehors en dedans, c'est dans cet ordre que nous allons poursuivre notre examen.

Demi-tendineux. — On trouve immédiatement sous le biceps un muscle qui peut être comparé au demi-tendineux des mammifères. Il s'attache à l'aile postérieure de l'iléon sur la partie postérieure de la crète iléo ischiatique, et parfois (gallinacés) sur les apophyses transverses des premières caudales. Ainsi, de même que le biceps, le demi-tendineux des oiseaux est un muscle de l'iléon au lieu d'être un muscle de l'ischion comme chez les mammifères. C'est encore un exemple de transposition d'attaches.

Le muscle se porte vers la jambe et se termine par un tendon plat qui tantôt va se fixer sur le bord postérieur interne du tibia, immédiatement au-dessous du ligament latéral interne, tantôt se termine sur la face interne du jumeau interne, tantôt adhère seulement à ce muscle et se prolonge jusqu'au tibia.

Avant d'atteindre le tibia, ce tendon reçoit le plus généralement un faisceau charnu (*faisceau accessoire*) qui vient de la face postérieure du fémur immédiatement en arrière du condyle interne ; cette disposition est précisément semblable à ce qu'on voit pour le biceps fémoral de l'homme ; seulement le frein charnu se trouve en dedans de la cuisse et se rend sur le tendon du demi-tendineux, tandis que chez l'homme on le trouve en dehors de la cuisse et il se rend sur le biceps.

Ce frein charnu, qui s'insère sur la face postérieure du fémur derrière les condyles immédiatement en dehors des adducteurs, nous paraît devoir être rattaché au jumeau interne qui s'attache au fémur à côté de ce frein. Car les fibres du frein et celles de la tête du jumeau interne ne forment d'abord qu'un seul plan charnu dont la partie postérieure vient s'insérer sur le tendon du demi-tendineux, tandis que la partie antérieure adhère seulement à la face externe de ce tendon et se continue pour former le jumeau.

Pour Vicq-d'Azyr, c'est le muscle qui tient la place du demi-membraneux, ou du demi-nerveux (demi-tendineux). Cuvier l'a nommé le demi-nerveux. Owen l'appelle demi-tendineux ; Meckel l'a décrit sans lui donner de nom.

Pour Tiedemann, c'est le demi-membraneux. Mais cette dernière opinion ne peut pas être admise, le demi-membraneux des mammifères n'étant qu'un faisceau de la masse des adducteurs inséré sur le tibia.

Ce muscle n'existe pas chez les rapaces, où il ne faut pas le confondre avec un faisceau de l'adducteur qui adhère au jumeau interne.

Droit interne. — Le muscle précédent recouvre en partie une lame charnue que nous comparons an muscle droit interne des mammifères. Elle s'insère sur l'ischion en dehors du carré et en arrière des adducteurs (le long du trou obturateur.) Il suit de là que le muscle précédent s'applique d'abord au carré dont il n'est séparé que par le muscle fémoro-coccygien, et que c'est au delà du carré seulement qu'il recouvre le droit interne.

Le droit interne se porte vers le tibia et se termine par un tendon aponévrotique qui se fixe au bord postérieur interne du tibia au-dessous du demi-tendineux qu'il recouvre un peu. Il émet par son bord inférieur une expansion qui va rejoindre le jumeau interne et par son intermédiaire agit sur le talon.

Ce muscle existe chez le monitor, où son insertion se fait sur le bord antérieur de l'ischion ; il reçoit un faisceau accessoire qui naît, en arrière, de la symphyse des ischons.

Muscle allant du bassin aux phalanges.

Accessoire iliaque du fléchisseur perforé. — Ce muscle n'existe pas chez les mammifères. Incomplétement étudié par Aldrovande et par Sténon, il a été complétement décrit par Borelli, qui a vu son rôle dans la flexion des doigts. Vicq-d'Azyr a nié l'assertion de Borelli, qui ensuite a été affirmée de nouveau par

Cuvier, Tiedemann et Meckel. Il manque chez un certain nombre d'oiseaux. Cuvier l'a nommé accessoire *fémoral* du fléchisseur perforé. Nous l'appellerons accessoire *iliaque*, afin de mieux indiquer son insertion sur le bassin. Il a été nommé grêle interne, ce qui ne signifie absolument rien et implique une fausse analogie avec le droit interne (nommé aussi grêle interne) avec lequel il n'a rien de commun. Meckel a pensé qu'il représentait le droit antérieur de la cuisse, et depuis ce temps le nom de *rectus anticus* lui a été donné par divers auteurs. Cuvier, comme nous l'avons déjà dit, semble avoir approuvé cette idée. Il a aussi fait entendre qu'on pouvait le comparer à un pectiné (p. 506. Il y a dans le lieu qu'occupe le pectiné des mammifères un petit muscle grêle qui se prolonge jusqu'au genou, etc.). R. Owen a complétement adopté cette dernière idée en désignant le muscle en question par le nom de pectiné.

Ce muscle (nommé *ambiens* par Sundewall) s'insère sur l'éminence iléo-pectinée. Lorsque cette éminence est réduite à un simple tubercule, comme chez les rapaces, l'insertion se fait par un tendon aplati d'une largeur médiocre ; lorsqu'il y a, comme chez les gallinacés, les palmipèdes lamellirostres, les rallidés, les tinamidés, les autruches, une véritable apophyse iléo-pectinée, l'insertion se fait par un faisceau de fibres charnues sur toute la face externe de l'apophyse.

Le muscle, appliqué à la surface du crural interne, ou au sillon qui le sépare du crural moyen, se termine par un tendon qui gagne le côté interne du genou, change brusquement de direction et se porte transversalement en dehors, glissant dans un canal fibreux à la surface du tendon rotulien, immédiatement au-dessous de la rotule. En sortant de ce canal, le tendon se porte obliquement en bas, en arrière et en dehors, glisse sur la face externe du péroné, entre cette face et le tendon du biceps (au-dessous de l'anneau fibreux) et va se terminer dans la tête externe de la couche profonde des fléchisseurs superficiels.

L'existence de ce muscle n'est pas constante. Il manque chez les rapaces nocturnes, les passereaux chanteurs, les hérons, les cormorans, les grèbes, les guillemots, le casoar et l'émeu.

Il y a chez le monitor un muscle que l'on peut comparer à celui que nous venons de décrire. Nous en avons déjà parlé en décrivant le triceps fémoral. Son insertion iliaque se fait sur l'éminence iléo-pectinée en dedans du sus-pubio-préfémoral que nous avons comparé à l'iliaque interne. Par ce caractère il ressemble à l'accessoire du fléchisseur perforé, mais il diffère du droit antérieur des mammifères, qui se fixe à l'épine iliaque antérieure et inférieure en dehors de l'iliaque interne. Son extrémité distale, au contraire, au lieu de contourner le genou et d'aller se terminer dans les muscles de la jambe, se confond, comme celle du droit antérieur des mammifères, avec le vaste externe et le vaste interne. Ces faits viennent certainement à l'appui de l'opinion de Meckel qui regarde l'accessoire iliaque comme un droit antérieur, mais ils nous montrent en même temps les réserves que nous devons faire à cet égard.

Chez le crocodile on trouve un muscle volumineux qui dans toute la région fémorale a le même aspect que chez le monitor, mais son tendon contourne le genou comme dans les oiseaux, se porte de même au côté externe de la cuisse, et se divise en deux parties, savoir un cordon tendineux qui va se terminer sur le calcanéum, et une expansion aponévrotique qui s'unit au fléchisseur superficiel des doigts. Ce muscle reproduit presque identiquement l'accessoire iliaque des oiseaux, et cela semble démontrer que le muscle du monitor est aussi le représentant de l'accessoire fémoral.

Nous pouvons dès lors admettre que le muscle des oiseaux est identique à celui du crocodile et du monitor, et il ne s'agit plus que de déterminer l'homologie du muscle du monitor. Nous refusons de le comparer au droit antérieur des mammifères, parce que ce dernier muscle s'attache à l'épine iliaque antérieure et inférieure, en dehors de l'iliaque interne, tandis que le muscle du monitor, comme celui du crocodile et des oiseaux, s'attache à l'éminence iléo-pectinée en dedans de l'iliaque interne. Par là, ce muscle reproduit le faisceau pectinéal du couturier de certains mammifères (l'hippopotame par exemple (1)), faisceau qui existe seul chez les orthonidelphes (2). C'est par conséquent au couturier que nous apporterons l'accessoire iliaque du fléchisseur perforé.

Avant de décrire les muscles qui de la cuisse et de la jambe se rendent aux phalanges, nous parlerons immédiatement du

(1) Chez l'hippopotame ce faisceau franchit le pubis et s'insère dans l'intérieur du bassin.

(2) V. E. Alix. Sur l'appar. loc. de l'ornith. et de l'échidné. *Bull. de la Soc. philomit.*, 1867.

muscle interosseux de la jambe et des muscles métatarso-phalangiens qui occupent la profondeur de ces régions.

Muscles allant du péroné au tibia.

Poplité. — Ce muscle ne répond pas au poplité des mammifères didelphes et monodelphes, qui va du condyle fémoral externe
au tibia, et qui concourt à faire tourner le tibia d'avant en arrière
et de dehors en dedans sur le fémur. En réalité, le poplité n'existe
pas chez les oiseaux, et si l'on conserve ce nom avec Vicq d'Azyr
au muscle dont nous allons parler, cela ne peut être qu'à la
condition de faire cette réserve.

Il y a en effet chez les oiseaux un faisceau charnu triangulaire
qui, par un de ses angles, se fixe à la tête du péroné, et dont la
masse s'attache à la face postérieure du tibia, dans les mêmes
points que le poplité des mammifères monodelphes et didelphes,
qu'il représente seulement par sa forme et par sa position en
haut de la jambe. Il répond tout à fait à celui que l'on trouve,
dans la même région, chez les ornithodelphes, et qui n'est attaché
qu'au péroné et au tibia. Ce muscle interosseux concourt à ramener vers le tibia la tête du péroné, en la faisant tourner comme
un battant de porte.

Le reste de l'espace interosseux est dépourvu de fibres
charnues.

Muscles qui vont du métatarse aux phalanges.

Les uns sont situés à la face dorsale, les autres à la face
plantaire.

Chez l'aigle on trouve 4 muscles dorsaux. Le plus interne se
rend sur la face dorsale du pouce dont il est l'*extenseur*. Le
suivant se rend au côté interne (tibial) de la base de la première
phalange du deuxième doigt dont il est l'*adducteur* par rapport
à l'axe du corps, et l'*abducteur* par rapport à l'axe du pied. Le
troisième se rend sur la face dorsale de la base de la première
phalange du troisième doigt dont il est le *court extenseur*. Le
quatrième se rend au côté externe de la base du quatrième doigt
dont il est l'*adducteur* par rapport à l'axe du pied aussi bien que
par rapport à l'axe du corps.

A la face plantaire il y a trois muscles. Le plus interne est le *fléchisseur de la première phalange du pouce* (fléchisseur per-foré). Le second s'insère au côté externe (péronéal) de la base de la première phalange du second doigt ; il est *abducteur* de ce doigt par rapport à l'axe du corps, et *adducteur* par rapport à l'axe du pied. Le troisième s'insère au côté externe de la base de la première phalange du quatrième doigt ; il est *abducteur* de ce doigt par rapport à l'axe du corps aussi bien que par rapport à l'axe du pied. Il n'y a pas de muscle plantaire pour le troi-sième doigt.

Le muscle dorsal du pouce peut correspondre à une partie du pédieux des mammifères. Il est l'unique *extenseur* de ce doigt.

Le muscle plantaire du pouce n'existe pas chez les mammifères, à moins d'y retrouver une partie des muscles de l'éminence thénar.

Les muscles des autres doigts ne peuvent répondre qu'aux interosseux. Il y aurait chez les oiseaux, comme chez les mammifères, un interosseux dorsal inséré au côté interne du deuxième doigt, et un interosseux plantaire inséré à son côté externe. Le troisième doigt serait dépourvu d'interosseux plantaires et ses interosseux dorsaux seraient réunis en un seul muscle. Mais pour le quatrième doigt ce serait l'inverse de ce qu'on voit chez les mammifères, l'interosseux dorsal étant inséré en dehors du doigt (du côté péronéal) et l'interosseux plantaire en dedans (du côté tibial). Aucun des trois derniers muscles dorsaux ne peut être attribué au pédieux, puisque les tendons du pédieux ont pour caractère de s'insérer au côté externe des doigts.

Il nous faut ajouter quelques détails que nous avons laissés de côté pour ne pas obscurcir la conception.

A la face dorsale, les muscles des trois doigts proprement dits occupent le plan le plus profond. L'adducteur du doigt externe s'attache à la partie supérieure et externe de cette face en dehors du jambier antérieur.

Son tendon se dégage vers le milieu du métatarse et s'engage entre les extrémités distales du quatrième et du troisième méta-tarsien dans une gouttière le plus souvent convertie en un trou (pertuis inférieur externe), puis il s'attache à la partie inférieure de la face interne de la base de la première phalange du qua-trième doigt.

Le court extenseur du troisième doigt vient de l'extrémité proximale et de la partie moyenne du canon. Son tendon s'insère sur la base de la première phalange en s'élargissant de manière à la coiffer. Cette partie élargie du tendon contient dans son épaisseur un fibro-cartilage et envoie de chaque côté une expansion fibreuse sur la base du doigt voisin.

L'abducteur du deuxième doigt s'attache à la partie moyenne de l'extrémité supérieure du canon, et au bas de l'empreinte tibiale ; il reçoit aussi un faisceau grêle qui naît d'un tubercule placé tout en haut du bord externe du canon (tubercule sous-condylien externe) et qui vient le retrouver en recouvrant obliquement les deux muscles précédents ; enfin on voit encore s'y joindre d'autres fibres qui viennent de la partie moyenne du canon. Son tendon va se fixer au côté interne de la base de la première phalange du second doigt, très-près de la face plantaire. Dans sa partie proximale, ce muscle est séparé de celui du quatrième doigt par le tendon du tibial antérieur.

L'extenseur du pouce recouvre les trois muscles que nous venons de décrire. Chez l'aigle, que nous prenons en ce moment pour type, il s'attache au canon par trois têtes qui peuvent correspondre chacune à un os métatarsien. La plus volumineuse s'attache à la partie la plus interne de l'extrémité supérieure du canon ; le tendon de l'extenseur commun se loge dans le sillon qui la sépare de la seconde tête. Celle-ci se fixe à la partie moyenne du bord articulaire supérieur du canon ; elle est placée entre le tendon de l'extenseur commun et celui du tibial antérieur. La troisième tête se fixe à la partie externe du bord articulaire et au tubercule sous-condylien externe ; elle est située en dehors du tendon du tibial antérieur. Les trois faisceaux se réunissent sur un tendon qui gagne la face dorsale du pouce et se fixe à ses deux phalanges. Des trois têtes de ce muscle, la plus interne existe seule chez la plupart des oiseaux.

A la face plantaire, le court fléchisseur du pouce, qui est le plus volumineux, occupe la moitié interne du canon. Son tendon se fixe à la base de la première phalange par deux languettes entre lesquelles passe le tendon du fléchisseur profond.

En dehors de ce muscle est l'adducteur du deuxième doigt et en dehors de celui-ci l'abducteur du quatrième doigt. Ces deux muscles occupent à peine le tiers de la largeur du canon.

Les muscles que nous venons de décrire présentent chez l'aigle leur plus haut degré de complication. Le plus généralement ils existent tous et ne diffèrent que par un plus ou moins grand développement. Lorsque le pouce manque, les muscles qui s'y rendent ordinairement disparaissent aussi ; lorsque le second doigt disparaît, comme chez l'autruche, les muscles du second doigt n'existent pas non plus.

On a signalé chez l'autruche et l'aptéryx, et j'ai décrit chez le nothura major (1) un muscle *extenseur externe du doigt médian* dont l'insertion proximale se fait sur la capsule de l'articulation tibio-tarsienne et l'insertion distale sur le bord externe du troisième doigt.

Muscles qui vont de la cuisse et de la jambe au métatarse.

FACE DORSALE.

Jambier antérieur ou *tibial antérieur*. — Le muscle auquel nous conserverons ce nom n'est pas le représentant du jambier antérieur des mammifères, mais, comme le jambier antérieur, il appartient au système des muscles métatarsiens dorsaux. Tout le monde s'accorde, d'ailleurs, pour lui appliquer cette dénomination et pour admettre une assimilation que nous repoussons pour notre part.

Ce muscle a deux têtes, l'une tibiale, l'autre fémorale. La tête tibiale s'attache à la tubérosité ou crête externe du tibia, à une crête transversale qui unit la crête externe à la crête interne, à cette dernière crête, et aux deux tiers supérieurs du bord antérieur ou interne du tibia qui la continue.

La tête fémorale se fixe par un tendon immédiatement audessus du condyle externe du fémur. Un petit frein peut rattacher ce tendon au fibro-cartilage semi-lunaire externe et à la tête du péroné ; le tendon s'applique ensuite à l'extrémité proximale du tibia, et passe dans une gouttière située en dehors de la crête externe ; après quoi il devient charnu.

Les deux faisceaux, longtemps distincts, s'unissent vers le tiers inférieur du tibia. La masse commune se termine par un tendon qui va se fixer généralement dans le tiers supérieur du canon, sur la face antérieure, à égale distance des deux bords. Chez le perroquet il s'attache, non pas, comme on le répète, au côté interne du canon, mais très-près du bord interne. Chez beaucoup d'oiseaux le tendon se bifurque à son extrémité pour

____

(1) *Journ. de zool.* de P. Gervais, 1874.

s'insérer sur deux tubercules osseux (empreintes tibiales). Chez le nothura le tendon offre trois divisions dont la plus interne se fixe en dedans du métatarse. Chez d'autres, cette subdivision n'a pas lieu et il n'y a qu'un seul tubercule; il en est ainsi chez l'aigle, mais, d'autre part, cet oiseau présente une expansion aponévrotique qui se détache de la face antérieure du tendon, enveloppe toute la face dorsale du métatarse, et se termine de chaque côté un peu en arrière des doigts.

Au niveau de l'articulation du canon avec la jambe, le tendon est bridé par un anneau fibreux inséré sur le tibia, un peu plus haut en dedans qu'en dehors, qui permet un léger écart (comme celui de l'extenseur commun des doigts chez les mammifères). Sous cet anneau, le tendon présente le plus souvent un épaississement fibro-cartilagineux.

Ce muscle occupe à la jambe la place du jambier antérieur. Aussi les premiers observateurs lui ont-ils donné ce nom sans hésiter. Il en diffère par son insertion fémorale. Il en diffère aussi par ce point très-important que son insertion distale, au lieu de se faire sur le côté interne du tarse et sur la base du métatarsien du pouce, se fait sur le métatarsien du second doigt, et, le plus souvent, entre le métatarsien du second doigt et celui du troisième.

Ces différences qui distinguent les oiseaux de tous les mammifères, y compris les ornithodelphes, établissent, au contraire, une relation remarquable entre les oiseaux et les reptiles. Elles nous semblent démontrer que le jambier antérieur des oiseaux et celui des mammifères appartiennent à un même système de muscles, mais qu'individuellement ils ne sont pas la répétition l'un de l'autre.

Chez le monitor et chez le crocodile, le jambier antérieur est composé, comme chez les oiseaux, par l'union d'un faisceau tibial et d'un faisceau fémoral; mais, d'autre part, il donne des digitations à tous les métatarsiens ; à ce dernier point de vue le nothura se rapproche particulièrement de ces reptiles ; la digitation du premier métatarsien est principalement fournie par le faisceau tibial qui seul correspond au jambier antérieur des mammifères.

Le jambier antérieur de l'hippopotame semble, au premier abord, faire une exception et s'insérer sur le fémur en même temps que sur le tibia. Mais, comme la tête fémorale est unie à celle de l'extenseur commun, Humphry (muscles in vertebrate animals) pense qu'on doit la rapporter à ce dernier muscle dont elle ne serait qu'une expansion.

Péronier latéral. — Ce muscle s'attache dans le tiers moyen de la jambe au péroné, ainsi qu'à la moitié externe de la face antérieure du tibia. Son tendon terminal glisse sur la face externe du condyle inférieur externe du tibia, et se porte obliquement en bas et en arrière pour se terminer sur l'angle postérieur externe de la base du canon. Son action contribue à étendre la patte et à la faire tourner de dehors en dedans, de telle sorte que sa face plantaire regarde en dehors.

Ce muscle n'existe pas chez le flamant.

Long péronier. — Le muscle que nous venons de décrire occupe la place du court péronier latéral des mammifères et peut lui être comparé. Il est recouvert par un autre muscle qui au premier abord semble répondre au long péronier. C'est l'accessoire péronéal du fléchisseur perforé. Il ne se fixe parfois (buse) qu'à la partie supérieure du péroné, mais le plus souvent il s'étend jusqu'à la crête antérieure, et même jusqu'à la crête externe du tibia, et enveloppe le jambier antérieur. Son tendon envoie une expansion sur la gaine fibro-cartilagineuse du talon, puis contourne la partie supérieure du canon et va s'unir au tendon du fléchisseur de la deuxième phalange du troisième doigt. Chez le grèbe, il se termine sur la gaine du talon et n'envoie rien au troisième doigt. Il manque chez le grand-duc.

Face plantaire.

Nous trouvons sur cette face le gastro-cnémien et le jambier postérieur.

Gastro-cnémien. — Il se compose de deux jumeaux et d'un soléaire tibial. On ne trouve aucune trace d'un soléaire péronier répondant au soléaire des mammifères.

Le *jumeau externe* s'insère à la partie supérieure externe du condyle externe du fémur par un tendon qui constitue la branche externe de l'anneau fibreux du biceps. En outre, il adhère, dans le voisinage de ce tendon, à l'aponévrose de l'extenseur superficiel (désigné généralement comme un grand fessier) et se rattache ainsi à la rotule. Par la même aponévrose, il adhère à la face superficielle des péroniers latéraux. Toutes ces adhérences

ont été indiquées par Vicq-d'Azyr qui a insisté sur les aponévroses de cette région.

Il recouvre le ligament latéral externe sans y adhérer. Son
tendon ne contient pas de sésamoïde.

Nous venons de dire que la branche externe de l'anneau du
biceps appartient au jumeau externe ; il en est de même pour
la branche interne de cet anneau. Nous trouvons la preuve de
cette assertion en étudiant les muscles des lacertiens. Chez
le monitor, par exemple, le jumeau interne se fixe au fémur par
deux têtes situées, l'une en dehors, l'autre en dedans du tendon
du biceps. Ces deux têtes sont représentées chez les oiseaux
par les deux branches de l'anneau fibreux.

Le *jumeau interne* s'attache au condyle interne du fémur, en
arrière et au-dessus de la facette articulaire, avec le second
adducteur à la face profonde duquel il adhère. Il peut en outre
prolonger ses insertions sur tout l'espace qui sépare les deux
condyles et atteindre le condyle externe. Près de cette insertion, l'accessoire du demi-tendineux se confond avec lui, mais
les deux masses charnues se distinguent à partir du point où
l'accessoire s'unit au demi-tendineux. Le demi-tendineux se
termine de son côté sur le jumeau interne, soit en partie, soit
en totalité. Le jumeau interne va d'autre part s'unir au soléaire
tibial.

Le jumeau interne n'existe pas chez le cygne.

Le *soléaire tibial* forme une deuxième tête du jumeau interne.
Il se compose d'un faisceau profond α qui va au condyle interne
(face externe) du tibia, à la crête interne ou antérieure de cet
os, et au bord de la gouttière qui les sépare. Il peut adhérer à
la diaphyse dans une plus ou moins grande étendue. Il se compose en outre d'un faisceau superficiel β beaucoup plus faible,
qui monte obliquement en contournant la jambe et se porte
jusque sur la rotule ; ce faisceau adhère par sa face profonde à
l'aponévrose jambière et recouvre le tibial antérieur.

Le faisceau du soléaire tibial recouvre le demi-tendineux et
le droit interne, tandis que le jumeau interne est recouvert par
ces deux muscles.

Les jumeaux et le soléaire tibial s'unissent pour former une
seule masse charnue qui se termine par un tendon aplati
analogue au tendon d'Achille, dont la description offre quelque
difficulté.

Suivant Vicq-d'Azyr, ce tendon s'insère à la partie supérieure et postérieure de l'os du métatarse et se fend pour le passage des fléchisseurs des doigts.

Suivant Meckel, « l'extenseur du pied ou gastrocnémien a trois têtes.

« Les deux têtes superficielles, qui sont les plus longues, dont l'une externe et l'autre interne, naissent des deux condyles du fémur ; la courte tête prend naissance plus bas à la face interne du tibia et de la rotule.

« Leurs longs tendons s'unissent entre eux, le plus souvent dans la région inférieure de la jambe, quelquefois seulement à l'extrémité supérieure de l'os tarso-métatarsien. » Chez l'autruche, « le tendon commun, très-large et très-fort, s'épanouit dans la région calcanéenne et devient fibro-cartilagineux ; il s'insère aussi aux bords interne et postérieur de l'os tarso-métatarsien et forme, conjointement avec lui, la coulisse dans laquelle glissent les tendons des fléchisseurs des orteils. »

Nous dirons que le soléaire tibial s'unit au jumeau interne et que la masse commune de ces deux muscles est continuée par un tendon plat qui se dirige vers le talon ; que le jumeau externe est continué de son côté par un tendon plat qui se dirige aussi vers le talon et que ces deux tendons se réunissent dans le bas de la jambe ; nous ajouterons qu'au-dessus de cette union les deux masses musculaires sont encore réunies par une lame aponévrotique.

Sur le talon, le tendon d'Achille adhère de chaque côté à la gaîne des tendons fléchisseurs des doigts, à la capsule fibreuse de l'articulation et aux tubérosités de l'os tarso-métatarsien ; il adhère en outre aux crêtes du talon, et se prolonge pour former l'aponévrose plantaire qui se continue jusqu'à la base des doigts.

Jambier postérieur. — Nous croyons pouvoir désigner sous ce nom un petit faisceau musculaire qui s'attache à la face postérieure du tibia près de l'insertion du demi-tendineux et se termine par un tendon assez grêle. Ce tendon va se fixer à la partie interne du bord supérieur de la masse fibro-cartilagineuse du talon et, par l'intermédiaire de celle-ci, au métatarse. Ces insertions nous engagent à voir dans ce muscle un jambier postérieur et à partager complétement à son égard l'opinion de Meckel. Il agit comme extenseur du pied.

R. Owen (*Anat. comp.*) le désigne sous le nom de soléaire. Il diffère peu de celui que Vicq-d'Azyr a nommé le plantaire grèle. Meckel en a parlé le premier, en le nommant avec raison le jambier postérieur. Cuvier (*An. comp.*, 2ᵉ éd.) s'excuse de l'avoir omis, mais il le désigne sous le nom de plantaire.

Ce muscle manque chez les rapaces en général ; cependant je l'ai trouvé très-développé chez la cresserelle et chez le hobereau.

Plantaire grêle. — Meckel désigne sous ce nom le muscle que nous venons de décrire, tout en avouant que chez la plupart des oiseaux il concorde par son origine et par son attache avec le tibial postérieur.

*Muscles qui vont de la cuisse et de la jambe aux phalanges.
Face dorsale.*

Extenseur commun des doigts. — Ce muscle, recouvert par le jambier antérieur, s'attache à la partie supérieure du tibia, aux deux tubérosités (c'est-à-dire aux deux crêtes) et à l'espace qui les sépare. Il se termine par un tendon qui gagne la fossette sus-condylienne, où il est maintenu par une bride soit oblique, soit transversale, parfois fibreuse comme chez le grand-duc, mais le plus souvent ossifiée ; de là, il se dirige obliquement en dehors et se trouve appliqué à la face antérieure du canon par une bride quelquefois osseuse (grand-duc), mais le plus souvent fibreuse. A partir de ce point, il se dirige quelquefois (rupicola) parallèlement à l'axe du canon, le plus souvent obliquement vers le troisième doigt. Près de la base des doigts, il se divise en trois tendons qui constituent les extenseurs des trois doigts proprement dits, c'est-à-dire le second, le troisième et le quatrième. Ces tendons vont jusque sur la base de la phalange terminale ; chemin faisant, ils envoient des expansions sur les autres phalanges. Il existe quelquefois (rupicola) de petites rotules au niveau des articulations métatarso-phalangiennes.

Ce muscle répond assez bien à l'extenseur commun des mammifères. Il s'attache toujours au tibia et ne remonte jamais jusqu'au fémur comme cela se voit chez certains mammifères tels que les carnassiers, les pachydermes et les ruminants.

Le plus souvent il ne fournit de tendons qu'aux quatre doigts proprement dits, mais chez le perroquet il en fournit un au pouce. Cette division se détache du côté interne du tendon commun, immédiatement au-dessous du point où il sort de l'anneau qui le bride en haut du métatarse.

Face plantaire.

Il nous reste à décrire les muscles *longs fléchisseurs des doigts.*

Ces muscles sont très-difficiles à étudier à cause de leur grande complication qui lasse bientôt l'attention de l'observateur.

La description de Vicq-d'Azyr est tout à fait insuffisante. On doit cependant en retenir qu'il distingue un fléchisseur perforé, un fléchisseur perforant et perforé, et un fléchisseur perforant. C'est à ce propos qu'il ajoute ces paroles remarquables : « Qu'il nous soit permis d'observer ici que l'on rencontre à chaque pas les traces de cette admirable uniformité, qui semble tout rapporter au même modèle. » (t. V, p. 284.)

La description de Cuvier, admirable de clarté et de simplicité, semble au premier abord ne rien laisser à désirer. Nous verrons combien elle est incomplète. Mais cependant, nous commencerons par la rappeler afin de l'avoir toujours devant les yeux comme un premier point de comparaison. La description plus compliquée de Meckel est presque inintelligible.

« Les longs fléchisseurs des oiseaux, dit Cuvier, sont divisés en trois masses : deux placées au-devant des muscles du tendon d'Achille, une au-devant de celle-ci et tout contre les os.

« La première est composée de cinq portions, dont trois peuvent être regardées comme formant un seul muscle *fléchisseur commun perforé.*

« Il naît par deux ventres dont l'un vient du condyle externe du fémur, l'autre de sa face postérieure. Celui-ci forme directement le tendon perforé du médius... Le second ventre donne ceux de l'index et du quatrième doigt (il reçoit l'accessoire fémoral).

« Les deux autres muscles de cette première masse sont à la fois perforants et perforés.

« Ils naissent au-dessous des précédents et vont l'un à l'index et l'autre au médius, en perforant deux des tendons précédents. Ils s'insèrent à leurs pénultièmes phalanges.

« Les deux autres masses sont les fléchisseurs perforants ; ils fournissent les tendons qui vont aux dernières phalanges. L'une est pour les trois doigts antérieurs, l'autre pour le pouce, et donne une languette qui s'unit à la languette perforante de l'index.

« Il y a un court fléchisseur du pouce placé à la face postérieure du tarse. »

Telle est la description de Cuvier, les faits que nous allons exposer nous permettront d'y ajouter quelques détails.

Nous n'essayerons pas de donner immédiatement une description applicable à tous les oiseaux. Nous envisagerons d'abord les muscles de l'autruche dont l'analyse, à cause de la réduction du nombre des doigts, est beaucoup plus facile. Nous passerons ensuite à des oiseaux où les quatre doigts sont entièrement développés.

Disons immédiatement que ces muscles ne peuvent pas être assimilés un à un à ceux des mammifères. Tout ce qu'il y a de commun, c'est que, ainsi que l'a si bien apprécié Vicq-d'Azyr, il y a des muscles perforants et des muscles perforés ; le reste est très-dissemblable.

Chez les mammifères il y a deux muscles fléchisseurs profonds ou fléchisseurs des phalanges terminales. L'un se fixe au péroné, il concourt à fournir le tendon du pouce. L'autre s'insère au tibia, il ne fournit rien au pouce, mais il concourt avec le précédent à fournir les tendons des quatre autres doigts. Il y a en outre un fléchisseur superficiel ou perforé, celui des secondes phalanges. Il vient, soit du calcanéum et de la face profonde de l'aponévrose plantaire, soit de la face superficielle du fléchisseur profond attaché au tibia. Il n'y a pas de tendon perforé pour le pouce. Enfin l'aponévrose plantaire, tendue par le muscle plantaire grêle, envoie aux premières phalanges des digitations qui les fléchissent. Ces dispositions diffèrent en beaucoup de points de celles que nous allons décrire chez les oiseaux.

Nous verrons en effet que, chez les oiseaux, le fléchisseur profond du pouce est un muscle du fémur, tandis que chez tous les mammifères, y compris les ornithodelphes, c'est un muscle du péroné. Nous verrons aussi que les fléchisseurs superficiels ou perforés, à l'exception de celui du pouce fixé au métatarse,

viennent tous de la jambe et de la cuisse, ce qui n'a pas lieu
chez les mammifères et reproduit seulement ce qu'on voit chez
eux pour les muscles des doigts du membre antérieur, en sorte
que la disposition réalisée chez les oiseaux ne se rapporte pas au
type des muscles du membre postérieur des mammifères, mais
à un type général qui embrasse à la fois celui du membre antérieur et celui du membre postérieur.

Fléchisseurs des doigts chez l'autruche.

Fléchisseur profond ou *perforant.* — Nous trouvons chez
l'autruche, dans la profondeur de la jambe, un fléchisseur commun de la phalange terminale du troisième et du quatrième
doigts (ces deux doigts étant seuls développés).

Ce muscle a deux origines :

A. L'origine péronéo-tibiale, qui est la plus profonde, consiste dans un corps charnu qui se fixe à la moitié supérieure de
la face postérieure du tibia, à la face postérieure du péroné dans
la même étendue, et à l'espace interosseux.

B. L'origine fémorale consiste dans un corps charnu qui se
fixe au fémur dans l'intervalle des deux condyles. Nous verrons qu'elle correspond au long fléchisseur du pouce des autres
oiseaux.

Chacun de ces corps charnus se termine par un tendon. Ces
tendons glissent dans la partie la plus profonde de la gaîne
fibro-cartilagineuse du talon, chacun dans une gouttière particulière, le second immédiatement en dehors du premier.

Vers le milieu du métatarse, les deux tendons s'unissent, et
le tendon commun se bifurque près de la base des doigts. Le
tendon du doigt externe (quatrième doigt) va se terminer sur
la base de la phalange terminale qui est la cinquième ; le tendon
du doigt interne (troisième doigt) va se terminer sur la base de
la phalange terminale qui est la quatrième.

Au niveau des articulations métatarso-phalangiennes, chacun
de ces tendons passe dans un anneau fibreux qui bride également les tendons des autres phalanges (tendons perforés). Ces
gaînes fibreuses, chez l'autruche, sont séparées des articulations
par des fibro-cartilages concaves à leurs deux faces, dont l'une
est en contact avec la jointure et l'autre avec le tendon. Il y a
par conséquent ici deux de ces gaînes et deux de ces fibro-car-

tilages, dont le grand développement rappelle celui des sésamoïdes chez certains mammifères coureurs, tels que les solipèdes
et les ruminants.

Le tendon du doigt interne émet par sa face profonde deux
petits corps charnus qui se rendent sur chacun des fibro-cartilages. Chez d'autres oiseaux ces corps charnus sont remplacés
par des ligaments élastiques.

D'autre part il y a des freins élastiques qui s'insèrent sur
l'extrémité distale des phalanges et se rendent obliquement sur
les tendons.

Fléchisseurs superficiels ou *perforés*. — Ces muscles doivent
être décrits à part suivant le doigt auquel ils se rendent.

Doigt interne (troisième doigt). — Il y a deux muscles, dont
l'un se rend à la troisième phalange et l'autre à la deuxième.

Le *fléchisseur de la troisième phalange du doigt interne* s'attache à la crête externe du tibia, à la face externe du condyle externe du fémur, au ligament latéral externe et un peu au péroné.
Les fibres charnues se portent sur un tendon qui se dirige vers
le doigt interne et va se fixer à la base de la troisième phalange
après avoir été perforé par le tendon de la phalange terminale.
Comme d'autre part il perfore le tendon de la deuxième phalange, il est à la fois perforant et perforé.

Ce muscle appartient à une couche superficielle par rapport
au muscle suivant, dont il est tout à fait indépendant.

Le *fléchisseur de la deuxième phalange du doigt interne* est
considérable. Il a deux origines : A s'attache au fémur derrière
le condyle externe, auprès de la tête fémorale du fléchisseur
profond. B, qui a moins de volume, s'attache au ligament latéral externe et au péroné, et reçoit sur sa face profonde le tendon
de l'accessoire iliaque. Le tendon terminal du muscle se porte
directement vers le doigt interne, à la deuxième phalange duquel il s'insère, après avoir été perforé par le tendon du muscle
précédent et par celui du fléchisseur profond.

Au-dessous du talon, ce tendon reçoit celui de l'accessoire péronéal qui vient se joindre à lui.

Il faut ajouter qu'au niveau du talon la partie superficielle de
ce tendon forme une double gaine dans laquelle sont contenus
le tendon du muscle précédent et celui du muscle suivant.

Doigt externe. — Il n'y a pour ce doigt que deux longs fléchisseurs, celui de la phalange terminale et celui que nous allons décrire.

Le *fléchisseur superficiel du doigt externe* appartient au même plan que celui de la deuxième phalange du doigt interne. Comme ce muscle, il a deux têtes : l'une qui s'attache au fémur en arrière du condyle externe, l'autre qui s'attache au ligament latéral externe, et qui est aussi en connexion avec l'accessoire iliaque.

Le tendon de ce muscle fournit d'abord à la première phalange une expansion qui se fixe au côté interne de sa base, puis à la seconde phalange un tendon perforé dont la division interne envoie des digitations successives aux deux phalanges suivantes, c'est-à-dire à la troisième et à la quatrième.

En résumé, le système des fléchisseurs des doigts chez l'autruche se compose : 1° d'un fléchisseur profond, qui est un fléchisseur commun pour les deux doigts ; 2° de deux fléchisseurs superficiels pour le doigt interne (troisième doigt dans le type) ; 3° d'un fléchisseur superficiel pour le doigt externe (quatrième doigt dans le type) ; 4° de deux accessoires, l'un fémoral, l'autre péronéal, qui se rendent sur les fléchisseurs superficiels.

Ce système se trouve ici réduit à sa plus simple expression. Chez le nandou, le casoar et l'émeu, qui ont trois doigts, il y a, en outre, un fléchisseur de la deuxième phalange du second doigt qui appartient au même plan que le fléchisseur de la troisième phalange du troisième doigt, et qui vient, comme lui, de la face externe du genou ; puis un fléchisseur de la première phalange du second doigt qui appartient au même plan que les deux autres muscles et qui a, comme eux, deux origines venant, l'une du péroné, l'autre de la face postérieure du condyle externe.

Chez l'aptéryx, qui a un pouce, il y a un court fléchisseur du pouce qui vient du métatarse, et un long fléchisseur représenté par un tendon qui est fourni par le muscle que nous venons de décrire chez l'autruche comme la tête fémorale du fléchisseur profond.

Si les autres oiseaux étaient exactement conformés sur le même modèle, nous n'aurions rien à ajouter à cette description, puisqu'il suffirait de multiplier les faisceaux en raison du nombre des doigts ; mais il n'en est pas ainsi, et nous avons à noter plusieurs variétés, d'autant plus importantes qu'elles peuvent fournir des caractères pour la classification.

Fléchisseurs des doigts chez le héron.

Le *fléchisseur profond, fléchisseur perforant, fléchisseur commun des trois doigts proprement dits,* occupe le plan le plus profond. Il n'atteint pas le fémur et a deux origines, α et β, qui représentent le faisceau A de l'autruche.

α est un faisceau charnu, peu vigoureux, qui s'attache au tiers supérieur de la face postérieure du tibia, à partir du relief qui limite en arrière la surface articulaire ; β s'attache à la tête du péroné, au bord postérieur de cet os, à l'espace interosseux et à la partie la plus externe de la face postérieure du tibia.

Le muscle se termine par un tendon assez fort qui se place dans la partie la plus profonde et la plus interne de la gaîne fibro-cartilagineuse du talon, parcourt la longueur du métatarse, et, un peu avant d'atteindre les phalanges, se divise entre les doigts.

Au point où se fait la trifurcation, mais principalement dans la ligne du médius, il reçoit une expansion tendineuse que lui envoie le fléchisseur profond du pouce.

De la face profonde du tendon commun se détache, vers le même point, une expansion, en partie élastique et un peu charnue, qui envoie des digitations sur les anneaux fibreux métatarso-phalangiens.

Le *fléchisseur profond du pouce,* qui répond au faisceau B de l'autruche, vient du condyle externe du fémur avec les fléchisseurs perforés des doigts, ainsi que nous le verrons tout à l'heure. Son tendon est superficiel dans presque toute l'étendue de la jambe et ne devient profond qu'en atteignant le cou-de-pied, où il glisse dans la partie la plus profonde et la plus externe de la gaîne fibro-cartilagineuse. Sur la base du canon, il passe dans un conduit osseux immédiatement en dehors du tendon du fléchisseur commun, puis il croise ce tendon en le recouvrant et lui envoyant une expansion, se place en dedans de lui, et se dirige vers le pouce, où il se fixe à la base de la deuxième phalange.

Le *fléchisseur perforé du pouce* s'attache à la moitié supérieure de la face plantaire ou postérieure du métatarse, à la crête interne et à la membrane fibreuse qui continue cette saillie le long du bord interne du canon. Il se termine par un fort tendon qui, perforé pour laisser passer le tendon profond, forme au-dessus de lui un pont épais et se bifurque en deux lamelles qui se fixent de chaque côté de la première phalange.

Les autres fléchisseurs perforés viennent du fémur et du péroné. Nous décrirons d'abord ces origines et nous parlerons ensuite des tendons.

A. Le plus interne et le plus profond de ces muscles, est celui de la *première phalange du second doigt*. C'est un faisceau charnu qui s'attache au côté interne du condyle externe du fémur et qui reçoit quelques fibres charnues de la tête du péroné. Ce muscle recouvre le fléchisseur profond des trois doigts antérieurs. Il est immédiatement recouvert par le fléchisseur profond du pouce qui naît avec lui du condyle externe, entre lui et le muscle suivant.

B. Le *fléchisseur de la deuxième phalange du troisième doigt* (ce doigt n'a pas de muscle pour la première phalange) naît avec le précédent du condyle externe du fémur (le fléchisseur profond du pouce est logé dans l'angle qui les sépare). Il reçoit de la tête du péroné un faisceau plus large et plus profond.

C. Immédiatement en dehors de lui se trouve le *fléchisseur perforé du quatrième doigt* (Ce doigt, comme chez l'autruche, n'a qu'un seul fléchisseur perforé). Ce muscle vient également du condyle externe du fémur et de la tête du péroné ; il s'attache, en outre, à la branche externe de l'anneau fibreux du biceps.

D. En dehors de celui-ci, nous trouvons le *fléchisseur* (à la fois perforant et perforé) *de la troisième phalange du troisième doigt*. Il s'attache au bord du péroné, à la branche externe de l'anneau du biceps et au condyle externe du fémur (face externe). Par son bord externe, il entre-croise ses fibres avec celles de l'accessoire péronéal.

E. Le plus externe et le plus superficiel est le *fléchisseur de la deuxième phalange du deuxième doigt*. Il s'attache à la crête externe du tibia, au condyle externe du fémur, au péroné et à la branche externe de l'anneau du biceps.

Il est facile chez le héron de dissocier tous ces faisceaux. Cette dissociation nous permet de mieux comprendre ce qui a lieu chez les oiseaux où les faisceaux sont plus confondus. On peut en faire deux groupes, l'un comprenant les muscles qui se fixent en arrière du condyle externe du fémur et au péroné, à savoir : les trois premiers A, B, C; l'autre comprenant ceux qui vont au côté externe du condyle et au tibia, c'est-à-dire les deux derniers D, E.

On peut aussi mettre à part, comme un muscle isolé, le perforé du quatrième doigt.

L'*accessoire iliaque* manque chez le héron.

L'*accessoire péronéal* va s'unir au tendon de la troisième phalange du troisième doigt.

Décrivons maintenant le trajet et l'insertion des tendons.

Le tendon A de la première phalange du second doigt devient visible dès le cinquième supérieur de la jambe et tout à fait libre dans le second tiers. Dans la gaîne du talon il occupe la partie la plus interne du plan superficiel; à la base du métatarse, il glisse sur le pont osseux qui bride le tendon du fléchisseur commun; il est lui-même recouvert par une lame fibreuse. De là il se rend directement au second doigt et se fixe au côté interne de la base de la première phalange. Le tendon du pouce, qui l'accompagne d'abord, passe dans le plan profond en atteignant le talon.

Nous avons dit que le muscle E, qui se rend à la deuxième phalange du deuxième doigt, était le plus externe et le plus superficiel. Son tendon se dirige obliquement en dedans pour gagner le talon, où il s'engage dans la même gaîne que celui de la première phalange; il l'accompagne ensuite en le recouvrant jusqu'à la base du doigt, se bifurque pour laisser passer le tendon du fléchisseur profond, et se fixe par deux languettes à la base de la deuxième phalange.

Il n'y a pas, avons-nous dit, de fléchisseur pour la première phalange du troisième doigt.

Le fléchisseur B de la deuxième phalange du troisième doigt émet un tendon qui marche directement vers la gaîne du talon; à la base du métatarse, il glisse sur une gouttière placée en dehors de celle où sont placés les deux tendons précédents. En sortant de cette gouttière il est rejoint par le tendon de l'accessoire péronéal qui vient s'unir à lui. Enfin, il se fixe à la base de la deuxième phalange après s'être bifurqué dès le milieu de la première.

Pendant son trajet dans les gaînes du talon, ce tendon forme lui-même une gaîne dans laquelle se logent le tendon de la troisième phalange du troisième doigt et celui du fléchisseur perforé du quatrième.

Le tendon de ce dernier muscle C s'engage dans la gaîne que lui fournit celui du muscle B, et se rend obliquement vers le quatrième doigt aux quatre premières phalanges duquel il envoie des digitations.

Coq domestique. — *Fléchisseurs profonds.* — Le fléchisseur commun des trois doigts antérieurs est un long faisceau charnu qui s'attache à l'espace interosseux, au péroné, à la moitié externe de la face postérieure du tibia, occupe les quatre cinquièmes supérieurs de la jambe, et se termine par un fort tendon plat qui passe dans le pertuis le plus interne de la gaine osseuse du talon, d'où il se dirige vers l'extrémité distale du métatarse, pour se diviser en trois tendons qui vont se fixer à la phalange terminale des trois doigts proprement dits.

Le fléchisseur profond du pouce, faisceau charnu d'une puissance médiocre, s'attache à la face interne du condyle externe du fémur, reste appliqué à la face profonde du fléchisseur superficiel sans cesser d'en être distinct, et se termine par un tendon qui se place dans la gaine osseuse du talon en dehors de celui du fléchisseur commun. Passé le quart supérieur du métatarse, il s'applique au précédent, le croise, devient interne, et gagne le pouce par une branche assez grêle. Car, en croisant le tendon du fléchisseur commun, il lui donne une partie de ses fibres.

L'ossification de ces tendons commence avant leur jonction.

Fléchisseurs superficiels. — Ils peuvent être divisés en deux groupes, l'un dont la masse s'insère en partie à la face interne du condyle externe, en dedans du jumeau externe et du biceps, l'autre qui est situé tout entier en dehors du biceps et du jumeau externe.

Premier groupe. — C'est d'abord une masse charnue qui naît par deux têtes α et β. β vient de la face interne du condyle externe du fémur, et recouvre le fléchisseur profond du pouce en lui adhérant près de son insertion. β vient de l'anse du biceps, du péroné, et par une pointe effilée de la face externe du condyle externe; le tendon de l'accessoire iliaque vient se terminer sur sa face profonde. La masse commune ainsi formée se termine par trois digitations. A, la plus interne, est le fléchisseur de la première phalange du deuxième doigt; B, la moyenne, est le fléchisseur de la seconde phalange du troisième doigt ; C, la plus externe, est le fléchisseur perforé du quatrième doigt.

L'accessoire fémoral agit sur ces trois digitations, quoiqu'il semble tirer plus directement sur A et C. La tête α fournit un faisceau plus considérable au muscle B. Le tendon B fournit au tendon C une gaine d'où celui-ci ne sort qu'au quart du métatarse au-dessus du point où B reçoit le tendon de l'accessoire péronéal.

Deuxième groupe. — D s'insère à la face externe du condyle externe du fémur, auprès et en avant du jumeau externe, au péroné, à la portion antérieure de l'anse du biceps et à la crête externe du tibia. Situé supérieurement en avant du jumeau externe, il s'applique plus bas à sa face profonde, et son tendon va se placer obliquement en dedans de celui du muscle B, pour aller se terminer sur la troisième phalange du troisième doigt.

E s'insère au condyle externe du fémur auprès du précédent. Son tendon va gagner obliquement celui du muscle A, traverse avec lui la gaine du talon dans sa partie la plus interne, et va se fixer à la 2ᵉ phalange du 2ᵉ doigt.

Buse. — La disposition que nous venons de décrire chez le coq doit nous aider à mieux comprendre celle que nous trouvons chez la buse et qui au fond en diffère très-peu.

Pour les fléchisseurs profonds nous devons seulement dire que dans la gaine du talon les deux tendons, qui sont très-larges, se placent l'un au devant de l'autre, et non l'un à côté de l'autre.

Le court fléchisseur du pouce, qui est très-fort, s'insère dans la partie interne de la face postérieure de l'os canon.

Les autres fléchisseurs superficiels forment deux couches dont la description se rapproche beaucoup de celle qui a été donnée par Cuvier.

Le groupe le plus profond, qui comprend les muscles A B C, est formé par deux têtes, α qui vient de la face interne du condyle externe du fémur, β qui vient de la face externe de ce condyle. Comme la première tête est fort grêle, nous ne parlerons d'abord que de la seconde. Elle s'insère à la face externe du condyle externe du fémur et à la tête du péroné par un fuseau charnu qui glisse sur le tendon du biceps, reçoit sur sa face profonde l'accessoire iliaque, devient large et épais et se divise en 3 digitations qui sont les muscles A B C. La tête située en dedans du tendon du biceps, s'attache à la face interne du condyle externe du fémur et se divise en 2 digitations dont l'une se rend sur la face superficielle de la masse commune tandis que l'autre ne s'unit qu'avec le muscle B.

. Les deux muscles de la couche superficielle D et E viennent : D de la face externe du condyle externe du fémur, du péroné et de la crête antérieure du tibia, E de la face externe du condyle externe du fémur et de la tête du péroné.

Cygne. — Pour décrire les fléchisseurs superficiels du cygne, il nous suffira de dire que les deux muscles de la couche superficielle ne diffèrent pas essentiellement de ceux que nous venons de décrire. Quant à la masse commune des trois muscles de la couche profonde, elle n'a que l'origine α qui est volumineuse, contrairement à ce qu'on voit chez les rapaces, où elle est très-grêle. L'origine β n'existe pas, mais elle est en quelque sorte suppléée par l'accessoire iliaque qui redevient charnu à la jambe et se bifurque ensuite pour s'unir d'une part au muscle du quatrième doigt, et d'autre part aux deux autres muscles.

Il y a chez le cygne un accessoire péronéal qui s'unit au tendon de la 2ᵉ phalange du 3ᵉ doigt.

Chez le cygne, les 2 fléchisseurs profonds existent comme chez les autres oiseaux et leurs tendons s'unissent aussi vers le milieu du métatarse, mais ils n'envoient aucune expansion au pouce qui ne possède qu'un court fléchisseur. Les choses se passent de même chez le flamant et chez le grèbe.

Chez le grèbe, le fléchisseur perforé du 4ᵉ doigt est un muscle énorme qui se fixe au fémur immédiatement au-dessus de la branche interne de l'anneau du biceps. Ce grand volume du muscle masque son union avec la masse commune qui naît du fémur un peu plus bas par une tête α beaucoup moins volumineuse et à laquelle se joint un faisceau β très-grêle inséré sur le péroné immédiatement au-dessous de l'attache du biceps. Il n'y a pas chez le grèbe d'accessoire iliaque ; le tendon de l'accessoire péronéal se termine tout entier sur la gaîne du talon et ne donne aucune expansion au tendon du 3ᵒ doigt.

Les deux muscles superficiels sont bien développés. Ils offrent chez le grèbe cette particularité d'être séparés l'un de l'autre par l'expansion du grand fessier qui s'attache au péroné.

Chez le guillemot, les choses se passent à peu près comme chez le grèbe. L'absence du pouce n'empêche pas l'existence du faisceau fémoral du fléchisseur profond. Les fléchisseurs superficiels se comportent comme chez le grèbe; la tête α de la masse commune prédomine aussi sur la tête β, mais le muscle du doigt externe n'a pas un aussi grand volume; l'accessoire péronéal donne un tendon qui va s'unir à celui de la 2ᵉ phalange du doigt médian. Il n'y a pas d'accessoire iliaque.

Il ressort des descriptions précédentes que l'accessoire iliaque du fléchisseur perforé agit sur le 3ᵉ doigt aussi bien que sur le 2ᵉ et le 4ᵉ, et que par conséquent l'expression adoptée par Cuvier de muscle accessoire du fléchisseur perforé du *quatrième* et du *deuxième* doigt ne peut pas être conservée.

Le monitor et le crocodile ont deux muscles fléchisseurs profonds, l'un tibial et l'autre fémoral, comme chez les oiseaux; mais les fléchisseurs superficiels appartiennent à la plante du pied comme cela se voit chez les mammifères et en particulier chez l'homme. Nous avons décrit plus haut chez le crocodile un accessoire iliaque venant s'unir au fléchisseur superficiel. Il y a aussi chez le crocodile un muscle répondant à la chair carrée ou accessoire du fléchisseur profond, que l'on décrit chez l'homme et que l'on retrouve chez l'ornithorynque.

Nous terminerons ce chapitre par une dernière remarque. Nous avons vu que les fléchisseurs superficiels sont, comme l'a dit Cuvier, composés de deux couches, l'une plus superficielle, comprenant le fléchisseur de la deuxième phalange du deuxième doigt et le fléchisseur de la troisième phalange du troisième doigt; l'autre, plus profonde, comprenant le fléchisseur de la première phalange du deuxième doigt, le fléchisseur de la deuxième phalange du troisième doigt, et le muscle qui donne des digitations aux quatre premières phalanges du quatrième doigt.

Cette seconde couche mérite surtout d'attirer l'attention (1). Elle forme une masse charnue qui, dans le type idéal, a deux origines ou deux têtes, l'une interne, insérée sur le fémur en arrière du condyle externe; l'autre externe, insérée sur le péroné ainsi que sur la face externe du condyle externe du fémur. Les proportions relatives de ces deux têtes varient chez les oiseaux. Pour éviter les circonlocutions, nous appellerons *ectomyens* les oiseaux où la tête externe domine, *entomyens* ceux où la tête interne

____

(1) V. E. Alix, *Bulletin de la Soc. philom.*, 1874.

l'emporte, et *homœomyens* ceux où les deux têtes sont à peu près égales. Les palmipèdes, les échassiers longirostres et pressirostres, les flamants, les cigognes, les tinamidés, les struthidés, les perroquets sont entomyens ; les hérons, les rallidés, les gallinacés, les pigeons, les passereaux chanteurs sont homœomyens ; les rapaces diurnes et nocturnes sont ectomyens.

Ainsi, chez les rapaces, le faisceau interne est excessivement grêle et presque toute la masse charnue vient du faisceau externe. Chez les palmipèdes, au contraire, la masse interne est considérable, tandis que la masse externe peut être nulle, comme chez les lamellirostres, où aucune fibre charnue ne s'attache au péroné. Chez les râles et les gallinacés, les deux têtes sont à peu près égales. Les grèbes, où le faisceau interne est énorme, tandis que le faisceau externe est presque nul, diffèrent des rallidés, où les deux faisceaux sont également développées. La même différence existe entre les cigognes et les hérons, les perroquets et les passereaux chanteurs. Les flamants, sous ce rapport, s'éloignent des hérons et se rapprochent des palmipèdes.

Il ne paraît pas y avoir de relation nécessaire entre ces diverses dispositions et la présence de l'accessoire iliaque du fléchisseur perforé qui, lorsqu'il existe, vient se joindre à la tête externe et parfois, comme chez les palmipèdes lamellirostres, la forme à lui seul. Ce muscle existe chez les cygnes, qui sont entomyens ; chez les gallinacés, qui sont homœomyens, chez les aigles et les faucons, qui sont ectomyens ; il manque chez les grèbes, qui sont entomyens comme les cygnes ; chez les hérons, qui sont homœomyens comme les gallinacés ; chez les rapaces nocturnes, qui sont ectomyens comme les aigles.

Les fléchisseurs profonds n'offrent pas de différences aussi remarquables que celles que nous venons de signaler pour les fléchisseurs superficiels. Il y en a toujours deux, l'un qui vient du tibia, l'autre qui vient du fémur ; leurs tendons s'unissent vers le milieu du métatarse, le muscle fémoral fournit le tendon du pouce. Il y a des oiseaux pourvus d'un pouce, comme le flamant, le cygne, le grèbe, où il ne fournit rien à ce doigt, qui est alors dépourvu de fléchisseur profond.

COMPARAISON DES MUSCLES DU MEMBRE ABDOMINAL DES OISEAUX
AVEC CEUX DU MEMBRE ABDOMINAL DES CHÉLONIENS.

Dans la description précédente nous avons noté les rapports et les différences que nous avons remarqués entre les muscles du membre abdominal des oiseaux et ceux d'un reptile du groupe des lacertiens, le monitor ; la comparaison de ces muscles avec ceux d'un chélonien, la tortue d'Europe (*testudo europæa*) que nous prenons pour exemple, n'offre pas moins d'intérêt.

Quoique le bassin des chéloniens diffère beaucoup de celui des oiseaux par sa mobilité sur la colonne vertébrale, par la forme cylindrique de l'iléon, par la largeur du pubis muni d'une épine saillante, par la forme cylindrique et le peu de volume de l'ischion, par l'angle énorme que l'iléon fait avec l'ischion, on peut cependant, après un examen attentif, reconnaître des analogies remarquables entre les muscles qui meuvent la cuisse et la jambe chez les oiseaux et ceux qui meuvent les mêmes segments du membre postérieur chez les chéloniens.

Petit et *moyen fessiers.* — Ces deux muscles sont réunis en une seule masse qui s'attache au côté et à la face antérieure du trochanter en s'étendant un peu sur la face externe du fémur. La confusion de ces deux muscles est en rapport avec la forme cylindrique de l'iléon.

Pyramidal. — Derrière cette masse charnue, se fixe sur le trochanter un faisceau qui vient du bord postérieur de l'iléon et des vertèbres lombaires et sacrées, ce qui donne une forme intermédiaire entre celle des mammifères où le muscle ne s'attache qu'au sacrum et celle des oiseaux où il ne s'attache qu'à l'iléon.

Obturateur interne. — Derrière celui-ci s'insère encore sur le trochanter un muscle très-développé qui s'attache à la face interne de l'iléon et de l'ischion, et contourne le bord ischiatique de ces deux os, dans leur angle de jonction, pour sortir du bassin. C'est bien là l'obturateur interne qui existe chez les chéloniens, tandis qu'il manque chez les oiseaux.

Obturateur externe. — Le trochanter, très-massif, présente chez les tortues, comme chez le monitor, deux tubercules, un externe et un interne. Une légère dépression sépare le tubercule externe du tubercule interne, qu'il faut bien se garder de prendre pour un petit trochanter. L'obturateur externe va se fixer au tubercule interne. Il s'insère d'ailleurs sur la face antérieure du pubis et de l'ischion, et par là il ressemble beaucoup plus à celui des mammifères qu'à celui des oiseaux, qui traverse la membrane obturatrice pour se fixer à la face interne du bassin.

Carré. — Ce muscle forme un faisceau distinct de l'obturateur interne.

Iliaque interne. — En avant et en dedans des fessiers, on trouve deux faisceaux qui peuvent correspondre l'un à l'iliaque interne, l'autre à un pectiné, ou tous deux à l'iliaque interne. L'un se fixe à la face interne de l'iléon, entre le petit fessier et l'obturateur interne, l'autre s'attache au bord antérieur du pubis, et c'est pour cela qu'il a été désigné comme un pectiné ; tous deux se réunissent pour s'insérer à la face interne du fémur qui est dépourvue de petit trochanter.

Le grand volume de l'iliaque interne et la présence de son faisceau pubien établissent une différence avec les oiseaux.

De même que chez les oiseaux, il n'y a pas de psoas.

Adducteur. — Il n'y a qu'un seul adducteur qui s'attache à la partie interne de la face inférieure du pubis, en arrière de l'épine, et à la partie interne de la face inférieure de l'ischion. Il va sur la ligne âpre. Il ne se compose que d'un feuillet, ce qui fait une différence avec les oiseaux ; mais d'autre part il forme un plan continu plus épais, ce qui établit une ressemblance.

De son bord inférieur se détache un faisceau qui se rend sur la face postérieure de l'extrémité proximale du tibia. Cette insertion démontre que c'est là le demi-membraneux.

Demi-tendineux. — Il vient de la tubérosité de l'ischion et se rend sur le tibia immédiatement au-dessous de la tubérosité interne. Il se comporte par conséquent comme chez les mammifères. Il ne reçoit du fémur aucun faisceau accessoire et n'adhère pas au jumeau interne.

Droit interne. — Son tendon s'attache au tibia auprès de celui du muscle précédent, qu'il recouvre plus ou moins. Son insertion pelvienne se fait par trois faisceaux distincts sur le pubis, sur la symphyse et sur l'ischion. Il y a deux faisceaux chez les lacertiens, chez les crocodiliens et chez l'ornithorynque. Il n'y en a qu'un chez les mammifères et chez les oiseaux.

Biceps. — C'est un cordon charnu grêle qui va se fixer à la partie moyenne de la face externe du péroné. Il s'insère d'autre part à l'extrémité supérieure de l'iléon.

Voilà donc un muscle qui chez les mammifères se fixe à l'ischion et qui se fixe à l'iléon chez la tortue et chez les oiseaux. L'insertion péronéale manifeste aussi une relation avec les oiseaux, mais le muscle ne se réfléchit pas dans un anneau fibreux.

Triceps fémoral. — On trouve un vaste interne et un vaste externe comme chez les oiseaux, mais ils sont confondus dès le milieu de la cuisse, ce qui démontre que le soi-disant crural des oiseaux est bien, comme nous le pensons, le vaste interne.

Il n'y a pas de *rotule*.

Le droit antérieur semble manquer, à moins de lui attribuer, comme Meckel l'a indiqué pour les tortues et comme Owen l'a adopté pour les oiseaux, les faisceaux dont nous allons parler.

Grand fessier, tenseur et *couturier.* — Nous avons vu que chez les oiseaux ces muscles se terminent par une aponévrose qui adhère à la face superficielle du vaste externe. Chez les chéloniens il y a deux faisceaux grêles qui viennent se terminer de la même manière. L'un est externe, l'autre interne.

Le faisceau externe vient de l'extrémité supérieure de l'iléon. Il répond aux trois muscles des oiseaux (grand fessier ou extenseur superficiel, tenseur et conturier). Cette confusion est en rapport avec l'étroitesse de l'iléon.

Le faisceau interne vient de l'épine du pubis. Il répond au muscle que nous avons signalé chez le monitor, où il a l'aspect d'un droit antérieur.

Pour comprendre la signification de ce faisceau, il faut nous reporter à ce qui existe chez certains mammifères, comme les pachydermes et les ruminants.

Chez eux, le couturier se compose de deux faisceaux ; l'un qui vient de l'épine iliaque comme chez l'homme, l'autre qui vient de la crête pectinéale ou même de l'intérieur du bassin (hippopotame). De ces deux faisceaux il n'y en a qu'un chez l'homme, c'est le faisceau de l'épine iliaque ; il n'y en a qu'un chez l'ornithorynque et l'échidné, c'est le faisceau pectinéal. Chez les oiseaux, le faisceau iliaque existe toujours ; le faisceau pectinéal, quand il existe, est généralement représenté par l'accessoire du fléchisseur profond. Les tortues, comme les ornithodelphes, n'ont que le faisceau pectinéal. Chez le monitor, ce faisceau, qui est considérable, a l'aspect d'un droit antérieur.

Poplité. — Il n'y a pas chez la tortue de muscle poplité proprement dit allant du condyle du fémur au tibia, mais il y a, de même que chez les oiseaux, un muscle interosseux allant du péroné au tibia. Ce muscle est considérable.

Jambier antérieur. — Il vient tout entier du tibia, est rejeté sur la face interne de cet os, et s'insère sur le côté interne du premier métatarsien.

Péronier. — Il y a un court péronier; mais de même que chez les oiseaux il n'y a pas de long péronier. L'accessoire péronéal des fléchisseurs n'existe pas non plus chez la tortue.

Jambier postérieur. — Il est très-développé et rappelle celui des mammifères, surtout celui des mammifères ornithodelphes. Chez les oiseaux il est difficile à reconnaître et manque chez certains rapaces.

Gastrocnémien. — Il y a un jumeau externe, inséré sur le condyle externe du fémur, mais il n'y a pas de jumeau interne.

Il y a un soléaire tibial comme chez les oiseaux.

La masse du gastrocnémien se fixe en dedans et en dehors du tarse et se continue avec l'aponévrose plantaire. Il vient s'y joindre un muscle *plantaire grêle* qui s'attache au condyle externe du fémur et qui fournit les longs tendons fléchisseurs des phalanges terminales. Ce muscle devient ainsi le long *fléchisseur commun des doigts.*

Il y a en outre un *court fléchisseur* qui s'insère sur le tarse et envoie des tendons à tous les doigts.

Il y a aussi pour les doigts du pied un système complet *d'interosseux plantaires* et *d'interosseux dorsaux.*

On décrit sous le nom *d'extenseurs courts des doigts* des faisceaux qui s'insèrent sur la face dorsale du tarse, mais dont les tendons se prolongent jusqu'aux phalanges terminales.

On désigne comme un *extenseur propre du pouce* un faisceau qui se rend de l'extrémité inférieure du péroné à la première phalange du pouce.

Enfin on décrit généralement sous le nom *d'extenseur commun des doigts* un muscle qui s'attache au condyle externe du fémur et dont les tendons terminaux vont s'insérer l'un sur la phalange terminale du pouce, les autres sur la phalange proximale des autres doigts.

Si l'on accepte cette détermination, il faut admettre une différence essentielle entre l'extenseur commun des doigts des tortues et celui des oiseaux, ce muscle s'insérant au fémur chez les tortues et au tibia seulement chez les oiseaux. Si au contraire on admettait qu'il s'agit ici d'un muscle métatarsien dont les tendons se prolongent exceptionnellement jusqu'aux phalanges, on aurait un type commun pour les oiseaux, les lacertiens, les crocodiliens et les tortues.

TROISIÈME PARTIE

Théorie de la locomotion chez les oiseaux.

Historique. — Aristote a parlé des mouvements des oiseaux dans son livre de animalium incessu. Au point de vue de la théorie du vol, il s'est contenté de dire que ce mouvement se fait dans quatre directions, et qu'il s'opère par le moyen des ailes (on ne peut voler sans ailes, marcher sans membres), qui subissent une suite de flexions et d'extensions. La queue sert à diriger le vol en agissant à la manière d'un gouvernail. Les oiseaux qui n'ont qu'une queue très-courte, comme les hérons, étendent leurs jambes en arrière pour en tenir lieu.

Les oiseaux à ongles crochus sont ceux qui volent le mieux et toute la forme de leur corps est disposée à cet effet. La tête est petite, le cou épais, la poitrine robuste, mais amincie en avant pour fendre l'air comme la proue d'un navire, l'arrière du corps aminci à son tour pour n'opposer aucun obstacle à la progression.

Les oiseaux, dit-il, sont bipèdes, mais ils n'affectent pas la station verticale ; aussi leurs membres postérieurs sont-ils fléchis de telle sorte que leurs pieds se portent en avant sous la poitrine. Il ajoute à tort que les ailes sont pliées dans le même sens que les membres postérieurs et commet également une erreur en affirmant que l'inflexion des jambes de l'oiseau est en sens inverse de celle des jambes de l'homme.

Pline l'ancien (Caii Plinii secundi *Hist. natur.*, l. X, ch. LIV), dans le chapitre qu'il consacre aux pigeons (columbæ), a écrit une page éloquente sur le vol des oiseaux :

« Harum volatus in reputationem cæterorum quoque volucrum nos impellit. Omnibus animalibus reliquis certus et unius modi, et in suo cuique genere incessus est : aves solæ vario meatu feruntur et in terra et in aere. Ambulant aliquæ, ut cornices ; saliunt aliæ, ut passeres, merulæ ; currunt, ut perdices, rusticulæ ; ante se pedes jaciunt, ut ciconiæ, grues ; expandunt alas, pendentesque intervallo quatiunt, aliæ crebrius, sed et primas duntaxat pennas ; aliæ et tota latera pandunt ; quædam vero majore ex parte compressis volant ; percussoque semel, aliquæ et gemino ictu acre feruntur, velut inclusum eum prementes, ejaculantur sese in sublime, in rectum, in pronum. Impingi putes aliquas, aut rursus ab alto cadere has, illas salire. Anates solæ, quæque sunt ejusdem generis, in sublime protinus sese tollunt, atque e vestigio cœlum petunt, et hoc etiam in aqua. Itaque in foveas, quibus feras venamus, delapsæ solæ evadunt. Vultur et feræ graviores, nisi ex procursu, aut altiore cumulo innixæ, non evolant : caudà reguntur. Aliæ circumspectant, aliæ flectunt colla. Nonnullæ vescuntur ea quæ rapuere pedibus. Sine voce non volant multæ : aut e contrario semper in volatu silent. Subrectæ, pronæ, obliquæ, in latera, in ora, quædam et resupinæ feruntur, ut si pariter cernuntur plura genera, non in eadem natura meare videantur. »

Galien parle du planer des oiseaux : « Supposez en l'air un oiseau qui paraît demeurer au même lieu. Faut-il dire que cet oiseau est immobile, comme s'il était suspendu dans l'air, ou qu'il est mû par un mouvement vers les régions supérieures, autant que le poids du corps le pousse en bas? cette dernière opinion me semble la plus vraie. Car, supposez l'oiseau privé de la vie ou de la tension des muscles, vous le voyez descendre rapidement à terre. On constate par là que le penchant à tomber, naturel au corps pesant, était précisément contrebalancé par l'effort vigoureux de la tension psychique pour s'élancer dans l'air. » (*Œuvres* de Galien, trad. de Ch. Daremberg, t. II, du mouvement des muscles, livre I, ch. viii, p. 341.)

Albert le Grand, dans son Histoire des animaux (Alberti Magni *Operum*, t. V, p. 129), a parlé des mouvements des oiseaux dans un chapitre particulier (de motu volantium et natantium) où il n'ajoute rien aux données d'Aristote.

Frédéric II, empereur d'Allemagne (*l. c.*) attribue à l'aile bâtarde (empiniones) un rôle important pour maintenir l'équilibre de l'oiseau dans une descente rapide : « Empiniones autem juvant ad hoc, quod quando avis descendit de alto, coarctat et concludit cæteras pennas ad corpus, et extendit empiniones ; nam si extensis empinionibus et pennis descenderet, ventus et aer sublevaret ipsam, et impediret ejus descensum ; et si totaliter conclusis alis, pennis et empinionibus descenderet, ipsa ponderosa descenderet et non regeret se quo vellet, aut quomodo vellet. Cum empinionibus autem expansis solum non impeditur in suo descensu, sed descendit regendo se quo vult et quomodo vult. »

Le même auteur a signalé la présence de l'air dans les cavités des os des oiseaux.

Belon (*l. c.*, p. 46) : La différence qui est au voler et au marcher) ne dit que quelques mots sur le vol. Il y voit un mouvement volontaire qui dépend surtout de deux conditions, la légèreté de l'oiseau et la résistance de l'air. « Il faut donc mettre telle considération de leur voler comme d'une chose légière portée en l'ær et attribuer tel mouvement à la répugnance de l'ær contre la légièreté des plumes qu'ils fendent, comme par force; car les plumes qui empougnêt grande quantité d'ær par la forme des ælles, font en leur endroit, comme les pieds ça bas marchants dessus terre. » Il faut aussi tenir grand compte de la forme de l'oiseau qui est plus ou moins favorable à l'accomplissement de cette fonction : « Les uns ne peuvent voler qu'en faisant bruit des ælles, les autres n'en font point du tout. Il y en a qui pressent leurs ælles en volant, ayât seulement frappé l'ær un seul coup. Les autres ne peuvent voler, qu'ils ne remuent souvent leurs ælles. Les uns ne s'elevent de terre qu'ils ne jettent un cri avant que partir, côtrairement aux autres qui ne soufflent jamais mot. Les uns partant de terre se jectent droit en ahaut, en ce contraire aux autres qui ne peuvent s'envoler sans prendre course, ou bien qu'ils partent de dessus quelque haut tertre. Les autres volants semblent se laisser tomber, puis se relevent de roideur, quasi côme qui les auroit iectez par force. »

Aldrovande (*l. c.* 1599) ne dit rien sur la théorie du vol. Au chapitre du vol de l'aigle, il insiste sur le mouvement tonique (est autem motus tonicus firma quædam et stabilis motio..... musculis simul contractis et membrum quasi immotum conservientibus), c'est-à-dire sur la faculté qu'ils ont, quand ils planent, de rester un certain temps les ailes étendues dans une immobilité apparente.

Fabrice d'Aquapendente (*l. c.* De alarum actione, hoc est de volatu) a exposé une théorie du vol des oiseaux.

Le vol, qui est le mode particulier de locomotion des oiseaux, est accompli par les ailes. Volatus est localis volatilium motus, qui per aerem fit, et ab alis perficitur, et expletur, quæ anteriorum artuum vicem in volatilibus supplent.

L'ensemble du corps affecte une forme pyramidale bien disposée pour fendre l'air, et, pour mieux concourir à ce but, les pieds viennent se placer sous le ventre.

Les plumes ont trois usages (ad volendum, ad sese in aere sustinendum, ad corporis tutelam). Leur caractère principal est la légèreté; elles sont en partie pénétrées d'air; elles ont aussi un certain degré de résistance et de solidité. Celles qui servent au vol sont plus longues, plus larges, plus fortes, plus courbées. Il y a aux ailes trois ordres de plumes. Les unes frappent l'air, les autres recouvrent celles-ci en dessus et en dessous et remplissent les intervalles produits par leur écartement. In alis autem triplex ordo, sive series conspicitur. Unus et majoribus pennis constat, mediusque est cui utrinque unus ex minoribus efficitur pennis. Primus ad aerem quatiendum, impellendum, conglobandumque est comparatus : duo verò alii ne aer exsiliat aut dissipetur, dùm volatile alas explicat, primumque pennarum ordinem expandit.

Le poids du corps est allégé par l'air qui le pénètre et s'étend jusque dans les os. Neque hic cessat industria naturæ, sed ad usque ossa sese extendit, quæ in pennato non solum tenuissima, ut minimè ponderosa essent, verùm etiam intus cava ut plurimum aeris in se contineant, facta sunt. — Mais cette légèreté ne suffit pas pour que l'oiseau puisse s'élever, il faut en outre le mouvement des ailes. Car l'oiseau est fait pour vivre, tantôt au contact du sol, tantôt au milieu de l'air (modo in terrà, modo in aere degere).

Il y a ici deux choses à examiner : 1° Comment les ailes par leur mouvement tiennent l'oiseau suspendu ; — 2° Quel est le mouvement des ailes. — L'oiseau étend, ou autrement ouvre ses ailes. Il ne peut pas rester suspendu si les ailes ne sont pas étalées ; mais avec les ailes étalées l'oiseau peut se maintenir dans une apparence d'immobilité. Quand les ailes sont étendues, l'oiseau devient plus léger. C'est ainsi qu'un mouchoir déplié ne tombe qu'avec lenteur. (Sic natura, ut volatile sine vi in aere detineatur, alas et caudam pandere, perindè cucurbitam aut latius concavumque linteum necesse fuit). Dans la descente, les ailes restent encore étendues et exécutent divers mouvements.

C'est dans le vol ascendant que l'animal fatigue le plus.

L'oiseau, dans son vol, se meut dans tous les sens, c'est-à-dire dans six directions, en haut, en bas, en avant, en arrière, à droite et à gauche ; mais le mouvement se fait toujours en avant, dans la direction du regard ; quoniam quo oculi prospiciant animal movetur.

Les mouvements des ailes sont la flexion et l'extension, l'abaissement et l'élévation. Ils sont tantôt directs, tantòt obliques ; les mouvements obliques servent surtout à changer le sens du vol. Quand l'oiseau veut s'élever, il frappe vigoureusement avec ses ailes ; s'il veut descendre, il frappe moins fortement. S'il se dirige en ligne droite, les deux ailes agissent avec une égale force et ont la même inflexion. Pour se porter à droite ou à gauche, l'oiseau incline une de ses ailes à droite ou à gauche, tandis que l'autre aile ou s'agite rapidement ou ralentit son mouvement. Pour se retourner il abaisse complétement une de ses ailes pendant que l'autre reste étendue et immobile. Permutatur sane aut ad dextram, aut sinistram, si altera ala dextræ aut sinistræ parti inflectatur et deprimatur, altera vero aut ocietur aut parum agat. Retrò autem convolvetur animal, si maximè altera ala prona inflectatur, cessante ommino altera ab inflexione. Consentaneum enim est, ad eam partem verti animal quo impulsus acris et pronus motus sit.

L'abaissement des ailes a pour résultat de condenser l'air qui est en arrière, et de raréfier celui qui est au devant. Quibus sanè pronis motibus, primo quidem ex impulsis densari et crassiorem reddi aerem sub alis contingit, quasi verò intra alas et corporis truncum astrictum, anterius autem rarefieri ac tenuiorem reddi, undè motus celerior sequitur. L'air accumulé et condensé sous les aisselles réagit avec rapidité et pousse l'oiseau en avant.

Outre l'action des ailes, Fabrice considère aussi celle de la queue. Il pense comme Aristote qu'elle joue le rôle d'un gouvernail, mais il ajoute qu'elle sert à rendre l'oiseau plus léger en offrant à l'air une plus grande surface. In quibus sane figuris et operationibus caudam quoque operari non est inficiandum, quam verisimile est navis gubernaculum, ut dixit Aristoteles, imitari, ita ut quemadmodum illud ad latera vicissim motum, oblique ad latera navim transfert, sic cum cauda duplicem habeat motum, sursum, deorsum, ad dextram et lævam : priore motu utatur aerem excipiendum, corpusque levius reddendum ; posteriore vero tanquam gubernaculum ad obliquos motus præstandos; sicuti quoque pisces suâ caudâ, et obliquis, ac à lateralibus motibus præstant.

Lorsque l'aile frappe, elle agit tout entière, par l'ensemble de ses segments solidement unis les uns aux autres, et non par quelqu'un de ces segments.

Il dit et fait voir par une figure que les muscles releveurs des ailes sont situés sous le sternum avec les grands pectoraux; il ajoute que les poumons attachés aux côtes sont immobiles au sommet de la poitrine; que les principaux viscères sont rassemblés en une masse et attachés au rachis par des membranes, que les reins sont fixés au sacrum, que les pattes sont ramenées sous le ventre, enfin que tout est disposé pour que la masse pesante de l'animal soit placée au voisinage des attaches des ailes.

Dans le chapitre sur la progression terrestre (de Gressu), il note la longueur des doigts, la brièveté du fémur, l'allongement du bassin en arrière, les inflexions des différents articles des membres postérieurs qui permettent de porter les pieds en avant. — Les oiseaux appuient sur le sol par toute la longueur des doigts (*totis digitis*). La situation du pouce à l'opposé des autres doigts permet la préhension.

Galilée (*Discorsi e dimostrazioni mathematiche*, t. III, p. 11, 1655) a montré que les cavités aériennes des os des oiseaux en font des cylindres creux dont la résistance et la solidité se trouvent ainsi considérablement augmentées en même temps qu'ils deviennent plus légers.

Gassendi (*Opera omnia*, 1658, t. I. *De vi motrice et motionibus animalium. — De volatu*, p. 537) est entré dans quelques détails sur la théorie du vol. Il commence par séparer des autres oiseaux l'autruche, qui ne vole pas. Les ailes seraient inutiles à l'homme placé dans la position verticale; elles doivent être adaptées à un corps placé horizontalement (alæ igitur utiles sunt ut corporis situ existente prono expandantur ad latera et aerem sub se concipiant, cui innixa interceptum corpus sustentent ac promoveant). Il compare l'oiseau qui vole aux corps qui frappent la surface de l'eau et qui rebondissent par suite d'un ricochet. Ita intelligere licet avium volatum peragi, dum alis expansis percutantibusque innituntur aeri, quo longe graviores existunt.

Le nombre des battements des ailes varie suivant les espèces. Agitationes aut per longiores repetitæ ut milvis; aut crebo ut fit à columbis; aut creberrimæ, et per tonicum quidem motum, ut fit a genere falconum, maximeque a collario laniove.

Les ailes ne pressent pas seulement l'air de haut en bas, elles le poussent aussi d'avant en arrière. Aussi sont-elles convexes en avant, concaves en arrière. Elles agissent donc comme lorsque l'on nage, ou lorsque l'on rame. Ex quo patet volatum esse quasi natatum quemdam, quamdamque quasi navigationem.

L'oiseau ne peut pas voler d'avant en arrière; il se retourne et présente toujours sa tête en avant comme la proue d'un navire.

La queue agit comme un gouvernail.

Pour tourner à droite, l'oiseau ralentit les mouvements de l'aile droite, et réciproquement. Cum nempe aves gyrant, seu quodammodocumque volatum in latus deflectunt, eam alam, quæ quasi centrum deflexi motus respicit, segnius agitari, et quasi interquiescere, reliquam, exterioremque moveri constantius, pari ratione qua remi in navigio, dum secluso etiam temone, aliquoversum deflectendum est.

Quand l'oiseau veut prendre terre, il ralentit les battements des ailes, baisse la queue pour que le haut du corps se relève, et étend les pieds pour toucher le sol.

Jean Ray (*l. c.* 1676) ne dit que quelques mots du vol des oiseaux. Il admet que la queue agit comme un gouvernail (cauda ad inflectendum dirigendumque inservit, temonis instar). Il expose rapidement la manière dont les ailes sont composées et disposées, établit avec Harvey que les pennes diffèrent des plumes qui recouvrent le tronc, distingue deux sortes d'ailes bâtardes : *ala notha exterior*, qui est l'appendix de Belon; *ala notha interior*, qui est formée par les pennes axillaires. Il insiste sur le volume des muscles pectoraux, dit que chez l'homme

ce sont les muscles du membre postérieur qui prédominent, et en
conclut que si l'homme voulait voler, ce serait avec ses jambes et non
avec ses bras qu'il devrait exécuter cette fonction.

Borelli (*l. c.* 1re éd. 1680 ; 2e éd. 1685 ; 3e éd. 1710. *De motu animalium. De volatu*) a publié vers la fin du dix-septième siècle un traité
complet de mécanique animale (1), qui marque une époque nouvelle dans
l'histoire de la science. Les progrès de l'anatomie, de la physiologie,
de la physique et des mathématiques ont amené un changement dans
les idées. On ne se borne plus à commenter Aristote ; on le critique,
on réfute ses erreurs, on comble ses lacunes. Le langage se modifie.
L'expression *motus localis* disparaît, on ne conserve plus que celle
de *vis* ou *facultas loco motiva*. Mais cette faculté n'est pas, comme le
pensait Aristote, un attribut de l'âme (2) ; le mouvement est produit par
la contraction des muscles qui sont, comme le voulait Galien, des
instruments et des machines dont l'activité est éveillée par la force
qui réside dans les nerfs. C'est la chair elle-même qui est la substance
contractile et non le tendon, comme Galien l'a dit et comme Gassendi
le soutient encore.

. On croyait à tort que de grands poids étaient soulevés par de faibles
forces ; Borelli pense au contraire qu'une grande force est employée
pour soulever de faibles poids. Mais il s'est trompé dans ses calculs,
et on a reconnu qu'il a donné des chiffres d'une exagération fabu-
leuse (3).

(1) Hanc mihi igitur operam suscepi, ut hæc physices pars, demonstrationibus
mathematicis ornata et completata, non minus quam astronomia inter physico-
mathematicas partes recensceri posset.....

Jam ut de opere partitioneque ejus aliquid innuamus, post libros de vi percus-
sionis, et de motibus naturalibus à gravitate pendentibus jam editos, qui premitti
debuerant, subsequitur opus principale de motibus animalium, adducendo causas
et modos quibus prædictæ motiones fieri possunt, ostendendo gradus et propor-
tiones facultatum moventium, organa mechanica quibus illi motus perficiantur, et
artificia et rationes propter quas ordinata a sapientissima natura fuerunt.

Dividetur posteà tractatus in duas partes : in prima copiose disceptabimus de
motionibus conspicuis animalium, nempe de externarum partium et artuum flexio-
nibus, extensionibus, et tandem de gressu, volatu, natatu et ejus annexis ; in
secunda de causis motus musculorum, et motionibus internis, nempe humorum
quæ per vasa et viscera animalium fiunt.

Et quo ad primum, procedemus non juxta ordinem verum, sed secundum doc-
trinæ clarioris exigentiam, inquirendo musculorum fabricam et demonstrando,
quanta vi motiva partes animalis, et quibus organis mechanicis agitantur. Postea
exponemus musculorum modum operandi ; deinceps de vi motiva per nervos dif-
fusa, a qua musculi agitantur.....

(2) Ch. iii. De gradu virtutis motivæ vitalis musculorum secundum antiquos. Na-
turam ope machinæ musculi debili vi motiva ingentia pondera sublevare vulgo
censetur. Aristote s'étonnait qu'un éléphant pût être mû par un faible souffle, a
tenui spiritu, sed flatu.

(3) Demonstrabo enim vere machinas in motionibus animalium adhiberi, et illas
multiplices et varias esse ; attamen non parva virtitute magna pondera sublevari,

Dans les chapitres consacrés au vol des oiseaux (*De volatu*), il a successivement décrit la manière dont les ailes sont constituées au point de vue des os et des plumes (prop. 182); la manière dont les ailes exécutent leurs mouvements (prop. 183); les conditions remplies par le centre de gravité (prop. 184); la résistance de l'air (prop. 190, 191, 192); la puissance des muscles des ailes (prop. 193); l'usage de la queue (prop. 198); les mouvements tournants; les mouvements d'arrêt, le planer. Il a démontré que la constitution du corps humain était incompatible avec la fonction du vol.

Les ailes n'ont pas la même longueur chez tous les oiseaux; trèsfaibles chez l'autruche, elles sont plus développées chez les gallinacés, plus encore chez les pigeons; elles prennent leur plus grande longueur chez les aigles, les cygnes, les hirondelles, et peuvent, en y comprenant les plumes, arriver à mesurer trois fois la longueur du corps. Les os sont des cylindres creux, ce qui les rend plus légers et en même temps plus résistants, comme Galilée l'a démontré dans sa *Sciencia nova mathematica*. Les pennes sont à la fois légères et résistantes, en partie creuses; en partie remplies d'une moelle spongieuse, dures et cornées extérieurement, légèrement concaves du côté où elles frappent l'air, garnies de barbes dont les villosités s'entre-croisent; enfin recouvertes par des pennes plus petites ou de simples plumes qui se superposent en s'imbriquant à la manière des écailles des poisons, de façon à combler les intervalles et à empêcher le passage de l'air. Des ligaments comparables aux cordes qui retiennent les voiles d'un navire les empêchent de trop s'écarter.

Pour prendre son vol, l'oiseau commence par plier ses jambes et faire un grand saut. En même temps les ailes se déploient suivant une ligne perpendiculaire à la poitrine, et coupent le tronc en croix. Avec leurs plumes, elle forment alors deux lames presque planes qui s'abaissent en donnant un coup vigoureux dans une direction presque perpendiculaire à leur plan. L'air refoulé devient assez résistant pour fournir un point d'appui et l'oiseau rebondit en exécutant un second saut au milieu de l'air; car le vol n'est qu'une série de sauts exécutés dans l'air [1].

---

sed e contra magna virtute et robore facultatis animalis parva pondera sustineri, ita ut multoties virtus motiva centies et millies superet pondus ossium et articulorum sublevatorium, et nunquam minor sit illis.....

[1] Tali vehementissimo ictui aer, licet fluidus sit, resistit, tum ob naturalem inertiamque in quiete retinebatur, tum etiam quia a velocissimo impulsu machinulæ aereæ condensantur, et, earum vi elastica resiliendo, resistunt compressioni, non secus ac solum durum : ex quo fit ut tota machina avis resiliat, novum saltum per aerem efficiendo; avis proinde volatus nil aliud sit quam motus compositus frequenter repetitis saltibus per acrem factis.

Puis l'aile se replie afin de se relever avec plus de facilité [1], s'étend de nouveau, frappe, en s'abaissant, et ainsi de suite.

Mais l'aile ne frappe pas directement de haut en bas, elle frappe de haut en bas et un peu d'avant en arrière, ce qui tient en partie à ce que les pennes se relèvent légèrement. De là résulte que les coups d'ailes poussent l'oiseau non pas en haut directement, mais en haut et en avant.

La grande masse des muscles des ailes, composée de l'abaisseur et du releveur, est placée sous la poitrine. C'est là aussi que se trouve le centre de gravité [2]. En cherchant à le déterminer expérimentalement, on le trouve sur une ligne verticale passant par le milieu de la ligne qui joint les articulations des ailes et par le milieu du sternum [3]. L'oiseau, d'ailleurs, peut produire de légères variations dans la position de son centre de gravité, qu'il fait avancer ou reculer suivant la manière dont il place sa tête, son cou, et ses jambes.

La résistance de l'air résulte de ce que, sous la pression de l'aile, il se condense. Si la vitesse de l'aile qui s'abaisse ne dépasse pas celle avec laquelle l'air recule, l'oiseau reste en place ; si la vitesse de l'aile est plus grande que celle de l'air, l'oiseau s'élève et l'ascension correspond à la différence des deux vitesses.

En cherchant à calculer la puissance des muscles pectoraux, il arrive à un résultat fabuleux, puisqu'il avance qu'elle dépasse dix mille fois le poids de l'oiseau. Il donne pour raison de cette énorme puissance, d'une part la force des muscles, et d'autre part le faible poids de l'oiseau.

La queue, suivant Borelli, n'est pas comparable à un gouvernail ; il admet qu'elle sert à modifier les mouvements ascendants et descen-

---

[1] Sic enim absque aeris impedimente veluti a gladio motus sursum alæ planæ fieri potest.

[2] Centrum gravitatis depressum esse debuit.

..... Similiter, quia videmus quod aves volantes semper ventre prono se disponunt in aere absque ullo conatu ; ergo concedendum est, quod centrum gravitatis earum in infima parte pectoris et ventris existit.

[3] Postea quia aves acre graviores a vi alarum sustinentur, ne decidant, et ruspenduntur in rodis articulorum humeri et scapulæ, in suprema parte avis positis. Ergo necesse est ut infra alarum radios in infima parte pectoris centrum gravitatis existat, et in recta linea perpendiculare ad horizontem et ad longitudinem corporis ejusdem avis.

Confirmatur hæc assertio ex praxi quia solemus centrum gravitatis inquirere in corporibus irregularibus. Si enim avem deplumatam super aciem cultri horizontaliter extensam variis nodis applicemus, reperietur punctum illud in quo avis equilibratur, scilicet centrum gravitatis, in recta linea, à nodis, seu radicibus alarum ad medium ossis pectoris perpendiculariter educta ad longitudinem corporis ipsius avis, et in tali positione quiescunt aves dormiendo innixæ virgultis arborum.

31

dants, mais il affirme qu'elle n'a aucune influence sur les mouvements latéraux, erreur qui le plus généralement n'a pas été partagée [1].

Quand l'oiseau veut tourner à droite, il avance l'aile gauche et la meut avec plus d'énergie. C'est l'inverse s'il veut tourner à gauche [2]. Si, étant lancé, il porte sur un côté la tête et le cou, le centre de gravité se déplace et tout le corps tourne de ce côté ; mais cela n'a lieu que lorsque l'oiseau vole lentement ; quand l'oiseau est entraîné dans un mouvement rapide, ce déplacement devient insignifiant.

L'immobilité apparente des ailes chez l'oiseau qui plane est expliquée par la vitesse acquise, les mouvements de la queue, les courants d'air qui soutiennent la queue comme un cerf-volant [3].

Quand l'oiseau s'arrête, divers mouvements se produisent pour amortir la chute. Les ailes s'étendent, puis elles font des battements d'arrière en avant ; enfin les pieds s'allongent, puis se fléchissent en touchant la terre.

Le vol diffère du nager en ce qu'il doit produire à la fois la suspension et la progression ; tandis que dans le nager l'animal est soutenu par le liquide, et ses mouvements ne servent qu'à la progression.

L'homme n'est pas construit pour le vol ; car il est trop pesant ; il n'a pas d'ailes ; il n'est pas doué d'une force motrice suffisante. Les muscles pectoraux de l'oiseau font la sixième partie du poids de son corps ; ceux de l'homme n'en font que la centième partie. On a proposé d'alléger chez l'homme le poids du corps en lui attachant une grande vessie vide ou pleine d'un air raréfié ; mais cela ne servirait qu'à la suspension ; la résistance de l'air s'opposerait à l'exécution des mouvements progressifs.

Les chapitres consacrés à la station et à la progression terrestre ne sont pas moins intéressants que ceux que nous venons d'analyser.

Les oiseaux sont bipèdes, mais leurs membres postérieurs diffè-

---

[1] Noto etiam quod aves caudam non expandunt, quando volando lateraliter flectuntur, sed quando ascendunt, vel descendunt, ut multo magis quando præconceptum impetum extinguunt, ut terræ absque ictu et illisione innitantur.

[2] Dum avis in medio fluido aeris æquilibrata in centro gravitatis ejus, si sola dextra ala deorsum, sed oblique flectatur, aerem subjectum impellendo versus caudam. ... promovebitur latus ejus dextrum, quiescente, aut tardius moto sinistro latere. Ex quo fit ut avis pars anterior circa centrum gravitatis ejus revoluta, flectatur versus sinistrum latus. Hoc ipsum nos ipsi experimur, dum per aquam innatamus, versus sinistrum. Id ipsum in columbis volantibus observamus ; quotiescumque enim versus latus sinistrum flectere cursum volunt, alam dextram altius elevant, et vehementius vibrant, motu obliquo aerem subjectum versus caudam percutiendo, ex quo fit ut humerus et totum latus dextrum avis supra planum horizontale elevetur, et latus sinistrum deprimatur, quia a debiliore vibratione non æque suspenditur hujus gravitas, ac pars dextra elevatur. Et hæc circumductio et flexio avis horizontalis velocissimo motu fit, prop. 199.

[3] Ch. ccii. Quare aves aliquando absque alarum vibratione per breve tempus nedum horizontaliter, sed etiam sursum oblique per aerem ascendere possunt.

rent de ceux de l'homme par les articulations, par le nombre et la forme des os, par la distribution et la structure des muscles. La plante du pied est remplacée par un os qui ne touche pas le sol, et qui peut être appelé *crus pedale*. Les doigts sont allongés, ils rayonnent à partir d'un point central et servent de point d'appui.

Le tronc de l'oiseau est horizontal. Il appuie sur un ensemble de leviers pliés à angle aigu, et disposés de telle sorte que la verticale abaissée du centre de gravité tombe soit dans l'espace occupé par un des pieds, soit dans celui qu'occupent les deux pieds réunis. La disposition rayonnante des doigts, la position horizontale du tronc, le faible poids du corps expliquent pourquoi un oiseau se tient facilement sur un seul pied.

Lorsque le pied se fléchit, il en résulte, par suite d'une nécessité mécanique, que les doigts se fléchissent, se serrent et se ramassent les uns contre les autres. Cela tient en partie à l'action du muscle qu'il nomme *biventer flexor digitorum* et qu'il a signalé le premier.

Cette même flexion forcée des doigts fait que l'oiseau en dormant ne lâche pas la branche sur laquelle il est perché, ce qui se fait sans intervention de l'activité musculaire (*nulla opera motus voluntarii musculorum*).

Dans la marche des oiseaux, les muscles agissent constamment.

Collins (*l. c.*, 1685) a rassemblé les différents points de la théorie du vol dans un résumé rapide qui témoigne du degré où la science était arrivée, principalement depuis la publication de l'ouvrage de Borelli. J'en traduis les conclusions.

Les oiseaux s'élèvent en frappant l'air également et vigoureusement avec leurs ailes, et en abaissant la queue, ce qui relève le devant du corps ; ils redescendent en s'abandonnant à leur poids, soutenus par les ailes légèrement fléchies ; ils se portent en avant par l'impulsion des deux ailes agissant de haut en bas et un peu d'avant en arrière sur l'air (épaissi par une compression rapide) dont la résistance pousse en avant le corps de l'oiseau ; ils se dirigent obliquement vers un côté ou un autre, quand les ailes agissent inégalement, l'une par de faibles coups, l'autre par de fortes vibrations. Dans le mouvement circulaire où le corps fait un demi-tour complet, comme lorsqu'il se retourne pour prendre la fuite, une des ailes fait avec force un mouvement brusque et rapide, et la queue agit comme un gouvernail, en sorte que le corps de l'oiseau, décrivant un demi-cercle, se tourne vers le côté opposé ; puis il est poussé tout droit dans cette nouvelle direction par les deux ailes frappant également des coups répétés sur l'air condensé, chassé en bas et en arrière, par la résistance et l'impulsion duquel le corps des oiseaux, enveloppé d'un vêtement de plumes légères, est forcé d'avancer de plus en plus.

Perrault (*Œuvres*, Leyde, 1721, *Mécanique des oiseaux*) se borne à dire que le vol dépend de la légèreté de l'oiseau et de la rapidité de ses mouvements.

Parent. — Barthez (*l. c.*, p. 195) s'exprime ainsi sur cet auteur : « Parent (*Essais de mathématiques*, t. III, p. 377 et 380) a dit que chaque point de l'aile qui s'abaisse dans le vol, décrivant un arc de cercle, est *choqué* par l'air ; de la même manière que si étant immobile l'air venait le *choquer* en circulant suivant le même arc en sens contraire. D'où il a conclu que, si la vitesse des ailes de l'oiseau, réduite au sens vertical, est telle que les deux efforts soient supérieurs au poids de l'oiseau, l'oiseau s'élèvera verticalement avec l'excès de cette vitesse sur celle qui rendrait ces efforts égaux au poids de l'oiseau.

Mais Euler a rendu évidente la fausseté de cette hypothèse, dont on déduit communément les principes de la résistance des fluides : savoir, que les particules d'un fluide frappent le corps qui se meut dans ce fluide, par un choc semblable à celui des corps solides. Il a fait voir que ce corps ne soutient point de choc de ce fluide, mais seulement une pression sur sa surface. »

Hérissant (*l. c.*, 1748) a exposé le mécanisme des mouvements des mâchoires chez les oiseaux.

Buffon (*Histoire naturelle*, *Oiseaux*, 1749) s'est contenté de dire quelques mots sur l'appareil du vol.

« L'oiseau a d'abord les muscles pectoraux beaucoup plus charnus
« et plus forts que l'homme et que tout autre animal, et c'est par
« cette raison qu'il fait agir ses ailes avec beaucoup plus de vitesse
« et de force que l'homme ne peut remuer ses bras ; et en même temps
« que les puissances qui font mouvoir les ailes sont plus grandes, le
« volume des ailes est aussi plus étendu, et la masse plus légère rela-
« tivement à la grandeur et au poids du corps de l'oiseau : de petits
« os vides et minces, peu de chair, des tendons fermes et des plumes
« avec une étendue souvent double, triple et quadruple de celle du
« diamètre du corps, forment l'aile de l'oiseau, qui n'a besoin que de
« la réaction de l'air pour le soutenir élevé. La plus ou moins grande
« facilité du vol, ses différents degrés de rapidité, sa direction même
« de bas en haut et de haut en bas, sont le résultat de cette confor-
« mation. Les oiseaux dont l'aile et la queue sont plus longues et le
« corps plus petit sont ceux qui volent le plus vite et le plus long-
« temps ; ceux au contraire qui, comme l'outarde, le casoar ou l'au-
« truche, ont les ailes et la queue courtes, avec un grand volume du
« corps, ne s'élèvent qu'avec peine ou même ne peuvent quitter la
« terre. (*Discours sur la nature des oiseaux.*)

« ..... Ils l'emportent encore de beaucoup..... par l'aptitude au

« mouvement qui paraît leur être plus naturel que le repos ; il y en
« a, comme les oiseaux de paradis, les mouettes, les martins-pê-
« cheurs, etc., qui semblent être toujours en mouvement, et ne se
« reposer que par instants ; plusieurs se joignent, se choquent, sem-
« blent s'unir dans l'air ; tous saisissent leur proie en volant, sans se
« détourner, sans s'arrêter ; au lieu que le quadrupède est forcé de
« prendre des points d'appui, des moments de repos pour se joindre,
« et que l'instant où il atteint sa proie est la fin de sa course. L'oiseau
« peut donc faire dans l'état de mouvement plusieurs choses qui, dans
« le quadrupède, exigent l'état de repos ; il peut aussi faire beaucoup
« plus en moins de temps, parce qu'il se meut avec plus de vitesse,
« plus de continuité, plus de durée. (*Ibid.*)

« (Le milan). Il ne se repose presque jamais et parcourt chaque
« jour des espaces immenses ; et ce grand mouvement n'est point un
« exercice de chasse ni de poursuite de proie, ni même de découverte,
« car il ne chasse pas ; mais il semble que le vol soit son état naturel,
« sa situation favorite. L'on ne peut s'empêcher d'admirer la manière
« dont il l'exécute : ses ailes longues et étroites paraissent immobi-
« les ; c'est la queue qui semble diriger toutes ses évolutions, et elle
« agit sans cesse ; il s'élève sans effort, il s'abaisse comme s'il glis-
« sait sur un plan incliné ; il semble plutôt nager que voler ; il préci-
« pite sa course, il la ralentit, s'arrête et reste comme suspendu ou
« fixé à la même place pendant des heures entières sans qu'on puisse
« s'apercevoir d'aucun mouvement dans ses ailes.

« Le milan, dont le corps entier ne pèse guère que deux livres et
« demie, qui n'a que seize ou dix-sept pouces de longueur depuis le
« bout du bec jusqu'à l'extrémité des pieds, a néanmoins près de
« cinq pieds de vol ou d'envergure. »

Vicq d'Azyr (*l. c.*, 1772) n'a pas exposé la théorie du vol, mais il a
décrit la manière dont le mouvement des ailes s'exécute.

P. 255. « Essayons, en résumant, de donner une idée positive du
« vol, mouvement très-compliqué et qui résulte de l'action de toutes
« les puissances que nous avons considérées en détail. Pour que les
« ailes se développent et puissent se mouvoir avec force et avec sû-
« reté, il faut que l'omoplate et la clavicule soient fixées ; c'est ce que
« font le trapèze, le rhomboïde, la partie supérieure du grand dorsal,
« le costo-scapulaire et le court claviculaire ; bientôt, le point d'appui
« étant donné, le moyen pectoral se contracte avec le deltoïde et le
« sous-clavier interne ; alors l'humérus est porté en devant ; en même
« temps les muscles qui tendent les membranes antérieure et posté-
« rieure de l'aile agissent, les extenseurs de l'avant-bras et du doigt
« achèvent de développer l'extrémité antérieure, les pennes sont en
« même temps écartées l'une de l'autre et la surface de l'aile est

« aussi étendue qu'il est possible. Le grand pectoral ne tarde pas à
« entrer en action ; comme il est très-étendu, il abaisse l'aile encore
« développée, et il frappe avec force un grand volume d'air : alors le
« petit pectoral, le sous-clavier externe, l'huméro-claviculaire, l'hu-
« méro-scapulaire et le muscle qui répond au grand dorsal rappro-
« chent l'humérus du thorax, toujours en continuant de l'abaisser.
« Le sus-scapulaire agit ensuite en relevant un peu, le biceps et le
« fléchisseur se contractent en même temps : ces puissances dimi-
« nuent le volume de l'aile, et cependant le corps de l'oiseau monte
« ou avance à l'aide du coup frappé précédemment ; enfin le moyen
« pectoral se contracte de nouveau et le jeu successif de ces diffé-
« rents muscles recommence. Je distingue donc trois temps dans le
« vol : dans le premier, la clavicule et l'omoplate étant fixées, l'aile
« se porte en haut et en devant, et se développe ; dans le second,
« l'aile encore étendue s'abaisse fortement et se porte obliquement
« en arrière ; dans le troisième, l'os humérus est rapproché des côtes,
« l'avant-bras et le bras sont fléchis : la vitesse de l'oiseau diminue
« et il se meut par le secours de celle qu'il vient d'acquérir. »

Silberschlag (Von dem fluge der Vögel, dans *Schriften der Berlinischen Gesellschaft naturforschende freunde. Zweiter band*, 1781-
1784, p. 214) a traité avec de grands détails la question du vol des
oiseaux. Il distingue dans l'aile trois parties : l'éventail (*fecher*), le
fouet (*schwinge*), l'aile bâtarde (*afterflügel*). L'aile bâtarde a une
double fonction ; tantôt, elle augmente la surface du fouet ; tantôt, en
s'écartant brusquement d'un seul côté, elle fait tourner l'oiseau. Le
fouet sert à frapper vigoureusement ; l'éventail sert surtout à soutenir
l'oiseau. L'aigle semble avoir un double éventail.

Silberschlag détermine sur l'aile un point particulier qu'il nomme
centre d'oscillation et qui se trouve à une faible distance en arrière
et en dedans du poignet.

Il insiste sur les divers bruits que les oiseaux font entendre en
volant.

Il distingue des oiseaux à ailes longues et des oiseaux à ailes courtes.

Il décrit les différentes formes de la queue, et montre que la queue
fourchue (milan) favorise les mouvements tournants.

Il insiste sur les changements de position du centre de gravité.

Il énumère les différents modes de la locomotion aérienne. L'oiseau
rame, plane, monte, descend, tourne (revirement), pousse en avant,
s'arrête, se lance, se précipite (se laisse tomber de tout le poids de
son corps).

Il attribue la résistance de l'air à son élasticité et cherche comment
un corps élastique fluide réagit quand il est traversé par un corps
solide.

Le corps de l'oiseau est soutenu par la résistance que l'air lui oppose. Il l'est d'autant mieux que sa vitesse est plus grande. Silberschlag trouve par le calcul qu'un oiseau volant à grande vitesse éprouve de la part de l'air une résistance 27 fois plus grande que celui dont la vitesse est 1.

Voilà pour le corps. D'autre part il trouve que la vitesse avec laquelle l'oiseau meut ses ailes doit être égale à $\sqrt[3]{\bar{v}}$, v étant la hauteur d'une colonne d'air dont la résistance est égale au poids de l'oiseau et par conséquent capable d'empêcher la chute. Il trouve ensuite que la vitesse avec laquelle l'oiseau doit mouvoir ses ailes pour trouver dans l'air une résistance égale à son poids peut être exprimée par la formule $C = \sqrt[3]{-\left(\dfrac{kpn}{f.\ w}.\ 8\ g.\right)}$; étant la surface des ailes, p le poids de l'oiseau, k le volume d'un pied cubique d'eau ; w le poids d'un pied cubique d'eau, g la hauteur de la chute en une seconde.

L'aigle bat 3 coups par seconde, et son aile parcourt un espace de 5 pieds.

Le canard sauvage vibre comme un hanneton.

Huber (*Observations sur le vol des oiseaux de proie*, 1784) a divisé les oiseaux de proie en rameurs et en voiliers. Ils diffèrent par la forme des ailes. « L'aile rameuse présente une forme découpée et propre à frapper l'air avec force et avec fréquence. L'aile appelée aile voilière présente une forme large et émoussée, impropre à frapper l'air comme la précédente, mais propre, vu sa surface, à remplir le rôle d'une voile. Au bout de celle-ci on voit 5 pennes dont les extrémités peuvent s'écarter.

L'aile a la forme d'une voûte, et c'est la pression du versant antérieur de la voûte qui le fait progresser. — La réaction élastique de l'air soulève l'oiseau. — L'aile voilière ne peut projeter l'oiseau horizontalement que vent arrière. — L'oiseau rameur vole au contraire contre le vent. — Les ailes sont le gouvernail de l'oiseau. Pour tourner à droite, l'aile gauche bat avec force, la droite se meut d'autant moins que le tour est plus court ; elle reste presque immobile quand l'oiseau tourne sur lui-même. — Quand l'oiseau plane, il tourne sans faire aucun mouvement des ailes qui soit sensible ; dans ce cas, c'est en baissant un peu le côté sur lequel il tourne et en levant l'opposé qu'il se projette en rond et en spirale plus ou moins aplatie. — La queue ne sert qu'à monter et à descendre. — L'oiseau voilier ne s'avance qu'en tirant des bordées ; il s'élève et se laisse retomber. « En alternant l'expansion et le resserrement de ses voiles, il arrive au but. — Les oiseaux rameurs sont plus pesants. « C'est aussi au poids qu'ils doivent leur vitesse. »

Huber compare la manière de chasser des rameurs à celle des voiliers. Il insiste sur le phénomène que les fauconniers ont nonmé la *ressource.*

Manduyt (*l. c.*, p. 355. *De l'aile considérée en particulier et du vol*), dans la description de l'aile, distingue l'aile proprement dite, puis la fausse aile ou aile bâtarde composée de quatre à cinq plumes roides insérées sur l'appendix, et enfin l'aile bâtarde intérieure de Willughby, c'est-à-dire la rangée de plumes transversales qui se trouve près de l'insertion de l'aile sur le corps et qui est plus développée dans les oiseaux qui volent très-haut et très-longtemps. L'aile proprement dite est comme une première voile et la fausse aile intérieure de Willughby est une seconde voile.

Passant ensuite aux mouvements de l'aile, il dit que l'aile est une rame qui frappe de haut en bas et de devant en arrière et par ce double mouvement élève à la fois le corps de l'oiseau et le porte en avant. L'oiseau frappe l'air et s'élance en donnant de nouveaux coups d'ailes, mais lorsque, content de la hauteur où il est parvenu, il ne veut que glisser sur la surface de l'air, il ne fait que porter obliquement en avant la partie de l'aile qui forme la rame sans beaucoup l'élever, et la ramener en arrière en la baissant; s'il veut se soutenir à la même hauteur et planer sur le même espace, il ralentit et il adoucit ses mouvements dont les uns lui font regagner ce qu'il perd en hauteur par son poids dans un temps donné et les autres le poussent lentement au-dessus du lieu sur lequel il domine. Il y a donc dans le vol trois actions, s'élever, s'élancer en avant, planer au-dessus du même lieu.

Chez les oiseaux de haut vol, les plumes se réunissent de manière qu'il n'y ait pas de vide dans la rame; chez ceux dont le vol est bas, il y a dans la rame des vides et des échancrures.

La queue sert à élever, à régler la direction du vol, à modérer ou précipiter la descente de l'oiseau. C'est comme une voile horizontale qu'il déploie; elle donne prise au vent par ses inclinaisons et joue ainsi le rôle de gouvernail.

Quand l'oiseau descend avec rapidité, il serre toutes ses voiles; s'il descend lentement, il en diminue seulement l'étendue; la queue est la dernière voile qu'il ploie.

Le héron supplée à la faiblesse de sa queue par la grande étendue des ailes et des fausses ailes intérieures.

En résumé, le vol est une action combinée exercée en partie à rame, en partie à voile, et réglée par le mouvement de la queue.

Barthez (*l. c.*, 1798) a exposé dans un grand détail la théorie du vol des oiseaux en discutant les opinions de ses devanciers et en proposant plusieurs manières de voir qui lui appartiennent.

Voici comment il décrit le mouvement des ailes : « Dans le vol de l'oiseau, chaque aile est d'abord portée en dehors, et relevée circulairement vers le col. Le mouvement combiné de ces deux directions est rendu d'autant plus facile que l'humérus de l'oiseau est situé en arrière, par la position de sa tête et de la cavité articulaire qui la contient. Ce mouvement est produit par l'action du releveur de l'aile, muscle placé en partie sous le grand pectoral, et dont le tendon, qui va s'insérer à l'humérus, passe dans une ouverture qui est au-dessus de l'angle des os qui répondent à l'épaule, et s'y meut comme sur une poulie.

Pendant que l'aile est ainsi relevée et portée en dehors par le mouvement de l'humérus, les articulations de cet os, ainsi que celles des os du coude et du carpe, s'ouvrent incomplétement, quoique toujours de manière que les positions de ces os de l'aile sont en général à peu près dans un même plan, à chaque instant de sa rotation.

Cette flexion des os de l'aile fait que, dans son élévation, les plumes présentent à l'air, qui leur résiste alors sans aucun avantage pour le vol, le moins de surface possible. En outre l'aile, étant plus ramassée, est relevée avec beaucoup moins d'effort des muscles que si elle était fortement étendue.

Cette observation est presque générale. Elle est seulement moins sensible dans les cas de vol précipité et très-violent, où l'oiseau doit donner à ses ailes des battements si fréquents et si rapides qu'il ne peut diminuer que faiblement l'extension des ailes à chaque fois qu'il les relève.

L'aile est ensuite abaissée avec force ; et dans le même mouvement (ainsi que Grew l'a remarqué le premier), elle est portée obliquement en arrière.....

En même temps que l'aile est plus ou moins abaissée dans le vol, elle est étendue de manière qu'il se fait alors un grand déploiement de ses pennes et de ses vanneaux, qui se recourbent en dedans à leurs extrémités, et que des membranes antérieure et postérieure, placées entre les os de l'aile, se tendent avec beaucoup de force.

Ce déploiement de l'aile s'opère surtout par l'extension des différentes articulations de ses os, dont la position est toujours telle que, dans cette extension, ils se trouvent situés dans un même plan : ce qui fait que l'aile, d'ailleurs un peu voûtée en dessous (par le jeu de ses plumes), acquiert l'étendue et l'uniformité les plus avantageuses pour la percussion de l'air. »

Barthez accepte l'opinion de Silberschlag sur le rôle de l'aile bâtarde, mais c'est à tort qu'il lui en attribue la priorité.

Comment les battements des ailes ont-ils pour résultat de produire un mouvement progressif ?

Barthez pense que divers auteurs, tels que Borrelli, Parent, Silberschlag, ont exagéré l'importance de la réaction élastique de l'air. « On a été porté à confondre la grande résistance de l'air avec sa réaction élastique, qui ne fait qu'une partie de cette résistance : et d'après ces idées vagues, on a cru que cette réaction était suffisante pour produire la progression des oiseaux dans l'air. »

Cette réaction au contraire est assez faible pour être négligée.

« Les causes principales de la résistance de l'air qui est nécessaire pour le vol sont les causes générales de la résistance des fluides, communes à ceux qui sont élastiques et à ceux qui ne le sont pas », p. 197.

L'air oppose donc aux ailes une résistance, et c'est ainsi qu'il leur fournit un point d'appui. Leurs mouvements sont analogues à ceux qu'exécutent les bras de l'homme quand il s'en sert pour nager. « Dans le vol, l'aile est d'abord portée en haut et en avant par son muscle releveur, pour pouvoir parcourir un plus grand espace dans son abaissement, et trouver ainsi plus de résistance dans l'air. Ensuite elle s'abaisse et est portée en arrière principalement par l'action des muscles grand et moyen pectoral. »

« La résistance que l'air oppose aux mouvements que ces muscles impriment à l'aile de l'oiseau fait que l'action de ces muscles s'exerce réciproquement (dans le rapport de cette résistance) à mouvoir le sternum et les côtes (où ils ont leurs origines), et par conséquent tout le corps de l'oiseau, dans des directions opposées à celles des mouvements de l'aile, c'est-à-dire en haut et en avant. »

Telle est la théorie de Barthez ; on pourrait l'exprimer plus brièvement en disant que l'abaissement de l'aile n'est qu'apparent, et que son extrémité distale est en quelque sorte fixée par la résistance de l'air, tandis que son extrémité scapulaire se porte en haut et en avant et fait avancer le corps avec elle.

Cette théorie contient une grande partie de la vérité ; mais Barthez a le tort de repousser toute idée d'un mouvement brusque de détente. Il affirme que Borelli se trompe en disant que le vol est un mouvement composé de sauts fréquemment répétés. Tout au plus admet-il qu'il puisse se passer quelque chose d'analogue au mécanisme du saut dans le jeu des articulations qui unissent entre eux les différents segments dont l'aile est composée.

Il admet d'ailleurs que l'élasticité des pennes peut faiblement concourir à la progression de l'oiseau, en communiquant par leur ressort un léger mouvement d'impulsion aux os par rapport auxquels elles deviennent d'autant plus obliques que l'aile se replie davantage.

La faculté de planer s'explique par la vitesse acquise qui permet à l'oiseau de continuer à se soutenir par des mouvements rares et presque insensibles.

Pour changer la direction du vol, une des ailes battra plus fort que l'autre. « L'extrémité de cette aile déployée peut alors ou s'éloigner supérieurement, ou s'approcher inférieurement d'un plan vertical qui serait dirigé suivant la longueur du corps de l'oiseau.

Dans le premier cas (qui est le plus ordinaire), l'oiseau est poussé vers le côté opposé à celui de l'aile qui se meut avec plus de force, et, dans le second cas, il est attiré du côté de cette même aile. Cela est analogue au mouvement du nageur, qui lorsqu'il veut se tourner sur la droite ramasse l'eau de la main droite ou la repousse de la main gauche. »

Il peut encore suffire à l'oiseau de relever une de ses ailes pour tourner vers le côté opposé.

Barthez pense avec raison que Borelli se trompe lorsqu'il refuse à la queue des oiseaux les mouvements d'inclinaison latérale. Il admet qu'elle sert à l'oiseau pour s'élever, pour s'abaisser et pour changer sa direction. La brusque détente de ses plumes peut servir à ce dernier résultat.

La queue agit toujours de concert avec les ailes, soit pour maintenir, soit pour changer la direction du vol. Elle sert en outre à maintenir l'équilibre de l'oiseau, surtout au commencement du vol, où on la voit toujours étalée.

Un vent modéré favorise le vol en donnant à l'air plus de résistance. Le vent peut en outre déterminer des mouvements de l'oiseau, indépendamment des mouvements des ailes, « en ce qu'il pousse devant lui les ailes et la queue qui sont comme des voiles , après que l'oiseau les a disposées avantageusement. » C'est ce que Huber a nommé le vol à voile en le distinguant du vol ramé.

Les mouvements des oiseaux de proie que l'on a désignés sous les noms de *ressource* et de *pointe* (Huber) sont considérés par Barthez comme des ricochets.

L'ensemble des diverses forces qui meuvent l'oiseau peut être ramené à deux résultantes, l'une verticale, l'autre horizontale. Quand ces deux forces ne concourent pas exactement sur le centre de gravité, il en résulte dans le vol des inégalités, comme le culbutement de certains pigeons et les crochets de la bécasse. L'oiseau pesant, dont les ailes sont faibles, ne peut pas se diriger en ligne droite, il dévie toujours sur le côté et vole obliquement.

L'oiseau peut « transporter jusqu'à un certain point son centre de gravité en avant ou en arrière, et même de côté. » Il y parvient par la position qu'il donne à son cou, à ses jambes et à ses ailes, en les portant en avant ou en arrière, ou bien par les mouvements latéraux de la tête et de la queue, ou encore en faisant varier la dilatation des vésicules thoraciques et abdominales.

Les autres auteurs, dit-il, ont seulement indiqué l'usage de ce déplacement quand l'oiseau passe du marcher au vol, et celui de l'extension du corps de l'oiseau, qui fait qu'il est porté sur une couche d'air plus étendue.

Enfin Barthez discute une dernière question, celle de l'utilité des vésicules aériennes qui pénètrent le corps de l'oiseau. Il pense que la pesanteur spécifique de l'oiseau peut être diminuée lorsque les vésicules aériennes sont dilatées par la raréfaction de l'air qui les remplit ; mais il repousse l'opinion de Camper qui veut que le poids de l'oiseau soit diminué par la raréfaction de l'air contenu dans les os, la quantité de cet air n'étant pas assez grande pour produire une différence sensible. Il repousse aussi l'opinion de Silberschlag qui veut que la tension de cet air contribue à maintenir les ailes étendues. Mais il croit que le refoulement de l'air intérieur dans les os des ailes a pour utilité de prolonger et d'augmenter les efforts des muscles des ailes en tant qu'ils opèrent les mouvements du vol. Il dit que l'oiseau fait varier automatiquement le rapport de la résistance de son corps à la résistance de ses ailes [1].

Barthez explique l'accumulation de l'air dans les cavités intérieures par la faculté qu'a l'oiseau de resserrer sa glotte et d'empêcher ainsi l'air de s'échapper pendant le mouvement d'expiration.

Cuvier (*Anat. comp.*, 1800) a résumé la théorie du vol des oiseaux avec sa lucidité habituelle. On peut voir qu'il a mis à profit la lecture de Barthez, qu'il ne suit cependant pas à la lettre, puisqu'il affirme que le mouvement qui lance l'oiseau dans l'air est un véritable saut. « Lorsqu'un oiseau veut voler, il commence par s'élancer dans l'air, soit en sautant de terre, soit se précipitant de quelque hauteur. Pendant ce temps-là, il élève l'humérus, et avec lui toute l'aile, encore ployée ; il la déploie ensuite dans un sens horizontal, en étendant l'avant-bras et la main : l'aile ayant acquis ainsi toute l'étendue de surface dont elle est susceptible, l'oiseau l'abaisse subitement, c'est-à-dire qu'il lui fait faire, avec le plan vertical de son corps, un angle plus ouvert par en haut, et plus aigu par en bas. La résistance de l'air à admettre ce mouvement qui lui est subitement imprimé reporte une partie de l'effort vers le corps de l'oiseau, qui est mis en mouvement de la même manière que dans tous les autres sauts. Une fois l'impulsion donnée, l'oiseau serre l'aile en reployant les articulations et il la relève pour donner ensuite un second coup.

La vitesse que l'oiseau acquiert ainsi pour monter est graduellement diminuée par l'effet de la pesanteur, comme celle de tout autre projectile, et il arrive un instant où cette vitesse est nulle, et où l'oiseau ne tend ni à monter, ni à descendre. S'il prend précisément cet instant pour donner un nouveau coup d'ailes, il acquerra une nouvelle vitesse ascendante, qui le portera aussi loin que la première, et en continuant ainsi il montera d'une manière uniforme.

S'il donne le second coup d'ailes avant d'arriver au point où la vitesse acquise par le premier est anéantie, il ajoutera la nouvelle vitesse à celle qu'il avait encore, et en continuant ainsi il montera d'un mouvement accéléré.

S'il ne vibre pas à l'instant où sa vitesse ascendante est anéantie, il commencera à redescendre avec une vitesse accélérée. S'il se laissait retomber jusqu'à la hauteur du point de départ, il ne pourrait remonter aussi haut que la première fois, à moins d'une vibration d'ailes beaucoup plus forte ; mais en saisissant dans sa chute un point tel que la vitesse acquise pour descendre et le moindre espace qu'il y a à redescendre se compensent réciproquement, il pourra, par une suite de vibrations égales, se maintenir toujours à la même hauteur.

S'il veut descendre, il n'a qu'à répéter moins souvent ses vibrations, et même les supprimer tout à fait. Dans ce dernier cas, il tombe avec toute l'accélération des corps graves : c'est ce qu'on nomme *foudre* ou *descente foudroyante*.

L'oiseau qui descend ainsi peut retarder subitement sa chute en étendant ses ailes, à cause de la résistance de l'air qui augmente comme le carré de la vitesse , et il peut, en y ajoutant quelques vibrations, se mettre de nouveau en état de s'élever. C'est ce qu'on nomme une *ressource*.

Nous avons jusqu'ici considéré le vol comme simplement vertical, sans avoir recours à ses autres directions. Il ne peut être tel que dans les oiseaux dont les ailes sont entièrement horizontales, et il est probable qu'elles le sont dans les *alouettes*, les *cailles* et les autres oiseaux que nous voyons s'élever verticalement ; mais, dans la plupart des autres, l'aile est toujours plus ou moins inclinée et regarde en arrière. La cause en est surtout dans la longueur des pennes, qui présentent plus d'avantage à la résistance de l'air qui agit sur leur extrémité, et qui en sont plus élevées à cause que leur point fixe est à leur racine. Il paraît cependant que cette inclinaison peut varier jusqu'à un certain point par la volonté de l'oiseau.

Quoi qu'il en soit, on doit considérer les mouvements obliques comme composés d'un mouvement vertical sur lequel seul peut agir la pesanteur, et d'un mouvement horizontal qu'elle ne peut altérer.

Ainsi, lorsque l'oiseau veut voler horizontalement en avant, il faut qu'il s'élève par une direction oblique, et qu'il donne son second coup d'ailes lorsqu'il est près de retomber à la hauteur dont il est parti. Il ne volera point dans une ligne droite ; mais il décrira une suite de courbes d'autant plus surbaissées, que son mouvement horizontal l'emportera davantage sur le vertical.

S'il veut monter obliquement, il faudra qu'il vibre plus tôt ; s'il veut descendre obliquement, il vibrera plus tard ; mais ces deux mouvements se feront également par une suite de courbes.

Les inflexions du vol, à droite et à gauche, se font principalement par l'inégalité des vibrations des ailes. Pour tourner à droite, l'aile gauche vibre plus souvent et avec plus de force ; le côté gauche est alors mû plus vite, et il faut bien que le corps tourne : l'aile droite fait de même pour tourner à gauche. Plus le vol est rapide en avant, plus il est difficile à une aile de surpasser l'autre en vitesse, et moins les inflexions sont brusques. Voilà pourquoi les oiseaux à vol rapide ne tournent que par de grands circuits.

La queue, en s'étalant, contribue à soutenir la partie postérieure du corps ; en s'abaissant lorsque l'oiseau a acquis une vitesse en avant, elle produit un retardement qui fait relever la partie postérieure du corps et abaisse l'antérieure. Elle produit un effet contraire en se relevant. Certains oiseaux l'inclinent de côté pour s'en servir comme d'un gouvernail lorsqu'ils veulent changer leur direction horizontale. »

Cuvier insiste ensuite sur la forme générale du corps, la longueur du cou, la position du centre de gravité, la légèreté de l'oiseau et le rôle des vésicules aériennes pour augmenter cette légèreté. « L'air que les oiseaux respirent les gonfle de toutes parts, surtout à cause de la dilatation qu'il reçoit par la grande chaleur de leur corps. »

Les oiseaux réalisent la station sur deux pieds à corps non vertical. Ils peuvent se tenir debout sur une seule patte. Enfin Cuvier adopte l'opinion de Borelli sur la fonction de l'accessoire du fléchisseur perforé.

Dans la nage, les oiseaux emploient leurs pattes comme des rames. « Le corps des oiseaux est naturellement plus léger que l'eau, à cause de leurs plumes grasses et imperméables à l'humidité, et à cause de la grande quantité d'air contenue dans les cellules de leur abdomen. Ils sont donc absolument dans le cas du bateau et n'ont besoin d'employer leurs pieds que pour se mouvoir en avant. Les pieds sont très en arrière, parce que leur effort est plus direct, et qu'ils n'ont pas besoin de soutenir le devant du corps que l'eau soutient suffisamment. Les cuisses et les jambes en sont courtes, pour laisser moins d'effet à la résistance de l'eau sur les muscles. Le tarse en est comprimé pour fendre l'eau ; et les doigts sont très-dilatés, ou même réunis par une membrane, pour former une rame plus large et frapper l'eau par une plus grande surface ; mais lorsque l'oiseau reploie son pied pour donner un nouveau coup, il serre les doigts les uns contre les autres pour diminuer la résistance.

Lorsque ces oiseaux veulent plonger, ils sont obligés de comprimer fortement leur poitrine pour chasser l'air qu'elle peut contenir, d'allonger le cou pour faire pencher leur corps en avant, et de frapper avec leurs pattes en haut, pour recevoir de l'eau une impulsion vers le bas.

Quelques oiseaux d'eau, notamment le cygne, prennent le vent avec leurs ailes en nageant, et s'en servent comme de voiles.

Daudin (*l. c.*, 1800) a consacré au vol, à la station, à la marche et à la natation des oiseaux un chapitre de son ouvrage, mais il s'est borné à citer Mauduyt et Barthez sans introduire d'idée nouvelle.

Il a divisé les oiseaux en *clunipèdes*, ceux qui ont les pieds rejetés en arrière, comme les manchots, et *costipèdes*, ceux dont les pieds se portent en avant.

Schrank (*Vom fluge der Vögel*, dans *Grundriss der allgemeiner naturgesch. und zoologie*) a publié en 1801 un travail sur le vol des oiseaux. Nous citerons aussi Link (1805).

Tiedemann (*l. c.*, 1810) a résumé la théorie du vol des oiseaux.

La plupart des oiseaux volent et toute leur structure est subordonnée à cette fonction. La tête est petite et légère, le bec aigu, le cou long et flexible (ce qui permet les changements de place du centre de gravité) ; le tronc a la forme d'un ovale plus large en avant qu'en arrière, la masse des pectoraux, située en avant et en bas, forme un véritable lest qui détermine la position du centre de gravité en bas et au milieu de la poitrine.

Les ailes, munies de fortes pennes et attachées de chaque côté en avant de la poitrine, agissent comme des rames , comme des voiles et comme des parachutes. La queue agit comme un gouvernail et comme un parachute.

Le corps de l'oiseau est rendu plus léger par la présence des plumes et par celle des réservoirs aériens, qu'il remplit pour prendre son vol, comme l'a dit Fabrice d'Aquapendente.

L'oiseau qui veut prendre son vol, s'il est perché, se laisse tomber et étend ses ailes ; s'il est à terre, il saute ou il court, puis il relève les ailes et les abaisse avec force. L'air frappé rebondit et soulève l'oiseau De nouveaux coups d'ailes maintiennent les effets du premier. En même temps la queue étale ses plumes.

Pour monter en avant, l'oiseau tend le cou et baisse un peu la queue. Pour voler horizontalement (ce qui n'a lieu que par ondulations), la tête et la queue restent horizontales. Pour aller en avant et en bas, la tête s'abaisse et la queue se relève.

Pour changer de direction, il y a plusieurs manières. Par exemple, l'oiseau peut aller à droite : 1° en portant l'aile droite plus ou moins en arrière; 2° en inclinant la tête à droite et la queue à gauche ; 3° en mouvant l'aile droite plus fort que l'aile gauche.

Pour planer, l'oiseau étale sa queue et ses ailes, frappe des ailes de temps en temps, et décrit des cercles, soit en tenant une de ses ailes un peu plus inclinée et l'autre plus étendue, soit en donnant à l'une des ailes des mouvements plus fréquents.

Pour descendre, il diminue le nombre des battements, abaisse la queue, et probablement vide les réservoirs aériens. Pour descendre obliquement, il écarte l'aile bâtarde et raccourcit l'aile. Pour fondre, il retire vivement les ailes en arrière, dirige sa tête vers la proie, et tombe comme un corps grave.

Pour s'arrêter brusquement dans sa chute, il étale les ailes et la queue et remplit les sacs aériens, puis il frappe l'air et repart.

Pour se poser sur un arbre ou à terre, il étend les pieds, étale les ailes et la queue. Dès qu'il est posé, il baisse la queue et lève la tête pour changer la position du centre de gravité.

Chabrier (*Essai sur le vol des insectes et observations sur la mécanique des mouvements progressifs de l'homme et des animaux vertébrés*, 1823, p. 309, *Du vol des oiseaux;* p. 320, *Mécanisme du vol des oiseaux*) a exposé une théorie du vol des oiseaux qu'il résume ainsi :

Le vol est dû : 1° à la grande différence qui existe entre les masses et les surfaces du tronc et des ailes, différence qui fait que l'air résistant à l'abaissement de ces dernières lorsqu'elles sont entièrement étendues, les muscles grands pectoraux peuvent y prendre leurs points fixes, non pour abaisser ces ailes, mais pour lancer le tronc en haut et en avant; 2° à une force centrifuge ascendante très-intense, produite proportionnellement aux masses par l'extrême vitesse des mouvements alternatifs du tronc et des ailes en haut et en avant.

Roulin (*Note sur le vol et les allures du pélican*, dans *Journal de physiologie expérimentale de Magendie*, 1826, p. 14) décrit la manière dont le pélican tombe sur sa proie. — L'oiseau tombe les ailes étendues et le bec largement ouvert. La tête est rapprochée du corps de manière que la partie postérieure de celle-ci repose sur la fourchette qui elle-même est unie très-fortement au sternum. Si le poisson se porte en avant, le pélican suit un plan incliné ; si le poisson change de direction, l'oiseau donne à ses deux ailes une légère inclinaison en sens opposé, de manière qu'elles représentent deux portions symétriques d'une vis à double pas. On conçoit qu'avec cette disposition la résistance de l'air ne peut manquer d'imprimer au corps le mouvement de rotation cherché ; et l'oiseau tombe en décrivant autour de la ligne de chute une première portion d'hélice plus ou moins grande.

Jean Müller (*Manuel de physiologie*, 4ᵉ éd., trad. *Jourd.*, 1845, t. II, p. 188) s'exprime ainsi : « Le vol tient à ce que les extrémités antérieures d'un animal, étendues en forme de lames, frappent l'air par la plus grande surface possible. Leur résistance et la réaction que l'air oppose, en vertu de son élasticité, au mouvement qu'elles lui communiquent, sont la cause qui fait que le corps de l'oiseau est soulevé..... Si l'animal, en ramenant ses ailes, leur laissait occuper autant de surface qu'elles en présentent au moment du choc, l'effet de celui-ci serait détruit; mais, aussitôt après chaque choc, il les replie, puis les étale de nouveau, ce qui rend possible la progression dans un sens déterminé..... Une suite de battements d'ailes, celles-ci étant tenues horizontalement, fait monter l'oiseau en ligne verticale, comme il arrive aux alouettes. Les ailes étant inclinées de manière que leur face inférieure regarde en arrière, l'animal doit monter obliquement, suivre la ligne de projection, et retomber avec la même obliquité qu'il s'est élevé. En répétant d'une manière régulière les battements de ses ailes, il décrit une ligne horizontale ondulée. Cependant il ne faut pas, pour le mouvement horizontal, que les ailes aient beaucoup d'inclinaison ; car, même lorsqu'elles frappent horizontalement l'air, la flexibilité des rectrices fait qu'elles cèdent à la résistance de l'air, et présentent de suite un plan oblique par rapport au bord antérieur non mobile de l'aile. Borelli avait déjà démontré cette influence. Les mouvements tournants sont le résultat d'oscillations latérales des deux membres, et non d'une flexion latérale de la queue ; car des pigeons auxquels on a enlevé les plumes caudales n'en tournent pas moins bien. »

H. Milne Edvards (*Éléments de zoologie*, 1834, p. 200) résume ainsi la théorie du vol :

« La natation et le vol sont des mouvements analogues à ceux du saut, mais qui ont lieu dans des fluides dont la résistance remplace à un certain point celle du sol...

« Les membres qui, en s'étendant et en se reployant en arrière, doivent pousser le corps en avant, s'appuient dans ce cas sur l'eau ou sur l'air, et tendent à refouler ces fluides avec une vitesse plus ou moins grande ; mais si la résistance que l'air ou que l'eau présente dans ce sens est supérieure à celle qui s'oppose au mouvement de l'animal lui-même en sens contraire, ces fluides fourniront au membre un point d'appui, et le mouvement produit sera le même que si ce ressort touchait, par son extrémité postérieure, un obstacle invincible, mais ne se débandait qu'avec une force égale à la différence existante entre la vitesse qu'il déploie et celle qu'il imprime au fluide ambiant en le refoulant en arrière. Or, moins le fluide dans lequel l'animal se meut est dense, moins le point d'appui qu'il lui fournira ainsi sera résistant, et plus la force nécessaire pour dépasser de vitesse le déplacement de ce point d'appui et pour pousser le corps en avant sera considérable ; aussi le vol nécessite-t-il une puissance motrice bien plus grande que la natation, et l'un et l'autre de ces deux mouvements ne pourraient être effectués avec la force qui suffit pour déterminer le saut sur une surface solide. Mais ce grand déploiement de force motrice n'est pas la seule condition nécessaire à la locomotion aérienne ou aquatique ; comme l'animal qui est plongé dans un fluide trouve de toutes parts une résistance égale, la vitesse qu'il aurait acquise en frappant en arrière ce fluide serait bientôt perdue par celle qu'il serait obligé de déplacer en avant, s'il ne pouvait diminuer considérablement la surface des organes locomoteurs immédiatement après s'en être servi pour donner le coup. C'est effectivement ce qui a lieu, et l'un des caractères de tout organe de vol ou même de natation est de pouvoir changer de forme et de présenter, dans la direction perpendiculaire à celle du mouvement qu'il produit, une surface alternativement très-large et fort étroite. »

Mac Gillivray (*Histoire des oiseaux de la Grande-Bretagne*, 1837) a parlé du vol des oiseaux.

Brishop (Art. *Motion,* dans *Todd's Cyclopedia of anatomia and physiologia*, 1847, vol. III, p. 424, *Flight of birds*) après avoir rappelé les principales conditions réalisées dans les oiseaux, la forme du corps, la légèreté augmentée par la présence des sacs aériens, la structure des plumes et les dipositions qu'elles affectent, la faculté que l'aile possède de s'étendre et de se replier successivement, émet plusieurs propositions.

La longueur et la force des pennes, qui contribuent à agrandir la surface de l'aile, varient en raison de la rapidité avec laquelle se meut la portion de l'aile dont elles font partie. Les pennes sont par conséquent d'autant plus fortes et plus longues qu'elles sont insérées plus près de l'extrémité de l'aile.

Le rapport de l'étendue de la surface des ailes au poids de l'oiseau n'est pas constant. Il atteint son minimun dans les struthidés et son maximun dans les rapaces diurnes.

La puissance des oiseaux pour le vol, en supposant la force musculaire proportionnelle, varie en raison directe de la surface des ailes et en raison inverse de la pesanteur spécifique de l'oiseau.

L'aile étendue ayant une forme triangulaire, la surface de chaque section diminue à mesure que la section est plus éloignée du centre de gravité et il résulte de là que ces surfaces sont en raison inverse de la rapidité avec laquelle se meut la section correspondante.

Le centre de résistance correspond à la moitié de la longueur de l'aile mesurée de l'articulation de l'épaule à la pointe.

Bishop accepte l'opinion de Borelli sur l'énorme pouvoir des muscles pectoraux.

Il pense que l'aile frappe directement de haut en bas pour produire une ascension verticale, et obliquement de haut en bas et d'avant en arrière pour produire le mouvement en haut et en avant.

L'ascension a lieu parce que, pendant l'abaissement de l'aile, la résistance de l'air pressé par l'aile l'emporte sur l'action de la pesanteur jointe à la résistance que l'air oppose au mouvement progressif de l'oiseau. Dans l'intervalle de deux abaissements de l'aile, la pesanteur exerce son action.

On peut chercher à calculer la force musculaire dépensée, la rapidité avec laquelle se meut le centre de l'aile, le nombre d'oscillations nécessaires pour maintenir l'oiseau en l'air.

Ce calcul peut être effectué à l'aide des données suivantes : 1° L'aire d'une section horizontale du corps de l'oiseau ; 2° l'aire des deux ailes au moment où elles s'abaissent ; 3° l'aire des ailes pendant qu'elles se relèvent ; 4° la rapidité avec laquelle l'oiseau est lancé ; 5° la rapidité avec laquelle les ailes sont abaissées ; 6° la rapidité avec laquelle les ailes sont relevées ; 7° les durées respectives de l'élévation et de l'abaissement des ailes ; 8° le poids total de l'oiseau ; 9° le poids d'un égal volume d'air ; 10° la résistance de l'air dépendant de la forme et de la vitesse de l'oiseau ; 11° le rapport de la résistance que l'air oppose aux ailes pendant leur abaissement à celle qu'il leur oppose pendant leur élévation ; 12° le rapport de la résistance de l'air pendant la durée d'une élévation à sa résistance pendant la durée d'un abaissement.

Il arrive ainsi à calculer, avec Chabrier, qu'une hirondelle, par exemple, tombant de 7 mètres par seconde, devrait, pour se maintenir en place, faire 15 battements par seconde, et dépenser pendant ce temps une force capable de l'élever à 28 mètres.

Mais les résultats que donne le calcul ne sont pas exactement conformes à ceux que donne l'observation. Ainsi pour le pigeon le calcul donne 15 battements par seconde et l'observation 5 seulement; pour le condor, le calcul donne 7 et l'observation 2 ou 3.

Les petits oiseaux donnent plus de coups d'ailes, les grands beaucoup moins. Mais il ne faut pas croire que les choses se passent avec une régularité mathématique. Il est facile de voir que les pics et beaucoup de percheurs se bornent à faire quelques battements d'ailes pour se lancer et ne les répètent que lorsque la vitesse acquise est épuisée.

Bishop trouve encore que la durée du mouvement ascendant de l'aile est égale à deux fois celle de son abaissement. La résistance que l'air oppose à l'aile qui se relève est la $1/2$, le $1/4$ et le $1/5$ de celle qu'il oppose à l'aile qui s'abaisse.

Strauss-Durckheim (*Théologie de la nature*, 1852, t. I, p. 257-355; t. III, p. 345-445) a inséré dans sa théologie de la nature un véritable traité de la locomotion chez les oiseaux, où il a exposé des idées dont quelques-unes avaient déjà été émises dans ses considérations générales sur l'anatomie des animaux articulés, publiées en 1828.

Comme il serait beaucoup trop long de faire ici le résumé, même très-succinct, de cette importante dissertation, nous nous bornerons à indiquer ce qui appartient plus particulièrement à Strauss-Durckheim.

Calculant le nombre des battements qu'un oiseau doit faire pour se soutenir en l'air, il trouve qu'il faut au moins plus qu'un battement par seconde, et qu'un aigle, pour rester en place, devrait en faire dix (t. III, p. 445).

L'aile formant un grand disque triangulaire, il cherche sur ce disque le point qu'il nomme le centre de force et trouve qu'il est situé sur les rémiges métacarpiennes un peu en arrière du poignet.

Enfin c'est lui qui le premier a dit que l'aile en s'abaissant se porte d'arrière en avant (dans un plan plongeant en avant) et que la figure décrite par l'extrémité de l'aile est une ellipse dont le grand axe est dirigé en bas et en avant.

Nous avons vu dans la seconde partie de cet essai que Strauss-Durckheim a bien apprécié les mouvements particuliers des os de l'aile et ceux du tibia et du péroné dans l'articulation du genou.

Salvin et Broderick (*Fauconnerie des îles Britanniques*, 1855.)

Giraud-Teulon (*Principes de mécanique animale ou étude de la locomotion chez l'homme et les animaux vertébrés*, 1858. *Du vol*, p. 325) s'est efforcé de démontrer que les mouvements qui produisent le vol sont de véritables sauts. Il le prouve en montrant que dans le battement de l'aile il y a une détente subite, un coup sec. Ce coup sec résulte en partie de l'antagonisme du releveur et de l'abaisseur de l'aile, en partie de la présence de cordes élastiques dans la membrane antérieure de l'aile, dans la membrane axillaire et dans le grand ligament cubito-carpien.

Le centre de gravité doit être dans un plan vertical passant par l'axe de suspension des ailes ; mais quand le vol n'est pas exactement vertical, il est plus ou moins repoussé en arrière.

Pour changer de direction, l'oiseau donne un coup d'aile plus violent du côté où il veut se diriger, l'autre aile demeurant fixe et étendue. La queue, agissant comme gouvernail, vient en aide à l'action des ailes.

D'Esterno (*Du vol des oiseaux. Indication des 7 cas du vol ramé et des 8 cas du vol à voiles*, 1861) a fait cette observation que les attaches de l'aile ne se font pas seulement par l'articulation scapulo-humérale, mais qu'elles ont en réalité une bien plus grande étendue.

D'Esterno a cru devoir réfuter l'opinion admise par Barthez et d'autres auteurs que l'aile, quand elle se relève, peut laisser passer l'air entre ses pennes.

Il distingue dans le vol trois parties distinctes, l'équilibre, la direction et l'impulsion.

L'équilibre est déterminé par la direction du centre de gravité. La direction est à chaque instant modifiée par la position de ce centre. Une impulsion ascendante est transformée en un mouvement en avant par l'inclinaison du centre de gravité.

Quand l'oiseau veut tourner à droite, il porte son centre de gravité à droite ; pour cela, l'aile droite s'abaisse, l'aile gauche s'élève.

Dans le vol ramé, l'aile frappe avec son extrémité ; elle frappe de haut en bas ; l'effet se transforme, par translation du centre de gravité, en un mouvement horizontal.

Au moment où l'aile remonte, il faut diminuer la surface de résistance. Pour obtenir ce résultat, l'humérus pivote.

Pendant l'ascension, les petites pennes de l'aile sont inclinées à l'horizon et présentent leur surface inférieure en avant, dans le sens de la progression de l'oiseau ; il en résulte qu'elles tendent à élever l'oiseau par un effet comparable à ce qui a lieu pour un cerf-volant.

D'Esterno n'accepte pas l'assertion de Borelli sur la grande force musculaire des oiseaux et ne pense pas que ces animaux fassent des efforts herculéens.

Le vol à voile a cet inconvénient que le vol ne peut pas se soutenir s'il n'y a pas de vent. Mais il offre cet avantage que l'oiseau emprunte au vent une force illimitée. Il se dirige alors sans coups d'ailes, sauf quand il veut aller vent arrière ou vent debout, et, dans ce dernier cas, il est obligé de courir des bordées.

Dans le vol à voile, les oiseaux changent leur direction en déplaçant leur centre de gravité. Ils n'étendent pas complétement leurs ailes, mais ils leur donnent la forme d'une ligne plus ou moins brisée. Le vent donne alors deux sortes d'impulsions, l'une qui soulève l'oiseau et l'autre qui l'entraîne. L'oiseau peut ainsi parcourir 1 kilomètre par minute.

Dans le vol ramé, la queue est constamment pliée, sauf au départ, à l'arrivée et dans les mouvements tournants. Dans le vol à voile, elle est constamment élargie dans toute son étendue.

Liais (sur le vol des oiseaux etc., *C. R. Académie des Sciences*, avril 1861, t. LII, p. 96) a décrit les mouvements de l'aile des oiseaux, et principalement démontré que, pendant qu'elle se relève, elle joue le rôle d'un plan incliné.

R. Owen (*Anat. comp.*, t. II, 1866) a brièvement exposé la théorie du vol des oiseaux. Pour que l'oiseau soit poussé en avant, il faut que l'aile frappe du haut en bas et d'avant en arrière. Pour exécuter les mouvements tournants, l'oiseau frappe plus fortement avec l'aile du côté opposé à celui vers lequel il se dirige.

Marey, Mémoires sur le vol des insectes et des oiseaux (*Ann. des Sc. natur.*, 1869 et 1872), a introduit en France une méthode d'expérimentation qui consiste à étudier les mouvements qui se passent chez les animaux à l'aide d'appareils ingénieux désignés sous le nom d'appareils enregistreurs qui tracent sur un papier des lignes dont les figures sont la traduction de ces mouvements.

Au moyen des appareils enregistreurs, il a entrepris de résoudre par l'expérimentation directe les questions relatives à la théorie du vol qui, jusque-là, n'avaient été abordées qu'à l'aide du calcul et du raisonnement.

Après avoir obtenu le tracé graphique des mouvements de l'aile d'un insecte, il a pu, d'une part, compter avec précision le nombre de ces mouvements, ou plutôt de ces vibrations, et, d'autre part, en apprécier la forme. Il a vu que l'extrémité de l'aile d'un insecte décrit un 8 très-allongé ou parfois (la boucle supérieure devenant très-petite) une ellipse. Dans ce mouvement, l'aile se porte successivement en bas et en arrière, puis un peu en avant, remonte en haut et en arrière, et se pose un peu en avant pour descendre de nouveau. Pendant qu'elle descend, son bout postérieur est relevé; pendant qu'elle remonte, il est abaissé. D'après ces données, Marey a construit une sorte d'insecte artificiel qui s'élève par le mouvement de ses ailes.

Chez les oiseaux, Marey cherche d'abord à mesurer l'effort maximum que puissent développer les muscles pendant le vol. Il a obtenu pour la buse 16 kil. 600 gr., chiffre qui, même en étant doublé et quadruplé, est bien inférieur à 10,000 fois le poids total de l'oiseau comme le voulait Borelli. La force musculaire des pectoraux n'est donc pas énorme, mais ce qui est particulier aux oiseaux c'est la rapidité avec laquelle les contractions peuvent se succéder.

Marey distingue des oiseaux qui impriment à leurs ailes des mouvements d'une grande amplitude et d'autres qui ne les meuvent que dans un parcours peu étendu. Les premiers ont de petites ailes, les autres ont de grandes ailes. Aux grandes ailes correspondent des muscles pectoraux gros et courts ; aux petites ailes des muscles plus grêles, mais plus allongés. Il en conclut que pour mesurer le travail développé par un oiseau qui vole il faut connaître la résistance que l'air présente à la surface de son aile et multiplier pour chaque coup d'aile cette résistance par l'espace parcouru. La vitesse de l'aile qui frappe l'air n'est pas uniforme. Elle a des phases croissantes et décroissantes dans lesquelles la résistance de l'air subit les phases de cette vitesse. Au départ, les battements sont plus rares, mais plus énergiques ; ils atteignent après deux ou trois coups d'ailes un rhythme régulier qu'ils perdent au moment où l'oiseau va se reposer.

Pour apprécier la fréquence et le rhythme des battements des ailes, il emploie deux méthodes : la méthode électrique et la méthode myo-

graphique. Par l'une et l'autre de ces deux méthodes, il obtient le
nombre des battements qu'un oiseau exécute dans une seconde. Il
obtient 13 pour le moineau, 8 pour le pigeon, 3 pour la buse, nombres
assez voisins de ceux indiqués par Bishop.

Contrairement à ce qui a été dit par d'autres auteurs, Marey trouve
que l'aile met moins de temps à se relever qu'à s'abaisser. Il pense
aussi que l'aile, au commencement de l'abaissement, ne rencontre
pas cette résistance de l'air qui ralentit son mouvement.

A l'aide d'un autre appareil très-ingénieux, Marey a étudié les mouvements que l'aile de l'oiseau exécute pendant le vol. Il a trouvé que
le bout de l'aile décrit une ellipse échancrée à sa partie supérieure et
antérieure. Il a aussi mesuré la rotation de l'humérus, qui serait équi-
valente à un angle de 45°. Il en conclut avec Borelli que l'aile descendante soulève l'oiseau et lui imprime un mouvemont de translation
horizontale.

Enfin Marey a constaté les oscillations du corps de l'oiseau dans le
sens vertical. L'oiseau s'élève pendant que l'aile s'abaisse, s'élève un
peu moins pendant que l'aile remonte, et retombe dans l'instant qui
précède l'abaissement. Le canard, donnant neuf coups par seconde,
a dix-huit oscillations ; chacune de ses descentes est de 1/36 de seconde, c'est-à-dire de $0^m,036$, ce qui exige $0^m,066$ de remontée. Ce
dernier chiffre serait moindre chez les buses, à cause de la grande
étendue de leurs ailes.

L'oiseau s'élève et s'avânce plus vite pendant l'abaissement. Marey
en conclut que c'est pendant la descente de l'aile que se crée tout entière la force motrice qui soutient l'oiseau dans l'espace.

Dans un second mémoire (1872), Marey modifie quelques-unes de
ses propositions. Ainsi le 8 décrit par l'aile de l'insecte n'est plus
vertical, mais devient horizontal, comme le veut Pettigrew ; la figure
décrite par l'aile de l'oiseau n'est plus une ellipse échancrée, mais
une ellipse régulière, comme le voulait Strauss-Durckheim. Marey
adopte aussi une autre opinion de Strauss-Durckleim, à savoir que l'aile
en s'abaissant se porte en avant. Il a aussi construit des ailes artificielles à l'aide desquelles il fait la synthèse du coup d'ailes descendant.

En 1874, Marey a réuni l'ensemble de ses travaux dans un volume
intitulé : *la Machine animale.*

Le duc d'Argyll (*Reign of law, good words,* 1865), a exposé une
théorie du vol des oiseaux.

Wenham (Locomotion aérienne, *Monde de la science,* 1867).

De Lucy (*Vol des oiseaux, des chauves-souris et des insectes*) a
cherché à mesurer le rapport qui existe entre la surface des ailes et le
poids de l'animal. Il a ainsi trouvé que la surface des ailes des grands
oiseaux est proportionnellement moindre que chez les petits oiseaux,

Harting (*Arch. néerlandaises*, 1869) a publié des observations sur l'étendue relative des ailes et le poids des muscles pectoraux chez les animaux vertébrés volants. Les muscles pectoraux pèsent ordinairement le 1/6 du poids total de l'oiseau, mais la surface des ailes est variable.

Le même auteur a publié en 1867, dans *Album der natur*, un travail sur le vol des oiseaux.

Krarup (*Sur le vol des Oiseaux*, Copenhague, 1869).

Pettigrew (James-Bell) (On the physiology of wings, being an analysis of the movements by which flight is produced in the insect, bat, and bird. *Trans. of the Royal soc. of Edimb.*, 1872) a exposé une théorie dont voici les principaux points :

L'aile dans son mouvement décrit un 8.

L'aile en frappant tourne toujours sa face inférieure en avant.

L'aile a la forme et les propriétés d'une hélice.

Elle fonctionne comme un cerf-volant.

L'aile est en partie composée de parties élastiques.

D'après ces données, Pettigrew a construit une aile artificielle à l'aide de laquelle il reproduit plusieurs circonstances du vol.

En 1874, l'ensemble des travaux de cet auteur sur la locomotion a été publié en France sous le titre suivant : *la Locomotion chez les animaux*.

L'oiseau, considéré au point de vue du mouvement, est avant tout un animal destiné à s'élever dans les airs. Quelles que soient les modifications qu'aient pu subir ses organes pour la station, pour la course ou pour la nage, pour la recherche et la préhension des aliments, pour le séjour de ces aliments dans le corps, ces modifications sont toujours dominées par la loi d'une harmonie à laquelle nul organe de l'oiseau n'est soustrait, et sans lequel le vol ne serait pas possible.

C'est pourquoi nous parlerons d'abord de la locomotion aérienne pour passer ensuite aux autres genres de mouvements.

LOCOMOTION AÉRIENNE ou DU VOL DES OISEAUX.

Nous allons d'abord étudier *a priori* la théorie du vol des oiseaux. Nous nous occuperons ensuite du mécanisme des ailes et de la queue. Enfin nous parlerons des dispositions accessoires qui peuvent aider ou contrarier l'effet de ces mouvements et dont le rôle se rattache principalement aux données de la statique.

Cet ordre nous semble être naturellement indiqué. Car, tout ici ne pouvant pas être le résultat de l'observation, nous demanderons au raisonnement nos premières données; quand nous aurons ainsi jugé de ce qui peut être, l'anatomie nous dira ce qui est.

Rien au premier abord ne semble plus facile que d'expliquer le vol des oiseaux ; il pourrait paraître suffisant de dire que les oiseaux volent en frappant l'air avec leurs ailes, et dès lors tout se réduirait à connaître la manière dont ces ailes exécutent leurs mouvements. Mais, en poussant un peu plus loin l'analyse de ce phénomène, on ne tarde pas à s'apercevoir qu'il est beaucoup plus compliqué. De là résulte une véritable difficulté pour en exposer la théorie. Ou bien on n'en dira pas assez, et ce sera la clarté du rien, ou bien on en dira trop à la fois et on tombera dans une véritable confusion. Pour éviter l'un et l'autre de ces deux défauts, il est nécessaire de diviser l'exposition de notre sujet en commençant par établir quelques données très-simples auxquelles nous ajouterons successivement un plus grand nombre de détails. Les faits se tenant ainsi et s'enchaînant, nous arriverons à les énumérer d'une manière plus intelligible.

Le vol des oiseaux peut s'opérer suivant deux modes principaux. Tantôt les ailes frappent l'air par des coups successifs que l'on a comparés aux mouvements d'une rame, c'est le *vol ramé ;* tantôt il se laisse emporter par le vent, c'est le *vol à voile.*

Nous nous occuperons d'abord du vol ramé, qui peut être considéré comme le vol proprement dit, le vol à voile étant plutôt une variété.

DU VOL RAMÉ.

La comparaison de l'aile avec une rame n'est pas d'une exactitude absolue. La rame se meut d'avant en arrière, l'aile se meut principalement de haut en bas ; la rame ne fait que pousser la barque, l'aile doit en outre soulever l'oiseau et le soutenir ; la rame repousse l'eau avec force, avec rapidité, mais

toujours graduellement ; l'aile frappe l'air avec plus ou moins
de violence par un coup brusque et instantané ; la rame, à la fin
de son mouvement, doit sortir de l'eau pour ne pas apporter
elle-même un obstacle à l'impulsion qu'elle a produite, l'aile ne
sort pas du milieu qu'elle a frappé ; la forme de la rame ne
change pas, elle a toujours la même rigidité; la forme de l'aile
peut varier, elle n'a toute sa rigidité que lorsqu'elle est complétement étendue, elle est composée de diverses parties, et tandis
que sa portion moyenne ne peut que repousser l'air, son extrémité le fouette en donnant un coup sec.

L'action des ailes ne peut pas d'ailleurs être simplement
comparée à celle d'un levier se dressant sur un point d'appui ;
l'oiseau se sert de ses ailes pour exécuter dans l'air de véritables sauts et se lancer comme un projectile.

On peut exprimer ce mode d'action par une figure très-
simple.

Supposons d'abord que l'aile agisse comme un simple levier.
Soit C le corps de l'oiseau et A l'aile ou le levier. L'aile relevée

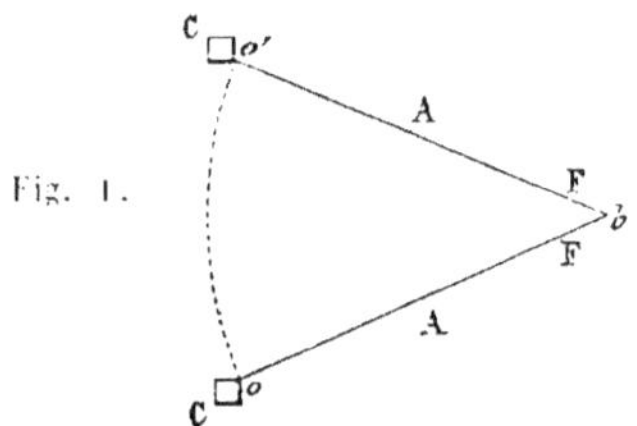

a la position ob et son extrémité F prend son point d'appui en
b. L'abaissement de l'aile n'est qu'apparent, car F reste fixe,
mais C change de place. Dans ce mouvement apparent d'abaissement de l'aile, C s'élève de o en o' et b se trouve de plus en
plus bas par rapport à C.

Ceci demande plusieurs corrections : 1° Si F était tout à fait
fixe, ce mouvement ne pourrait avoir lieu qu'en faisant décrire
à C un arc de cercle, ce qui serait impossible, puisqu'il y a une
autre aile agissant de la même manière du côté opposé, et
contraire aux faits, puisque les deux ailes agissant ensemble
poussent l'oiseau en ligne droite. Il faut donc que les points oo'
soient en ligne droite et que l'extrémité de l'aile F s'éloigne de
oo' jusqu'à ce que C ait atteint la ligne horizontale xy (fig. 2),
puis ensuite que F se rapproche de oo' lorsque C s'élève

au-dessus de *xy*. 2° L'air n'étant pas complétement résistant, il y aura un recul de F qui peut décrire une courbe *bb'*.— La figure 1 se trouvera ainsi remplacée par la figure 2 où nous supposons la ligne droite *bb'* plus petite que *oo'*, quoiqu'on puisse aussi bien concevoir qu'elle lui soit égale ou qu'elle soit plus grande.

Si maintenant on considère que l'aile donne un coup sec produisant une impulsion, la ligne *bb'* pourra être beaucoup plus petite et la ligne *oo'* beaucoup plus grande, c'est-à-dire que l'oiseau fera un plus grand mouvement avec un moindre recul de l'aile.

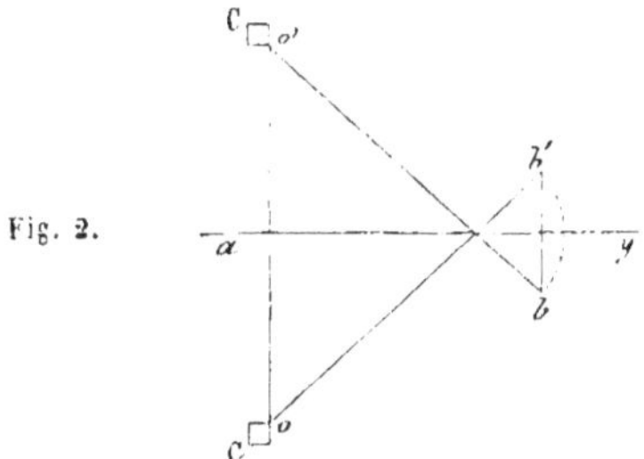

Fig. 2.

Il nous reste à expliquer comment il se fait que l'extrémité externe prenne appui sur l'air qui lui résiste.

Cela ne peut se concevoir qu'en considérant simultanément l'action des deux ailes.

Soit deux tiges rigides *ao*, *bo* pouvant se mouvoir l'une sur l'autre au point *o* à l'aide d'une charnière. Soit une autre tige rigide *oh* fixée à la charnière, et deux cordes rétractiles *eh*, *dh* fixées aux deux premières tiges en *e* et en *d*, et à la troisième en un point commun *h*.

On soulèvera le point *h* et par conséquent le point *o* en rac-

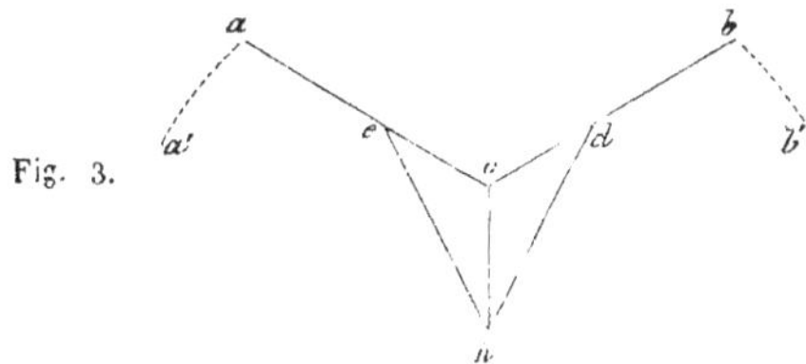

Fig. 3.

courcissant les deux cordes *he*, *hd*. Ce raccourcissement aura d'abord pour effet de faire ouvrir de plus en plus l'angle *aob* jusqu'à ce qu'il soit nul et que par conséquent les deux lignes *oa*, *bo* coïncident avec la ligne horizontale.

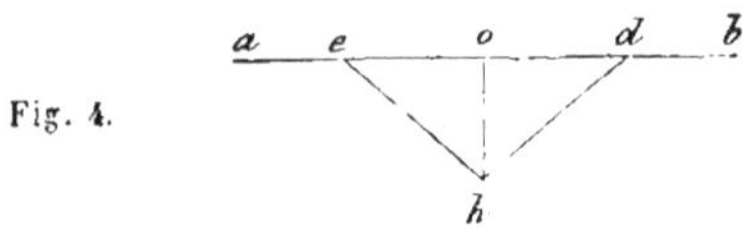

Fig. 4.

Si l'on continue à raccourcir les cordes *eh* et *bh*, les deux tiges feront au-dessous de l'horizontale un angle de plus en plus aigu et le point *o* sera de plus en plus élevé.

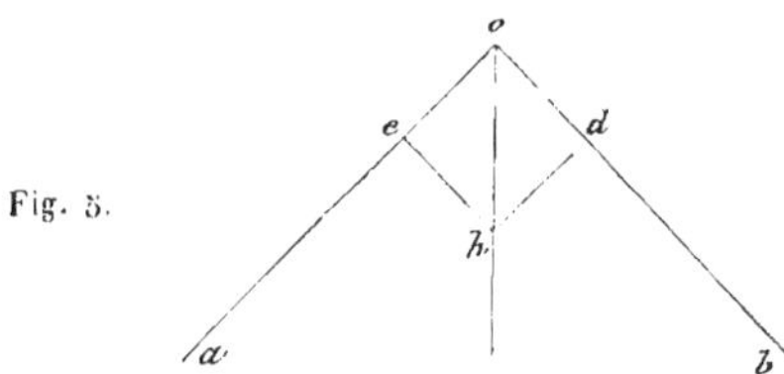

Fig. 5.

Le mouvement que nous venons de décrire serait impossible si *a* et *b* restaient immobiles. Il faut, pour atteindre le résultat, que ces deux points cèdent à la force qui tend à les écarter ou à les rapprocher, tandis qu'ils résistent à celle qui tend à les abaisser.

Il est évident que la traction exercée sur *h* dans la figure 5 doit être beaucoup plus efficace que celle exercée dans la figure 3, et on peut en conclure que le véritable coup n'est donné que lorsque l'aile est au-dessous de la ligne horizontale.

Il résulte aussi de ce que nous venons de dire que l'action simultanée des deux ailes est nécessaire pour imprimer un mouvement au corps de l'oiseau.

Le vol peut s'exercer dans plusieurs directions, à savoir : directement de bas en haut, obliquement de bas en haut, horizontalement, obliquement de haut en bas, et enfin l'oiseau peut se précipiter directement de haut en bas.

Les mouvements obliques et horizontaux sont dirigés d'arrière en avant ; on n'a jamais vu le vol ramé s'exercer d'avant en arrière.

Nous allons examiner tour à tour chacune des variétés que nous venons d'énumérer.

1. *Vol direct en haut* (de bas en haut).

Supposons que l'oiseau soit lancé comme un projectile par un premier coup d'ailes assez énergique pour le faire monter de A

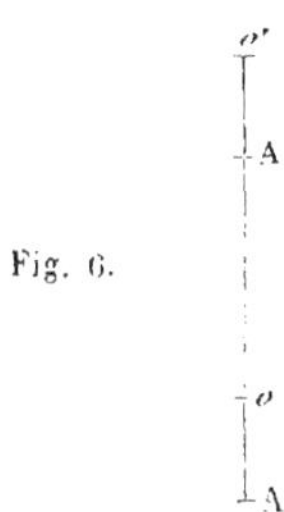

Fig. 6.

en A'. Lorsqu'il sera parvenu au point A', il devra redescendre, et par conséquent, le mouvement ascendant ne pourra pas continuer sans l'intervention d'un nouveau coup d'ailes. Ce second coup d'ailes peut ne frapper l'air qu'au moment où l'oiseau est déjà redescendu au point o. Sous l'influence du second coup d'ailes, il montera de nouveau jusqu'au point o', et ainsi de suite. On peut ainsi concevoir que l'oiseau s'élève directement en haut par une série de montées et de descentes successives.

Si le second coup d'ailes est donné avant que l'oiseau n'ait atteint le point A', on aura une ascension continue.

Le vol direct en haut, très-difficile à maintenir, peut être contrarié par diverses circonstances dont les effets ne peuvent être combattus qu'en multipliant le nombre des coups d'ailes.

Ce sont :

1° La grande difficulté ou même la presque impossibilité de se diriger exactement dans la verticale. D'où la nécessité de multiplier les coups d'ailes pour corriger les écarts qui surviennent à chaque instant.

2° Nous verrons que l'aile, à la fin surtout de son abaissement, subit un mouvement de rotation par suite duquel l'air est frappé d'avant en arrière, ce qui pousse en avant le corps de l'oiseau. Il faut dans le vol vertical que l'abaissement de l'aile n'aille pas jusqu'à sa limite, et de là résulte encore la nécessité de multiplier le nombre des battements.

3° Pendant que l'aile se relève, la face inférieure, qui se trouve inclinée en bas et en avant, se comporte à la manière d'un cerf-volant de manière à faire glisser l'oiseau en avant et en haut.

4° Des variations peuvent survenir dans la position du centre de gravité.

5° Pendant que l'aile s'abaisse directement de haut en bas et que l'oiseau s'élève, la pression de l'air sur le versant postérieur de l'aile tend à pousser l'oiseau en avant.

De ces diverses circonstances que je me contente en ce moment d'énumérer, il résulte que le vol direct de bas en haut ne se produit que par exception, qu'il n'appartient qu'à des oiseaux de petite dimension comme les alouettes ou les traquets et n'est obtenu qu'en multipliant les coups d'ailes et en variant suivant le besoin la rotation de l'humérus, non-seulement au départ, mais encore après l'acquisition d'une certaine vitesse.

Les grands oiseaux de proie, pour s'élever dans un espace restreint, tantôt volent contre le vent, tantôt décrivent une spirale ; en volant contre le vent, le mouvement qui les porte en avant leur fait regagner le terrain perdu.

2. Vol oblique en haut (en haut et en avant).

Ce mouvement, qu'on pourrait désigner comme le vol normal, est celui qui se produit le plus souvent quand un oiseau suit une direction ascendante.

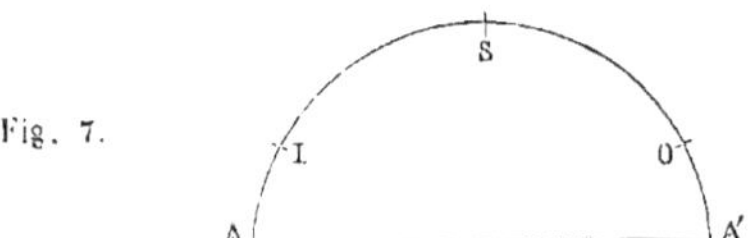

Fig. 7.

L'oiseau, se lançant du point A comme un projectile, parcourt une courbe dont le sommet se trouve en S et dont la partie descendante revient couper la ligne horizontale en A'.

Pour qu'il y ait ascension, il faut que le second coup d'ailes soit donné avant que l'oiseau ne soit retombé en A'.

Si c'est en un point O voisin de A', le premier coup d'ailes aura produit tout son effet avant que le second coup ne soit donné. On peut ainsi obtenir un vol rapide sans multiplier les coups d'ailes, mais l'ascension ne sera pas considérable.

Si au contraire le second coup d'ailes est donné en un point I placé en avant de S, l'oiseau montera plus verticalement, mais il avancera moins et dévra augmenter le nombre des coups d'ailes.

Le vol oblique en haut ne rencontre pas les mêmes difficultés que le vol vertical. Tout contrarie le vol vertical, tout favorise le vol oblique. Il suffit pour l'obtenir que l'aile frappe de haut en bas et légèrement d'avant en arrière. La rotation du bras qui est la conséquence nécessaire de la contraction du grand pectoral et qui incline en arrière la face inférieure de l'aile n'y apporte aucun obstacle, une rotation plus prononcée ne fait que rendre la poussée en avant beaucoup plus directe. L'aile peut donc exécuter en totalité son mouvement d'abaissement; il n'y a pas besoin de corrections continuelles pour s'opposer au mouvement en avant, l'oiseau peut utiliser tous les effets de la vitesse acquise. Enfin plusieurs des causes qui font obstacle au vol vertical ont pour effet de pousser l'oiseau en avant.

Par conséquent le vol oblique en haut peut être exécuté facilement avec un moindre nombre de coups d'ailes et par tous les oiseaux, quelles que soient leurs dimensions.

3. *Vol horizontal* (direct en avant).

Le vol horizontal ne peut être qu'une variété du vol oblique en haut où les coups d'ailes ne sont répétés que lorsque l'oiseau est retombé très-près de la ligne horizontale.

Dans cette variété, la rotation de l'humérus peut être très-anticipée. Elle le sera surtout si les coups d'ailes sont très-multipliés et très-rapprochés les uns des autres.

Comme il faut toujours que l'oiseau se maintienne à une certaine hauteur, il ne peut pas y avoir de vol horizontal proprement dit. C'est un vol en avant mêlé de très-petites ascensions, on peut dire un vol ondulé.

4. *Vol oblique en bas* (en bas et en avant).

Si le second coup d'ailes n'est donné qu'en un point O' situé plus bas que A', l'oiseau suivra nécessairement une direction descendante. Son mouvement en avant sera accéléré si l'aile se tourne de manière à frapper plus directement d'avant en arrière. Plus l'aile se placera en rotation, moins le battement servira à l'ascension, et moins la descente sera contrariée.

On conçoit aussi que la descente se fasse avec des coups répétés, mais moins énergiques, inefficaces pour élever l'oiseau et capables seulement de ralentir sa chute.

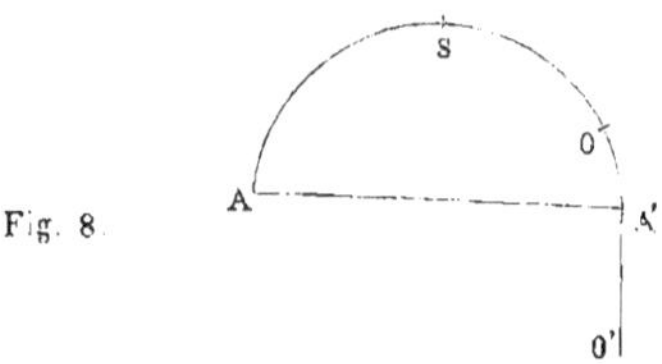

Remarquons d'ailleurs que le poids du corps suffit pour produire la descente dont la vitesse croît avec le carré de la distance et que par conséquent les coups d'ailes servent plutôt à ralentir la chute et à maintenir la direction oblique en avant.

Il suit de là que le vol oblique en bas exige bien moins de coups d'ailes que le vol ascendant et que par conséquent il peut être facilement pratiqué par tous les oiseaux.

Ici le rôle des ailes comme parachutes ne doit pas être oublié. Soit en tenant ses ailes étendues horizontalement, soit en les tenant à demi relevées, l'oiseau peut, sans donner de nouveaux coups d'ailes, imprimer à sa chute une direction oblique. On conçoit aussi que, pour mieux fendre l'air, les ailes se placent dans un plan plus ou moins incliné, ou même presque vertical, comme on peut l'observer fréquemment sur les hirondelles.

5. *Vol direct en bas.*

On peut concevoir que l'oiseau se laisse tomber presque verticalement par une suite de courtes ascensions et de descentes prolongées, les ailes battant avec plus ou moins de rapidité et d'énergie pour ralentir le mouvement. Si l'oiseau descend les ailes étendues en parachutes, le mouvement est nécessairement oblique.

Dans d'autres cas, les ailes n'agissent plus, elles se replient ; l'oiseau tombe comme un corps grave, et c'est seulement au moment où il va toucher la terre ou un autre but, tel qu'une branche, qu'il ouvre subitement les ailes pour empêcher ou amortir le choc.

Mouvements tournants.

Jusqu'ici nous avons supposé que l'oiseau se dirigeait en ligne droite. Voyons ce qui arrive lorsqu'il veut changer de direction.

Des opinions différentes ont été émises à ce sujet :

1° Fabrice d'Acquapendente. — Si l'oiseau se dirige en ligne droite, les deux ailes agissent avec une égale force et ont la même inflexion. Pour se porter à droite ou à gauche, l'oiseau incline son aile droite ou son aile gauche, tandis que l'autre aile ou s'agite avec rapidité ou ralentit son mouvement. Pour se retourner il abaisse complétement une de ses ailes pendant que l'autre reste relevée.

2° Gassendi. — Pour tourner à droite, l'oiseau ralentit les mouvements de l'aile droite et augmente ceux de l'aile gauche, et réciproquement.

3° Borelli. — Quand l'oiseau veut tourner à droite, il avance l'aile gauche et la meut avec plus d'énergie ; c'est l'inverse quand il veut tourner à gauche.

4° Collins. — Les oiseaux se dirigent obliquement vers un côté ou un autre, quand les ailes agissent inégalement, l'une par de faibles coups, l'autre par de fortes vibrations.

5° Silberschlag insiste surtout sur le rôle de l'appendix ; nous y reviendrons en parlant du vol à voile.

6° Huber. — Pour tourner à droite, l'aile gauche bat avec force, la droite se meut d'autant moins que le tour est plus court ; elle reste presque immobile quand l'oiseau tourne sur lui-même.

7° Barthez. — Pour changer la direction du vol, une des ailes battra plus que l'autre. « L'extrémité de cette aile déployée peut alors ou s'éloigner supérieurement ou s'approcher inférieurement d'un plan vertical qui serait dirigé suivant la longueur du corps de l'oiseau.

« Dans le premier cas (qui est le plus fréquent) l'oiseau est poussé vers le côté opposé à celui de l'aile qui se meut avec le plus de force, et dans le second cas, il est attiré du côté de cette même aile. Cela est analogue au mouvement du nageur qui, lorsqu'il veut se tourner vers la droite, ramène l'eau de la main droite ou la repousse de la main gauche. »

8° Cuvier. — Les inflexions du vol à droite ou à gauche se font principalement par l'inégalité des vibrations des ailes. Pour tourner à droite, l'aile gauche vibre plus souvent et avec plus de force ; le côté gauche est alors mû plus vite, et il faut bien que le corps tourne. L'aile droite fait de même tourner à gauche.

9° Tiedemann. — Pour changer de direction il y a plusieurs manières. Par exemple, l'oiseau peut aller à droite : 1° en portant l'aile droite plus ou moins en arrière ; 2° en inclinant la tête à droite et la queue à gauche ; 3° en mouvant l'aile gauche plus fort que l'aile droite.

10° Giraud-Teulon. — Le changement de direction dans le vol sera produit par un plus violent coup d'aile donné du côté vers lequel l'oiseau veut se porter, l'autre aile demeurant fixe et étendue.

11° D'Esterno. — Quand l'oiseau veut tourner à droite, il porte son centre de gravité à droite ; pour cela, l'aile droite s'abaisse, l'aile gauche s'élève.

12° R. Owen. — Le mouvement à droite ou à gauche se fait principalement par une inégalité dans les vibrations des ailes. Pour tourner à droite, l'aile gauche doit être pliée avec plus de fréquence et plus de force, et vice versa.

13° Pettigrew. — Vol du fou (gannet). — S'il veut tourner à droite, il élève l'aile gauche et abaisse l'aile droite, et en même temps il porte la tête et le cou dans la direction de la courbe qu'il veut décrire (p. 318).

Dans la manière de voir adoptée par Gassendi, Borelli, Cuvier, R. Owen, l'action des ailes est complétement assimilée à celle des rames d'un bateau, le batelier manœuvrant toujours avec plus de force et de fréquence la rame du côté contraire à celui vers lequel il se dirige. Mais le phénomène est loin d'offrir cette simplicité. L'opinion moins exclusive professée par Fabrice d'Acquapendente et par Barthez nous paraît être plus voisine de la vérité.

Nous admettrons : 1° que lorsqu'une des deux ailes bat plus rapidement que l'autre, c'est toujours celle du côté opposé à celui vers lequel l'oiseau se dirige ; 2° que cette augmentation du nombre des battements n'est pas absolument nécessaire ; 3° que c'est tantôt l'une, tantôt l'autre des deux ailes qui s'élève ou qui s'abaisse au commencement du mouvement tournant, et qu'il y a par conséquent deux manières d'exécuter ce mouvement.

Supposons que l'oiseau veut tourner à droite.

Première manière. — L'oiseau étend l'aile droite, et, battant de l'aile gauche, tourne autour d'un point fixe placé à l'extrémité de l'aile droite.

Dans cette manière de voler, l'aile droite paraît toujours inclinée en avant, soit qu'elle se porte réellement en avant ou qu'elle soit seulement perpendiculaire à l'axe du corps. On peut concevoir que l'aile droite ne soit pas immobile et qu'elle exécute aussi quelques battements moins nombreux et moins forts que ceux de l'aile gauche.

On peut concevoir aussi que le nombre des battements soit le même pour les deux ailes, mais que ceux de l'aile droite n'aient que peu d'amplitude ou même que cette aile ne fasse que s'étendre et se détendre et ne s'abaisse chaque fois que très-peu.

Cette manière de tourner peut être observée principalement quand l'oiseau fait de grands circuits ou quand il suit une ligne oblique en avant.

2ᵉ manière. — On pourrait l'exprimer en termes généraux en disant que les deux ailes se placent brusquement l'une et l'autre suivant une ligne perpendiculaire à la nouvelle direction. L'aile droite s'abaisse fortement et se rabat contre le tronc; l'aile gauche au contraire se porte brusquement en avant pour se mettre en ligne avec l'aile droite; puis toutes les deux battent ensemble pour lancer l'oiseau dans la direction où il veut aller. Dans cette manière de tourner l'aile gauche se porte en avant et s'étend visiblement, tandis que l'aile droite se porte en arrière et paraît se replier. On peut l'observer quand l'oiseau change brusquement de direction et se retourne plus ou moins complétement.

Dans cette seconde manière on doit tenir compte, plus que pour la première, des déplacements du centre de gravité et du rôle de la queue comme gouvernail.

Mouvements d'arrêt.

L'oiseau lancé veut s'arrêter, soit pour se poser à terre, soit pour se poser sur une branche ou une saillie de mur ou de rocher.

Si son élan n'a pas son terme sur le point visé, il lui faut combattre la vitesse acquise et ralentir son mouvement. Il y parvient avec des battements d'ailes répétés qui seront dirigés de haut en bas dans le vol oblique, et, dans le vol horizontal, d'avant en arrière.

Si l'arrêt est moins brusque, il peut suffire de quelques battements d'ailes normaux, c'est-à-dire dirigés de haut en bas, de moins en moins énergiques.

Les battements d'ailes frappés d'arrière en avant peuvent aussi venir en aide à l'oiseau dans la locomotion terrestre pour maintenir son équilibre.

Nombre et fréquence des battements des ailes.

Le nombre des battements que font les ailes dans un temps donné varie suivant l'espèce de l'oiseau que l'on considère, suivant qu'il est au départ, en plein vol ou à l'arrivée, suivant les modifications qu'il veut imprimer à ses mouvements.

Il résulte de cette grande variété que l'on n'est encore arrivé sur ce point qu'à des appréciations insuffisantes, soit que l'on ait eu recours au calcul, aux expériences de laboratoire, ou à l'observation des oiseaux volant en liberté.

Belon s'exprime ainsi : « Il y en a qui pressent leurs ailes en volant, ayant seulement frappé l'air un seul coup. Les autres ne peuvent voler qu'ils ne meuvent souvent leurs ailes. »

Gassendi rappelle également que le nombre des battements des ailes varie suivant l'espèce de l'oiseau : « Agitationes alarum aut per longiores repetitæ, ut milvis, aut crebro, ut fit à columbis, aut creberrimè et per tonicum quidem motum, ut fit à genere falconum maximeque a collario laniove. »

Borelli n'en dit rien, mais il emploie le mot alarum vibratio.

Silberschlag dit que l'aigle pour voler frappe 3 coups par seconde, mais que le canard fait vibrer ses ailes comme un hanneton.

Barthez admet un vol précipité et très-violent, où l'oiseau donne à ses ailes des mouvements si précipités et si rapides qu'il ne peut diminuer que très-faiblement l'extension des ailes à chaque fois qu'il les relève.

Le pigeon, lorsqu'il s'élève, agite ses ailes avec une trépidation très-sensible. Le milan, lorsqu'il plane, donne à ses ailes un mouvement peu sensible, mais fréquent de trépidation. A part cela, Barthez ne dit nulle part que la répétition très-rapide des mouvements des ailes soit la condition nécessaire du vol.

Cuvier emploie à plusieurs reprises le mot vibration en parlant des ailes.

Bishop, à l'aide du calcul, a trouvé pour l'hirondelle 15 battements par seconde, pour le pigeon 15, pour le condor 7 à 8. Mais, ajoute-t-il, l'observation ne donne pour le pigeon que 5 battements, et 2 à 3 pour le condor.

Strauss-Durckheim trouve par le calcul qu'un battement par seconde ne serait pas suffisant pour permettre à un oiseau de soutenir un vol ascendant, il ajoute qu'un oiseau de proie pour rester en place devrait faire au moins 10 battements par seconde.

Marey a trouvé dans ses expériences que la buse fait 3 battements par seconde, ce qui rappelle le nombre 3 que Silberschlag a trouvé pour l'aigle par le calcul et le nombre 2 ou 3 que l'observation donne à Bishop pour le condor; 5 pour la chouette, 5 3/4 pour le busard, 8 pour le pigeon, 9 pour le canard sauvage, 13 pour le moineau. D'autre part il a trouvé que la durée de la descente de l'aile est toujours plus grande que celle de l'ascension, tandis que les auteurs précédents ont admis que l'aile s'abaisse plus vite qu'elle ne se relève.

Ces divers résultats doivent être conservés comme des renseignements utiles, mais il est évident qu'ils ne peuvent pas suffire pour nous faire connaître les mouvements exécutés par un oiseau volant en liberté.

Résistance de l'air. — Comment l'oiseau l'utilise.

Comment l'air fournit-il aux ailes un point d'appui? Il y a là un phénomène complexe qui dépend du concours de plusieurs éléments qui n'ont pas tous, il est vrai, la même importance, mais dont aucun ne peut être omis.

1° L'aile appuie sur l'air par une surface d'une grande étendue. Si l'aile fendait l'air par son tranchant, elle ne trouverait pas de point d'appui ; mais elle en trouve un parce qu'elle presente au fluide aérien toute sa largeur. Fabrice d'Acquapendente a très-bien exprimé cela en rappelant qu'un linge déployé abandonné dans l'air ne tombe qu'avec lenteur.

L'aile en s'abaissant trouve dans l'air une résistance à cause de la largeur de sa surface. La portion d'air qu'elle refoule trouve elle-même une résistance dans la masse d'air environnante, ce qui a fait dire, sans doute avec beaucoup d'exagération, que les choses se passaient comme dans un vase clos. Ainsi retenu par l'air environnant, cette portion d'air refoulé ne peut s'échapper qu'en s'écoulant le long des bords de l'aile, et le temps de cet écoulement pourrait mesurer la durée de la résistance que l'aile éprouve. On peut facilement apprécier la résistance de l'air en maniant un éventail, mais il y a cette différence que la main qui tient l'éventail est fixe, tandis que l'oiseau est mobile.

Plus le mouvement de l'aile est rapide, plus la résistance de l'air augmente. Cette résistance est donc en raison de la surface de l'aile et de la rapidité de son mouvement. Elle croît avec le carré de la vitesse.

Il faut aussi considérer que la pression ne dure que très-peu de temps. Car la résistance de l'air n'est pas comparable à celle d'un corps solide, c'est-à-dire que l'air cède plus ou moins; c'est, pour employer une image encore très-éloignée, comme un sable mouvant qui s'enfonce sous le pied tout en offrant encore une certaine résistance; on peut encore comparer l'oiseau à un sauteur s'élançant d'un point d'appui dont l'équilibre est instable; les pieds en quittant cet appui le repoussent plus ou moins derrière eux.

2° L'aile est creuse en dessous, elle a la forme d'une cloche (cucurbita), suivant Fabrice d'Acquapendente. Il en résulte que l'air qu'elle refoule est mieux embrassé, qu'il est comme emprisonné, et que son écoulement est moins rapide, puisqu'il se fait en sens inverse de l'inclinaison des bords de l'aile.

3° L'aile en s'abaissant, comme le pensait Fabrice d'Acquapendente, ferait le vide au-dessus d'elle et condenserait l'air qui est au-dessous.

Cela serait vrai si l'abaissement de l'aile était réel, au lieu qu'il n'est en grande partie qu'apparent. Car l'abaissement réel, correspondant au faible recul de l'aile pendant la durée du mouvement, n'a que peu d'étendue. Ce n'est pas l'aile qui se meut sur le corps de l'oiseau considéré comme un point fixe, mais le corps de l'oiseau qui est mis en mouvement par l'aile fixée par la résistance de l'air; l'oiseau grimpe dans l'air comme un gymnaste qui parcourt toute la hauteur d'une échelle par la seule force des bras en se lançant d'un échelon à un autre, en sautant avec ses bras d'échelon en échelon; l'oiseau fait ainsi, prenant appui sur l'air avec ses ailes comme le gymnaste prend appui sur l'échelon avec ses mains, il saute et progresse à chaque coup d'ailes.

Puisque c'est le corps de l'oiseau qui est mis en mouvement, le vide se fait, non pas au devant et au-dessus, mais en arrière et au-dessous de lui; la condensation se fait, non pas en arrière et au-dessous, mais en avant et au-dessus. Il y a là par consé-

quent un obstacle à vaincre, tandis que, dans la théorie de
Fabrice d'Aquapendente, la condensation de l'air serait une des
causes principales du mouvement progressif de l'oiseau.

4° L'air condensé, refoulé par la pression de l'aile, revien-
drait par son élasticité et emporterait l'oiseau dans son mouvement. Toute la théorie de Borelli repose là-dessus. Mais
Barthez a fait voir que s'il ne faut pas absolument négliger ce re-
tour élastique de l'air, on ne doit pas non plus lui donner trop
d'importance. Nous devons seulement voir dans cette élasticité
et dans les ondulations qu'elle produit une des causes qui viennent augmenter la résistance de l'air.

5° On doit tenir compte de la manière dont l'air est frappé.

L'aile se compose de plusieurs parties : l'éventail formé par
l'avant-bras et les rémiges secondaires (rémiges antibrachiales),
rattaché au flanc de l'oiseau par la membrane axillaire et les
rémiges tertiaires (rémiges axillaires) ; le fouet formé par la
main et les rémiges primaires (rémiges digitales et métacarpiennes), et dont la largeur peut être augmentée à sa base par les
rémiges bâtardes (rémiges de l'appendix).

Les mouvements de l'appendix dépendent entièrement de la
volonté de l'animal. S'il écarte l'appendix de l'axe de la main,
les rémiges bâtardes se projettent au delà du bord antérieur de
l'aile ; s'il rapproche l'appendix de l'axe de la main, les rémiges
bâtardes se cachent, et ne servent plus qu'à donner plus de résistance à ce bord antérieur ; cette dernière position est celle
qu'elles affectent habituellement dans le vol ramé ; aussi leur
rôle est-il principalement relatif au vol à voile.

Le fouet et l'éventail sont toujours dans une dépendance réciproque, l'avant-bras ne pouvant pas s'étendre sur le bras sans
que la main ne s'étende sur l'avant-bras, et l'avant-bras ne
pouvant pas être replié sur le bras sans que la main ne se replie
sur l'avant-bras. L'aile s'étend en même temps qu'elle s'abaisse
et par conséquent ces deux régions frappent l'air en même temps,
mais elles ne le frappent pas de la même manière. Le fouet a la
forme d'un triangle, l'éventail a la forme d'un trapèze. Les rémiges du fouet sont dirigées obliquement en dehors et même
les rémiges digitales sont presque parallèles au grand axe de
l'aile, tandis que les rémiges de l'éventail deviennent seulement
perpendiculaires à l'avant-bras ; les rémiges du fouet sont plus
longues et plus fortes que celles de l'éventail. Nous verrons en

outre que ces deux régions n'offrent pas la même inclinaison.

Le fouet a moins de largeur, il agit principalement comme un levier d'une grande longueur et d'une grande puissance ; l'éventail, considéré comme un levier, n'a plus la même longueur ni la même puissance, mais il agit principalement en raison de l'étendue de sa surface.

La base de l'éventail est réunie au flanc par la membrane axillaire ; de là vient que l'éventail englobe l'air et le refoule sous l'aisselle, ce qui augmente la résistance ; l'air ne s'écoulant qu'en partie par les bords et l'extrémité de l'aile, une partie de cet air pressée contre le flanc soulève et pousse le corps de l'oiseau.

Une aile qui n'agirait que par l'éventail serait capable de soulever l'oiseau et de lui communiquer un mouvement progressif, mais c'est avec le fouet qu'elle donne le coup sec, rapide, instantané qui produit un véritable saut et qui lance l'oiseau dans l'air. Chez les martinets, qui peuvent être considérés comme les meilleurs voiliers de tous les oiseaux, l'éventail est presque anéanti et l'aile est presque tout entière formée par le fouet ; mais ce sont des oiseaux d'un faible poids ; chez les oiseaux de proie, dont le poids est bien plus considérable, l'éventail n'est pas moins développé que le fouet.

Pour bien comprendre comment le coup d'ailes est donné, nous devons nous rappeler la manière dont le saut se produit. Pour cela, deux systèmes de muscles antagonistes se font équilibre. Ils sont l'un et l'autre au plus haut degré de tension. Tout à coup l'un d'eux se détend, lâche tout pour ainsi dire, et l'autre système agit avec toute l'énergie qu'il employait à vaincre la force opposante qui vient de se dérober. Chez l'oiseau, l'antagonisme existe entre les muscles qui relèvent l'aile et la tournent en dehors d'une part, et d'autre part les muscles qui l'abaissent et la tournent en dedans. La puissance du second système l'emporte beaucoup sur celle du premier. Tant que le releveur de l'aile lutte encore contre l'abaisseur, il n'y a qu'un simple abaissement avec ou sans rotation, mais, au moment où le releveur se dérobe, il y a un coup sec, instantané, l'oiseau saute et se lance.

Nous sommes ainsi amené à concevoir deux temps dans le mouvement de l'aile qui s'abaisse : 1° un temps préparatoire où l'oiseau cherche son point d'appui ; 2° un temps complétement actif où l'aile agit avec toute son énergie.

Ceci nous explique pourquoi l'aile avant de frapper se relève plus ou moins et se porte plus ou moins en avant. La comparaison de Barthez avec un nageur qui ramasse l'eau de sa main est excellente ; l'aile porte d'abord son extrémité sur le point où elle veut ramasser l'air ; elle se relève pour ramasser le plus d'air possible, elle se porte en avant pour prendre son point d'appui le plus en avant possible (ce qui est surtout utile dans le vol oblique en avant et dans le vol contre le vent). C'est après ce temps préparatoire que le coup sec est donné, mais si l'oiseau ne veut donner qu'un coup rapide, instantané, le temps préparatoire devient inutile, et l'aile se relève à peine avant de frapper.

D'ailleurs l'oiseau varie et gradue ses mouvements qui sont toujours soumis à sa volonté. Le coup sec peut être donné à tous les degrés d'abaissement de l'aile, soit lorsqu'elle est encore très-relevée, soit lorsqu'elle atteint le plan horizontal. Dans tous ces cas, lorsque les deux ailes agissent avec une force égale, la direction du mouvement est toujours la même, parce que la résultante passe toujours par l'axe du corps de l'oiseau.

6° Pendant que l'aile s'abaisse, il y a une rotation plus ou moins prononcée de l'humérus qui tend à abaisser le bord antérieur de l'aile et à relever le bord postérieur. L'effet de cette rotation n'est pas aussi prononcé qu'on pourrait le croire ; il est en partie corrigé par la rotation de l'avant-bras, qui se fait en sens inverse et qui a pour résultat d'abaisser les extrémités des rémiges qui forment le bord postérieur de l'aile.

Par suite de la rotation de l'humérus, la face inférieure de l'aile, qui d'abord regardait en avant, devient de plus en plus horizontale, et à la fin elle regarde légèrement en arrière. Cette rotation commence donc par favoriser le mouvement ascendant de l'oiseau et concourt ensuite à le pousser en avant.

C'est par l'inclinaison de la face inférieure de l'aile en arrière que Borelli cherchait à expliquer comment l'oiseau se porte en avant par des battements d'ailes frappés de haut en bas ; mais il attribuait cette inclinaison à la pression que l'air exerce de bas en haut sur les rémiges, tandis que c'est dans la rotation totale de l'aile qu'il faut en chercher la cause, les rémiges étant trop solidement attachées pour que l'angle qu'elles font avec l'avant-bras puisse varier à ce point.

Pettigrew, qui pense que la face inférieure de l'aile regarde en avant pendant toute la durée de l'abaissement, admet cette rotation, mais il croit qu'elle est tout au plus capable de rendre l'aile plus horizontale et ne saurait avoir pour résultat de la tourner en arrière. Il y a là certainement une exagération, car il est impossible de comprendre que des coups toujours donnés d'arrière en avant puissent produire une impulsion dans ce sens. On conçoit bien que de tels coups soutiennent l'oiseau, ou même le soulèvent, mais non qu'ils aient par eux-mêmes le pouvoir de le faire avancer, et le mouvement progressif dans cette théorie ne peut plus être expliqué que par une transformation du mouvement ascendant imprimé par les ailes, transformation que l'on ne saurait accepter dans les cas où il s'agit d'un vol rapide et direct.

7° L'aile se comporte à la manière d'un cerf-volant. Cette proposition, sur laquelle Pettigrew insiste beaucoup, contient une grande part de vérité. Les ailes et la face ventrale du corps représentent la surface du cerf-volant, le poids de l'oiseau et sa vitesse remplacent la force de traction exercée par la corde. Il est facile de voir là une des causes du mouvement ascendant de l'oiseau et de sa suspension dans le fluide aérien, mais on y chercherait en vain l'explication de son mouvement progressif.

8° L'aile est tordue sur elle-même comme une hélice. Le fait en lui-même est incontestable. Mais faut-il en conclure avec Pettigrew que l'aile agit comme une hélice ? Il faudrait pour cela que l'aile tournât toujours dans le même sens en décrivant des cercles complets, ce qui n'a pas lieu, puisqu'au contraire elle reste toujours dans la même moitié d'une sphère idéale, s'écartant du tronc et s'en rapprochant par un va-et-vient continuel.

9° Une fois le mouvement commencé, un courant d'air existe pour l'oiseau par le seul fait de sa translation. Par suite de ce courant qui est en sens inverse du mouvement de l'oiseau, l'air présente un point d'appui plus solide. Ce courant n'est pas seulement efficace pour l'aile qui s'abaisse, il l'est aussi pour l'aile qui se relève, comme Liais l'a démontré. Il est d'autant plus efficace pour soutenir l'oiseau que celui-ci se meut avec plus de vitesse.

10° Les mouvements des ailes engendrent des courants d'air

qui contribuent à soutenir et à pousser le corps de l'oiseau. Pettigrew démontre l'existence de ces courants en faisant mouvoir son aile artificielle dans une chambre dont l'air est rempli de duvet.

11° Le poids du corps contribue aussi à la locomotion aérienne comme s'il s'agissait d'un projectile quelconque, soit en aidant à vaincre la résistance de l'air, soit en contribuant à transformer le mouvement ascendant en un mouvement oblique ou horizontal, soit en assurant l'équilibre des forces qui meuvent l'oiseau.

Toutes les circonstances que nous venons d'examiner contribuent à suspendre ou à élever le corps de l'oiseau en utilisant la résistance de l'air pendant l'abaissement des ailes. Quand l'aile se relève, tout est au contraire disposé pour éviter cette résistance. Ainsi l'aile fend l'air par son bord antérieur; sa face supérieure se laisse déprimer; l'air glisse facilement sur cette face qui est convexe, et dont le versant postérieur s'incline en bas. Chez certains oiseaux les rémiges peuvent tourner sur leur axe de manière à laisser passer l'air dans leurs intervalles, comme par autant de portes, suivant l'expression de Barthez.

Enfin il faut observer que, dans l'intervalle de deux coups d'ailes, le corps tend à descendre plus vite que les ailes, et que celles-ci tendent à se relever par le seul effet de la pression de l'air.

Mouvements des ailes. — Nous allons traiter avec plus de détail ce sujet, que nous n'avons encore touché que d'une manière incidente.

L'aile des oiseaux peut se mouvoir dans tous les sens. Elle peut se porter en avant ou en arrière, s'élever, s'abaisser et tourner sur son grand axe, soit de dehors en dedans, soit de dedans en dehors. Les deux mouvements fondamentaux sont l'élévation et l'abaissement, mais ils se combinent avec les autres à tous les moments de la révolution de l'aile. Ainsi, au commencement de son abaissement, l'aile se porte en avant, à la fin de son abaissement, elle se porte en arrière; au commencement de son abaissement, elle tourne sa face inférieure en avant; à la fin de son abaissement, elle la tourne légèrement en arrière; en se relevant elle tourne sa face inférieure en avant et se dirige d'arrière en avant; enfin l'aile en s'abaissant se porte en dehors jusqu'à ce qu'elle ait atteint le plan horizontal; au delà de ce plan elle se porte en dedans.

Disons d'abord que dans les mouvements de l'aile, il faut toujours distinguer ceux que son grand axe (ou axe longitudinal) exécute autour de la jointure de l'épaule considérée comme charnière, c'est-à-dire les mouvements en haut, en bas, en avant, en arrière, en dedans et en dehors, et ceux que le petit axe (ou axe transversal) exécute autour du grand axe, c'est-à-dire les mouvements de rotation.

On est généralement porté à croire que, lorsque l'aile s'abaisse pour faire progresser l'oiseau en haut et en avant, elle frappe l'air de haut en bas et d'avant en arrière. Fabrice d'Acquapendent compare le mouvement de l'aile à celui d'une rame et à celui des bras d'un nageur. Vicq d'Azyr distingue trois temps dans le vol : « Dans le premier, l'aile se porte en avant et en haut et se développe ; dans le second, l'aile encore étendue s'abaisse fortement et se porte obliquement en arrière ; dans le troisième, l'humérus est rapproché des côtes, l'avant-bras et le doigt sont fléchis : la vitesse de l'oiseau diminue, et il se meut par le secours de celle qu'il vient d'acquérir. » Barthez pense que les mouvements des oiseaux pour le vol sont analogues à ceux qu'exécutent les bras de l'homme lorsqu'il s'en sert pour nager ; il dit que, dans le vol, l'aile est d'abord portée en haut et en avant par les muscles releveurs, pour pouvoir parcourir un plus grand espace dans son abaissement et trouver ainsi plus de résistance dans l'air, et qu'ensuite elle s'abaisse et se porte en arrière. Plus récemment, R. Owen s'exprime ainsi « Un coup donné de haut en bas ne produirait que l'ascension de l'oiseau ; pour le pousser en avant, les ailes doivent se placer obliquement de manière à frapper en arrière et en bas. A downward stroke would only tend to raise the bird in the air ; to carry it forward the wings require to be moved in an oblique plane, so as to strike backwards as well as forwards. » (*l. c.* p. 115.)

D'un autre côté, Borelli soutient que l'aile en s'abaissant frappe toujours directement de haut en bas, mais qu'en même temps les rémiges sont relevées par la pression de l'air, ce qui donne à la face inférieure de l'aile une certaine obliquité, et il explique ainsi comment les ailes en frappant l'air de haut en bas impriment à l'oiseau un mouvement en haut et en avant.

Strauss-Durckheim a dit à son tour que l'aile en s'abaissant se porte en avant (dans un plan plongeant en avant) et non en arrière. Pettigrew et Marey soutiennent la même opinion ; mais

Strauss-Durckheim et Marey pensent que l'aile en s'abaissant tourne sur son grand axe de telle sorte que sa face inférieure regarde de plus en plus en arrière, tandis que Pettigrew affirme que l'aile, soit qu'elle s'abaisse, soit qu'elle se relève, présente toujours sa face inférieure en avant.

C'est entre ces opinions contradictoires qu'il nous faut chercher la vérité.

Rappelons d'abord que dans toutes ces discussions c'est toujours le vol oblique en haut et en avant que l'on considère. Or, dans ce cas, ainsi que nous l'avons dit plus haut (p. 521), l'aile se porte d'abord en avant pour prendre son point d'appui ; ensuite elle donne le coup sec, et alors elle s'incline en arrière, puisque, s'il en était autrement, le corps de l'oiseau ne pourrait pas progresser. Ainsi, dans le mouvement qui fait sauter l'oiseau, l'aile se porte d'avant en arrière, ou mieux le corps de l'oiseau se porte d'arrière en avant par rapport à l'extrémité de l'aile considérée comme un point fixe ; mais, dans le mouvement préparatoire, l'aile se porte en avant. Barthez et Vicq-d'Azyr semblent d'ailleurs indiquer cette distinction lorsqu'ils disent que l'aile avant de frapper se porte d'abord en haut et en avant, et Strauss-Durckheim a soin de la faire lorsqu'il corrige ainsi sa première assertion : « J'ai dit aussi plus haut que le plan dans lequel les oiseaux mouvaient leurs ailes était oblique de haut en bas et en avant ; cela n'est ainsi que pour ce qui a rapport à la direction moyenne que les ailes prennent en s'abaissant et en se relevant. En réalité, un point quelconque de ces organes, leur extrémité, ou bien leur centre de force, décrit une ellipse très-allongée, dont le grand axe est dans le plan dont j'ai parlé ; c'est-à-dire que l'oiseau, en abaissant ses ailes, les étend en même temps fortement en avant, pour gagner sur l'espace ; et appuyant ensuite, après qu'elles sont arrivées à leur position moyenne, plus fortement sur l'air, en les portant en arrière, pour s'élancer en avant, et, en les relevant, il leur fait décrire un arc concave en avant, afin de les ramener de nouveau à leur position primitive, où l'oiseau recommence le mouvement. » *Théol. de la Nat.*, t., I, p. 316. Il cite comme exemple les oiseaux qui volent un peu lentement, tels que les corbeaux.

D'un autre côté, l'examen de l'articulation nous montre que si au moment où l'aile s'abaisse le grand axe de la tête humérale reste parallèle au grand axe de la cavité glénoïde, l'aile se porte nécessairement en avant ; mais cette position ne peut être conservée qu'autant que la contraction n'a lieu que dans la partie antérieure du grand pectoral ; car du moment où les fibres postérieures du grand pectoral se contractent l'aile est obligée de s'incliner en arrière.

Voilà donc un premier fait acquis : *l'aile en s'abaissant se porte d'abord plus ou moins en avant pour choisir son point d'appui, et ensuite elle frappe de haut en bas et d'avant en arrière le coup brusque, instantané, qui fait sauter l'oiseau.*

En frappant ce coup, l'aile tourne-t-elle, comme le veut Pettigrew, sa face inférieure en avant? Il nous est impossible d'admettre cette théorie. Le coup ainsi frappé ferait reculer l'oiseau, ou le ferait simplement monter, ou ralentirait son mouvement; mais, pour le lancer en avant comme une flèche, il faut un coup vigoureux frappé d'avant en arrière. D'ailleurs le grand pectoral, en se contractant, fait tourner l'aile autour de son axe longitudinal, et cette rotation est d'autant plus grande que la contraction du muscle est plus complète et que son action est moins balancée par celle des muscles antagonistes. Cette rotation résulte aussi de la disposition que présente la tubérosité interne de l'humérus dont le crochet embrasse la lèvre scapulaire de la cavité glénoïde et décrit une courbe au contact de cette lèvre pendant le mouvement d'abaissement.

Voilà par conséquent un second fait acquis : *Lorsque l'aile commence à s'abaisser, sa face inférieure regarde en avant ; mais, à mesure qu'elle s'abaisse, cette face inférieure se tourne d'abord de plus en plus directement en bas, et ensuite de plus en plus en arrière.*

Est-ce à dire pourtant que l'observation ne puisse pas montrer des battements d'ailes assez réguliers où la face inférieure reste dirigée en avant pendant tout le temps de l'abaissement? Cela se voit très-bien sur des oiseaux qui volent dans un espace restreint sans prendre leur essor, sur des oiseaux dont les pieds touchent encore la terre, sur ceux qui veulent s'arrêter ou seulement modérer leur vol. Mais il n'en est plus ainsi pour un oiseau qui se lance dans l'espace.

Ce sont probablement des faits de ce genre qui ont déterminé l'opinion de Pettigrew et aussi celle de d'Esterno. Ce dernier pense que l'aile frappe toujours de haut en bas et que l'oiseau change

le mouvement ascensionnel en un mouvement horizontal, soit en
portant en avant son centre de gravité, soit par l'inclinaison de
sa queue.

Il n'est pas besoin de démontrer que l'aile en s'abaissant
s'écarte du corps de l'oiseau jusqu'à ce qu'elle ait atteint le
plan horizontal, mais qu'après avoir dépassé ce plan, elle se
rapproche du thorax contre lequel l'humérus est de plus en
plus serré par l'action du grand pectoral.

Le coup donné, l'aile se replie, ou du moins elle se détend.
Puis elle s'élève de nouveau et en même temps elle se déploie.
En se repliant sous l'action des ligaments élastiques, des
muscles rétracteurs de l'humérus, des muscles fléchisseurs ou
adducteurs de l'avant-bras et de la main, elle s'incline en arrière. En se déployant et s'élevant de nouveau elle se porte en
avant. En se repliant elle se rapproche du corps ; en se déployant elle s'éloigne du corps jusqu'à ce qu'elle ait atteint le
plan horizontal ; au-dessus de ce plan, elle se porte en dedans.
Ces mouvements peuvent être plus ou moins prononcés, plus ou
moins étendus ; mais, soit que l'aile se replie complétement ou
ne fasse que légèrement se détendre, soit qu'elle s'élève à peine
au-dessus du plan horizontal ou qu'elle devienne presque verticale, c'est toujours le même mécanisme.

Lorsque l'aile se replie, sa face inférieure regarde en avant et
plus ou moins en dedans ; la portion de cette face qui correspond au fouet de l'aile se trouve, par suite du jeu de l'articulation, regarder, soit un peu moins en dedans, soit un peu plus en
avant que l'éventail proprement dit. Pendant que l'aile s'élève
et se déploie, la face inférieure reste inclinée en avant, mais
les muscles rotateurs de l'aile en dedans veillent à ce qu'en
même temps elle regarde toujours en bas. La forme de l'articulation scapulo-humérale concourt aussi à ce résultat, puisque le
grand axe de la cavité glénoïde est oblique de bas en haut et
d'arrière en avant.

Voilà donc encore un troisième fait acquis : *Pendant que l'aile
se relève, elle se dirige en haut et en avant et sa face inférieure regarde en avant et en bas.*

Enfin l'aile *se tord et se détord.* Cette proposition, énoncée
par Pettigrew, est l'exacte expression de la vérité. On peut la
déduire directement de la description que nous avons donnée
du jeu des articulations et des mouvements exécutés par les

différents segments de l'aile pendant qu'elle s'étend et qu'elle se replie. L'aile se tord en se repliant ; elle se détord en s'étendant.

A l'aide de ces données, nous pouvons chercher à construire la figure que décrit dans l'espace, pendant la révolution de l'aile, un point quelconque de son grand axe ou un point quelconque de son petit axe.

Voyons d'abord pour le grand axe. Strauss-Durckheim pense que c'est une ellipse dont le grand axe est dirigé de haut en bas et d'arrière en avant. Il résulterait de là que l'aile en se relevant se dirigerait en arrière, ce qui n'est pas et ne peut pas être, puisque le muscle releveur de l'aile (moyen pectoral de Vicq-d'Azyr) tire l'aile en avant et que la forme de la cavité glénoïde montre que la tête humérale roule dans ce dernier sens. Marey, dans son deuxième mémoire, professe la même opinion que Strauss-Durckheim. Dans son premier mémoire, il avait donné une figure un peu différente. C'est une ellipse à peu près verticale, dont la partie antérieure et supérieure est formée par une courbe rentrante, d'où il résulterait que l'aile décrirait en s'abaissant d'abord une courbe concave en avant, puis une courbe concave en arrière, et, en se relevant, une courbe concave en avant. Mais cette figure serait tout artificielle et sa forme bizarre tiendrait à une erreur de calcul.

Pettigrew dit d'une part que le bout de l'aile de l'oiseau décrit une ellipse (*The top of the bird's wing describes an ellipse*, p. 329). D'autre part, il affirme que c'est un 8, p. 334. Il dit enfin, p. 335 et p. 342, que l'aile se dirige en bas et en avant lorsqu'elle s'abaisse, en haut et en avant lorsqu'elle se relève (downwards and forwards during the down stroke, upwards and forwards during the up stroke). Or, ce ne peut pas être à la fois une ellipse et un 8, même en admettant que ce serait une ellipse pour le bout de l'aile et un 8 pour le moignon. D'un autre côté, ce n'est pas une ellipse régulière si l'aile se dirige en avant pendant son élévation aussi bien que pendant son abaissement. Et en effet Strauss-Durckheim et Marey, pour avoir une ellipse régulière, sont obligés d'admettre que l'aile en se relevant se dirige en arrière.

Pour avoir le 8, il faut que l'aile, après s'être portée en avant pendant son élévation, retourne en arrière avant de s'abaisser. Cela n'est pas impossible, mais la boucle supérieure du 8 est nécessairement très-petite. On peut admettre que la chose se passe ainsi dans des mouvements très-précipités où l'aile en se relevant se porterait trop en avant; un recul deviendrait alors nécessaire pour qu'elle prît la direction la plus favorable à son abaissement.

Ainsi nous n'admettons pas l'ellipse inclinée en bas et en avant de Strauss-Durckheim et de Marey; nous n'admettons le 8 de Pettigrew qu'à titre d'exception. Quelle figure adopterons-nous donc?

Puisque l'aile en s'abaissant se porte d'abord en avant, le commencement de l'abaissement doit être représenté par une courbe convexe en avant et dirigée en avant. Puisque ensuite l'aile se porte en arrière, la courbe prendra une direction antéro-postérieure jusqu'à la fin de l'abaissement. La courbe continuera à se diriger en arrière en remontant un peu pour indiquer le temps pendant lequel l'aile se replie, puis elle se dirigera de nouveau en avant pour rejoindre le point de départ; si elle dépasse ce point de départ, elle retournera en arrière et décrira une petite boucle avant de reprendre sa direction en avant et en bas.

La forme de cette figure variera suivant que l'un des temps de la révolution de l'aile dominera sur les autres. Par exemple, plus le mouvement sera vertical, plus la figure se rétrécira dans le sens antéro-postérieur; plus au contraire le mouvement sera horizontal, et plus la ligne s'allongera dans ce sens; si les mouvements n'ont que peu d'étendue en tous sens, elle se rapprochera d'un cercle.

Mais cette figure n'exprime qu'une partie de la vérité; car on y fait abstraction de la quantité dont l'aile s'écarte du corps et de celle dont elle s'en rapproche. A ce point de vue Pettigrew a très-bien dit que l'aile se meut sur la surface d'une sphère; seulement, au lieu d'une sphère, il vaut mieux se borner à dire un sphéroïde, et il faut en même temps ajouter que la courbe que l'aile décrit en s'abaissant et celle qu'elle décrit en se relevant ne sont pas situées dans le même plan vertical.

Voyons maintenant quelle est la figure décrite par un point quelconque du petit axe. Suivant Pettigrew, c'est un 8. Suivant l'opinion la plus générale, adoptée par Strauss-Durckheim et Marey, et que nous soutenons aussi, ce serait un arc de cercle tournant sa concavité vers le grand axe. Le point du petit axe dont nous parlons oscillerait entre les deux extrémités de cet arc. Ce point du petit axe a donc deux mouvements, un mouvement d'oscillation entre les deux extrémités d'un arc de cercle, et un mouvement de révolution où il est entraîné avec la totalité de l'aile.

Il est évident que le mouvement d'oscillation ne se fait pas dans le même sens pour le versant antérieur de l'aile que pour le versant postérieur, et aussi que l'arc d'oscillation se trouve placé dans des plans différents pour les divers segments de l'aile et aux divers moments de la révolution de l'aile. Ces différences dépendent aussi du degré de torsion ou de détorsion de l'aile.

Forme de l'aile. — Centre de force. — On s'accorde généralement à dire que l'aile considérée dans son ensemble a la forme d'un long triangle. Mais ceci n'approche de la vérité que lorsque l'aile est complétement étendue. Lorsqu'elle se replie, elle se divise en trois segments et le fouet seul conserve la forme triangulaire. De plus, l'aile est plus ou moins tordue sur son axe. Pettigrew, qui a surtout insisté sur cette torsion (p. 328), en conclut qu'elle a la forme d'une hélice, mais il ajoute qu'elle agit de la même manière, ce qui nous paraît moins exact.

En ramenant la forme de l'aile à celle d'un triangle, on a cherché à déterminer géométriquement le point où s'applique la résultante de toutes les pressions qu'elle exerce sur l'air en le frappant. C'est ce que Silberschlag a nommé le centre d'oscillation (*centrum oscillationis*), et Strauss-Durckheim le centre de force. Il est situé sur les tuyaux des rémiges, en arrière de l'articulation du poignet.

Puissance du coup d'ailes. — Il est à peu près impossible de déterminer exactement la force déployée par l'aile quand elle frappe. Pour l'homme, il y a deux manières d'apprécier la force des bras ; l'une consiste à faire porter un poids soit avec les bras tombant le long du corps, soit à bras tendu ; l'autre manière consiste à faire donner un coup violent sur un dynamomètre. La seconde méthode ne pouvant pas être employée avec un oiseau, on est obligé de s'en tenir à la première ou d'avoir recours à des moyens détournés.

Marey a cherché à mesurer cette force directement en mettant un oiseau sur le dos et en plaçant des poids sur ses ailes. Il a trouvé que l'aile d'un pigeon peut être immobilisée par un poids de 1 kilogramme placé aux environs de l'articulation du bras avec l'avant-bras. D'autre part en suspendant, chez une buse, au bout de l'humérus dénudé et en tétanisant par un courant électrique le grand pectoral, il n'a pas pu soulever plus de 2 kilogrammes. Il conclut de là que la force déployée par le grand pectoral n'est pas supérieure à 12 kilogr. 600 grammes, et il part de ce point pour établir, après une série de calculs, que la force musculaire de l'oiseau n'est pas de beaucoup supérieure à celle de l'homme (1ᵉʳ *Mém.*, p. 85).

De Lucy (cité par Marey p. 106) s'est occupé d'établir par des mesures le rapport du poids des muscles pectoraux au poids du corps. Il a vu que la surface des ailes ne croît pas en raison du poids de l'oiseau et que les petits oiseaux ont, relativement à leur poids, des ailes beaucoup plus étendues que les gros oiseaux.

Harting (*Arch. néerlandaises,* 1869) a cherché le rapport qui existe entre le poids des muscles pectoraux et la surface des ailes. p étant le poids, a la surface, il a trouvé que le rapport était $\dfrac{\sqrt{a}}{\sqrt{3p}}$ et le calcul lui a donné des chiffres peu différents pour un certain nombre d'oiseaux.

Presque tout le monde a considéré comme une exagération l'assertion de Borelli, qui veut que les ailes soient capables de soulever un poids égal à dix mille fois celui du corps. Cependant Bishop l'a acceptée.

Le cygne peut donner un coup d'aile assez fort pour casser la cuisse d'un homme, suivant Buffon, ou pour abattre un aigle, suivant Aldrovande.

Le raisonnement nous dit que les ailes doivent être au moins capables d'élever un poids supérieur à celui du corps (Borelli). L'expérience nous démontre qu'elles supportent certainement un poids supérieur à plusieurs fois celui du corps. Mais combien de fois? c'est là ce qui n'a pas encore été démontré et ne pourra l'être probablement que dans d'assez larges limites.

L'expérience de Marey, que nous avons relatée plus haut, n'est pas concluante, parce qu'on s'y place dans des conditions contraires à celles qui existent dans la nature. On y suppose que l'aile prend son point d'appui sur le corps de l'oiseau pour soulever un poids que l'on place plus ou moins près de son extrémité distale, tandis que dans le vol c'est par son extrémité distale qu'elle prend appui, et le poids à soulever se trouve placé à son extrémité proximale.

Les ailes considérées comme des parachutes ou des cerfs-volants.

Fabrice d'Acquapendente a très-bien indiqué le rôle des ailes comme parachutes, et, si ce genre d'appareil avait été connu de son temps, il eût probablement employé cette expression. Il compare les ailes à un linge déployé qui, abandonné dans l'air, ne tombe qu'avec lenteur. Il montre ainsi l'oiseau descendant vers la terre les ailes étendues. Sic natura, ut volatile sine vi in aere delineatur, alas et caudam pandere, perindè cucurbitam aut latius concavumque linteum necesse fuit..... Neu que te turbet, lector, quod in descensu alas explicet et in arcum comprimat, quoniam descensus avis casus non est. Differunt enim admodum inter se decidere et demitti ut dicebat Galenus.

En se laissant tomber les ailes étendues, l'oiseau se dirige nécessairement suivant une ligne oblique. C'est une descente et non une chute, c'est, comme le dit très-bien Marey, un glissement. On peut concevoir que les ailes soient alors plus ou moins étendues, et que la rotation varie. Il peut arriver qu'elles soient presque repliées (et par conséquent incapables d'amortir la chute), mais que les plumes bâtardes soient assez écartées pour remplir ce rôle. Le plus souvent les ailes ne sont qu'à demi repliées ou simplement détendues, en sorte qu'elles offrent encore à l'air une large surface dans une grande longueur. Le bord postérieur des ailes peut alors se laisser relever par la pression de l'air, ce qui facilite la descente, ou bien les ailes peuvent tourner leur face inférieure en avant afin de rendre la descente moins rapide et en même temps plus oblique. Souvent l'oiseau descend les ailes à demi-relevées en donnant de temps en temps de petits coups qui, sans le faire remonter, ralentissent son mouvement et aussi modifient sa direction.

Le rôle de l'aile comme cerf-volant, sur lequel Pettigrew insiste tant, a le plus grand rapport avec son rôle comme parachute. Dans la chute les ailes étendues, il suffit que les ailes montrent leur face inférieure en avant pour que la chute soit ralentie, ou même pour que l'oiseau reprenne un mouvement ascendant ; si alors les ailes qui, quoique déployées, étaient néanmoins un peu détendues, donnent un coup sec en même temps qu'elles se tendent complétement, on voit l'oiseau remonter aussitôt avec rapidité comme s'il avait ricoché. C'est ce qui a lieu dans ce phénomène particulier que les fauconniers ont désigné sous le nom de *ressource*.

Mouvements de la queue dans le vol ramé.

La queue peut étaler ses plumes ou les resserrer dans un moindre espace. Elle peut s'élever, s'abaisser, s'incliner à droite et à gauche, se tordre sur son axe. En se relevant, elle redresse la partie antérieure du corps, en s'abaissant, elle la fait incliner en bas ; en se portant à droite, elle fait tourner le corps à droite, et c'est le contraire si elle s'incline à gauche ; en se tordant sur son axe, elle concourt au maintien de l'équilibre, soit qu'elle contrarie ou favorise le roulement du corps sur son axe longitudinal.

Elle joue donc bien, comme le voulait Aristote, le rôle d'un gouvernail, mais c'est un gouvernail qui se meut dans tous les sens, tandis que le gouvernail d'un navire ne va que d'un côté à l'autre. Elle agit aussi comme un balancier.

Borelli a soutenu que la queue n'avait de mouvement que de haut en bas et de bas en haut, mais son opinion n'a pas été acceptée. Barthez a bien démontré que la queue des oiseaux se meut dans tous les sens, comme d'ailleurs le fait voir l'étude de ses muscles.

Le nom de rectrices donné aux pennes de la queue est donc bien choisi. Elles le méritent surtout chez les oiseaux de proie et chez les bons voiliers tels que les hirondelles et les martinets. La queue plate a une grande puissance, mais la queue fourchue est celle qui est le mieux disposée pour servir dans un vol rapide. Elle embrasse plus d'espace avec moins de volume et moins de poids et agit par de plus longs leviers. Une queue longue et étroite, comme on l'observe chez les microglosses (du groupe des perroquets), se montre également chez des oiseaux au vol rapide.

D'autres fois (paon, faisan, lyre) les plumes de la queue prennent un grand développement sans pouvoir servir au vol. D'autres fois, comme chez les pies, elles servent à la locomotion terrestre. Chez les nageurs, elles peuvent agir dans l'eau à la manière d'un gouvernail.

DU VOL A VOILES ET DU PLANER.

Ce que nous avons dit du rôle des ailes comme parachutes nous conduit à parler du vol à voiles et du planer.

Dans le vol à voiles, l'oiseau se laisse emporter par le vent auquel il présente ses ailes plus ou moins complétement étendues. Les mouvements qu'il imprime soit à leur totalité, soit à quelques-unes de leurs parties sont exactement comparables aux manœuvres que subissent les voiles d'un navire. Il peut ainsi faire un kilomètre à la minute.

L'oiseau, dans le vol à voiles, ne fait pas les mêmes efforts que dans le vol ramé ; au lieu de donner ces coups dont l'énergie le fait bondir, il se borne à maintenir ses ailes dans la direction la plus favorable. Il ne les dispose pas comme dans le vol ramé ; au lieu de les étendre complétement, il leur donne la forme d'une ligne plus ou moins brisée (d'Esterno) ; il les tient dans un plan oblique à l'horizon, l'une au-dessus du corps, l'autre au-dessous, et se balance, les deux ailes s'élevant et s'abaissant alternativement. Il se laisse ainsi pousser dans une direction oblique à celle du vent en décrivant des cercles ou de grands arcs de cercle et en courant des bordées. S'il va contre le vent, il trouve plus de soutien, mais il avance moins vite. S'il vole vent arrière, il éprouve plus de difficulté à tourner ses ailes du côté du vent, qu'elles ne peuvent recevoir en plein que si le corps de l'oiseau fait un angle droit avec le courant d'air ; pour éviter des efforts pénibles, il peut se laisser emporter en n'employant ses ailes que comme des parachutes. Ce rôle de parachute sera celui de toute l'aile, à l'exception des rémiges digitales ; car le doigt médian peut légèrement tourner sur son axe, et les rémiges digitales fixées à ses phalanges d'une manière immobile deviennent ainsi capables de tourner leur face palmaire contre le vent. Il suit de là que, tandis que le reste de l'aile se comporte comme un parachute, les rémiges digitales se comportent comme de véritables voiles. Ajoutons que cette rotation des rémiges digitales, justifiée par l'examen anatomique, a été maintes fois observée par Jules Verreaux sur les goëlands et d'autres oiseaux marins.

Les rémiges de l'appendix, lorsqu'elles s'écartent, peuvent aussi donner prise au vent. Silberschlag admet que lorsqu'une seule aile écarte son appendix, l'oiseau tourne autour de l'autre aile.

Dans les mouvements tournants, l'oiseau pivote autour de l'aile qui donne le moins de prise au vent. S'il vole contre le vent, il tourne autour de celle qui étant plus étendue et plus étalée offre au vent plus de surface et un plus long levier ; s'il vole vent arrière, il tourne autour de l'aile qui est plus repliée. Quand il décrit des cercles, il doit changer ses ailes de position en passant du vent debout au vent arrière.

Le vol à voiles n'exclut pas d'ailleurs le vol ramé. L'oiseau vole au départ et à l'arrivée ; ensuite il donne de temps en temps des coups d'ailes, soit pour reprendre de la hauteur, soit pour rectifier sa direction ou pour rétablir son équilibre. Il frappe aussi des ailes pour accélérer sa vitesse, mais il peut encore y parvenir en se bornant à se laisser tomber obliquement pour remonter ensuite en donnant à ses ailes et à sa queue une disposition favorable.

La queue contribue pour sa part, soit comme balancier, soit comme gouvernail, à ce genre de locomotion. D'Esterno affirme que dans le vol à voiles elle est constamment élargie dans toute son étendue, tandis que, dans le vol ramé, elle serait toujours pliée, sauf au départ, à l'arrivée, et dans les mouvements tournants. Si l'oiseau vole contre le vent, elle agit de la même manière que dans le vol ramé, se relevant pour que l'avant du corps se porte en bas, s'abaissant pour que l'avant du corps se porte en haut, s'inclinant à gauche pour que l'avant du corps se porte à droite, et réciproquement, devenant oblique en se tordant pour empêcher ou favoriser au besoin le roulement du corps sur son axe longitudinal. Si l'oiseau vole vent arrière, elle se relève pour que l'avant du corps s'abaisse, et s'abaisse pour que l'avant du corps se relève ; elle concourt aussi à pousser l'oiseau en avant. Les meilleurs voiliers sont ceux qui ont la queue fourchue comme les milans.

Le vol à voile n'est pas une fonction uniforme ; l'oiseau emploie tous les moyens dont il dispose pour utiliser le vent qui le pousse ; il tient ses ailes immobiles, il les incline, il les tord ; il fait varier son centre de gravité et met à profit les mouvements de sa queue. C'est ainsi qu'il se joue dans l'air avec tant d'aisance et de liberté.

Le planer est une variété du vol à voiles où l'oiseau reste en l'air comme un cerf-volant, les ailes étendues et presque immobiles. S'il tend à descendre un léger mouvement des ailes ou de la queue suffit pour le faire remonter, et il se maintient ainsi à la même hauteur et presque à la même place pendant un temps considérable.

Dans le planer, comme dans le vol à voiles, il y a de temps en temps un battement d'ailes, ou, en d'autres termes, l'oiseau rame de temps en temps.

D'autres fois l'immobilité des ailes n'est qu'apparente ; elles sont agitées de mouvements très-petits, mais très-fréquents, qui produisent une véritable trépidation. C'est ce qui a lieu pour le milan quand il plane en décrivant de grands cercles.

Influence du vent et des courants d'air. — L'atmosphère n'est jamais complétement calme ; l'air s'y meut en formant des courants que l'on désigne aussi sous le nom de vents et qui, variant de direction et de rapidité, peuvent être superposés les uns aux autres.

En parlant du vol à voiles, il nous a été impossible de ne pas faire mention des vents et des courants d'air. Nous avons pu au contraire en faire abstraction en parlant du vol ramé. On peut concevoir en effet que le vol ramé s'exerce dans un air complétement calme.

Les vents et les courants d'air viennent modifier de certaines manières les effets obtenus par les battements des ailes. Ils leur viennent en aide soit que l'oiseau vole vent debout (c'est-à-dire contre le vent) ou vent arrière. Le vent contraire peut favoriser le vol en augmentant la résistance que l'air oppose aux battements des ailes, et, dans l'intervalle des battements, en agissant sur les ailes comme sur des voiles. Il favorise surtout l'ascension, mais, pour avancer, les rameurs sont obligés de le fendre avec énergie. Le vent arrière peut favoriser la rapidité du vol, mais il peut produire à chaque instant des perturbations que l'oiseau est obligé de corriger.

En traversant des couches d'air successives, l'oiseau peut rencontrer des courants de directions différentes. De là résulte la nécessité de varier les mouvements, soit pour vaincre la résistance opposée par le vent, soit pour profiter de son aide, soit pour maintenir l'équilibre. L'oiseau y parvient par la faculté qu'il a de modifier à chaque instant la direction des ailes et celle

de la queue, ainsi que par les changements qu'il peut faire subir
à la position du centre de gravité.

Variations du poids et du volume de l'oiseau. — La légèreté du corps est une des conditions de la locomotion aérienne.
Cette condition est réalisée au plus haut degré chez les oiseaux. A l'exception des muscles et des viscères, dont la
masse ne saurait être diminuée sans nuire à leurs fonctions, les
organes sont construits de manière à offrir le moindre poids sous
un volume donné. De plus l'air pénètre partout, dans les os,
dans les espaces interviscéraux, et même dans les espaces sous-
cutanés. Bornons-nous à dire en ce moment que la quantité
d'air emmagasiné dans ces espaces peut varier à la volonté de
l'oiseau, ce qui fait qu'il peut être tantôt plus et tantôt moins
pesant. Il peut, suivant l'expression de Barthez, graduer et diriger le refoulement de son air intérieur. Pour descendre avec
rapidité il vide ses réservoirs, pour s'élever et se maintenir en
l'air, surtout dans le vol à voiles et dans le planer, il les remplit ;
l'air emmagasiné devenant plus chaud que l'air extérieur et par
conséquent moins pesant, l'oiseau se transforme en une sorte
de ballon animé et se maintient avec moins d'efforts à de grandes
hauteurs.

Quand les réservoirs aériens sont remplis, le volume du corps
de l'oiseau est plus grand ; ce volume est augmenté d'une autre
manière quand les plumes sont écartées et peu serrées les unes
contre les autres. C'est ainsi que, suivant les observations de
Jules Verreaux, un faucon poussé par le vent semble gagner un
quart de son volume, parce que les plumes s'écartent et que la
poitrine se dilate, tandis que s'il vole contre le vent, les plumes
étant serrées par la pression de l'air et la poitrine moins dilatée
à cause de la fréquence des mouvements respiratoires, l'oiseau
semble perdre un quart de son volume.

Centre de gravité.

Nous verrons dans un autre chapitre que le centre de gravité
d'un oiseau est situé dans la moitié inférieure de l'ovoïde représenté par l'ensemble des régions thoracique et abdominale. Nous
verrons en outre qu'il reste toujours aux environs d'une ligne
qui passe près de la deuxième côte et qui coupe vers son milieu
la crête du sternum.

Borelli et ensuite Barthez ont montré que la position du centre de gravité peut varier. Il peut être transporté à quelque distance, en avant ou en arrière, ou sur les côtés de sa position moyenne. Chez certains oiseaux cette position moyenne est plus antérieure, chez d'autres elle est plus postérieure.

Suivant ces circonstances, les conditions de l'équilibre peuvent varier et il faut des efforts différents pour les maintenir.

Si, par la pensée, on réduit la masse de l'oiseau à son centre de gravité, qui est le point auquel s'applique la résultante de toutes les actions parallèles de la pesanteur, on voit que, pour mouvoir cette masse dans un sens ou dans un autre, il faut que la résultante des forces motrices des ailes et de la queue s'applique à ce centre de gravité. C'est ce qui a lieu chez les oiseaux les mieux conformés pour le vol. Si au contraire ces diverses forces ne peuvent pas s'accorder et s'harmoniser de manière à se confondre en une seule agissant sur le centre de gravité, les mouvements n'auront plus la même précision. L'oiseau ne pourra plus se lancer comme une flèche, il décrira des courbes et des crochets.

La faculté que possède l'oiseau de varier la position de son centre de gravité lui permet de modifier son vol indépendamment des mouvements des ailes et de la queue. D'Esterno insiste sur ce fait pour démontrer qu'avec un mouvement uniforme des ailes l'oiseau peut tantôt s'élever et tantôt s'abaisser.

RÉSUMÉ.

Le vol des oiseaux s'exécute suivant deux modes différents : le vol à voile et le vol ramé.

Dans le vol à voiles, l'oiseau se laisse emporter par le vent ; la direction de ses mouvements varie avec l'extension et l'inclinaison des ailes et de la queue, et avec les changements de position du centre de gravité.

Comme le vol à voile est entremêlé de battements des ailes plus ou moins fréquents, et que le vol ramé d'autre part présente quelques intermittences pendant lesquelles les ailes restent inactives, ces deux modes de locomotion n'appartiennent pas exclusivement à certains oiseaux, mais ils peuvent prédominer chez les uns ou chez les autres.

On peut ranger dans les phénomènes d'un ordre mixte le rôle

des ailes comme parachutes et ces ricochets de l'oiseau qui rebondit dans l'air, comme cela se passe pour la ressource des oiseaux de proie. On peut y rattacher aussi le rôle que les ailes jouent à titre de plans inclinés.

Le vol ramé se fait par les battements des ailes qui frappent l'air de haut en bas au moment principal du coup d'ailes. Le mouvement ainsi imprimé peut être modifié par les ailes qui ont la faculté de changer à chaque instant leur inclinaison, d'augmenter et de diminuer leur extension, par la queue qui s'étale ou se resserre, s'élève ou s'abaisse, reste droite ou s'incline, par les changements de position du centre de gravité.

Dans le vol ramé, l'oiseau saute avec ses ailes et se lance comme un projectile; presque tout dépend de la manière dont l'air est frappé par les ailes ; dans le vol à voiles il suffit de la pose qu'elles affectent par rapport à la direction du vent.

Dans la chute de l'oiseau, le rôle des ailes peut être nul, ou bien elles peuvent simplement s'étendre en parachutes.

Les mouvements tournants dans le vol ramé se font à l'aide des ailes et de la queue, en y joignant les variations du centre de gravité.

Les mouvements d'arrêt se font par des battements d'ailes qui détruisent l'effet de la vitesse acquise et par l'abaissement de la queue.

Dans les deux variétés du vol, il faut tenir compte du poids du corps que l'oiseau peut alléger par la quantité d'air qu'il emmagasine dans les vésicules aériennes, les cavités des os et les espaces sous-cutanés. Mais cet allégement exerce surtout son influence dans le vol à voiles et dans le planer.

L'équilibre résulte de la position du centre de gravité à la partie inférieure du corps et de l'harmonie qui existe sans cesse entre les mouvements des ailes et ceux de la queue.

Ces données une fois admises, nous allons essayer de les mettre en rapport avec les faits que nous révèle l'étude anatomique des oiseaux.

CONSIDÉRATIONS SUR L'APPAREIL DU VOL.

Nous avons à considérer, dans l'appareil du vol, d'une part l'appareil du vol proprement dit, et d'autre part les dispositions accessoires qui concourent aux fonctions de cet appareil.

Appareil du vol proprement dit.

L'appareil du vol proprement dit se compose des membres thoraciques et du sternum. En étudiant cet appareil, nous devons considérer le mécanisme du vol principalement au point de vue du jeu des ailes et c'est le vol ramé que nous devons d'abord avoir en vue.

Nous avons constaté dans la description de ces organes que l'épaule est très-solidement unie au sternum sur lequel elle n'est que très-peu mobile, tandis que le bras est très-mobile sur l'épaule. Aussi peut-on considérer d'une part un appareil omo-sternal composé du sternum et de l'épaule, et d'autre part l'aile composée du bras, de l'avant-bras et de la main, c'est-à-dire l'appendice rayonnant de R. Owen.

Cet ensemble peut être comparé à une barque munie de deux rames portant le reste du corps. La barque c'est le sternum. Les rames, ce sont les ailes appuyées sur les extrémités des os coracoïdiens placés obliquement à l'avant du sternum.

Les ailes sont des rames puissantes. Le degré de leur force est en raison de la faible consistance du milieu qu'elles frappent. Elles doivent, par l'énergie de leurs corps, le refouler avec assez de rapidité pour qu'il puisse leur servir de point d'appui ; elles doivent, par leur étendue, augmenter cette résistance en raison de la masse d'air qu'elles embrassent. D'autre part, cette force n'aurait pas d'effet si elle trouvait dans l'aile même un poids trop lourd à soulever. Enfin l'oiseau doit avoir une liberté complète dans ses mouvements.

Aussi les ailes, pour atteindre leur but, ont-elles à remplir trois conditions : la solidité, l'étendue, la légèreté au point de vue de l'appareil passif, et deux conditions, la puissance et la variété au point de vue de l'appareil actif. Puis, comme la nature évite les efforts inutiles, il y a encore une autre condition à remplir, celle d'épargner aux muscles et au système nerveux qui les anime une activité continuelle et à l'oiseau le rapide épuisement de ses forces.

Nous allons voir comment ces conditions ont été remplies.

Première condition. *Solidité.* — La nature a donné aux ailes une grande solidité et une grande résistance, tout en leur laissant la mobilité et la souplesse. Il semble qu'elle ait mieux atteint son but en brisant les ressorts de cette machine qu'en les unissant en une masse inflexible. Les pièces qui sont à la base de l'aile et qui s'unissent au sternum ne sont pas unies à cet os ; simplement articulées, elles peuvent céder légèrement dans les efforts de l'aile et sont aussitôt ramenées à leur position par des puissances actives. L'avant-bras et la main qui sont au moment du coup d'ailes unis comme une verge inflexible, n'offrent ni soudures, ni rigidité absolue. Dans tous ces cas, des forces actives maintiennent pendant un certain temps les diverses parties de l'aile dans des positions d'où elles ne peuvent que très-peu s'écarter. Aussi faut-il, en considérant les actions musculaires des oiseaux, attacher de l'importance, non-seulement à celles qui produisent des mouvements étendus, mais encore à celles qui concourent à fixer les leviers et dont les effets, pour être moins apparents, n'en ont pas moins d'efficacité.

La forme des os, leurs élargissements, leurs courbures, disposés pour opposer à certaines directions le maximum de résistance, leur tissu, la disposition des os longs en cylindres creux remarquée par Galilée, la forme des surfaces articulaires, le développement variable des ligaments sont subordonnés au même but. Il en est de même de la flexibilité et du ressort élastique de la fourchette. Enfin les plumes, dont la base est formée par un tuyau creux, joignent à un certain degré d'élasticité une très-grande résistance.

Deuxième condition. Étendue. — L'étendue de l'aile est augmentée : 1° par l'allongement de l'os du bras et surtout de ceux de l'avant-bras et de la main ; 2° par les expansions de la peau qui forment une large membrane allant de l'épaule au poignet ; une autre sous l'aisselle unissant le flanc et le coude ; une encore entre le pouce et le reste de la main ; 3° et surtout par les plumes qui occupent une énorme surface.

Troisième condition. La légèreté. — La légèreté est obtenue pour l'humérus, par la nature du tissu, par le volume de la cavité aérienne qui occupe son intérieur ; pour les os de l'avant-bras, par leur peu d'épaisseur qui compense l'absence fréquente de cavité aérienne ; pour les masses musculaires, par la disposition qui place les plus volumineuses contre le sternum et à la racine du bras ; enfin pour les plumes, par la nature même de leur tissu.

Quatrième condition. Puissance. — La puissance est obtenue par l'énorme force des muscles pectoraux, par l'énergie et la rapidité de leurs contractions ; par la longueur du levier que représentent les ailes mesurées de leur point d'attache à l'extrémité des rémiges digitales et par la vaste surface occupée par les pennes.

Cinquième condition. Variété. — La variété a été obtenue par un appareil musculaire qui communique à l'humérus tous les degrés de rotation, par la faculté qu'a l'oiseau d'augmenter ou de diminuer l'extension de ses ailes ; par certains mouvements des rémiges.

Sixième condition. — L'épuisement rapide des forces a été évité par la présence des ligaments élastiques qui ramènent l'aile dans la flexion, sans qu'il y ait besoin pour cela d'aucun effort musculaire important. Dans le vol à voile, l'extension prolongée des ailes peut être favorisée par l'accumulation de l'air dans les vésicules axillaires d'où l'air passe dans les cavités osseuses de l'aile. Cette distension des vésicules axillaires est également utile dans le vol ramé, en augmentant la résistance que les muscles pectoraux éprouvent au commencement de leur contraction.

Il faut encore mentionner ici le faible calibre des artères qui portent le sang dans les muscles de l'avant-bras. On peut en conclure que ces muscles doivent avoir une force de situation fixe considérable.

Telles sont les conditions générales qui ont été réalisées dans l'aile des oiseaux, ainsi que cela résulte de l'étude que nous avons faite des os, des plumes, des articulations, des ligaments, des cordons élastiques et des muscles, et que nous allons résumer en peu de mots.

L'aile d'un oiseau est une véritable machine de précision. La plupart de ses mouvements sont déterminés d'avance et soumis, pour employer l'expression de Borelli, à la *nécessité mécanique.*

Ainsi le mouvement de l'avant-bras sur le bras est toujours le même, c'est un mouvement de flexion et d'extension ; celui de la main sur l'avant-bras (l'autruche et le casoar exceptés) consiste toujours dans l'adduction et l'abduction. De plus, nous avons vu que le radius est toujours en demi-pronation. Nous avons encore montré qu'en passant de l'extension à la flexion, le radius, grâce à la direction de la facette que lui offre l'humérus, subit un mouvement par suite duquel il fait exécuter au cubitus un mouvement de rotation sur son axe, d'où résulte pour ce dernier os une véritable pronation qui a pour résultat d'écarter du corps les extrémités des rémiges cubitales. La main, en passant à l'adduction, est soumise de son côté à un mouvement excentrique qui la fait passer sous la face palmaire de l'avant-bras et maintient les pennes métacarpiennes et digitales écartées des pennes cubitales de manière à éviter le froissement.

Enfin le mouvement d'élongation dont le radius est susceptible par rapport au cubitus produit cette conséquence que l'avant-bras ne peut pas s'étendre sur le bras sans que la main ne s'étende sur l'avant-bras et, réciproquement, que l'avant-bras ne peut pas se fléchir sur le bras sans que la main ne soit ramenée sous l'avant-bras, en sorte que l'aile se tord et se détord en même temps qu'elle se tend ou se détend.

Ajoutons à cela que lorsque l'humérus s'écarte du tronc, la membrane axillaire et son cordon élastique marginal sont distendus, et, comme leur action s'exerce sur l'apophyse olécranienne du cubitus, l'avant-bras s'étend nécessairement sur le bras ; mais, en même temps que l'avant-bras s'écarte, la membrane antérieure de l'aile subit à son tour une distension qui agit sur le métacarpe, et concourt (avec le mouvement d'élongation du radius) à l'abduction de la main. D'autre part, l'abduction de la main produit la distension du grand ligament des rémiges cubitales de manière à en étaler l'éventail.

Réciproquement, lorsque les muscles extenseurs de la main et de l'avant-bras cessent d'agir, les deux membranes élastiques se rétractant ensemble, font plier l'avant-bras et ramènent le bras vers le corps, la flexion de l'avant-bras produit l'adduction de la main, les rémiges digitales et métacarpiennes sont ramenées sous l'avant-bras, et le grand ligament des rémiges cubitales, abandonné à son élasticité, rabat celles-ci sur le cubitus.

Tous ces mouvements enchaînés les uns aux autres s'exécutent tous à la fois sans intervention de la volonté de l'animal qui n'y peut rien changer.

Sous d'autres rapports la variété apparaît. L'articulation du bras avec l'épaule jouit d'une grande liberté. L'humérus peut exécuter des mouvements en tous sens ; mouvements d'élévation et d'abaissement directs ou obliques, mouvements d'abduction, ou d'adduction, mouvements de protraction ou de rétraction, mouvements de rotation. La forme des surfaces articulaires indique il est vrai la direction de certains mouvements, mais elle ne les rend pas nécessaires. Ces mouvements peuvent varier suivant la volonté et l'instinct de l'animal.

Les phalanges sont susceptibles d'un léger mouvement de rotation qui leur permet de faire varier le regard des plumes digitales qui sont fixées à ces phalanges d'une manière immobile. Cette rotation semble surtout utile dans le vol à voiles.

Enfin l'appendix peut se mouvoir en divers sens, s'écarter, se rapprocher, s'élever, s'abaisser, et tourner légèrement sur son axe, en entraînant dans ces mouvements les rémiges bâtardes auxquelles il sert de soutien. En s'écartant il les étale.

Ainsi la volonté de l'animal ne peut rien modifier dans les mouvements de l'avant-bras sur le bras, ni dans ceux de la main sur l'avant-bras, tandis qu'elle peut varier de diverses manières les mouvements du bras sur l'épaule, et ceux des phalanges et de l'appendix.

Quant l'aile est étendue, elle a la forme d'un toit dont le sommet se trouve au coude. De ce sommet partent deux arêtes, dont l'une correspond à l'humérus, l'autre au cubitus, et deux versants, dont l'antérieur, formé par la membrane antérieure de l'aile, le radius et l'espace interosseux, s'étend de l'épaule au poignet, tandis que le versant postérieur, formé par la membrane axilliaire, les rémiges axilliaires, les rémiges cubitales, le métacarpe, les doigts et les rémiges métacarpiennes et digitales, s'étend depuis le flanc jusqu'à l'extrémité des dernières rémiges. Quand l'appendix s'écarte et tourne légèrement sur son axe, il fait partie du versant antérieur.

Le coude, qui occupe le sommet de ce toit et de cette voûte, change de position aux divers moments de la révolution de l'aile.

Quand l'aile est complétement repliée, il regarde en arrière et un peu en dedans ; mais, à mesure que l'aile s'étend et se porte en avant, il affecte de plus en plus une position telle qu'il puisse regarder directement en haut au moment où l'aile est horizontale et un peu en avant quand la rotation de l'humérus en dedans est à son maximum. Nous en trouvons l'explication dans la disposition des surfaces articulaires. Lorsque l'aile est complétement repliée, l'humérus est fortement tourné en dehors, à tel point que sa face postérieure regarde en dedans, ce qui aurait pour effet de porter l'extrémité carpienne de l'avant-bras beaucoup trop en dehors, sans la correction qui résulte de ce fait que (par suite de la forme de l'articulation radio-humérale) l'avant-bras, en se fléchissant sur le bras, porte son extrémité carpienne en dedans, en même temps qu'il exécute le mouvement de pornation dont nous parlions plus haut. Dans cette position de l'humérus, la tête de cet os, rejetée en arrière de la cavité glénoïde, a perdu presque tout contact avec cette cavité. Les deux surfaces osseuses reprennent leur contact aussitôt que l'aile se déploie, et la cavité glénoïde représente en quelque sorte une ornière que parcourt en roulant la tête de l'humérus dont la forme rappelle celle d'une roue. Dans ce mouvement, la direction que doit suivre la tête de l'humérus est indiquée par celle de la cavité glénoïde, c'est-à-dire que, si la tête humérale roule suivant le grand axe de la cavité glénoïde dans une position telle que son grand axe reste parallèle à celui-ci, la face postérieure de l'humérus est nécessairement tournée en dedans si l'aile est relevée, en haut si l'aile est horizontale. Cette position de l'humérus n'est pas absolument nécessaire, puisque l'oiseau peut la modifier en imprimant à l'os des mouvements de rotation, mais la forme des surfaces articulaires montre qu'elle doit se produire quand ces modifications ne surviennent pas. C'est en effet dans ce sens que la tête humérale est entraînée par le releveur de l'aile (moyen pectoral de Vicq d'Azyr), et de plus les muscles accessoires du releveur (insérés à la tubérosité externe) d'une part, les muscles rotateurs en dedans (insérés à la tubérosité interne) d'autre part, tendent à l'y maintenir. A ce point de vue, la disposition de ces muscles est curieuse à étudier : quand il y a deux accessoires du releveur, l'un s'insère à l'omoplate, l'autre au coracoïdien, c'est-à-dire de chaque côté du grand axe de la cavité glénoïde, et ils produisent par conséquent par leur action simultanée une résultante dirigée suivant ce grand axe : de leur côté, les muscles de la tubérosité interne viennent les uns de l'omoplate (grand rond, sous-scapulaire), les autres du coracoïdien (faisceaux du coraco-brachial, accessoire coracoïdien du sous-scapulaire) et leur résultante est aussi dirigée dans le même sens.

Tout est donc disposé pour que, au moment où l'aile frappe, le sommet de la voûte soit en haut ; il sera en haut et en arrière si l'oiseau veut frapper d'arrière en avant ; il sera en haut et en avant, si l'oiseau veut frapper d'avant en arrière.

Nous pouvons également nous demander quelle est la position affectée pendant la révolution de l'aile par chacun des trois segments qui correspondent au bras, à l'avant-bras et à la main.

Quand l'aile est complétement repliée, la main est cachée sous l'avant-bras, et les rémiges palmaires et digitales, en partie recouvertes par les rémiges cubitales, vont par leurs extrémités recouvrir celles de la queue ; l'avant-bras, fortement fléchi sur l'humérus, est légèrement rejeté en dehors (son inclinaison en dedans empêche qu'il le soit davantage); la membrane antérieure de l'aile est plissée, les rémiges cubitales sont toutes inclinées en arrière et occupent le moins de place possible; l'humérus est incliné en arrière, la membrane axillaire est plissée, son bord regarde en arrière et en haut, les rémiges axillaires sont inclinées en arrière et ramassées comme les rémiges antibrachiales qu'elles recouvrent un peu. Quand l'aile se déploie, la membrane axillaire s'étend et les rémiges qu'elle supporte déploient leur éventail ; cette membrane présente alors une surface qui regarde toujours en avant, soit pendant l'élévation de l'aile, soit pendant son abaissement, et il en est de même des rémiges qu'elle supporte ; cela tient à ce que la membrane axillaire, étant étendue du throrax au coude, échappe à l'influence des mouvements de rotation et de torsoin du bras et de l'avant-bras. La membrane antérieure de l'aile regarde toujours en arrière. Les rémiges cubitales forment une surface qui regarde toujours en avant tant que l'humérus ne subit pas une forte rotation en dedans ; si cette rotation a lieu, elles peuvent devenir complétement horizontales ou même être assez relevées pour regarder un peu en arrière ; une faible rotation ne suffit pas pour amener ce dernier résultat, et il faut se rappeler que l'extension de l'avant-bras sur le bras les incline en avant plus qu'elles ne l'étaient pendant la flexion. Dans tous les cas on doit observer que, pendant la révolution de l'aile, la surface qu'elles figurent éprouve une torsion par rapport à celle que figurent les rémiges axillaires. Enfin les rémiges métacarpiennes et digitales se projettent en dehors, leur surface est moins inclinée en avant que celle des rémiges cubitales, et elles subissent plus que celles-ci l'effet de la rotation de l'humérus ; elles deviennent plus tôt horizontales, elles sont plus tôt relevées en arrière, et les rémiges digitales, par la rotation des phalanges, peuvent anticiper ce moment. Ces dispositions nous montrent qu'il y a bien une torsion de l'aile, que les rémiges sont d'autant plus réduites au rôle de parachutes qu'elles sont plus voisines du tronc, et qu'elles sont d'autant plus capables de frapper (ou de fouetter) l'air qu'elles en sont plus éloignées.

Ce que nous avons dit sur le mouvement de la tête de l'humérus nous montre aussi que, lorsque l'aile commence à s'abaisser, elle a une tendance naturelle à se porter en avant. C'est qu'en effet le grand axe de la cavité glénoïde est légèrement incliné de bas en haut et d'arrière en avant; le petit axe, qui lui est perpendiculaire, est, par conséquent, incliné de haut en bas et d'arrière en avant, et tout mouvement exécuté dans le plan de ce petit axe doit avoir cette direction. Mais cela n'est vrai que pour le premier temps de l'abaissement de l'aile; car, aussitôt que celle-ci dépasse le plan horizontal, son abaissement est nécessairement accompagné d'une rotation qui tourne sa face inférieure de plus en plus en arrière.

Les rémiges digitales n'ont aucune mobilité par elles-mêmes, étant fixées aux phalanges qui offrent des fossettes où sont logés les tuyaux des rémiges. Les rémiges métacarpiennes sont flottantes et subissent l'action des ligaments qui les maintiennent; elles se rabattent sur le métacarpe et sur les rémiges digitales quand l'aile se replie, s'étalent et deviennent perpendiculaires au métacarpe quand l'aile s'étend, et de plus elles peuvent légèrement tourner sur leur axe. Cette rotation a pour résultat d'abaisser les barbes et de les écarter quand l'aile passe de l'extension à la flexion, de les relever et de les presser les unes contre les autres quand l'aile passe de la flexion à l'extension. Elle dépend de l'action exercée pendant l'extension par les ligaments et les expansions charnues insérées sur les rémiges, et de la cessation de cette action pendant la flexion.

Les rémiges cubitales se comportent comme les rémiges métacarpiennes, sauf cette différence qu'elles se rabattent vers le coude. Leur rotation dépend du grand ligament commun et des digitations qu'envoie sur les rémiges le faisceau accessoire du cubital antérieur.

Enfin les rémiges axillaires se comportent comme les rémiges cubitales, mais le ligament seul agit sur elles. Toutes ces pennes sont disposées de telle sorte que la première digitale est la première recouverte, et la dernière axillaire la dernière recouvrante. Toutes présentent en dehors leur partie la plus forte, et en arrière leur expansion, qui est moins résistante, mais plus large et plus flexible pour s'appliquer sous la plume qui vient après.

L'aile étendue, prise dans son ensemble, est généralement considérée comme un triangle. Borelli, dans sa figure schématique, l'a représentée comme un triangle tronqué. La vérité se trouve entre ces deux extrêmes, puisque, si le fouet pris à part est bien un triangle, son bord antérieur n'est pas en continuité directe avec le bord antérieur de l'avant-bras, et le fouet lui-même est compris tout entier dans le versant postérieur de l'aile (en faisant toutefois abstraction de la rotation des phalanges). Il suit de là que les calculs basés sur la forme triangulaire de l'aile demandent de grandes corrections. Surtout il ne faut pas oublier que l'aile étendue est convexe en dessous et qu'elle est plus ou moins tordue sur elle-même.

L'appareil omo-sternal se compose de la barque, c'est-à-dire du sternum, et des os de l'épaule attachés à sa partie antérieure.

La comparaison du sternum des oiseaux avec une barque est très-exacte lorsqu'on ne regarde que le squelette. Le bouclier, concave à sa face profonde, convexe extérieurement, répond tout à fait à cette désignation. La ressemblance est encore augmentée par la présence de la crête ou carène qui souvent se prolonge en avant comme un éperon. Cependant il n'en est pas tout à fait ainsi sur le sujet entier, où les angles solides compris entre la carène et le bouclier sont remplis par les muscles pectoraux ; ces muscles peuvent même, comme chez l'aigle, faire assez de saillie pour que le bord de la carène ne se montre qu'au fond du sillon qui les sépare. Si en outre on tient compte de la présence des plumes, on voit que la carène est tout à fait dissimulée et que la masse entière apparaît comme la moitié d'un ovoïde.

Le sternum s'articule avec les côtes sternales et celles-ci avec les côtes vertébrales. Ces articulations sont mises en jeu dans les mouvements respiratoires. Lorsque l'oiseau est à terre, le sternum s'abaisse dans l'inspiration et se relève dans l'expiration ; mais, quand l'oiseau vole, on peut regarder le sternum comme immobile et dire alors que dans l'inspiration la cage thoracique se soulève sur le sternum, et que dans l'expiration elle s'abaisse vers cet os.

L'étendue de ces mouvements peut varier au gré de l'oiseau qui tantôt dilatera considérablement sa poitrine pour attirer dans ses vésicules une quantité d'air considérable et tantôt ne fera que de petites inspirations. D'autres fois, le thorax étant considérablement dilaté, l'oiseau peut ne faire que de petits mouvements d'expiration, de manière à ne vider que très-peu les vésicules, ou au contraire contracter fortement le thorax de manière à chasser une quantité d'air considérable et à vider les vésicules.

L'épaule appuie sur le sternum par l'extrémité postérieure et inférieure de l'os coracoïdien dont la force et le volume sont en rapport avec l'importance du rôle qui lui est assigné. Son articulation avec le sternum jouit d'une certaine mobilité. Les glissements du coracoïdien dans la rainure portent son extrémité antérieure tantôt un peu en dedans, tantôt un peu en dehors; cette extrémité antérieure peut aussi être légèrement abaissée et ensuite relevée; enfin on doit admettre la possibilité d'une légère torsion du coracoïdien sur son axe, qui porterait en bas son angle postérieur externe, les saillies des bords de la rainure s'opposant à une rotation en sens inverse. Deux ligaments et deux muscles, les uns sous-sterno-coracoïdiens, les autres sus-sterno-coracoïdiens, limitent cette mobilité qui est en rapport d'une part avec les mouvements respiratoires, et de l'autre avec la nécessité de soustraire le sternum à la secousse violente que produit le coup d'ailes. La direction oblique de l'articulation du coracoïdien avec le sternum produit le même résultat.

La plupart des oiseaux possèdent deux clavicules qui se réunissent sur la ligne médiane pour former la fourchette remarquable surtout par la torsion de ses branches, par sa flexibilité et par son élasticité, véritable ressort placé entre les deux épaules pour les maintenir à distance, se pliant légèrement pendant les contractions des grands pectoraux, et reprenant sa place aussitôt que cette force a cessé d'agir.

On ne peut pas dire d'une manière absolue que le développement des clavicules soit en rapport avec la puissance du vol. Elles sont médiocres chez les martinets et les oiseaux-mouches qui sont des oiseaux d'un faible poids; mais chez les aigles, elles sont remarquables par leur force.

La clavicule est à peine mobile sur l'omoplate et sur le coracoïdien, les ligaments qui réunissent ces os tenant les articulations très-serrées. Aussi l'omoplate est-elle entraînée dans les mouvements de ces deux os, qui ont pour effet, soit de la faire glisser sur les côtes, soit de la faire basculer. Son mouvement le plus étendu est celui qu'elle exécute par rapport à la cage thoracique pendant les mouvements respiratoires ; pendant l'inspiration, elle se porte en arrière et en bas ; pendant l'expiration, elle se porte en arrière et en haut ; elle bascule quand le coracoïdien abaisse son extrémité antérieure. C'est ce qui explique pourquoi sa face profonde, séparée des côtes par une vésicule aérienne, est entièrement lisse et pourquoi les muscles qui la rattachent au thorax s'insèrent sur son bord supérieur et sur son bord inférieur.

La mobilité de l'omoplate sur le tronc, mise en regard de la presque immobilité des os de l'épaule les uns sur les autres, et du peu de mobilité du coracoïdien sur le sternum, autorise à décrire comme un tout distinct et séparé l'appareil omo-sternal. Cet appareil soutient l'aile et forme avec elle pendant le vol un ensemble distinct qui emporte le reste du corps et par rapport auquel la cage thoracique exécute les mouvements nécessaires à l'accomplissement de la respiration. Il a donc, par rapport à la locomotion, un double rôle : servir de point d'appui aux ailes, porter la masse du corps.

PARTIES ACCESSOIRES DE L'APPAREIL DU VOL.

Nous venons de décrire l'apparei du vol proprement dit, composé des ailes et de l'appareil omo-sternal. Le reste du corps offre des dispositions qui viennent concourir à l'exécution de cette fonction importante. Une partie de ces dispositions se rencontrent dans la portion de l'appareil locomoteur qui n'appartient pas à l'appareil du vol proprement dit. D'autres sont fournies par les viscères. Les autres enfin résultent de l'existence d'un appareil aérostatique.

Le tronc d'un oiseau affecte la forme d'un ovoïde avec le gros bout tourné en avant. Cette proposition est absolument vraie si l'on considère uniquement la masse des régions thoracique et lombo-sacrée dont on aurait enlevé les membres thoraciques et les membres abdominaux. Si les membres abdominaux restent en place, la partie postérieure se trouve élargie. Si les membres thoraciques sont également conservés, cet élargissement de la partie postérieure est compensé par celui que produisent en avant les épaules, en sorte que, lorsque les ailes sont repliées.

la forme ovoïde est exactement réalisée. Quand les ailes s'étendent, la forme ovoïde pourrait être altérée si les cuisses ne s'ap-
pliquaient pas contre les flancs et si les plumes de cette région
ne venaient pas combler les inégalités.

Cette forme régulière du tronc est éminemment favorable à
la locomotion aérienne. Pendant le vol, toute cette masse ovoïde
est immobile par elle-même (si ce n'est pour la respiration) et
n'a de mouvements que ceux qui lui sont communiqués par les
ailes, tandis que le cou, la tête et la queue, auxquels elle sert de
point d'appui, se meuvent avec facilité.

Le cou, servant de support à la tête, est attaché à la partie
antérieure de l'ovoïde sans en altérer la forme. Tantôt il se retire
vers le tronc en décrivant une courbe en S plus ou moins prononcée, tantôt il s'abaisse et reste pendant et oscillant comme le
corps d'un serpent.

Le volume du jabot peut élargir sa base, mais cela n'altère
pas la forme de l'ovoïde.

La tête n'a un grand volume que chez des oiseaux qui volent
mal, comme par exemple les calaos. Sa forme pyramidale avec
la pointe tournée en avant est mieux faite que toute autre pour
fendre l'air avec facilité.

Les membres postérieurs, pendant que l'oiseau vole, sont le
plus habituellement repliés sous le ventre. Il y a une exception
pour quelques oiseaux, comme les hérons, par exemple, qui
étendent leurs jambes en arrière ; ces jambes font alors contre-
poids à leur long cou qui est tendu en avant. Aristote pensait
aussi qu'elles jouaient le rôle de gouvernail et suppléaient à la
brièveté de la queue chez ces oiseaux.

La queue des oiseaux est mobile dans tous les sens ; elle a
des muscles pour l'élever, pour l'abaisser, pour l'incliner sur les
côtés ; son fractionnement en plusieurs corps vertébraux la rend
capable de se tordre, comme le cou, sur son axe ; la présence du
muscle fémoro-coccygien établit une certaine solidarité entre ses
inclinaisons latérales et les mouvements du fémur. Les rémiges
composent deux éventails symétriques se touchant sur la ligne
médiane et légèrement inclinés de manière à rendre la face inférieure un peu concave ; elles se recouvrent de dedans en dehors,
de telle sorte que le bord le plus résistant de la plume est toujours le plus externe. Un ligament élastique transversal les

réunit et les rassemble, des muscles les écartent les unes des autres.

La queue n'a un très-grand volume et un très-grand poids que chez des oiseaux qui volent mal. Elle sert alors à un autre usage. Chez les bons voiliers, son poids et son étendue sont restreints dans certaines limites, afin qu'elle ne soit ni trop lourde, ni trop encombrante ; elle embrasse une plus grande étendue sans augmentation notable de son poids quand les rémiges les plus externes prennent une grande longueur en lui donnant l'aspect d'une fourche. Cette dernière forme a aussi l'avantage de mieux permettre l'action isolée de chacun des deux côtés de la queue.

Les membres abdominaux et la queue trouvent un appui solide sur la région lombo-sacrée, qui est rigide et complétement immobile. Mais cela ne paraît pas être une disposition essentiellement liée à la fonction du vol, puisque chez les chauves-souris les vertèbres lombaires sont très-mobiles ; nous verrons en effet que cette rigidité est peut-être encore plus en rapport avec la locomotion terrestre qu'avec la locomotion aérienne, ou mieux encore, qu'elle se manifeste en raison du lien qui chez les oiseaux subordonne ces deux fonctions l'une à l'autre.

Nous parlerons tout à l'heure des viscères en traitant du centre de gravité.

L'existence d'un appareil aérostatique est un des caractères les plus remarquables de la classe des oiseaux.

Les poumons, immobilisés dans les loges que leur offre la partie supérieure de la cage thoracique, n'ont qu'un faible volume, mais ils sont tendus de telle sorte que leurs canalicules soient dans un état de dilatation permanente et toujours perméables à l'air.

La plupart des os sont pneumatisés ; ceux de la tête, du cou, toute la colonne vertébrale, les côtes, le sternum ; aux membres antérieurs l'air peut aller jusque dans les phalanges, il va au moins dans les humérus ; aux membres postérieurs il va dans les fémurs ; il y a de l'air autour des articulations, autour des tendons, dans certains espaces intermusculaires, enfin dans les espaces sous-cutanés comme depuis longtemps Méry l'a constaté chez les pélicans. Les plumes contiennent aussi de l'air dans leurs tuyaux, mais il ne vient pas de l'intérieur du corps.

L'air qui est contenu dans les os du crâne vient de la cavité du tympan, qui n'a de communication qu'avec le pharynx. Toutes les autres cavités aériennes forment un ensemble, un tout qui est mis en rapport avec les poumons et la trachée par l'intermédiaire des grandes vésicules thoraciques et abdominales, et reste sous l'influence des mouvements respiratoires.

La quantité d'air accumulée dans ces cavités est variable; comme l'oiseau varie facilement l'amplitude de ses mouvements respiratoires, il peut la graduer à volonté. Il l'augmentera en faisant de plus grandes inspirations et de moindres expirations; il la diminuera en faisant dominer l'expiration sur l'inspiration. Fabrice d'Aquapendente, et plus tard Barthez, ont dit avec raison que le larynx antérieur, en se resserrant au moment de l'expiration, empêche la sortie de l'air, qui se trouve ainsi refoulé dans les espaces intérieurs; le même résultat peut être obtenu par l'application de la langue contre l'orifice postérieur des fosses nasales. L'oiseau souffle ainsi de l'air dans tout son corps. Cet air ainsi accumulé s'échauffe, suivant l'opinion de Camper, et, soit qu'il se répande davantage entre les organes, soit qu'une partie en soit expulsée, il devient un moyen de rendre l'oiseau plus léger. Insufflé dans les ailes étendues, il en augmente la rigidité; en distendant fortement les vésicules axillaires dans le moment qui précède le coup d'ailes, il contribue à rendre ce coup plus énergique.

On a pu exagérer l'importance de l'appareil aérostatique des oiseaux, mais c'est une autre exagération de vouloir en nier complétement l'utilité; il suffit pour dissiper tous les doutes de voir un pélican gonfler d'air ses espaces sous-cutanés au moment où il veut prendre son vol.

Centre de gravité.

Nous avons déjà dit quelques mots sur le centre de gravité. Nous allons ajouter d'autres détails que nous ne pouvions pas mentionner avant d'avoir envisagé dans ses diverses parties l'appareil de la locomotion aérienne.

Quelle est la situation du centre de gravité chez les oiseaux? Borelli fait observer d'abord que, puisque les oiseaux volent ventre prono, le centre de gravité se trouve nécessairement dans la partie inférieure de la poitrine et du ventre. Il ajoute ensuite que, puisque l'oiseau est suspendu par ses ailes, le centre de gravité doit se trouver dans la partie inférieure de la poitrine, au-dessous des attaches des ailes, et sur une ligne droite perpendiculaire à l'horizon et à la longueur de l'animal.

Il fait ensuite l'expérience suivante : après avoir déplumé un oiseau, il le pose sur le tranchant d'un couteau, et cherche la position dans laquelle l'oiseau reste en équilibre. Il trouve ainsi que le centre de gravité se trouve sur une ligne droite perpendiculaire à la longueur de l'animal et menée des attaches des ailes à la ligne médio-sternale. C'est, ajoute-t-il, dans cette position que l'oiseau dort perché, le ventre appuyé sur une branche.

Les raisonnements de Borelli sont assez justes, mais son expérience laisse beaucoup à désirer. Le fait seul de la mort amène déjà un grand changement aux conditions que l'on rencontre pendant la vie et l'enlèvement des plumes vient encore les modifier. On ne saurait donc tirer de cette expérience quelque chose d'exact et de rigoureux.

Barthez fait entendre seulement que ce centre doit être situé dans un plan vertical qui coupe le corps de l'oiseau suivant son axe, ou suivant sa longueur.

Il nous semble que l'on peut arriver approximativement à cette détermination en prenant en considération le poids des muscles pectoraux et celui des viscères thoraciques et abdominaux.

Les muscles grands pectoraux sont situés sous le sternum par leurs deux tiers postérieurs et au devant de lui par leur position claviculaire. La plus grande partie de leur masse est formée par cette portion claviculaire et par celle qui occupe la moitié antérieure du sternum. Les moyens pectoraux ont aussi leur plus grande masse vers la partie antérieure du sternum.

Le cœur correspond à la moitié antérieure du sternum. Le poids des ailes ne peut porter que sur la partie antérieure de l'ovoïde.

Voilà des poids qui tendent à porter le centre de gravité en avant. Ils sont contrebalancés par le foie qui appuie sur la moitié postérieure du sternum, par le gézier placé auprès du foie, par les intestins, par les testicules ou les ovaires et par les reins.

On peut admettre approximativement que la tête et le cou font équilibre aux membres abdominaux et à la queue.

La résultante verticale de ces forces opposées se trouve certainement sur une ligne coupant la crête sternale dans son tiers

moyen et croisant la deuxième côte sternale vers le niveau de
son articulation avec la côte vertébrale. Cette ligne, observons-
le immédiatement, se trouverait placée assez en arrière des
articulations scapulo-humérales.

Le point ainsi déterminé ne coïncide pas avec le centre de
gravité, mais le centre de gravité se trouve placé dans ses environs, soit en avant, soit en arrière.

Chez les oiseaux rapaces, qui ont des muscles pectoraux plus
volumineux et des intestins plus courts, le centre de gravité sera
nécessairement placé plus en avant ; chez d'autres, comme les
gallinacés par exemple, qui ont des pectoraux moins puissants
et des intestins plus longs, le centre de gravité sera plus en
arrière ; une inégalité entre la masse antérieure formée par la
tête et le cou, et la masse postérieure formée par les membres
abdominaux et la queue, amènera les mêmes résultats. Chez
ceux qui ont un long sternum, comme les cygnes, le centre de
gravité est aussi placé un peu plus en arrière ; chez les frégates
au contraire, où le sternum est très-court, le centre de gravité
se trouve placé plus en avant.

Ainsi, le centre de gravité n'occupe pas la même place dans
toutes les espèces d'oiseaux. Il peut en outre varier chez un
même oiseau, ainsi que Borelli et Barthez l'ont démontré.

Ces variations peuvent résulter :

1° Des divers degrés d'extension de la tête et du cou. Si le cou
se replie, le centre de gravité se trouve reporté en arrière ; si le
cou s'allonge, le centre de gravité se trouve reporté en avant ;
si la tête et le cou se portent sur le côté, le centre de gravité se
trouve reporté vers le même côté.

2° De la flexion ou de l'extension des membres abdominaux.
S'ils se fléchissent, le centre de gravité sera plus en avant ;
s'ils s'étendent, le centre de gravité sera plus en arrière. Ils
servent par conséquent de contre-poids à la partie antérieure du
corps.

3° De la position de la queue qui peut rester allongée suivant
l'axe du corps, ou bien s'incliner soit en avant, soit sur les côtés.

4° Du degré de dilatation de la poitrine que l'animal peut varier à son gré, puisqu'il a le pouvoir de mesurer l'amplitude de
ses mouvements respiratoires. Quand la poitrine se dilate, le
centre de gravité se trouve reporté en arrière ; quand elle se resserre, le centre de gravité se trouve reporté en avant. Ceci ré-

sulte clairement du mécanisme des mouvements; mais il y a un autre élément dont l'influence est difficile à apprécier, c'est l'influence de l'air qui remplit les réservoirs.

5° Des mouvements du cœur qui se porte en avant pendant la systole, en arrière pendant la diastole. Si faible que soit l'influence de ce déplacement, on doit au moins le mentionner.

6° De légers déplacements dans les viscères. Le foie, l'estomac, les intestins, les ovaires peuvent éprouver quelques déplacements qui feront varier la position du centre de gravité. Parmi ces déplacements il y en a qui peuvent résulter de plus ou moins de dilatation des poches aériennes.

7° De l'état de vacuité ou de plénitude des intestins (jabot, estomac, intestin grêle, gros intestin, cœcum), des ovaires et des oviductes.

8° De la position des ailes. Quand elles agissent ensemble, elles maintiennent le centre de gravité sur la ligne médiane, et le font osciller soit en avant, soit en arrière suivant la position qu'elles affectent ; lorsque l'une des deux ailes agit plus que l'autre, le centre de gravité se porte du côté de l'aile qui agit le moins, et par conséquent aide l'oiseau à tourner vers ce côté.

Comment le centre de gravité est-il suspendu ? Devons-nous le chercher avec Borelli sur une ligne verticale passant par l'articulation scapulo-humérale ? Nous avons déjà dit que nous n'acceptions pas cette opinion. L'articulation scapulo-humérale est placée à l'extrémité antérieure de l'os coracoïdien, c'est-à-dire qu'il faudrait que l'os coracoïdien fût placé presque verticalement, ce qui n'est pas puisque le sternum se place presque horizontalement, et que le coracoïdien se porte obliquement en avant. Il faut donc renoncer à l'idée de considérer le centre de gravité comme suspendu à l'articulation scapulo-humérale. L'erreur de Borelli a été jusqu'ici partagée par presque tous les auteurs, et jusqu'ici il n'y a d'exception, à ma connaissance, que pour d'Esterno. Cela vient de ce qu'on n'a considéré que le squelette en faisant abstraction des parties molles. Or il faut observer que le grand pectoral forme comme une sorte d'écharpe qui embrasse tout l'appareil omo-sternal et qui va s'attacher à l'humérus dans toute la longueur de la crête pectorale. Cette écharpe est l'appareil suspenseur à l'aide duquel l'aile soutient tout le corps ; la membrane axillaire vient aussi concourir, quoique moins directement, au même but. Il suit de là que la suspension se fait, non pas sur un point, mais sur une ligne d'une certaine étendue qui elle-même change de position suivant le moment de la révolution de l'aile, et que la partie suspendue elle-même n'est pas soutenue en un seul point, mais sur une certaine longueur.

Avec cette manière de voir on peut très-bien admettre que le centre de gravité se trouve dans le tiers moyen du sternum au-dessous de la 3ᵉ ou de la 4ᵉ vertèbre dorsale, c'est-à-dire dans une position peu différente de celle qu'il occupe dans la locomotion terrestre.

LOCOMOTION TERRESTRE.

(Station, Marche, Saut, Grimper, etc.)

Station. — Comme l'appareil locomoteur des oiseaux est subordonné tout entier, dans son ensemble et dans ses détails, à l'exécution des mouvements aériens, il en résulte que les conditions d'équilibre dans lesquelles le vol ne pourrait pas avoir lieu ne peuvent subir que peu de changements en s'adaptant à la locomotion terrestre.

C'est ainsi que chez les oiseaux les mieux faits pour la marche, le tronc proprement dit, c'est-à-dire l'ovoïde constitué par le thorax et l'abdomen, reste, dans la station, presque aussi horizontal que pendant que le vol. Cette direction presque horizontale du tronc, qui caractérise le plus grand nombre des oiseaux, leur permet de s'envoler avec facilité lorsqu'ils quittent la terre et leur est également favorable quand ils viennent s'y reposer.

Si la direction de l'axe du tronc ne varie que très-peu en passant du vol à la station, il résulte aussi de là que le centre de gravité n'éprouve pas un grand déplacement. Borelli a cru ce déplacement beaucoup plus grand parce qu'il pensait que, dans le vol, le centre de gravité était suspendu à la ligne interglénoïdienne, ce qui le ferait tomber beaucoup plus avant ; mais nous avons montré dans le chapitre précédent qu'il n'en est pas ainsi, que la suspension se fait non par un point unique, mais par une surface allongée d'une certaine étendue, et que, par conséquent, tout en tenant compte des oscillations dont nous avons énuméré les causes, le centre de gravité pendant le vol doit être situé à peu près comme dans la locomotion terrestre.

Dans la station, cette position du centre de gravité peut être déterminée par une construction géométrique, puisqu'il est nécessairement situé sur une ligne verticale dont le pied sera contenu dans le triangle servant de base de sustentation. Cette ligne coupe le sternum vers son milieu et croise la deuxième côte sternale non loin de son articulation avec la côte vertébrale. Nous arrivons au même résultat en nous rapportant au poids des muscles et des viscères.

Dans le vol, le centre de gravité est suspendu aux ailes ; dans la station il est suspendu à la colonne vertébrale. Il tire alors sur la partie antérieure d'un levier qui a son point d'appui sur la tête et le col du fémur, au niveau de la cavité cotyloïde, et se compose de deux branches, l'une antérieure placée en avant, l'autre postérieure située en arrière de cette cavité.

La branche postérieure est moins longue que la branche antérieure. Cependant, en la regardant isolément, on lui trouve une longueur considérable, car chez aucun vertébré la portion post-cotyloïdienne du bassin n'est aussi longue que chez les oiseaux. L'étendue de cette branche est en rapport avec ses fonctions ; elle reçoit l'insertion de plusieurs muscles d'une grande énergie qui la font basculer, et qui, en l'abaissant, relèvent la branche antérieure et avec elle la partie antérieure du tronc où se trouve le centre de gravité.

Toute cette branche postérieure du levier, formée par la partie postcotyloïdienne du bassin, est remarquable par sa rigidité. La branche antérieure formée par la partie précotyloïdienne du sacrum et par la région dorsale de la colonne vertébrale est complétement rigide dans sa portion sacrée ; sa portion dorsale n'a jamais que peu de mobilité, et dans certains cas elle est rendue complétement rigide par la soudure des vertèbres qui la composent.

C'est à cette branche antérieure qu'est suspendu le centre de gravité. Il se relève ou retombe avec elle suivant la position qu'affecte la branche postérieure. Elle présente une courbure à concavité inférieure, ce qui lui donne plus de résistance.

Nous avons dit que le levier prenait son point d'appui sur l'extrémité supérieure du fémur. D'un autre côté, les muscles qui font basculer la partie postérieure du levier s'attachent à la cuisse, à la jambe et au talon. Il suit de là que l'équilibre de l'oiseau dans la station terrestre dépend principalement des conditions remplies par le membre postérieur.

Pour que cet équilibre existe, il faut toujours que la verticale abaissée du centre de gravité tombe dans la base de sustentation,

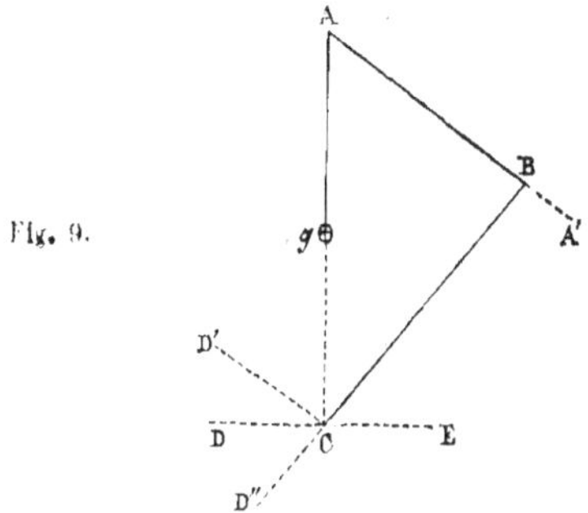

Fig. 9.

c'est-à-dire entre les pattes de l'oiseau. Nous allons essayer d'exprimer cela par une figure.

Soit (*fig.*9) deux tiges AB, BC, réunies invariablement au point B en faisant un angle ABC, et un poids g suspendu au point A. On

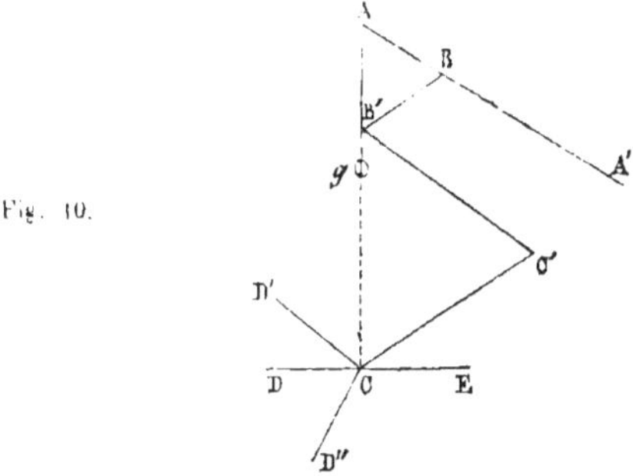

Fig. 10.

ne fera tenir ce petit appareil en équilibre dans la position ABC que si le prolongement de la verticale Ag passe en C. Car en toute autre position l'appareil basculerait. Mais cet équilibre n'aura que peu de stabilité ; on s'opposera aux effets des oscillations en avant, en arrière, et sur les côtés en ajoutant au point C un appareil rayonnant formé par de petites tiges horizontales.

Ensuite, pour avoir à peu près ce qui existe chez les oiseaux, il suffira (*fig.* 10) de prolonger AB dans la direction BA', de le rendre mobile au point B, puis de briser la tige BC, et enfin de relier le point A' aux divers segments de BC par des cordes contractiles. Ce brisement produit deux résultats, l'un de rendre l'appareil capable de servir à la marche, l'autre de le rendre plus propre à la station parce que la mobilité des divers ressorts permet de rétablir à chaque instant l'équilibre.

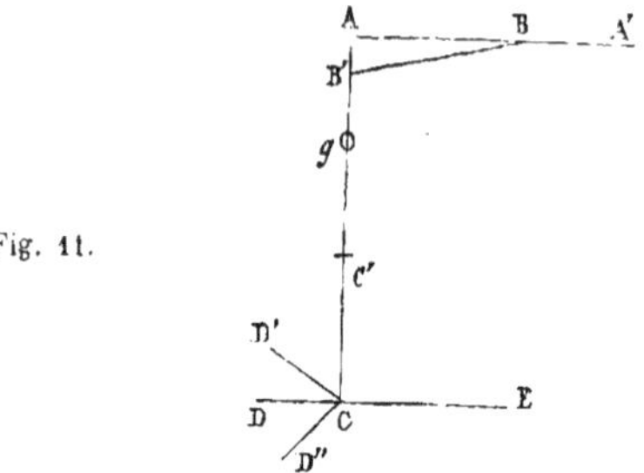

Fig. 11.

Dans cette tige brisée, une autre condition se trouve remplie. Ce n'est pas seulement le point C qui se trouve sur la verticale abaissée du centre de gravité, c'est aussi le point B', c'est-à-dire le genou, comme l'a très-bien dit Strauss-Durckheim. Cette seconde condition est mise à profit par certains oiseaux comme les marabouts, par exemple, qui, dans la station, tiennent la jambe et le métarse en ligne droite (*fig.* 11).

La tige BC n'est plus alors brisée qu'en deux segments, et le second segment est tout entier dans la verticale passant par le centre de gravité.

La plupart des oiseaux, lorsqu'ils se tiennent à terre, ont le corps légèrement incliné avec la partie antérieure un peu relevée et les trois segments du membre postérieur pliés angulairement. D'autres ont le tronc à peu près horizontal (marabouts); d'autres le redressent presque verticalement (manchots), ce sont ceux qui ont les jambes très en arrière du corps et que, pour cette raison, Daudin nommait *clunipèdes* par opposition aux autres oiseaux qu'il nommait *costipèdes*.

Les cigognes, les marabouts se tiennent immobiles sur une seule patte, le métatarse restant, comme nous le disions tout à l'heure, en ligne droite avec la jambe. Dans cette position, l'os tarso-métatarsien n'a aucune tendance à se fléchir sur la jambe et l'oiseau reste sans fatigue dans cette position. Cela tient à la résistance des ligaments latéraux qui ne peut être vaincue que par un effort énergique et à la convexité des condyles inférieurs du tibia qui fait que, dans le passage de la flexion à l'extension et de l'extension à la flexion, les ligaments sont fortement distendus. Ce n'est pas la grande saillie de la tubérosité intercondylienne de l'os tarso-métatarsien qui produit ce résultat, puisque

dans la flexion, elle est simplement reçue dans un enfoncement
du tibia, et que, dans l'extension, elle se borne à sortir de cette
cavité. Mais on peut observer que le versant interne de cette
saillie ne s'abaisse que lentement, ce qui augmente en ce point
la hauteur du condyle interne de l'os canon et produit une plus
grande distension du ligament latéral interne au moment où
cette partie entre en contact avec le point le plus convexe du
condyle interne du tibia.

La plupart des oiseaux se reposent appuyés sur une branche
d'arbre qu'ils embrassent avec leurs doigts. On dit alors qu'ils
sont perchés. Lorsque l'oiseau est perché, les doigts sont fléchis
autour de la branche qu'ils saisissent. Cette préhension peut
exiger un effort musculaire permanent si l'oiseau reste dressé ;
mais s'il s'affaisse sur lui-même, comme pendant le sommeil,
l'effort musculaire devient inutile. Il arrive alors que les doigts
sont fléchis sur le métatarse, le métatarse fortement fléchi sur la
jambe, la jambe fortement fléchie sur la cuisse, à tel point que
les plumes du ventre viennent toucher les doigts. Dans cette position, il n'y a aucune contraction volontaire des muscles, et
la résistance qu'ils opposent est uniquement due à leur tenacité.

Ainsi les doigts se trouvent fortement fléchis, le corps retombe
entre les cuisses, ce n'est plus que de l'équilibre. Toutes les forces
de la pesanteur viennent se réunir sur une ligne qui passe entre
les pieds, et, comme pour mieux concourir à ce résultat, la tête
vient se cacher sous une aile.

Si l'oiseau dort perché sur une seule patte, le corps s'incline
de ce côté afin de conserver l'équilibre.

N'oublions pas la faculté qu'ont les oiseaux d'opérer une rotation du métatarse sur le tibia, et du tibia sur la cuisse. Il résulte de là qu'un oiseau qui, pour se tenir perché, saisit une
branche entre ses doigts, peut, sans déranger ceux-ci, se tourner
de telle sorte que l'axe de son corps devient parallèle à la branche.

Nous aurons encore à rappeler cette rotation en parlant des
oiseaux nageurs et surtout des grèbes.

Marche. — La marche, chez les oiseaux, se fait uniquement
avec les membres postérieurs. Un membre (c'est toujours celui
qui est en arrière au moment où le mouvement commence ; nous
supposerons ici que c'est le membre droit) quitte le sol et s'élève
en se fléchissant dans toutes ses articulations, depuis celles des
phalanges jusqu'à celle de la hanche ; puis il se porte en avant

en étendant la jambe sur la cuisse, s'allonge complétement par l'extension du métatarse et des doigts, et s'abaisse vers le sol qu'il atteint en même temps par la pelote digito-métatarsienne et par toute la longueur des doigts. — Pendant ce temps le membre gauche exécute le mouvement qui porte le corps en avant : au moment initial, la jambe est demi-fléchie sur la cuisse, le métatarse dorsalement demi-fléchi sur la jambe (c'est-à-dire dans cette extension exagérée qui devient une véritable flexion en avant) et les doigts appliqués au sol dans un commencement de flexion dorsale sur le métatarse qui est incliné en arrière. Le membre étend à la fois l'articulation du genou et celle du coude-pied, d'où il résulte que le fémur appuyé sur le tibia décrit par son extrémité supérieure un arc de cercle d'arrière en avant ; le métatarse décrit un arc semblable, et, devenant de plus en plus vertical, fait bientôt un angle droit avec la face dorsale des doigts. Tout le corps de l'oiseau est ainsi poussé en avant et en haut. Puis, le métatarse continuant son mouvement pendant que les deux articulations du genou et du coude-pied s'ouvrent de plus en plus, son extrémité supérieure, dépassant la verticale, s'abaisse en avant, et l'angle qu'il fait avec les doigts devient aigu. Alors le tronc de l'oiseau est poussé en avant et en bas, tout le membre postérieur gauche continuant à s'allonger et à s'incliner en avant. Les doigts enfin, sous l'action des muscles fléchisseurs, ouvrent l'angle qu'ils font en avant avec le méta-tarse, et, cessant d'être fléchis dorsalement, reviennent à la simple extension. A ce moment le pied gauche quitte le sol et le pied droit vient le toucher. C'est le premier pas.

Le membre gauche qui vient de quitter le sol se relève aussi-tôt en pliant toutes ses articulations, mais, cette fois, en fléchis-sant ses doigts en arrière. Le membre droit se plie aussi, mais, comme il appuie sur le sol, ses doigts se fléchissent dorsalement sur le métatarse. C'est là le commencement du second pas, qui s'achève comme le premier en répétant pour le pied droit ce qu'on a dit du pied gauche, et réciproquement.

Tous les pas qui se succèdent se composent ainsi de deux temps ; dans le premier temps les deux membres se fléchissent à la fois, et dans le second temps ils s'étendent à la fois. Ces mouvements ne se font pas exactement de la même manière à droite et à gauche parce que l'un des deux membres se meut sur le tronc qui le supporte et lui sert de point d'appui, tandis que l'autre membre appuie sur le sol et supporte le corps qu'il pousse en avant. Aussi l'extension des deux membres, considérée par rapport au tronc, se fait-elle en sens inverse ; d'un côté le fémur porte son extrémité distale en haut et en avant, de l'autre il la porte en bas et en arrière ; d'un côté les doigts s'étendent simplement sur le métatarse et ne passent à la flexion dorsale qu'au moment où la patte se pose à terre, de l'autre côté ils exagèrent d'abord la flexion dorsale et ne reviennent à la simple extension qu'au moment où ils quittent le sol.

Pendant ces mouvements, le corps est soumis à diverses sortes d'oscillations. Il y a d'abord une oscillation verticale de tout le corps qui s'élève, pendant que le membre postérieur qui le soutient commence à s'étendre, et s'abaisse ensuite quand ce membre s'incline en avant. Il y a d'autre part des oscillations de la partie antérieure du tronc, qui s'élève ou s'abaisse, se tourne à droite ou à gauche, et des oscillations en sens inverse de la partie postérieure.

1° Les oscillations verticales de la partie antérieure du tronc sont dues à ce qu'il bascule sur son appui cotyloïdien, par suite de la tension ou de la contraction des muscles qui rattachent la partie postcotyloïdienne du bassin à la cuisse et à la jambe. Au moment où l'une des pattes touche le sol et où l'autre le quitte, l'avant du corps se relève, et, à ce moment en effet, les deux fémurs se portent en avant et les deux jambes se fléchissent sur le fémur (d'où tension des muscles ischio-fémoraux et contraction des muscles ischio-tibio-péroniers) ; au moment, au contraire, où les deux membres atteignent leur plus grande extension, l'avant du corps s'abaisse, et à ce moment en effet les muscles qui vont de l'ischion au tibia et au péroné se relâchent.

L'élévation de la partie antérieure du tronc a pour effet de reporter en arrière le centre de gravité, son abaissement a pour effet de le porter en avant. Il est utile qu'il en soit ainsi, puisqu'au moment où l'une des pattes touche le sol et où l'autre le quitte, le corps n'est soutenu que par un levier très-incliné en arrière, et c'est alors que l'avant du corps se redresse ; mais ensuite le centre de gravité, en se reportant en avant, concourt pour sa part à produire la propulsion.

2° Les oscillations latérales de la partie antérieure du tronc consistent en ce que cette partie antérieure du tronc se porte du côté du membre qui s'élève, la partie postcotyloïdienne du bassin étant tirée par les muscles ischio-fémoraux du côté du membre qui reste appuyé sur le sol.

3° Il faut observer que dans la marche l'oiseau n'est jamais soutenu que par un de ses membres. Il suit de là que le côté du corps qui n'est pas soutenu pèse plus que l'autre de tout le poids d'un membre postérieur, ce qui déplace le centre de gravité et le porte de ce côté.

Ces oscillations ont une influence particulière sur la démarche de l'oiseau, qui tantôt a quelque chose de noble et de gracieux, et tantôt se fait avec une brusquerie ridicule.

Les oscillations latérales sont d'autant plus marquées que les membres postérieurs sont plus courts et que le tronc est plus long, comme on le voit chez les canards.

On remarque aussi le plus généralement dans les mouvements des pattes des oiseaux une certaine brusquerie qui tient à la manière dont le ressort des articulations se détend. Cela se voit surtout pour l'articulation tibio-tarsienne au moment où elle passe de l'extension à la flexion et réciproquement.

Trot et galop. — Nous n'avons pas à insister sur le trot qui n'est qu'une marche rapide mêlée de sauts peu étendus. Le galop n'existe pas chez les oiseaux.

Saut. — Le mécanisme du saut est le même que chez les mammifères. Il est exécuté par les membres postérieurs.

Dans le mouvement préparatoire, deux systèmes de muscles entrent en lutte et se contrebalancent. L'un de ces systèmes comprend : les releveurs de la cuisse, les fléchisseurs de la jambe sur la cuisse (post-iléo et ischio-tibio-péroniers), les fléchisseurs dorsaux du métatarse sur la jambe (jambier antérieur, court péronier latéral), les extenseurs des doigts jouant le rôle de fléchisseurs dorsaux ; l'autre système comprend : les adducteurs de la cuisse (ischio-fémoraux), les extenseurs de la jambe, les extenseurs du métatarse (gastro-cnémien et jambier postérieur), les fléchisseurs des doigts ; chez les oiseaux qui possèdent l'accessoire du fléchisseur perforé, il y a une corde musculo-tendineuse qui va sans interruption de la lèvre antérieure de la cavité cotyloïde aux phalanges terminales en se réfléchissant sur l'articulation du genou et sur celle du talon.

Le premier système fait plier le membre postérieur dans toutes ses articulations ; tout à coup il se dérobe, et le second système, agissant avec toute sa force, étend brusquement tout le membre. La tête du fémur, ainsi portée en haut et en avant, entraîne tout le corps et le pied quitte le sol. En même temps l'avant du tronc s'abaisse, puisque la partie postcotyloïdienne du bassin n'est plus tirée, et par là le tronc se trouve encore entraîné en avant.

La présence du soléaire tibial augmente beaucoup la puissance du gastro-cnémien. Ce muscle supplée parfois à la faiblesse, ou même à l'absence (cygne) du jumeau interne. Son existence, coïncidant avec l'absence d'un soléaire péronier, montre que la force, qui, en ouvrant l'angle tibio-métatarsien, fait appuyer la patte sur le sol, tend en même temps à la porter en dehors.

Beaucoup de petits oiseaux sautent continuellement, d'où le nom de saltatores qui leur a été donné. Souvent ils s'aident de leurs ailes qui, par de légers battements, retardent leur chute et leur font à chaque saut parcourir un plus grand espace.

Grimper. — Cuvier a réuni sous le nom de grimpeurs tous les oiseaux qui sont zygodactyles, c'est-à-dire qui ont deux doigts devant et deux derrière. Mais tous les zygodactyles ne sont pas grimpeurs et il y a des grimpeurs qui ne sont pas zygodactyles.

Les oiseaux grimpeurs par excellence sont les pics. Ils se servent à la fois de leurs pattes et de leur queue. Leurs doigts ne saisissent pas les branches, il s'y posent parallèlement à leur longueur et s'y accrochent avec les ongles ; les pennes de la queue, très-roides et résistantes, servent aussi de point d'appui. Les ailes ne viennent pas en aide à ce genre de progression. Chez les pics à trois doigts, c'est le doigt externe qui manque, le pouce existe ; la progression se fait de la même manière.

Les grimpereaux et les sittelles, qui sont des grimpeurs par excellence, parcourant en tous sens des troncs d'arbres, des murs verticaux et des rochers taillés à pic, ne sont pas zygodactyles ; ils ne saisissent pas les branches, et s'accrochent seulement avec leurs ongles aux aspérités des surfaces.

Suspension. — Un grand nombre de passereaux, tels que les mésanges, les fauvettes, les troglodytes, les méliphages, ont reçu le nom de suspenseurs, parce qu'ils se suspendent aux branches des arbres qu'ils saisissent avec leurs pattes, en prenant toutes sortes de positions et en tournant autour des branches sans avoir recours à leurs ailes quand ils veulent se relever. Ce sont presque tous des oiseaux légers. Les perroquets tournent aussi autour des branches en prenant les positions les plus variées ; ce sont des suspenseurs bien plus que des grimpeurs.

Phyllobatisme. — On pourrait donner ce nom au mode de progression des jacanas, qui marchent sur les feuilles et les herbes flottant à la surface de l'eau : la longueur considérable de leurs doigts et de leurs ongles favorise ce genre de locomotion.

Fouir. — Certains oiseaux se servent de leurs pattes pour fouir la terre. Parmi les rapaces, les faucons marcheurs (hieracidea) grattent le sol ; la chouette hypogée (phaleopteryx Cuv.) se creuse un terrier. Parmi les perroquets, les strigops se creusent également des terriers. Le pic laboureur se fait aussi remarquer à ce point de vue.

Préhension. — Les perroquets sont de véritables préhenseurs; non-seulement ils saisissent les branches des arbres, mais ils prennent encore avec leurs pattes leur nourriture pour la porter à leur bouche. Cette faculté existe chez d'autres oiseaux, quoiqu'à un moindre degré, par exemple chez les poules sultanes.

Les rapaces saisissent leur proie, mais ce ne sont pas à proprement parler des préhenseurs; ce sont des ravisseurs, raptatores ; le nom de serres a été parfaitement appliqué à leurs pattes munies d'ongles aigus qui s'enfoncent dans la proie, tandis que celui de mains pourrait presque être donné à celles des perroquets, qui prennent et reçoivent les objets avec une certaine délicatesse.

LOCOMOTION AQUATIQUE.

Nager et plonger. — Les oiseaux, pour nager, se servent principalement de leurs pattes. La queue peut leur venir en aide à la manière d'un gouvernail, mais elle n'agit pas avec assez de puissance pour produire la propulsion ; aussi n'est-elle que médiocrement développée chez les nageurs proprement dits, tels que les palmipèdes lamellirostres et surtout les grèbes, les plongeons, les guillemots, les foulques et les poules d'eau ; les pennes de la queue sont bien plus longues chez les totipalmes et chez les longipennes, où elles servent à la locomotion aérienne.

Cependant les manchots ont une queue assez longue, capable de modifier les mouvements qu'ils exécutent dans l'eau. Les manchots se servent aussi de leurs ailes pour nager ; ces ailes, inutiles pour le vol, deviennent, comme les membres antérieurs des tortues marines, des organes de natation.

Les lamellirostres, les totipalmes et les longipennes se servent presque uniquement de leurs pattes pour la locomotion aquatique. Les mouvements que font alors les membres postérieurs sont très-analogues à ceux qu'ils exécutent dans la marche, mais il y a quelques différences. Ainsi les deux membres se portent à la fois soit en avant, soit en arrière, tandis que dans la marche ils alternent leurs mouvements. De plus il peut suffire pour porter la patte en avant que le membre postérieur se fléchisse dans toutes ses articulations, tandis que dans la marche il se fléchit d'abord et s'étend ensuite.

Supposons le membre postérieur à l'état de repos et par conséquent fléchi dans toutes ses articulations; la patte se trouve alors inclinée en avant. L'oiseau se met à ramer d'avant en arrière : dans ce mouvement, le membre postérieur étend toutes ses articulations; l'extrémité distale du fémur décrit un arc de cercle de haut en bas et d'avant en arrière, la jambe s'étend plus ou moins sur la cuisse, le métatarse s'étend sur la jambe, les doigts passent de la flexion à l'extension et de la simple extension à la flexion dorsale, de manière à toujours pousser l'eau d'avant en arrière. En s'étendant ils s'écartent en tendant leurs palmures (canards) ou en étalant leurs festons (grèbes, foulques).

La patte est ensuite ramenée en avant. Dans ce mouvement, le membre postérieur fléchit toutes ses articulations; l'extrémité distale du fémur décrit un arc de cercle de bas en haut et d'arrière en avant, la jambe se fléchit sur la cuisse, le métatarse se fléchit dorsalement sur la jambe, les doigts se fléchissent plantairement sur le métatarse. En se fléchissant, les doigts se serrent les uns contre les autres de manière à occuper le moins de place possible, le doigt du milieu restant en avant, le deuxième et le quatrième se cachant derrière lui, et il résulte de là que le métatarse et les doigts fendent l'eau avec plus de facilité, ce qui est encore favorisé dans certains cas, comme chez les grèbes, par la forme comprimée du métatarse.

Outre les mouvements que nous venons de décrire, il y a encore les mouvements latéraux qui tiennent à la rotation de la jambe sur la cuisse, et grâce auxquels les pattes peuvent tourner leur face plantaire soit en dedans, soit en dehors. Ces mouvements de rotation sont surtout remarquables chez les grèbes.

Chez ces oiseaux, qui sont essentiellement plongeurs, les pattes, en se portant en arrière, peuvent s'élever au-dessus du croupion de manière à frapper de bas en haut pendant que le corps s'enfonce dans l'eau.

Chez les palmipèdes lamellirostres, qui glissent seulement à la surface de l'eau, les ailes, légèrement soulevées comme des voiles, peuvent servir à la progression si l'oiseau nage vent arrière.

L'ensemble du corps présente chez les oiseaux nageurs des dispositions hydrostatiques particulières. Il faut d'abord noter la position des pattes à l'arrière du corps, d'autant plus prononcée que l'oiseau est plus aquatique. Les manchots, lorsqu'ils sont à terre, sont obligés de se tenir presque verticalement. Si l'on excepte les flammants, tous les oiseaux à pieds palmés ou festonnés sont remarquables par la brièveté de leurs membres postérieurs.

Le centre de gravité se trouvant toujours dans la position la plus favorable pour maintenir l'équilibre, l'oiseau se trouve à la surface de l'eau dans la même position qu'au milieu de l'air, placé de telle sorte que la tête et le cou soient libres de se mouvoir sans déranger l'équilibre. Pline a dit, il y a longtemps, que les canards et les oies, étant à terre, s'envolent immédiatement du point même où ils sont (e vestigio).

Les réservoirs aériens et leurs diverticulums sont considérables. Chez quelques-uns de ces oiseaux (pélicans, fous), tout le tissu sous-cutané peut se gonfler d'air. Quand l'animal veut plonger, il vide ses réservoirs et devient ainsi plus lourd et moins volumineux.

Les oiseaux nageurs ont encore la faculté de rendre leurs plumes imperméables à l'aide de la sécrétion onctueuse dont ils les enduisent. L'eau glisse ainsi sur la surface des plumes sans pouvoir pénétrer dans leurs intervalles.

MOUVEMENTS PARTICULIERS A CERTAINS ORGANES.

Mouvements des plumes. — Nous avons dit comment les rémiges des ailes et les rectrices de la queue sont susceptibles de mouvements qui concourent à la fonction du vol. Il y a encore des plumes mobiles sur d'autres points du corps. Les plumes des flancs, dites parures, sont redressées par un muscle qui se termine sur le bord du grand pectoral (le muscle des parures). Les aigrettes se redressent sous l'influence du peaucier; il en est de même des barbes, etc. Les plumes qui entourent la conque auditive, ainsi que celles qui entourent les narines sont également capables de mouvements.

Mouvements du bec. — Nous avons décrit assez longuement les mouvements des mâchoires pour n'avoir pas à y revenir ici.

La tête est placée à l'extrémité du cou dont la disposition est celle d'un levier coudé. Lorsque l'oiseau veut frapper avec le bec, c'est le cou qui exécute ce mouvement en s'abaissant brusquement. La tête est alors solidement fixée à l'extrémité de la colonne cervicale et la violence du coup de bec dépend de l'énergie avec laquelle les muscles cervicaux antérieurs se contractent.

Mouvements de la langue. — La langue s'allonge, se retire, se porte à droite ou à gauche, suivant les mouvements de l'os hyoïde. Chez le perroquet, elle a des mouvements qui lui sont propres, elle s'étale ou se ramasse.

La langue peut s'appliquer aux orifices postérieurs des fosses nasales de manière à les boucher; l'oiseau peut alors pousser de l'air dans la caisse du tympan et par suite dans les cellules de la tête.

Mouvements de la trachée et des larynx. — La trachée, le larynx supérieur et le larynx inférieur sont soumis à diverses sortes de mouvements :

1° La trachée est entraînée dans les mouvements du cou par suite desquels tantôt elle s'étend droit en avant, tantôt elle se courbe en haut, en bas, à gauche ou à droite.

2° La partie antérieure est entraînée dans les mouvements de l'hyoïde qui la tirent en avant, la refoulent en arrière, la portent à droite ou à gauche. Elle peut encore être simplement maintenue et fixée par les muscles de l'hyoïde.

3° La partie postérieure de la trachée peut être tirée par les muscles sterno-trachéaux faisant équilibre aux muscles de l'hyoïde qui tirent l'extrémité antérieure.

4° Les muscles trachéaux produisent, en se contractant, le raccourcissement de la trachée dont ils serrent les anneaux les uns contre les autres.

5° Le larynx supérieur a des mouvements qui lui sont propres et qui tantôt dilatent, tantôt resserrent son orifice, ou même le ferment complétement, comme l'a dit Fabrice d'Aquapendente ; ce qui lui permet de remplir une fonction particulière, en donnant à l'oiseau la faculté de pousser de l'air dans les ramifications ultimes de ses vésicules aériennes. Aussi la fonction de la voix est-elle attribuée à un autre organe qui est le larynx inférieur. Les struthidés qui n'ont que le larynx supérieur sont muets ou du moins n'émettent qu'un son rauque et sourd incapable de modulations.

6° Les oiseaux ont pour organe de la voix le larynx inférieur, organe qui leur est particulier, situé à la bifurcation de la trachée et dont les mouvements sont dus à des faisceaux charnus que l'on peut rattacher aux muscles trachéaux. Par la contraction de ces muscles, des membranes de forme elliptique placées près de la bifurcation de la trachée au côté externe de chaque bronche, entre deux segments cartilagineux plus ou moins ossifiés, sont pliées de manière à faire saillie dans l'intérieur du tube aérien, en même temps qu'elles sont tendues transversalement et figurent ainsi les cordes vocales dont elles remplissent les fonctions, l'air passant soit entre les deux cordes vocales, soit entre chacune de ces cordes vocales et l'éperon solide et inflexible qui sépare les deux bronches. Le larynx inférieur est l'organe particulier de la voix chez les oiseaux ; mais les muscles qui agissent sur le reste de la trachée jouent aussi un rôle dans cette fonction, rôle accessoire, il est vrai, mais néanmoins bien réel, ainsi que Cuvier l'a soutenu avec raison.

Généralement, les cordes vocales sont placées latéralement ; mais la cigogne présente une exception remarquable en ce que ces cordes sont placées l'une en avant, l'autre en arrière, s'étendant transversalement à l'axe du corps immédiatement au-dessus de la bifurcation de la trachée.

Mouvements des organes de sensation spéciale. — Les narines n'ont aucun mouvement par elles-mêmes, mais elles sont, ainsi que la conque auditive, entourées de plumes mobiles.

Pour l'organe de l'ouïe, les plumes qui entourent la conque auditive sont capables de mouvements et remplacent à un certain degré le pavillon de l'oreille. Dans l'oreille moyenne, l'osselet de l'ouïe ou étrier est tiré en avant et par conséquent redressé par un muscle qui lui est propre; la membrane du tympan est ainsi tendue et rendue plus convexe.

Pour l'organe de la vue, le muscle ciliaire qui encercle la capsule du cristallin et concourt à l'adaptation de l'œil aux distances prend un grand développement chez les oiseaux où il porte le nom de muscle de Crampton. Le globe de l'œil s'incline en divers sens et tourne sur son axe par l'action des muscles droits et des muscles obliques. Nous devons aussi rappeler l'appareil musculaire de la membrane nictitante ou troisième paupière. Les deux paupières proprement dites sont l'une relevée, l'autre abaissée par des muscles particuliers. L'action du muscle orbiculaire qui tend à fermer l'œil en abaissant la paupière supérieure et en relevant l'inférieure est généralement beaucoup plus prononcée pour cette dernière.

CONCLUSIONS

Nous pouvons résumer en quelques mots les résultats de ce travail.

Les oiseaux forment dans le groupe des vertébrés allantoïdiens une classe à part bien définie.

Dans une série disposée suivant un ordre hiérarchique en raison de la sensibilité et de l'intelligence, les oiseaux occupent le second rang, et c'est avec raison que Linné a placé les oiseaux qui chantent (*aves cantantes*) immédiatement après les mammifères qui parlent (*mammalia loquentia*).

Cependant, si l'on s'en tient aux faits anatomiques, il est impossible d'admettre que les oiseaux réalisent une forme intermédiaire entre les mammifères et les reptiles. Loin de se rapprocher des mammifères plus que les reptiles, ils s'en éloignent plus que ceux-ci; et, si l'on prend les reptiles pour point de départ, loin de trouver dans les oiseaux une forme qui convergerait vers celle des mammifères, on reconnaît au contraire une divergence bien manifeste.

Il n'y a pas de passage direct des oiseaux aux mammifères, tandis que des liens évidents les rattachent aux reptiles. C'est ce que Henri de Blainville a si bien exprimé en disant des reptiles allantoïdiens que ce sont des animaux ornithoïdes; on peut dire également que les oiseaux sont des animaux erpétoïdes.

On peut encore ajouter que, parmi les reptiles allantoïdiens, les lacertiens sont ceux qui offrent le plus grand nombre d'affinités avec les oiseaux; mais cela ne suffit pas pour leur appliquer avec Huxley la dénomination de sauropsides. Les oiseaux ont en même temps de grandes affinités avec les chéloniens et les crocodiliens, aussi bien qu'avec les ptérosauriens et avec les dinosauriens, auxquels Huxley applique avec raison le nom d'ornithoscélidés. On ne peut pas dire qu'ils se rattachent à l'un de ces groupes plutôt qu'à un autre ; c'est avec l'ensemble de la classe des reptiles et non avec une division particulière de cette classe qu'il faut les comparer. Nous pourrions dire en d'autres termes qu'il y a des relations remarquables entre le type idéal de la classe des oiseaux et celui de la classe des reptiles, mais qu'il est impossible d'établir qu'un oiseau se rattache à une espèce de reptile plus qu'à une autre.

Il ne faut pas non plus oublier que les oiseaux ont quelques caractères ichthyoïdes, ce qui force d'élargir davantage la conception de leur type.

Au point de vue de la mécanique des mouvements, les oiseaux exécutent la locomotion aérienne d'une manière tout à fait caractéristique, et la locomotion terrestre et aquatique ne leur est pas moins particulière. On peut encore trouver quelque chose de spécial dans la façon dont ils frappent avec le bec.

Sous le rapport de la voix, les oiseaux possèdent dans le larynx inférieur un organe que l'on ne retrouve pas dans les autres classes de vertébrés.

Au point de vue de la distribution méthodique des oiseaux de différentes espèces en ordres, en familles et en genres, l'appareil locomoteur fournit des caractères de la plus grande importance. Le bec et les pattes ont été employés par les plus célèbres ornithologistes pour tracer de grandes coupes et pour y établir des subdivisions ; les autres parties de l'appareil de la locomotion ne fournissent pas des caractères aussi dominateurs, aussi généraux, mais elles donnent le moyen de corriger plusieurs rapprochements entachés d'erreur et d'apercevoir des affinités moins immédiatement apparentes. On trouve encore ici la confirmation de cette vérité que les espèces ou les groupes d'espèces ne peuvent être véritablement caractérisés que par l'ensemble de leur organisation.

EXPLICATIONS DES PLANCHES.

Planche I.

F. 1. — Figure schématique, montrant le type idéal de la vertèbre. *c*, corps de la vertèbre; *l*, lame vertébrale; *e*, pièce épineuse; *apt*, apophyse transverse; *z*, zygapophyse; *cv*, côte vertébrale; *cs*, côte sternale; *s*, pièce sternale; *pa*, parapophyse; *hy*, hypapophyse; *ep*, épapophyse; *apc*, appendice de la côte vertébrale. Les lignes ponctuées indiquent les arcs inférieurs qui peuvent être formés soit par les parapophyses, soit par les hypapophyses.

F. 2. — Figure schématique montrant le type idéal de l'endosquelette d'un mammifère. Les corps vertébraux sont placés sur la ligne XY. Les pièces des arcs vertébraux sont indiquées soit par des rectangles, soit par des triangles, soit par des demi-cercles. Les os de membrane du crâne sont teintés en noir; les os secondaires des appendices le sont en gris clair; *c*, région des dernières caudales; *c'*, r. des premières caudales; *s*, r. sacrée; *l*, r. lombaire; *d*, r. dorsale; *cv*, r. cervicale; *cp*, r. céphalique; *bp*, pièces basi-temporales; *v*, vomer; *t*, os tympanique; *o*, chaîne des osselets du tympan; *h*, corne styloïdienne de l'hyoïde; *h'*, corne thyroïdienne; *i*, intermaxillaire; *ms*, maxillaire supérieure; *mi*, maxillaire inférieur; *cl*, clavicule.

F. 3. — Tête osseuse de la crécerelle vue de profil.

F. 4. — Id. face inférieure. Un des palatins a été enlevé pour montrer *ms*, la branche horizontale du maxillaire supérieur; *v*, vomer; *o*, os carré.

F. 5. — Une branche du maxillaire inférieur, pour montrer les surfaces articulaires.

F. 6. — Sternum vu de profil.

F. 7. — Bord antérieur du sternum; *ep*, apophyse épisternale; *sep*, apophyse sus-épisternale; *rr*, rainures articulaires.

F. 8. — Surfaces articulaires de l'extrémité inférieure de l'humérus, α, face antérieure; β, face inférieure.

F. 9. — Articulations de la clavicule avec l'omoplate et le caracoïdien; *co*, coracoïdien; *om*, omoplate; *cl*, clavicule.

F. 10. — Sacrum de l'aigle divisé par une section verticale.

F. 11. — Ligaments des rémiges cubitales, d'après le cygne.

Myologie de la crécerelle.

F. 12. — Muscles courts interépineux. Ceux de la région cervicale sont seuls dessinés.

E. 13. — 1, grand complexus; 2, occipito-sous-cervical; 3, grand oblique; 4, faisceau occipital du long postérieur du cou ; 5, son faisceau axoïdien ; 6, ses autres faisceaux ; 7, articulo-transversaires ; 8, surépineux dorsal; 9, partie interne du long du dos; 10, sa partie externe; 11, sacro-lombaire ; 12, trois faisceaux de l'angulaire de l'omoplate.

F. 14. — Région cervicale vue de côté ; muscles intertransversaires, surcostaux et intercostaux ; 1, aponévrose du grand complexus; 2, tendons du long antérieur du cou.

F. 15. — Tête et cou, face ventrale; 1, long antérieur du cou; 2, droit antérieur; 3, occipito-sous-cervical ; 4, basi-transversaire ; 5, ptérygoïdien interne; faisceau postérieur de ce muscle rencontrant sur la ligne médiane, chez la crécerelle, celui du côté opposé.

F. 16. — 1, occipito-sous-vertébral; 2, droit antérieur ; 3, long antérieur du cou; 4, basi-transversaire ; 4, son faisceau atloïdien.

F. 17. — 1, abaisseur de la mâchoire inférieure; 2, temporal; 3, son faisceau zygomatique; 4, tenseur du ligament orbito-mandibulaire, existant chez la crécerelle.

F. 18. — 1, sterno-thyroïdien; 2, thyro-hyoïdien; 3, hyo-glosse; 4, cérato-glosse; 5, génio-hyoïdien ou protracteur de l'hyoïde ; 6, serpi-hyoïdien ou rétracteur de l'hyoïde; 7, cératoïdien transverse rencontrant celui du côté opposé sur la ligne médiane, où ils adhèrent au milo-hyoïdien.

Planche II.

F. 1. — 1, grand dorsal; 2, faisceau trapézoïde du grand dorsal; 3, tenseur de la membrane axillaire; 4, grand rond ; 5. deltoïde postérieur ; 6, sous-épineux; 7, tenseur marginal de la membrane antérieure de l'aile; 8, tenseur moyen de la membrane antérieure de l'aile; 9, longue portion du triceps; 10, vaste externe; 11, biceps; 12, long supinateur; 13, long abducteur du pouce; 14, court supinateur; 15, cubital postérieur; 16, extenseur du pouce et de la première phalange du second doigt; 17, extenseur de la 2e phalange du second doigt; 18, son accessoire; 19, court extenseur dorsal du pouce; 20, adducteur de la 1re phalange du 2e doigt ; 21, court fléchisseur du métacarpe ; 22, adducteur du 3e doigt; 23, interosseux. — L'anconé ne se voit pas.

F. 2. — 1, grand pectoral; 2, muscle des parures; 3, tenseur marginal de la membrane de l'aile; 4, tenseur moyen de la membrane antérieure de l'aile; 5, biceps; 6, vaste interne; 7, brachial antérieur; 8, long supinateur; 9, carré pronateur; 10, rond pronateur superficiel; 11, rond pronateur profond; 12, petit palmaire; 13, cubital antérieur; 14, rotateur des rémiges; 15, triangles élastiques; 16, ligaments en série avec les triangles;

17, grand ligament commun ; 18. carré pronateur ; 19. long fléchisseur de la 1re phalange du 2e doigt ; 20. long fléchisseur de la 2e phalange du 2e doigt ; 21, court fléchisseur du métacarpe ; 22. adducteur du 3e doigt ; 23, interosseux ; 24, adducteur de la 1re phalange du 2e doigt ; 25, adducteur du pouce ; 26, court fléchisseur du pouce ; 27, abducteur palmaire du pouce ; l, ligament latéral ; g, gaîne tendineuse.

F. 3. — 1, cubital postérieur ; 2, court fléchisseur de la main, divisé en 2 faisceaux ; 3, adducteur du 3e doigt ; 4, interosseux dorsal ; 5, interosseux palmaire.

F. 4. — 1, faisceau antérieur du trapèze ; 2. faisceau postérieur ; 3, rhomboïde.

F. 5. — Comme f. 4.

F. 6. — Angulaire de l'omoplate.

F. 7. — 1. sus-épineux ; 2, deltoïde postérieur ; 2', faisceau intermédiaire ; 3, sous-épineux ; 4. son tendon ; 5, os huméro-capsulaire ; 6, 7. lames aponévrotiques ; 8. ligament qui bride le sus-épineux ; 9, ligament cléido coracoïdien ; 10. clavicule ; 11. tête de l'humérus ; 12. humérus.

F. 8. — 1, grand rond (partie proximale) ; 2, grand dentelé (faisceau postérieur) ; 3, grand dentelé (faisceau antérieur) ; 4. faisceau externe du sous-scapulaire ; 5, faisceau interne du sous-scapulaire ; 6, accessoire coracoïdien du sous-scapulaire ; 7. coraco-brachial ; 8. grand rond (partie distale) ; 9. accessoire du faisceau externe du sous-scapulaire ; 10. vaste interne.

F. 9. — 1, sus-épineux ; 2, sous-épineux ; 3. deltoïde postérieur relevé ; 4, accessoire du faisceau externe du sous-scapulaire ; 5, grand rond ; 6, faisceau trapézoïde du grand dorsal ; 7, grand dorsal ; 8, longue portion du triceps ; 9, son expansion humérale.

F. 10. — 1, grand rond ; 2, coraco-brachial ; 3. sous-scapulaire ; 4, accessoire du faisceau externe du sous-scapulaire ; 5, vaste interne ; 6, faisceau trapézoïde du grand dorsal ; 7, grand dorsal ; 8, longue portion du triceps ; 9. son expansion aponévrotique.

F. 11. — 1, grand pectoral ; 2, sus-épineux ; 3, coraco-brachial ; 4, sous-scapulaire ; 5, grand pectoral ; 6, expansion du grand pectoral ; 7, biceps ; 8, accessoire coracoïdien du sus-épineux ; 9. tendon terminal du sus-épineux ; 10, tête humérale ; 11, humérus ; 12, coracoïdien.

F. 12. — 1, accessoire coracoïdien du sus-épineux ; 2, biceps ; 3, sa tête humérale.

F. 13. — 1, sterno-coracoïdien externe ; 2, coracoïdien ; 3, apophyse antérieure externe du sternum ; 4, sternum.

Planche III.

F. 1. — 1, couturier ; 2, tenseur du fascia lata ; 3, grand fessier ; 4, biceps ; 5, droit interne ; 6, sacro-coccygien supérieur ; 7, coccygien latéral ;

8, iléo-coccygien ; 9, fémoro-coccygien ; 10, pubio-coccygien ; 11, gastro-cnémien ; 12, long péronier ; 13, court péronier ; 14, jambier antérieur.

F. 2. — 1, biceps ; 2, anneau ; 3, ligament.

F. 3. — 1, couturier ; 2, tenseur ; 3, grand fessier ; 4, moyen fessier ; 5, petit fessier ; 6, pyramidal ; 7, carré ; 8, fémoro-coccygien ; 9, pubio-coccygien ; 10, droit interne ; 11, biceps ; 12, triceps ; 13, grand fessier.

F. 4. — 1, petit fessier ; 2, carré ; 3, obturateur externe.

F. 5. — 1, couturier ; 2, moyen fessier ; 3, accessoire iliaque du fléchisseur perforé ; 4, crural moyen ; 5, crural interne ; 6, obturateur externe ; 7, adducteur ; 8, droit interne.

F. 6. — 1, couturier ; 2, accessoire iliaque ; 3, grand fessier ; 4, crural moyen ; 5, crural interne ; 6, adducteur ; 7, droit interne ; 8, jumeau interne ; 9, jambier antérieur.

F. 7. — 1, biceps ; 2, droit interne ; 3, jumeau externe ; 4, jumeau interne ; 5, soléaire tibial ; 6, jambier postérieur ; 7, long péronier ; 8, court péronier ; 9, fléchisseurs ; 10, aponévrose.

F. 8. — 1, crural moyen ; 2, ligne d'insertion du grand fessier et du tenseur ; 3, accessoire iliaque ; 4, biceps ; 5, jumeau externe ; 6, soléaire tibial.

F. 9. — 1, 2, jambier antérieur ; 3, extenseur commun ; 4, court péronier.

F. 10. — 1, long fléchisseur du pouce ; 2, fléchisseur commun des doigts ; 3, tendon ossifié du long fléchisseur du pouce ; 4, tendon ossifié du fléchisseur commun ; 5, court fléchisseur du pouce ; 6, fléchisseur superficiel du deuxième doigt ; 7, 7', fléchisseurs superficiels du troisième doigt ; 8, fléchisseur superficiel du quatrième doigt ; 9, abducteur du quatrième doigt ; 10, extenseur du pouce ; 11, long péronier ; 12, fléchisseur de la deuxième phalange du troisième doigt ; 13, court péronier ; 14, jambier postérieur ; 15, poplité ; 16, faisceau condylien interne du fléchisseur superficiel ; 17, ligament.

F. 11. — 1, biceps ; 2, long péronier ; 3, masse interne du gastro-cnémien ; 4, fléchisseur de la troisième phalange du troisième doigt ; 5, fléchisseur superficiel du quatrième doigt ; 6, fléchisseur de la troisième phalange du troisième doigt.

F. 12. — 1, biceps ; 2, long péronier ; 3, gastro-cnémien ; 4, fléchisseur superficiel de la deuxième phalange du deuxième doigt ; 5, fléchisseur de la troisième phalange du troisième doigt ; 6, fléchisseur superficiel du quatrième doigt ; 7, fléchisseur de la deuxième phalange du troisième doigt ; 8, fléchisseur de la première phalange du deuxième doigt.

F. 13. Couche profonde des fléchisseurs superficiels. — 1, origine fémorale ; 2, fléchisseur de la deuxième phalange du troisième doigt ; 3, fléchisseur superficiel du deuxième doigt ; 4, fléchisseur superficiel du quatrième doigt ; 5, fléchisseur de la troisième phalange du troisième doigt ; 6, accessoire iliaque.

F. 14. Disposition des tendons dans la gaine du talon. — c, fléchisseur commun ; *p*, fléchisseur du pouce ; *m*, fléchisseur de la deuxième phalange du troisième doigt ; *m'*, de la troisième phalange ; *e*, fléchisseur superficiel du doigt externe ; *i*, fléchisseur de la première phalange du deuxième doigt ; *i'*, de la deuxième phalange.

F. 15. — 1, abducteur du quatrième doigt ; 2, abducteur du deuxième doigt ; 3, court fléchisseur du pouce; 4, extenseur du pouce.

F. 16. — 1, jambier antérieur ; 2, abducteur du quatrième doigt ; 3, extenseur du pouce réduit à sa partie interne ; 4, adducteur du deuxième doigt ; 5, court extenseur du troisième doigt.

TABLE DES MATIÈRES.

PREMIÈRE PARTIE.

Description du type idéal de l'appareil locomoteur chez les animaux vertébrés.

APPAREIL PASSIF DE LA LOCOMOTION.

ENDOSQUELETTE.

APPAREIL ACTIF DE LA LOCOMOTION.

PARTIES ACCESSOIRES DE L'APPAREIL DE LA LOCOMOTION.

DEUXIÈME PARTIE.

Description particulière de l'appareil locomoteur des oiseaux.

APPAREIL PASSIF DE LA LOCOMOTION.

APPAREIL ACTIF DE LA LOCOMOTION.

TROISIÈME PARTIE.

Théorie de la locomotion chez les oiseaux.

Vu et approuvé, le 22 avril 1874.

Le Doyen de la faculté.

MILNE EDWARDS.

Vu et permis d'imprimer.

Le Vice-Recteur de l'Académie de Paris.

A. MOURIER.

DEUXIÈME THÈSE.

PROPOSITIONS DONNÉES PAR LA FACULTÉ.

1. Exposer les principaux faits relatifs à la reproduction sexuée des acotylédonées cellulaires.

2. Affinités naturelles et distribution géologique des crustacés.

Le Doyen de la Faculté des sciences.

MILNE EDWARDS.

Permis d'imprimer.

Le Vice-Recteur de l'Académie de Paris.

A. MOURIER.

Clichy. — Imprimerie PAUL DUPONT, rue du Bac-d'Asnières, 12. (761. 8-4.)

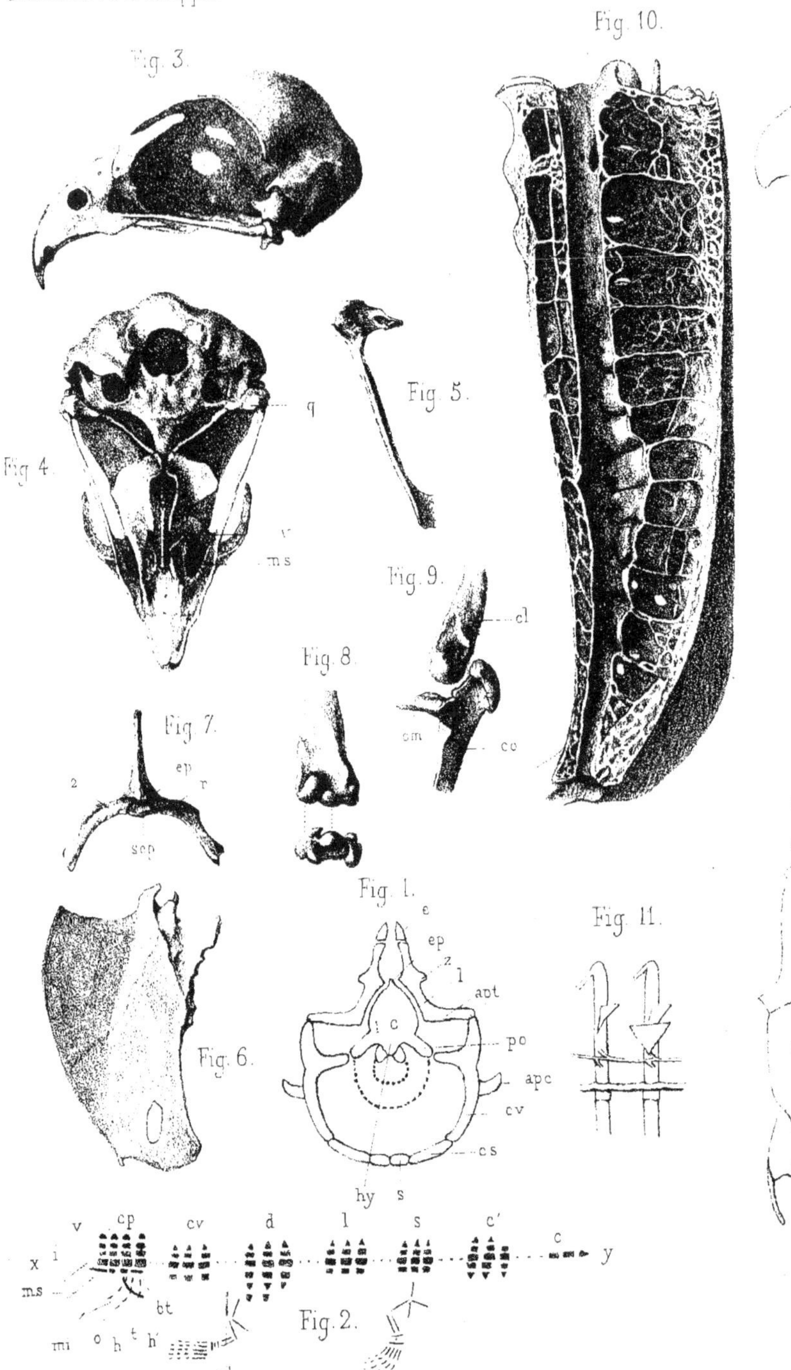

Edmond Alix et H. Formant del.

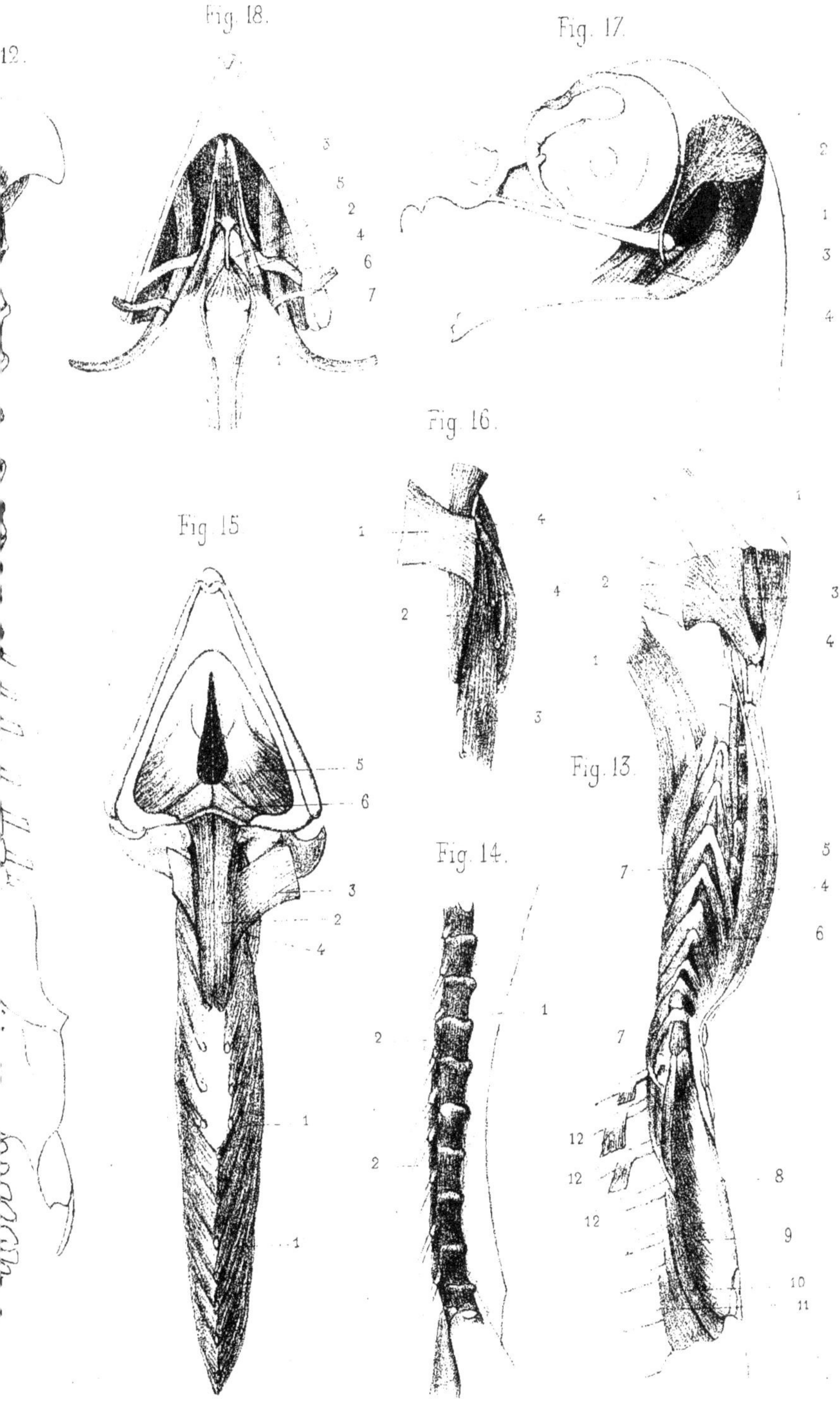
PL. I.
Fig. 18.
Fig. 17.
Fig. 16.
Fig. 15
Fig. 14.
Fig. 13.
Paris
diteur.
H. Formant lith.

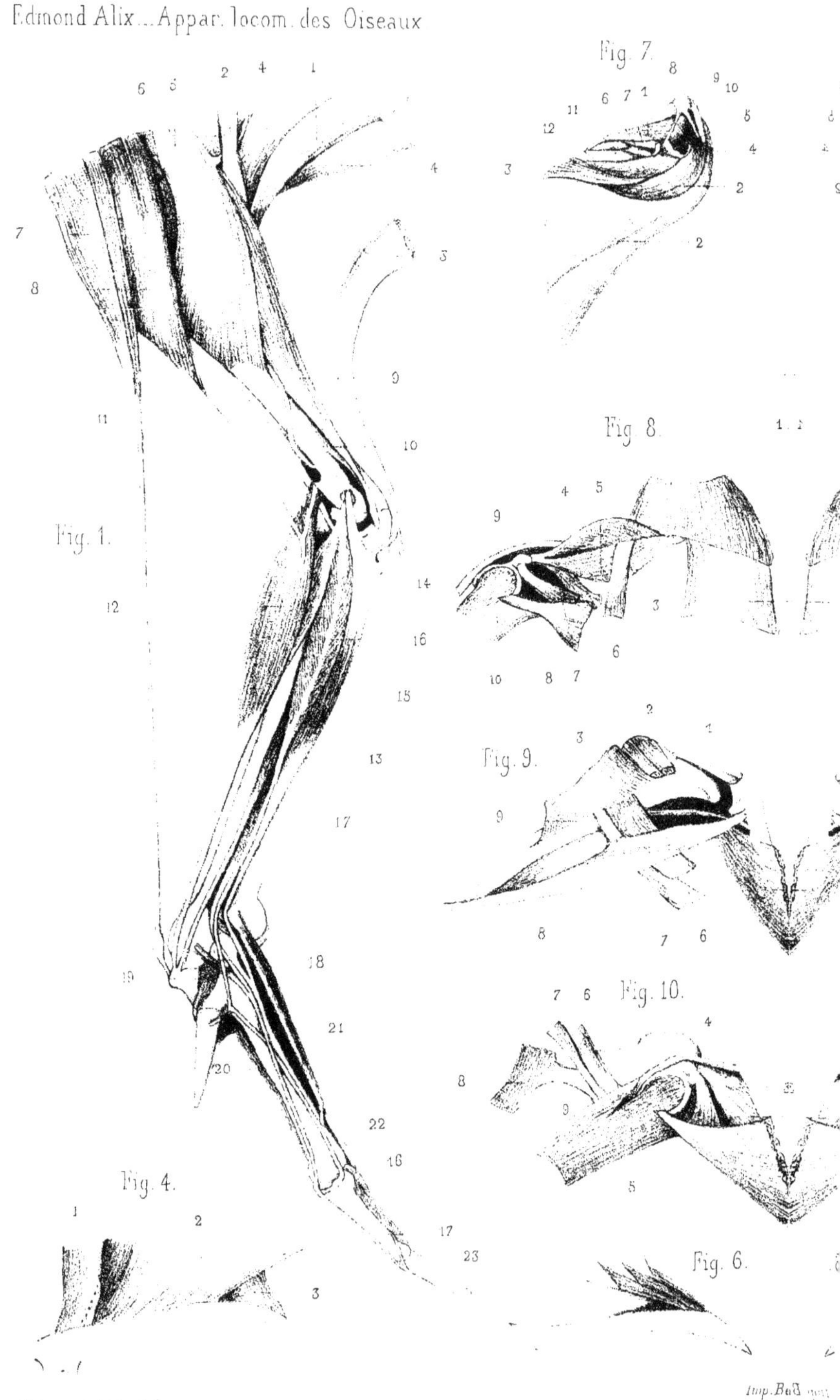

Edmond Alix. del.

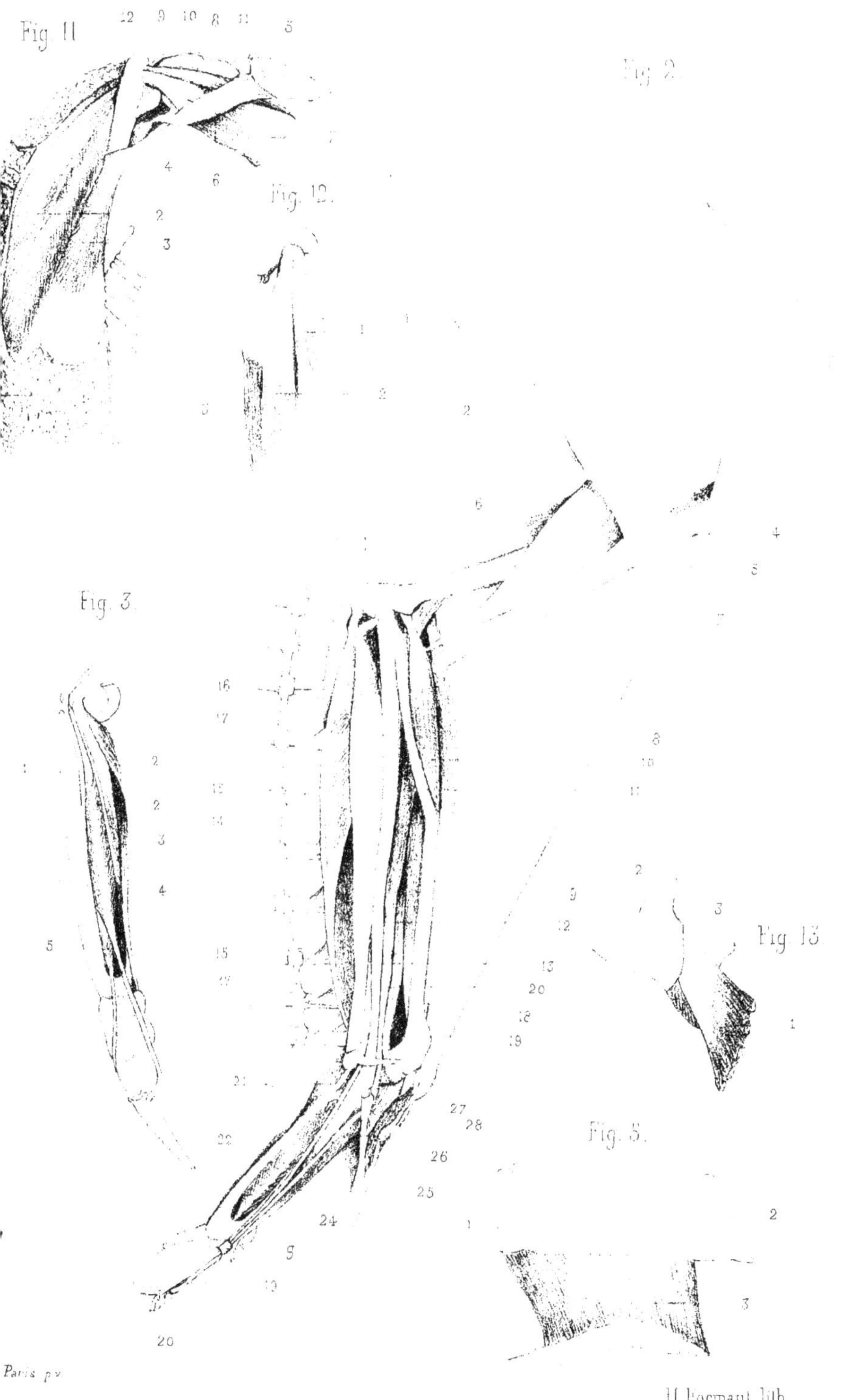
Pl. 2.
Fig 11
Fig 2.
Fig. 12.
Fig. 3.
Fig 13.
Fig. 5.
Paris p.v
H. Formant lith.
Éditeur

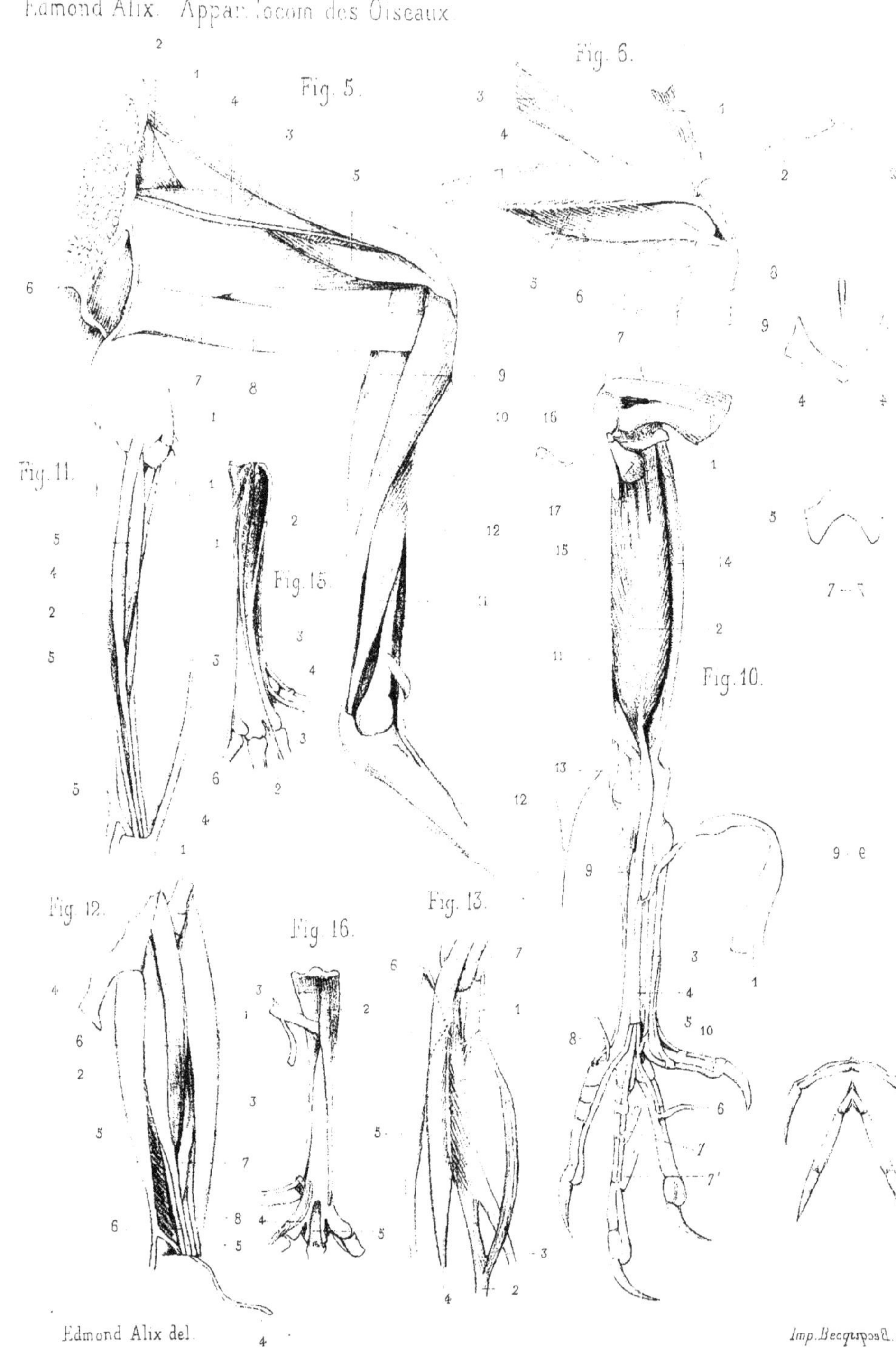
Edmond Alix. Appar. locom des Oiseaux
Fig. 5.
Fig. 6.
Fig. 11.
Fig. 15.
Fig. 10.
Fig. 12.
Fig. 16.
Fig. 13.
Edmond Alix del.
Imp. Becquet. impr.
G. Massonozzel

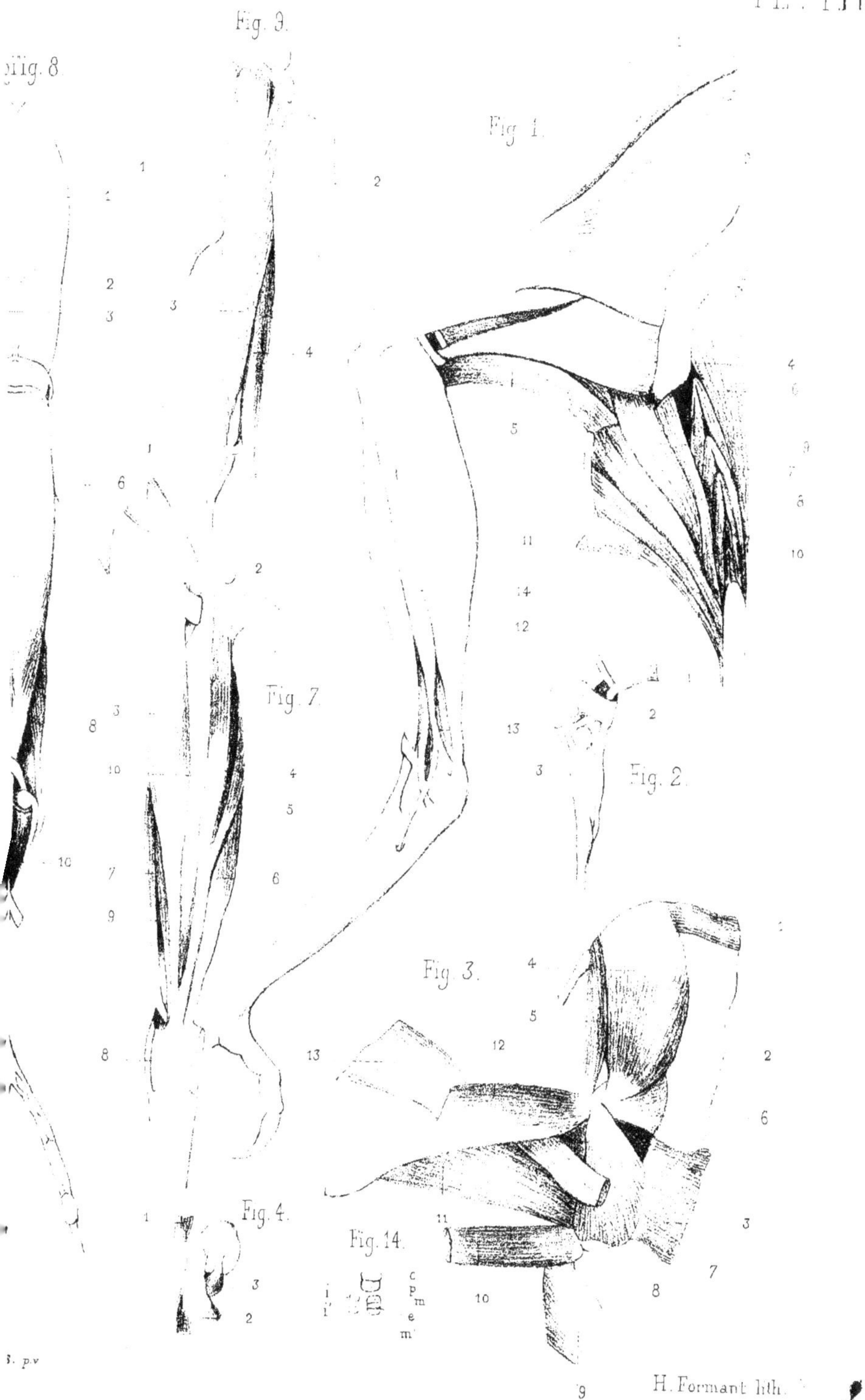

Fig. 8.

Fig. 9.

Fig. 1.

Fig. 7.

Fig. 2.

Fig. 3.

Fig. 4.

Fig. 14.

H. Formant lith.

www.ingramcontent.com/pod-product-compliance
Lightning Source LLC
LaVergne TN
LVHW011942170726
843503LV00001B/23